KB189099

인간 얼굴

감수 김준홍

서울대학교 인류학과에서 석사 학위를 받고, 미국 시애틀 소재 워싱턴대학교에서 생물문화인류학으로 박사 학위를 받았다. 행동과 본성을 포함한 인간의 많은 형질이 유전자와 문화의 공진화 때문이라고 생각하는 유전자-문화 공진화론자다. 인간 협동의 진화, 문화의 계통 발생도, 인간 문화의 고유성 등을 유전자-문화 공진화론의 관점에서 연구하고 있다. 현재 포스텍 인문사회학부에서 교수로 재직 중이다. 공저로 『이타주의자』, 역서로 『유전자는 혼자 진화하지 않는다』, 『다윈의 미완성 교향곡』 등이 있고, 『루시의 발자국』 등을 감수했다.

애덤 윌킨스 지음 · 김수민 옮김 · 김준홍 감수

인간 얼굴

얼굴로 본
인간 진화의 기원

MAKING FACES

The Evolutionary Origins of the Human Face

인간 얼굴
얼굴로 본 인간 진화의 기원

발행일	2018년 2월 25일 초판 1쇄
	2025년 3월 25일 개정판 1쇄

지은이	애덤 윌킨스
옮긴이	김수민
감수	김준홍
펴낸이	정무영, 정상준
펴낸곳	㈜을유문화사

창립일	1945년 12월 1일
주소	서울시 마포구 서교동 469-48
전화	02-733-8153
팩스	02-732-9154
홈페이지	www.eulyoo.co.kr

ISBN 978-89-324-7543-1 03470

아버지 앨빈 마이어Alvin Meyer, 1916~1963와
어머니 소피 윌킨스Sophie Wilkins, 1915~2003,
양아버지 서먼 윌킨스Thurman Wilkins, 1916~1997를 추모하며
이들에게 이 책을 바칩니다.

모든 동물에게는 얼굴이 있을까? 얼굴에는 눈과 입이 반드시 있어야 한다고 전제한다면 갑각류와 곤충을 포함한 절지동물과, 어류에서 포유류에 이르는 척추동물에게만 얼굴이 있다. 얼굴은 언제 발생했을까? 이 책은 최초의 척추동물부터 최초의 포유류와 영장동물에 이르기까지의 4억 5천만 년의 진화사와, 최초의 영장류부터 독특한 얼굴을 가진 현대의 인간에 이르는 700만 년의 인류사를 함께 보여 준다.

이 책의 장점은 인간을 포함한 동물의 얼굴에서 일어나는 표현형의 변화만을 보여 주는 데 그치지 않고 그 바탕에 있는 유전적, 발생학적 근거를 함께 보여 준다는 것이다. 이 책은 오늘날 생화학자와 발생학자들이 관심을 기울이며 연구하고 있는 주제들을 '얼굴'이라는 키워드로 집대성해 냈다. 드디어 한국의 독자들도 인간 얼굴의 역사를 제대로 추적하는 책을 갖게 되었다. 교양 과학서의 수준이 한층 더 올라갔음을 여실히 보여 주는 책이다!

— **이정모**(전 국립과천과학관장, 『찬란한 멸종』 저자)

얼굴의 기원과 진화를 파고드는 기사를 기획한 적이 있는데, 그때 깨달았다. 우리가 너무나 친숙하게 여겨 온 얼굴에 대해 우리가 얼마나 무지한지를. 기존의 지식 체계들, 그러니까 뇌과학이나 해부학, 유전학, 인류학 등으로도 지금 우리의 얼굴이 갖는 다양하면서도 보편적인 특성을 명쾌하게 설명할 수 없었다. 얼굴이 왜 있지? 왜 모두 다르지? 인류의 얼굴은 동물과 심지어 유인원과 비교해 무슨 특징이 있지? 좋은 이론은 많은 경우 명쾌한 법인데, 이 질문들을 꿰어 설명할 좋은 이론을 우리는 아직 갖지 못했고, 앞으로도 한동안은 갖지 못할 것이다. 한마디로 설명할 수 없을 때의 다음 전략은 가능한 한 다각도로 문제를 살펴보는 것이다. 이 책이 취하고 있는 전략이 그렇다. 이 책은 얼굴의 진화와 관련해 가장 최신의 소식을 가장 충실하게, 또 통찰력을 갖고 다룬 책일 것이다. 기원을 추적하기 좋아하는 과학 기자로서, 얼굴의 진화에 관심을 가지면서 품었던 호기심과 갖가지 의문이 서서히 풀리는 느낌이 들어 기쁘다.

또 이 책을 읽으며 개인적인 의문을 조금 해소하기도 했다. 얼굴이 인간에게만 유독 중요한 특질일 가능성, 그러니까 얼굴에 대해 강조하고 집착하는 행위가 지나치게 인간 중심적인 사고에 바탕을 둔 행위가 아닌가 하는 반성을 한 적이 있다. 하지만 얼굴의 진화를 장구한 동물 진화의 맥락에서 함께 바라본 이 책의 여러 논의를 읽으며 안도했다. 적어도 얼굴의 진화와 척추동물과는 관련이 있다니까. 그래도 여전히 지구생명중심주의라는 비판을 받을지 모르겠지만, 적어도 외계 생명체를 발견하고 그 존재가 얼굴을 지니지 않는다는 사실을 확인하기 전까지는 안심해도 될 것 같다.

— **윤신영**(동아사이언스 전문 기자, 『인류의 기원』 저자)

저자는 인간의 얼굴과 두뇌가 현재의 형태를 갖추게 된 것에 대해 크게 두 가지 설명을 제시한다. 하나는 유악어류-포유류-영장류-인간으로 이어지는 계통수에서 나온 생물학적 전통이고, 또 하나는 인간 얼굴의 형태와 다양성이 사회성의 진화와 관련 있다는 가설이다. 이 책의 강점은 이 두 가지 생물학적 힘이 따로 작용하는 것이 아니라 유전과 발달, 문화에 걸쳐서 공진화한다는 것을 권위 있게 설명했다는 점이다.

— **김준홍**(포스텍 인문사회학부 교수, 생물인류학자)

이 책은 생물학적 풍경이 펼쳐지는 창문을 활짝 열면서 얼굴을 흥미로운 대상으로 만들었다. 유전자와 뼈, 근육, 두뇌의 역할에 대한 명료한 설명은 인종과 성별, 심리에 대한 도발적인 질문들의 전조가 되었다. 윌킨스의 품격 있는 설명은 거울에 보이는 우리의 모습뿐만 아니라 인류 진화에 대한 '최신'의 안내서이자 '최고'의 안내서다.

— **리처드 랭엄**Richard Wrangham(하버드대학교 인간진화생물학과 교수, 『한없이 사악하고 더없이 관대한』 저자)

이 책은 인간의 얼굴이 '어떻게' 그리고 '왜' 지금의 모습이 되었는지 알기 쉽게 풀어 준다. 윌킨스는 새롭고 흥미로운 견해들을 제시하며 발달과 해부, 진화에 대한 한 세기가 넘는 연구들을 명쾌하게 엮어 나간다.

— **대니얼 리버먼**Daniel Lieberman(하버드대학교 인간진화생물학과 교수, 『운동하는 사피엔스』 저자)

동물계에서 인간이 어떻게 표정이 가장 풍부한 얼굴을 가지게 되었는지를 탐구하면서 윌킨스는 약 5억 년 전에 최초의 척추동물이 출현했던 시기까지 진화의 역사를 거슬러 올라갔고, 그 과정에서 생물학과 유전학에 고고학을 접목시킨다. 다양한 표정의 발달은 말을 하는 데 필요한 신경과 근육 메커니즘과 감정적 반응을 이해하는 인지 능력, 그리고 이에 따른 사회성과 문화를 포함하는 인간 종이 가진 독특한 특성의 기반을 형성하는 매우 흥미로운 변화 과정이었다. 이 책은 우리의 관심에서 멀어져 있는 인간의 얼굴이 가진 경이로움에 진심으로 경의를 표한다.

— **니컬러스 바토스**Nicholas Bartos (『커런트 월드 아케올로지Current World Archaeology』)

이 매력적이고 재미있는 책은 오늘날 인간 얼굴의 진화를 이해하는 데 도움을 주는 다양한 과학 분야의 명쾌한 설명을 제공해 준다. 인류 진화와 생명 현상에 관심 있는 모든 사람에게 흥미로운 책이 될 것이다.

— **T. 해리슨**T. Harrison (『초이스Choice』)

차례

6장 얼굴의 역사 II : 초기 영장류부터 현대 인류까지

7장 두뇌와 얼굴의 공진화 : 인식하기, 읽기, 표정 만들기

10장 인간의 얼굴 형성에서 사회선택의 역할

익숙함이 항상 무관심을 낳지는 않지만, 무지로 이어지는 경우는 흔히 발생한다. 그리고 이 무지는 익숙한 존재가 가진 결함이나, 더 놀랍게는 독특하고 고유한 성질을 깨닫지 못하게 만들기도 한다. 인간의 언어를 예로 들어 보자. 우리는 매일 특별한 노력 없이 자연스럽게 언어를 사용한다. 그런데 언어를 사용한다는 사실이 얼마나 비범한 능력인지 한순간이라도 멈추어 서서 생각해 본 사람이 과연 얼마나 될까? 익숙함은 경이로운 사실을 인식하지 못하게 만드는데 이런 식으로 우리가 간과하는 또 다른 사례가 이 책의 주제인 얼굴이다. 인간의 얼굴은 다른 동물과 비교해 매우 독특한 신체 특징을 가지고 있을 뿐만 아니라 지구상의 어떤 생명체보다도 표정이 풍부하며, 이것은 사회생활에 중대한 역할을 한다. 모든 사람이 자신의 얼굴은 물론이고 타인의 얼굴을 인식하고, 인간의 얼굴이 보여 주는 "흥미로움"을 감지하면서도 대부분 그 특별한 능력은 보지 못하고 지나친다. 이런 능력은 일상의 익숙함에 묻혀 버린다.

인간의 얼굴이 가진 색다른 점을 온전히 인식하기 위해서는 얼굴의 기원을 이해하는 것이 큰 도움이 된다. 인간이 신의 창조물이라는 관점은 배제하고 생물학적 관점에서 이 주제에 접근하기 위해서는 진화의 과정을 이해해야 한다. 나는 이 책에서 인간의 얼굴을 진화와 관련지어 설명하려고 한다. 그리고 앞으로 보게 되겠지만, 이 진화는 앞서 언급한 인간의 또 다른 독특한 능력, 즉 언어와 연관이 있다.

지난 10~15년 동안 인간의 얼굴에 대한 수많은 학술 서적과 대중 서적이 쏟아져 나왔지만, 진화적 측면을 간과하거나 매우 짧게 언급하고 지나가는 경우가 대다수였다. 이 책은 이렇게 누락된 부분을 채우고자 한다. 어떠한 이론도 확정적이거나 최종 결론일 수 없으며, 이 책 역시 이를 기대하지 않는다. 다만 5억 년 전에 탄생한 최초 척추동물의 얼굴에서 시작해 가장 최근에 형성된 인류 조상의 얼굴로 이어지는 진화의 역사를 설명하며 다른 책들이 놓친 부분을 다룬다. 특히 인간 얼굴의 형성이 인간과 비슷한 영장류 조상들에게 물려받은 속성인 고도로 발달된 사회성에 뿌리를 두고 있음을 보여 준다. 사회적 상호작용이 진화를 거듭하는 동안 인간과 인간의 친척뻘인 유인원의 얼굴이 되었다는 점은 이들을 다른 모든 고등동물과 분리시킨다.

이 책은 일반 독자들, 그중에서도 특히 인간생물학에 관심이 있는 독자들을 주 독자층으로 삼지만, 생물학자들도 충분히 흥미를 느낄 만한 내용을 담고 있다. 이에 따라 문체는 대중을 위한 공개 강의 형식이며, 이따금씩 인칭대명사를 사용하는 경우가 있는데, 우리라는 표현을 사용할 때는 여러분과 나를, 즉 독자와 작가를 지칭하지만, 몇몇 군데에서는 일반적인 인류를 의미하기도 한다. 이는 문맥에 따라 의도한 의미를 이해할 수 있을 것이다. 이 외에 때때로 나 자신을 언급할 때도 있다. 이렇듯 이 책은 영혼이 없는 산물이 아니라 한 개인의 관점과 견해, 그리고 피할 수 없는 약점이 담긴 작품이다.

모든 책은 어느 정도 작가 개인의 삶에서 비롯되며, 작가들은 자신만의 집필 계기를 가지고 있다. 내 계기는 이렇다. 먼저, 모든 아이들이 그렇듯이, 나도 우리 부모님과 내 주변 지인들의 얼굴에 흥미가 있으며 어렸을 때부터 이들이 무엇을 느끼는지에 대한 실마리를 찾으려고 얼굴을 면밀히 살폈다. 그리고 언제인지 기억나지 않는 어느 시점에 내가 이렇게 하고 있음을 자각했고, (이번에도 역시 모든 또는 대다수 아이들이 그렇듯이) 이후로 이들의 얼굴에 더 많은 관심을 가졌다. 다음으로 나는 일반적으로 얼굴을 잘 인식하고 기억하며, 길을 걸으면서 사람들의 얼굴을 관찰하는 것을 좋아한다. 그리고 사람의 얼굴이 언제나 매우 흥미롭다는 사실을 발견하는데, 이런 행동이 부모님의 얼굴을 세심하게 관찰하던 습관의 연장선상에 있다고 말할 수 있을지는 잘 모르겠다. 마지막으로 대여섯 살 때 아버지의 손을 잡고 뉴욕시에 있는 미국자연사박물관을 처음 구경했을 때 아버지가 내 수준에 맞춰 진화 현상을 쉽게 설명해 주었고, 거기에 매료되었다. 나는 포유류관에 전시되어 있던 멸종된 코끼리와 코뿔소, 말 등 다양한 종들에 특별히 더 강한 호기심을 느꼈다. 이곳에서 동물의 뼈를 바로 확인해 볼 수도 있고, 벽면 상부를 장식한 찰스 R. 나이트Charles R. Knight의 멋진 그림들 속에서 각양각색 신체 크기와 비율, 두상의 모양을 볼 수도 있었다. 학교에 입학해 생물학적 발달에 관해 배운 것은 이로부터 10년도 더 지난 후지만, 이때부터 나는 연관성 있는 이 동물들 사이에서 이런 차이가 발생하게 된 중대한 이유가 있다는 것을 느꼈다. 돌이켜 생각해 보면 유년 시절에 서로 다르면서도 유사한 포유류에 매료되었던 일과 인간의 얼굴이 어떻게 진화했는가에 강한 흥미를 느꼈던 일이 상당히 연관이 있어 보인다. 아무래도 평생을 간직해 온 얼굴에 대한 강한 흥미가 이와 거의 비슷하게 오래된 진화에 대한 관심과 결합되면서 필연적으로 인간 얼굴의 진화적 기원에 대해 집필하고 싶은 바람을 만들어 냈는지도 모르겠다.

인간은 매우 시각적이고 지각이 있는 동물로서 습관적으로 우리 앞에 펼쳐진 장면들을 살피면서 세상을 바라본다. 그러나 이 책은 어떻게 인간의 얼굴이 지금과 같은 모습을 갖추게 되었는가와 인간이 한 종으로서 지금의 위치를 차지하게 되었는가를 이해하기 위해 세상이 아닌 우리 자신에게로, 그중에서도 얼굴로 시선을 돌린다.

1장

인간의 얼굴은
진화의 산물이다

경이로운 인간의 얼굴

무언가를 논의할 때 그것에 대한 정의를 먼저 내리면 시작에 도움이 되기도 한다. "얼굴"이란 정확히 무엇인가? 비유로 쓰이는 것(예를 들어 얼굴에 먹칠을 한다거나 문단의 새 얼굴이라고 사용되는 사례들)은 차치하고, 얼굴은 입과 한 쌍의 눈이 있는, 동물의 머리 앞쪽 면을 의미한다. 그러나 이런 정의는 무엇이 얼굴을 흥미롭게 만드는가에 대한 단서를 거의 제공하지 않는다. 얼굴이 하는 일, 즉 그 기능이 무엇인지 알 필요가 있다.

얼굴의 기능에 대한 단서는 얼굴에 시각과 후각, 미각이라는 중요한 감각 기관 (다섯 개 중) 세 개가 모여 있다는 점이다. 다시 말해 얼굴은 음식과 미래의 배우자감, 잠재적 위협에 대한 필수 정보를 수신하는 장소이며, 실제로 동물의 감각을 관장하는 본부 역할을 한다. 물론 얼굴에는 미각 기관이 있을 뿐만 아니라 음식을 삼키기 위해 없어서는 안 되는 입이 있다. 결국 얼굴이 가진 감각 기관의 본래 기능은 동물들이 섭취 가능한 식량을 찾아내도록 도움을 주는 것이라고 볼 수 있다.[1]

얼굴은 자신의 주인이 즐거움을 찾고 위험을 피하며 세상을 헤치고 나아가도록 인도하는 중요한 역할을 한다. 이 점을 감안한다면 얼굴이 **척추동물**이라는 복잡한 동물들의 보편적 특징이라는 사실은 놀랍지 않다. 상어에서부터 개구리, 뱀, 새, 쥐, 그리고 인간까지 폐나 팔다리, 꼬리는 일부 척추동물 집단에서 사라진 데 반해 얼굴만큼은 모든 척추동물이 가지고 있다.

동물이 가진 얼굴의 다양성은 정말로 인상적이다. 물론 물고기와 개구리, 뱀, 새도 매우 흥미롭고 다양한 얼굴을 가지고 있지만, 이들을 제외하고 오직 포유류로만 범위를 좁히더라도 그 생김새는 놀라울 정도로 천차만별이다. 예를 들어 돌고래와 흑멧돼지*, 흡혈박쥐, 토끼, 코끼리, 개미핥기, 고릴라의 얼굴은 모두 저마다의 독특한 특성을 가지고 있다. 우리는 무의식적으로 인간의 얼굴을 판단 기준으로 삼아 다른 동물의 얼굴을 이상하거나 우습다고 생각하는 경향이 있지만 사실 모든 얼굴 가운데 인간의 얼굴이 가장 특이하다.

두개안면 골격 구조craniofacial structure, 쉽게 말해 머리와 얼굴의 구조에 관한 한 21세기 최고의 권위자라고 알려진 도널드 엔로Donald Enlow가 인간 얼굴의 특이함에 대해 정확히 설명한다.

> 인간의 얼굴은 특이하다. 일반적인 포유류의 기준에서 인간의 이목구비는 이례적이고, 전문화되었으며, 어떻게 보면 기이하기까지 하다. 대부분의 포유류에서 보이는 얼굴의 특징인 기능적인 긴 주둥이가 인간에게는 없으며, 이 주둥이는 줄어들어 돌출된 흔적만 남았다. 얼굴은 평평하고 넓으며 수직적인 구조를 가진다. 안면 윤곽의 경우 포유류 대부분이 머리덮개뼈 쪽으로 부드러운 경사를 이루며 이어지는 반면에, 인간은 커다란 두개골 앞면에 독특하고 둥글납작하며 수직으로 솟은 이마가 있다. 납작한 얼굴은 큰 두상의 나머지 부분에 비해 상대적으로 작고, 두 눈은 가깝게 붙어 있으며 정면을 향한다. 아치형을 이루는 치아 배열은 전신의 크기에 맞지 않게 작다.[2]

인간과 다른 **포유류**의 얼굴이 가지는 이런 뚜렷한 차이점들을 '그림 1.1'

• 멧돼지과의 포유류, 머리에 혹이 하나 나 있다.

그림 1.1 여우와 침팬지, 인간의 얼굴 비교. 여우는 포유류의 특징이 잘 드러나는 얼굴을 가지고 있는 반면 인간은 여타 포유류와 구별되는 특이한 얼굴을 가지고 있다(본문 참조). 침팬지는 포유류 특유의 얼굴과 인간의 얼굴이 혼합된 특성을 가지고는 있지만 인간의 얼굴과 좀 더 유사하다. 이는 침팬지가 인간과 진화적으로 관계가 있음을 보여 준다.

에서 일부 찾아볼 수 있다. 여우의 얼굴은 인간의 얼굴보다 훨씬 더 전형적인 포유류의 얼굴을 하고 있다. 엔로가 말한 특징 외에도 여우의 얼굴은 털로 덮여 있는 반면에 인간의 얼굴은 피부가 그대로 노출되어 있다는 또 다른 명백한 차이점을 발견할 수 있다. 또 여우는 대다수 포유류처럼 '촉촉한' 코가 있지만, 인간은 마른 코를 가지고 있다. 이 밖에 인간의 얼굴이 가진 특이한 특징 중에는 콧대와 턱, 툭 튀어나온 입술, 흰자위(공막)가 색깔이 있는 홍채를 둘러싸고 있는 눈이 있다. 이제 그 중간의 얼굴을 가진 동물을 보자. 침팬지의 얼굴은 여우와 인간의 중간에 위치하며, 두 종의 특징이 혼합되어 있다. 그러나 얼핏 보아도 여우보다는 인간의 얼굴과 더 닮았다는 점을 알 수 있다. 실제로 우리는 몇몇 근거를 바탕으로 침팬지가 여우보다 더 인간과 밀접하게 연관되어 있다는 사실을 알고 있으며, 얼굴이 그 확실한 증거다.

인간의 얼굴은 생김새뿐만 아니라 "행동", 즉 움직임과 표현력 면에서도 다른 포유류와 확연히 다르다. 인간과 침팬지, 여우가 각각 자신들의 동료(**동종**)와 소통하는 모습을 관찰해 보면 모두 얼굴의 표정 변화가 나타나지만, 침팬지와 인간의 얼굴 표정이 여우보다 훨씬 더 풍부하고, 인간의 표정이 침팬지보다 더 풍부하다는 것을 알 수 있다. 인간의 얼굴 표정 변화는 대화를 할 때 특히 더 두드러진다. 두 사람이 일대일로, 다시 말해 문자 그대로 "얼굴을 마주하고" 대화를 나눌 때 여우와 침팬지에게서는 보이지 않는 얼굴 표정의 끊임없는 상호작용이 발생한다. (침팬지는 다양한 범위의 소리를 낼 수 있지만 이 소리를 음성언어라고 할 수는 없다.) 인간의 표정은 말의 의미를 이해하는 데 조수와 같은 중요한 역할을 한다. 순식간에 표정이 자동적으로 만들어지면서 말의 의미를 보강하거나 약화시킨다. 인간의 얼굴은 감정 상태를 광범위하게 표현할 수 있는 매우 정교하고 민감한 의사소통 도구라고 할 수 있다. 그리고 표정의 상당수가 매우 섬세하며 이목구비의 아주 미묘한 움직임을 통해 만들어진다. 예를 들면 실눈을 뜨면서 이마를 살짝 찌푸리는 행동은 이해하지 못해 혼란한 상태임을 의미하고, 이와 동일한 표정에 더해 입꼬리가 살짝 처진다면 회의적임을 나타낸다. 입술이 벌어진 상태에서 입꼬리가 살짝 위로 올라간 모습은 행복함이나 즐거움의 신호인 반면, 꽉 다문 입술은 불신을 의미하기도 한다. 우리는 이런 표정들을 무의식적으로 만들면서 심리 상태를 드러내기도 하고, 타인이 짓는 표정들을 즉각적으로 "읽기"도 한다. 따라서 대화에 동반되는 다양한 얼굴 표정은 실제 말을 주고받는 행위의 뒤에서 그림자처럼 따라다니며 대화의 일부가 되고, 말로 전달되는 정보 못지않게 발화 내용의 이면에 담긴 중요한 감정 상태를 전달한다. 언어와 말에 많이 의존하는 인간은 다른 동물들에 비해, 심지어 상당히 풍부한 표정을 지을 수 있는 인간과 가장 가까운 친척뻘인 영장류보다도, 얼굴을 훨씬 더 자주 사용하며 소통한다.[3]

인간의 얼굴은 감각 본부로서 일반적인 기능에 더해 아주 중요한 역할을 담당한다. 다시 말해 얼굴은 우리가 일상에서 흔히 접하는 사회적 상호작용에서 없어서는 안 되는 필수 요소다. 이 사실로 미루어 볼 때 인간이 존재하는 데 얼굴이 얼마나 특별한 의미를 갖는지 알 수 있다. 세상 사가 으레 그렇듯이 인간의 삶은 타인의 얼굴을 바라보는 것으로 시작해서 (흔히) 타인의 얼굴을 바라보며 마감한다. 혹자는 평범한 인간의 삶이 시작부터 끝까지 인간의 얼굴 이미지들로 채워져 있다고 말할지도 모른다. 태어나고 몇 분 지나지 않아 신생아의 눈에 제일 먼저 들어오는 모습은 엄마의 얼굴이다. 아기는 엄마의 품에 안기면서 엄마의 얼굴을 본다. 물론 이미지는 흐릿하고, 자신이 바라보는 존재가 무엇인지 기껏해야 아주 희미하게 감지할 수 있을 뿐이지만("무엇"과는 완전히 별개인 "누구"라는 개념은 좀 더 성장한 후에 발달된다) 아기가 보는 것은 분명히 얼굴이고, 이 특정한 얼굴은 아기의 세계에서 가장 중요한 대상이 된다. 그리고 이 아기가 살면서 친밀한 인간관계를 형성하는 행운을 누렸다면, 수십년 세월이 흘러 나이가 지긋한 노인이 된 후에 의식이 사그라지는 인생의 막바지에 보게 되는 마지막 이미지도 얼굴일 가능성이 높다. 단지 이번에는 엄마의 얼굴이 아닌 사랑하는 배우자나 성인이 된 자녀나 손주, 또는 어쩌면 가까운 친구의 얼굴일 것이다. 21세기 서구 사회에서는 이런 식으로 삶에 평화로운 작별을 고할 수 있는 사례가 점점 더 보기 힘들어지는 실정이다. 그러나 인류 역사를 통틀어서 대부분 인생의 시작과 끝에서 일반적으로 보게 되는 모습은 중요한 사람들의 얼굴이었다.

탄생에서 죽음에 이르기까지 모든 사람은 예외 없이 수많은 타인의 얼굴을 보고 이미지를 떠올리는 경험을 한다. 물론 실제로 얼마나 많은 얼굴을 보고 떠올리는가는 사람마다 제각각이고, 그 사람이 소속되어 있는 사회의 유형에 영향을 받는다. 선사시대 또는 중세 유럽의 소작농 사회에서는 일생에서 아마도 많아야 약 2백 명 정도의 얼굴을 접했을 것이다. 현대의 아프리카와 아시아, 남아메리카의 외진 지역에서 생활하는 민족의 경우도 이와 크게 다르지 않다. 반면 현대의 산업 사회에서는 사람들이 다양한 형태의 전자 미디어를 통해 직접적이든 간접적이든 무수히 많은 얼굴을 접한다. 군중 사이에서 마주치는 얼굴이나 미디어를 통해 보게 되는 이미지의 대부분은 너무나 순간적이어서 제대로 인식하기는 어렵지만, 일반적으로 사람들은 평생을 살면서 뚜렷이 구별되는 수천 개의 얼굴들을 알아보고 기억한다. 맹인은 이런 경험을 할 수 있는 기회가 부족하지만 선천적 맹인의 경우에도 흔히 얼굴을 통해 누군가를 알아보는 방법이 있다. 바로 손으로 얼굴을 만지는 방식이다. 이렇듯 대다수 사람에게 얼굴은 상대방에게 제시하는 신분증과 같다.

이뿐만이 아니다. 얼굴이 마치 그 사람의 전부라도 되는 것처럼 얼굴은 그 소유주에게 중요하게 여겨진다. 세상에 자신의 "최고의 얼굴"을 보여 주는 일에 의미를 두는 행위는 얼굴이 한 개인으로서 자신을 드러낸다는 생각과 밀접한 관계가 있다. 얼굴에 대한 자의식은 인간의 역사에서 초창기에 비해 오늘날 더 광범위하게 퍼져 있으며, 개인이라는 개념과 거울처럼 자신의 얼굴을 스스로 확인할 수 있는 무언가가 존재하는 모든 사회가 가진 특징이다.

얼굴은 어떻게 인간의 삶에서 중요한 의미를 갖게 되었을까? 이 질문은 궁극적으로 아득히 먼 과거와 인간의 종에 대한 질문, 즉 (창조론자의 관점에 동의하지 않는다는 전제하에서) 인류의 진화에 대한 질문이다. 이 책은 이 질문에 답하기 위해 진화의 역사를 주제로 삼는다. 그러나 진화라는 경기장으로 입장하기 전에 방금 전에 말한 인간의 얼굴이 그 사람 전체를 나타낸다고 생각하는 현상에 대해 먼저 간략하게 살펴보자. 이는 생물학적 문제라기보다는 문화적 문제라고 할 수 있지만, 얼굴의 진화에 대한 과학적 탐구를 시작하는 일과 연관이 있기도 하다. 또 앞으로 보게 되듯이 문화적 믿음과 관습도 생물학적 역사와 관련이 있는데, 이는 인류의 역사에서 인간의 얼굴이 형성되는 진화 과정 중에 간접적이더라도 이것들이 실질적인 역할을 해 왔기 때문이다.

얼굴에 대한 최초의 과학적 탐구

인간이 언제부터 자신의 얼굴에 관심을 갖기 시작했는지 또는 얼굴이 개인을 대표한다고 완전히 인식하게 되었는지는 알려진 바가 없다. 인간뿐만 아니라 우리의 친척뻘인 다른 영장류들도 동료의 얼굴에 반응하는 것으로 보아 이는 모든 영장류의 기본 특징이고, 그렇기 때문에 아주 오래전에 생겨난 것임을 알 수 있다. 그러나 얼굴을 의식하는 일과 얼굴의 기능은 별개의 문제다. 우리가 확실하게 알 수 있는 유일한 사실은 인간이 1만 년에서 5천 년 전에 주요 문명들이 시작될 때 얼굴에 최초로 관심을 가졌다는 점이다. 당시의 유물이 이를 암시하는 강력한 증거다. 빠르게는 2만 5천 년에서 3만 년 전에도 돌조각 형태로 인간의 머리와 얼굴을 나타내는 예술품이 드물지만 존재했다. 하지만 개인의 얼굴을 예술적으로 표현하기 시작한 시점은 인류의 문명이 출현했던 때로 보인다. 지난 5천 년간 그려진 회화를 근거로 거대한 사회적 구조 안에서 인간의 얼굴과 그 다양성에 대한 관심이 더 강렬해지고 일반적이 되었다고 추측해 볼 수 있다. 특히 마지막 2천5백 년 동안은 얼굴이 예술의 모티브로 점점 더 자주 사용되었다. 인간이 예술에서 얼굴 묘사에 초점을 맞추기 시작하면서 얼굴이 가진 더 깊은 의미를, 특히 그 사람의 기질에 대해 무엇을 드러내는지를 알아내기 위한 시도가 병행되었다. 이런 노력들이 모여 약 2천5백 년 전에 고대 그리스에서 **관상학**physiognomy이 탄생했고, 이후로 줄곧 다양한 형태로 서구 문명의 특징이 되었다. 관상학은 과학이 아니며 19세기 말에서 20세기 초에 마지막으로 정점을 찍고 쇠퇴하였지만, 사람들 대부분은 여전히 직관적으로 관상학에 의존한다. 이들은 얼굴 생김새까지는 아니더라도 습관적으로 짓는 표정으로 그 사람의 성격을 파악할 수 있다고 생각한다.[4]

인간의 얼굴을 진지하게 과학적으로 연구한 역사는 훨씬 짧다. 영국의 저명한 생리학자인 찰스 벨Charles Bell, 1774~1842 경의 1806년도 저서 『회화에서 표현의 해부에 관한 에세이Essays on the Anatomy of Expression in Painting』에서부터 이 역사가 시작되었다고 볼 수 있다. 벨은 다양한 얼굴 표정을 만드는 입과 눈 주변에 집중된 안면 근육, 즉 **얼굴 근육**mimetic muscle이 가진 특별하고 중요한 성질에 주목하고 설명했던 최초의 인물이었다. 그는 얼굴 근육이 인간의 표정을 만드는 직접적인 요인임을 밝혀내면서 얼굴 연구에서 진정한 과학적 접근을 시도했다. 그러나 인간의 얼굴이 가진 위대한 표현 능력에 깊은 인상을 받았던 그는 인간만이 이런 근육을 가지고 있다고 믿었고, 신이 인간에게 특별히 감정을 표현할 수 있도록 이 능력을 부여했다는 결론을 내렸다. 그의 이런 믿음은 18세기 자연철학natural philosophy의 지적 전통을 대표했다.

그러나 벨이 사망한 후인 1844년에 출간된 『회화에서 표현의 해부에 관한 에세이』의 세 번째이자 마지막 개정판에서는 이 철학적 전통이 희미해졌다. 그 어느 때보다도 19세기 중반에는 철학 개념에 변화의 바람이 강력하게 불었고, 찰스 다윈Charles Darwin, 1809~1882이 벨의 논지를 반박하고 나섰다. 다윈은 1872년에 출간한 자신의 저서 『인간과 동물의 감정 표현The Expression of the Emotions in Man and the Animals』을 통해 벨의 주장에 맞섰다. 그는 이 책에서 동물들이 구체적으로는 보디랭귀지와 얼굴 표정 모두에서 광범위한 표현 능력을 가졌다고 설명했다. 특히 인간과 가장 가까운 동물 친척인 원숭이와 유인원이 얼굴 표정을 만드는 인간과 유사한 능력을 가졌다고 지적했다. 다윈은 책의 머리말에서 자신의 목적을 분명히 밝혔다. 그는 이 책을 통해 벨의 주장, 즉 얼굴 표정이 인간만이 가진 독특한 능력이라는 주장에 정면으로 도전했다.

누군가는 동물의 표정 문제가 책 한 권을 할애하기에는 지나치게 제한된 주제라고 여길지도 모르지만, 다윈은 결코 그렇게 생각하지 않았다. 어쨌든 벨은 과학계의 거물이었고, 그의 관점들을 무시할 수는 없었다.

만약 벨의 주장이 옳다면 모든 생물학적 특징들이 변이를 통해 진화하며 내려온다는 다윈의 주장은 치명적인 상처를 입을 수 있었다. 그런데 얼굴 근육에 대한 벨의 주장이 정말로 맞다면 종교에서 전통적으로 주장하는 믿음처럼 생명체가 가진 모든 특별한 속성들도 전부 신의 창조물로 여겨질 수 있는 것 아닐까. 다윈은 벨의 주장을 어떻게든 뒤집어야 했고, 『인간과 동물의 감정 표현』을 통해 이 작업에 착수했다.

그러나 다윈의 저서가 출간된 이후로 수십 년간 얼굴 표정에 관한 주제는 과학계의 관심 밖이었다. 1970년대 초가 되어서야 폴 에크만Paul Ekman과 그의 동료들의 연구 덕분에 뜨겁게 재조명되었다. 이들의 연구는 의사전달 기능으로서 인간의 표정에 초점을 맞추었고, 이 기능을 정교하고 상세하게 기술하면서 표정이 가진 감정을 표현하는 능력을 보여 주었다. 오늘날 이 주제는 큰 주목을 받고 있다. 그러나 다윈이 진화적 측면에 중점을 두었던 것과는 달리 오늘날 진행되는 인간의 얼굴 표정에 대한 인상적이고 방대한 양의 연구들은 대체로 진화적 관점에 말로만 지지를 보낼 뿐 실제로는 등한시하는 경우가 대부분이다. 또 최근에 발간된 일부 문헌은 다른 동물들과 뚜렷이 구별되는 인간의 표현력에 초점이 편중되다 보니 의도하지 않았다고 해도 사실상 반진화론적인 뉘앙스를 풍긴다.[5]

나는 얼굴의 진화를 다룬 가장 최근 책이 1929년에 윌리엄 그레고리William K. Gregory가 집필한 『어류에서 인간까지 우리의 얼굴Our Face from Fish to Man』이라고 믿는다. 그는 뉴욕시에 위치한 미국자연사박물관의 과학자이자 어류관 큐레이터였다. 이 책은 해박한 지식과 통찰력을 바탕으로 재치 있게 쓰였다. 그러나 그레고리는 다윈과는 다른 방향에 초점을 맞췄다. 그는 얼굴 표정이 아닌 척추동물의 얼굴에 일어난 신체적 또는 형태학적 진화에 집중했다. 그의 책은 척추동물의 얼굴이 진화를 통해 갖추게 된 다양한 모습을 잘 보여 준다. 그레고리는 근본적으로 두개골로 이루어진 척추동물의 얼굴에서 기본 상부 구조가 초기 어류에서부터 현대 인류까지 거의 동일하게 남아 있는 점이 인간이 진화의 산물이라는 강력한 증거라고 주장했다. 자신의 주장을 뒷받침하기 위해 생물의 화석 증거와 비교해부학을 광범위하게 활용했지만, 이것만으로는 부족하다는 사실을 깨달았다. 다른 분야, 특히 발생생물학과 유전학, 신경생물학, 동물 행동 연구와 같은 분야의 정보가 필요했다. 이 당시만 해도 이런 분야들은 이 주제와 관련하여 어떤 정보도 제공해 주지 못했지만, 그는 선견지명을 가지고 다른 분야가 가진 가능성을 믿었다. 그리고 앞으로 보게 되듯이, 지금은 이 모든 분야가 진화를 증명하는 일에 크게 일조하고 있다.[6]

얼굴에 대한 모든 과학적 탐구는 여전히 다윈의 핵심 주장을 그 출발점으로 삼는다. 즉 인간과 가장 가까운 친척뻘 동물들에서 볼 수 있듯이 인간의 얼굴과 그 표현 능력이 오랜 기간에 걸친 진화를 통해 형성되었다는 것이다. 원숭이와 유인원은 얼굴의 생김새 면에서 인간과 유사한 속성을 지닌다. 이뿐만이 아니다. 인간의 표정과 닮은 다양한 표정을 지을 수도 있다. 예를 들면 우리는 침팬지의 표정에서 드러나는 공포나 놀라움, 행복, 분노를 어렵지 않게 감지할 수 있고, 과학적 연구는 이것이 그저 이들의 표정을 인간의 표정과 결부시키면서 미루어 짐작하는 것이 아님을 보여 준다. 한편 고양이와 개 같은 비영장류 포유류들도 기쁨이나 두려움을 나타내거나 상대를 위협하는 표정을 짓지만, 이들의 표현 범위는 상당히 제한적이다.

인간과 인간의 포유류 사촌들이 공유하는 얼굴 표정은 진화로 설명이 가능하다. 그러나 얼굴 표정의 활용, 특히 말을 하면서 짓는 표정은 인간의 고유한 특성으로 혈통이나 **진화 계통**evolutionary lineage 안에서 이어져 내려오는 동안 얼굴과 뇌를 연관시키는, 전에 없던 진화적 사건들이 일어났음을 분명히 보여 준다. 이 과정에서 인류 이전의 유인원에 더 가까웠던 조상들은 오늘날 인간의 모습을 갖추게 되었다. 이런 혈통을 **호미닌 계통**hominin lineage이라고 하며, 침팬지에서 갈라져 나와 현대 인류의 조상이 되는 영장류의 분파를 의미한다. 인류 진화의 전모를 제대로 설명하기 위해서는 다른 영장류와 포유류, 비영장류, 심지어 척추동물까지 광범위하게 공유하는 요소들과 인간의 얼굴만이 가진 특별한 요소들을 모두 고려해야 한다. 이 책은 인간의 얼굴이 가진 독특한 속성들이 발생하게 된 사건들에 주로 초점을 맞추겠지만, 두 요소들의 기원을 간략하게 훑어볼 것이다.[7]

다섯 가지 질문으로 살펴본
얼굴 진화의 역사

과학에서는 흔히 올바른 질문이 성공의 열쇠라고들 말한다. 언뜻 간단명료해 보이는 이 말을 듣자마자 곧바로 질문 하나가 떠오른다. 과학적 질문이 "올바르다"는 사실을 어떻게 알 수 있는가? 적당한 답을 하자면 이렇다. 선택한 주제를 어떻게 조사해야 하는지에 대한 실마리를 제공하는 질문이 좋은 과학적 질문이다. 이런 기준에서 보면 "지구에서 생명체가 어떻게 최초로 발생하게 되었는가?"나 "뇌는 어떻게 작용하는가?"와 같은 질문들은 좋은 예가 아니다. 이들은 어디서부터 조사를 시작해야 하는지에 대한 힌트를 주지 않기 때문이다. 과학적 탐구에서는 질문의 범위를 좀 더 좁혀야 하며, 질문에 답하기 위해서는 흔히 측정을 동반해야 한다. 우리가 무언가를 측정할 수 있다면 서로 다른 존재나 상황을 파악하고 관련성 있는 측정 결과들을 비교할 수 있으며, 많은 경우 이를 통해 새로운 사실을 깨달을 수 있다.[8]

이런 사실에 비추어 볼 때 이 책이 던지는 "진화 과정에서 인간의 얼굴이 어떻게 형성되었는가?"라는 질문은 좋은 예라고 할 수 없다. 더 세부적으로 이 질문을 쪼갤 필요가 있으며, 쪼갠 다음에는 진화의 특정 사건들에 적용해야 한다. 물론 진화의 역사에서 순차적인 단계마다 반복적으로 적용되어야 한다. 일반적으로 진화에 적용할 수 있는 질문들은 다섯 가지가 있으며, 이들은 '표 1.1'에서 볼 수 있다. 이 질문들을 살펴보고 얼굴 이야기에 어떻게 적용되는지 알아보자.

표 1.1   진화 과정에서 얼굴의 변화에 대한 보편적인 다섯 가지 질문

질문	질문 내용	답변을 위해 필요한 증거의 종류
1. "무슨 일이 있었는가?"	(어류에서 인간까지) 척추동물의 역사에서 동물의 얼굴에 실제로 발생한 형태학적 변화는 무엇인가?	• 화석 증거
2. "언제?"	언제 연속적인 주요 변화가 일어났는가?	• 방사성 동위원소 연대 측정, 동물상의 연관관계, 분자시계를 활용한 화석 증거
3. "어디서?"	얼굴이 형성되는 진화 과정에서 이런 사건들이 최초로 발생한 장소는 어디인가?	• 대륙과 지역의 위치 변화를 나타내는 지도를 활용한 화석 증거
4. "기반은?"	인간의 얼굴에 진화를 일으킨 유전 변이와 발달 변화는 무엇인가?	• 조류와 포유류의 배발생胚發生* 비교 연구
5. "왜?"	물리적 (그리고 사회적) 환경의 변화가 인간 얼굴의 진화를 이끈 변이들을 어떻게 일으켰는가?	• 머리뼈와 치아에서 얻은 단서 • 동물상의 연관관계와 환경에 대한 물리적 증거 • 비교 신경생물학과 심리학, 동물행동학의 방법들을 활용한 발달과 행동, 뇌 구조의 비교 연구

•   수정된 알이 세포 분열을 시작하여 배체가 생기기까지의 과정을 통틀어 이르는 말

"무슨 일이 있었는가?" :
끊임없는 진화 과정에서 눈에 띄는 특정한 변화는 무엇인가?

이 질문은 진화에서 모양과 세부적인 형태, 눈에 띄는 크기 변화를 이끈 사건들에 초점을 맞춘다. 이런 사건들은 생물의 형태를 과학적으로 연구하는 형태학의 영역에 속한다. 형태상의 차이점들은 진화적 변이가 일어났음을 보여 주는 징후이자 변이가 구체적인 형태로 실현된 것이다. 자연사박물관에 전시된 공룡의 뼈대를 보고 있다고 가정해 보자. 아파토사우루스Apatosaurus나 티라노사우루스Tyranosaurus 같은 거대한 생명체가 이들 이전에 존재했던 더 작은 공룡에서부터 진화한 경로를 추적하고 싶다면 "무슨 일이 있었는가?"라는 질문을 하게 된다. 좋은 화석 증거는 이 질문에 답하기 위해 필요한 정보를 얻는 데 필수적이다. 또 형태만이 아니라 동물들의 생리와 행동을 이들이 남긴 흔적을 통해 알아내는 일에도 중요한 정보를 제공한다. 순전히 우연이든 아니면 조직이 화석화될 수 없었기 때문이든 간에 화석 기록이 거의 남아 있지 않거나 아예 존재하지 않는 동식물은 형태학상의 변화들을 어떤 식으로든 규명할 수 없다. 한편 화석 기록이 풍부하게 남아 있다고 해도 필수적인 증거의 조각들이 없는 경우가 흔하다. 이런 상황에서 연구자들은 부족한 부분을 재구성하기 위해 창의력을 발휘해 사건을 추론하지 않을 수 없다.

"무슨 일이 있었는가?"에 대한 답을 찾는 과정에서 맞닥뜨리게 되는 이런 기술적인 어려움은 차치하더라도 진화의 역사를 이야기하려는 모든 사람에게 이 질문은 그 자체만으로도 이미 문제를 야기한다. 바로 어디서부터 이야기를 시작해야 하는가의 문제다. (어느 출발점을 선택하든 그 이전에 이 시점으로 이끈 사건들이 분명히 존재하기 때문에 이는 일반적으로 역사를 기술하는 문제라고 할 수 있다.) 인간의 얼굴을 예로 들어 보자. 오로지 호미닌 혈통에만 집중하면서 대략 6백~7백만 년 전에 처음 등장한 침팬지와 비슷한 초창기 호미닌을 출발점으로 잡을 수 있다. 그러나 이것은 에펠탑의 기반이 어떻게 다져졌는가에 대한 논의를 제외한 채 탑이 세워진 역사를 이야기하는 것과 다를 바가 없다. 앞서 언급했듯이 오늘날 인간의 얼굴은 호미닌 조상뿐만 아니라 "인간과 비슷한 영장류manlike primates"의 동물 집단인 **진원류**anthropoid primates를 구성하는 우리와 가장 가까운 사촌인 유인원과 원숭이와도 생물학적 토대를 공유하기 때문이다.[9]

이 집단에 속하는 몇몇 대표 종들의 얼굴은 '사진 1~4'에서 볼 수 있다. 이들의 차이점은 한눈에 봐도 알 수 있지만, 인간과의 유사점들을 포함해 이 "과科"들이 가진 얼굴의 유사점들은 분명히 드러난다. 이런 이유로 인간 얼굴의 기원을 이해하기 위해서는 이처럼 진원류가 가진 인간과 공유되는 얼굴 특징이 진화 과정에서 어떻게 생겨났는지를 고려해야 한다.

그러나 이 책은 진원류부터 이야기를 시작하지는 않는다. 이들에게도 이들 이전에 존재했던 진화상의 조상이 존재하기 때문이다. 이들의 조상격인 영장류들은 돌출된 주둥이와 더 전형적인 포유류의 치아 구조(더 큰 송곳니 또는 더 큰 앞니, 그리고 덜 발달되고 아마도 더 적은 개수의 작은어금니나 큰어금니), 더 넓은 두 눈 사이의 간격, 털로 뒤덮인 얼굴 등 포유류 특유의 얼굴 특징들을 가졌고 얼굴 표정도 풍부하지 못했을 것이다. 이런 초기 영장류들은 먼 과거에 생겨난 최초의 척추동물로 추적해 올라가 볼 수 있는 초기 포유류와 포유류 이전에 존재했던 동물 종에서 진화했다.

이제 다시 질문의 문제로 돌아가 보자. 얼굴의 진화를 이야기하기 위해 어디서부터 시작해야 할까? 나는 척추동물의 기원부터 시작하기로 결정했다. 다시 말해 지구의 역사에서 5억 년도 더 전인 **캄브리아기**Cambrian period라고 불리는 지질시대에 지구상에 출현한 최초의 척추동물, 즉 턱뼈가 없는 작은 어류들을 출발점으로 잡았다. 그 이유는 이 척추동물들이 등장하기 이전에는 머리와 입은 있어도 얼굴을 가진 조상이 없었기 때문에 얼굴의 역사를 논할 때 진정한 시작점이 될 수 있다고 생각해서다. 이외에 다른 이유도 있다. 최초의 척추동물들은 전체 이야기의 중심이 되는 어떤 사건과도 관련이 있는데, 바로 **신경능선세포**neural crest cell의 등장이다. 이 세포는 척추동물 이전의 동물들에게서는 찾아볼 수 없는 완전히 새로운 종류의 세포다. 과학 문헌에서나 드물게 언급되는 생소한 신경능선세포는 척추동물의 배발생 과정 초기에 생겨난 후 배아 내에서 다른 위치로 이동한다. 그리고 이동한 자리에서 증식을 하면서 각자의 위치에 걸맞은 다양한 종류의 특수화된 세포로 대체된다. 이런 자손세포descendant cell는 얼굴뼈와 얼굴 근육을 포함해 체내의 조직과 구조에 다양성을 부여한다. 그렇기 때문에 다른 많은 부분과 마찬가지로 신경능선세포는 척추동물의 얼굴 발생에서 없어서는 안 되는 필수 인자다. 이와 같은 맥락에서 다양한 모습의 얼굴 사이에 존재하는 진화상의 차이점들 중 대부분은 신경능선세포의 활동으로 생겨난 차이점들에 기인한다.

최초의 척추동물을 출발점으로 삼아 인간의 얼굴을 이야기하기 위해서는 방대한 양의 자료가 필요하고, 이로 인해 이야기가 자칫 길고 무거워지면서 독자들을 압도할 위험이 있다. 그래서 나는 오랜 시간과 수많은 변화를 가능한 한 쉽게 살펴볼 수 있도록 '표 1.2'에 정리한 것처럼 임의로 이를 일곱 단계로 나누었다. 각 단계마다 인간의 진화 계통 안에서 중요한 인자들이 인간의 얼굴 진화에 기여했다.

캄브리아기에 최초의 어류가 등장한 이후로 수많은 종류의 척추동물이 지구상에 서식했다는 사실을 감안하면 정말로 셀 수 없이 많은 다양한 얼굴이 존재했음을 알 수 있다. 이들 얼굴은 각각 오랜 진화적 계통의 결과물이며 자신들만의 독특한 모습을 생성했다. 그리고 이들이 모여 척추동물의 진화 계통을 보여 주는, 가지가 여러 갈래로 나뉘는 한 그루의 거대한 "나무"가 만들어졌다. 인간으로 이어지는 특정 동물 계통을 추적하

표 1.2 인간 중심 계통의 오랜 진화의 경로에서 얼굴 진화의 일곱 단계

번호	생물학적 단계	시기	얼굴 특징의 두드러진 변화
1	척추동물 얼굴의 발생	5억 2천만 ~ 5억 년 전	• 원시 척삭동물chordate에서 나온 턱뼈가 없는 무악어류jawless fish에서 최초의 얼굴 형성
2	최초의 유악어류gnathostome*	4억 2천만 ~ 4억 1천만 년 전	• 턱뼈의 진화
3	양서류의 발생, 최초의 양서류에서 양막류amniote**의 등장, 그 후 포유류형 파충류mammal-like reptile***가 생겨남	3억 7천만 ~ 2억 9천만 년 전	• 머리뼈에서 턱뼈의 변형 • 턱뼈가 단순해지고 강화되기 시작 • 분화된 치아 구조
4	초기 단궁류에서 포유형류 mammaliaformes****를 지나 최초의 진정한 포유류까지	2억 ~ 1억 2천5백만 년 전	• 변화가 더욱 진행된 턱과 치아 구조 • 털의 진화 • 전형적인 포유류형 주둥이의 진화 • 후각과 시력의 발달
5	태반이 있는 포유류placental mammals(태반류)에서 최초의 영장류	8천만 ~ 6천4백만 년 전	• ?
6	최초의 영장류에서 인간과 비슷한 영장류	6천3백만 ~ 5천5백만 년 전	• 변화가 더욱 진행된 치아 구조 • 주둥이의 축소 • 더 발달된 쌍안 시력과 더 예민하고 정밀한 시력 • 색 분별력의 향상 • 인간과 비슷한 영장류에서 얼굴 털의 감소
7	유인원류apelike에서 호미닌을 지나 인간까지	6백만 ~ 20만 년 전	• 뇌 크기의 증가와 이마의 발달 • 더욱 축소된 주둥이 • 아래턱과 뼈로 지지되는 코의 발달

는 일에 집중하기 위해서는 이런 **계통발생**phylogeny 중 다수를 무시할 수밖에 없다. 그렇다고 이 계통이 다른 계통보다 운명으로나 본질로나 더 특별하다는 의미는 아니다. 그저 인간으로 이끈 일련의 진화적 사건들에 초점을 맞추고 이를 유지하기 위해 이렇게 할 뿐이다. 나는 앞으로 이 진화적 경로를 **인간 중심 계통의 오랜 진화의 경로**long hominocentric lineage path, LHLP라고 부르기로 했다. 이는 최초의 어류에서부터 최초의 인류까지 직접 연결되는 계통, 즉 종들의 연속을 뜻하기 때문에 호미닌을 넘어 영장류가 존재하기 오래전부터 시작된다. 어느 정도 어색함이 묻어나지만 이 용어는 새롭고 인간의, 특히 그중에서도 인간의 얼굴과 관련이 있는 연속적인 진화적 변이에 초점을 맞추는 우리의 목적에 부합한다. '그림 1.2'는 대략적이고 지극히 단순화된 형태로 이 특정 경로를 요약해 보여 준다. 인간 중심 계통의 오랜 진화의 경로와는 다르게 **호미닌 계통**이라는 용어는 호미닌이 침팬지 계통에서 갈라져 나온 시점인 인간 중심 계통의 오랜 진화의 경로 후기의 비교적 짧은 기간에 국한된다.

"언제?":
얼굴의 진화 과정에서 주요 사건들이 발생한 시점 정립하기

진화적 사건들을 이해하기 위해서는 진화나 진화의 역사 중 특정 단계에서 특정 사건들이 언제 발생했는지 확인하는 일이 매우 중요하다. 먼 과

- 턱뼈가 있는 척추동물의 총칭
- •• 파충류, 조류, 포유류와 같이 배발생 중에 양막을 형성하는 집단
- ••• 단궁류synapsid라고도 하며 포유류의 조상과 현생 포유류를 포함하는 그룹으로, 척추동물 중 육상에 적응한 양막류 중 하나
- •••• 오래전에 멸종된 현대 포유류의 친척

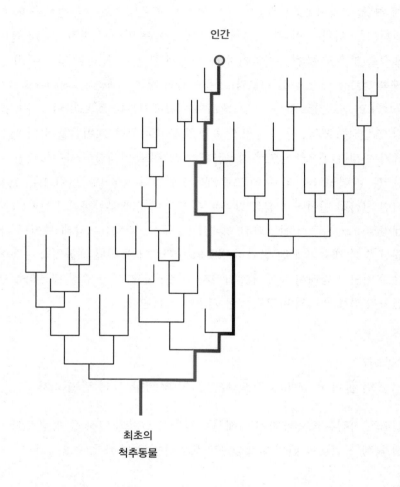

인간

최초의
척추동물

그림 1.2　척추동물의 매우 단순화된 진화 또는 계통 "나무"를 그린 도표에서 인간 중심 계통
의 오랜 진화의 경로. 모든 세부 사항은 생략되었고, 나무는 매우 도식적인 형식을 띤다. 이 그
림은 출발점부터 특정 종착점(이 경우 인류)까지 계통의 경로를 추적하는 개념을 보여 준다.

거를 다루는 생물학자들은 언제나 이 점을 궁금해하며 알아내려고 한다. A라는 (새로운 구조를 만드는) 변이는 언제 일어났는가? B라는 변이 이전에 일어났는가? 아니면 동시에 또는 이후에 일어났는가? 만약 이전이라면 B 변이가 일어나는 데 영향을 주었는가? 특정 진화적 변이가 얼마나 오랫동안 발생했는가? 멸종이라는 특정한 사건은 언제 발생했는가? 모든 계통의 진화를 논하기 위해서는 이 같은 정보가 필요하다.

18세기 후반에 지질학자들은 지구가 성경을 통해 추론할 수 있는 것보다 훨씬 역사가 오래되었다는 사실을 증명했지만, 여러 사건이 발생한 시기를 비교해 짐작만 할 수 있을 뿐 절대연대絶對年代는 계산할 수 없었다. 상대연대는 퇴적암의 화석 증거들과 이런 화석이 발견된 암석층의 위치를 비교해서 결정되었다. 퇴적암층은 물속에서 퇴적물이 축적되면서 형성되고, 이 층들은 자연스럽게 아래에서 위로 쌓이기 때문에 상부에 더 가까울수록 하부에 있는 층보다 더 최근에 형성되었다고 할 수 있다. 그러므로 상층부에서 발견된 화석은 더 낮은 층에서 발견된 화석보다 연대가 오래될 수 없다.[10]

이 같은 상대연대 결정은 19세기 전반에 걸쳐서 그리고 20세기에 진입해서도 화석(고생물학) 연구에서 중요한 시간적 맥락을 제공했다. 하지만 구체적인 연대는 간접적이고 흔히 매우 부정확한 방법을 통해 근사치를 계산할 수밖에 없었다. 사정이 이러했지만 19세기 후반에 연대는 다윈의 이론에 타당성을 부여하기 위해 매우 중요한 문제로 떠올랐다. 지구의 역사가 다윈의 이론에서 주장하는 진화적 변이를 뒷받침할 만큼 충분히 오래되었는가? 지구가 성경에서 말하는 6천 년보다 훨씬 오래되었음은 분명했지만, 당대의 가장 존경받는 물리학자였던 영국의 켈빈 경Lord Kelvin이 처음 추정했던 7천5백만 년은 다윈의 진화에 필요한 기간을 만족시키기에는 턱없이 짧았고, 이는 다윈에게 괴로움을 안겨 주었다. (켈빈의 추정치는 지구의 원시 화성火成 상태에서 냉각 속도를 가정해 계산되었다. 방사성 붕괴*로 인해 지구의 핵이 가열된다는 사실은 모르는 상태였기 때문에 계산에 반영되지 않았다.)

20세기 초반에 **방사능 연대 측정**radiometric dating이 등장하면서 신뢰할 만한 지구의 추정 나이가 45억 년임이 최초로 밝혀졌다. 다윈이 살아 있었다면 이 결과에 분명 깊이 안도했을 것이다. 방사성 원소가 일정한 속도로 붕괴된다는 사실을 기반으로 하는 이 방법은 화석 표본의 절대연대를 알아낼 수 있게 해 주었고, 화석을 통해 생명체가 존재했던 시대를 추정할 수 있었다. 이 방법 덕분에 지질학과 고생물학은 질적 과학qualitative science에서 양적 과학quantitative science으로 탈바꿈할 수 있었다[상자(글 상자) 1.1]

이후 1960년대에 진화적 사건들의 연대를 추정하기 위해 생물학적 물질을 활용하는 기발한 방법이 개발되었고, 이 특별한 방법을 통해 진화 계통의 분기 시점을 추정하는 일이 가능해졌다. 다시 말해 먼 과거에 공통된 조상인 A로부터 B와 C라고 하는 서로 친척뻘이 되는 계통이 언제 발생되어 나왔는가를 추정해 볼 수 있었다. 이를 위해서 자손이 되는 생명체들의 DNA 염기 서열 사이에 존재하는 차이를 측정해야 했다. 이런 차이들은 공통 조상으로부터 분기된 시점부터 시간이 경과하면서 서서히 축적되기 때문에 일종의 시간 측정 장치 역할을 하게 된다. 이런 이유로 이 방법을 **분자시계**molecular clock라고 부르며, 기본 방법론은 '상자 1.2'에서 논의하겠다.

분자시계 분석에는 큰 문제점이 잠재되어 있고, 이로 인해 결과가 불확실할 수도 있다. 그럼에도 이 방법은 필요한 만큼 다양한 방식으로 수정이 가해지면 매우 유용한 정보를 제공해 줄 수 있다. 예를 들어 분자시계는 인류 진화에 대한 연구에서 침팬지류chimpanzee-like 공통 조상에서부터 침팬지와 호미닌 계통이 갈라져 나온 연대를 추정할 때 중요한 데이

---

* 불안정한 원자핵이 자발적으로 이온화 입자와 방사선의 방출을 통해서 에너지를 잃는 과정

방사능 연대 측정법

방사능(또는 방사성) 연대 측정법은 화석 표본의 절대연대를 추산해 준다. 이 방법은 핵종nuclide이라고 하는 어떤 원소들의 일정 동위원소가 자연 붕괴되는 현상에 의거한다. 이 붕괴는 중성자에서 전자가 방출되면서 핵에 양성자가 한 개 더 있는, 즉 새 원자번호를 갖는 원자(다른 원소)가 되거나, 두 개의 새로운 원자로 분열하면서 발생한다. 후자의 경우 흔히 생성된 원자 중 하나 또는 둘 다가 여러 번 분열을 거쳐 안정된 원자가 된다. 방사성 붕괴는 기본적으로 지역 조건(기온과 압력, 상이한 특성을 가진 화학적 환경)과 양에 관계없이 일정한 비율로 발생한다는 속성이 있으며, 이를 **영차 붕괴 과정**zero-order decay process이라고 부른다. 붕괴율은 원소의 반감기, 즉 원래 양의 절반이 붕괴되는 시간으로 나타낸다. 반감기가 10만 년인 어떤 핵종이 있다고 가정해 보자. 10만 년이 흐른 뒤에 이 물질의 표본에는 원래 양의 절반만 남게 되고, 20만 년 뒤에는 4분의 1만이 남게 된다. 대개의 경우 그렇듯이 붕괴로 인한 고유의 생성물이 존재하고 표본이 다른 물질에 오염되지 않았다면, 원래 핵종의 양과 관련하여 이 생성물의 양을 측정하는 식으로 이미 알고 있는 반감기를 사용해 표본의 나이를 계산할 수 있다. 각각의 핵종은 고유의 붕괴율을 가지고 있기 때문에 상이한 원소의 상이한 핵종은 표본의 기원 시점부터 상이하게 경과된 시간을 측정하는 일에 유용하다.

그러므로 화석의 연대를 추정하기 위해서는 표본 속에 고유한 생성물이 측정 가능한 만큼 충분히 존재해야 하며, 반감기와 관련해 원래 핵종과 생성물의 비율을 충분히 획득할 수 있는 핵종을 사용하여 측정할 필요가 있다. 가장 유용하게 자주 사용되는 방법에는 각기 다른 초기 우라늄 핵종과 고유의 반감기를 가진 두 종류의 우라늄-납 연대 측정법과 포타슘-아르곤 연대 측정법이 있다. 이 책에 나오는 거의 정확한 진화 연대는 대부분 이 방법들로 얻어졌다. 동물의 신체는 필요한 원소나 핵종을 포함하지 않는 경우가 보통이므로 측정은 화석이 발견된 주변의 광물질들을 이용해 이루어진다.

비교적 소수의 핵종들에 대해서는 고유 생성물의 축적이 아닌 그 손실을 측정한다. 탄소-12(12C)로 붕괴되는 탄소-14(14C)가 한 예다. 우주선cosmic ray과의 충돌로 인해 대기 중의 이산화탄소에는 이 탄소가 일정한 비율로 존재하게 되고, 광합성에 의해 먼저 식물에 흡수된 다음 이 식물을 섭취한 동물의 몸에 흡수된다. 그리고 이어서 5,730년의 반감기로 붕괴된다. 탄소는 생명체를 구성하는 주요 성분이므로 이 방법은 화석물질 자체를 실험 대상으로 삼을 수 있는 몇 가지 방법들 중 하나이지만, 반감기가 짧기 때문에 실제 측정에 있어서는 4만 년보다 훨씬 오래된 표본의 경우 탄소-14의 연대를 정확히 측정하기가 어렵다. 그러나 이 기간은 **호모 사피엔스**(현생 인류)가 아프리카에서부터 곳곳으로 퍼져 나간 이후에 경과된 시간의 큰 부분을 포함해서 이들의 최근 역사의 많은 부분을 아우른다. 따라서 이 방법은 특정한 고고학적 유물의 연대를 가늠하는 데 대단한 가치를 지닌다.*

---

* 위키피디아는 방사능 연대 측정의 전제와 방법, 종류에 대해 일반적이고 간결하게 설명하고 있어 좋은 출발점이 될 수 있다. 더 상세하고 권위 있는 설명을 원한다면 포레Faure(1998)를 참조

1.2

분자시계

분자시계는 시간이 경과함에 따라 유전 물질이 변화하는 방법에 대한 가설과 먼 과거에 다양한 생명체 계통이 공통 조상으로부터 갈라져 나온 시기를 추정하는 일련의 기술을 포함한다. 이는 먼 조상에서부터 현대의 후손까지 모든 생명체가 진화하는 동안 유전 물질, 즉 디옥시리보핵산deoxyribonucleic acid, DNA에서 유전적 변이가 발생하고, 이것이 한 세대에서 다음 세대로 전달되면서 꾸준히 누적된다는 생각을 기본 전제로 한다. DNA가 네 개의 알파벳으로 구성된 화학 단위들을 가진 가닥들로 이루어져 있고(3장 참조), 각각의 유전자 또는 DNA 단편segment은 이런 "문자들"이 고유한 순서로 배열되어 있기 때문에 유전적 변화란 단순히 이 순서가 보통은 한 번에 한 문자씩 변경되는 현상을 말한다. 이런 이유로 두 계통의 생명체가 공통 조상에서 분기된 시점이 멀수록 이들의 DNA 염기 서열에 누적된 차이는 더 많아진다.

두 생명체의 비교 가능한 DNA 염기 서열(예를 들어 동일한 유전자) 사이에 존재하는 DNA 염기 서열의 차이를 측정해서 상대적인 시간을 알아낼 수 있는데, 이는 이들이 공통 조상으로부터 갈라져 나왔기 때문이다. 이렇게 얻은 상대적 비율로, 아주 정확하지는 않더라도, 분기가 발생한 실제 시점을 계산하는 일에 활용할 수 있다. 이것이 가능하려면 방사능 연대 측정법으로 연대가 측정된 진화 과정 초기의 화석 증거가 있어야 한다. 이 화석 증거는 "보정calibration"을 가능하게 해 주고, 따라서 상대적 비율을 실제 시간으로 변환할 수 있게 해 준다. 예를 들면 이렇다. 현대의 고양잇과 동물들은 최초의 포유류가 지구상에 출현하고 오

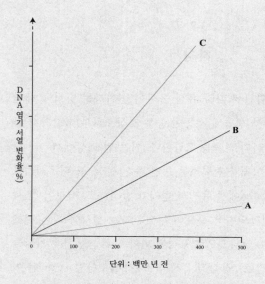

C

B

A

DNA 염기 서열 변화율(%)

0   100   200   300   400   500

단위 : 백만 년 전

상자 1.2 표   이 이상적인 분자시계 데이터의 도표는 A와 B, C라는 세 개의 유전자가 오랜 진화 기간 동안 변화한 비율을 보여 준다. A가 가장 느린 속도로 변하고(분자시계가 가장 느리다는 의미다), C가 가장 빠른 속도로 변한다. B는 분자시계의 "째깍거림"이 중간 속도다.

랜 시간이 흐른 후에 진화했다. 그렇기 때문에 동일한 고양잇과 조상에서 진화한 집고양이와 사자 사이의 DNA 염기 서열이 포유류의 진화 계통수phylogenetic tree에서 훨씬 오래전에 진화한 캥거루나 오리너구리와의 염기 서열을 비교했을 때보다 더 유사하다. 분자시계를 "보정"하는 데 필요한 적절한 화석이 있다면, 이 동물들의 DNA 염기 서열이 가진 차이를 통해 고양잇과 동물과 캥거루와 오리너구리 계통의 나이를 추정할 수 있다.

분자시계에 대한 아이디어는 단백질을 관찰하는 과정에서 최초로 떠올렸으며, 단백질은 유전자의 산물이고 이들의 염기 서열이 유전자의 염기 서열을 반영한다(3장). 이 아이디어는 1965년에 라이너스 폴링Linus Pauling과 에밀리오 저커캔들Emilio Zuckerkandl이 최초로 상세하게 설명했고, 이후에 DNA 염기 서열로 직접적으로 충분히 입증되었다. 분자시계는 지속적으로 발생하는 돌연변이율이 존재하고, 모든 DNA 염기 서열 "문자들"이 유전 물질의 기능에서 필수 역할을 하지는 않는다는 사실을 보여 준다. 이들은 손실 없이 다른 문자로 대체될 수 있으며, 대체 가능한 문자들을 "중립적neutral"이라고 한다. 이런 대체 가능한 문자들의 수와 비율이 특정 유전자의 기능과 연결되기 때문에 각각의 유전자나 DNA 염기 서열은 시간이 지남에 따라 각기 다른 상대적인 비율로 변화한다. 결국 유전자마다 자신만의 고유한 분자시계를 갖는다.

분자시계는 진화를 연구하는 데 더없이 귀중한 가치를 지니지만, 그렇다고 이 방법에 중대한 문제나 어려움이 없는 것은 아니다. 6장에서는 영장류의 진화에서 몇몇 중요한 사건들과 이들이 발생한 연대를 논의하면서 문제의 사례와 해법을 살펴볼 것이다.*

---

* 분자시계에 대한 아이디어가 최초로 떠오르기 시작한 때는 19세기 후반이었다[베아른Bearn(1993), pp. 64~65 참조]. 저커캔들과 폴링 Zuckerkandl and Pauling(1965)이 대표적이기는 하지만, 마골리아시Margoliash(1963)도 중대한 기여를 했다. 풀케리오와 니컬스Pulquerio and Nichols(2007), 그리고 드러먼드 외Drummond et al.(2006)는 몇몇 유용한 조건과 비평을 제공한다.

터를 제공했다. 분자시계 데이터에 따르면 이들은 약 6백만에서 7백만 년 전에 분리되었으며, 이 추정 연대의 간격은 고생물학자들이 이전에 여기저기서 주워 모은 화석 기록을 통해 얻은 기간보다 훨씬 짧다. 결국 인간의 얼굴과 우리와 가장 가까운 영장류 사촌인 침팬지의 얼굴을 구분 짓는 모든 특징은 6백만에서 7백만 년 안에 발생했다고 할 수 있다. 이는 전체 영장류 역사의 마지막 10퍼센트 정도만 차지하는 상대적으로 짧은 기간이다.

마지막으로 **동물상의 연관관계**faunal association를 이용하는 방법이 있다. 이 방법에는 중요한 화석이 발견된 암석층에 존재하는 "지표종index species●"의 다른 동물 화석들이 필요하다. 두 화석이 동일한 화석층에서 나왔다면 이들은 동일한 시대에 살았음이 분명하다. 만약 이 지표종 화석의 연대를 방사능 연대 측정법으로 측정했다면 새롭게 발견된 종의 대략적인 연대를 알아낼 수 있다. 또 동물상의 연관관계 패턴은 흔히 중요한 종들이 생존했던 (사바나, 습지, 정글, 삼림 등) 환경의 특성과 그 환경에서 얻을 수 있었던 먹이의 종류에 대한 단서를 제공한다. 앞으로 다루게 되듯이, 기후와 환경의 변화로 야기된 식생활의 변화는 인간의 얼굴이 다양한 시점에서 진화하게 된 일련의 사건에서 매우 중요했다.

"어디서?" :
특정 종들의 장소와 해부학적 변화 확립하기

세 번째 질문은 주요한 진화적 변이가 시작된 장소와 환경에 대한 관심이다. 인간 중심 계통의 오랜 진화의 경로에서 특정한 진화적 변이에 부합하게 얼굴이 "어디서" 진화했는가라는 일련의 질문이 이어진다. 무척추동물 조상에서 나온 최초의 어류에 가까운 동물들의 기원을 포함해(표 1.2, 1단계) 척추동물의 얼굴이 최초로 생겨난 장소는 아직 알려진 바가 없다. 단지 이런 사건들이 5억 년도 더 전에 지구의 어느 얕은 바다에서 캄브리아기 후기라고 명명된 지질시대에 발생했다는 점만을 (거의) 확신할 수 있을 뿐이다.

척추동물의 진화에서 이들이 움직이는 턱뼈를 획득하고 최상위 포식자의 자리에 서면서 바다와 육지 모두에서 먹이사슬을 지배하도록 이끈

● 방사능 연대 측정법을 바탕으로 계통발생도가 세세하게 재구성된 고생물종(돼지, 코끼리, 소가 이에 해당)

두 번째 단계(표 1.2, 2단계)도 역시 지질학적 위치가 분명치 않다. 지구의 대양 어딘가에서, 아마도 대륙붕을 따라 발생했을 것으로 추정된다. 그러나 이번에도 역시 이보다 더 구체적인 사항은 알 수 없다.

척추동물이 육지로 올라와 진화하기 시작한 후에 발생한 많은 진화적 사건들은 더 나은 정보를 줄 수 있지만, 불확실성은 여전히 남아 있다. 정보를 얻을 수 있는 화석이 없다는 점도 문제가 되지만, 이보다 더 일반적인 어려움이 존재한다. 바로 새로운 특징을 드러내는 특정 화석들이 그 종의 시조의 것인지 아니면 이들의 선조가 다른 지역에서 최초로 생겨났다가 이후에 화석이 발견된 지역으로 이주했는지를 알 길이 없다는 것이다. 수억 년에 걸쳐서 대륙이 합쳐지고 분리되고 붕괴되면서 이동했고, 그 형태와 크기도 변했기 때문에 관련 장소가 세계 어디에 위치했는지를 시각화하는 일은 까다로운 문제다. 그러나 대륙이 이동하고 형태가 변화한 패턴이 잘 재구성되면서 현재의 지구 모습에서 이전의 위치를 그려 내는 일이 가능해졌다. 예를 들면 최초의 포유류가 생겨나고 최초의 영장류가 출현했던 광범위한 지역을 잠정적으로 확인할 수 있다. 이 지역은 수억 년 전에 초대륙超大陸인 곤드와나 대륙Gondwanaland을 구성했던 남아시아와 아프리카, 남아메리카의 일부에 해당하는 지역들이 있는 남반부에 존재했던 것으로 보인다. (현대의 나머지 대륙들, 즉 유럽과 북아시아, 북아메리카는 또 다른 초대륙인 로라시아Laurasia에 속했다.)

영장류(표 1.2, 5단계)와 약 6천만에서 5천5백만 년 전에 출현한 것으로 보이는 인간과 비슷한 영장류(6단계)의 기원이 되는 지역은 동남아시아나 아프리카 중 한곳일 확률이 크다. 이들보다 훨씬 뒤에 출현한 호미닌, 더 구체적으로는 호모 사피엔스(표 1.2, 7단계)만이 확실한 위치를 알 수 있다. 바로 아프리카다. 그렇기 때문에 최초의 현생 인류의 얼굴은 아프리카에서 탄생했다. 다윈은 자신의 저서 『인간의 유래The Descent of Man』에서 아프리카 유인원과 인간 사이에 존재하는 가시적인 해부학적 유사점들을 토대로 아프리카가 인류의 요람이라는 주장을 펼쳤다. 그러나 다른 많은 학자들은 그의 의견을 받아들이지 않았다. 독일의 에른스트 헤켈Ernst Haeckel, 1834~1919이 대표적 인물이었다. 그는 다윈의 진화론은 지지했지만, 다윈의 이러한 주장에는 동의하지 않았다. 헤켈은 아시아에 주목했고, 1930년대 초반까지 이 믿음을 바탕으로 쓰인 그의 문헌들은 다른 저명한 과학자들에게 영향을 주었다. 그러나 현재는 다윈의 주장이 전 세계적으로 인정받는 추세다. 현대의 인류는 아프리카에 그 뿌리를 두고 있으며, 이 대륙에서 이주해 나와 남극 대륙을 제외한 모든 대륙에서 생활하고 있다.

어디서라는 질문은 지질학적인 문제에 국한되지 않는다. 특정 진화적 변이가 발생했던 지역의 환경, 예를 들어 정글이나 습지, 삼림, 사막과 같은 그 지역의 특성과도 관련이 있다. 이 같은 정보는 흔히 화석이 발견된 장소에 대한 화학 분석과 관련된 화석 종류들을 조사함으로써 획득할 수 있다. 이에 더해 잘 보존된 치아 화석들은 주로 어떤 음식을 섭취했는지에 대한 단서를 제공하면서 기후와 환경에 대해서까지도 알 수 있게 해준다. 인류의 진화에서 서로 다른 호미닌 종들의 변화된 환경과 관련한 정보는 이들의 진화에 도움을 준 외부 인자들에 대한 중대한 단서를 제공했다.

"기반은?" :
유전 물질과 발달 과정-형태학적 변화와 화석 기록

네 번째 질문은 가시적인 생명체의 형태 이면에 존재하는 생물학적 기반과 관련이 있다. 궁극적으로 이 정보를 토대로 살아 있는 형태를 만드는 생명체의 유전 물질과 발달 과정을 알 수 있다. 다윈의 진화론은 진화적 변이를 일으키는 유전 변이를 중요하게 생각한다. 이 이론의 핵심 주장은

자연선택natural selection으로, 개체군에 전파되고 확산되는 유전 변이가 발생한다는 것이다. 동물들의 형태나 생리에 영향을 미치고, 개체군에 변화를 가져오는 이런 유전 변이가 확산되는 이유는 이런 변이가 적응에 필요한 이점을 전달하면서 변이를 지닌 개체들이 그렇지 못한 개체들보다 더 많은 자손을 남길 수 있게 해 주기 때문이다. 이런 유전 변이는 생명체의 **적합도**fitness를 강화한다.

다윈주의의 시각에서 볼 때 동물의 진화에서 유전 변이의 중요성은 명확한 반면, 이와 관련된 발달상의 변화를 이해할 필요성에 대해서는 유전 변이만큼 중요하게 여기지 않을 수는 있다. 고등동물의 **발달**은 대부분 수정란에서 시작해 새끼들이 세상 밖으로 나오고, 이후에 더 미묘한 변화를 경험하는 어린 시기를 거치며 일어나는 모든 변화의 과정을 의미한다. (일반적으로 이 이후의 과정, 즉 나이를 더 먹어 감에 따라 발생하는 변화는 제외시킨다.) 인간의 발달 과정은 전통적으로 뚜렷이 구분되는 여섯 단계로 나눠진다. 첫 단계는 난자의 수정에서 시작해 배아가 형성되고 발달하는 단계이며(0에서 10주), 10주 이후부터 인간의 모습이 뚜렷해진다. 두 번째 단계는 태아의 발달 기간으로 임신 10주부터 태어나기 전인 38주까지를 말한다. 세 번째 단계는 탄생부터 시작해 영아기를 거치며, 마지막 세 단계는 아동기(3~12세)와 청소년기(13~19세), 성인기(20세 이후)로 구분된다. '그림 1.3'은 이러한 연속적인 발달 순서를 보여 준다. 처음 두 단계에서 가장 극적인 변화가 일어나기는 하지만, 그림에서 볼 수 있듯이 전체 과정에서 신체에 비해 머리 크기가 상대적으로 작아지는 현상이 일반적으로 가장 눈에 띄는 변화다. 앞으로 보게 되겠지만 처음 다섯 단계는 인간의 얼굴을 만들어 가는 과정에서 각자 나름대로 중요한 역할을 한다.

발달 과정을 철저하게 파헤치는 것은 공룡이나 고래, 쥐, 인간 할 것 없이 진화 계통이 성장을 마치면서 갖추는 독특한 모습이 발달 과정상 일

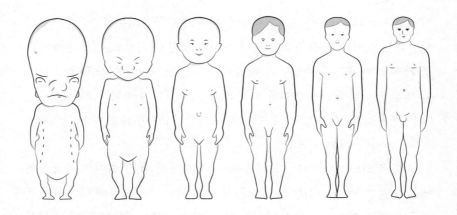

그림 1.3 발달이 진행되는 동안 몸통의 비율 변화를 보여 주는 인간의 발달 단계. 장기적으로 지속된 몸통의 성장 때문에 몸통에 비해 머리가 상대적으로 더 작아진다. 얼굴은 인간의 신체 가운데서 가장 느리게 성숙하는 부분 중 하나로 10대 후반이 되어서야 몸통의 성장이 멈춤과 동시에 최종적인 성숙 단계에 이른다. 좌에서 우로 이어지는 이 인간 발달의 여섯 단계는 (1) 배아기, (2) 태아기, (3) 신생아기/영아기, (4) 아동기, (5) 청소년기, (6) 성인기로 나뉜다.

어난 변화들의 최종 산물이기 때문이다. 이런 과정을 통해 결과적으로 종의 특징적인 형태가 완성되며, 또 이런 과정 내에서 실질적인 진화적 변화가 일어난다. 그러므로 형태와 생김새의 진화적 변화를 진정으로 이해하고 싶다면 이 과정에서 발달의 기반이 된 것이 무엇이었는지 알 필요가 있다. 1920년대에 몇몇 영민한 생물학자들의 문헌에서 이러한 아이디어가 뚜렷이 보이기는 했지만, 이후로 대략 50년이 지나도록 관심에서 멀어졌다.[11]

그렇다면 수백만 년 또는 심지어 수억 년 전에 멸종된 동물들의 유전과 발달 과정을 어떻게 연구할 수 있을까? 발달은 주로 연조직soft tissue[•]의 변화와 관련이 있고, 이는 뼈와는 다르게 빠르게 분해되면서 아주 예외적

• 뼈와 근육을 제외한 조직

인 조건이 주어지지 않는 한 자취를 남기지 않는다. 이뿐만이 아니다. 보존 환경이 좋다고 해도 배아는 아주 작기 때문에 보존될 (또는 화석으로 만들어졌을 때조차 발견될) 가능성이 거의 없다. 현재 척추동물의 배아라고 추정되는 화석은 몇 개 되지 않는다.

정보를 획득할 수 있는 다른 방법은 없을까? 답은 "있다"이다. 그 방식은 놀라울 수도 있는데, 진화적 관계가 알려진 현존하는 종들의 비교 연구로 이들의 공통 조상이 가진 중요한 특성들을 복원하는 것이다. 이 같은 비교생물학comparative biology을 현재 살아 있는 동물 종들의 배아에 적용해 수억 년 전에 죽은 동물들을 포함해 오래전에 멸종된 동물들의 발달을 추론할 수 있다. 특정한 특성들의 유무와 정확하게 추론된 진화 패턴을 통해 특정한 특성들이 나타난 순서를 재구성하는 일이 가능하다. '그림 1.4'는 이 방법의 기본 논리를 보여 주며, '상자 1.3'은 이를 설명한다.[12]

몇몇 현존하는 종들의 배아에서 발생하는 얼굴을 비교하고, 이들의 발생 과정과 그 중심이 되는 유전자 활동에서 종들 사이에 존재하는 공통점과 차이점이 무엇인지를 발견함으로써 이들의 조상들이 가진 유전적 요소에 일어난 진화적 변이를 추론하고 가설을 세울 수 있다. 척추동물을 이런 식으로 분석하는 일이 가능하다. 이는 척추동물 발달과 이들의 유전적 기반의 많은 부분을 어류에서부터 인간까지 많은 종들이 공유하기 때문이다. 그리고 이것이 윌리엄 그레고리가 쓴 책의 핵심이다. 하지만 그는 이 사실을 해부학 비교 연구를 통해서만 판단할 수 있었다. 1980년대와 1990년대에 행해진 많은 분자 연구 덕분에 척추동물의 발달 과정뿐만 아니라 발달의 근간이 되는 유전적 시스템도 공통점(특정 유전자들이 유사한 방식으로 사용된다)을 가지고 있음이 드러났다. 이렇게 공유되는 분자들과 과정들은 진화에서 매우 잘 보존conserved된다. 완전히 성장한 동물의 형태에서 외견상 관찰되는 (예를 들어 상어와 뒤쥐, 인간 사이의) 큰 차이들은 흔히 다른 유전자들의 활동을 통제하는 핵심 유전자들에 작은

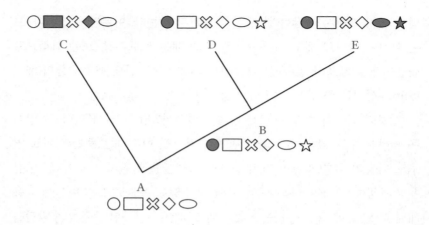

그림 1.4 현존하는 종들의 관계를 정립하고 예상되는 조상의 형태를 복원하기 위해 종들의 형질을 이용한다. 이 작업은 두 갈래로 갈라진 가지들을 연관시키면서 진화적 변이가 시각화될 수 있다는 가정을 바탕으로 한다. 동일 조상을 가진 것으로 추정되는 형태들을 자매군sister group이라고 부른다. 이 계통수(또는 분기도)에서 현존하는 세 종은 공유하는 형질(공동 파생형질)을 가지며 서로 관련되어 있다. 각각의 형질은 (원과 직사각형 등의) 기하학적 모양으로 표시하고, 특정 형질을 대체하는 형태는 흑색이나 백색으로 나타낸다. 현존하는 종들의 형태들을 비교하는 방식으로 조상들의 형질을 추정하고, 진화 과정에서 변이들이 발생하기 때문에 개연성 있는 변이의 순서를 추론하는 일이 가능하다. 이 그림의 경우 현존하는 생명체인 C와 D, E는 여섯 개의 형질들 중 다섯 개를 공유하지만, C에는 한 가지(별)가 없다. 그리고 D와 E는 네 개의 형질(원, 직사각형, X, 다이아몬드)을 공유한다. 이러한 기준에 따라 D와 E는 B라는 공통 조상을 가진 자매군일 가능성이 높으며, B는 아마도 여섯 개의 형질을 가지고 있으며 이 중에서 네 개의 형질이 이들과 동일할 것이다. C는 A라는 조상을 거치기 때문에 좀 더 먼 관계에 있다(더 자세한 설명은 상자 1.3을 참조).

"비틀림"이 생기면서 발생한다(이 문제는 차후에 더 자세히 설명하겠다). 발달과 성장의 과정들은 이런 눈에 보이지 않는 분자의 변화를 크고 가시적인 형태적 변화로 확장시킨다. 진화적 관계가 밝혀진 종들의 배아에서 보존된 점과 차이점을 비교함으로써 장소나 기간에 따라 변화된 특정 유전자 활동들에 대한 구체적인 가설을 세울 수 있다. 그리고 현존하는 특정 종들(모델 시스템model systems)에서 유사한 변화를 만들어 내고 그 결과

계통분류학 또는 분기학에 대한
설명과 간략한 역사

계통수는 분기가 일어난 사건과 관련해 진화적 관계를 보여 주는 도표로, 다윈의 『종의 기원*The Origin of Species*』에 권두 삽화로 실린 이후로 사용되고 있다. 초창기에는 형질의 유사성을 통해 진화적으로 얼마나 가까운 관계인지를 알 수 있다는 가정을 기본 전제로 했다. 이런 계통수의 한 가지 결점은 흔히 "동일한" 형질처럼 보이는 것이 다른 계통에서 별도로 독자적으로 진화되었다는 것이다. 이런 현상을 **상사성**homoplasy이라 한다. 또 다른 약점은 다른 형질들이 하나 이상의 밀접하게 연관된 계통들에서 손실될 수 있다는 것이다. 그러므로 전반적인 형질의 유사성을 가지고 진화적 역사를 설명하기에는 무리가 있다. 진정한 진화적 관계는 획득되거나 손실된 특정 형질들의 패턴을 재구성했을 때 더 잘 나타난다. 이것이 **계통분류학**phylogenetic systematics의 기본 원리다. 이 용어는 독일의 곤충학자인 빌리 헤니히Willi Hennig가 책 제목으로 사용하면서 널리 쓰이기 시작했다. 이 책은 1950년 독일에서 출간되었고, 이후(1996년)에 영국에서 축약본이 소개되었다. 헤니히는 분기점 이전에 형질이 나타나거나(이 경우 갈라져 나간 두 갈래 모두 동일한 형질을 공유한다) 이후에 오직 한 갈래에서만 나타나는 분기들의 순서와 관련해서 진화적 변화를 그림으로 표현할 수 있음을 깨달았다. 사실상 이것은 전반적인 연관성의 패턴과 암시적으로 진화적 순서를 보여 주는 분기 시점과 관련된, 공유되는 것과 고유한 것 모두를 포함하는 형질을 획득하는 패턴을 보여 준다. 계통군clade은 "가지branch"를 뜻하는 라틴어이며, 이에 따라 **분기**

학cladistics이 (**계통분류학**을 대신해) 이 이론의 명칭이 되었다. 마지막으로 이 같은 관계를 보여 주는 도표를 **분기도**cladogram라고 부른다.

'그림 1.4'는 분기도의 방법을 보여 주는 한 예다. 세 종류의 현존하는 종들(C와 D, E)을 토대로 해서 이들의 두 조상을 복원하고 있다. 이처럼 소수의 종들과 몇 개 안 되는 형질(이 경우는 여섯 개)만으로는 결과에 오류가 발생할 가능성이 있다. 실제 분기도는 더 많은 현존하는 종들과 형질들을 비교하는 경우가 일반적이며 그 결과도 더 신뢰할 만하다. 기본적인 추리 과정은 설명란에 나와 있지만, 몇 개의 기본적인 전문 용어들에 대한 추가 설명이 필요하다.

분기점 이전에 새로운 형질이 등장할 경우 이 형질은 이후에 등장하는 모든 또는 대부분의 종들과 공유된다. 이렇게 공유되는 형질을 **공동파생형질**synapomorphy이라고 한다. 표에서는 현존하는 종 D와 E가 공유하는 별표가 여기에 해당되며, 이들의 공통 조상인 B도 이 형질을 공유한다. 모든 현존하는 종들의 집단(C와 D, E)이 공유하는 A의 형질은 이 집단의 기원부터 존재했으므로 이것을 원시형질 또는 **근거리형질**plesiomorphy이라고 한다. 이 표에서는 원과 직사각형, 십자가, 다이아몬드, 타원으로 표시된다. 단일 가지에서 나타나는 독특한 형질들은 **고유 파생형질**autapomorphy이라고 부르며, 이 표에는 나타나지 않았다. 이런 모든 명칭들이 분기점들과 연관이 있음에 주목하자. 그러므로 별은, 짐작건대 조상 B에서 생겨난, D와 E가 공유하는 공동 파생형질이지만, C(그리고 예상되는 조상 A)와 관련해서는 고유 파생형질이 된다.

분기학 추리 방식은 형태적 형질에만 국한되지 않고 분자 데이터(상자 5.1)에서도 활용될 수 있다. 분자시계의 경우에서와 같이 분기학에도 역시 논쟁을 초래할 만한 문헌이 존재한다. 그러나 견해차는 시간이 흐르면서 줄어들었다.*

를 관찰하는 실험을 통해 가설을 시험해 볼 수 있다.[13]

새의 얼굴을 이용한 예는 일반적인 접근 방법을 보여 준다. 다윈은 남아메리카 해안에서 1,000마일(약 1,609킬로미터) 이상 떨어진 동태평양에 위치한 갈라파고스 제도Galapagos Islands에 서식하는 열네 종류의 핀치를 자신의 진화론을 뒷받침하는 주요 증거로 삼았고, 이를 "변화를 수반하는 유전descent with modification"이라고 칭했다. 현대의 DNA 분석을 통해 갈라파고스 제도에 서식하는 모든 현존하는 핀치 종들이 남아메리카 본토에서 수백만 년 전에 이주해 온 공통 조상의 자손이라는 다윈의 가설이 확인되었다. 이들은 전체 몸집과 두상, 그리고 작고 바늘과 같이 생긴 부리부터 크고 단단한 부리까지 부리의 크기와 모양에서 눈에 띄는 차이를 보인다. 종들마다 먹이의 종류가 달라서 이런 차이가 발생했고, 부리의 형태는 특정 식생활에 적응하며 완성되었음이 분명하다. '그림 1.5'는 서로 다른 먹이에 특화된 부리를 가진 두 종류의 갈라파고스핀치의 모습을 보여 준다.

부리는 **전상악골**premaxilla이라고 부르는 특별한 뼈에서 발달되는데, 서로 다른 부리의 모양과 크기를 통해 그 발달 과정에서 변화가 있었음을 알 수 있다. 분자 분석을 통해 배아에서 부리가 형성될 때 특정 분자 두 개의 상이한 양이 부리의 특성에 차이를 만든다는 사실이 밝혀졌다. 부리가

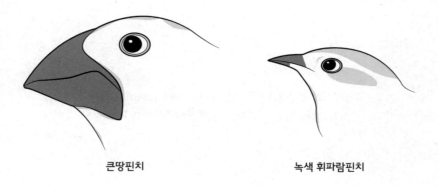

큰땅핀치   녹색 휘파람핀치

그림 1.5 두 종류의 갈라파고스핀치Galapagos finch는 부리의 크기와 형태에서 차이점을 보인
다. 큰땅핀치Geospiza magnirostris는 씨앗을 먹기 때문에 씨앗을 으깰 수 있는 강력한 부리가 필
요하다. 반면 녹색 휘파람핀치Certhidea olivacea는 부패한 식물에서 곤충의 유충을 찾는 데 필요
한 바늘과 같은 뾰족한 부리를 가지고 있다.

발달하는 동안 칼슘이 결합하는 단백질인 **칼모둘린**calmodulin, CaM이 더 많
이 생성될수록 부리가 더 길어지고, 부리 발달에서 아주 중요한 시기에
뼈 형성 단백질-4bone morphogenetic protein-4, BMP-4가 더 많이 생성될수록 부
리는 (그리고 얼굴은) 더 넓고 두툼해진다. 새끼 새의 배아에서 이러한 두
종류의 분자 양을 정교하게 조작하는 실험을 함으로써 이런 정량 관계를
정립할 수 있었다.[14]

조상이 되는 본토의 종들과 상이한 부리 모양을 만들기 위해 두 분자
의 양을 달라지게 하는 유전적 변화, 즉 **돌연변이**를 일으키면서 부리의
크기와 모양이 다르게 진화된 다양한 종류의 갈라파고스핀치가 생겨났
다고 추론해 볼 수 있다. 그러므로 보전된 발달 과정과 이것의 유전적 기
반에 대한 지식을 가지고 있다면 보통은 수백만 년이나 수천만 년 전에
이런 과정이 진화에서 어떻게 변화되었는지에 대한 가설을 세울 수 있다.

비교 접근법은 형태 변화뿐만 아니라 행동과 심리를 밝히는 일에도
유용하다. 예를 들면 다윈은 인간의 문화와 민족 집단 전반에 걸쳐서 공

통되는 여섯 가지 기본적인 표현이 존재한다고 했고, 다른 학자들이 이를 확인했다. 이 표현은 분노와 행복, 슬픔, 호기심, 공포, 혐오다. 심지어 이런 표현을 습득한 적이 없는 선천성 맹인들에게서도 볼 수 있다. 상이한 문화 환경에 따라 다양한 방식으로 조정되기는 하지만 모든 인간이 이런 표현들을 공유한다는 사실은 이것이 인간의 공통된 유전적 진화의 산물임을 시사한다. 또 이런 표현은 우리의 가장 가까운 영장류 사촌인 침팬지와도 공유된다.[15]

감정 표현을 하거나 다른 개체들이 이를 "읽기" 위해서는 두뇌를 필수적으로 사용해야 하므로 얼굴과 얼굴 표정의 진화적 뿌리를 이해하기 위해서는 두뇌의 진화를 이해해야 한다. 얼굴이 어떻게 진화했는가를 설명하는 일에는 뇌의 기능들, 특히 얼굴 표정을 만들고 이해하는 일과 관련된 두뇌의 특성이 어떻게 얼굴과 나란히 진화했는가를 분석하는 작업이 포함된다. 이처럼 생명체가 가진 뚜렷이 구별되는 두 개의 특성이 함께 진화하는 현상을 **공진화**coevolution라고 하며, 얼굴-뇌 공진화는 얼굴의 진화에서 빼놓을 수 없는 부분이다.

"왜?" :
인간 얼굴의 진화를 이끌어 낸
물리적, 생물학적, 사회적 환경 변화

진화와 관련된 마지막 다섯 번째 질문인 "왜?"는 가장 오랜 세월 속에서 연속적인 사건들을 추론해야 되기 때문에 가장 큰 불확실성을 내포한다. 이 질문은 무엇이 형태(여기서는 얼굴이다)의 가시적인 변화를 돕고 추진하는 자연선택이나 변화를 촉진하는 다른 과정들을 발생시키는가다. 그리고 이 질문에 답하기 위해서는 특히 동물들이 생활했던 물리적, 생물학적 환경에 대한 정보를 획득한 후에 이 정보를 동물들의 생명 활동에 대한 지식과 통합해야 한다.

영장류의 역사 중 많은 부분에서 특정 종들이 생활했을 것으로 여겨지는 환경을 재구성하는 일이 가능하다. 이런 추론과 치아의 형태로 동물들이 어떤 음식을 먹었는지 추정해 볼 수 있으며, 이는 다시 다른 추론들로 이어진다. 예를 들면 인류의 요람인 아프리카가 더 서늘해지고, 더 건조해지고, 정글이 갈수록 삼림에 자리를 내주고, 삼림이 다시 **사바나**라고 알려진 초원에 자리를 내주면서 이 대륙의 물리적·생물학적 환경이 어떻게 변화했는가에 대한 수많은 결과들이 존재한다. 그중 한 가지가 식생활의 변화였다. 기후와 환경의 변화로 나무에서 생활하며 사족보행을 하던 유인원류 생명체는 지상에서 거주하며 이족보행을 하는 동물로 변화했고, 지상에서의 생활은 더 큰 식생활의 변화를 요구했다. 이들의 일부 후손들은 이미 다양한 종류의 식량을 다루기에 적합한 앞다리와 머리를 사용해 다른 물체들을 다루게 되었고, 이 물체들은 이후에 단순한 도구로 사용되기도 했다. 이런 능력들은 이들의 신체뿐만 아니라 뇌와 얼굴에도 선택적으로 영향을 끼쳤다. 또 다른 예는 이렇다. 인간과 비슷한 영장류의 초기 진화 단계에서 기후의 변화로 구할 수 있는 식량에 변화가 생기면서 곤충과 나뭇잎에서 연한 이파리와 과일을 주로 섭취하는 방향으로 식생활이 변화했다. 식량이 되는 식물을 찾고 채집하는 활동에서 고해상도의 예민하게 잘 발달된 근접 시력은 상황에 적응하는 강력한 이점이 있었고, 자연선택에 의해 살아남았음이 거의 확실하다.

선택압은 물리적 또는 식생활 환경에만 국한되지 않는다. 영장류와 같은 지극히 사회적인 동물들은 사회적 압력이 선택압이 될 수 있다. 사실 무리를 이루며 생활하는 종들이 자신들을 위해 만든 사회적 환경은 이런 종들 내에서 진화적 변이를 만들어 내는 요소이기도 하다. 사회적 환경과 압력이 얼굴의 진화에 어떻게 영향을 미쳤는지가 이 책의 주요 주제로 다루어질 것이다.

이 책의 구성

이 책을 읽는 데 도움을 주기 위해 책의 구성에 대해 짤막하게 소개하겠다. 이 책이 진화에 초점을 맞추고 있지만 그렇다고 바로 진화의 역사에서 시작하지는 않는다. 앞서 논의했듯이 동물의 형태에서 진화적 변이를 이해하기 위해서는 먼저 발달의 세부적인 사항들을 이해할 필요가 있다. 그래서 앞으로 이어질 두 장은 이에 대한 배경지식을 제공한다. 2장에서는 배아기와 태아기에서 머리와 얼굴이 만들어지게 된, 현미경 검사를 통해 관찰할 수 있는 가시적인 발달 사건을 설명한다. 그런 다음에 출생 후 유년 시절과 청소년 시절을 거치면서 이들의 형태를 만든 발달 사건을 논한다. 이런 일련의 과정에서 척추동물 머리의 기원에서 주요 인자로 이미 소개한 적이 있는 신경능선세포가 중요한 역할을 한다. 3장은 2장에서 설명한 동일한 사건들을 살펴보겠지만 차이점이 있다면 유전적 기반이나 분자처럼, 말하자면 밑바닥에서부터 시작한다. 이쯤에서 질문이 하나 떠오른다. 얼굴의 형성에 관한 유전학이 인간의 얼굴이 가진 다양성과 어떻게 연관이 되는가? 4장은 이 질문에 접근하면서 인간의 얼굴에 나타나는 차이를 설명해 주는 다양한 유전적 가설들을 논의한다.

이후부터는 진화와 관련된 이야기로 넘어간다. 5장은 최초의 척추동물 얼굴부터 최초의 영장류 얼굴까지 얼굴 진화의 처음 다섯 단계(표 1.2)를 설명한다. 이 장은 대략 4억 5천만 년이라는 기간을 포함해서 아주 많은 진화의 역사를 아우르기는 하지만, 인간 중심 계통의 오랜 진화의 경로를 따라 진화의 토대가 되는 초기 사건들에 집중한다. 6장은 최초의 영장류부터 이후에 등장하는 인간과 비슷한 영장류까지, 그런 다음에 최초의 호미닌부터 현대 **호모 사피엔스**까지 얼굴의 진화를 이야기한다. 인간의 얼굴을 만드는 특성들은 5천5백만에서 5천만 년 전(특히 이 기간 중 마지막 6백만 년)에 등장했다. 끝으로 인간이 지닌 가장 독특한 특성, 즉 언어와 말을 통한 표현 능력의 기원을 이야기하며 이 장을 마감한다.

이런 문제들로 시선을 옮기면서 이야기의 초점이 얼굴의 외부적 성질에서 아주 놀라운 구조를 가진 신경계로 이동한다. 신경계는 얼굴이 뇌의 명령을 받아 하는 일의 내부적 토대가 된다. 7장에서는 이 주제를 직접적으로 다루고, 얼굴과 뇌가 공진화에 서로 영향을 주는 방법들을 논한다. 이 장은 세 가지 주제를 구체적으로 다루게 되는데, (1) 서로 다른 개체들의 얼굴을 인식하기 위한 뇌 구조와 신경 회로, (2) 말을 하면서 짓는 표정들을 포함해 얼굴 표정을 만드는 신경과 근육 메커니즘, (3) (표정에 반응하기 위해 먼저 거쳐야 하는) 얼굴 표정을 "읽는" 신경계의 능력이다. 예민하게 잘 발달된 근접 시력의 진화(아마도 과일이나 식용 가능한 이파리들을 찾기 위해 진화하기 시작했을 것이다)는 이런 세 가지 속성 중 두 가지, 즉 얼굴을 인식하고 표정을 읽기 위해 필수적이었다. 이에 관해서도 역시 논의한다.

8장은 **호모 사피엔스**의 출현에 뒤이어 뚜렷이 구별되는 특징을 보이는 진화적 변이를 다룬다. 약 7만 2천 년에서 6만 년 전에 아프리카에서부터 인류가 퍼져 나가기 시작한 현상과 지구 전역에 걸친 이 광범위한 지리적 확장과 함께 발생했던 부분적인 유전적 분화에 대해 설명한다. 또 계속해서 뇌와 얼굴의 연관성에 대해 논의하면서 인류의 진화에서 상대적으로 늦게 발생한 두 사건도 논의한다. 첫 번째는 매우 가시적이지만 전통적으로 간주되었던 것보다 생물학적 중요성이 훨씬 떨어지는 속성과 관련이 있다. 바로 "인종적" 차이다. 다윈은 이런 차이가 주로 번식을 위해 짝을 유혹하는 데 유리한 속성을 선택하는 **성선택**sexual selection의 부산물로서 생겨났다고 생각했다. 이 책에서는 어떻게 그리고 왜 많은 차이들이 생겨나는지를 설명하는 일에 그의 생각이 도움을 줄 수 있다고 본다. (그리고 다른 피부색이 나타나도록 만드는 자연선택의 역할에 대해서도 논의한다.) 인간의 얼굴에 영향을 주었을지도 모르는 또 다른 정신적, 행동적 속성들은 첫 번째와는 정반대의 성격을 가지고 있다. 이들은 얼굴의 특징들을 상대적으로 미묘하게 조절했지만(가벼운 유년화 현상juvenilization*), 사회적이고 문화적으로 진화하는 우리의 능력에 분명히 영향을 주었을 수도 있다. 나는 이 과정이 실제로 존재했으며, **자기 길들이기**self-domestication 현상에서 기인했다고 생각한다. 지난 1만 5천 년간 인류가 길들여지고, 다양한 이유와 필요에 의해 많은 동물을 길들였듯이 인간 진화의 역사에는 자기 길들이기가 수반되었고, 이로 인해 인류는 복잡한 사회의 건설을 가능하게 만든 월등히 뛰어난 사회성을 획득할 수 있었다. 이는 인간이 가진 놀라운 능력이다. 흥미로운 점은 얼굴의 기원과 진화의 이야기처럼 자기 길들이기의 이야기에도 신경능선세포가 관련될 수 있다는 것이다.

9장은 불확실성을 피할 수 없는 인간 얼굴의 미래를 논의한다. 이 미래는 문화와 진화, 과학의 세 가지 측면에서 다루어진다. 일반적으로는 개별화 요소로서 얼굴의 중요성과 자신의 얼굴에 대한 **의식적인** 인식conscious awareness이라고 정의되는 얼굴 의식에 대한 생각에서 출발한다. 앞서 언급했듯이 이 단계는 인간 문명의 발생과 상당히 깊은 연관이 있을 수 있고, 이 장은 이에 대해 더욱 완전한 주장을 펼치면서 시작한다. 점점 더 많은 민족들이 섞이면서 미래에 인간의 얼굴에 영향을 주는 문화와 세계화의 역할에 대한 밑그림이 그려지기도 한다. 얼굴에 대한 현대의 문화적 관심을 반영하듯이 일부 유전학자들 사이에서 관상학이라는 낡은 "과학"이 다른 형태로 가볍게 재유행하는지도 모른다. 마지막으로 이 문제도 역시 논의된다.

10장에서는 이 책이 담고 있는 모든 이야기와 이것들이 함축하는 의미들을 논리 정연한 하나의 통합체로 결합시키기 위한 시도를 한다. 앞의

---

* 생명체가 완전히 성장해서도 어릴 때의 특성이 줄어들지 않고 유지되는 쪽으로 진화하는 현상

네 장에서 밑그림이 그려졌던 핵심 주장이 이번 장에서 더 완전하게 그려 진다. 그것은 사회적 존재에 대한 특별하고 증가하는 요구가 인간 얼굴의 진화에서 특별히 강력한 역할을 해 왔다는 점이다. 집단 생존을 위해 사 회적 결집력이 필요한 상황에서 더 사교적인 개인이 선택되었고, 이것이 결국에는 더 많은 소통을 촉진하고 더 강한 사회성을 발전시켰다.

이 책은 크게 두 부분으로 나누어졌다고 할 수 있다. 첫 번째 부분(1장 에서 5장)은 인간의 얼굴과 얼굴의 초기 진화적 기반을 소개한다. 두 번 째 부분(6장에서 10장)은 인간과 비슷한 영장류의 등장과 함께 시작된 사 회성에 대한 요구가 어떻게 얼굴의 진화에 영향을 미치기 시작했는지를 보여 준다. 얼굴은 "감각 본부"라는 주요 역할을 그대로 유지한 채 개체에 대한 정보를 얻는 출처라는 두 번째 중요한 기능을 획득하면서 인류가 그 어느 때보다도 다채롭고 더욱 복잡한 사회적 존재로 진화할 수 있게 해 주었다.

이 책의 구성 방식에 대해 몇 마디 덧붙이는 것으로 1장을 마무리할 까 한다. 일반 독자들을 위해 명료한 배경지식(특히 2장, 3장, 4장, 7장의 도입 부분)과 전문 용어(본문에서 별도 색으로 표시된 글자) 해설 목록을 수록했다. 또 이따금씩 등장하는 특정 주제에 대한 보충 설명을 상자에 넣었다. 권말에 마련된 주는 더 자세한 해설을 담고 있으며, 참고가 될 만 한 문헌을 소개한다.

앞서 언급했듯이 진화를 이야기하기 위한 기초를 마련하기 위해 배아 기와 태아기에 인간이 엄마의 자궁에서 수정이 되고 성장할 때마다 발생 하는 얼굴 발달 현상을 살펴보는 것으로 시작한다.

2장

얼굴의 발달 과정 :
배아부터 청소년까지

동물의 진화를 다시 생각하다

1장에서는 성체 동물의 형태상 변화가 발달 과정에서 비롯된 진화적 변이의 결과로 생겨났다는 생각을 소개했다. 다윈의 다양한 핀치종의 부리 사례를 통해 이 생각을 설명했는데, 배아에서 부리가 발달하는 동안에 단백질 두 종류의 상이한 양이 각양각색의 부리 모양과 크기를 만든다는 사실을 알게 되었다. 그러나 성체의 형태에서 나타나는 변화들이 발달 과정에서 생겨난 변화의 결과라는 일반적인 생각은 진부한 면이 없지 않다. 누구나 다 알다시피 배아가 아이가 되고, 다시 아이가 성장해서 어른이 된다. 그러므로 성체 동물의 형태가 동물 발달의 최종 결과라면 그 형태에 나타나는 진화적 변화는 발달 과정에서의 변화를 반영하지 **않을 수 없다**.

그러나 20세기부터 **진화적 종합**evolutionary synthesis이라고 불리기 시작한 현대 진화론의 주류는 사실상 이 사실을 무시했다. 먼저 발달 과정에 대한 정보가 이 이론과 실질적으로 통합시킬 수 있을 만큼 충분하지 않았다. 둘째로 이 이론을 처음으로 정립한 학자들의 관심이 세부 형태가 아닌 자연선택에 의해 조정된 진화적 변이의 일반적인 과정과 역학에 집중되었다. 골치 아프고 복잡해 보이기만 하는 발달 과정은 사실상 개념으로만 남겨 두었다. 그러나 이론에서 이 부분을 누락시키면서 이에 따르는 결과를 초래했다. 특히 한 종에서 다른 종으로 성체 모습이 변화되는 과정을 마음속에 (무의식적으로) 그려 온 진화에 대한 대중적 관점에 영향을 끼쳤다.

그림 2.1 유인원에서 인간까지 인류 진화의 전형적인 묘사. 지난 수십 년간 이 이미지는 인류 진화의 역사가 하나의 성체 형태에서 또 다른 성체 형태로 천천히 변화되는 것이라는 인식을 시각적으로 보여 주는 전형적인 표상이었다.

(완전히 성장한) 유인원에서 (완전히 성장한) 현대 인류로 형태가 변화되는 인류의 진화를 전형적으로 보여 주는 '그림 2.1'은 이 관점의 완벽한 예다. 이것은 진화적 변화의 **컴퓨터 그래픽** 관점이라고 칭할 수 있다.[1]

발달 과정은 중요하다. 예를 들어 인간 얼굴의 진화적 기원을 이해하고 싶다면 얼굴이 어떻게 발달하는지부터 알아야 한다. 발달적 관점이 어떻게 진화를 더욱 깊이 있게 이해하도록 하는지를 보여 주기 위해 핀치의 부리보다 더 인상적인 예를 들어 보겠다. 바로 다른 어떤 종류의 포유류도 할 수 없는 일, 즉 비행을 가능하게 하는 박쥐의 날개다. 구조적으로는 그저 인간의 팔과 동등한 포유류의 앞다리가 변형된 것에 불과하지만, 기능적으로 박쥐의 날개는 명백한 **진화적 새로움**evolutionary novelty이다.

눈에 띄게 새로운 기능적 특성인 박쥐의 비행이 어떻게 상대적으로 그다지 대단하지 않은 발달적 변이의 결과인지를 이해하려면 팔다리의 발달 과정에 대한 기초 지식이 필요하다. 가장 중요한 사실은 앞다리와 뒷다리를 포함해서 모든 척추동물의 사지가 배아에서 작은 돌기처럼 튀어나오면서 발달한다는 것이다. 이것을 **지아**limb bud라고 부른다. 이들은 배아 몸통의 지정된 장소에서 성장하고, 계속 자라나면서 이후에 성공적으로 사지의 말단 부분이 되는 부위를 발생시킨다. 그러므로 인간의 앞다리 지아가 성장할 때 마지막에 형성되는 부분이 가장 말단 부위인 인간의 손이 되기 때문에 팔죽지는 아래팔이 되는 부위 이전에 발달한다. 지아의 말단이 되는 부위를 **오토포드**autopod라고 하며, 지아 성장의 일반적인 과정은 '그림 2.2A'와 같다.

　박쥐는 날지 못하는 설치류와 비슷한 생명체에서 진화했고, 이들의 날개는 앞다리 지아에 두 개의 특정한 발달적 변이가 발생하면서 진화한 결과다. 박쥐의 조상은 오토포드에서 조밀하게 모여 있는 짧은 발가락을 가진 전형적인 설치류에 가까운 발이 발달했다면, 박쥐는 지나치게 길고 넓은 공간을 차지하는 발가락이 발달했다. 발가락을 형성하는 뼈들을 **지골**phalange이라고 하는데 박쥐의 앞다리는 예외적으로 긴 지골이 있는 차이점을 보인다. 그러나 발가락이 다르게 성장하는 현상만으로는 앞다리가 날개로 변화하기에 충분하지 않았다. 두 번째 변화가 요구되었다. 모든 포유류는 오토포드가 발달할 때 발가락 사이에 피부가 뻗어 있지만, 발생 후기에는 발가락 사이의 세포가 대규모로 사멸되면서 발가락 사이의 막이 제거된다. 박쥐의 배아가 발달하는 과정에서는 이 계획적인 여정인 세포의 죽음, 즉 **세포자멸**apoptosis이 일어나지 않고 발가락 사이에서 피부가 살아남아 늘어나면서 날개의 막이 형성된다. (앞다리에 막을 가지고 있는 바다표범과 고래, 래브라도 개를 포함해 다른 포유류에서도 이런 발가락 사이에 있는 막의 세포자멸이 억제되는 유사한 현상이 발생한다.) 설치류의 발에서부터 인간의 발과 돌고래의 지느러미, 박쥐의 날개

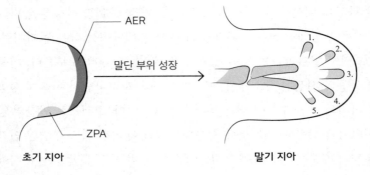

A.

AER

말단 부위 성장

ZPA

초기 지아

1.
2.
3.
4.
5.

말기 지아

AER – 꼭대기 외배엽 능선apical ectodermal ridge
ZPA – 극성화활성대zone of polarizing activity

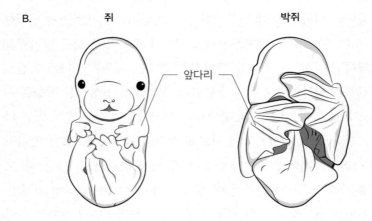

B.   쥐   박쥐

앞다리

그림 2.2

A. 지아의 발생. 앞으로 발달하게 될 앞다리 부위를 보여 준다. 오른쪽 그림의 번호들은 지골에서 발달하게 될 발가락의 번호다. "꼭대기 외배엽 능선"은 세포가 증식하며 지아가 길게 늘어나는 부위이며, "극성화활성대"는 발가락 형태의 차이를 가져오는 핵심 역할을 하는 부위다.
B. 쥐와 박쥐의 배아 비교. 박쥐의 앞쪽 오토포드 진화의 최종 결과물은 (설치류에 더 가까운 조상에 비해) 크게 확장된 한 쌍의 앞다리다. 이는 지골의 발가락 2번에서 5번까지가 선택적으로 매우 크게 성장하고 발가락 사이의 막에서 세포사cell death가 발생하지 않고 계속적으로 날개 모양의 표면이 생성되면서 만들어진다.

까지 다양한 종류의 포유류 앞다리에서 보이는 차이는 결국 배아와 태아 발생에서 일어나는 세포의 성장과 자멸의 정도에 달려 있다. '그림 2.2B' 에서 볼 수 있듯이 설치류와 박쥐의 앞다리 크기와 구조의 차이는 배아기 후기에 이미 분명해진다.

사지 발달에 대한 이 설명은 이 책의 주제(얼굴)에서 한참 벗어나 보이지만 사실 그렇지 않다. 두 가지 면에서 관련이 있다. 첫째로 구조가 발달할 때 **양적 변화**가 그 구조의 **기능에서 주요한 질적 차이**를 이끌어 낼 수 있다는 중요한 일반 원칙의 좋은 예시가 된다. 앞으로 얼굴의 진화에서 이런 몇몇 사례들을 살펴볼 것이다. 둘째로 다음 장에서 설명하겠지만, 사지 발달은 얼굴의 발달과 중요한 유전적·진화적 관계가 있다.

인간과 얼굴의 발달 : 기본적인 고려 사항들

앞서 언급했듯이 인간의 발달은 관례상 배아기 → 태아기 → 신생아기/ 영아기 → 아동기 → 청소년기 → 성인기(그림 1.3)의 여섯 단계로 구분된다. 얼굴이 완전히 발달하기 위해서는 필수적으로 이 모든 단계를 밟아야 하지만, 배아기와 태아기는 얼굴의 기초가 다져지기 때문에 특히 더 중요하다. 얼굴 발달에서 후기 단계에 일어나는 모든 변화는 성인의 얼굴을 완성하기 위해 배아기와 태아기에 다져진 기초를 바탕으로 발생하고 성장과 형태의 조정이 일어난다.

얼굴은 당연히 따로 뚝 떨어져서 혼자 발달하지 않는다. 머리의 일부이기 때문에 얼굴의 발달을 이야기하기 위해서는 머리의 발달에 대해 말하지 않을 수 없다. 머리는 동물의 신체에서 평균 단위 체적당 가장 복잡하고 그 기능도 가장 다양한 부위다. 머리의 기능이 단지 가장 복잡한 기관인 뇌를 수용하는 것이 전부라고 해도 특별한 관심을 받을 자격이 충분하다. 얼굴은 머리를 복잡하게 만드는 강력한 원인 제공자다. 머리에는 감각 기관과 신경, 혈관, 피부가 복잡하면서도 정형적으로 배치되어 있는데, 얼굴이 머리에서 구조적으로 가장 복잡한 부분이다. 이 말이 순전히 주관적인 생각이라고 여겨질 수도 있으나 이런 복잡성을 뒷받침해 주는 객관적 수치가 존재한다. 이는 복잡한 물체와 그 형성 과정에서 발생할 가능성이 있는 오류 사이의 관계와 관련이 있다. 즉 복잡할수록 형성하기 더 어렵고 오류가 발생할 가능성도 더 높다는 얘기다. 가시적인 문제를 가지고 태어나는 신생아들 중 4분의 3이 머리나 얼굴의 기형과 관련이 있다. 이는 매우 높은 비율이다. 이를 **두개안면 기형**craniofacial defects이라고 부르고, 소아외과에서는 이 문제를 주요 관심사로 다룬다.[2]

얼굴은 배아기와 태아기 초반에 처음 형성되면서 기본 형태를 갖추기 시작한다. 대략 임신 4주에서 10주 사이에 발생한다. 인간의 배발생은 발달 첫 8주 동안 진행되고, 이 기간에 주요 기관계가 거의 다 형성된다. 태아의 발달은 9주부터 약 32주 뒤에 아기가 세상 밖으로 나올 때까지 계속된다.

지금까지 설명한 인간 발달의 개요는 어느 정도 엄마의 자궁 안에 살아 있는 배아와 심지어 더 나아가 아직 산달이 차지 않은 태아를 정교한 기술을 이용해 관찰한 사실에 기초한다. 그러나 많은 세부 사항은 물고기와 닭, 쥐와 같은 다양한 동물의 배아를 실험해서 얻은 정보를 바탕으로 추론되었다. 앞서 논의했듯이 얼굴과 머리가 발달하는 과정에서 상이한 척추동물들 간에 일반적인 특징들이 많이 공유되기 (그리고 **보존되기**) 때문에 이런 추론이 타당성을 가진다. 그래서 물고기와 박쥐에서 발견된 특징들이 인간에게서도 발견될 수 있다. 또 이런 동물들의 배아에 존재하는 차이는 종국에는 성체에서 형태적 차이를 만들어 내는 발달 과정의 분기 시점에 대한 개연성 있는 단서를 제공한다.

앞으로 다소 어려운 내용이 소개될 텐데 읽어 내려가면서 이것이 〔독자 여러분과 작가인 저, 우리의 아이들, 부모, 조부모, 우리의 모든 조상, 그리고 심지어 (비록 세부 사항들은 다르지만) 고양이와 개까지〕 우리 모두가 겪는 과정임을 기억하자. 엄마의 자궁 안에서 인생이 시작되는 시점에 인간의 얼굴은 이번 장에서 설명하는 사건들을 통해 형태를 잡아 간다.

얼굴의 발달에서 세포와 조직, 그리고 조직의 상호작용

발달의 필수 구성 요소인 세포에 대해 알아 둘 몇몇 사실이 있다. **세포**는 동물의 몸을 구성하는 기본 단위다. 세포의 크기는 아주 작지만 모든 동물을 구성하는 세포의 총개수는 어마어마하다. 평균 성인의 몸은 약 10^{13}개, 즉 10조 개의 세포로 이루어져 있다. 세포는 평균 크기가 대략 직경 1미터의 10만 분의 1(10미크론)로 아주 작지만 복잡한 존재다.

‘그림 2.3A’는 일반적인 동물 세포의 구성을 보여 준다. 한 가지 구성 요소는 중앙에 위치해 있고 막으로 둘러싸여 있으며 염색이 잘 되는 물질이 들어 있는 구면체인 **세포핵**nucleus이다. 그리고 이 핵 속에 유전 물질을 품고 있는 **염색체**chromosome가 있다. 인간은 세포당 46개의 염색체가 있고, 이들을 화학적으로 염색해서 눈에 더 잘 띄게 만들어 관찰해 보면 세포 분열 또는 **체세포 분열**mitosis 시에 광학현미경 아래에서 작고 통통한 막대나 때때로 작은 X나 V 모양으로 보인다. 각각의 세포는 세포 분열을 거쳐 두 개의 "딸세포"가 되는데, 이때 딸세포의 염색체 수는 모세포와 동일한 46개다. 염색체는 세포핵 안에서 긴 실과 같은 모습으로 존재하며 각각을 구분하기가 어렵다. 염색된 세포핵은 마치 털실 꾸러미처럼 보인다. 어떻게 이렇게 긴 길이의 가는 실들이 전부 세포핵 속에 들어갈 수 있

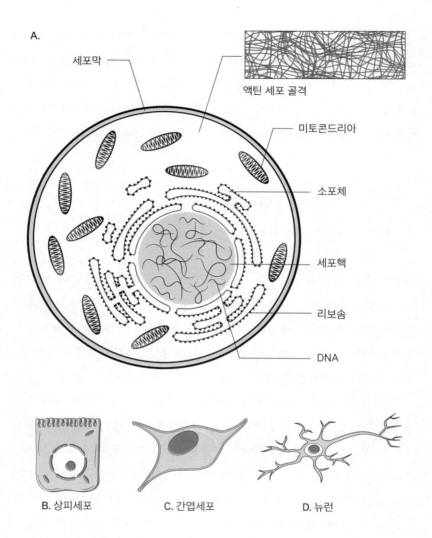

A.

세포막

액틴 세포 골격

미토콘드리아

소포체

세포핵

리보솜

DNA

B. 상피세포   C. 간엽세포   D. 뉴런

그림 2.3

A. 동물 세포를 일반화한 그림으로 세포의 몇몇 중요한 내부 구조를 보여 준다. 여기에는 유전물질을 담고 있는 세포핵, 단백질 합성의 현장인 소포체, RNA가 풍부한 입자, 소포체의 표면에 부착되어 단백질을 합성하는 역할을 하는 리보솜, 에너지(ATP 분자)를 생산하는 세포소기관인 미토콘드리아가 있다. 염색체는 그림으로 보여 줄 목적으로 짧은 실로 표현했지만 실제로는 세포 분열이 일어나지 않은 세포에서는 길고 개별적으로 구분이 되지 않는다.

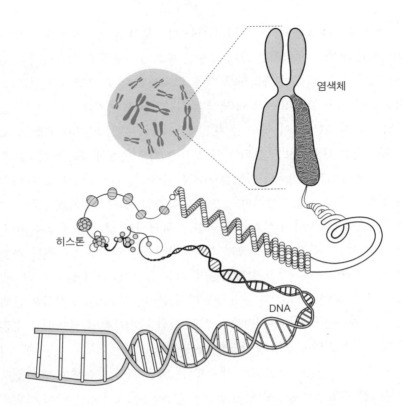

염색체

히스톤

DNA

그림 2.4 염색체 내에서 나선형을 이루고 있는 모습. 염색체의 엄청나게 긴 DNA 분자(아래쪽)가 어떻게 히스톤이라고 알려진 단백질과 결합한 후에 성공적으로 꼬여서 더 조밀하고 꽉 감긴 구조를 형성하는지를 보여 준다. 상단 좌측 그림은 체세포 분열 시 관찰되는 밀집되고 착색된 세포 형태의 응축된 염색체들이 "퍼져 있는" 모습이다. 오른쪽은 X 모양의 염색체 그림이고, 그 밑의 그림 중간 부분은 연속적으로 꼬여 있는 모습이다.

을까? 세포핵의 크기가 기껏해야 직경 1이나 2미크론(1미터의 1백만 분의 1이나 2)밖에 되지 않을 텐데 말이다. 그러나 방법이 없지는 않다. 연속해서 나선형 구조를 만들면 가능하다. 한 가닥의 줄을 꼬아서 두껍게 만들고, 이것을 다시 꼬아서 더 두껍게 만드는 식으로 계속 꼬아 나간다. '그림 2.4'는 이 과정을 보여 준다.

세포핵은 **세포질**cytoplasm이라고 하는 반유동적 공간에 둘러싸여 있다. 20세기에만 해도 세포질은 그저 단순한 콜로이드성 겔로 여겨졌지만 실제로는 분자의 조성이 복잡하고 매우 조직적인 내부 구조를 가지고 있다. 세포질에는 일종의 세포 내의 골격 기관인 **세포 골격**cytoskeleton이 그물 모양으로 존재한다. 이 세포 골격은 세포에 기본적인 형태와 구조, 강도를 부여하는 **단백질**로 구성되어 있고 각종 세포 운동에 관여한다. 두 종류의 단백질인 액틴actin과 미오신myosin은 수축의 기반이 되는 액틴-미오신 필라멘트 결합을 형성하며 세포의 이동과 수축을 가능하게 한다. (근육 세포는 자신들이 구성하는 근육을 수축시키는 것이 주요 목적이며, 액틴과 미오신 두 단백질로 크게 강화된다.) 한편 현미경으로 관찰 가능한 미세소관microtubule으로 결합되는 또 다른 단백질인 **튜불린**tubulin과 (액틴 필라멘트와 미세소관의 중간 크기라서 붙여진 이름인) **중간섬유 단백질**intermediate filament protein이라는 단백질 집단은 기본적인 세포의 형태를 유지시켜 주고 세포 구조의 강도를 높여 준다.

세포의 내용물들(세포핵과 세포질)은 얇은 지질과 풍부한 단백질로 이루어진 세포막에 둘러싸여 이 안에서 결합된다. 그러나 이 막이 세포가 가지고 있는 유일한 막 구조물은 아니다. 세포질 안에도 핵과 연결된 막 구조물이 존재한다. 그리고 이 막에는 작고 전자밀도가 높으며 모든 세포의 단백질 합성에 관여하는 **리보솜**ribosome이 부착되어 있다. 세포가 활동을 하고 세포에 특질을 부여하는 물질이 바로 이 리보솜이 합성한 단백질이다. 이 밖에도 뚜렷이 구별되는 땅콩 모양의 복잡한 소기관인 **미토콘드리아**mitochondria가 있는데, 이는 세포에 에너지를 공급하는 역할을 하며 세포당 수백 개가 존재하기도 한다.[3]

단백질의 구성과 세포 골격의 구조 그리고 이들로 인한 다른 속성들의 차이 때문에 다양한 종류의 세포가 만들어진다. 현미경으로 관찰이 가능한 세포들 중에서 현재 포유류에서 발견된 세포의 종류는 대략 4백 가지다. '그림 2.3'의 B, C, D는 세 종류의 주요 세포를 보여 주며, 모두 얼굴에서도 발견된다. 이들은 (세포 골격에서의 차이점을 반영하며) 모양과 구조뿐만 아니라 생물학적 작용과 원리도 다르고, 이로 인해 각자만의 일정한 기능을 영위한다.[4]

세포가 동물의 신체를 구성하는 기본 요소인 가운데 많은 종류의 세포들은 **조직**tissue이라는 동일한 종류로 이루어진 세포의 집합체를 형성한다. 모든 조직은 단일 또는 몇몇 종류로 이루어진 다수의 세포들이 밀착해서 배열되어 있다. 또 조직은 체내에서 그 특성에 맞는 하나 이상의 장소에 위치하고, 배아와 태아에서 정형화된 방식으로 발달하면서 각각 특징적인 기능을 갖는다. 한 가지 예로 폐 조직을 들 수 있다. 이 조직의 세포는 폐를 지나는 적혈구로 산소를 전달하면서 몸 전체의 세포에 산소를 배달한다. (또 폐세포는 신체의 세포에서 생산되고 적혈구를 통해 운반되는 이산화탄소가 혈관을 타고 폐로 들어가면 이를 처리한다.)

한편 어떤 종류의 조직들은 특정한 생화학적 또는 생리적 활동이 아닌 일반적인 물리적 특성으로 정의되기도 한다. 신체의 많은 조직들은 단층에 빽빽이 들어가 있는 원주 형태의 세포들로 구성된 상피조직epithelial tissue이라고 할 수 있다. 수많은 신발 상자가 나란히 밀집되어 있고, 옆쪽의 네 개의 면이 서로 다닥다닥 붙어 있는 모양새라고 보면 된다. 이런 상피는 폐나 간과 같은 주요 기관계를 감싸고 있다. (그림 2.3B는 상피세포의 모습이다.) 상피조직 아래에는 이 조직과 상호작용하고 지원해 주는 기질조직stromal tissue이 자리하며, 이 조직은 상피와 다른 지원 기능들에 더 큰 물리적 힘을 실어 주는 **간엽세포**mesenchymal cell로 이루어진다.

상피세포의 형태가 언제나 변함없이 유지되지는 않는다. 특히 어떤 상피세포는 처음에는 새롭게 발달하는 구조와 기관을 둘러싼 층들이었다가 아메바같이 생긴 이동성을 가진 간엽세포로 변하기도 한다. 이 같은 **변화를 상피-간엽 이행**epithelial-mesenchymal transitions이라고 한다. 이 이행은 세포들을 결합시키는 측면의 화학적 연결 부위가 느슨해지고, 각 세포의 양쪽 끝부분, 즉 바깥쪽을 향하는 "정점" 부분과 기질 조직 세포와 접하는 "기저" 부분에서 생화학적 변화가 일어나는 것과 관련이 있다. 또 새롭게 해방된 상피세포에 이동성을 부여하기 위한 분자 "기계"의 작동과도 관계가 있다. 이런 이행 중 가장 중요한 이행은 배발생 초기 단계에서 후에 **중추신경계**central nervous system, CNS를 형성하는 신경관neural tube의 가장 위쪽에서 발생한다. 수많은 세포들이 이 장소에서 이행을 거친 다음 이동하는 간엽세포가 된다. 이들이 1장에서 언급되었던 얼굴 형성에서 (그리고 진화에서) 없어서는 안 되는 신경능선세포다. 이 세포에 대해서는 이후에 다시 논의하겠다.

일반적으로 배발생에서 세포와 조직의 종류 변화는 매우 질서 있게 정형적인 방식으로 일어난다. 세포의 종류는 굉장히 다양하지만 근본적으로는 평범한 초기 조직들에서부터 생겨난다. 이런 초기의 기본 조직들을 **1차 배엽**primary germ layer이라고 하며 배아기 초반에 형성된다. 1차 배엽의 발견은 19세기 초반 근대 발생학의 발달에 결정적인 역할을 했다(상자 2.1). 1차 배엽이라는 명칭은 초기 배아에서 이들의 상대적인 위치에 따라 지어졌지만, 이후에 이들이 생성한 특정한 성체 세포와 조직은 중요한 의미가 있다. 이런 결과물의 명칭은 이들의 **예정된 운명**prospective fate에 따라 명명되었다.

'그림 2.5A'는 인간의 배아 초기에 형성되는 배엽층 세 종류의 위치를 보여 준다. 가장 안쪽을 (문자 그대로 "내부층"인) **내배엽**endoderm이라고 하며, 입 안에서부터 위와 창자를 지나 항문까지 이어지는 긴 경로인 동물의 소화기관이 이곳에서부터 발생한다. 가장 바깥쪽은 ("외부층"인) **외배엽**ectoderm이 되며, 피부나 표피 같은 동물의 외피 그리고 신경관을 통해 중추신경계가 만들어진다. 세 번째 배엽은 내배엽과 외배엽 사이에 위치하는 "중간층"인 **중배엽**mesoderm이다. 근육과 (힘줄과 인대 같은) 결합 조

2.1

배엽에 대한 아이디어와 발생학의 시작

지금은 모든 과학 분야에서 국제적인 협업이 활발히 이루어지지만 과거에는 그렇지 않았다. 그래서 지금도 여전히 많은 분야가 일부 개인들과 이들의 동료들이 일구어 낸 연구 성과를 토대로 하는 특정 국가의 과학 문화에 그 뿌리를 두고 있다. 고전적인 발생학의 뒤를 잇는 발생생물학은 독일의 과학 문화와 더 구체적으로는 배엽에 대한 아이디어로부터 시작되었으며, 이 과학 문화의 환경 안에서 세 명의 과학자가 등장했다. 첫 번째 인물은 베를린 태생의 카스파 볼프Caspar Friedrich Wolff, 1733~1794다. 포유류의 생식계에 대한 그의 연구는 지금도 잘 알려져 있다. 특히 수컷에게 국한된, 정자의 이동에 필수적인 구조를 발견한 것으로 유명하다. 실제로 볼프관Wolffian duct이라는 용어는 그의 이름에서 따왔다. 볼프가 배엽의 개념에 대한 밑그림만 그렸을 뿐 크게 강조하지는 않았다고 해도 그는 의심의 여지없이 이 아이디어의 선구자다. 닭의 배아 연구를 통해 배엽에 대한 아이디어를 완전히 발전시키고 이 용어를 만들어 낸 두 번째 인물은 하인츠 크리스티안 판더Heinz Christian Pander, 1794~1869였다. 판더도 볼프처럼 독일계였지만 현 라트비아의 수도인 리가 출신이었다. 그는 해부현미경을 이용해 직접 관찰이 가능한 껍질을 벗긴 달걀에서 병아리 배아의 발생을 꼼꼼하게 관찰하면서 배엽설의 기초를 닦았다. 1817년에 관찰한 결과를 발표했을 때 그의 나이는 겨우 스물세 살이었다.

배엽설을 발전시킨 아주 중요한 세 번째 인물은 카를 윌리엄 폰 베어Karl William von Baer, 1792~1876이며, 그는 판더와 함께 연구를 시작했다. 오늘날의 에스토니아에서 태어난 폰 베어도 판더처럼 발트해 지역의 거대한 독일 사회의 일원이었다. 폰 베어는 다양한 척추동물의 배아를 관찰하면서 배엽의 개념에 대한 일반론을 정립시켰다. 그의 연구 결과와 폭넓은 통찰력 덕분에 그는 발생학의 창시자로 널리 인정받고 있다. 그는 포유류의 난자(또는 난세포)를 발견했고, 이를 기반으로 포유류의 생식 현상을 다른 동물들의 생식 현상과 연결시켰다. 또 척추동물의 초기 배아가 이후의 단계보다 구조상 훨씬 더 많은 공통점을 가지고 있다는 사실을 밝혔다. 찰스 다윈은 폰 베어의 이 관찰 결과를 모든 척추동물들이 공유하는 진화적 뿌리를 발생학적으로 뒷받침해 주는 결정적인 자료로 활용했다. 그러나 아이러니하게도 폰 베어는 다윈의 진화론에는 반대 입장이었다. 19세기의 다른 많은 과학자들처럼 그도 역시 생명체의 복잡하고 아름다운 구조를 설명하기에는 진화론이 지나치게 우발적인 과정에 의존한다고 믿었다. 그의 판단이 빗나간 몇 안 되는 실수였다.

직, 혈액을 만드는 조직(그리고 생성된 혈액 세포), 두개골을 포함해서 골격을 형성하게 될 뼈를 생성하는 조직 등 동물의 다른 주요한 조직들이 여기서부터 발생된다. 초기 배아는 세 개의 층으로 배엽이 구성되어 전통적으로 **세 겹 배아**trilaminar embryo라고도 불린다. 인간의 배아에서 배엽은 수정 후 세 번째 주 초반에 형성된다. 그러나 신체의 모든 조직이 유일하게 이 고전적인 세 종류의 배엽에서만 직접적으로 만들어지는 것은 아니다. 배엽보다 수십 년 후에 발견된 (그림 2.5에서는 보이지 않는) 신경능선세포는 수많은 종류의 세포와 조직을 발생시키는 근원이다. 비록 외배엽에서부터 생성되기는 하지만 신경능선세포는 사실상 현재 네 번째 배엽층으로 고려될 만큼 그 속성과 발달상의 운명이 충분히 독특하다.[5]

A.

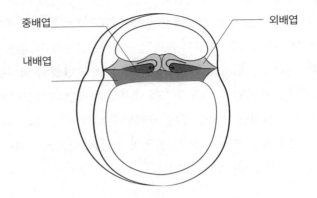

중배엽   외배엽

내배엽

B.

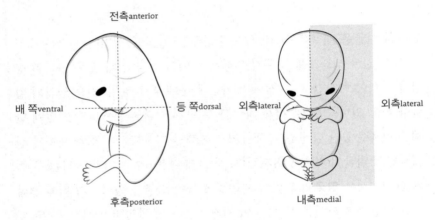

전측anterior

배 쪽ventral   등 쪽dorsal   외측lateral   외측lateral

후측posterior   내측medial

그림 2.5

A. 중배엽을 만드는 세포의 내입ingression˙ 후의 인간 배아의 모습. 그림에는 외배엽과 중배엽, 내배엽이 표시되어 있다.

B. 인간 배아의 초기 모습. 기본 축들인 전후축 또는 세로축, 등배축 또는 상하축, 좌우축, 그리고 좌우 대칭으로 나누는 내외축을 보여 준다.

•   포배에서 세포가 증식하여, 포배강 내로 세포가 개별적으로 들어가는 현상

배엽의 전통적인 개념이 여전히 유용하지만 조건이 필요하다. 전통적으로 이 개념은 어떤 특정 배엽에서 생성된 세포가 이들에게 주어진 각자만의 발달상의 운명, 즉 "예정된 운명"을 가지고 있음을 암시했다. 그래서 **배엽**이라는 용어는 조직의 발달에서 자주성과 필연성의 의미를 내포한다. 현실에서는 분화된 조직과 구조들 대부분이 완전히 발달하는 데 서로 다른 조직을 구성하는 세포들, 그중에서도 흔히 상이한 배엽의 세포와 조직 간 상호작용이 큰 역할을 한다. 얼굴의 발달은, 앞으로 보게 되듯이, 이 같은 상호작용의 전형적인 본보기다.

인간 배아의 초기 : 얼굴의 기반을 다지다

인간의 얼굴은 배발생 첫 10주 안에 형성된다. 물론 개인마다 다른 개성을 가진 얼굴 생김새를 갖추기 위해서는 아직 상당히 더 많은 변화와 성장을 거쳐야 하지만, 이 시점에 배아는 한눈에 봐도 알 수 있는 인간의 얼굴을 하고 있다. 임의로 전체 과정을 두 단계로 나눌 수 있다. 첫 번째 단계는 첫 4주 동안 발생하고, 배아의 기본적인 기하학적 구조와 체계가 정립되면서 얼굴의 기초가 다져진다. 첫 단계 다음 6주 동안 발생하는 두 번째 단계에서는 얼굴의 기반이 되는 요소들이 얼굴을 형성하기 위해 결합되고 성장하며 자리를 잡는다. 이 기간은 배발생 과정의 마지막 4주와 태아 발생 과정의 처음 2주에 해당한다.[6]

얼굴은 머리의 일부로서 언제나 배아의 가장 앞쪽(전측)에서 발달하며, 배아의 맨 앞부분은 머리의 위치로 규정된다. 얼굴이 눈으로 볼 수 있는 형태를 잡아 나갈 때 배아는 길고 통통해지며, '그림 2.5B'에서 볼 수 있는 주요 축 세 개로 나누어지는 독특한 기하학적 구조를 획득한다. 첫 번째 축은 전후축으로 머리에서부터 꼬리까지 배아가 발달하며 세로로 확장되는 축이다. 두 번째는 등배축이다. 배아에서 미래에 등이 되는 부분을 **등** 쪽, 배가 되는 부분을 **배** 쪽이라고 한다. 세 번째는 좌우축으로, 기본적으로 왼쪽과 오른쪽이 대칭이 되는 것이 특징이다. (좌우로 나누어진 각각의 반쪽은 양쪽의 발생이 똑같이 일어나며 네 번째 축을 정의한다고 할 수 있다. 배아의 중앙에서부터 왼쪽이든 오른쪽이든 내측에서 가장 먼 말단까지를 나누는 내외축이다.) 배아 초기에 보이는 대칭적인 모습은 이후 발생이 진행되는 동안 얼굴을 포함한 몸 전체의 양쪽이 대칭이 되는 현상으로 이어진다.

배아가 처음부터 이런 세로 형태인 것은 아니다. 처음에는 정자와 난자가 결합해 만들어지는 큰 수정란인 단일 세포에서 출발한다. 상당히 큰 세포다. 이 수정란은 거의 성장하지 않으면서 빠른 세포 분열을 일으키고, 초기의 단일 세포가 **포배**blastocyst라고 하는 공 모양의 작은 세포들로 바뀐다. 인간의 배아에서 포배는 발생 첫 주에 형성되고, 8일에서 10일 사이에 엄마의 자궁 내막에 착상한다. 착상이 되고 나면 수많은 혈관을 가진 복잡하고 두꺼운 조직 기관인 태반이 형성되고, 배아와 태아는 이 태반을 통해 모체로부터 영양분을 공급받고 노폐물을 배출한다. 착상과 함께 포배는 더 발달하고, 배아는 태반의 형성으로 모체의 혈액이 순환되면서 영양분을 공급받기 시작한다. 이렇게 유입된 영양분은 세포 분열과 배아의 성장을 촉진한다.

착상된 포배 안에는 이후에 배아로 발달하게 되는 특별한 세포 집단이 존재하는데 이를 배반embryo disc이라고 부르며 그 구조는 납작하고 다소 길쭉하다. 나머지 포배는 엄밀한 의미에서 배아를 둘러싸는 다양한 막을 형성하거나 태반의 일부를 형성한다. 배반 내에서 조직이 안으로 접히는 함입invagination 현상이 몇 번 발생하는데 이로 인해 세 겹 배아가 형성된다. 그리고 이런 현상 뒤에 기본적인 세로 형태의 배아가 만들어진다. 첫 번째 함입 현상을 **창자배 형성**gastrulation이라고 하며, 이것이 세 번째 배

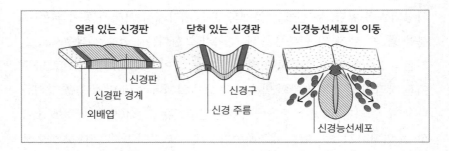

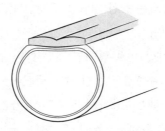

그림 2.6 그림의 아래쪽에 개략적으로 그려진 것처럼 신경판은 배아의 위쪽 부분에서 발생한다. (배아의 내부 구조는 생략되었다.) 위쪽 그림에서 볼 수 있듯이 신경판은 열려 있는 신경판 단계에서부터 등 부분에 신경관을 형성하기 위해 함입이 일어나는 단계까지의 과정을 거친다. 신경관이 완전한 형태를 갖추면 신경능선세포가 위쪽 가장자리에서부터 아래쪽으로 이동한다. 이렇게 이동한 신경능선세포는 얼굴뼈를 포함해 배아에서 많은 구조물을 형성하기 시작한다.

엽이자 외배엽과 내배엽 사이에 위치하는 중배엽 세포의 형성으로 이어 진다(그림 2.5A). 이런 세포들은 각기 다르게 성장하면서 배아가 미래의 전후(머리와 꼬리)축이 되는 방향으로 확장되고, 이 초기 확장 때문에 이후에 세 개의 축으로 된 배아의 관 모양 구조의 기반이 완성된다. 인간의 배아에서 이런 과정은 발달이 시작된 후 15~17일 이내에 완성된다.

첫 번째 함입에서부터 실제로 얼굴이 형성되기까지 중간에 많은 단계들이 있지만 추후 얼굴의 발달을 위한 기초를 다지는 단계는 두 번째로 발생하는 세포의 함입이다. 이 과정에서 배아의 위(등)쪽을 따라 길게 자리하는 조직의 함입이 일어나고, 이것이 신경관의 형성으로 이어진다. 신경관에서 전방 부위는 뇌가 되고, 후방 부위는 몸통의 척수spinal cord로 분화한다. 배아가 계속 발달하면서 두개부보다 몸통부가 훨씬 길어지게 되지만, 초반에는 두개부와 몸통부의 크기가 거의 동일하다.

신경관의 형성 과정은 인간의 배발생 3주째 중반, 즉 약 18일째 되는 날에 두꺼운 띠 상태에서 시작된다. 그리고 (배아를 둘러싸고 있는 조직인) 표면외배엽의 **신경판**은 배아의 등 쪽을 따라 형성된다. '그림 2.6'에서 볼 수 있듯이 신경판은 등 쪽에 세로로 길고 불룩한 것을 만들기 위해 먼저 안쪽으로 접힌다. 더 깊게 접히면서 신경판의 양쪽이 구부러지고 판의 두 끝부분이 만나면서 가장자리 부분에서 결합한다. 이런 과정을 통해 안으로 불룩하게 만들어진 것이 관처럼 생긴 구조로 변한다. 이 단계의 배아는 보통 "관 안의 관"이라고 묘사되는데, 다시 말해 배아 안에 신경관이 들어 있는 모양새다. 바로 이 신경관의 위(등)쪽이 신경능선세포가 생성되는 장소다. 신경관 외에 또 다른 두 번째 관 모양의 구조물이 존재하는데, 바로 배아의 배 쪽을 지나는 미래의 소화관이다. 이 소화관은 발생 4주째 후반에 들어 내배엽에서 생겨나고, 이 시기의 배아는 "관 안에 두 개의 관"을 가졌다고 할 수 있다.

배발생에서 뇌와 얼굴

얼굴 이야기를 하려면 뇌에 대해 말하지 않을 수 없다. 얼굴과 뇌의 연관성은 복합적이고 다양하며 생의 시작부터 끝까지 이어진다. 그러나 여기서는 배아기에 발생하는 관계와 얼굴의 발달에서 뇌가 하는 뚜렷한 두 가지 역할에 초점을 맞춘다. 첫 번째 관계는 배발생 과정에서 생겨난다. 상당히 짧지만 얼굴이 형성되기 시작하는 데 아주 중요하다. 두 번째는 태아가 발달하는 동안 발생하고, 얼굴과 뇌가 발달할 때 둘 사이에서 장기적인 상호작용이 일어나는 동안 얼굴의 형태가 만들어지는 일과 관련이 있다.

배아에서 얼굴이 형성되기 시작하는 초기 단계들은 상이한 종류의 세포들 사이에서 오가는 일련의 화학적 "신호", 즉 어떤 발달을 촉발하는 두 분자들과 관련이 있다. 가능한 한 쉽게 이해할 수 있도록 지금은 이들의 명칭과 역할만 알려 주고 설명은 차후에 하겠다. 분자 두 개는 **섬유모세포 성장인자8**fibroblast growth factor8, FGF8과 **소닉 헤지호그**sonic hedgehog, SHH다. 앞으로 이어질 간략한 설명에서 결론을 뒷받침하는 증거에 대한 논의는 하지 않겠다(그러나 출처는 권말의 주를 통해 제공한다).

발달 중인 머리의 위치가 배아의 전측 또는 "두개" 끝부분을 (그래서 결국 전후축을) 규정할 때 머리의 발달에서 뇌의 발달은 중요한 사건이다. 신경관이 형성되고 얼마 지나지 않아 미래의 전측(두개) 부위가 세 개의 부풀어 오른 부분으로 나누어지고, 각각에는 내부에 액체로 가득 차 있는 **뇌실**ventricle이 있다. 이 세 개의 부푼 부분이 이후에 뇌의 주요 부위로 발달하며, 앞에서부터 시작해서 각각 **전뇌**prosencephalon와 바로 뒤에 오는 **중뇌**mesencephalon, 가장 후방의 **능뇌**rhombencephalon다. 이들은 각자 자신들만의 특성에 맞게 성장하고 확장되면서 더욱 분화되고 복잡해진다. 이 책의 주제를 고려했을 때 전뇌가 앞쪽의 **종뇌**telencephalon와 바로 뒤의 **간뇌**diencephalon 두 부분으로 나누어지는 분화에 특별히 주목할 필요가 있다. 얼굴 형성을 시작할 수 있게 도움을 주는 부위가 종뇌이기 때문이다. '그림 2.7'은 배아에서 세 부분으로 나누어진 초기 뇌의 모습을 보여 준다.[7]

뇌의 발달은 자동적으로 전개되지 않고 위에서 언급한 화학적 신호들 중 하나인 FGF8의 도움을 받는다. 이 단백질은 이동하는 신경능선세포에 의해 분비되고 새롭게 형성되는 뇌세포들과 상호작용한다. 이 시점에 FGF8이 없으면 전뇌와 중뇌의 세포들은 세포자멸을 겪으며 파괴되고, 결국 이 두 부위는 제대로 발달하지 못하고 퇴화되고 만다. 그리고 뇌 발달의 실패는 얼굴 발달의 실패를 불러온다. 전뇌가 없으면 얼굴 발달은

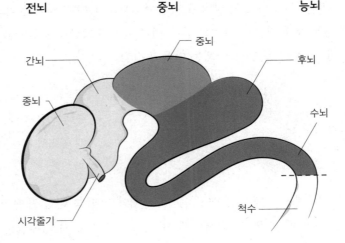

<table>
<tr><td>전뇌</td><td>중뇌</td><td>능뇌</td></tr>
</table>

중뇌

간뇌

후뇌

종뇌

수뇌

시각줄기

척수

그림 2.7 포유류의 초기 뇌의 모습으로 세 개의 주요 부위인 전뇌와 중뇌, 능뇌를 보여 준다. 맨 앞쪽의 전뇌는 종뇌와 간뇌로 구성되어 있고, 초기 중뇌는 아직 분화되지 않았다. 능뇌는 후뇌와 수뇌라는 두 개의 주요 부분으로 나누어져 있다. 뇌 발달과 얼굴 움직임과의 관계는 7장에서 다룬다.

물론이고 심지어 형태를 갖추지도 못한다. 이런 이유로 얼굴 형성에 관여하는 연속적인 사건들 중에서 초기 단계는 뇌의 앞부분이 성장하고 발달할 수 있게 (그래서 얼굴 형성에 기여할 수 있게) 신경능선세포가 이 부분을 "구조"해 주는 단계라고 할 수 있다. 그 단계는 다음과 같이 요약할 수 있다.

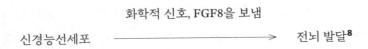

화학적 신호, FGF8을 보냄

신경능선세포 ⟶ 전뇌 발달[8]

얼굴의 형성에 전뇌가 어떻게 관여하는가? 그 답은 전뇌가 성장하는 방식에 있다. 전후축을 따라 성장하면서 전뇌의 가장 앞쪽 부분인 종뇌가 배아를 둘러싸고 있는 막인 양막 주머니amniotic sac에 의해 제약을 받고, 이로 인해 종뇌가 접히면서 이제는 등 쪽(위쪽)과 배 쪽(아래쪽) 면을 뚜렷이 갖추게 된다. 이 두 번째 단계는 다음과 같다.

종뇌가 접힘

전뇌의 성장 ⟶ 종뇌가 등 쪽과 배 쪽으로 나누어짐

종뇌에서 새롭게 형성된 배 쪽은 이제 배아의 전측 끝인 표면외배엽 밑면의 맞은편(배 쪽 면)에 위치하게 된다. 얼굴은 바로 이 외배엽 부위에서부터 발달한다.[9]

그러나 얼굴 형성이 시작되기 위한 필수 요인은 종뇌의 배 쪽과 이 외배엽 부위의 물리적인 접촉이 아니라 또 다른 화학적 신호다. 종뇌의 배 쪽은 두 번째 분자인 SHH를 생산·분비하고, SHH가 이 외배엽 부위를 자극하면서 얼굴 상부의 기초가 형성되기 시작한다. 이 부위를 **이마코 외배엽 구역**frontonasal ectodermal zone, FEZ이라고 부른다. 다음은 이 세 번째 단계를 보여 준다.

화학적 신호, SHH를 보냄

종뇌의 배 쪽 ⟶ FEZ 활성화

얼굴의 진정한 발달은 이 단계에서 시작된다. FEZ의 "활성화"는 자신의 FGF8과 SHH 신호 **모두**를 통합하는 스위치를 켠다. 간뇌와 중뇌를 포함하는 부위에서 나온 신경능선세포는 이제 이 외배엽의 내부에 있는 여섯 개의 특정 부위로 이동하고 정착한 다음 이런 분자들의 영향을 받으며 증식을 시작한다.[10]

그 결과 이 여섯 부위가 성장하면서 불룩 튀어나오게 된다. 이 부위들로 이동한 신경능선세포로 인해 증식하는 세포들은 사실상 간엽세포이며, 본래 위치에 있는 표면외배엽 세포들에서 생성된 외배엽 "외피jacket"로 둘러싸여 있다. 이때 이 여섯 부위를 **얼굴 원기**facial primordia*라고 하며, 위턱과 윗입술에서부터 (이후에) 눈썹이 되는 부위까지인 "얼굴 중앙부"의 기초가 만들어진다. 네 번째 단계는 다음과 같이 요약할 수 있다.

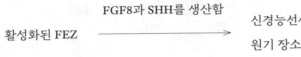

얼굴 원기가 외배엽 표면의 아래쪽에서부터 바깥쪽으로 성장하면서 돌출되는데 이를 **얼굴 융기**facial prominence라고 한다. 조만간 설명하겠지만 이들은 마치 스스로 조립되는 퍼즐처럼 종국에는 얼굴 중앙부를 형성한다.

FEZ에서 생성된 얼굴 융기 여섯 개 외에 발생지가 다른 두 개의 얼굴 원기가 더 존재하며, 이들을 아래턱이 발달하게 될 **아래턱 원기**mandibular primordia라고 한다. 이들은 첫 번째 **인두굽이**branchial 또는 pharyngeal arches라는 한 쌍의 주머니같이 생긴 내부 구조물에서부터 발생하고, 인두굽이는 능뇌 부위에서 이동해 온 신경능선세포를 받아들인다. 다른 여섯 부위의 얼굴 원기처럼 이들도 SHH의 자극을 받아 발달하며, 이들의 경우 SHH가 뇌가 아닌 전방 배 쪽 내배엽anterior ventral endoderm에서 나온다는 점이 다르다.[11]

---

* 원기란 개체 발생에서 기관이 형성될 때 그것이 형태적, 기능적으로 성숙되기 이전의 단계를 말함

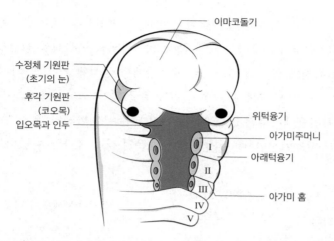

이마코돌기

수정체 기원판
(초기의 눈)

후각 기원판
(코오목)

입오목과 인두

위턱융기

아가미주머니

아래턱융기

아가미 홈

I
II
III
IV
V

그림 2.8 4주 된 인간 배아의 얼굴 원기에서부터 얼굴이 형성되는 초기 단계. 처음에는 분리되어 있던 이마코(또는 안쪽코)융기가 종국에는 얼굴의 중심부가 된다. 얼굴의 중심부에는 코의 중간 부분과 (가쪽코융기와 합쳐졌을 때) 뺨, 1차 입천장(내부), 인중 또는 코끝과 입술 윗부분 사이를 지나는 얕은 함몰 부분이 포함된다. 가쪽코융기는 처음에는 코의 옆쪽을 만들고, 위턱과 아래턱 융기는 각각 위턱과 아래턱이 된다. 이 단계에서 이마코돌기는 이미 형성되었다. 인두굽이는 I에서 V로 표시되어 있으며, 아래턱융기는 이 중에서 첫 번째 인두굽이 쌍을 이룬다[리버먼Lieberman(2011)의 수정본].

포유류 배아에는 총 네 쌍의 또는 여덟 개의 얼굴 융기가 존재한다. 이들은 위에서부터 아래의 순서로 신체의 정중선에 매우 근접한 두 개의 안쪽코융기medial nasal prominence와 안쪽코융기 양쪽에 하나씩 위치하는 두 개의 가쪽코융기lateral nasal prominence, 두 쌍의 코융기 바로 밑과 입 위에 있는 두 개의 위턱융기maxillary prominences, 입 바로 아래에 있는 두 개의 아래턱융기mandibular prominence다. 안쪽코융기는 발달해서 **이마코돌기**frontonasal process, FNP라고 부르는 구조물이 되고, 이마코돌기와 결합되는 위턱융기는 향후에 위턱이 된다. 가장 밑부분에 위치하는 얼굴 원기인 아래턱융기는 아래턱으로 발달한다. 다른 여섯 얼굴 원기들과는 다르게 아래턱융기는 처음에는 내배엽성 상피를 가지고 있으며(이것이 이들의 기원이 내배엽에 있음을 보여 준다) 이후에 외배엽성 외피를 획득한다. '그림 2.8'은 4주 된 배아의 얼굴이다. 이마코돌기는 이 시점에 이미 형성되었다.

얼굴 형성을 위한 얼굴 융기 퍼즐 맞추기

조류와 포유류의 배아는 얼굴 융기의 성장과 결합에서 세부적으로 어떤 차이를 보이는데, 그중에서도 이마코돌기의 형성이 특히 그렇다. 그러나 이런 차이들은 여기서 다루지 않고 포유류의 패턴만을 설명하겠다. 포유류의 배아에서는 두 개의 안쪽(중앙)코융기가 먼저 결합되고, 그런 다음에 가쪽코융기가 안쪽 중앙의 덩어리 양쪽에 결합된다. **코 기원판**nasal placode의 가장자리에 두툼해진 부분 두 개가 뚜렷하게 성장하고, 배발생 5주째에 각각 한 개의 코오목이 발달하면서 이들이 두 부분으로 나뉜다. 이 코오목은 콧구멍의 기원이다. 이런 두 개의 함몰 부위는 각각의 코 기원판을 내측(중앙쪽)과 외측으로 효과적으로 나눈다. 코 기원판이 성장하면서 7주째 후반이 되면 한 개의 중심 구조물이 명백하게 존재하게 되는데 이것이 이마코돌기다.

　이 기간 동안 위턱의 기원인 위턱융기도 성장한다. 위턱융기가 내부에서 가교 역할을 하는 위턱 사이 돌기intermaxillary process에 의해 연결되면서 전면부에서 합쳐지고, 외부적으로는 코 밑부분에서 입술 윗부분까지 얕은 홈이 파이면서 **인중**philtrum이 발달한다. (거울을 흘낏 보기만 해도 곧바로 알아볼 수 있다. 인중은 인간의 얼굴이 가진 특이점이다.) 위턱 사이 돌기에 의해 결합된 위턱융기는 입 위쪽의 뼈로 된 1차 입천장을 생성한다. 1차 입천장 뒤에 위치하는 뼈가 없어 연한 **2차 입천장**secondary palate도 역시 위턱 원기maxillary primordia에서 형성되고, 코 호흡에 필요한 뚜렷이 구별되는 구조를 만든다. 처음에는 입의 측면에서 아래쪽으로 성장하는 부드러운 **입천장판**palatal shelves 두 개로 시작해서 가로로 방향을 바꾸어 계속 성장하다가 끝부분에서 상피세포의 손실이 일어나면서 결합된다.

아래턱의 기원이 되는 아래턱융기는 살짝 함몰된 부위에서 결합되고, 간엽세포의 세포 증식으로 이 함몰된 부위가 채워지면서 아랫입술이 생성된다. 발달 7주째 후반에 아래턱돌기와 위턱돌기가 미래의 입이 될 부근에서 결합하고, 이로 인해 미래의 뺨 부위가 만들어진다. (진정한 입이라고 할 수 있는 구조는 더 일찍 등장하는데, 내막이 앞창자foregut와 입오목을 분리하는 5주째에 만들어진다.) 이후로 3주간은 융기들이 더 크게 성장하고 더 가깝게 결합하면서 진정으로 통합된 얼굴을 창조하는 발달 과정에 들어간다. 인간의 배아에서 10주째 후반에 인간의 얼굴로 인식이 가능한 모습이 완성되고, 다음 10주 동안 이 모습은 더욱 명백해진다. 20주째가 되면 태아의 얼굴은 분명한 개인적 정체성을 드러낸다. (그러나 이것은 어디까지나 순전히 신체적이고 생물학적인 정체성이다. 이 시점에 생각이나 성격이 형성되었다는 어떠한 증거도 없다.)

얼굴이 발달하는 데 추가로 몇몇 세부 사항에 주목할 가치가 있다. 특히 첫 번째(아래턱융기) 인두굽이 바로 다음에 놓이는 두 번째 인두굽이 쌍은 21개 종류의 얼굴 근육을 만드는 전구세포progenitor cell*의 기원이다. 이들이 얼굴 표정을 만드는 얼굴 근육으로 앞서 언급했듯이 찰스 벨 경이 진행한 얼굴에 관한 최초의 과학적 연구의 주제였다. 물론 눈의 형성도 배아에서 얼굴 발달의 중요한 요소다. 얼굴 발달에서 이들은 이마코융기 측면에 위치하고, 한 쌍의 표면외배엽이 두툼하게 발달하면서 결정된다. 이 두툼해진 부위를 외배엽 기원판ectodermal placode이라고 부르며 눈의 수정체로 발달한다. 초기의 안구는 이들 밑에서 발달하고, 뇌에서 바깥쪽으로 성장한다. 그리고 이들이 시신경의 발달과 안구에서 빛을 감지하는

---

* 특정 세포의 형태 및 기능을 갖추기 전 단계의 세포

표면이면서 시각상視覺象을 최초로 수신하는 망막의 발달을 이끌어 낸다. 사실 외배엽 기원판에서 발생하는 기관은 안구만이 아니다. 머리의 모든 감각 기관은 특별한 외배엽 기원판에서 시작되고, 주요 감각과 감각 처리 신경 구조가 발달하는 현장이 되며 감각 정보를 처리하는 뇌와의 연결을 발달시킨다. 사실상 초기 배아에서 최초의 비감각 외배엽판은 **신경외배엽 기원판**neural ectodermal placode이 된다. 이들이 비록 필수 요소이기는 하지만 발달의 유일한 기원은 아니다. 예를 들면 뇌신경능선세포도 전체적인 안구의 발달에 기여한다.

발달 과정이 상당히 복잡했는데 기억해야 할 중요한 사실은 얼굴의 기본 형태가 얼굴 융기들이 제대로 자리를 잡고 성장하다가 마침내 결합하고 더 발달하면서 만들어진다는 점이다. 이런 과정들이 얼굴뼈의 배치와 정밀한 형태를 결정하고, 이것이 다시 외피 밑에 있는 혈관과 신경, 근육을 감싸는 전반적인 얼굴의 외형을 결정한다.

얼굴 유형에 차이가 나타날 때 : 얼굴 발달에서 두뇌의 두 번째 역할

얼굴 융기들이 결합하는 단계는 얼굴의 형성에서 특히 중요하다. 얼굴이 중요한 존재로서 처음으로 모습을 드러내는 시기이며 이때 오류는 최소화되어야 한다. 이 단계에서 아주 작은 탈선이 생겨도 이것이 증폭되어 이후에 가시적이고 심각한 문제로 나타날 수 있다. 일반적으로 구순열cleft lip*과 구개열cleft palate**이 이 단계에서 특히 위턱 원기의 결함으로 발생한다.

• 선천적으로 입술이 파열되어 있는 안면 기형의 일종
•• 입천장이 갈라진 선천성 기형

얼굴의 형성에서 얼굴 융기의 결합이 얼마나 중요한지를 감안해 보면 **양막류**라고 불리는 육지 생활을 하는 척추동물, 즉 양서류와 파충류, 조류, 포유류에서 이 과정이 계속 보존되어 왔다는 사실은 놀랍지 않다. 정확한 관측을 통해 밝혀진 바대로 얼굴 융기가 결합하는 동안에 양막류 동물들의 배아에서 공통된 형태가 나타나기도 한다. 배발생에서 이 시점의 척추동물의 얼굴은 이보다 앞선 발달 단계에서보다 유사점이 더 많다. 그리고 이 단계 이후로 태아가 발생하는 동안 서로 다른 종류의 양막류 사이에서 얼굴의 유형에 점차 차이가 나타나기 시작한다. 예를 들어 조류의 배아는 이마코돌기에서 미래의 윗부리가 성장하면서 전후축을 따라 얼굴이 과도하게 확장되고, 이에 따라 포유류의 배아와 분간되기 시작한다. 이들의 윗부리는 주 위턱뼈(위턱뼈의 주된 뼈)의 바로 앞에 있으며 포유류는 작게 남아 있는 앞 위턱뼈에서부터 발달한다. 반면 포유류 중에서 (대다수를 차지하는) 주둥이가 튀어나온 종들에서는 위턱의 성장이 위턱뼈 자체에서 시작된다.[12]

이 같은 관찰을 통해 동물 사이에서 분류학적 분화가 더 클수록 발달상의 차이가 더 일찍 나타나는 것을 예상해 볼 수 있다. 다시 말해 융기들이 결합한 이후에 조류(병아리)와 포유류(쥐)의 배아 사이에서 생기는 차이는 두 종류의 조류(예를 들어 닭과 오리) 배아 사이에서 생기는 차이보다 더 일찍 나타난다. 또 조류 두 종류의 차이는 같은 꿩과에 속하는 조류(닭과 메추라기) 두 종류 사이의 차이보다 일찍 발생한다. 요컨대 가장 놀라운 차이는 이마코돌기에서 유래된 구조와 관련이 있다.[13]

심지어 **동종 내**에서도 배아기 중반과 후반(태아) 단계에서 얼굴(그리고 머리) 형태의 차이가 발견된다. 이런 현상은 얼굴과 머리의 형태에서 다소 차이를 보이는 몇몇 계통의 쥐들에서 볼 수 있다. 예를 들면 주둥이가 눈에 띄게 더 짧고 얼굴이 더 둥근 "짧은 얼굴" 계통의 쥐가 있다. 이런 쥐 계통을 분석하면서 후기 배아의 머리 형태에서 차이점들을 발견했고,

발달 중인 머리뼈에 영향을 미치면서 얼굴의 형태에 영향을 주는 주요 요인을 확인했다. 이 요인은 바로 뇌의 크기나 성장률, 정확한 형태 또는 이런 변수들의 조합이 나타나는 뇌 성장의 패턴이다. 예를 들어 짧은 얼굴 쥐는 배발생 기간에 평균보다 작은 뇌의 발달이 얼굴 구성의 변화보다 명백하게 선행된다. 다른 계통에서는 뇌의 성장과 얼굴뼈 패턴에서 거의 동시에 변화가 진행된다. 이에 대한 설명들이 많이 있지만 그중 가장 간단명료한 설명은 뇌 성장의 역학과 패턴이 얼굴뼈의 세부적인 형성에 직접적으로 물리적 영향력을 행사하고, 결국에는 얼굴에도 영향을 준다는 것이다.[14]

이런 영향은 아마도 얼굴 융기의 결합 이전에 미치거나 최소한 그럴 것이라고 여겨진다. 그 이유는 얼굴 융기들이 바깥쪽으로 성장하다가 이후에 함께 성장할 때 얼굴을 제외한 뒤편의 머리 전체가 많은 부분 뇌의 성장으로 인해 확장되고, 이 성장이 융기들을 밀어내는 경향이 있기 때문이다. 그리고 이로 인해 더 넓은 얼굴이 만들어지게 된다. 반대로 성장 속도가 더 느리면 더 좁은 얼굴과 더 튀어나온 주둥이가 생성된다. 비록 이것이 쥐 배아를 관찰한 연구에 기인한 결과이지만 인간에게도 똑같이 적용된다고 거의 확실하게 말할 수 있다. 예를 들어 지난 수세기 동안 어떤 사람들의 얼굴은 더 둥글고 넓은 **단두**brachycephalic형이고, 어떤 사람들은 더 길쭉하고 좁은 **장두**dolichocephalic형임이 확인되었다.

얼굴의 형태가 배아와 태아의 초기 발달 과정에 따라 많은 부분 결정된다는 사실을 강조하는 것은 많은 유전적 요인이 이런 과정에서 머리와 얼굴의 성장과 발달에 영향을 미치기 때문이다. 얼굴의 특징들이 출생 전에 결정된다면 서로 다른 동물 종들의 특징적인 얼굴 모양을 만들기 위해 유전적 요인들이 진화에 "작용"한다고 예상해 볼 수 있다. 물론 인간과 우리와 비슷한 영장류에서는 유아기부터 청소년기까지 상당한 얼굴 변화를 보이며 더욱 성숙해 간다. 이런 변화들의 유전적 기반에 대해서는 오늘날까지 알려진 사실이 상대적으로 거의 없으며, 원론적으로는 이 변화들이 초기 단계들에서 나타난 변화들과는 상당한 차이를 보일 수 있다. 그러나 유전적 변이를 위한 "틀template"이 태어날 때 이미 기본적으로 정해져 있고, 성숙하면서 나타나는 변화들이 주로 태어날 때부터 존재하는 이 틀의 "읽기"일 가능성도 역시 배제할 수 없다. 이 문제는 아직 해결되지 않았다.

지금까지 뇌가 머리뼈에 미치는 영향의 결과로 뇌가 얼굴의 발달에 미치는 물리적 영향을 생각해 보았다. 그러므로 머리뼈는 직접 살펴볼 만한 가치가 있다.

머리뼈와 얼굴

지금껏 머리와 얼굴의 발달에 초점을 맞추었는데 이는 우리가 **척추동물**이라고 부르는 동물들의 진화적 기원과 직접적인 관련이 있다. 척추동물이라는 명칭은 동물 집단을 정의하는 특징을 척추의 유무로 분류하면서 만들어졌다. 그러나 모든 화석 증거를 보면 이 집단의 시조인 아주 작은 무악어류에 척추가 없었고, 아마도 연조직도 존재하지 않았다. 그러나 이 최초의 "척추동물"은 어떤 형태의 두개골을 포함해서 비록 뼈라기보다는 부드럽고 콜라겐이 풍부하며 연골로 된 조직으로 만들어졌다고 해도 뚜렷이 구분되는 머리를 가지고 있었다. 이런 이유로 이들을 복잡한 머리를 가지고 있는 동물을 지칭하는 **두개동물**craniates이라고 부르는 것이 더 적절하다. 두개동물은 가장 원시적인 생존 형태, 즉 무악어류인 먹장어와 칠성장어 두 종류를 포함하는 집단이다. 그러므로 **척추동물**과 **두개동물**이라는 용어는 근본적으로 동의어이며 이 책에서는 둘 다 사용되지만 진화의 역사와 관련해서는 **두개동물**이라는 용어가 더 선호된다.[15]

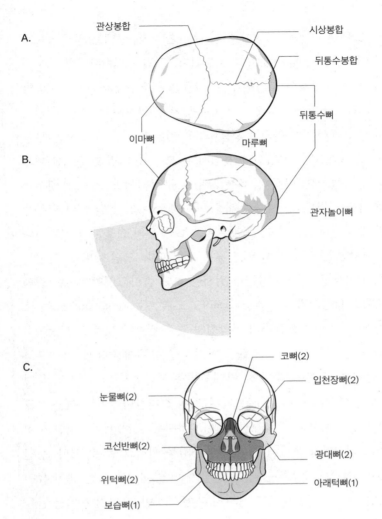

A.

관상봉합   시상봉합

                                           뒤통수봉합

                                           뒤통수뼈

이마뼈   마루뼈

B.

                                           관자놀이뼈

C.

                         코뼈(2)

                                   입천장뼈(2)

눈물뼈(2)

코선반뼈(2)   광대뼈(2)

위턱뼈(2)   아래턱뼈(1)

보습뼈(1)

그림 2.9

A. 위에서 바라본 신경두개와 세 개의 주요 부위인 마루뼈와 이마뼈, 뒤통수뼈의 모습. 왼쪽이
두개골 앞면이다. 또 **봉합**이나 주요 뼈 부위들을 나누는 홈들을 보여 준다.

B. 두개골 측면의 모습. 신경두개의 뼈와 얼굴을 이루는 뼈로 된 구조인 얼굴머리뼈(점선으로
표시된 부분)를 옆에서 바라본 모양이다. 신경두개의 관자놀이뼈는 이 각도에서 볼 수 있다.

C. 정면에서 바라본 얼굴머리뼈의 모습으로 여섯 쌍의 뼈들과 두 개의 단일 뼈들을 보여 준다
(숫자로 표시되었다). 이것들은 위턱뼈, 코뼈, 광대뼈, 눈물뼈, 코선반뼈, 보습뼈, 입천장뼈, 아
래턱뼈다.

현대의 모든 두개동물 성체가 가진 특정한 머리 형태는 궁극적으로 이들의 머리 골격인 두개골에 따라 결정된다. '그림 2.9'는 다양한 각도에서 바라본 인간 두개골의 모습이다. 두개골은 **신경두개**neurocranium와 **안면두개**viscerocranium, **두개기저골**basicranium 등 세 부분으로 구성된다. 신경두개는 앞서 언급했듯이 **아치형 지붕**vault을 이루며 뇌를 수용하는 부분이다. '그림 2.9A와 B'는 각각 위와 옆에서 본 모습이다. 몇몇 주요한 뼈들(이마뼈와 관자놀이뼈, 마루뼈, 뒤통수뼈)로 구성되어 있으며, 눈에서부터 아치형 지붕(이마뼈)을 지나 두개골 뒤쪽에 있는 가장 뒤쪽 뼈(뒤통수뼈)까지를 포함한다. 안면두개는 기본적으로 얼굴의 뼈들과 입천장뼈와 인두골을 포함한 몇몇 다른 내부 뼈들로 구성된다. '그림 2.9C'는 안면두개의 구조와 이를 구성하는 뼈들의 위치를 보여 준다. (배아에서는 안면두개를 때때로 **내장두개**splanchnocranium라고도 부르는데, splanchno는 소화관을 뜻한다. 얼굴이 소화관의 시작점인 입 주변에서 형성된다는 사실에 의거한 표현이다.) 마지막으로 두개기저골은 두개골의 맨 아랫부분을 형성하는 뼈들로 구성된다. 뇌 아래쪽에 위치하면서 뇌가 이 위에 얹혀 있는 모양이지만 여전히 얼굴보다 위쪽에 위치한다. (이런 뼈들은 그림에서 보이지 않는다.) 두개기저골은 아랫부분에 위치한 뼈이지만 사실상 얼굴의(그러나 "얼굴 전체"는 아니다) "지붕"이라고 할 수 있다. 성인의 얼굴이 뇌 아래에 위치하는 것은 얼굴이 뇌 앞에 위치하는 대형 유인원을 포함한 다른 포유류와 두드러지게 다른 특징이다. 이런 차이를 만들어 내는 한 가지 중요한 원인은 크게 확장된 인간의 신경두개로, 이것은 앞으로 다시 다루게 될 인간의 두개골 발달의 기하학적 측면과 종뇌의 중요한 파생물인 **대뇌피질**(또는 대뇌)의 불균형적인 크기를 어느 정도 반영한다.

　　인간의 머리뼈는 대부분이 쌍을 이루는 좌우 대칭성을 가지며, 총 스물두 개의 뼈로 구성되어 있다. 작은 뼈들이 많으며 그림에서는 생략되었다. (머리뼈의 다른 경조직 부분은 위턱뼈와 아래턱뼈에서 발달하는 치아다.) 얼굴뼈들을 포함해서 머리뼈의 대다수는 결국 조골세포osteoblast*에서 발생하고, 이들 중 대부분은 신경능선 전구세포neural crest progenitor cell에서 비롯되었다. 그러나 머리뼈 뒤쪽에 위치한 뒤통수뼈는 중배엽 조직에서 생겨난다. 중배엽 조직은 뼈대의 주요 부분을 구성하는 뼈들, 다시 말해 척추골과 갈비뼈, 빗장뼈, 팔다리뼈의 기원이기도 하다. 뼈대의 대다수를 차지하는, 중배엽에서 파생된 이런 모든 뼈들은 초기 **연골**cartilage 전구체나 **모형**model의 내부에서 형성되고, 이들을 연골내골endochondral bone이라고 한다. 연골내골과는 다르게 (두개골 기반의 뼈들은 제외하고) 얼굴뼈들을 포함하는 머리뼈의 대부분은 막 사이에 직접 쌓이면서 형성되고, 여기에는 연골 모형을 제외한 연골 물질이 관여한다. 그리고 이렇게 형성된 뼈를 **막뼈**membranous bone 또는 **피골**dermal bone이라고 한다.

완전히 성장한 성인의 머리뼈가 그렇듯이 머리뼈가 단단하고 단일한 구조로 되어 있다고 생각할 수 있다. 그러나 신생아나 어린아이들의 경우는 이야기가 다르다. 태어나서 성인이 될 때까지 뇌와 머리뼈 모두가 성장하는 데 필요한 공간이 있어야 한다. 막 태어난 아기의 뇌는 필요한 모든 뉴런을 갖추고 있지만, 뇌의 크기는 성인 뇌의 약 25퍼센트밖에 되지 않는다. 나머지 75퍼센트는 수많은 뉴런의 도우미나 **신경아교세포**glial cell가 증식하면서, 또 신경아교세포에 의해 형성되고 다량의 뉴런을 감싸고 있는 말이집myelin sheath이 생성되면서 만들어진다. 이런 피막을 소위 뇌의 백질White matter이라고 부른다. 이 물질은 뉴런을 감싸고 보호하며, 뉴런에서 전기신호를 전달하는 기능을 한다. 아이가 여덟 살이 될 무렵의 뇌는 최종적인 크기와 형태가 완성되지만 뉴런의 경우는 꼭 그렇지 않다.[16]

신경두개를 구성하는 뼈들은 생성되면서부터 부분적으로 단단하게

---

* 척추동물의 경골을 만드는 세포로, 세포 밖으로 골질을 분비하고 스스로는 골질에 싸여 골세포로 변함

굳어지지만 가장자리는 예외다. 그리고 발달 과정에서 이 예외적인 부분이 머리뼈의 확장과 뇌의 성장을 가능하게 한다. 이는 신경두개의 뼈들이 가장자리에서 계속해서 자랄 수 있기 때문이다. 신경두개의 뼈들은 각각의 뼈 사이에 존재하는, 머리뼈 이음매 부분인 **머리뼈봉합**cranial sutures이 닫히지 않고 열려 있어 계속 분리된 상태로 있다. 각각의 뼈판bony plate에는 뼈를 만드는 세포를 생성하는 연조직이 있으며, 이로 인해 가장자리가 계속해서 성장할 수 있다. 그리고 각각의 봉합 부분에는 두 개의 연조직 부위가 좁은 공간을 두고 서로 마주 보고 있다. 뇌 성장이 끝나면 이웃하던 뼈들이 붙으면서 머리뼈봉합이 닫히고 둘 사이의 공간이 사라진다. 이때 이들이 닫히는 시기는 모두 다르다. 신경두개의 머리뼈봉합이 마지막으로 결합되는 나이는 스무 살쯤이다. (얼굴뼈 사이의 봉합은 80대까지 완성되지 않을 수도 있다.) 봉합의 성장과 이로 인한 결합의 전 과정은 근본적으로 유전적 통제하에 놓인다. 이 과정이 너무 일찍 발생하면 정상적인 뇌 성장을 방해하고, 이는 결과적으로 치명적인 문제를 유발할 수 있다. 때때로 특정한 유전적 결함이 이 같은 조기 결합을 일으키기도 하는데, 이로 인해 발생하는 질병을 **두개골유합증**craniosynostosis이라고 한다.

발달하는 뇌와 머리뼈의 관계에서 또 중요한 점이 있다. 뇌의 발달과 성장으로 인해 바깥쪽으로 밀리는 연조직 안에서 피골이 형태를 갖추기 때문에 머리뼈의 둥근 천장 내부는 자신이 접촉하는 이런 뇌의 부위들을 본떠서 만들어진다. 머리덮개뼈의 막뼈는 뇌의 위쪽에서 형성되면서 이들의 내부 표면은 뇌의 외부 표면과 접촉하게 된다. 이에 따라 부드러운 내부 표면은 뇌의 외부 표면의 형태에 따라 달라진다. 머리뼈의 성장과 골화ossification가 완성되면 초기의 부드러웠던 부분은 단단한 뼈 구조의 일부가 된다. 이런 식으로 잘 보존된 머리뼈 화석은 멸종된 호미닌들에서 뇌의 상이한 바깥 부위들의 크기에 대한 단서를 제공해 준다. 현대 인류는 이런 부위들의 기능을 잘 연구해 왔기 때문에 멸종된 호미닌들의 몇몇 잘 보존된 머리뼈들을 기반으로 머리뼈 밑에 위치한 뇌의 특징에 대해 추론할 수 있다. 이 문제는 6장에서 논의하겠다.

뇌와 머리뼈의 발달 측면에서 인간의 머리가 가진 또 다른 독특한 특징은 둥근 형태의 머리뼈와 이로 인해 상대적으로 앞으로 돌출된 신경두개의 앞쪽, 즉 이마의 위치다. 이런 위치는 사라진 주둥이와 더불어 인간의 이마와 얼굴 전체가 기본적으로 수직 구조를 갖게 한다.

인간의 머리뼈가 가진 둥근 아치형 천장은 어느 정도 뇌 크기에 따른 결과라고 할 수 있다. 호미닌의 진화에서 인간의 뇌가 크게 성장한 사실은 형태학적 진화의 주요 특징일 뿐만 아니라 타인과 관계를 맺으며 살아가는 데 필요한 얼굴의 기능과 역할이라는 측면을 포함해 지능과 행동 능력이 확장된 점과도 긴밀한 관계가 있다. 이 부분은 차후에 논의할 것이다. 인간의 머리뼈를 둥글게 만든 요소 중 한 가지가 뇌의 크기이고, 이는 **호모 사피엔스**Homo sapiens의 얼굴을 더 작고 수직으로 만드는 데 기여했지만 그렇다고 둥근 형태를 결정짓는 유일한 요소는 아니었다. 가장 최근까지 생존했던 인간의 가장 가까운 호미닌 친척으로 여겨지는 네안데르탈인은 실제로 우리보다 약간 더 큰 뇌를 가지고 있었다. 이들의 뇌 용량이 약 1,450세제곱센티미터(cc)였다면, 전형적인 현대인의 성인 평균 용량은 1,350세제곱센티미터다. (그러나 신체 크기에 비례해서는 네안데르탈인의 뇌가 더 큰 것은 아니다. 뇌 크기의 진정한 차이는 이들의 더 큰 체격을 고려해 판단해야 한다.) 네안데르탈인이 더 큰 뇌를 가지고 있었지만, 이들의 이마는 뒤로 기울어진 초기 호미닌의 전형적인 형태였다. 머리와 머리뼈의 발달에서 나타나는 몇몇 특징들이 더 둥근 머리뼈를 만드는 데 기여했을 수 있다. 하지만 어떤 것이 가장 중요한 역할을 했는지는 아직까지 명백하게 밝혀지지 않았다. 어쩌면 관자엽의 확장이 가장 중요한 요소였을 수도 있다. 이것이 결과적으로 인간이 가지는 관자엽과 관련된 일부 특별한 정신적 기능과 관련이 있을 것으로 보인다.[17]

머리에 대해 알아야 할 마지막 한 가지 포인트는 머리가 기능하기 위해서는 얼굴에서 뇌와 얼굴 그리고 뇌와 신체의 다른 부위 사이에 혈관이 지나가고 신경이 연결되는 복잡한 시스템이 필요하다는 것이다. 두개골 밑부분 중앙에 위치한 큰 구멍인 **대후두공**foramen magnum을 통해 척수와 뇌가 연결되는 것이 아마도 가장 인상적이라고 할 수 있다. 대후두공의 위치는 인간이 머리의 균형을 유지할 수 있게 해 주는데, 대형 유인원은 머리가 이 대후두공에서 살짝 앞쪽에 위치하는 반면 인간은 척추 바로 위에 놓이기 때문에 가능한 일이다. 그리고 이것이 완벽하게 이족보행을 하고 안정적으로 움직일 수 있게 해 준다. 머리뼈의 내부와 주변에서 연조직이 발달한다는 사실을 고려했을 때 신경두개와 안면두개의 부드러운 연골성 전구체 구조가 머리와 몸통 사이의 주요 혈관과 신경 연결부 주변에서 형성되어야 한다는 점을 기억할 필요가 있다. 예를 들면 두개골의 맨 아랫부분의 연골성 전구체가 대후두공을 만들기 위해 발달 중인 척수 주변에 형성되고, 이 연골 모형이 이후에 뼈가 된다.

출생 이후부터의 얼굴 발달

인간은 청소년에서 성숙한 성인으로의 신체 이행기가 다른 포유류보다 길다. 서로 다른 신체 부위들은 일반적으로 서로 다른 속도로 발달하고 성숙하며, 상이한 신체 부위는 물론이고 종들마다 자신들만의 독특한 성장 패턴과 속도를 가지고 있다. 앞서 언급했듯이, 인간의 뇌는 생의 첫 2년간 특히 더 빠르게 성장한다. 이 기간이 지난 후에는 성장 속도가 줄어들다가 8세가 되면 성장을 끝마친다. 얼굴과 몸통의 뼈들은 더 천천히 성장하고 보통은 16세에서 18세 사이에 성장이 완료된다. 얼굴의 개성이 강하게 드러나기 시작하는 첫 시기는 유년 시절 초반이다. 눈동자 색깔이 일반적으로는 첫 달 안에 빠른 속도로 발현되고, 아기 때의 둥근 얼굴은 조금 더 길고 타원형이며 개인적인 특성을 지닌 어린아이의 얼굴로 바뀐다. 사하라 사막 이남의 아프리카계인과 멜라네시아인의 경우 피부색이 눈에 띄게 짙어지는데 이는 태양의 노출이 중요한 요인으로 작용한다. 머리카락이 자라서 얼굴의 윗부분을 덮으면서 외모에 변화가 생긴다.

8세에서 10세 사이, 나이가 더 많은 아이의 얼굴은 이미 기본적인 개성을 획득하고 성인이 되었을 때의 모습을 드러내며, 사춘기를 지나 대략 12세에서 18세 사이에 얼굴 모습이 마지막으로 자리를 잡는다. 이런 과정은 이마코원기에서 생겨난 코중격nasal septum*의 성장에 기반을 두는 코의 성장에서 가장 뚜렷하게 나타난다. 코에서 뼈로 이루어진 부분과 얼굴뼈들의 구조는 일반적으로 코의 최종 형태를 결정한다. 예를 들면 콧등이 상대적으로 큰 아이는 거의 예외 없이 십대 후반에 더 큰 코를 가지게 될 것이라고 예견할 수 있다. 궁극적으로 머리뼈의 성장이 결합 조직과 근육, 혈관의 세부적인 패턴을 결정하고, 이에 따라 얼굴의 최종 형태를 완성한다. 그래서 완전히 성숙한 얼굴로 발달하기 위해서는 약 18년이라는 시간이 걸린다.

얼굴에 가장 두드러지는 개성을 부여하는 부위는 코다. 코 모양의 차이는 영양 상태나 다른 환경학적 영향이 아닌 내재된 유전적 정보에 기인한다. 일란성 쌍둥이의 얼굴이 거의 동일하다는 사실이 이를 입증한다. 개인마다 코의 모양에 기본적인 유전적 차이가 있음을 고려했을 때 주요 "인종" 집단들 사이에서 볼 수 있는 코 모양의 일반적인 (그리고 쉽게 식별 가능한) 차이들도 유전적 차이에 의한 결과임을 추론해 볼 수 있다. 일본계나 중국계 사람들은 유럽계 사람들보다 일반적으로 더 작은 코와 덜 동그란 눈을 가지고 있다. 이는 그저 다르다는 사실일 뿐 더 우월한 코나

---

* 코 안을 양쪽으로 나누는 가운데 칸막이

눈 모양이란 존재하지 않기 때문에 이렇게 말한다고 해서 인종 차별주의자라고 말할 수는 없다. 유전이 어떻게 얼굴 생김새에 영향을 주는지에 대해서는 4장과 9장에서 다룬다.

그러나 얼굴의 신체 특징들이 모두 유전에 의해 나타나지는 않는다. 아래턱의 크기와 모양은 식생활의 영향을 뚜렷이 받는다. 치아가 발달하는 시기에 고기 같은 더 질기고 더 많이 씹어야 하는 섬유질이 풍부한 재료로 식단을 구성하면 아이의 턱은 더 잘 발달하게 된다. 그리고 이렇게 만들어진 차이는 아이가 성장해서 10대가 되고 완전한 성인이 된 후에도 지속된다. 턱 부분이 돌출된 "원시인caveman"이 사냥으로 갓 잡은 동물을 메고 가족에게로 돌아가는 이미지는 아주 오랫동안 문화적으로 자리 잡은 고정관념이다. 우리는 강한 턱과 짐승 같은 힘을 동일시하면서 초기 인류가 이 같은 힘을 지녔다고 생각한다. 사실 이런 얼굴의 이미지는 부분적으로 고기에 편중된 식생활의 생물학적 현실을 반영한다. 근육의 압력에 반응해서 성장하는 턱뼈가 가진 이런 능력은 뼈가 성장할 때 일반적으로 인장응력tensile stress*에 반응한다는 것을 보여 준다.[18]

사춘기를 지나면서 성적 특징들이 나타난다. 인간과 가장 가까운 대형 유인원을 포함해서 많은 영장류들의 얼굴에는 다른 신체 부위와 마찬가지로 성별의 차이가 상당히 강하게 드러난다. 예를 들어 시상능sagittal crest**을 가진 나이가 많은 수컷 고릴라를 생각해 볼 수 있다. 크기가 더 작은 암컷에게는 없는 특징이다. 그러나 인간의 얼굴에서 암컷과 수컷 이성 간에 나타나는 형질 차이, 즉 성적이형성sexual dimorphism은 뚜렷하게 보이지 않는다. 얼굴의 털을 제외하면 얼굴에 드러나는 차이점은 비교적 미미하다. 그러나 이런 아주 작은 차이들이 여성스럽거나 남성스러운 얼굴을 만들어 내면서 중요한 의미를 가진다. 이 점이 흥미로운 미스터리다. 사

---

* 재료가 외력을 받아 늘어날 때 이에 따라서 재료 내부에 발생하는 저항력
** 두개골 두정부의 전방에서 후방으로 뻗어 있는 뼈의 튀어나온 능선

람들 대부분은 사진 속의 얼굴을 보고 그 사람의 성별을 알아맞힐 수 있다. 털이 없을 때조차 마찬가지다. 우리가 이렇게 할 수 있는 이유가 분명하지 않지만, 여성은 남성에 비해 얼굴이 약간 더 길고 타원형인 경향이 있다. 남성의 얼굴은 더 각이 지고 눈 사이가 살짝 더 멀리 떨어져 있다. 턱과 코는 여성에 비해 남성이 더 도드라지는 경향이 있다. 모든 특정한 특징은 저마다 상당한 가치를 지니기 때문에 한 가지 특징만으로는 성별을 명확하게 진단할 수는 없지만, 실험을 통해 많은 개인의 특징들이 성별 정보를 전달해 준다는 사실을 알 수 있다. 이 밖에도 일반적인 "게슈탈트gestalt"● 인상이 있다. 즉 이들이 가진 성별 특수성의 정도와 특징들의 **전체적 조화**가 남성답거나 여성다운 얼굴의 인상을 만들어 낸다. 미미한 단서에도 불구하고 성별을 구분하는 능력의 속도와 일반적인 정확도는 놀라울 정도다.[19]

남녀의 얼굴을 구별 짓는 성적 특징의 발달적 근간이 정확히 무엇인지는 알려지지 않았다. 어쩌면 여성과 남성의 상이한 신체 호르몬에 대한 반응으로 얼굴의 각기 다른 부위에서 세포 증식에 미세하게 차이가 나는 것과 관계가 있을지도 모른다. 대표적인 남성 호르몬인 테스토스테론의 수치가 높으면 얼굴 부위가 더 남성스러운 특징을 가지는 방향으로 성장이 촉진되는 반면, 여성 호르몬인 에스트로겐이 높으면 반대의 결과를 낳는다. 이 설명은 성 호르몬이 증가하는 사춘기를 지나면서 얼굴에서 성별을 더 확실히 식별할 수 있다는 사실과 일치한다. 그리고 이 관계를 뒷받침하는 증거도 존재한다.[20]

일반적인 얼굴 형태에서 보이는 이런 차이는 우연히 생겨나지 않았고 어떤 기능적 의미가 없지도 않다. 남성에게는 좀 더 여성적인 얼굴이 그리고 여성에게는 좀 더 남성적인 얼굴이 보통은 더 매력적으로 보인다.

● '전체는 부분의 합 이상'이라는 형태심리학의 개념

인류의 진화에서 이런 차이에 기반을 둔 성선택이 얼굴의 형태를 만드는 데 거의 확실히 일조했다. 이 문제는 8장에서 계속 논의된다.[21]

얼굴 발달의 주요 특징 요약

이 장에서 많은 영역을 다루었지만 핵심은 간단하다. 얼굴은 근본적으로 배아가 "관 안에 두 개의 관"(신경관과 길쭉해진 배아 체내의 미래 소화관)으로 구성된 길쭉한 형태를 갖춘 후에 접혀진 종뇌의 아래쪽 맞은편에 놓이는 얼굴 원기에서 나온 배아의 앞쪽 끝에서 발달한다. 여덟 개의 얼굴 원기 중 여섯 개는 신경능선세포가 이 장소들로 이동하고 증식하면서 발달하기 시작한다. 이 세포들은 외배엽 기원판이 생산하고 방출하는 소닉 헤지호그SHH 분자에 반응하며 각자의 장소에서 자신들의 역할에 전념한다. 나머지 두 개의 기원판은 내배엽 기원판, 즉 최초의 인두굽이에서 생성되고, 신경능선세포를 끌어들이기 위해 동일한 화학적 신호를 사용한다. 이런 모든 장소들은 입과 가장 기초적인 눈을 포함하는 통일된 구조를 생성하기 위해 성장하고 확장되고 결합하는 특유의 과정을 겪는다. 그리고 이 구조는 완전한 얼굴로 발달하기 위해 스스로 더 성장하고 확장된다. 발달 10주 끝 무렵에 결합 과정이 완료되고 나면 머리와 얼굴에서 상당히 큰 성장과 더 많은 발달이 이루어지고, 20주가 되면 인간 특유의 모습을 갖출 뿐만 아니라 어느 정도 개성을 가진 뚜렷하게 더 큰 얼굴이 형성된다.

정상적으로 발달하는 아기들은 이 모든 연속적인 단계들을 경험한다. 이 단계들이 복잡하고 주변 환경에 취약하며 유전적 변이에 쉽게 영향을 받는다는 사실을 감안하면 자궁 내에서 죽거나 심각한 문제를 가진 아기로 발달하는 배아가 일부 존재한다는 사실이 놀랍다기보다는 오히려 온전하게 발달을 마치고 정상적으로 태어나는 아기들이 압도적으로 많다는 사실이 더 놀랍다.

무엇이 이런 과정들을 이끌어 내고 제대로 된 결과를 (잦은 빈도로) 낳기 위해 올바른 순서로 발생하게 만드는가? 발달 과정이 일어나는 장소이기는 하지만 결코 이 과정을 지휘하지 않는, 기본적인 보호막과 영양분이 풍부한 환경을 제공하는 엄마의 자궁 안은 아니다. 발생생물학적 관점에서 자궁은 배아와 태아의 발생에 있어서 "지시적"이 아니라 "자유방임적"인 환경이다. 그러나 어쨌든 이런 과정들을 이끄는 무언가가 배아나 태아의 외부에서 오는 것이 아니라면 내부에서 오는 것일 수밖에 없다. 그리고 실제로도 그렇다. 특히 뇌와 얼굴의 상호작용에서 보았듯이 다양한 사건들의 물리적 역학이 결정적 요인이 된다. 그러나 궁극적으로 모든 발달상의 변화를 만드는 근원은 배아의 세포에 들어 있는 유전자들의 활동이다. 앞서 논의했듯이 태아기 동안에 분명해지는 다양한 종류의 동물 얼굴에 드러나는 특징적인 차이는 직접적이지 않다고 해도 결국 이런 유전자 활동이 갖는 차이의 결과다.

물론 형태의 차이가 "유전자의 책임"에 있다는 설명은 이런 과정들을 진정으로 이해하기에는 지나치게 단순하고 일반적이다. 얼굴의 발달에 가장 중요한 유전자가 무엇이며 이 유전자가 왜 필요한지, 어떤 시간적 순서로 스위치가 켜지는지, 이들의 유전자산물이 실제로 하는 일이 무엇인지, 얼굴을 완성하기 위해 세포와 조직 간 상호작용에서 유전자산물이 구체적으로 어디에서 어떻게 작용하는지를 알 필요가 있다. 앞서 두 개의 주요 유전자산물을 이미 접해 보았다. 바로 FGF8과 SHH다. 이들은 다른 유전자와 발달 과정의 큰 맥락에 맞게 자신들의 역할을 다한다. 인간 얼굴의 진화적 뿌리를 이해하기 위해서는 이 맥락을 이해하는 일이 필수적이다. 다음 장에서는 이런 유전자들에 대해 현재까지 알려진 정보들과 이들이 인간의 얼굴을 형성하는 데 기여하는 방법을 살펴본다.

3장

얼굴을 형성하는 유전적 기반

형질을 "결정"하는 유전자

유전자와 얼굴의 형성 사이에 어떤 관계가 있는지를 이야기할 때 근본적이고 평범한 질문을 던지면서 시작해 볼 수 있다. 유전 물질이 생명체의 신체 특성을 정확히 어떻게 "지정하는"가? 수많은 동식물의 발달에 관한 방대한 정보가 있지만, 이 일반적인 질문에 대해 여전히 만족스러운 답을 주지 못하는 실정이다. 조만간 보겠지만 답을 찾는 데 도움이 될 만한 어떤 틀이 존재는 한다. 그러나 깊이와 예측 능력이 부족하다. 더 나아가 이 주제를 접할 때 곧바로 상황을 더 복잡하게 만드는 용어상의 문제에 직면하게 된다. 유전학자들은 흔히 생명체의 총체적인 유전 물질, 즉 **게놈**이 그 생명체를 "결정"한다고 말한다. 어떤 면에서는 꼭 틀렸다고 말할 수 없다. 집고양이가 호랑이가 아니고, 푸들이 늑대가 아닌 이유는 이런 짐승들이 결정적으로 다른 게놈의 염기쌍들을 가지는 데 있다. 그러나 "결정한다"라는 단어는 게놈이 가진 것보다 또는 전달할 수 있는 것보다 훨씬 큰 의미를 내포한다.

1980년대와 1990년대에 특정 유전자가 특정 형질을, 그중에서도 특히 성적 지향 혹은 범죄나 위험을 감수하는 "성향" 같은 인간의 성격 특성을 "통제한다"는 주장이 유행하던 시기가 있었다. 이런 주장들은 언제나 예외 없이 특정한 성질을 가진 특정한 유전적 변이들을 선택해서 주장을 뒷받침하는 근거로 삼는다. 그러나 변이의 발생과 형질 발현 사이의 연관성은 확실하지 않다. 이 같은 불확실성은 일반적인 것으로 유전자 변이는 보통 동식물에서 관련 형질의 존재 유무나 정도에 있어서 얼마간의 가변성을 보인다. 이 같은 가변성은 생명체 내의 유전적 차이, 즉 **유전적 배경**genetic background이나 환경의 영향을 받으며, 둘 모두의 영향을 받기도 한다. 결국 유전자 변이의 결과가 가변적인 상황에서 유전자가 특정한 형질을 "통제한다"고만은 말할 수 없다.

유전학자들은 변형된 유전자가 항상 그 존재를 드러내지는 않는다는 사실을 오래전부터 알고 있었다. 실제로 생명체의 전체 유전 정보, 즉 **유전자형**genotype이 겉모습이나 **표현형**phenotype에 언제나 반영되지는 않는다. 이런 유전 효과가 감춰지는 방법은 다음 장에서 살펴보겠다. 지금은 유전자가 형질을 "통제한다"는 개념이 불변의 진리가 아니라는 점을 짚고 넘어가는 것만으로도 충분하다.[1]

그러나 유전체의 차이에 기인하는 종들 사이의 가시적이고 매우 특징적인 차이와 어떤 유전적 변이들이 흔히 특정 표현형과 관련이 있다는 사실은 생물의 속성이 유전체의 지정에 따라 만들어진다는 개념에 **무언가**가 있음을 보여 준다. 유전적 "통제"에 대한 이런 서로 상반되는 사실들을 어떻게 양립시킬 수 있을까? 생물학적 발달 분야를 다시 끌어오면 가능하다. 앞서 이미 보았듯이 이 분야는 진화적 변화를 깊이 이해하는 데 도움을 주었다. 특정 유전자들과 이들이 영향을 미치는 형질 사이에 일련의 긴 중간 과정과 사건들이 존재한다는 점을 알아야 한다. 이것을 다음과 같이 나타낼 수 있다. A(유전자) → B(단백질) → C(단백질 작용) → D(세포의 특성) → E(조직의 특성) → F(조직의 상호작용) → G(기관과 부위의 특성) → H(최종 형질).

상향적 인과관계를 세부 사항은 배제하고 이렇게 선형적으로 나타내니 단순해 보인다. 이것이 (차후 논의하게 될) "창발"의 일반적 현상의 예다. 새로운 조직과 기관의 특성이 정확히 어떻게 발생하는가에 해석상의 어려움이 집중되는 경향이 있다. 이 밖에도 새로운 세포와 조직의 특성들

(D와 E 단계)이 새로운 유전자를 "활성화"시키면서(A 단계) 위에서 아래로 내려가는 "하향 유도"의 형식으로 순서를 다시 처음으로 되돌리고, 이 것이 세포와 조직의 특성들에 더 많은 변화를 가져온다는 사실이 이 과정에 또 다른 복잡한 문제를 야기한다. 그러나 여기서는 이런 측면들을 무시하고 그저 유전자에서 형질까지 계속 이어져 나가는 진행 과정에 초점을 맞춘다. 이 사슬에서 겉보기에는 유전자에 의한 직접적인 형질 결정이 각 단계의 높은 재현 가능성과 상관관계가 있다는 점이 중요하다. 그러므로 각 단계가 다음 단계를 촉발하기 위해, 말하자면 99퍼센트 이상의 높은 확정성을 가지고 작동된다면 유전자(A)의 특성은 높은 예측 가능성을 가지고 특정한 표현형 특성, 즉 형질(H)로 나타난다. 발달을 거치면서 보조를 같이하는 유대가 강한 유사한 세포 집단의 성향이 이 신뢰성을 높여주며, 이를 동일 집단 내에서 유사한 행동을 요구하는 이른바 "공동체 효과community effect"라고 한다. 이 같은 세포의 자기 감시는 유전자 입력 정보를 (자주) 정리하는 기능과 함께 잠재적 가변성을 더욱 감소시키는 역할을 하고, 이런 신뢰성은 흔히 외부 요인들이 일으키는 교란에도 흔들리지 않는 **견고성**을 보인다. 그리고 발달 과정은 매우 견고한 경향이 있다. 그러나 유전자와 형질 사이에 많은 단계들이 존재한다는 사실 자체가 각 단계들에서의 일탈 가능성을 증가시키고, 이로 인해 결국 결과의 가변성도 높아진다. 인과관계와 잠재적 오류가 복잡하게 결합된 상황은 돌연변이에 의한 영향이 왜 그렇게 자주 가변적인지를 이해하는 데 도움을 준다. 대부분의 돌연변이는 활성 유전자산물의 양을 살짝 감소시키는데, 이를 **부분적 기능상실 돌연변이**loss-of-function mutation라고 할 수 있다. 활성 유전자산물이 조금 감소하면 충분한 세포가 생성될 가능성이 낮아지고, 그래서 사슬이 성공적으로 완성될 가능성이 떨어지면서 결과의 가변성을 증가시킨다.

이 같은 변이에 의한 영향 외에도 다양한 외부 요인들이 특정 단계에 영향을 줄 수 있고, 이것이 사슬을 완성시키거나 경로를 다른 방향으로 틀어 조금 다른 결과를 가져오게 만들 수 있다. 실제로 많은 종들의 생명 주기에는 특정한 환경 변수에 의해 발달 경로가 다른 결과를 이끌어 내는 방향으로 전환되는 특정한 시점이 존재하고, 이 시점은 생명체의 생명 주기에서 매우 중요하다. 그리고 이 같은 전환점 자체가 진화의 산물이다.[2]

이 장에서는 얼굴의 유전적 기반을 살펴본다. 이때 유전자들을 발달의 최종 결과물로 이어지게 만드는 사건과 과정이 얼마나 복잡한지를 기억해야 한다. 이런 복잡성이 사실상 머리와 얼굴의 발달에 문제를 가져오기 때문에, 앞 장에서 언급했듯이 소아과는 이 문제에 초점을 맞추고 의술을 개발하고 있다. 그러나 여기서는 얼굴 형성 과정 중에 유전적 토대의 관점에서 건강하게 발달하는 배아에서 발생하는 전형적인 사건들만 살펴본다. 내용의 이해를 돕기 위해 유전자 작용과 발현의 기본 정보와 유전자 발견의 역사를 잠시 엿보고 가자.

유전자와 유전자 활동부터 유전자 제어의 개념까지

20세기 중반인 1950년은 진화생물학의 역사에서 가장 기이한 시기였다. 진화의 근대 이론은 수십 명의 뛰어난 학자들이 수십 년간 함께 노력해 성취해 낸 결과였고, 쉽게 무시할 수 있는 문제가 아니었다. **신다윈주의**Neo-Darwinism 또는 **현대적 종합**modern synthesis, **진화적 종합**이라는 다양한 이름으로 불리며 진화에 대한 설득력 있고 완전한 설명을 제시해 주는 이론으로 칭송을 받았다. 그러나 자세히 들여다보면 이 이론이 완전하다는 주장은 거짓에 가깝다. 좋게 봐준다고 해도 더 완전한 이론을 세울 수 있는 발판 역할을 하는 정도에 지나지 않았다. 유전자와 유전적 변이에 대한 생각이 이 이론의 핵심이었지만, 무지에서 비롯된 생각이었다. 특히 유전자의 화학적 구조에 대한 지식이 없었다(1944년에 발표된 한 연구가 어느 정도 의미 있는 답을 제시하기는 했다). 진화적 변화에 필요한 필수 조건에 대한 가설을 세울 때 지식의 부재는 결국 이 이론의 중심이었던 유전 변이의 본질을 이해하지 못하게 만들었다. 이뿐만이 아니었다. 유전 자가 실제로 어떻게 작동하는지도 역시 몰랐다. 이 무지의 바다에서 일부 유전자들이 특정 단백질, 즉 세포의 물질대사 반응을 수행하는 분자인 효 소를 지정하는 것처럼 보인다는 점만 유일하게 확신할 수 있을 뿐이었다.

십수 년 안에, 생물학의 역사에서 과학적 발견이 이루어진 가장 드라 마틱했던 시기에 일련의 연구들이 이런 기본적인 문제들에 빛을 비춰 주 었다. 그 당시에는 아직 초기 단계에 지나지 않았던 분자생물학 분야의 연구는 진화생물학자들이 생각하고 작업하는 방식에 거의 영향을 주지 않았지만, 이 분야가 가진 가능성은 의심의 여지가 없었다. 1980년대에 분자생물학이 일으킨 개념의 혁명은 진화생물학을 완전히 바꾸어 놓았 다. 지금부터 몇 페이지를 할애해 유전자에 대한 기본적인 분자생물학 지 식을 간략하게 소개하겠다. 유전자 자체나 유전자의 역사를 만족스러울 정도로 다루지는 못해도 훌륭한 설명이 될 것이다.[3]

유전자는 **디옥시리보핵산**DNA이라는 분자로 이루어져 있다. 이 DNA 는 다시 **뉴클레오티드**nucleotide라고 하는 복잡한 분자 단위들로 이루어진 두 개의 기다란 중합체로 구성되고, 사슬 두 가닥이 새끼줄처럼 꼬여 있 는 모양을 하고 있다. 이를 **이중 나선 구조**double helix라고 한다. '그림 3.1'은 DNA 분자의 일부분을 보여 주며, 세부 사항은 설명란에 설명되어 있다. 이 설명의 요지는 DNA가 네 개의 알파벳인 T와 A, C, G로 나타내는 뉴 클레오티드 염기로 구성되어 있으며, 유전자가 **폴리펩티드**polypeptide라는 단백질을 지정한다는 것이다(세포 속의 단백질은 각각 단일 폴리펩티드 나 더 일반적으로는 동일하거나 상이한 두 개 이상의 폴리펩티드의 결합

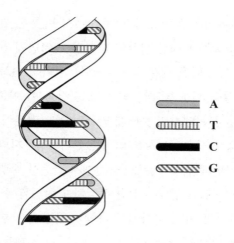

A
T
C
G

그림 3.1 DNA 분자의 이중 나선 구조. DNA 바깥쪽의 나선형을 만드는 두 가닥은 각각 디옥시리보스(S) 당 분자와 인산염(P)이 화학 결합을 통해 사슬처럼 번갈아 자리하며 축을 이룬다(-P-S-P-S-P…). 당과 연결되고 두 가닥의 사슬 사이 공간으로 돌출된 것은 질소염기 nitrogenous base라는 작은 화합물로 A(아데닌, adenine)는 T(티민, thymine)와, G(구아닌, guanine)는 C(사이토신, cytosine)와 짝을 이룬다. (본문에서 언급한 뉴클레오티드는 각각 하나의 S와 하나의 P, 하나의 염기로 구성된다.) 그러므로 하나의 나선을 살펴보면 나선형 사다리에는 결합 가능한 네 개의 염기쌍 "결합"이 존재한다. A-T와 T-A, C-G, G-C다. DNA의 염기 서열은 유전자의 유전 정보가 된다. (이 책의 내용과 크게 상관은 없지만 정보를 하나 더 주자면 각 축에서 화학 결합은 정해진 방향이나 극성을 가지며, 두 가닥은 서로 반대 극성을 향한다.)

으로 구성된다). 부연 설명되어 있듯이 유전자 중의 염기쌍 서열이 이 폴리펩티드를 이루는 기본 단위의 서열을 규정한다. 이러한 사실은 1953년에 공개되어 DNA의 구조를 보여 주었던 왓슨-크릭 모델Watson-Crick model에 의해 밝혀졌다. 유전자는 화학 정보를 담고 있다고 볼 수 있으며, 이런 화학 정보를 제공하는 염기 서열을 가지고 있다. 그러나 유전자의 DNA 이중 나선 중 한 가닥만이 유전자가 지정하는 폴리펩티드에 대한 정보를 제공한다.

　　단백질의 구성성분인 **아미노산**amino acid은 스무 가지이기 때문에

DNA 알파벳 4문자로 20문자 단백질 알파벳을 암호화해야 한다. 이는 뉴클레오티드 3개가 모여 아미노산 1개를 만드는 것으로 가능하다. 세 문자 암호에서 각 자리마다 올 수 있는 염기의 종류는 4개이며, 이것으로 4×4×4=64라는 가능성이 만들어진다. 이렇듯 세 문자 암호화 시스템은 20개의 아미노산을 전부 포함하고도 남는다. 실제로 아미노산 20개 중 대다수는 ("멈춤 신호"를 보내 폴리펩티드의 결합을 자연스럽게 끝내는 세 개의 코돈codon*을 포함해) 하나 이상의 3염기 코돈triplet codon에 의해 결정된다. 실제로 DNA는 단백질을 과잉 지정하며, 이 시스템은 반드시 필요한 양보다 더 많은 양을 수용할 수 있다. (그리고 이 추가 수용력이 체계를 튼튼하게 해 준다.)

유전자에 대한 기본 정보를 알게 되었지만 궁금증은 여전히 남아 있다. 앞서 언급했듯이 유전자는 세포핵 속에 들어 있는 염색체에 존재한다. 그러나 1950년대 초반에 세포 성분을 방사성 물질로 표지하는radioactive labeling 새로운 방법을 활용해 단백질이 염색체가 들어 있는 핵이 아닌 세포질에서 합성된다는 사실이 분명해졌다. 유전자는 어떻게, 말하자면, "멀리 떨어진" 곳에서 작용할 수 있었을까? 그 답은 세 번째 종류의 분자에 있었다. 바로 DNA와 관련이 있는 핵산이지만 세 가지 구성 성분 중 하나인 당에서 차이가 나는 **리보핵산**RNA이었다. RNA의 종류는 다양하지만, 단백질 합성에 사용되는 종류는 두 DNA 가닥 중 하나의 복사본이며 단일 가닥으로 구성된 전령 RNAmessenger RNA, mRNA였다. 유전자는 한 가닥을 상보적인 mRNA로 복사하는 과정에서 "판독"되고, 이 과정을 **전사**transcription라고 한다. 이 과정을 통해 하나의 분자가 조금 다른 종류로 복사된다. (DNA와 RNA는 당이 다른 것 말고도 DNA "문자들" 중 하나인 T가 RNA에서는 U로 전환된다.) 그런 다음(몇몇 과정을 더 거치기는 하

• 단백질 합성 시 한 개의 아미노산을 지정하는 단위로, 염기 3개로 이루어진 각각의 덩어리를 코돈이라 부른다. 이론적으로는 64개의 형태가 존재한다.

지만 여기서는 생략하겠다) mRNA는 핵에서 나와 세포질로 들어가고, **리보솜**에서 mRNA로 전사된 뉴클레오티드 서열은 폴리펩티드 사슬의 아미노산 서열로 전환된다. 이 과정을 번역translation이라고 한다. 이는 사실상 한 세트의 화학적 부호들을 부호들과 최종 단위들이 대응되는 또 다른 세트로 전환하는 것이다. 유전자에서 단백질 합성까지의 전체 과정은 다음과 같이 대략적으로 나타낼 수 있다.

DNA(유전자) → mRNA → 폴리펩티드 사슬

'그림 3.2'는 이 과정을 보여 준다. (그림 3.2에서 언급했지만 지금은 신경을 쓸 필요가 없는 복잡한 문제가 하나 더 있는데, RNA 원본이 최종 mRNA보다 길다는 점이다. RNA가 조각조각 잘려 나가고 남은 부위가 서로 연결되는 전 과정을 **스플라이싱**splicing이라고 한다.)

1964년에 이 모든 궁금증이 밝혀졌으며, "유전 암호genetic code"라고 하는 규칙, 즉 어떤 특정 3염기 코돈이 어떤 특정 아미노산에 대응하는지를 확인한 발견도 예외는 아니었다. (유전체를 이런 식으로 언급하면서 유전체가 형질을 "암호화"한다는 뜻을 내비치는 경우도 있다. 그러나 이는 앞서 논의했듯이 지나친 단순화다. "유전 암호"를 유전체와 동의어로 사용하지 않는 것이 바람직하다.) 1960년대 중반에는 유전 물질이 어떻게 작동되는지에 대한 미스터리가 마침내 풀린 듯했다. 정말 그랬을까? 아니었다. 2003년 인간 게놈 프로젝트Human Genome Project를 통해 전체 인간 유전체에서 전체 DNA의 약 2퍼센트만이 단백질을 암호화한다는 사실이 밝혀졌다. 많은 DNA가 단백질 암호화에 관여하지 않을 것이라는 의심은 오래전부터 이미 존재했다. 단지 그 비율이 이렇게 놀라울 정도로 낮을지는 몰랐다. 이 사실로 미루어 보았을 때 인간의 유전체에서 DNA의 압도적인 다수는 아무런 기능도 하지 않는 "정크" DNA이거나 아직까지 알려

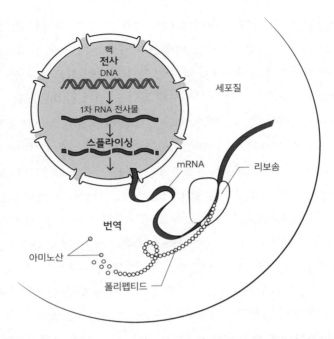

핵
전사
DNA
1차 RNA 전사물
스플라이싱
mRNA
리보솜
세포질
번역
아미노산
폴리펩티드

그림 3.2 유전자가 특정 형질로 나타나는 유전자 발현의 중요한 단계들을 보여 준다. RNA에 **1차 전사물**primary transcript이라고 부르는 DNA 한 가닥의 복사본을 전해 주는 DNA의 전사, 핵공을 통해 핵막을 지나 세포질로 들어가는 성숙한 mRNA에 전해 주기 위해 전사물을 자르고 다시 연결하는 스플라이싱, 세포질 안에서 단백질 사슬을 생산하기 위해 mRNA를 번역하는 단계가 있다. 전사물 스플라이싱의 본질은 성숙한 mRNA를 생산하는 것이고, 유전자 산물의 다양성에 기여하는 또 다른 과정(새로운 단백질 사슬의 번역 후 변형post-translational modification)은 4장에서 논의된다(상자 4.1).

지지 않은 참신한 기능을 보유하고 있어야 한다. 어쩌면 이 둘이 혼합되어 있을 가능성도 있다.

비암호화 부분에 대해 온전히 알게 되기 전까지는 지난 수십 년간 정크 DNA 가설이 지배적이었다. 그러나 이제는 정크 DNA가 어떤 기능을 가지고 있음이 분명해졌다. 한 부분은 (이후에 설명하게 될) 유전자를 활성화시키거나 비활성화시키는 데 필요한 상대적으로 짧은 DNA 염기 서열로 구성된다. 더 나아가 유전체에서 "정크" 부분에 속하는 많은 DNA 조각이 RNA 분자를 생산하지만, 이들은 비암호화 RNA다. 실제로 **마이크로RNA**microRNA는 약 스무 개의 염기쌍 길이로 되어 있으며, 이는 폴리펩티드 사슬을 암호화하기에는 지나치게 짧다. 반면에 **긴 비암호화 RNA**long noncoding RNA, lncRNA는 암호화에 필요한 길이를 가지고 있으나 핵을 벗어나지 않기 때문에 mRNA가 아니다. 이뿐만이 아니다. 작은 (그러나 마이크로는 아닌) 비암호화 RNA도 존재한다. 이제는 이런 RNA들의 다수가 중요한 기능을 가지고 있으며 범위도 다양하다는 사실이 명백히 밝혀졌다. 그러므로 이런 RNA를 지정하는 많은 비암호화 조각들을 "유전자"라고 불러야 마땅하다. 그러나 이들은 1950년대와 1960년대에 분자생물학자들이 생각하고 연구했던 고전적 유전자와는 명백히 다르다. 이 책에서는 이런 비암호화 DNA 조각들을 고전적 단백질 암호화 유전자들과 구분하기 위해 **비전통적 유전자**nontraditional genes라고 부르겠다. 얼굴의 형성에서 이런 비전통적 유전자들이 어떤 역할을 하는지는 현재 알려진 바가 없지만, 일부는 얼굴 발달에 관여한다고 알고 있는 (고전적인) 유전자의 활동을 "조절"하는 역할을 할 가능성이 높아 보인다(아래 내용 참조).⁴

유전자 제어에 대한 일반적인 개념은 사실 이런 비전통적 유전자들이 발견되기 훨씬 이전에 탄생했다. 돌이켜 생각해 보면 1950년대 후반에 등장하면서 분자생물학의 황금기1953~1964라고 볼 수 있는 시기의 획기적인 발견들을 완성시켰다. 이 개념은 생명체가 어떻게 작용하는지와 더불어 이들이 어떻게 진화하는지 이해하는 일에도 매우 결정적인 역할을 했다. 유전자 제어 현상이라는 복잡한 분야로 발을 들여놓기 전에 한 가지 중요한 사실을 언급할 필요가 있다. 모든 유전자가 항상 활성화 상태에 있지는 않다는 점이다. 이들은 (고전적인 유전자와 비전통적인 유전자 모두) 오직 RNA로 전사되었을 때에만 활성화되고 발현된다. 이때가 되어서야 비로소 생명체에 영향력을 행사할 수 있다.

유전자 제어와 유전자 제어 네트워크

발달 과정에서 유전자의 스위치가 켜져 있는지 혹은 꺼져 있는지의 문제는 생물학 분야에서 오랫동안 내재되어 있었지만, 유전자가 무엇인가를 정확히 밝히기 위해 꼭 해결하지 않으면 안 되는 그런 긴박한 문제는 아니었다. 1950년대 초에 신체의 모든 세포들(**체세포**)이 근본적으로 동일한 양의 DNA를 가지고 있다는 사실이 생물학적으로 규명되었다. 생식세포germline와 정자, 난자만이 유일한 예외에 속했는데, 이들은 체세포(비생식 세포) DNA 양의 절반만 가지고 있다. [이처럼 DNA에서 두 배나 차이나는 것은 체세포의 염색체 수가 배수체(2n)인 반면 성세포의 염색체 수는 반수체(n)임을 반영한다.] 그렇지만 체세포들은 서로 명백하게 다르다(예를 들어 그림 2.4). 이런 이유로 세포들이 이들이 가진 유전자의 내용물이 아니라 발현되는 유전자에서 차이가 난다는 단순한 추론을 해볼 수 있다. 그리고 몇몇 과학자들이 이를 명확하게 정의하기 위해 노력했다.

파리의 파스퇴르연구소Institut Pasteur에서 근무했던 프랑스 과학자 세 명이 대표적이다. 앙드레 르보프Andre Lwoff, 1902~1994와 프랑수아 자코브Francois Jacob, 1920~2013, 자크 모노Jacques Monod, 1910~1975가 바로 그들이다. 이들이 진행한 연구는 현대 생물학 연구 역사상 가장 지적으로 정교한 작업에 속했지만, 이 연구를 통해 얻은 답은 단순함 그 자체였다. 단순하고 배양하기 쉬운 **대장균**을 실험 대상으로 삼으면서 자코브와 모노는 젖당lactose을 분해하기 위해 필요한 유전자 세 개에 초점을 맞췄다. 이때 젖당은 증식 배지growth medium°에서 유일한 에너지원이었다. (르보프는 대장균을 감염시키는 바이러스로 유전자 제어를 연구했고, 동일한 원칙이

° 미생물이나 동식물이 자라는 데 필요한 영양소가 들어 있는 액체나 고체

적용됨을 밝혔다.) 이들은 젖당(또는 "유도 물질")을 증식 배지에 첨가하면 세 개의 효소가 합성되지만, 젖당을 제거하거나 젖당보다 더 손쉽게 활용할 수 있는 포도당을 첨가하면 이 합성이 멈춘다는 사실을 발견했다. 이 과정은 유전자들의 전사를 규제하는 일종의 단순한 분자형의 꺼짐 스위치를 포함하는데, 이 스위치는 효소들을 암호화하는 세 유전자 근처에 위치한 DNA 부위로 이를 **작동 유전자**operator라고 한다. 이 부위에 **젖당 분해 억제 단백질**lac repressor이 결합했을 때 세 유전자는 전사되지 않았고, 따라서 발현되지도 않았다. 그러나 젖당이나 다른 유도 물질을 첨가했을 때, 이들 외에 세포가 사용할 수 있는 다른 효율적인 당이나 에너지원이 존재하지 않는다면, 억제 단백질은 유도 물질과 결합하면서 형태 변화를 일으키게 되므로 작동 유전자에 부착될 수 없다. 그 결과 세 유전자의 전사가 왕성하게 이루어진다.

젖당 분해 억제 단백질과 DNA 결합 부위의 스위치에 의해 제어되는 현상을 **음성 조절**negative control이라고 한다. 억제력을 가진 단백질의 유일한 역할은 유전자가 발현되지 못하게 하는 것이다. 그러나 이 연구 후 몇 년이 지나서 억제 단백질이 전사를 활성화하기 위해 특별한 장소에 결합할 때 일부 세균 유전자의 제어가 **양성 조절**positive control을 통해 작동한다는 사실이 밝혀졌다. 다시 말해 유전자 전사의 선택적 활성화는 발현을 선택적으로 침묵시키는 것 못지않게 유전자 제어가 가지는 특징이다. (실제로 고등 생명체에서는 이것이 더 지배적일 가능성이 높다.) 이 같은 활성화에는 (다른) 특정 유전자의 전사를 활성화하는 기능을 가진 특정한 단백질이 연관된다. 이런 기능을 하는 단백질을 (충분히 타당한 이유로) **전사 인자**transcription factors라고 한다.

유전자 제어의 현실을 한 현상으로 정립하고, 이 현상이 어떻게 발생하는지에 대한 기본적인 모델을 제공하며, 이를 조사하는 방법론을 제시한 것(이들 모두 엄청난 성과다) 이외에도 이 초기 연구는 유전자에 대한 중요한 사실을 알려 주었다. 즉 유전자를 크게 두 부류로 나눌 수 있다는 점이다. 먼저 실제로 세포의 물질대사 (또는 기계적인) 작업을 하는 유전자를 **구조 유전자**structural genes라고 한다. 대장균에서 젖당의 물질대사와 관련이 있는 세 개의 효소나 척추동물에서 산소를 운반하는 헤모글로빈이 여기에 속한다. 두 번째 부류(예를 들어 **젖당** 분해 억제 단백질)는 오로지 구조 유전자의 발현을 켜고 끄는 기능만을 하며, 이들을 **조절 유전자**regulatory genes라고 부른다. 이 두 용어는 각기 이유는 다르지만 일반적으로 사용 빈도가 점차 줄어들었다. (한 가지 이유는 일부 유전자들이 두 역할 모두를 수행한다는 사실이 발견되어서다.) 그러나 광범위한 기능상의 구분이 여전히 유지되는 가운데 이들을 구분하는 용어들이 필요하다. 그래서 이 책에서는 세포의 일을 직접 하는 유전자를 **일꾼 유전자**worker genes, 이 유전자를 조절하는 유전자를 **관리자 유전자**manager genes라고 하겠다.[5]

대장균과 같은 세균의 유전자에는 관리자 유전자보다 일꾼 유전자가 훨씬 더 많다. 이는 상대적으로 적은 수의 관리자들이 훨씬 더 많은 수의 노동자들에게 지시를 내리는 전통적인 공장 운영 방식에 비유해 볼 수 있다. 그러나 동물과 식물의 세포에서는 상황이 반대다. 관리자 유전자들이 압도적으로 많은 수를 차지한다. 언뜻 보면 상당히 예외적인 상황으로 보일 수 있다. 인간사에 비유하자면, 직원의 98퍼센트가 관리직에 있으면서 대부분 서로를 관리하는 동안, 2퍼센트의 직원만이 실제로 작업 현장에서 일하는 공장이라고 할 수 있다. 이 같은 기이한 상황을 어떻게 설명할 수 있을까?

이 상황을 이해하기 위해서는 세포가 얼마나 복잡한지와 세포가 하는 일을 파악해야 한다. 세포는 스스로 생산해 낸 수천 개의 상이한 분자들을 가지고 있고, 이들은 각각 세포 내에서 하나 이상의 장소에서 특정한 작업을 수행한다. 이러한 사실만으로도 충분히 놀랍다. 하지만 여기서 끝나지 않는다. 이 세포들은 스스로를 복제한다. 사실상 이들은 고도의 정확성을 가지고 상당히 신속하게 스스로를 복제하는 자가 복제 공장이라고 할 수 있다. 동물 세포들은 빠르게 성장하고 분열하는데, 보통은 10~12시간마다 한 번씩 분열한다. 인간이 이 시간 안에 공장을 세우는 모습을 상상이나 할 수 있는가! 세포가 공장보다 훨씬 더 작다는 점이 일을 더 수월하게 만든다거나 본질적인 어려움을 어떤 식으로든 줄어들게 만들지는 않는다. 오히려 작다는 점이 이들이 하는 일을 더욱 놀랍게 만들 뿐이다.[6]

세포는 스스로를 복제해야 할 뿐만 아니라 발달 과정에서 사실상 다른 비율로 다른 생산물을 만드는 **자기 변형**self-altered 공장이 되기 위해 특유의 방식으로 스스로를 (또는 자신의 딸세포를) 바꾼다. 신경능선세포가 완벽한 예다. 이들은 상피세포였다가 이동성을 가진 간엽세포로 변하고, 간엽세포는 다시 수많은 상이하고 특정한 유형의 세포들 중 하나로 분화된다. 최종 결과는 이들의 종착지가 어디냐에 따라 달라진다. 이런 복잡한 자가 복제와 자기 변형은 인간 세상의 산업계 어디에도 존재하지 않는다. 심지어 로켓 유도 장치나 현대의 경이로운 발명인 전자 통신 같은 가장 획기적이고 놀라운 기술에서도 찾아볼 수 없다.

물론 진화를 통해 이룬 업적과 인간의 기술 발전을 통해 이룬 업적을 비교하는 것 자체가 매우 불공평할 수 있다. 지구에서 세포의 역사는 대략 37억 년이다. 이 기간 동안 수없이 많은 시행착오를 겪으며 실험을 진행했고, 실패작은 버리고 성공작은 남겨 더욱 발전시켰다. 반대로 인류의 문명은 5천~6천 년밖에 되지 않았고, 산업 문명은 이보다도 더 짧은 250년의 역사를 가지고 있다. 기술 진보의 속도가 생물학적 진화의 속도를 뛰어넘으면서 250년이라는 기간에 인간이 달성한 업적은 실로 뛰어나다. 그러나 인간의 발명품들 중 어느 것도 하나의 살아 있는 세포와 이들의 복잡한 활동에 필적하지는 못한다. 심지어 세균이나 원생생물 같은 단세포 생물도 앞서 언급한 자가 복제와 자가 수정 능력을 가지고 있다. 그리고 수천에서 (문자 그대로) 수조에 달하는 세포로 구성된 동식물은 단세포 생물보다 훨씬 뛰어난 통제력을 지닌 (관리적으로) 복잡한 특성을 보여 준다. 살아 있는 생명체가 지닌 놀라운 다양성은 이들이 가진 모든 복잡한 유전자 조절 시스템의 진화를 통한 발현이다.

인간의 제조 시스템처럼 세포의 제조 관리 시스템에도 위계질서와 때때로 명령의 흐름에서 변이나 변화가 시작되는 교차점 또는 전환점이 존재하는 엄격한 명령 계통이 있다. 유전자 관리의 가장 단순한 형태는 선형적인 명령으로 구성된다. 하나의 유전자 산물이 또 다른 (특정) 유전자에게 무언가를 하고, 이렇게 만들어진 유전자 산물이 다시 세 번째 유전자에게 무언가를 하는 식으로 계속 이어진다. 이 같은 시스템은 유전자들이 각자 다음 순서에 오는 유전자에게 **명령**을 내리는 일직선으로 늘어선 모습으로 그려 볼 수 있다. 각각의 유전자가 아래와 같이 화살표 방향으로 순서상 다음 유전자를 활성화시키는 것이 가장 단순한 예다.

유전자 A → 유전자 B → 유전자 C → 유전자 D → 유전자 E

(관례상 유전자 이름은 이처럼 이탤릭체를 사용하며, 이들의 단백질 산물은 로마체로 나타낸다.[7])

이 같은 유전자 활동의 선형적 배열을 **유전자 경로**라고 한다. 이 경로와 관련해서 두 가지를 짚고 넘어갈 필요가 있다. 하나는 전문 용어이고, 다른 하나는 생화학과 연관이 있다. 용어의 경우 초기 단계(여기서는 유전자 A와 B의 활동)는 **상류**upstream 단계라고 하고, 보통은 세포에서 어떤 직접적인 작업을 하는 분자들과 관련이 있는 끝 쪽을 "하류downstream" 단계라고 한다. 생화학적 부분의 경우 이 같은 선형적 배열에서 모든 명령은 분자의 활동 명령이지만, 이들은 본질적으로 서로 상당히 다를 수 있다. 그러므로 특정한 변화는 유전자 전사의 활성화(**전사 조**

절transcriptional control)일 수도 있고, 또는 mRNA가 특별히 번역되거나(**번역 조절**translational control) 다른 경우 단백질이 본연의 기능을 하도록 단백질 자체의 변형(따라서 번역 후 조절post-translational control)을 가능하게 해 주는 것일 수도 있다. 경로에 대한 기본 논리를 이해하기 위해 이런 생화학적인 세부 사항들은 배제될 수 있다. 이 책에서는 유전자 활동이 활성화되었다는 의미로 그저 "→" 부호만을 따라가겠다. 그러나 모든 단계들이 활성화를 의미하지는 않는다. 여기에는 억제하는 작용도 존재한다. 한 유전자산물이 다른 유전자산물을 차단하고, 이것을 "⊣" 부호로 나타낸다. 앞서 이미 유도 물질에서 자유로운 **젖당** 분해 억제 단백질이 DNA 결합 장소에 결합되면서 젖당 효소 유전자의 전사를 방해하는 사례를 보았다. 유전자 경로에서 이런 제지하는 단계는 다른 화학적 신호가(도표에서는 꼭대기나 밑바닥에서부터 들어온다) 유전자를 활성화시키고 사슬이 계속 이어지도록 이런 억제를 막지 않는 한 모든 하류의 활성화 단계를 방해한다.

이전 장에서 우리는 조절 분자 두 개를 살펴보았다. 발달 중인 뇌세포나 얼굴 원기에서 변화를 촉발하는 섬유모세포성장인자8FGF8과 소닉 헤지호그SHH다. 실제로 얼굴 발달의 많은 부분이 상이한 위치의 서로 다른 조직들에서 변화를 일으키는 바로 이 두 개의 분자들과 관련이 있다. 이들은 유전자산물의 선형적 명령 계통을 따른다. 이런 특정한 유전 경로를 **신호 전달 연쇄반응**signal transduction cascade이라고 한다. 그 이유는 연쇄적인 사건들에서 이들의 최종 산물(들)이 세포의 특성을 변화시키고, 각 신호가 다음 분자에 영향을 주는 새로운 신호로 **변환**되면서 바뀌기 때문이다. 일반적으로 신호 전달 경로는 활동을 촉발하는 분자의 이름을 따서 명명되고, 이 분자의 명칭은 보통 최초로 확인된 분자의 생물학적 역할에 따라 붙여진다. 예를 들어 최초로 발견된 **섬유모세포성장인자**FGF는 연구실의 인공 배지(시험관)에서 **섬유모세포**라고 알려진 세포의 증식을 촉진하는 역할 때문에 이렇게 명명되었다. FGF가 유발하는 신호 전달 경로들을 집합적으로 FGF **신호 전달 경로**라고 부른다. 신호를 보내는 모든 분자들과 마찬가지로 FGF도 관련성이 있는 여러 형태를 띠며, 이들은 각각 개별 유전자에 의해 암호화되고, 흔히 조직마다 영향이 다르다고 해도 특정한 일단의 영향들과 연관이 있다. (밀접하게 관련된 이 같은 유전자 집단을 **유전자군**gene family이라고 한다.) 특정 신호 전달 연쇄반응이 특정 발달 과정과 연결되지 않는다는 사실은 의미가 있다. 신호 전달 연쇄반응은 수많은 상이한 발달 과정에 (그리고 대부분은 한 번 이상) 적용된다. 예를 들어 FGF8은 얼굴이 발달하는 과정에서 상이한 조직들의 몇몇 주요 얼굴 융기들과 관련이 있다. 신호 전달 연쇄반응 현상은 '상자 3.1'에서 더 자세히 설명하겠다.[8]

3.1

신호 전달 현상

신호 전달의 본질은 작은 분자의 즉각적인 영향이 순차적인 상호작용으로 분자 사슬을 따라 전달된다는 것이다. 그리고 이 영향은 이런 상호작용이 발생하면서 흔히 증폭된다. 최종 결과물은 유전자 발현에 변화를 가져오고, 연속적인 사건들이 발생했던 세포에 큰 영향을 끼친다. 이런 생물학적 영향은 일반적으로 네 종류의 반응들 중 하나에 속한다. (1) 세포 분열(그리고 이로 인한 세포 증식)의 촉발, (2) 세포 분열의 중단, (3) 이런 세포들의 프로그램된 세포사(세포자멸)의 시작, (4) 세포의 분화다. 초기의 화학적 신호는 보통 스테로이드호르몬이나 작은 단백질처럼 상대적으로 작은 분자이며, 이를 **리간드**ligand라고 한다. 이들은 수용체receptor라는 더 큰 분자나 구조와 결합하며, 이것이 신호 전달 연쇄 반응의 첫 번째 단계다. 본문에서 대략 언급했듯이 특정 리간드가 특정 생물학적 영향과 묶여 있지는 않다. 예를 들어, 많은 FGF와 Wnt(무시無 翅*-통합 성장 인자wingless-integrative growth factor라는 이 낯선 합성어는 이들이 두 개의 서로 다른 생물학적 시스템에서 발견되었기 때문에 생겨났다)는 위의 네 가지 생물학적 영향 중 두 가지나 세 가지, 또는 네 가지 모두와 연관될 수 있다.

다른 수많은 발견이 그랬듯이 1970년대 초반에 밝혀진 신호 전달 현상도 놀라운 발견이었다. 이 이전까지는 생물학자들이 상당히 직접적인 영향을 주는 현상을 가지고 연구했다. 예를 들면 효소의 작용으로 반응하는 물질인 기질이 있으며, 기질은 이 효소에 의해 하나 이상의 생성물로 변화한다. 분자들이 서로 다른 분자들에게 연쇄적으로 영향을 주고, 그 결과 세포에 주요한 영향을 미친다는 이 새로운 발견은 흔하게 일어나는 현상이라는 사실이 밝혀지면서 그 중요성이 커졌다. 몇 년 지나지 않아 이런 연쇄 영향들이 리간드와 막에 있는 수용체가 결합하면서 세포막에서 시작될 수도 있고, 리간드가 세포막을 통과해 이동할 수 있으므로(예를 들어 스테로이드호르몬이 있다) 세포 내부에서 시작될 수도 있음이 드러났다. FGF나 Wnt 같은 단백질 리간드는 세포막을 통과할 수 없고, 그래서 이들의 영향은 언제나 이들이 막에서 특정한 수용체와 결합하면서 세포막에서 시작되고, 막 내에서나 세포질에서 새로운 신호를 내보낸다. 두 종류의 신호 전달 현상은 모두 발달 시스템에서 흔하게 발생하고, 발달에서 일어나는 수많은 진화적 변화는 이런 시스템의 배치를 하나 이상 바꾸는 유전 변이와 관련이 있다.

---

* 초파리에서 볼 수 있는 돌연변이로서 날개가 없는 것

신호 전달 경로에 의한 조절은 대장균에서 **젖당** 유전자 시스템에 의해 전사가 제어되는 사례와는 매우 다른 것처럼 보인다. 그러나 신호 전달과 전사 억제는 흔히 순서상으로 연관이 있다. 신호 전달 연쇄반응은 전형적으로 특정 유전자의 전사를 활성화하거나 억제한다. 그러나 통제되는 특정 유전자 집단은 신호 전달 연쇄반응이 아닌 세포의 유형과 상관관계가 있다. 그러므로 FGF8 경로는 얼굴 융기에서보다 발달하는 종뇌에서, 이들의 두 유전자 집단에 속하는 일부 유전자들이 공유되기는 해도, 서로 다른 하류 유전자(관리자와 일꾼 유전자 모두)를 활성화시키게 된다.

한층 더 복잡한 문제가 존재하는데, 일반적으로 발달에서의 제어가 유전자 활동이 개별적으로 촉발된 선형적 경로를 따라가는 단순한 문제가 아니라는 점이다. 오히려 서로가 서로를 제어하는 유전자 활동은 복잡하게 얽힌 그물망이라고 해야 한다. 이런 분자 통제 시스템의 지배적인 역할이 전사의 통제라고는 해도 이 시스템은 신호와 많은 상이한 메커니즘의 활성화와 억제 모두에 관여한다. 이 같은 제어망을 **유전자 제어 네트워크**genetic regulatory network, GRN라고 한다.

유전자 제어 네트워크 도표는 복잡한 배선도처럼 보인다. 이들은 각 단계마다 활성화(→)하거나 차단(⊣)하면서 다양한 유전자들을 연결하고, 유전자는 보통 다른 유전자들과 다중으로 연결된다. 그러나 배선도에서는 상황이 고정된 상태이지만, 유전자 네트워크는 본질적으로 활발하게 변화하는 연속적인 활동들로 이루어진다. 그래서 더 현실적인 유전자 네트워크 도표는 시간 차원을 포함하면서 시간을 따라 일어난 연속 사건들(활성화와 억제)을 추적한다. 발달 과정에서 특정 단계나 사건을 통제하는 네트워크의 각 부분을 네트워크 **모듈**module이라고 한다. 모듈은 세포나 이들 이웃의 특성을 변화시키는 상대적으로 작은 집합의 출력 분자들을 생산한다. 그리고 이러한 변화는 다음 모듈이 작동하기 위

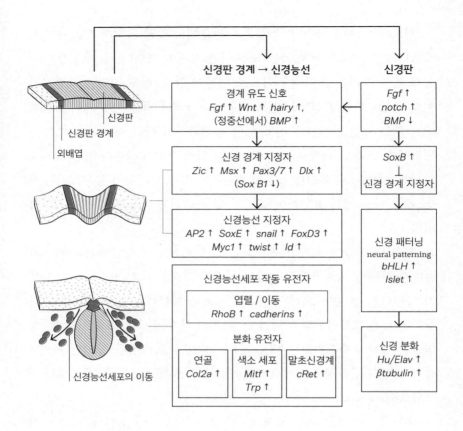

그림 3.3 신경능선과 여기에서 생성된 세포들의 발달을 관리하는 유전자 제어 네트워크를 단순화한 그림. 네 개의 순차적인 단계를 관리하는 네 개의 주요 모듈로 구성되어 있으며, (1) 미래의 신경능선의 범위를 정하는 경계의 유도, (2) 이런 경계들을 확정하는 구체적인 속성 획득, (3) 획정된 지역 내에서 신경능선세포 지정, (4) (신경관에서) 신경능선세포와 신경세포 분화가 있다. 비교를 위해 신경관의 나머지 부분을 만드는 이웃에 위치한 신경판의 모듈을 보여 준다. 각 모듈은 주요 유전자의 상호작용까지는 아니더라도 이들의 활동 일부를 나타내고 있다. 위로 향한 화살표는 유전자가 특정 부위에서 활성화되었음을 의미하고, 아래로 향하는 화살표는 유전자가 억제되고 있음을 의미한다. *SoxB*의 제지 활동(⊥)은 신경판 내에서 신경 경계를 지정하는 유전자의 억제를 나타낸다. 엽렬delamination은 동물 발생에서 표면의 배층세포胚層細胞가 안쪽으로 신세포新細胞를 만들고, 그 신세포가 상호 결합해서 배내胚內에 새로운 층을 모층母層과 평행하게 만드는 과정을 말한다(유Yu(2010)의 수정본).

한 기초를 마련한다. 그러므로 전체 유전자 네트워크는 위에서부터 아래로 이어지며 시간적 순서로 펼쳐지는, 연결 고리를 가진 **모듈의 계층적 순서**hierarchical sequence of module라고 말할 수 있다.

유전자 네트워크와 모듈의 사례는 신경관의 등 쪽 가장자리에서 신경능선세포가 최초로 형성되면서부터 이들의 자손 세포의 다양한 활동에 이르기까지 배아에서 신경능선세포의 형성과 그 이후의 활동을 무엇이 지배하는가를 보여 준다. '그림 3.3'은 이를 도식으로 표현하면서 위에서부터 아래로 시간 순서로 활동하는 일단의 사각형 박스(모듈)로 나타냈다. 이것이 이 도식이 강조하는 전반적인 구조다. 좀 더 단순하게 만들기 위해 각 모듈 내에서 유전자 간 상호작용과 활성화, 억제에 관한 세부 사항은 제외시켰다. 순서는 다음과 같다. 신경관 등 쪽에서 신경능선 부위를 획정하는 상호작용을 하는 유전자들의 모듈에서부터 다음 모듈로 이어지고, 이것이 신경능선세포의 속성을 이들에게 부여한다. 여기서 다시 신경능선세포의 이동을 관장하는 모듈로 이어지고, 궁극적으로는 신경능선세포가 새로운 위치로 이동해서 생산하는 다양하게 분화된 세포로 이어진다.

유전자 제어 네트워크에 대한 기본 개념을 기억하면서 이제 얼굴 문제로 돌아가 얼굴의 명확한 유전적 근거를 논의하겠다. 이때 놀라운 점은 얼굴과 사지의 발달이 연관이 있다는 사실이다. 이들은 유전자 제어 네트워크의 복잡한 주요 모듈을 공유한다. 실제로 사지 발달의 사전 분석이 얼굴의 유전적 기반을 이해하기 위해 필요한 주요 단서를 제공해 주었다. 사지와 얼굴은 생물학적 측면에서도 그리고 이들에 대한 연구의 역사적 측면에서도 연관성이 있다. 이들의 생물학적 관계는 진화에서 새로운 복잡한 구조가 생겨나는 방식에 대한 단서를 제공한다.

사지와 얼굴의 발달과 진화가 가지는 뜻밖의 연관성

사지와 얼굴은 물론 완전히 다른 개체들이다. 생김새도, 수행하는 기능도, 구조도 전부 다르다. 사실 얼굴이 팔다리보다 훨씬 더 구조가 복잡하다. (그렇다고 사지의 구조가 단순하다는 말은 아니다. 로봇 공학 엔지니어들은 여전히 가장 기본적인 동작 외에 사지의 움직임을 제대로 모방하지 못한다.) 그렇기 때문에 유전학적으로 사지와 얼굴의 관계는 이들의 생김새나 기능으로 추론해 볼 수 없다.

이들 사이에 가시적으로 드러나는 공통점은 상당히 추상적인 특성이다. 둘 다 정형적인 3차원 공간 패턴으로 구성되어 있으며, 이들의 요소들은 서로에 대해 변하지 않는 특유의 물리적 위치를 가진다. 이 같은 패턴의 형성은 생물학적 발달에서 본질적이고 필수적인 부분이다. 그런데 발달 과정에서 정확히 어떻게 이를 달성할 수 있는 것일까? 이 핵심 질문은 1960년대 후반까지는 거의 주목받지 못했다. 1960년대 초반에 발표된 유전자 제어에 관한 자코브-모노 모델Jacob-Monod model에 이어서 발생생물학자들은 다른 문제에 집중했다. 바로 세포 분화와 배발생 기간에 유전자 조절 메커니즘이 상이한 종류의 세포와 조직을 생산하는 방법이었다. 예를 들면 배아와 외배엽은 어떻게 뉴런과 피부세포를 발생시키는가 하는 문제가 있었다. 이런 두 종류의 세포가 가진 기능은 외적으로나 생화학적으로나 놀라울 정도로 다르다. 인간의 몸에는 대략 4백 종류의 세포가 있으므로 세포 분화의 일반적인 현상은 해결해야 할 중요한 문제였다. 그러나 이 문제를 해결한다고 **패턴 형성**의 문제가 동시에 해결되지는 않는다. 후자는 자신들의 정확한 공간적 관계를 정립하기 위해 발달하는 구조에서 다른 부분에 있는 세포들이 서로 "대화"를 해야만 한다. 1969년에 남아프리카계 영국인 발생생물학자 루이스 월퍼트Lewis Wolpert의 독창적인 논문이 발표되고 나서야 발생생물학자들은 패턴 형성 문제에 초점을 맞추기 시작했고, 이 이후로 많은 학자들이 이 문제에 관심을 기울이고 있다.[9]

그러나 패턴이 형성되었다는 것은 사지와 얼굴 사이의 비교적 피상적인 연관성이며, 수없이 많은 다른 구조들에서도 이런 연관성을 볼 수 있다. 둘 사이의 관련성에서 더 중요한 점은 이 두 구조물의 발달에서 사용된 유전자들 간의 유사점과 이 유전자들의 쓰임새다. 얼마 동안은 이 같은 유전적 관련성이 있을지도 모른다는 추측이 존재했다. 1868년에 다윈은 유전에 대한 자신의 저서 『가축 및 재배식물의 변이*The Variation of Animals and Plants under Domestication*』에서 이런 관련성을 최초로 제시했다. 그는 가축의 일부 품종에서 변형된 얼굴과 사지의 상관관계를 관찰했고, 어떤 유전적 "변이들"이 사지와 얼굴 모두에 직접적으로 영향을 미쳤다고 조심스럽게 추측했다. 더 나아가 이제는 이 같은 관련성이 가축에만 국한되지 않고 인간의 몇몇 희귀한 기형 증상에서도 나타난다는 사실을 알게 되었다. 변이의 영향을 받은 사람들은 안면 결함과 특정한 손의 기형, 즉 손가락이 여섯 개 이상(다지증)이거나 붙어 있는(합지증) 증상을 모두 보여주었다.

그러나 이 같은 변이가 사지나 얼굴 발달 연구에 착수하게 된 계기는 아니었다. 1990년대에 발달에 대한 분자 연구가 왕성하던 시기에 등장한 자료가 이 연구의 출발점이 되었다. 사지와 얼굴의 발달 사이에 존재하는 유사점들은 사지 연구의 결과들이 얼굴 연구에 단서를 제시해 주면서 최초로 우발적으로 알려졌다. 먼저 이런 유사점들을 요약한 다음에 핵심적인 차이점들을 논의하겠다. 그리고 마지막으로 유전자 네트워크 측면에서 유사점과 차이점 모두를 이해할 수 있는 방식으로 자료를 통합하는 시도를 한다.

유사점 하나. 지아와 얼굴 원기는 모두 배아에서 바깥쪽으로 성장한다. 이들은 각각 증식하는 간엽세포를 둘러싸는 외배엽성 외피를 가지고 있다(아래턱 원기는 내배엽성 상피를 가지고 있다). 실제로 초기의 얼굴 원기는, 이 중에서도 특히 아래턱 원기는 지아처럼 생겼다. 두 경우 모두에서 바깥쪽 외배엽은 간엽세포가 계속 증식하게 해 주는 하나 이상의 성장 인자를 분비한다. 지아의 경우 외배엽이 성장하는 지아의 말단(바깥쪽) 끝부분을 덮으며, 이를 **꼭대기 외배엽 능선**apical ectodermal ridge, AER이라고 한다. 얼굴 원기 상부에서는 **이마코 외배엽 구역**FEZ이 동일한 역할을 한다.[10]

유사점 둘. 비록 방식은 달라도 FGF8과 SHH 모두 지아와 얼굴 원기에서 성장을 촉진한다.[11]

유사점 셋. 특히 SHH는 발달하는 구조 내에서 성장의 차이를 조절하기 때문에 지아와 얼굴 원기 모두에서 패턴 형성에 매우 중요하다. 성장 패턴의 중요한 역할은 사지에서 손가락 성장의 차이를 가져오는 것이다. SHH가 많으면 더 긴 손가락이, 적으면 더 짧은 손가락이 된다. 닭과 쥐, 박쥐, 돌고래의 배아에서 이 같은 상관관계를 볼 수 있다. 얼굴의 발달에서는 SHH가 위쪽 얼굴 원기의 성장에서 초기에 주요 조절 인자의 역할을 하는 것으로 보인다. SHH 자극이 전반적으로 더 크면 얼굴의 중간 부위가 더 넓고 두 눈 사이의 공간이 더 벌어진 더 넓적한 얼굴이 만들어진다. 반대로 SHH가 줄어들면 더 작고 좁은 얼굴이 형성된다. 이 두 결과는 모두 닭의 배아에서 발달 중인 얼굴 융기에 작용하는 SHH의 양을 증가시키거나 감소시키는 실험을 통해 밝혀졌다. 이에 더해 이마코돌기의 각기 다른 부위들에 SHH를 주입하면서 SHH의 양이 많은 경우 다른 부위와 독립적으로 성장이 활성화되고, SHH가 감소하면 성장이 줄어든다는 사실을 발견했다. SHH 경로에서 얼굴의 중앙 부분이 제대로 발달하지 못해 발생하는 **전전뇌증**holoprosencephaly이라고 알려진 증상을 보여 주는 다양한 변이들로 알 수 있듯이 SHH 경로도 인간 얼굴의 발달에서 동일하게 중요하다.[12]

유사점 넷. 비타민A의 유도체인 레티노산은 지아와 얼굴이 정상적으로 발달하는 과정에 관여하는 필요한 분자다. 레티노산은 지아와 얼굴 모두에서 SHH 경로의 상류에서 작용하며, 정확한 역할은 SHH 경로를 방해하는 다른 과정들을 억제하는 간접적인 기능의 수행일 수 있다.[13]

유사점 다섯. 사지와 얼굴의 발달은 SHH와 FGF 신호 전달 경로를 공유하는 것 외에 최소한 두 개의 다른 신호 전달 경로를 활용한다. 이들은 **뼈 형성 단백질**bone morphogenetic protein, BMP 경로와 **무시-통합**Wnt 경로다. 얼굴의 발달에서 얼굴 크기를 정함에 있어서 최소한 하나의 BMP가 하는 역할에 대해 핀치의 사례를 들어서 1장에서 논의한 바가 있다. 포유류에서는 얼굴의 발달에 세 개의 BMP가 관여되며, 이들은 모두 성장을 활성화시키고 따라서 얼굴의 크기도 성장한다. 그리고 SHH가 이들의 합성을 조절한다. 사실상 세 개는 모두 SHH 경로의 하류다. Wnt 경로도 역시 성장을 조절하는 인자이며 특별히 이마코돌기에 작용한다. 여기서 Wnt는 이마코돌기의 성장뿐만 아니라 (예를 들어 쥐의 주둥이에서 수염의 발달 같은) 세부적인 패턴 형성에도 영향을 준다. SHH 경로에 의해 활성화되므로 Wnt 경로는 BMP 경로와 같고, SHH 경로의 하류다. 지아에서 네 가지 신호 전달 경로의 상이한 쌍들은 많은 단계에서 통일되게 작용한다. 이 작용이 얼굴에서도 동일한 정도로 발생하는지는 알려진 바가 없지만, 얼굴 발달의 일부 측면에서 이 같은 이중 통제의 징후가 있다.[14]

유사점 여섯. 사지와 얼굴 모두는 발달 과정에서 몇몇 동일한 상류 전사 인자들을 이용한다. 이 점에 있어서 지아와 아래턱 얼굴 원기는 가장 강한 유사점들을 가지고 있다. 특히 지아의 성장과 턱의 발달 모두에서 **디스탈리스**distal-less 전사 인자군의 일부 인자들이 발현된다. 이 밖에도 다른 유사점들이 있는데, 특히 *HAND2*라는 이름의 유전자가 존재한다.[15]

일각에서는 사지와 얼굴의 발달이 가진 이런 유사성들이 단순히 우연의 일치라고 주장할지도 모른다. 예를 들어 지아와 얼굴 원기가 공유하는

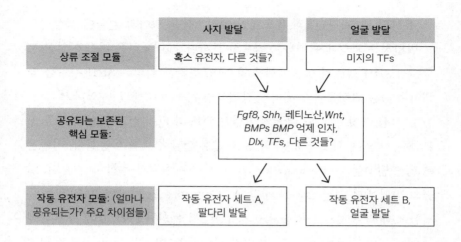

사지 발달	얼굴 발달
상류 조절 모듈	혹스 유전자, 다른 것들?	미지의 TFs

공유되는 보존된 핵심 모듈:

Fgf8, Shh, 레티노산,*Wnt, BMPs BMP* 억제 인자, *Dlx, TFs,* 다른 것들?

작동 유전자 모듈: (얼마나 공유되는가? 주요 차이점들)

작동 유전자 세트 A, 팔다리 발달

작동 유전자 세트 B, 얼굴 발달

그림 3.4 사지와 얼굴 발달의 유전자 네트워크 비교. 네트워크 간에 공유되는 보존된 핵심 모듈을 보여 주고, 이 보존된 모듈의 상류와 하류 모두에서 두 네트워크의 차이점들을 나타낸다. 더 상세한 설명은 본문을 참조하자.

각각의 신호 전달 경로들은 다른 구조물들의 발달에서도 역시 활용되기 때문이다. 그러나 유사한 점이 우연에 의해 생길 수 있다고 해도 여기서는 그럴 가능성이 희박해 보인다. 신호 전달 경로가 있더라도 앞서 열거한 모든 유사점들에 대한 설명을 우연의 일치로 받아들이기는 힘들다. 특히 FGF 경로의 경우 스무 개 이상의 다양한 FGF를 가지고 있는 포유류에서 동일한 FGF, 즉 FGF8이 지아와 얼굴의 발달에 관여한다는 점은 놀랍다. 전체적으로 보아 지아와 얼굴 원기 간의 구성과 성장, 분자들의 유사점들을 순수하게 우연의 일치로만 보기에는 다른 구조물들에 비해 유사점이 너무 많고 비슷하며 (몇몇 측면에서는) 지나치게 독특해 보인다.

사지와 얼굴 사이의 가시적인 차이점들은 이들 사이에 존재하는 발달상의 분기들을 보여 준다. 유전자 수준의 연구에서 명백해진 하나의 차이점은 **호메오박스**homeobox 또는 **혹스 유전자***Hox gene*라고 하는 유전자 집단의 개입과 관계가 있다. 몇몇은 사지 발달에, 더 구체적으로 지아 발달을 개시하고 이후에 오토포드 패턴을 형성하는 데 필요하다. 그러나 **혹스** 유전자는 얼굴의 발달에서는 아무런 역할도 하지 않는다. 이것이 두 구조물의 상류 조절upstream control에서 보이는 하나의 차이점이다. 그러나 물론 유일한 차이라고는 할 수 없다.[16]

사지와 얼굴의 발달 후기 단계에서 상이한 조직들과 최종 패턴이 형성될 때 유전자 발현에 많은 차이점들이 존재한다. 예를 들어 사지의 발달에서 뼈들은 연골 내에서 형성된다. 다시 말해 연골 전구체 또는 뼈 모형이 먼저 형성되고, 그다음에 뼈 형성 세포들이 침투해서 연골 모형 내에서 골화가 이루어지면서 서서히 뼈로 바뀐다. 이에 반해서 얼굴과 신경 두개의 뼈들은 소위 막내골화라고 하는 과정을 통해 조금 평평하고 발달 중인 연골기질cartilage matrix 내에서 곧바로 형성된다. 그리고 2장에서 논의했듯이 두개골의 모양은 발달하는 두뇌의 형태를 본떠서 만들어진다. 뼈 발달에서 보이는 이런 차이는 발달에 관여하는 일꾼 유전자 집단의 차이에 어느 정도 기반을 둔다. 더 나아가 사지와 얼굴의 혈액과 근육, 신경, 결합 조직에서 발현된 유전자들에 차이가 있을 가능성이 있다. 이외에도 부가적인 상이한 전사 인자들이 사지와 얼굴 형성의 후기 단계에 관여하는 유전자들을 조절할 가능성이 매우 높다.

사지와 얼굴 발달의 유전적 기반에 대한 이런 전혀 다른 관찰 결과들을 어떻게 통합할 수 있을까? 유사점과 차이점 모두를 아우를 수 있는 방식으로 가능할까? 가장 단순한 해결책은 상이한 상류와 하류 모듈 사이에 위치하는 핵심 유전자 모듈이 존재하며, 이것이 발달 과정에서 공유된다는 사실을 인정하는 것이다. 공유되는 모듈에서 발달에 관여하는 일단의 분자들에 질적인 차이가 있을 수 있고, 두 발달 과정 사이에서 이 모듈 내의 많은 유전자의 발현에 양적인 차이가 있음이 거의 확실하다. 핵심 모듈은 시간이 흐르면서 진화할 수 있고, 또 그렇게 한다. 그리고 이로 인

해 상이한 부위나 상이한 생명체에서 차이가 생겨난다.[17]

　서로 다른 결과를 생산하는 발달 과정에서 (크게) 공유되는 모듈이 존재한다는 사실은 어떻게 이것이 가능할 수 있는가에 대한 궁금증을 불러일으킨다. 이 모듈은 독립적으로 두 번 진화하기에는 지나치게 복잡하다. 두 구조물이 복잡한 모듈을 공유한다는 사실은 한 가지 특성의 발달을 위한 네트워크 요소가 진화하고 나면 이것이 이후에 하나 이상의 다른 특성들의 진화를 위해 사용될 수 있음을 반영한다고 볼 수 있다. 실제로 새로운 유전자 네트워크는 보통 기존의 네트워크 일부와 결합하며 구축된다.[18]

　사지와 얼굴의 경우 이 유전적 장치가 어디서 최초로 진화했는지에 대한 타당성 있는 추측을 해 보면 분명 척추동물의 사지가 아닌 얼굴이 기원이었을 것이다. 어쨌든 우리가 **척추동물**이라고 부르는 모든 동물들을 하나로 묶어 주는, 이들이 공유하는 본래의 특징은 척추동물의 머리이지 등뼈가 아니다. 이 동물 집단의 최초의 구성원을 상상하기란 어렵지 않다. 그리고 단순한 구조의 머리와 얼굴을 가지고 있지만, 지느러미 같은 움직임에 필요한 가장 기본적인 부속 기관들이 없기에 이들을 **원시 두개동물**proto-craniates이라고 부르겠다. 이런 동물들은 뱀장어처럼 몸을 꿈틀거리며 움직였을 것으로 보인다(두개골이 없으며 운동성을 가진 척삭동물이 이런 식으로 헤엄친다). 그러나 반대로 머리와 얼굴이 없는 동물이 지느러미를 이용해 즐겁게 헤엄치는 모습은 상상이 가지 않는다. 그러므로 사지와 얼굴에서 사용되는 핵심 유전자 모듈이 머리의 발달에서 먼저 진화한 다음, 처음에는 지느러미에서 그리고 이후에 육상 생활을 하는 다리 네 개를 가진 동물, 즉 **사지동물**tetrapod의 다리까지 부속 기관들의 진화를 위해 사용될 가능성이 크다.[19]

　사지와 얼굴 발달의 관계에서 원시 두개동물의 경우 핵심 유전자 모듈이 최초로 만들어지는 장소가 최초의 인두굽이라는 더 구체적인 제안을 할 수도 있다. 이 인두굽이는 이후에 아래턱 얼굴 원기로 발달한다. 이 가능성은 하악궁mandibular arch과 지아가 가진 형태학적 유사점과 인두굽이가 두개동물에서 진화한 초기의 독특한 구조물들 중 하나라는 사실에 기초한다. 그리고 아래턱 얼굴 원기와 지아에 필요하고 이들이 공유하는 몇몇 특정한 전사 인자가 발견되면서 더 큰 힘을 얻었다. 이 유전적 건축술은 이후에 다른 얼굴 원기에 사용되고, 얼굴 원기와 지아 모두에서 얼굴과 사지가 진화하는 동안에 (특정한 구조물의 정교화elaboration를 위한) 새로운 상류 조절 분자들과 하류 **작동**effector 모듈이 추가되고 수정되었을 것이다.[20]

얼굴과 사지에 대한 이런 논의는 사지 발달의 연구를 통해 얻은 단서들이 얼굴의 발달을 설명하는 데 어떻게 도움을 주었는가에서 시작했지만, 앞서 보았듯이 진화상의 순서는 역방향이었다. 척추동물의 얼굴은 지느러미나 사지보다 먼저 진화했다. 지느러미나 사지는 얼굴과 사지가 공유하는 핵심적인 모듈이 되는 기존의 유전자 네트워크의 주요 부분이 얼굴의 발달에서 이미 만들어지고 배치되었기 때문에 진화할 수 있었다. 지금까지 한 말은 여전히 가설에 지나지 않지만, 데이터를 논리 정연하게 통합하며 이미 알고 있는 사실들과 모순되지도 않는다. 더 나아가 진화의 보편적인 특성의 사례가 될 수 있다. 개별 유전자든 GRN 모듈이든 진화 과정은 흔히 기존의 유전적 장치의 일부를 차용하고 조정하면서 새로운 무언가를 생산하기 때문이다. 진화에서 발생하는 이 같은 건설 과정은 가장 효율적인 장치를 설계하기 위해 최고의 원칙들을 적용하는 엔지니어가 아닌 손에 있는 것으로 때우는 어설픈 땜장이의 작업 방식을 따른다. 전문 기술자다운 생각과 자연선택을 통한 최적화는 새로운 부분이 기존 구조에 최대한 잘 들어맞게 만들기 위해 중요하다. 그러나 결과적으로는 어설프게 짓는 방식이야말로 진화적 발명의 정수라고 할 수 있다.[21]

"수직"인 얼굴과 두뇌의 발달

인간의 옆얼굴을 인간과 가장 가까운 대형 유인원을 포함해 다른 포유류의 옆얼굴과 비교하면 인간과 이들 사이에 존재하는 확연히 구분되는 차이를 즉각 발견할 수 있다. 심지어 인간의 호미닌 조상들의 얼굴을 재구성한 다음에 비교해도 마찬가지다. 인간의 얼굴이 이들에 비해 더 납작하고 수직적인 형태다. 그리고 이 특성은 전형적인 포유류의 비교적 긴 얼굴에 비해 더 작은 얼굴을 갖게 한다. 형태상의 이런 변화는 포유류의 얼굴에 발생한 두 가지 변화에 기인한다. 바로 주둥이의 흔적을 없애는 돌출된 턱의 축소와 부분적으로는 인간이 가진 큰 뇌에 의해 형성된 이마의 존재다. 주둥이의 축소는 턱이 성장할 때 진화적 변화를 보여 준다. 또 위턱과 아래턱 융기의 발달에서 상당히 이른 시기에 발생했을 법한 변화들을 반영하기도 한다. 이 문제는 6장에서 논의하기로 하고, 지금은 이마의 생성에 대해 살펴보겠다.

인간의 이마는 두뇌가 신경두개의 이마뼈를 밀어 얼굴 위쪽에 벽을 형성하면서 생겨난다. 앞쪽과 위쪽에 놓인 두뇌의 위치는 인간의 가장 가까운 동물 친척인 침팬지의 두뇌에 비해 인간의 두뇌가 상대적으로도 절대적으로도 더 크다는 점을 어느 정도 반영한다. 두뇌가 성장하며 신경두개가 만들어지는 가운데 두뇌가 커지면서 눈 위로 더욱 수직에 가까운 이마뼈가 발달하는 결과를 가져왔다. 앞서 논의했듯이 전반적인 뇌 크기만으로는 특별히 더 둥근 머리 모양과 수직에 가까운 이마의 형태를 설명하기에는 부족하지만, 뇌 크기가 주요 인자임은 분명하다.

인간의 큰 두뇌는 가장 앞쪽에 위치한 종뇌, 특히 대뇌피질(또는 대뇌)이 되는 부분의 과도한 성장을 반영한다. 종뇌는 초기 발달 단계에서 전단부가 접히고, 배 쪽과 등 쪽으로 나뉜다. 배 쪽은 얼굴 원기의 성장을 촉진하는 SHH의 발원지가 된다. 그러나 두뇌의 발생 자체만 놓고 보면 종뇌의 배 쪽은 뇌에서 대뇌피질 밑에 놓여 있는 **기저핵**basal ganglia이라고 하는 구조물의 기원이다. 반면에 초기 배아에서 종뇌의 등 쪽은 이후에 대뇌와 궁극적으로는 대뇌피질이 되며, 대뇌피질은 태아 발생 기간에 뇌의 많은 부분을 덮는다.

대뇌피질은 초기 배아에서 종뇌의 등 쪽에 있는 단일 상피세포층에서부터 시작한다. 그러나 이 상피는 이후에 6층으로 구성된 구조물로 발달하고, 각 층마다 특유의 세포와 두께를 가진다. 큰 두뇌를 가진 포유류에서 볼 수 있는 상대적으로 확대된 두뇌는 (조상들과 비교해) 대뇌피질이 크게 확장되면서 생겨났다. 층수가 더 많아지거나 6층의 깊이가 더 깊어지는 것이 아니라 넓이와 길이가 확장되었다. 대뇌피질의 깊이나 두께는 증가하지 않은 상태에서 제한된 공간에서 표면적이 확장되면서 수많은 주름이 만들어진다. 이때 볼록하게 올라온 부분을 **대뇌 이랑**gyre, 이랑 사이를 나누는 홈을 **대뇌 고랑**sulci이라고 부른다. 인간의 경우 대뇌피질에서 가장 늦게 나타나는 부위를 전통적인 용어로는 **신피질**neocortex, 최근 사용 용어로는 **동피질**isocortex이라고 한다. 대뇌피질을 세포들로 이루어진 복잡하고 빽빽하게 주름이 잡힌 침대 시트로 생각해 볼 수 있다. 성인의 대뇌피질을 활짝 펼쳐 놓으면 극도로 얇기는 해도 대략 2인용 침대를 덮을 만한 크기다.

대뇌피질의 6층 구조는 포유류만이 가지는 특유의 특징이자 이들 사이에 존재하는 일반적인 특징이기도 하다. 조상인 **단궁류**(포유류 이전의 형태)에서부터 시작해 (이 책에서 차후에 설명하게 될) 진정한 포유류가 생겨나기까지 오랜 진화 과정을 거치는 동안 어느 시점에서 나타난 포유류만의 특성이다. 배발생에서 대뇌피질의 세포층들은 내부에서 외부로 발달하고, 초기의 신경상피층은 종뇌의 **뇌실**이라고 부르는 비어 있는 공간을 마주 보고 있다. 이에 따라 이 초기의 세포층을 **뇌실층**이라고 하며, 여기에 속한 세포들을 **1차 신경 전구세포**primary neural progenitor cell라고 부른

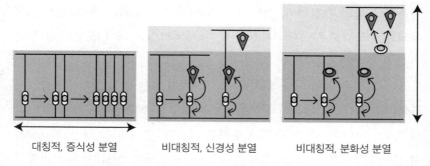

A. 가로 팽창   B. 방사상 성장   C. 성장과 분화

대칭적, 증식성 분열   비대칭적, 신경성 분열   비대칭적, 분화성 분열

그림 3.5 대뇌피질에서 신경 조직이 발달하는 기본적인 사건들을 단순화한 그림. 왼쪽 그림은 최초의 대칭적 세포 분열로 뇌실층에서 1차 신경 전구세포의 개수를 늘린다. 중앙은 2차 (또는 중간) 신경 전구세포로 뇌실하층 형성을 돕는다. 마지막으로 오른쪽 그림은 2차 신경 전구세포에서부터 분화된 뉴런을 생산하는 모습을 나타낸다. 뒤쪽 분열들은 위쪽으로 이동해서 종국에는 6층으로 구성된 대뇌피질을 형성하는 뉴런을 만든다.

다. 이들이 분열해서 두 번째 세대 또는 **2차 신경 전구세포**를 만들고, 이들은 **뇌실하층**subventricular layer이라고 하는 바로 위의 층을 형성한다. (이 세포층이 뇌실층 바로 **위**에 위치하기 때문에 이 명칭이 다소 혼란을 야기할 수 있지만, 이 층은 6층 구조에서 더 깊은 곳에 위치한다.) 신경 전구세포의 유일한 기능은 이들의 이름에서 알 수 있듯이 궁극적으로 뇌가 하는 일을 수행하는 세포, 다시 말해 뉴런을 생산하는 것이다. 2차 신경 전구세포는 위쪽 나머지 층들을 형성하게 될 신경세포를 만들어 내기 위해 반복적으로 분열한다. 이런 뉴런의 딸세포들은 이미 형성된 층들의 세포 사이를 지나 등 쪽으로 이동하면서 뇌실층에서 멀어지고 바깥쪽 층들을 형성한다. 가장 위쪽의 층이 가장 마지막에 만들어진다. 각각의 독특한 층들은 하나 이상의 특징적인 종류의 세포로 구성되며 세포층을 가진다. '그림 3.5'는 신경 전구세포와 이후에 이들 위에 자리하는 분화된 신경세포를 생산하는 과정을 보여 준다.

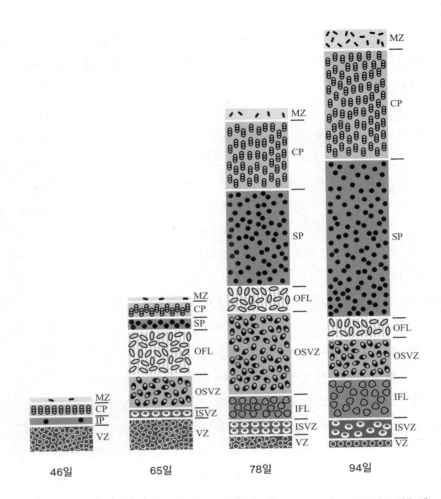

MZ

CP

SP

OFL

OSVZ

IFL

ISVZ

VZ

MZ

CP

SP

OSVZ

IFL

ISVZ

VZ

MZ

CP

SP

OFL

OSVZ

ISVZ

VZ

MZ
CP
SP
OFL

OSVZ

ISVZ
VZ

MZ
CP
IP
VZ

46일   65일   78일   94일

그림 3.6 배발생 동안에 6층으로 구성된 포유류의 대뇌피질이 형성되는 순서. 이 그림은 레서스원숭이의 배발생 기간에 층수가 증가하고 더 복잡해지는 모습을 보여 준다. 시간이 흐름에 따라 어떤 층들은 크기와 깊이가 증가하는 반면에 다른 층들은 살짝 줄어드는 모습이 눈에 띈다. 각각의 기둥 밑에 있는 숫자는 수정에서부터 배발생이 진행된 날짜를 나타낸다. 인간의 배아에서도 시기는 다르지만 발달 순서는 대략적으로 유사하다. 배아에서 여섯 개의 주요 층들은 밑에서부터 위로 다음과 같다. (1) 뇌실 영역(VZ), (2) 뇌실하 영역(SVZ, 안쪽 섬유층(IFL)으로 분리되는 아래 안쪽의 뇌실하 영역(ISVZ)과 바깥쪽 뇌실하 영역(OSVZ)으로 구성된다), (3) 바깥쪽 섬유층(OFL), (4) 하부판(subplate, SP), (5) 피질판(cortical plate, CP), (6) 가장자리 영역(marginal zone, MZ)〔드헤이와 케네디Dehay & Kennedy(2007)의 수정본〕

밑에서부터 위로 6층 구조를 채우고 있는 수직 원통형의 세포 더미는 소규모 신경 전구세포 집단에서부터 생성되며, 이를 **방사 유닛**radial unit이라고 한다. '그림 3.6'은 방사 유닛이 발달하는 모습을 보여 준다. 방사라는 용어는 두뇌의 기하학적 구조를 반영한다. 좀 더 구체적으로 말해 종뇌의 곡선을 이루는 표면을 구처럼 단순하고 축약된 형태로 가시화한다면 차곡차곡 쌓여 6층 구조물을 구성하는 세포들이 종뇌의 구 중심에서부터 바깥쪽으로 이어지는 반지름을 따라 방사형으로 자리한다고 볼 수 있다. 특정 포유류의 뇌 크기가 어떻게 되든 방사 유닛은 그 축을 따라 동일한 길이를 가진다. 다시 말해 대뇌피질 전체에 걸쳐서 깊이가 동일하다는 의미다. 모든 포유류 내에서 방사 유닛의 실제 물리적 깊이가 서로 다르기는 해도 그 범위가 두 배를 넘지는 않는다. 이는 쥐와 대왕고래(흰긴수염고래)의 절대적인 두뇌 크기 차이에 비하면 아주 미미한 차이다.

두뇌가 발달하는 동안 대뇌피질에서 층의 수가 추가되거나 각각의 층들이 더욱 두꺼워지는 현상은 일단 층이 형성된 뒤에는 발생하지 않는다. 이런 특성은 포유류가 진화하는 동안 1억 2천5백만에서 1억 5천만 년 넘게 분명히 안정적으로 유지되어 왔다. 어쩌면 1억 9천만 년 이상일 수도 있다. (진정한 포유류가 얼마나 오랫동안 존재해 왔는가에 대한 질문은 5장에서 다루겠다.) 상대적으로 더 큰 두뇌가 발달한 포유류 계통(예를 들어 코끼리와 고래, 영장류)에서 일어난 변화는 대뇌피질을 이루는 표면 시트의 **넓이**다. 이 크기는 배발생 동안 생성되는 방사 유닛의 개수와 직접적인 상관관계가 있다. 방사 유닛의 개수가 더 많이 형성될수록 대뇌피질 시트의 크기도 더 커지고, 이로 인해 대뇌피질 자체도 더 성숙해진다.[22]

이 변화는 근본적으로 신경 전구세포의 절대적이고 상대적인 수의 증가에 기인한다. 세포의 개수가 증가하면서 방사 유닛이 추가되고, 그 결과 시트의 깊이가 아닌 길이와 넓이가 증가한다. 비교적 제한된 공간에서 증가하기 때문에 성인의 뇌에서 볼 수 있는 대뇌 이랑과 대뇌 고랑이 만들어 내는 물결 모양의 아름답고 비현실적이기까지 한 수없이 많은 주름이 잡힌 반구형 구조물이 만들어진다.

결국 더 큰 두뇌(특히 인간의 대형 두뇌)가 발달한 원인은 더 많은 신경 전구세포들이 생성되는 메커니즘에 있다. 그러나 이를 이해하기 위해서는 한 가지 개념이 더 필요하다. 세포 생물학자들은 분열되는 세포를 **모세포**라고 하고, 이것이 분열해서 생성된 두 개의 세포를 **딸세포**라고 한다. 이런 딸세포들은 이들이 생산하는 세포의 종류를 통해 드러나듯이 동일하거나 다른 "운명"을 지닌다. 하나의 세포가 유사하거나 동일한 운명을 가진 두 개의 딸세포를 생성할 때 이 세포 분열을 **대칭**symmetrical 분열이라고 하며, 세포의 딸들이 다른 운명으로 나아간다면 **비대칭**asymmetrical 분열이라고 한다. 사실 **비대칭 세포 분열**asymmetric cell division로 만들어지는 딸세포들의 크기에는 거의 언제나 차이가 있다. 그러므로 이런 분열은 확실히 같지 않거나 비대칭적이다. 그러나 이 용어는 주로 딸세포들이 가지는 발달상 빚어지는 운명의 차이와 관련이 있을 뿐 딸세포들의 염색체 수나 DNA 정보에 어떠한 차이가 있음을 의미하지는 않는다. 다른 모든 체세포 분열이 그렇듯이 체세포 분열을 통해 만들어진 딸세포들은 유전적으로 동등한 성질을 유지한다. 운명의 차이는 딸세포들 간에 유전자 조절에 차이가 있음을 보여 준다.

방사 유닛의 상부 층들을 구성하는 2차 신경 전구세포는 뉴런을 생산하는 일을 하므로 비대칭 분열을 많이 한다. 이들은 각각 하나의 신경 전구 딸세포(이것이 계속해서 더 많은 전구세포들을 생산한다)와 하나의 신경 딸세포(새로운 세포를 생산하지 않는 분화된 신경세포)를 만들기 위해 분열한다. 그러나 신경 전구세포는 두 개의 신경 전구 딸세포를 생산하는 대칭 분열을 할 수도 있다. 이런 분열이 발생하면 두 딸세포들은 (뇌실이라는 빈 공간을 마주하는) 뇌실층이든 뇌실하층이든 상관없이 모세포와 동일한 층에 머물고, 이것이 이 층을 확장시킨다. 더 많은 신경 전구세포가 만들어질수록 더 많은 방사 유닛들이 생성될 수 있다.

신경 전구세포가 대칭 분열을 하는지 비대칭 분열을 하는지는 세포가 분열되는 면의 위치에 따라 결정된다. 긴 직사각형 모양의 세포가 세포 중앙에서 제일 긴 축을 포함하는 면에서 세포 분열을 한다고 상상해 보자. 이 분열의 결과는 양옆에 나란히 놓인 거의 동일한 크기를 가진 길고 가는 딸세포 두 개다. 그러나 분열 면이 세포의 긴 축과 직각을 이루거나 심지어 다소 기울어진 각도를 이룬다면 그 결과는 일반적으로 두 개의 일정하지 않은 크기의 세포들을 생산하는 비대칭 분열이다. 만약 분열 면이 직각에서 살짝 기울어졌다면 하나의 딸세포가 다른 딸세포보다 살짝 위에 위치하게 된다. 신경 전구세포의 경우 이런 종류의 변경된 분열은 방사층들 중 하나를 이루는 세포의 생산으로 이어진다.

이제 더 큰 두뇌를 만드는 일과 대뇌피질에서 세포의 분열 면과 같은 아주 단순한 무언가가 어떻게 연결되어 있는지를 이해하기 시작했을 것이다. 더 큰 두뇌의 생성이 궁극적으로는 수많은 주름을 가진 대뇌피질을 이루는 세포들의 시트가 점점 더 확장되면서 나타난 결과라면 이런 변화는 신경 전구세포의 대칭 분열을 증가시키는 돌연변이에 기인한다고 볼 수 있다. 이를 뒷받침해 주는, 정상적인 두뇌 크기로 성장하기 위해 필요한 유전자와 관련된 유전적 증거가 존재한다. 이 증거는 문자 그대로 "작은 머리"를 뜻하는 **소두증**microcephaly이라고 알려진 증상으로 두뇌의 크기를 급격히 줄어들게 하는, 여덟 개의 인간 유전자에서 발생한 돌연변이들의 연구를 통해 밝혀졌다. 이런 모든 돌연변이들은 전형적인 "기능 상실" 종류에 속한다. 이들은 활동성이 떨어지는 유전자를 생산하고, 그 범위는 활동이 조금 부족한 것에서부터 근본적으로 아예 활동이 없는 것까지 다양하다.[23]

소두증을 일으키는 돌연변이가 나타난 뇌 세포에서는 대뇌피질이 발생하는 동안 세포 분열이 적게 일어나고, 그 결과 두뇌에는 훨씬 적은 수의 뉴런이 존재하게 된다. 이 증거는 소두증의 작은 두뇌 크기가 배발생 동안에 대칭 분열의 횟수가 더 적게 발생하고, 이로 인해 정상적으로 발달하는 뇌에서보다 방사 유닛들이 필연적으로 더 적게 생성된 결과임을 보여 준다. 대뇌피질의 크기를 결정하는 주된 유전자인 *ASPM* 유전자의 경우 가장 흔하거나 **야생형**wild-type의 단백질이 체세포 분열 방추체mitotic spindle의 (염색분체가 이동하는) 양극과 염색분체가 분열을 시작한 후에 남아 있는 적도의 방추 물질인 **중앙체**midbody와 연관이 있음이 밝혀졌다. 이 야생형 단백질은 세포 내에서 방추체의 위치와 기능을 안정시키는 데 도움을 주면서 정확한 대칭 분열이 일어나게 한다. 이 단백질이 온전히 기능하지 못할 때 신경 전구체는 비대칭 분열을 일으키는 경향이 있다. 이렇게 되면 더 적은 수의 신경 전구세포가 생성되고, 이것은 다시 더 적은 수의 방사 유닛과 결국에는 더 작은 크기의 두뇌로 이어진다. 돌연변이가 일어나면 몇몇 정상(야생형) 유전자들이 유사한 방식으로 소두증 질환의 기능을 야생형 *ASPM* 유전자산물에 전해 준다. 그러므로 세포가 체세포 분열을 할 때 방추체의 정확한 위치를 유지하지 못하는 것과 같은 아주 기본적인 실패가 중요한 변화를 일으킬 수 있으며, 이때 두뇌가 작아지는 소두증을 야기한다.

이런 결과들은 인류의 진화에서 두뇌 팽창의 본질에 대한 단서를 제공하기도 한다. 바로 신피질의 뇌실층이나 뇌실하층에서 (또는 둘 다에서) 신경 전구세포를 더 장기간 발생하게 하는 메커니즘의 존재다. 그러나 이 신경 전구세포의 발생 기간을 연장하는 일에는 소위 **소두증 유전자**microcephalic gene 이외에 다른 유전자의 활동이 필요하다. 특히 이런 유전자들을 조절하고 신경 전구세포를 더 많이 생성하기 위해 이들이 더 오래 발현되도록 하는 전사 유전자가 있다. 사실상 두뇌 크기의 진화와 이로 인해 발생하는 둥근 머리와 이마는 소두증 유전자의 야생형 형태가 발현되는 기간의 규정이 변경되면서 일어나고, 이는 더 많은 방사 유닛을 생성하기 위해 더 많은 신경 전구세포의 대칭 분열을 일으키게 해 준다.

이 주제에 대한 진화적 관점은 초기 호미닌부터 시작되는 인류 진화의 특별한 특징을 논의하는 6장에서 다시 다루겠다. 더 정확하게는 인간의 두뇌 발달에서 신경 전구세포의 대칭 분열 기간을 연장하는 일에 관여할 가능성이 있는 주요 유전자들을 살펴볼 것이다.

결론 :
얼굴의 발달에서 주요 동인이 되는
유전자 활동

이번 장에서는 얼굴 발달의 기저를 이루는 몇몇 주요 유전자 활동과 관련해서 얼굴 발달에 초점을 맞추었다. 그래서 얼굴 원기의 발달에서 SHH와 FGF8 그리고 BMP와 Wnt의 특별한 역할뿐만 아니라 얼굴이 문자 그대로 형태를 갖출 때 인간 발달에서 처음 4~10주 기간에 얼굴 원기의 성장과 발달을 통제하는 데 관여하는 다른 유전자들, 이 중에서도 특히 이런 분자들의 하류에서 작용하는 유전자들의 다중 역할에 대해서도 살펴보았다. 이런 유전자 활동들은 활발하게 변화하고, 이로 인해 얼굴 원기에서 일어나는 성장과 형태 변화의 과정도 빠르게 진행된다. 각각의 변화는 다음 변화를 위한 발판을 제공하며, 발달 과정이 멈추지 않고 앞으로 나아가게 해 준다. 이는 얼굴의 발달에서와 마찬가지로 두뇌의 발달에서도 그렇다. 이마의 발달에서 뇌 발달의 역할을 앞서 검토한 바가 있다.

일반적으로 유전자 활동은 발달 과정을 이끌 뿐만 아니라 정형적인 특징과 안정성을 부여한다. 어떤 과정의 최종 산물이 어떤 수준에 도달하면 더 이상의 생산을 억제하는 **음성 피드백**negative feedback 조절이 한 사례다. 이런 과정에 미묘하게 영향을 주는 변이들은 이론상으로는 특정 시간과 장소에서 생산 정도를 엄격하게 규제할 수 있고, 이것이 최종 구조물의 크기와 형태의 세부 모양을 만드는 데 기여한다. 이런 음성 피드백 과정이 얼굴의 성장과 발달에 작용을 하는지 안 하는지, 한다면 어떻게 작용하는지는 알려지지 않았지만, 이 과정이 존재하는 것만큼은 거의 확실하다. 지아에서 SHH의 생성은 얼굴의 발달과 관련이 있을지도 모르는 사지 발달의 특징을 잘 보여 주는 사례다. SHH는 하나 이상의 BMP를 유도하고, 이들이 더 많은 SHH 생성을 억제하기 전까지 세포 내에서 밀도가 증가한다. 그러면 SHH는 BMP의 생성이 줄어들 때까지 밀도가 낮아진다. 그리고 BMP 밀도가 감소하면 FGF에 의해 유도되는 SHH는 다시 생성될 수 있다.[24]

이 장에서 논의된 특정 유전 인자들은 얼굴 발달에 필요한 전체 유전자 활동의 아주 작은 일부에 지나지 않는다. 이 인자들에는 신경능선세포가 형성되고 적절한 개수가 머리와 몸통의 정확한 목적지로 이동하는 데 필요한 모든 유전자들, 초기 두뇌 발달을 조절하는 유전자들과 먼저 뇌에서 세 개의 주요 구역으로 들어간 다음 전뇌의 발달에 특별히 필요한 유전자들, 그리고 얼굴 융기의 수많은 일꾼 유전자들이 포함된다.

얼굴(그리고 두뇌) 발달의 유전적 기반을 고려할 때 일반적으로 세 가지 사항을 기억할 필요가 있다. 첫 번째는 독립적으로 활동하는 유전자는 없다는 점이다. 이들은 유전자 네트워크의 일부이며, 이 네트워크의 종합적인 구조와 운영이 정확히 어떤 유전자 활동이 언제 발생해야 하는지를 결정한다. 두 번째는 유전자 활동의 변화로 촉발되는 세포에서의 모든 변화가, 그것이 성장의 변화든 기본적인 세포의 생화학적 특성의 변화든, 세포에 전해지는 새로운 신호뿐만이 아니라 세포의 앞선 발달 과정과 구조, 위치에도 의존한다는 점이다. 이처럼 아무것도 없는 백지에 작용하는 새로운 유전자 활동은 존재하지 않는다. 오히려 이들의 활동은 앞선 과정에 의해 이미 윤곽이 그려진 특정 세포들에 영향을 준다. 세 번째는 발달 상의 변화가, 특정한 유전자 활동이 초래하는 생화학적 변화나 분자의 변화에 의해 촉진되고 어떤 의미에서는 "지시"를 받기도 하지만 세포 집단과 덩어리들의 규모와 모양에 변화를 만들어 내는 물리적 과정과 연관이 있다는 점이다. 이런 상호작용과 변화는 상호작용하는 세포들 각각의 덩어리들과 응집 형태, 이들 표면의 화학적-물리적 특성, 주변의 물리적 제약에 영향을 받는다. 예를 들어 발달 초기에 발생하는 종뇌의 가장 앞쪽 부분이 접히는 현상은 주위를 둘러싸고 있는 양막 주머니에 의해 두뇌가 성장할 때 가해지는 물리적 제약 때문에 발생한다. 이런 접힘 현상 때문에 종뇌는 등 쪽과 배 쪽으로(이들의 발달상 운명은 뚜렷이 갈린다) 나누어진다. 또 얼굴 융기 결합에서 정확성은 구순구개열의 발생을 방지하는 데 중요하다. 이런 모든 물리적 상호작용은 특정한 세포에서 특정한 시기에 특정한 유전자 활동에서 나온 간접적이지만 방향성이 높은 결과들의 일부다.[25]

발달에 대한 논의는 대부분 이런 세 가지 측면을 강조한다. 그러나 일반적으로 관심을 덜 받지만 발달에서 진화상의 변화를 가능하게 하는 매우 중요한 네 번째 일반적인 특성이 존재한다. 그것은 발달 과정에서의 유연성 또는 "놀이"의 정도다. 특히 어떤 특정 시점에 관여하는 세포들의 특정 개수와 관련해서 가변성을 허용해 주는 타고난 능력이 없다면 전체 메커니즘은 지나치게 뻣뻣해진다. 얼굴 융기마다 특정 개수의 세포가 있어야만 발달할 수 있다고 상상해 보라. 특정 종류의 세포들이 수십만 개씩 관여한 상황에서 융기 결합의 정확도는 절대로 달성될 수 없다고 봐야 한다. 그러므로 발달 과정에 뚜렷이 구별되는 촉발("켜기") 신호와 차단("끄기") 신호가 관여하는 가운데 유연성이 다양한 조직 원기의 크기와 형태에 작용한다. (어떤 무척추동물의 초기 배아에서는 정해진 수의 특정 세포들이 특정 시기에 지정된 작업을 하는 경우도 있다. 하지만 이들은 모두 훨씬 적은 수의 세포들이 관여되는 상황에서 발생한다.)

어느 정도의 유연성과 놀이는 생명체가 발달하는 데 발달 자체뿐만 아니라 진화가 일어나도록 하는 데에도 매우 중요하다. 진화가 한 번에 하나의 요소나 과정을 바꾸는 유전적 변화라면 나머지 시스템은 이 같은 변화를 최소한 어느 정도는 용인하고 수용할 수 있어야 한다. 상호작용의 시기와 정도를 바꾸는 돌연변이부터 진화상의 변화까지 세포와 조직의 상호작용을 통한 발달에 내재된 유연성 때문에 가능하다. 그다지 큰 변화는 아니더라도 이전에는 한 번도 본 적이 없는 형태로의 변화를 가능하게 해 주는 이런 유연한 속성을 **발달상의 수용성**developmental accommodation이라고 부른다.[26]

발달 과정에서 어느 정도의 유연성을 인식하는 것이 진화론에 반대하는 주요 주장이 왜 잘못되었는지를 이해하는 데 도움이 된다. 알려진 대로 진화론에 반대하는 측의 주장은 복잡한 시스템의 진화가 본질적으로 불가능하며, "더 이상 단순화할 수 없는 복잡성irreducible complexity"이라는 구절을 따르는 이른바 지적설계운동intelligent design movement*을 펼친다. 흔히 깊은 통찰력에서 이 주장이 나왔다고 여기지만 사실은 매우 단순한 논리다. 생명체의 구조 대부분이 너무나 복잡하고 수많은 요소들과 연관이 있기 때문에 만약 하나의 요소가 중요한 방식으로 변하게 되면 전체 시스템의 기능이 (추측하건대) 약화될 수밖에 없다. 이런 이유로 진화가 복잡한 시스템 내에서 변화를 수반하고, 이런 변화들이 (이 가설에 의하면) 거의 언제나 기능 장애로 이어지기 때문에 진화란 결과적으로 불가능하다고 말한다.

사실 이런 생각은 새롭지 않다. 비교해부학과 고생물학의 창시자인 조르주 퀴비에Georges Cuvier, 1769~1832의 저서에서도 찾아볼 수 있다. 퀴비에

---

* 우주의 법칙과 생명체의 탄생은 결코 우연이 아니며, 목적과 의도를 가진 지능적인 존재에 의해 창조되었다고 주장함

는 지능이 매우 높았고, 위대한 업적을 쌓으면서 학계에 큰 영향력을 미쳤다. 그는 살아 있는 생명체의 정교한 기능이 본질적으로 이들의 (거의) 완벽한 "부분들의 상관관계"에 의존하기 때문에 하나의 구조가 크게 바뀌면 다른 모든 부분들이 틀림없이 오작동한다고 주장했다. 그는 각 종들의 형질에 타고난 가변성이 존재한다는 사실을 깨달았다. 그러나 이 가변성을 극히 제한적인 범위 내에서만 존재하는 대단하지도, 중요하지도 않은 것으로 보았다. 이런 제약하에서 종들의 "변신(즉 새로운 종으로의 진화)"은 그저 불가능했다. 실제로 퀴비에는 지적설계를 옹호했다. 그가 특정한 종교적 믿음을 자신의 과학적 주장에 공개적으로 드러내지 않았고, 그의 주장이 전통적인 성서적 관점과는 거리가 있다고는 해도 그의 판단에 영향을 미쳤다는 사실은 의심의 여지가 없어 보인다.[27]

현대에 와서는 "더 이상 단순화할 수 없는 복잡성"을 고도로 복잡하게 제작되는 제품에 빗대어 지적설계론을 주장한다. 예를 들어 자동차를 구성하는 몇 백 개의 부품들 중에서 어떤 한 가지만 제거되어도 그 자동차는 움직일 수 있는 능력이 상실되거나 심하게 약화된다는 것이다. 그러나 이 비유에는 심각한 결점이 있다. 생명체는 미리 제작된 부분들에서 발달하는 것이 아니라, 요소들과 이런 요소들로 구성된 하부 구조들이 관련된, 길고 연속적인 자가 조립self-assembly의 과정을 거치면서 탄생하기 때문이다. 그리고 각 단계마다 가변성을 인정하고 수용한다. 사실상 발달 과정에서 일련의 자체 검사와 타고난 유연성이 발휘되고, 이것이 변화를 허용한다. 그저 이론적으로 그렇다는 말이 아니라 사실이다. 예를 들어 다양한 가축들의 집중 육종* 과정에서 일어나는 급격한 변화를 보면 알 수 있다. 생존력과 완전히 양립 가능한 변화다.[28]

이 점은 인간 얼굴의 발달로도 설명될 수 있다. 겉모습은 전부 다르지

---

* 유전적 성질을 이용하여 농업에 유익한 새로운 종을 만들어 내거나, 기존의 품종을 더욱 좋게 만들어 내는 일

만 정상적으로 기능하는, 인간이 가진 수없이 다양한 얼굴은 잠재된 엄청난 유전적 능력에 대한 증거다. 현대의 지적설계론 옹호론자들은 이 같은 가변성을 사소한 것으로 치부할지 모르지만, 발달 과정의 가소성을 설명함에 있어서는 결코 사소하지 않다. 이뿐만이 아니다. 가변성은 중요한 기능을 하는데, 인간의 사회적 상호작용에서 개개인을 인식하는 즉각적이고도 정확한 방법을 제공하는 역할을 한다. 이에 대해서는 이후에 다시 다룰 것이다.

그러나 일단 다음 장에서는 인간 얼굴의 다양성이 가진 중요성이 아니라 유전적 기반을 살펴보기로 한다. 이 엄청나게 다양한 얼굴을 만드는 데 필요한 상이한 유전자들의 개수에 초점을 맞춘다.

4장

다양한 얼굴을 만드는 유전자

놀라울 정도로 다양한 인간의 얼굴

이 책의 초반에서 언급했듯이 인간의 얼굴은 모든 포유동물 중에서도 가장 기이한 축에 속한다. 그럼에도 우리는 인간의 얼굴을 기준으로 다른 동물들의 생김새를 보고 이상하다거나 심지어 우스꽝스럽다고 생각한다. 사실 인간의 얼굴이 가진 가장 놀라운 측면은 색다른 생김새가 아니다. 바로 다양성이다. 지구상의 다른 어떤 동물 종들도 인간만큼 뚜렷한 개성을 지닌 얼굴을 가지고 있지 않다.[1]

물론 인간들 사이에서도 닮은 얼굴을 찾기란 어렵지 않다. 그리고 이런 유사성은 가족 구성원들 사이에서 특히 더 빈번하게 나타나며, 일란성 쌍둥이와 세쌍둥이의 얼굴이 가장 대표적인 예다. 그러나 가족들끼리만 닮는 것은 아니다. 전혀 관계가 없음에도 자세히 들여다봐야 차이점을 알 수 있을 만큼 많이 닮은 사람들이 있다.[2]

집안 내력이나 정말 우연히 닮은 것 외에도 민족 내에서 어떤 일반적인 얼굴 특징들을 공유하기도 한다. 그러나 특정 "인종" 안에서도 이런 특징들에 언제나 뚜렷이 구별되는 차이점들이 나타나면서 모든 민족의 구성원들마다 자신만의 개성적인 얼굴을 가진다. 다른 집단의 구성원들이 봤을 때는 잘 구분이 되지 않아도, 동일한 집단에 속하는 구성원들 사이에서는 차이점들이 분명하게 보인다. 그러므로 얼굴의 차이점을 감지하는 일은 최소한 부분적으로나마 익숙함과 경험의 문제라고 할 수 있다. 이는 과학 실험을 통해 입증된 결론이다. 인간의 얼굴을 조사하다 보면 일반적으로 개인 간의 차이, 즉 얼굴의 다양성에 깊은 인상을 받는다.

인간의 얼굴이 가진 다양성을 인간만의 독특한 특성이라고 말할 수 있을까? 우리가 우리 자신에게 관심을 기울이다 보니 눈에 보이게 된 것은 아닐까? 예를 들어 들쥐가 말을 할 수 있다면 자신들도 인간과 마찬가지로 수많은 다양한 얼굴을 가지고 있다고 말해 줄까? 보자마자 누가 누구인지 식별할 수 있다고? 그럴 것 같지는 않다. 야생 포유동물 대부분은 인간에 비해 가시적인(실제로 측정 가능한) 얼굴의 다양성이 훨씬 떨어진다. 시각보다는 (쥐처럼) 후각이나 (박쥐처럼) 청각 같은 다른 감각에 더 크게 의존한다. 일반적으로 사회적 상호작용이 덜하고 더 단순한 포유동물은 얼굴의 차이를 인지하는 능력이 그다지 쓸모가 없기 때문이다.

그러나 얼굴의 다양성이 분명한 종들이 소수 존재한다. 특히 개들이 그렇다. 불도그에서부터 그레이하운드까지 개 품종마다 얼굴 형태가 뚜렷하게 다를 뿐만 아니라 동일 품종 내에서도 얼굴의 생김새에 상당한 차이를 보인다. 인간의 "단짝"이 우리만큼 다양한 얼굴을 가졌다는 사실은 완전히 우연만은 아닐지도 모른다. 개는 인간이 창조해 낸 동물이라고 할 수 있다. 수천 년에 걸친 선택 교배를 통해 인간은 이들의 형태를 다양하게 만들었다. 처음에는 우호적인 방식으로 인간과 어울리는 능력을 심어주기 위해서였고, 이후에는 낯선 사람들을 경계하는 경비견으로 키우기 위해, 그리고 지난 2백 년 동안은 집중적으로 (형태와 행동 모두에서) 많은 상이한 형질을 갖게 만들기 위해서였다. 인간은 광범위하게 이들의 형태를 만들었다. 개들이 가진 여러 가지 형질들을 선택하면서 이들의 얼굴을 다양하게 만드는 방식으로 우연히 이들의 게놈에 영향을 끼쳤는지도 모른다. 몇몇 형질의 의도적 선택이 그 뒤에 뜻하지 않은 다른 형질을 가져올 수 있다는 생각은 찰스 다윈에서 비롯되었다. 그는 부산물이 누적되는 이 같은 과정을 **무의식적 선택**unconscious selection이라고 했다. 그러나 개의 얼굴을 다양하게 만드는 유전적 기반이 무엇이든 얼굴이 아니라 주로 서로의 냄새로 상대를 확인하는 개들보다 인간이 이에 더 흥미를 가지는 듯이 보인다.

침팬지와 보노보, 고릴라, 오랑우탄 같은 인간과 가장 가까운 친척인 대형 유인원의 얼굴이 매우 다양하다는 점은 더 큰 의미가 있다. 이 사실로 미루어 보았을 때 얼굴의 다양성은 호미노이드hominoid* 영장류, 즉 대형 유인원과 호미닌(현재는 오직 인간만 포함된다)의 일반적인 특성일 수 있다. 인간처럼 대형 유인원도 특히 상세한 관찰에 필요한 뛰어난 시력을 가지고 있기 때문에, 이들이 가진 얼굴의 다양성이 사회적 상호작용에서 서로를 식별하는 데 일조한다고 볼 수 있다. 인간의 경우 이는 틀림없는 사실이다.[3]

인간을 포함해 호미노이드 영장류에서 볼 수 있는 얼굴의 다양성은 이것이 왜 존재하는가라는 근본적인 궁금증을 불러일으킨다. 인류의 진화 과정에서 적극적으로 선택될 만한 충분한 가치가 있는가? 시각적으로 재빠르게 상대방을 확인하도록 도움을 주기 위해? 아니면 그저 우연히 만들어진 특성인데 어쩌다 보니 신속하게 개인을 식별할 수 있는 편리한 효과를 지니게 된 것일까? 이는 진화적 측면에서 중요하고 흥미로운 질문이다. 그리고 이에 대한 논의는 9장에서 계속하겠다. 이 문제는 신경학적으로도 밀접한 관련이 있다. 얼굴의 차이점들을 어떻게 인지하고, 얼마나 잘 기억할까? 차이점을 인지하는 능력이 없다면 굳이 얼굴의 생김새가 다양할 이유가 없고, 그렇기 때문에 이런 형질들이 선택될 가능성은 희박하다. 이 문제에 대해서는 7장에서 다시 다루게 된다. 7장에서는 두뇌와 얼굴이 서로의 진화에 어떻게 영향을 미치는지를 탐구한다.

이번 장에서는 좀 더 따분하지만 여전히 중요한 문제에 초점을 맞춘다. 인간의 얼굴을 다양하게 만드는 유전적 기반이 무엇인가다. 생김새가

---

* '사람과'라고도 하며, 모든 현대 대형 유인원과 인간, 그리고 이들의 멸종된 조상과 친척들을 포함

근본적으로 동일한 게놈을 가지고 있음을 보여 주는 일란성 쌍둥이의 얼굴에서 볼 수 있듯이 상이한 얼굴이 만들어지는 이유는 주로 유전학적인 문제와 연관이 있다. 식생활이나 다른 환경적 영향이 아니다. 얼마나 많고, 또 어떤 유전적 차이들이 인간 얼굴의 다양성과 연관이 있는지는 아직 알려진 바가 없지만(그러나 이에 대한 연구는 시작되었다), 이 문제는 깊이 생각해 볼 만한 가치가 있다. 이는 인간 얼굴의 다양성에 관계되는 대부분의 또는 모든 유전자들이 주로 이전 장의 주제였던 척추동물의 얼굴을 만드는 매우 중요한 동일 조절 유전자 집단에서 나오는지 아니면 이들의 하류인 더 큰 유전자 집단의 일부인지에 대한 문제와 필연적으로 연결된다.

이 문제들을 탐험하기 위해서는 먼저 유전에 대한 기본 지식과 이를 설명할 때 사용되는 용어를 이해해야 한다. 지금부터 이에 대한 설명을 시작하겠다.

유전적 차이 추적하기 : 염색체와 유전자, 대립유전자

앞서 보았듯이 고등 생명체의 게놈은 신체 내의 모든 세포핵에 존재하는 **염색체**에 들어 있다. 인간의 염색체는 모두 46개 23쌍이다. 하나는 모계로부터, 다른 하나는 부계로부터 물려받아 두 개가 한 쌍을 이룬다. 염색체 조를 두 개 가진 개체나 세포를 **배수체**diploid라고 하며, 체세포는 배수체다.

일반적으로 염색체는 세포핵 내에서 염색사라고 하는 아주 가늘고 긴 실로 존재한다. 세포가 **체세포 분열**을 준비하면서 염색사가 응축되기 시작하고, 실제 분열이 일어나기 바로 전에 각각이 고도로 응축된 상태에 이른다(그림 2.4). 이 상태에 다다른 각각의 염색체는 지정된 지점에서 서로 묶여 있는 두 개의 동일한 복사본(**염색분체**chromatid)을 가진다. 이 지점은 끝부분이거나 중앙에 가까운 부분으로, 끝일 경우 V 자를, 중앙일 경우 X 자 모양을 만든다. 세포 분열 직전에 모든 46개 염색체가 세포의 중앙에 정렬한다. 이 시점에서 이들을 광학현미경으로 관찰하고 사진을 찍은 다음에 사진을 보면서 맞춰 보고 개수를 셀 수 있다. 인간 게놈의 모든 염색체 쌍들은 크기가 동일하다. 그러나 예외가 존재한다. 염색체 23개 쌍 중 상동염색체가 아닌 유일한 염색체는 남성의 **성염색체**이며, 하나의 큰 X염색체와 훨씬 작은 Y염색체로 구성된다. (여성 세포에는 X염색체 두 개가 있다.)

오직 생식 세포(남성의 정자와 여성의 난자)만이 염색체의 모양이 서로 다르다. 생식 세포 형성 과정에서 **감수 분열**meiosis이라고 하는 특별한 세포 분열이 일어나고, 염색체의 수가 반으로 줄어들면서 23개가 된다. 이렇게 한 조의 염색체를 가지는 세포를 **반수체**haploid라고 한다. 수정 과정에서 정자와 난자가 만나 이들의 세포핵이 결합되면서 배수체가 된다. 수정란의 체세포 분열로 개체의 모든 체세포들이 만들어지기 때문에 새롭게 생성된 개체 각각의 체세포들도 46개의 염색체를 가진다. 그러므로 체세포당 두 조의 염색체를 가지면서 각각의 세포는 (Y염색체에 있는 유전자들을 제외하고) 유전자마다 두 개의 복사본을 가진다. 성세포(정자나 난자)의 경우에는 하나만 가진다. '그림 4.1'은 이 기본적인 사실을 보여 준다.

이 정도 설명으로는 아직 부족하다. 유전에 대한 몇몇 개념과 용어들을 좀 더 정리할 필요가 있다. 특히 **유전자**와 **대립유전자**allele를 구분해야 한다. 3장에서 논의했듯이 고전적인 **유전자**는 세포 내에서 특정 기능을 가진 단백질 산물인 폴리펩티드를 지정하는 DNA로 구성된다. 이 특정 기능에는 (효소의 경우) 물질대사나 (세포 골격의 단백질처럼) 세포

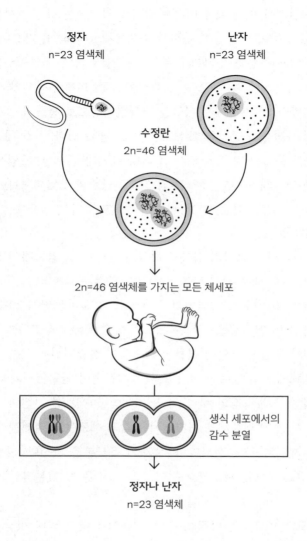

정자
n=23 염색체

난자
n=23 염색체

수정란
2n=46 염색체

2n=46 염색체를 가지는 모든 체세포

생식 세포에서의
감수 분열

정자나 난자
n=23 염색체

그림 4.1 인간 생식에 대한 기본적인 유전학 지식. 각각 23개의 염색체를 지니고 있는 정자와 난자(그림에서는 대략적으로 표현됨)가 결합해서 수정란을 만들고, 염색체 46개를 가진 체세포로 구성된 인간으로 발달한다. 사춘기 이후에 성세포들이 난소(여성)와 고환(남성)에서 생성될 때 성세포 전구체에서 감수 분열이 일어나면서 염색체 수가 반으로 줄어든다. 그러면 생식 세포의 염색체 수는 다시 23개가 된다.

의 구조적 속성에 기여하는 것이 있다. 이 유전자의 미세하게 다른 유전자 변이형을 **대립유전자**라고 부른다. 특정 유전자에 대해 하나의 특정 대립유전자가 일치하는 부분이 압도적으로 많다면, 예를 들어 이 유전자의 99퍼센트 정도라고 한다면, 이를 **야생형** 대립유전자라고 한다. 그리고 이 유전자를 (문자 그대로 "하나의 형태"라는 뜻인) **단형적**monomorphic이라고 한다. 그러나 모든 유전자가 하나의 압도적으로 우세한 야생형 대립유전자를 갖지는 않는다. 다양한 얼굴을 만드는 유전자들과 마찬가지로 많은 유전자들이 상이한 대립유전자를 가지고 있으며, 이런 상태를 **다형성**polymorphism이라고 부른다. 그리고 이 유전자는 **다형적**polymorphic이라고 할 수 있다.[4]

지금까지의 설명이 상당히 난해하게 들렸을지도 모르겠다. 전통적 유전학의 연구 사례가 **유전자**와 **대립유전자** 사이의 중요한 차이를 명확히 구분하는 데 도움을 줄 것이다. 근대적인 방법을 이용한 첫 번째 연구 대상은 완두콩 유전자였다. 모라비아의 수사였던 그레고어 멘델Gregor Mendel, 1822~1882이 한 연구로, 유전학의 시발점이 되었다. 그가 연구한 이 특정 유전자는 완두콩의 모양에 영향을 주었다. 이 사실은 이 유전자의 야생형 형태가 아닌 주름진 완두콩을 만드는 대립유전자에 의해 최초로 밝혀졌다. 대다수 완두콩 종자의 일반적인 형태는 둥근 모양이었고, 멘델은 이후에 가장 흔한 우세한(야생형) 유전자를 대문자 R로 나타냈다. 반면 주름진 완두콩을 야기하는 대립유전자는 소문자 r로 표시했다. 순종 둥근 완두콩은 각 세포마다 R 유전자를 두 개씩 가지며, 이런 배수체 상태를 RR로 표기한다. 주름진 형태의 경우 r 대립유전자를 두 개 가지며, rr로 나타낸다. 반면 반수체 식물 생식 세포(꽃가루와 밑씨)는 감수 분열로 인해 하나의 유전자 복사본(R이나 r 중 하나)만 가진다. 동일한 유전자 구성을 가진 순종 둥근 형태(RR)와 주름진 형태(rr)를 **동형 접합적**homozygous이라고 한다.

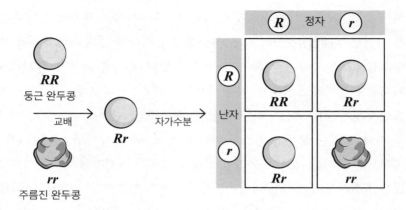

그림 4.2 멘델의 유전법칙. 순종 둥근 완두콩(*RR*)과 주름진 완두콩(*rr*)을 교배한 결과 *Rr* 유전자를 가진 잡종 1세대가 만들어졌다. 이것이 자가수분을 하면 (또는 1세대끼리 교배되면) 주름진 완두콩 한 개와 둥근 완두콩 세 개가 나타나며, 둥근 완두콩은 잡종(*Rr*) 두 개와 순종(*RR*) 한 개로 이루어진다.

멘델은 자신의 연구를 통해 이런 사실들을 추론했다. 그의 연구 이전에는 누구도 이런 사실들을 알지 못했다. 이런 획기적인 사실을 밝혀낸 연구의 첫 단계는 순종 둥근 완두콩과 순종 주름진 완두콩의 교배였다. 놀랍게도 잡종 1세대 또는 F1에서는 *RR* 유전자를 가진 부모 세대와 구분이 되지 않는 둥근 완두콩만 나왔다. 그러나 r 대립유전자가 없어진 것은 아니었다. 자가수분을 했을 때 주름진 완두콩(*rr*)이 전체의 약 4분의 1 정도로 만들어졌기 때문이다. '그림 4.2'는 이 실험을 보여 준다. 멘델은 F1 완두콩이 잡종 또는 **이형 접합적**heterozygous이라고 추론했다. 그래서 이들의 유전자형이 r 대립유전자의 발현을 가리기에 충분한 하나의 *R* 복사본을 가진 *Rr*이라고 생각했고, *R*을 우성 형질, r을 열성 형질이라고 명명했다. 이런 이유로 둥근 완두콩은 두 유전자형 *RR*이나 *Rr* 중 하나를 가진다. 결국 완두콩의 겉모양이나 표현형만 보고 그 **유전자형**, 즉 유전자 구성을 알 수 없다는 얘기다. 유전자형을 알기 위해서는 더 많은 번식을 거쳐야 한다. 한편 주름진 완두콩 표현형은 오직 동형 접합적 *rr* 완두콩에서만 나타난다.[5]

지금까지의 설명은 **유전자**와 **대립유전자**를 구분하는 일이 중요하다는 사실을 보여 준다. 그러나 이런 구분이 여전히 제대로 이루어지지 않으면서 혼란을 야기하는 경우가 종종 발생한다. '상자 4.1'은 흔히 볼 수 있는 이런 몇몇 개념 실수들을 소개한다. 이제부터는 얼굴에 관한 유전학으로 관심을 돌리겠다.

4.1

유전자와 대립유전자의 혼동 사례

인간의 특정 상태를 유전학과 연관시켜서 설명할 때 흔히 저지르는 실수는 "이런 유전자" 가설을 세우는 것이다. 예를 들면 위험을 감수하는 유전자나 동성을 선호하는 유전자 같은 것들이 있다. 이 말은 모든 인간이 공유하는 유전자에 이런 상태를 가져오는 (또는 가져올지도 모르는) 대립유전자가 있음을 뜻한다. 실제로 유전적으로 정상인 인간들이라면 근본적으로 동일한 유전자 세트를 가지고 있기 때문에 (몇몇 독특한 유전자를 가지고 있는 남성의 Y염색체에 있는 것을 제외하고) 이들의 **유전자 내용**은 똑같다(주 6 참조). 그러므로 사람들이 가진 차이점들은 개인마다 전체 유전자 세트의 구성에서 차이가 나기 때문이 아니라 개별 유전자에 있는 뉴클레오티드 서열의 차이, 다시 말해 **대립유전자의 차이**에 의해서 발생한다.

또 다른 사례는 **이기적 유전자**다. 오늘날 일상에서 종종 듣게 되는 용어다. 그러나 더 정확하게는 **이기적 대립유전자**라고 해야 맞다. 이 이기적 대립유전자는 보통은 선택상의 이점selective advantage˙을 통해 개체군 내에서 퍼져 나간다. 하지만 사실 이렇게 퍼져 나가기 위해서는 다른 요인들이 필요하기 때문에 선택을 받은 이런 대립유전자에는 원래 용어가 내포하고 있는 자율성과 추진력이 없다. 그러나 개체군에서 이동하고 퍼질 수 있는 진정으로 이기적인 DNA 조각이 있다. 이들은 **전이 인자**transposable element라고 부르는 특별한 DNA 염기 서열 부류를 형성하고, 대부분 또는 모두가 본질적으로 진화 초기에 동식물의 게놈에 침입했던 바이러스성 요소들에서 유래되었다. 가장 정상적인 진화적 변화는 (다른 유전자들에 비해) 흔하게 공유되는 유전자들의 특정 대립유전자의 빈도 변화와 연관이 있다.

세 번째 혼동 사례는 우리가 지금까지 자주 들어왔던 말에 기인한다. 바로 "인간과 침팬지의 유전 물질의 차이는 1퍼센트다"라는 말이다. 이 문장은 흔히 이들의 유전자 구성의 차이가 1퍼센트라는 의미로 잘못 해석된다. 다시 말해 전체 유전자에서 이 1퍼센트가 인간이나 침팬지 중 하나에서만 발견된다고 여겨진다. 두 종들 중 하나에서만 발견되는 소수의 유전자가 존재하기는 하지만, 여기서 1퍼센트의 차이라는 말은 유전자 내용물이 아닌 두 게놈 간의 **전반적인 평균 서열**의 차이를 의미한다. (현재는 이 차이가 3~4퍼센트 정도로 지금까지 알려져 왔던 것보다 더 크다고 인정된다. 이는 1퍼센트에 비해 상당이 큰 차이다. 그러나 대부분의 차이는 침팬지와 인간 사이의 생물학적으로나 표현형 차이 어느 것에

• 일정한 환경에서 어떤 성질을 갖고 있는 것이 그것을 갖지 않는 것에 비해 생존 또는 증식에 유리한 상태

도 직접적으로 기여하지 않는 DNA 염기 서열과 관련이 있다.*

---

* 인간과 침팬지의 게놈에서 발견된 1퍼센트의 차이라는 결과는 DNA **혼성화**hybridization라고 하는 분자생물학적 방법에 기초한다. 이 방법은 침팬지 DNA 한 가닥과 인간 DNA 한 가닥으로 구성된 혼성 DNA 분자를 만든 다음에 얼마나 차이가 나는지를 추론하기 위해 물리적 특성을 연구하는 것이다[이 같은 혼성 분자를 만드는 방법에 대한 더 자세한 설명은 브리튼과 콘Britten and Kohne(1968)을 참고할 것]. 수년이 지난 후에 새로운 기술을 활용해 침팬지와 인간 게놈 간의 DNA 염기 서열을 직접 비교했을 때 이전에는 발견하지 못했던 DNA 염기 서열의 변화들이 밝혀졌다. 그러나 이들 대부분은 기능상 중요하지 않은 서열에 위치한다.

유전자 조합을 통해 만들어지는 다양한 얼굴

인간의 얼굴에 차이점을 만들기 위해 얼마나 많은 유전자들이 기여하는 가에 대한 문제가 **대립유전자에 차이가 있는**, 얼굴 형성에 기여하는 유전자들의 개수와 연관이 있음이 분명해졌다. 만약 얼굴의 다양성에 기여하는 잠재적 유전자들이 전부 단형이라면, 어떤 유전자가 관여되든 인간은 (성 차이를 만드는 호르몬의 영향을 받아 생겨나는 차이들을 제외하고) 하나같이 똑같은 모습을 하게 된다. 인간이면 누구나 얼굴을 형성하는 데 기여하는 모든 유전자를 (남성의 성염색체에 들어 있는 유전자의 차이를 제외하고) 근본적으로 동일한 한 쌍으로 가지고 있지만, 얼굴에 가시적인 결과를 만들어 내는, 대립유전자에서 차이가 나는 유전자들만이 얼굴에 차이를 만들어 낸다. 이를 설명하기 위해 무작위로 어떤 숫자를 지정해 보겠다. 예를 들어 배발생 동안에 얼굴 형성에 관여하는 유전자가 1만

5천 개이지만 이 중 2천 개만이 얼굴의 다른 부분에 상이한 영향을 미치는 대립유전자를 가지고 있다고 해 보자. 그렇다면 근본적으로 단형인 나머지 1만 3천 개의 유전자들은 무시하고 차이를 만들어 내는 2천 개에만 초점을 맞출 수 있다.[6]

또 어떤 유전자가 하나 이상의 특징들에 각각 다르게 영향을 미칠 수 있는 하나 이상의 대립유전자를 가지고 있다면, 이 같은 대립유전자의 개수도 역시 중요하다고 예상해 볼 수 있다. 조만간 설명하겠지만 실제로 얼굴의 차이를 설명하는 유전학의 수치상 근거는 두 개수의 **곱**과 연관이 있다. 즉 얼굴에 각각 다르게 영향을 미치는 대립유전자를 가진 유전자 개수와 이런 유전자 각각에 대한 대립유전자 개수의 곱이다. 실제로 서로 다른 얼굴이 만들어지는 문제는 증식의 가능성이나 **조합 이론**combinatorics 과 연관이 있다. 비교적 적은 수의 개체들이 다수의 방식으로 결합될 때 나올 수 있는 조합의 개수는 기하급수적으로 늘어난다. 이를 보여 주는 한 사례가 유전자가 단백질 사슬을 암호화하는 방식이다. DNA 염기 서열의 개수는 각 염기쌍마다 4의 비율로 증가한다. n은 이중 가닥당 염기쌍의 개수(또는 단일 DNA 가닥의 염기 개수)다. 그러므로 $n=2$일 때 염기쌍 순서는 16개밖에 되지 않지만, 예를 들어 n이 6이 되면 (여전히 낮은 수치지만) 개수는 4,096으로 증가한다.

조합 이론의 이 일반적인 견해를 단순한 멘델 이론의 사례를 들어 설명해 보겠다. 그런 다음에 이것을 인간 얼굴의 차이에 대한 유전학적 견해에 어떻게 접목시킬 수 있는지 살펴본다. 멘델이 연구한 완두콩의 두 가지 형질을 떠올려 보자. 각각은 서로 다른 유전자의 지배를 받는다. 이런 형질들을 A와 B라고 하자. 그리고 이들은 우성 대립유전자다. 이 중double 우성 유전자형 $AABB$(예를 들어 둥근 모양과 보라색 꽃)를 가진 품종을 이중 열성 유전자형 $aabb$(주름진 모양과 흰색 꽃)와 교배하면 $AaBb$ 유전자형을 가진 F1 세대를 낳으며, 이 세대는 이중 우성 형태(둥근 씨앗과 보라색 꽃)를 보여 준다. 그렇다면 F1의 자손인 F2 세대는 어떨까? 단일 염색체 쌍에서 서로 가까이 있는 유전자들이 그렇듯이 유전자들이 **독립적으로 분류되는지** 또는 공동으로 유전되는지에 따라 빈도가 결정된다. 멘델은 그가 연구한 일곱 개의 완두콩 유전자 중에서 오직 전자의 경우만 조사했다. 그의 발견에서처럼 표현형은 네 개(둥글고 보라색, 둥글고 흰색, 주름지고 보라색, 주름지고 흰색), 그리고 (이어지는 교배들을 통해 알 수 있듯이) 유전자형은 아홉 개(*AABB, AaBb, AaBB, AABb, AAbb, Aabb, aaBB, aaBb, aabb*)가 존재한다. 독립적으로 분류되는 세 유전자들을 교배하면 어떻게 될까? F2에서는(세부적인 설명은 생략하겠다) 표현형 여덟 개와 유전자형 스물일곱 개가 나온다.[7]

그러므로 교배를 할 때 형질에 영향을 주는 개별 유전자들이 더해질수록 표현형과 유전자형의 개수는 기하급수적으로 증가하며, 이때 유전자형이 더 급격히 증가한다. 사실 여기에는 단순한 수학 원리가 적용된다. 우성과 열성을 가진 n개의 유전자들은 표현형의 개수가 2^n으로 증가할 때 배수체 유전자형의 개수는 많게는 3^n으로 증가한다. 이런 단순한 관계를 바탕으로 각각의 유전자가 얼굴 형태의 각 부분들을 만들고 두 개의 대립유전자를 가질 때 70억 인간이 모두 다른 얼굴을 가지려면 얼마나 많은 유전자가 필요한가에 대한 질문을 해 볼 수 있다. 답은 '서른두 개의 유전자만 있으면 충분하다'이다. 이는 인간 유전자의 총개수(단백질 암호화 유전자 2만 1천 개)나 (앞서 논의했듯이) 많은 부분 성인의 얼굴에 다양성을 부여하는 기반이 되는 얼굴 원기에서 발현되는 것으로 밝혀진 유전자의 개수와 비교하면 아주 적은 수다.

대부분의 유전자가 두 개 이상의 대립유전자를 가지기 때문에 두 개의 대립유전자를 이용한 멘델의 연구는 매우 인위적이라고 할 수 있다. 특히 얼굴에 다양성을 부여하는 유전자들은 측정 가능한 빈도로 다수의 대립유전자를 가지면서 다형적일 가능성이 크다. 그러므로 더욱 현실

적인 얼굴 다양성 유전자 모델을 만들기 위해서는 유전자당 대립유전자
의 개수를 늘릴 필요가 있다. 이렇게 하면 유전자와 게놈당 배수체 유전
자형의 개수를 놀라울 정도로 크게 증가시킬 수 있다. 하나의 유전자에
세 개의 대립유전자가 있다고 가정해 보자. 이 유전자를 A, 대립유전자
를 $A1$과 $A2$, $A3$이라고 하겠다. 정자든 난자든 생식 세포의 경우에는 각
각 하나의 대립유전자만을 가지므로 대립유전자마다 하나씩 세 개의 반
수체(성세포) 유전자형이 존재하게 된다. 그러나 배수체의 경우 유전자
당 여섯 개의 배수체 유전자형이 존재하며, 이들은 $A1A1$와 $A2A2$, $A3A3$,
$A1A2$, $A1A3$, $A2A3$이다. 유전자당 대립유전자가 네 개라면? 이제 조합 가
능한 배수체 유전자형은 열 개로 늘어난다. 대립유전자가 다섯 개인 경우
에는 열다섯 개가 된다. 배수체 조합의 개수는 대립유전자 자체의 개수보
다 기하급수까지는 아니더라도 분명히 더 큰 폭으로 증가한다. 다음의 법
칙으로 유전자형의 개수를 계산할 수 있다. 유전자당 n개의 대립유전자
가 있을 때 배수체 유전자형의 총개수는 $[n+(n-1)+(n-2)\cdots(n-n+1)]$
이다.

예를 들어 유전자 개수가 증가할 때 대립유전자의 개수가 두 개에서
다섯 개로 그다지 크게 증가하지 않을 때조차 상황에 어떠한 영향을 줄
수 있는지 알아보자. 각각 얼굴의 가시적인 생김새에 영향을 주는 다섯
개의 대립유전자를 가진 세 개의 유전자가 있다고 가정해 보자. 얼굴에
영향을 주는 상이한 유전자형은 얼마나 많이 만들어질 수 있을까? 답은
15×15×15인 3,375개다. 세 개의 유전자와 유전자당 비교적 적은 수의 대
립유전자만으로도 이처럼 많은 상이한 얼굴 형태를 만들어 낼 수 있다.

각각 다섯 개의 대립유전자를 가진 여덟 개와 아홉 개의 유전자로 만
들 수 있는 유전자형은 몇 개나 될까? 위와 동일한 법칙을 적용해서 얻을
수 있는 값은 각각 25억 6천만 개와 3백 80억 개다. '표 4.1'은 다양한 개수
의 대립유전자를 가진 유전자들에 동일한 논리를 적용한 사례들이다. 물

표 4.1 유전자와 대립유전자 개수의 곱셈 사례

유전자 개수	유전자당 대립유전자 개수	유전자당 배수체 유전자형 개수	총 배수체 유전자형 개수
2	2	3	$3^2 = 9$
2	4	9	$9^2 = 81$
4	4	9	$9^4 = 6.561 \times 10^4$
4	7	28	$28^4 = 6.146 \times 10^5$
5	6	21	$21^5 = 4.054 \times 10^6$
7	7	28	$28^7 = 3.779 \times 10^{10}$
8	5	15	$15^8 = 2.56 \times 10^9$
9	5	15	$15^9 = 3.84 \times 10^{10}$

론 이 사례들은 어느 정도 현실성이 떨어진다. 다른 개수의 대립유전자를 가진 유전자들이 있어야 훨씬 더 그럴듯한 상황이 나온다. 그러나 '표 4.1'의 사례들은 수십억에 달하는 다양한 인간의 얼굴이 비교적 적은 개수의 다형 유전자로 생성될 수 있다는 가능성을 보여 준다. 물론 유전자형의 개수가 많다고 표현형의 개수도 동등하게 많다는 뜻은 아니다. 앞서 멘델의 완두콩 사례에서 보았듯이 표현형이 유전자형에 비해 더 점진적으로 증가하기 때문이다. 이는 우성 인자의 복잡성 때문이기도 하지만 한 유전자의 대립유전자가 다른 유전자의 대립유전자의 효과를 가릴 수 있는 **상위**epistasis 현상에 기인하기도 한다. 좀 더 자세한 내용은 '상자 4.2'에서 설명하고 있다. 그러나 여전히 다른 요인들이 유전자형과 비례해서 표현형의 개수를 **증가**시킬 수 있으며, 이 가능성은 1970년대에 분자생물학 연구의 발견을 통해서 확인되었다. 이들은 **선택적 유전자 스플라이싱**과 번역 후 변형의 과정들로 '상자 4.3'에서 설명하고 있다.

4.2

상위 현상

상위 현상은 형질 발현에서 한 유전자에 있는 돌연변이에 의해 다른 유전자의 돌연변이 표현형이 변환되는 것을 말한다. 이때 다른 돌연변이의 표현형은 흔히 억제된다. 예를 들어 A 유전자의 새로운 돌연변이가 동형 접합 유전형(a-/a-)일 때 새로운 돌연변이 표현형을 낳고, B 유전자의 돌연변이가 동형 접합 유전형(b-/b-)일 때 다른 표현형으로 발현될 때, 이중 동형 접합체(a/a, b-/b-)가 B 돌연변이체의 표현형을 나타낸다면, B 유전자가 A 유전자에 대해 **상위성**(은폐작용·covers up)을 가진다고 말할 수 있다. 반대로 활동이 가려진 유전자는 다른 유전자에 대해 **하위성**hypostatic을 가진다고 한다. 이 예에서는 A가 B에 하위성을 가진다.

상위성에 이르는 길은 두 유전자의 활동성의 성질에 따라 아주 다양하다. 한 가지 단순한 사례를 통해 이 개념을 더 명확하게 이해할 수 있다. 바로 특정 유전자에 의해 지정되는 각 효소 단계마다 순서상 다음 유전자를 위한 산물이나 기질을 만드는, 꽃의 색소를 생산하는 유전적 경로이다. 이 과정을 다음과 같이 표현할 수 있다. 뚜렷이 구별되는 방식으로 각 유전자의 작용이 색소의 정확한 색깔을 조정한다.

$$C \rightarrow B \rightarrow D \rightarrow E \rightarrow A \rightarrow 최종 색깔$$

그러므로 동형 접합적 B 돌연변이체(b-/b-)는, 만약 이것이 B의 활동을 무효화한다면, 마치 (B 이전 단계인) C 활동만 존재하는 것처럼 꽃들의 색깔이 나타나도록 하며, A 활동(a-/a-)이 없는 돌연변이에 동형 접합적인 꽃들은 E 유전자의 작용과 연관이 있는 색을 띠게 된다. 만약 이중 동형 접합체를 생산하기 위해 이 둘을 교배하면 어떤 결과가 나올까? B 에 의해 암호화된 효소가 A보다 순서상 앞서 작동하기 때문에 이 과정은 B 단계에서 막히고, 꽃들은 B 돌연변이체 표현형을 가지게 된다(과정 초반의 C 작용과 연관이 있는 색깔만을 생산한다). 이런 경우 앞의 이론 설명에서처럼 B가 A에 대해 상위성을 가진다고 한다.

유전자 경로와 네트워크에서 상호작용하는 많은 유전자들과 정상적으로 드문드문 존재하는 비표준적인 대립유전자들(이들 중 많은 수가 가벼운 결함만을 가지고 있다)을 가진 고등 동식물의 게놈에서는 원칙적으로 상위성이 존재할 가능성이 충분하고, 실제로도 많이 발견되고 있다.

4.3

단일 유전자에서 다수의 상이한 유전자산물 생산하기 : 선택적 유전자 스플라이싱과 번역 후 변형

선택적 유전자 스플라이싱을 이해하기 위해서는 먼저 유전자 스플라이싱 자체에 대한 기본 지식을 숙지할 필요가 있다. 유전자와 유전자 작용에 대한 고전적 관점에서 유전자는 그 유전자에 의해 암호화되는 단백질에서 각각의 뉴클레오티드가 아미노산의 암호화를 도와주는 DNA 염기서열로 여겨졌다. 이것을 지칭하는 용어가 **유전자-단백질 공직선성**gene-protein co-linearity*이다. 그러나 1970년대 후반에 대다수 유전자들의 전

---

* 어떤 유전자의 뉴클레오티드 배열이 그것에 의해 결정되는 폴리펩티드의 아미노산 배열에 대응한다고 하는 개념

사물인 RNA가 암호화된 단백질 사슬에 필요한 것보다 더 길다는 사실이 특정 동물 바이러스에서 처음으로 발견되었고, 이후로 일반적인 개념이 되었다. 이는 실제로 동식물 유전자에 적용되는 지배적인 규칙이다. RNA 전사물이 더 긴 이유는 단백질을 만드는 발현 부위인 엑손exon 사이에 단백질을 만들지 않는 비발현 부위인 인트론intron이라는 부분이 배치되어 있기 때문이다. RNA가 만들어진 후와 세포질에서 폴리펩티드 사슬로 번역되기 전에 특별하고 복잡한 과정을 통해 인트론이 제거되고 엑손 부분들만 올바른 순서로 연결되는데, 이 과정을 **유전자 스플라이싱**이라고 부른다. 선택적 유전자 스플라이싱은 많은 유전자들에서 더 짧은 폴리펩티드를 생산하기 위해 일부 엑손들도 제거됨을 의미한다. 이는 생화학적 시스템상의 오류가 아닌 특정 유전자의 스플라이싱을 관리하는 분자 시스템의 정상적인 속성이다. 흔히 상이하고 선택적인 전사물들이 어느 정도 다른 속성과 기능을 가진 폴리펩티드를 만드는데, 때때로 극적으로 그렇게 만들기도 한다. 이 메커니즘은 유전자 개수에 비례해 가능성 있는 유전자산물의 수를 증가시킨다.

　번역 후 변형도 역시 유전자 개수에 비례해 유전자산물의 개수를 증가시킬 수 있지만, 폴리펩티드가 만들어지고 난 이후 단계에서 완전히 다른 방식으로 이루어진다. 여기서는 폴리펩티드 내에서 인산염이나 당, 작은 지방사슬 같은 작은 분자를 특정 아미노산에 첨가한다. 이렇게 화학적으로 변형된 단백질은 흔히 변형되지 않은 복사물과는 다른 활동을 한다. 유전자산물의 번역 후 변형으로 유전자산물에 새로운 활동을 부여하는 한 사례는 소닉 헤지호그SHH에서 볼 수 있다. **프로테오글리칸**proteoglycan이라고 하는 작은 화학적 성분이 SHH에 부착되면서 세포 증식을 촉진한다[챈Chan et al.(2009)]. 프로테오글리칸이 부착되지 않으면 SHH 분자는 다른 생물학적 반응들을 촉진하는데, 여기에는 특히 배 발생 과정에서 특정 부위에 예정된 운명이 주어지는 패턴 형성이 있다. 그 한 사례로, 나중에 보게 되겠지만, 발생 초기에 대뇌피질이 다양한 영역들로 나눠지는 방식을 들 수 있다.

중요한 점은 유전자들의 **독립 분류**가 있을 때 감수 분열에서 유전자들이 뒤섞이면서, 다시 말해 두 개의 상동염색체가 결합해서 염색체의 새로운 조합이 발생하면서 비교적 적은 수의 다형 유전자에서부터 수많은 상이한 유전자형이 만들어질 수 있다는 것이다. 그러므로 얼굴 다양성 유전자의 실제 개수가 수만 개로 상당히 많을 가능성이 있지만, 반드시 그래야 할 필요는 없다. 비교적 적은 개수로도 다양한 얼굴을 만들 수 있기 때문이다. 이 가능성은 인간 게놈에서 얼마나 많은 유전자들이 수십억 인간의 다양한 얼굴을 발생시키는 데 책임이 있는가라는 질문과 마주했을 때 직관에 어긋나는 결론이다.[8]

그러나 연역적 추론은 다양한 얼굴을 만들기 위해 얼마나 많은 유전자가 필요한가의 문제를 해결하는 일에 그다지 도움이 되지 않는다. 우리에게는 실질적인 유전자 데이터가 필요하다. 이를 구축하기 위한 노력이 이제 막 시작되었고, 이 조사는 아직 많은 부분 더 진행되어야 하므로 얼굴의 미래에 대해 논의하는 9장에서 취급하겠다. 상황이 이렇기는 해도 최신 아이디어와 정보를 이용해서 다른 가능성 있는 설명들을 평가하는 작업은 언제나 가치가 있다. 처음의 가설이 거짓으로 판명이 난다고 해도, 이런 활동들은 새로운 정보를 이해하는 데 도움을 주는 개념적 틀을 구체화하면서 개념을 정립할 수 있게 해 준다.

얼굴의 다양성에 영향을 줄 만한 유전자는 무엇이며, 얼마나 많이 존재하는가?

유전학자들은 보통 유전적 근거가 알려지지 않은 어떤 흥미로운 생물학적 현상을 접했을 때 그 현상을 유발하는 기반과 관련이 있는 유전자가 무엇인지 상상해 보려고 노력한다. 실제로 이런 현상의 기저를 이루는 후보 유전자들을 찾기 위한 시도가 이루어지고 있다. 후보 유전자들은 그 현상과 연관이 있는 유전자들에 대한 얼마간의 사전 지식에 의해 결정되며, 여기에 경험을 바탕으로 하는 추측도 어느 정도 더해진다. 지금부터는 상이한 기준에 따라 정의되는 세 개의 유전자 집합에 대해 간략하게 설명하겠다. 이 집합은 모두 다양한 얼굴을 만드는 유전자들의 주요 근원일 수 있다. 물론 이 집합들에는 겹쳐지는 부분도 있고, 이들에 대한 가설이 가능성을 철저하게 규명한다고 단정할 수도 없다. 그러나 이들에 대한 설명이 문제를 쉽게 이해할 수 있도록 도움을 준다.

가설 1 :
기본적인 얼굴 형성과 진화에 관여한다고 알려진 유전자의 돌연변이 대립유전자가 다양한 얼굴을 만든다

앞서 보았듯이, 원칙적으로 인간 얼굴의 다양성은 비교적 적은 수의 유전자 돌연변이 대립유전자로 설명이 가능하다. 이런 가능성을 가진 유전자는 어떤 종류일까? 확실한 후보는 척추동물에서 얼굴을 형성하는 일에 관여한다고 알려진 유전자들이다. 그리고 척추동물의 이 유전자들은 의심의 여지없이 다양한 방식으로 유전 변이를 일으키면서 얼굴의 서로 다른 진화적 경로에서 어떤 역할을 담당한다. 어쩌면 중요한 역할일 수도 있다. 이전 장에서 이런 유전자들을 소개한 바 있다. 척추동물 얼굴의 다양한 진화적 경로가 이런 유전자들이 서로 다르게 조절되는 것과 연관이 있다면, 얼굴 패턴을 형성하는 동일한 주요 유전자들에서 발생하는 (돌연변이 대립유전자에 의한) 작은 변화만으로도, 그것이 이들의 특성이든 수량(이를테면 여러 개의 대립유전자에 의한)이든, 인간 얼굴의 다양성에 주요한 영향을 미치는 일이 가능하다.[9]

한 후보 유전자 집합은 *Shh* 자체를 포함하는 SHH 경로의 유전자들이다. 이 경로는 상당히 복잡하며, 이 경로에 대한 많은 세부 사항들은 굳이 여기서 언급할 필요가 없다. 그러나 SHH 단백질을 특별한 수용체에 결합시키면서 활동이 시작된다는 점은 언급할 만한 가치가 있다. 이 수용체는 **패치**Patch라는 이름의 유전자에 의해 암호화되는 막단백질이다. **패치**와 결합한 SHH는 SHH 경로를 활성화시킨다. 대부분의 유전자 경로처럼 SHH 경로도 궁극적으로는 표적이 되는 유전자들의 전사를 시작하게 만드는 신호를 전달하는 과정인 활성화와 억제 단계를 모두 가진다. 얼굴의 발달에서 이런 표적 유전자들은 얼굴 원기의 성장 정도에 영향을 준다. (다른 조직에서는 다른 표적 유전자들이 활성화된다.)

SHH 경로에서 유전자의 다양한 대립유전자가 얼굴의 다양성에 기여할지도 모른다는 가능성과 관련해서 중요한 점은 어느 단계에서든 유전적으로 야기된 변이들이 그 경로의 궁극적인 결과물을 증가시키든 감소시키든 해야 한다는 것이다. 이 경우는 얼굴 융기의 상이한 성장량이다. 그러므로 일반적으로 경로의 다음 단계를 억제하는 산물을 생산하는 모든 유전자들의 경우 기능상실 돌연변이는 억제 효과를 감소시키고, 이에 따라 경로의 결과물은 증가하게 되는 반면 보기 드물게 억제 단계의 활동을 증가시키는 돌연변이는 결과물을 더욱 감소시킬지도 모른다. 이와는 반대로 활성화 단계에서 기능상실 돌연변이는 활동을 약화시키고, 이에 따라 경로의 결과물은 감소하지만, 이보다 드물게 발생하는 기능획득 돌연변이gain-of-function mutation는 결과물을 증가시킬 수도 있다. 이런 이유로 얼굴 원기에서 작용하는 SHH 경로의 경우 경로 활동의 증가는 세포 증식의 증가로 이어지며, 이는 다시 이런 세포 분열이 활발하게 이루어지는 부위의 성장과 크기의 증가로 이어진다. 반면 경로 활동의 약화는 세포 분열의 횟수를 줄어들게 만들고, 이에 따라 성장과 크기가 감소한다. (SHH 경로에서 기능상실 돌연변이와 기능획득 돌연변이들의 존재가 모두 확인되었고, 이런 방식으로 작동한다는 사실이 밝혀졌다.)

이론상으로는 이렇다. 하지만 SHH 경로의 유전자들에서 돌연변이들이 정상 범위에서 얼굴의 다양성에 기여한다는 증거가 하나라도 존재하는가? 현재까지는 인간이 아닌 어류를 대상으로 한 아주 흥미로운 조사를 통해 밝혀진 증거가 가장 강력하다. **시클리드**cichlid라는 어류는 매우 다양하게 분화되었다. 이들의 특징은 먹이를 섭취할 때 사용하는 인두에 위치한 두 번째 턱이다. 이 특징에 따라 이들이 통합되고 정의되기는 하지만, 시클리드에는 엄청나게 다양한 종들이 속해 있다. 실제로 현존하는 어류 중 가장 풍부한 어종을 가졌다고 알려져 있다. 이들의 다양성은 특히 사하라 사막 이남의 아프리카에 위치한 거대한 호수 세 곳(말라위와 빅토리아, 탕가니카 호수)에서 명확하게 볼 수 있으며, 호수마다 몸통의 크기와 색상, 머리 모양, 섭취하는 먹이의 종류에 따라 수백에서 천 종 이상으로 분류되는 다양한 종들이 서식하고 있다. 마지막 두 개의 특성들, 즉 머리 모양과 먹이 종류는 긴밀한 관계가 있다. 그 이유는 특정 턱 생김새가 특정 종류의 먹이에만 적합하며, 턱 생김새가 머리 모양을 만드는 데 중요한 역할을 담당하기 때문이다.

시클리드 중에서 말라위 호수에 서식하면서 뚜렷이 구별되는 세 개의 **속**genus이 서로 다른 얼굴 형태를 생성하는 과정에 SHH 경로 유전자가 관여한다는 사실을 보여 준다. 이 세 집단은 모두 호숫가 근처나 바위 주변에서 서식하지만, 영양분을 각기 다른 방식으로 얻는다. **라베오트로페우스**Labeotropheus속에 속하는 물고기들은 먹잇감을 물기에 적합한 특히 이빨로 바위에서 조류를 긁어내기에 적합한 용도로 발달된 더 크고 튼튼한 아래턱을 가지고 있다. 이에 반해서 메트리아클리마*Metriaclima*속에 속하는 물고기들은 더 길어진 (가느다란) 아래턱을 가지고 있으며, 이는 먹이를 흡입하고 여과하기에 적합하다. 이 두 어류의 외견상의 차이는 '사진 5'에서 볼 수 있다.

전반적인 턱 형태의 차이는 길이에 따라 씹는 힘이 결정되는 턱 후방의 특정한 뼈 요소, 즉 턱 사이의 연결 부분인 후방관절의 차이에 기인한다. 라베오트로페우스처럼 긴 형태는 턱의 힘을 더 강력하게 만들어 주고 더 꽉 물 수 있게 한다. 이런 특성은 바위에서 조류를 긁어내기에 안성맞춤이다. 반면 더 짧은 형태는 힘은 부족하지만 더 빠르게 물 수 있게 해 주며, 메트리아클리마가 이런 형태를 가졌다. 이 해부학적 차이에 대한 유전자 분석은 이 차이가 시클리드 게놈이 가진 두 개의 패치 유전자들 중 하나인 패치-1에서 대립유전자의 차이에 기인함을 보여 준다. 라베오트로페우스는 이른바 긴 대립유전자 형태를, 메트리아클리마는 짧은 형태를 가지고 있다.

패치-1에서 대립유전자의 차이와 저마다의 턱 모양 사이의 관계에 중요성을 더해 주는 사례를 세 번째 속인 트로페우스*Tropheop*에서 찾아볼 수 있다. 트로페우스는 두 대립유전자를 모두 가지고 있으며, 동일한 턱 모양을 가졌지만 상이한 먹이 섭취 전략을 습득한 다양한 종을 포함하고 있다. 트로페우스 종의 다양성에는 패치-1 대립유전자 유형과 먹이의 종류, 턱 모양 사이에 완벽한 연관성이 존재한다. 이 모든 증거는 SHH 경로 유전자의 돌연변이가 가시적인 (그리고 정말로 두드러진) 얼굴의 다양성에 기여할 수 있음을 보여 준다.[10]

이런 결과들은 패치와 같은 광범위하게 사용되는 필수적인 유전자들에서 돌연변이가 어떻게 작동하는지에 대한 궁금증을 유발한다. 이런 종류의 유전자에서 돌연변이가 발생 과정에서 이처럼 완전히 기능적이고 특정한 효과를 만들어 내는 방법은 무엇인가? 신체가 발달하는 동안 SHH 경로가 작용하는 신체의 다른 모든 부위에서는 돌연변이가 발달을 방해하면서 결국 제대로 기능하지 못하지 않았던가? 광범위하게 영향을 미치는 이런 돌연변이는 발달 과정에서 잘 알려진 현상이고, 이를 **다면발현 돌연변이**pleiotropic mutations*라고 부른다. 그러나 널리 사용되는 유전자(사실상 **다면발현** 유전자**)가 국지적인 효과를 내기 위해 이 같은 방식으로 돌연변이를 일으킬 수 있는 한 가지 방법이 존재하며, 이는 DNA 분자의 구조적이고 조직적인 측면과 연관이 있다. 유전자들 대부분은 유전자 자체와 활동 스위치를 독립적으로 켜고 끌 수 있는 동일한 DNA 분자에 짧은 DNA 염기 서열들이 존재한다. (이 같은 사실이 최초로 발견된 **젖당** 분해 억제 단백질 결합 부위는 DNA 결합 부위 꺼짐 스위치의 한 사례다.)

이런 짧은 DNA 염기 서열 영역들을 통틀어 시스-조절 인자 부위cis-regulatory site라고 한다. 라틴어 접두사인 시스***는 이들이 동일한 염색체에 있는 유전자 복사물에만 영향을 미친다는 의미를 가진다(이런 이유로 상동염색체에 있는 동일한 유전자에 영향을 미치는 것이 아니다). 이런 영역들의 가장 큰 특징은 유전자의 전사를 조절하는 것이고, 이들을 **증강인자**enhancer라고 한다. 길이는 2백에서 5백 개의 염기쌍이며, 전사 인자의 결합 부위를 다수 포함하고 있다. 전사를 비활성화하는 인자들을 결합하는 증강인자가 존재하기는 하지만, 절대다수는 필요한 전사 인자가 결합되었을 때 전사를 활성화시킨다. 흥미롭게도 일부 증강인자는 자신이 조절하는 유전자로부터 상당히 떨어져 있거나(최대 수백만 개의 염기쌍), 전사 시작 지점transcription start site 앞에 있는 유전자 근처에 무리지어 있거나, 몇몇은 심지어 인트론 내에 위치하기도 한다. 멀리 떨어져 있는 증강

---

* 하나의 유전자에 생긴 변이가 동시에 두 개 이상의 형질 발현에 영향을 미치는 돌연변이
** 하나의 유전자가 두 개 이상의 형질에 관여하는 유전자
*** cis-, "이쪽에서"라는 뜻이다.

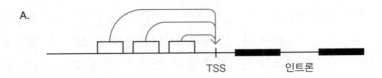

A.

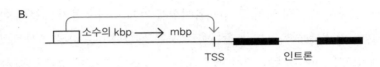

B.

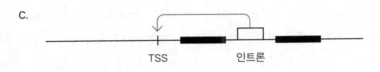

C.

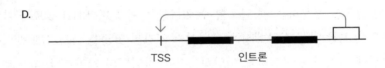

D.

그림 4.3　유전자 발현을 통제하는 서로 다른 증강인자 패턴 네 가지. 네 사례 모두에서 검은색 직사각형은 단백질을 암호화하는 유전자를 나타낸다. 이 단순화된 예에서는 유전자(엑손)들 사이에 인트론이 위치하고 있다. TSS는 **전사 시작 지점**의 두문자어이며, 증강인자에 의해 활성화되면 전사가 시작되는 장소이다. 그리고 흰색 네모는 증강인자를 나타낸다.

A. 몇몇 증강인자들은 유전자에 인접한 상류(5')에 위치한다.

B. 유전자에서 멀리 떨어진 증강인자. 위치는 상류 쪽으로 수만 개의 염기쌍(kbp)에서부터 백만 개 이상의 염기쌍(mbp)에 해당하는 거리에 있을 수 있다.

C. 인트론 내에 위치한 증강인자

D. 유전자 하류(3')에 위치한 증강인자

인자가 특정 유전자를 조절할 수 있는 것은 DNA가 원점으로 되돌아가는 능력을 가지고 있기 때문이다. 이 능력은 증강인자가 어느 정도 떨어진 거리에서도 자신의 표적 유전자를 찾을 수 있게 해 준다. '그림 4.3'은 증강인자들의 다양한 배열 방식을 보여 주며, 많은 유전자들이 한 종류 이상을 가지고 있는 것으로 보인다.[11]

증강인자들이 흔히 특정 조직에 특이성을 가지고 작용하기 때문에 이들 중 하나를 비활성화하거나 활동을 바꾸는 돌연변이는 다른 조직들의 발현에 영향을 미치지 않으면서 매우 특정한 세포나 조직에 영향을 줄 수 있다. 이것이 시클리드의 **패치-1** 효과를 만들어 낼 가능성이 있는 유전적 기반이다. 더 튼튼한 턱 유형(**라베오트로페우스**)이 발달하는 과정에서 짧은 대립유전자를 가진 배아에서보다 아래턱의 중요 부위(후방관절)에서 더 많은 **패치-1** 전사가 일어난다. **패치-1**의 발현이 더 강하면 아래턱이 더 크게 성장하고 뼈가 발달하게 된다. 그러므로 대립유전자의 중대한 차이는 **패치-1** 전사의 양을 조절하는 증강인자의 배열에 있다.[12]

이런 결과들은 SHH 경로의 유전자에서 돌연변이가 다양한 모습의 정상적인 얼굴을 생성하는 데 일조**할 수 있음**을 보여 준다. SHH 경로나 다른 주요한 얼굴 형성 경로에서 돌연변이가 인간의 얼굴을 다양하게 만드는 과정에 얼마나 광범위하게 개입하는지는 알려지지 않았지만, 앞으로 보게 되듯이, 최근 진행되는 인간에 대한 연구들은 이를 밝히고자 노력하기 시작했다.

가설 2 :
주로 두개안면 형성에 영향을 미친다고 밝혀진 유전자 집합이 얼굴의 다양성을 조절한다

얼굴에 다양성을 부여하는 유전적 기반을 찾기 위한 한 가지 접근법이 얼굴의 발달에 관여하는 이미 알려진 유전자를 기반으로 어느 정도의 지식을 갖춘 상태에서 추측하는 것이라면, 두 번째 방법은 머리와 얼굴의 발달에 영향을 준다고 알려진 돌연변이를 살펴보는 것이다. 이런 돌연변이들은 생각보다 더 많이 존재한다. 실제로 수백 개의 인간 유전자들이 얼굴 발달에 몇몇 가시적이고 자주 현저한 효과를 만들어 내는 돌연변이 대립유전자로 확인되었다. 미국국립보건원에서 관리하는 유전 질환 데이터베이스인 **온라인 멘델 유전**Online Mendelian Inheritance in Man, OMIM 데이터베이스는 이들에 대한 정보를 제공한다. 온라인 멘델 유전 웹사이트를 방문해서 "두개안면 기형"을 검색하면 320개 이상의 유전자 목록이 뜬다. 이들은 모두 처음에는 얼굴이나 머리에서 몇몇 가시적인 기형을 발생시키는 돌연변이들로 확인되었다(머리 기형은 흔히 얼굴 기형을 동반한다). 각 항목은 관련 임상 정보를 포함해서 표현형을 기술하고 있으며, 이들 중 다수는 유전자와 분자에 대한 추가 사항들이 덧붙여져 있다.

목록들 중 일부는 앞서 언급한 유전자와 전전뇌증과 다양한 두개골유합증 같은 질환들과 연관이 있다. 그러나 수백 개의 유전자 항목들이 머리나 얼굴과 어떠한 특별한 관계도 없다. 다수는 일반적인 세포 기능을 위한 유전자들로, 많은 세포와 조직 유형에서 광범위하게 발현되는 **살림유전자**housekeeping gene다. 이런 본질적인 기능을 하는 유전자의 돌연변이 비율이 높으면 조기 사망이나 극심한 장애 같은 심각한 병적 증상을 야기한다고 추측해 볼 수 있다. 반면 다른 유전자들은 더 가벼운 질환과 연관이 있다. 삶과 죽음(또는 심각한 장애)의 차이는, 돌연변이들이 유전자 활동의 부분적인 손실만을 야기할 경우, 남은 유전자의 활동 정도와 이들의 결손이 다른 유사한 유전자 활동들로 얼마나 많이 보완될 수 있는가에 달려 있다. 다른 유전자들이 이처럼 유전자의 기능을 보완해 주고 상호 간 지원해 주는 현상은 상당히 흔해 보인다.[13]

이 유전자들 중 다수의 돌연변이 대립유전자가 가시적이고 물리적인 특정한 기형을 야기하는 방법과 관련해서 이 유전자 목록에 대한 수많은 의문점들이 있다. 그러나 한 가지 일반적인 특징은 머리나 얼굴에 단일하거나 제한된 영향을 미치는 돌연변이들은 소수라는 점이다. 대부분은 다수의 두개안면 기형을 야기할 뿐만 아니라 다른 기관이나 조직에서 비정상적인 증상을 일으킨다. 얼굴과 사지 모두에서 나타나는 특정 결함과 연관이 있는 돌연변이도 소수 존재하며, 이런 연관성들 중 다수는 앞서 설명한 얼굴과 사지 발달에서 공유되는 유전적 시스템과 연결시켜 이해할 수 있다.

이미 언급했듯이, 하나의 유전자가 다수의 형질 발현에 작용하는 **다면발현**은 예외적인 현상이 아닌 유전자 규칙이다. 실제로 두개안면 기형과 관련해서 온라인 멘델 유전 데이터베이스에 등재된 320개 이상의 유전자 대부분이 다면발현 유전자다. 그러므로 두개안면 다양성을 "위한" 유전자에 대해 이야기할 때는 이 같은 유전자 대다수가 신체가 발달하거나 기능할 때 다른 조직과 부위에서 다른 역할도 한다는 점을 기억하자. 얼굴과 사지의 발달 모두에 도움을 주기 위해 함께 사용되는 모든 유전자들[이런 유전자 네트워크에서 핵심 모듈(그림 3.4 참조)로 추정되는 모듈]은 잘 알려진 다면발현 유전자들의 예다.

다면발현 문제는 온라인 멘델 유전 데이터베이스에 등재된, 두개안면 기형을 일으키는 유전자들이 **정상적인** 얼굴의 다양성을 만드는 데 관여하는 유전자들을 제대로 반영하는가에 대한 문제와 직접적인 관련이 있다. 다면발현 유전자의 특정 돌연변이가 얼굴의 다양성에 기여는 하지만 다른 심각한 악영향을 끼칠 수 있다면 (흔히 그렇듯이 단 하나의 형질 발현에만 영향을 미쳤을 때조차) 개체군에서 적극적으로 도태되고 자주 발생할 가능성이 희박해진다. 이런 이유로 정상적인 얼굴의 다양성에 기여하는 대부분의 돌연변이들은 아마도 중성이거나 중성에 가깝다고 할 수 있다(상자 1.2 참조). 이러한 점은 온라인 멘델 유전 데이터베이스에 등재된 대부분의 돌연변이들을 일고의 여지도 없이 배제시켜 버린다. 실제로 대다수가 병적인 결함과 연관이 있고, 이런 이유로 개체군에서 오랫동안 살아남을 가망이 없다. 한편 이런 동일한 유전자들의 결함이 덜 심각한 다른 대립유전자들은 얼굴의 다양성에 기여할 가능성이 상당하다. 그러나 이 같은 변이들도 역시 이들이 기여하는 다른 형질 발현에 대해서는 중립이거나 거의 중립이어야 한다.

온라인 멘델 유전 데이터베이스에 등재된, 두개안면 기형을 유발하는 유전자들 다수가 정상적으로 다양한 얼굴을 만드는 주요 유전자라는 증거가 없다는 점을 넘어 이들이 정상적인 얼굴의 다양성에 기여하는 유전자 후보들이라는 기본 전제에도 의문을 품을 수 있다. 두개골유합증을 유발하는 돌연변이 유전자를 예로 들어 보자. 머리뼈봉합이 비정상적으로 서둘러 결합되는 이런 현상은 두개골의 형태에 변형을 가져오고, 이 변형의 결과로 종국에는 얼굴이 일그러진다. 그러나 이런 영향은 간접적이며, 정상적인 얼굴의 변형은 두개골유합증과 조금도 연관이 없다. 그러므로 (정상적인 유전자산물이 너무 이른 시기에 봉합이 일어나지 않도록 도움을 주는) **두개골유합증 유전자**들의 미묘한 유전 변이가 정상적인 얼굴의 다양성에 일조한다는 점을 믿을 만한 이유가 없다.

유전자의 기능이 심각하게 상실되었을 때 두개안면 기형을 야기하는 유전자들의 온라인 멘델 유전 데이터베이스가 정상적인 얼굴의 다양성을 만드는 유전자들에 대한 신뢰할 만한 정보를 제공하지는 않는다고 해도 전체에서 이 같은 유전자들을 아주 조금은 포함하고 있을 수 있다. 특히 이런 유전자들은 심각한 활동의 감소가 주요 결함으로 이어지는 동일한 유전자들의 약한 기능상실 돌연변이를 가지고 있을 수 있다. 최근에 드러난 증거는 온라인 멘델 유전 데이터베이스에 있는 몇몇 유전자들이 정상적인 얼굴의 다양성에 기여하는 변이들을 가지고 있을 가능성을 보여 준다. 이에 대해서는 9장에서 논의하겠다.

가설 3:
얼굴의 형태는 수많은 유전자들의 영향을 받는다

인간의 얼굴이 다르다는 사실이 수십이나 수백 개의 유전자가 아닌 수만 개에 달하는 상이한 유전자들 간에 대립유전자의 차이를 보여 준다고 말할 수 있을까? 만약 그렇다면 각각의 유전자는 얼굴이 형성되는 동안에 하나 이상의 얼굴 부위나 영역에서 미세한 차이를 만드는 일에 기여했을 것이다. 그리고 이 같은 유전자들의 대립유전자는 최종 표현형에 상대적으로 더 적게 기여했을 것이다. 이런 견지에서 보면 유전자의 개수와 이들의 대립유전자가 가진 단순한 누적효과가 특정 유전자의 본질보다 훨씬 더 중요하다. 이는 이론적으로는 가능하며, 복잡한 형질들이 각각 비교적 영향을 조금 미치는 많은 상이한 유전자 변이의 누적효과를 기반으로 만들어진다는 전통적인 다윈주의에도 부합한다. 다윈이 현재 살아 있다면 이 설명을 틀림없이 마음에 들어 했을 것이다.

이 외에도 수만 개의 유전자들(대략 1만 5천~2만 개)이 배발생과 태아 발달 기간에 머리와 얼굴의 발달 과정에서 발현된다는 사실을 보여 주는 실험들과도 일치한다. 이와 관련하여 조사가 진행된 유전자 발현의 두가지 주요 영역들이 존재한다. 뇌와 얼굴의 원기들이다. 뇌가 관련이 있는 이유는 뇌의 성장과 발달이 얼굴의 형태에 영향을 미칠 수 있기 때문이다. 더 나아가 발달 중인 뇌와 얼굴 융기 모두에서 유전자가 굉장히 많이 발현된다. 실제로 쥐의 배아에서 쥐 게놈의 유전자 대다수가 발달 초기에 둘 중 하나에서나 둘 모두에서 발현되는 모습을 볼 수 있다. 척추동물의 발달 과정에서 공통되는 부분이 많다는 사실을 고려했을 때 유사한 개수의 유전자가 인간의 두뇌 발달에 작용한다고 볼 수 있다. 얼굴 발달에서 두뇌가 하는 역할을 생각해 보면 약 2만 개의 유전자들이 두뇌에 영향을 미쳐 간접적으로 얼굴의 형성에 관여할 가능성이 이론적으로 높아진다. 그러나 이를 의심해 볼 만한 두 가지 이유가 있다.

첫째로 얼굴의 발달에 영향을 주는, 두뇌에서 발현되는 유전자들은 주로 두뇌의 크기와 모양에 영향을 미치면서 두뇌의 성장에 필요한 것들이어야 한다. 그러나 이런 유전자들은 아마도 두뇌에서 발현되는 전체 유전자의 소수에 지나지 않을 것이며, 압도적인 다수는 뇌의 생리학적·기능적 측면에 직접적으로 관여하거나, 이런 능력들의 기반을 형성하는 일과 관련이 있다. 두 번째로 얼굴의 발달에서 이런 대다수 두뇌 유전자의 근본적인 역할을 도외시하는 (아마도 놀라운) 이유는 두뇌에서 발현되는 상당수 유전자들이 보잘것없는 역할을 할지도 모르기 때문이다. 생물학적 과정이 본질적으로 경제적이며 필요한 자원 이상은 사용하지 않는다는 가정이 일반적이지만, 그렇지 않은 경우가 흔히 있음을 보여 주는 증거들이 많이 존재한다. 두뇌에서 발현되는 유전자 대부분이 두뇌 발달에 기여할 가능성이 있어 보이지만, 정상적인 두뇌 발달에 필수적인 이런 유전자들의 실제 비율은 알려진 바가 없다.[14]

얼굴의 형태 형성에서 두뇌가 중요한 역할을 한다고는 해도, 두뇌에서 발현되는 유전자 대다수가 정상적인 얼굴을 다양하게 만드는 일에 기여한다고 믿을 만한 근거는 없다. (그렇게 하는 **몇몇**은 아주 낮은 비율에 불과하고, 쥐의 머리 형태에 영향을 미치는 돌연변이가 이를 보여 준다.) 이에 반해서 얼굴 원기에서 발현되는 유전자들은 얼굴 다양성 유전자들을 많이 포함하고 있을 가능성이 있다. 이전 장에서 논의했던 중요한 패턴 형성 유전자들은 이런 유전자들의 작은 일부일 것이다.

최근에 진행된 두 연구를 바탕으로 쥐의 얼굴 원기에서 발현되는 유전자들의 개수를 추산할 수 있었는데, 정말 많은 개수들이 있다. 한 연구는 상이한 얼굴 융기들에서 발현되는 유전자들을 분석하기 위해 유전자를 검출하는 분자탐색자gene-distinctive molecular probe를 활용했다. 그 결과 대략 2만 개가 얼굴 중앙의 원기에서 발현된다는 사실을 확인했으며, 이들 중 대다수(약 1만 5천 개)는 모든 원기들에서 발현되었다. 한편 상당수 (약 5천 개)는 여러 원기들에서 이런 특정 원기에서 발달하는 구조물들이 가진 고유의 특성들(미각이나 후각, 근육의 기능 등)과 연관성을 가지면 서 독특하게 발현되었다. 또 다른 연구는 얼굴 원기에서 발현되는 유전자 들에 영향을 주는 특정 증강인자들에 초점을 맞추면서 이들이 통제하는 유전자들로부터 상당한 거리에 있는 것들에 집중했다. 이 연구는 약 4천 개 이상의 유전자에서 동일한 개수에 달하는 이 같은 증강인자들을 확인 했다. 이 두 연구의 결과들을 종합하면 쥐의 얼굴 원기에서, 그리고 더 나 아가 인간의 얼굴 원기에서 발현되는 수천 개의 유전자들이 얼굴의 다양 성에 관여한다는 생각을 뒷받침하는 근거를 얻을 수 있다.[15]

그러나 유전자의 발현이 자동적으로 기능상 중요한 의미를 갖는다는 결론을 내릴 수 없듯이, 유전자 개수는 얼굴의 다양성에 관여된다고 여겨 지는 유전자 개수의 상한선만을 제공할 뿐이다. 절대다수는 (이들의 표 현형 측면에서) 단형일 가능성이 있고, 그래서 얼굴의 다양성에 일조하 지 않았을 것이다. 개체군에서 다양한 형태를 가지고 있고, 이런 다양한 형태들이 뚜렷이 구별되는 특징적인 표현형을 가지는 유전자들만 의미 가 있으며, 발현되는 전체 유전자에서 이들이 차지하는 비율은 낮을지도 모른다.

사실상 주변에서 흔히 관찰할 수 있는 한 가지 사실을 통해 수천 개의 유전자가 인간의 얼굴을 다양하게 만드는 데 관여한다는 주장에 반론을 펼 수 있다. 수천 년간 그래 왔고, 어쩌면 한 종으로서 인류의 역사보다 훨 씬 더 오래되었을지도 모르는 일이다. 우리의 자녀들은 부모들 중 어느 한쪽과 하나 이상의 특징들을 눈에 띄게 닮는 경우가 흔하다. 수천 개의 유전자들이 얼굴의 다양성에 관여한다면 유전자의 돌연변이 대립유전자 들이 각각 얼굴 특징의 발달에 미치는 영향은 미미해야 하며, 이에 상응 해서 이런 유전자들의 돌연변이 대립유전자가 가지는 영향도 작아야 한다. 그리고 그 결과 밀접한 관계가 없고 얼굴의 특징이 어디 하나 닮은 곳이 없는 부모의 자녀들은 일반적으로 이목구비의 많은 부분이나 전부에서 중간에 해당하는 모습을 가져야 한다. 종 모양의 분포(가우스 분포)를 보여 주는 인간의 모든 양적 형질들은 이런 종류의 유전이 가능할 수 있음을 보여 주는 사례다. 영양이나 다른 환경적 요인들에 강하게 영향을 받기는 하지만, 성인의 신장 분포가 이 같은 형질의 한 사례라고 할 수 있다.[16]

그러나 코의 길이나 눈의 모양, 눈과 눈 사이의 거리 등 얼굴의 외적 특징들, 즉 매우 정확한 측정이 가능한 특징들의 경우 보통은 중간적인 모습을 가질 수 없다. 엄마와 아빠의 얼굴 생김새가 조금도 닮지 않은 가족에서 자녀들은 일반적으로 부모 한쪽의 특징을 닮기 마련이다. "아이가 엄마의 눈을 빼닮았어"와 "이 소녀는 보조개가 아빠랑 똑같네"는 우리가 자주 하는 말이다. 이 같은 증거는 비록 입증되지는 않았지만 어디서나 흔히 접할 수 있으며, 얼굴의 특징들을 조절하는 유전자의 수는 적지만 이들의 대립유전자가 미치는 영향은 크다는 점을 강하게 암시한다. 유럽 제일의 명문가인 합스부르크 왕가의 주걱턱은 우성 대립유전자로 유전된 얼굴의 형질을 보여 주는 유명한 사례다. 겉보기엔 단순히 대대로 유전되는 것 같은 이런 특징적인 형질은 작은 영향을 미치는 변이들이 축적되는 방식을 주장하는 고전적 다윈주의와 일치하지 않는다. 추후 9장에서 설명하게 될 얼굴 형질의 현대적 정량 분석의 첫 번째 결과도 이 모델과 모순되기는 마찬가지다. 그러므로 수천 개의 유전자들이 70억 인간의 얼굴을 다양하게 만드는 기저가 된다는 생각을 배제하지는 않았지만, 이에 대한 현재의 결론은 "가능하지만 있을 법하지 않은"으로 가장 잘 요약할 수 있다.

얼굴의 다양성과 발달에 관여하는 유전자

이번 장에서는 다음과 같은 질문을 던졌다. 인간의 다양한 얼굴을 위해 얼마나 많은 유전자들이 관여되는가? 이 질문을 더 정확하게 표현하면 이렇다. 인간의 얼굴을 다양하게 하는 형태학적 특징들을 만들기 위해 얼마나 많은 다형성 유전자polymorphic gene들이 존재하는가?

이 질문에 대한 답은 아직까지 찾지 못했다. 그러나 유전자 발현 데이터는 (이를 완전히 신뢰할 수 없는 이유가 있기는 해도) 최대 1만 5천에서 2만 개가 존재할 수 있다는 가능성을 보여 준다. 이와는 정반대로, 최소한 이론적으로 볼 때 각각 많지 않은 개수의 대립유전자를 가진 비교적 적은 유전자들에 의해 차이가 발생할 수 있다는 가능성이 있다. 최소한 몇몇 얼굴 형질들이 이렇게 조절된다는 생각을 뒷받침해 주는 가장 강력한 근거는 흔하게 볼 수 있는 현상에 있다. 부모와 자녀가 서로 닮은 모습은 어디서든 비일비재하게 볼 수 있고, 이 같은 유사성은 누적되는 다중 유전자 효과가 아닌 단일 유전자의 차이로 가장 쉽게 설명될 수 있다. 더 나아가 이 장에서 설명한 시클리드의 턱 모양과 연관이 있는 **패치-1**의 결과와 합스부르크 왕가의 주걱턱은 몇몇 얼굴 형질들이 실제로 멘델의 유전법칙을 따른다는 것을 보여 준다.

이 장에서는 해부학자들이 정의한 얼굴, 즉 눈썹에서 턱선 사이의 모든 부분에 집중했다. 그러나 우리는 '얼굴' 하면 이마를 포함시키는 경향이 있다. 두뇌의 크기와 신경두개를 구성하는 뼈의 일부에 영향을 미치면서 이마의 형태에도 영향을 주는 유전자가 존재한다. 이에 더해 얼굴의 겉모습을(그리고 얼굴들 사이의 차이점을) 만드는 피부색과 눈동자 색에 영향을 미치는 유전자가 있다. 그러나 여기에 관여되는 유전자의 개수는 (8장에서 논의되듯이) 불과 십수 개에 지나지 않는다. 마지막으로 얼굴 원기에서 발달하지는 않지만, 눈의 형태에 직접적인 영향을 주는 다른 유전자들이 분명히 존재한다. 앞서 보았듯이 눈의 모양은 얼굴 융기의 성장과 발달 패턴의 영향을 받는다.

미래에 유전적 증거를 통해 얼굴의 형태를 다양하게 만드는 과정에 비교적 적은 수의 유전자들이 관여된다는 사실이 마침내 규명된다고 해도, 이것이 얼굴의 다양성에 관여되는 유전자들이 모든 인간 개체군에서 동일하다는 결론으로 곧장 이어지지는 않는다. 서로 다른 "인종"들이 정확히 동일한 유전자 집단을 가질 필요는 없고, 아마 가지고 있지도 않을 것이다. 상이한 민족들에서 이들의 가시적이고 특징적인 얼굴의 특성에 기여하는 하나 이상의 유전자들은 (DNA 염기 서열에서는 아니더라도 표현형 측면에서) 의심의 여지없이 단형에 가깝다. 그리고 이것은 이런 특성들을 조정하는 다른 많은 유전자들이 집단 내에서 (동등하게) 가시적인 다양성을 생성하게 해 주는 가능성을 보여 준다. 이 문제는 8장에서 다시 다루겠다.

유전자를 논의하면서 앞서 언급했던 마지막 남은 한 가지 주제인 인간 얼굴의 발달과 형성을 언급하지 않을 수 없다. 인간의 얼굴이 완전히 발달하기 위해서는 배아기와 태아기 이후로도 유아기에서 시작해 유년기를 지나 청소년기 대부분을 거치는 오랜 성숙의 기간이 필요하다. 지금까지 논의했던 얼굴의 발달에 관여하는 모든 유전자들은 배아기와 태아기 때 활성화되지만, 이후의 단계들에서 어떤 유전자 활동이 얼굴의 형태를 만드는 일에 기여하는지에 대해서는 거의 알려지지 않았다. 그러나 어떤 면에서는 이런 발달 초기에 발생하는 현상들이 이후에 유아기부터 청소년기를 거치는 동안 무슨 일들이 발생하는지에 대한 패턴을 설정한다. 이런 얼굴의 성숙 과정이 장기간 진행되는 동안 얼굴의 상이한 부위에서 서로 다른 성장 패턴을 조절하는 어떤 현상이 있음이 분명하다. 그러나 이 조절이 정확히 어떻게 일어나는지에 대한 정보는 알려진 바가 없다. 또 유아기에서 청소년기까지 얼굴의 발달 방향이 이런 선행 사건들에 의해 어떻게 "설정"되는지도 모호하다.

이번 장과 2장, 3장의 내용은 인간 얼굴의 진화적 기원이라는 이 책의 진짜 주제를 논의하기 위한 서막이다. 다음 두 장은 이런 진화의 역사를 주제로 삼으면서 최초의 척추동물 얼굴이 5억 년도 더 전에 어떻게 등장하게 되었는가라는 진정한 미스터리에서부터 출발한다. 이 미스터리를 풀기 위한 화석 증거가 부족한 상황이라 창의적인 과학적 상상력이 필요하다. 약 30년 전에 척추동물 머리의(그리고 얼굴의) 기원에 대한 대담한 주장이 제기되었고, 이 주장은 척추동물의 얼굴뿐만 아니라 척추동물 자체의 기원에 대한 생각에 탄탄한 틀을 제공해 준다고 판명되었다. 이는 (놀라울 것도 없이) 신경능선세포의 기원과 연관이 있다. 다음 장의 초반에 이 문제를 살펴보겠다.

5장

얼굴의 역사 I :
최초의 척추동물부터
최초의 영장류까지

참신한 진화적 산물인 얼굴

길거리에서 아무나 붙잡고 동물에게 얼굴이 있다고 생각하느냐고 묻는다면 뭐라고 대답할까? 분명히 압도적으로 많은 사람들이 깊게 생각할 필요도 없는 아주 간단한 질문이라는 듯이 웃음 띤 얼굴로 "있어요"나 "당연하죠"라고 대답할 것이다. 대다수 사람들이 "동물" 하면 자연스럽게 "포유동물"을 떠올리기 때문이다. 그리고 얼굴이 없는 포유동물은 없다. 자신이 좋아하는 개나 고양이에게 얼굴이 없다고 생각하는 사람이 누가 있겠는가? 쥐돌고래나 나무늘보 같은 흔히 보기 힘든 포유동물조차도 얼굴이 있다. 포유동물 외에도 수많은 종류의 **동물**들이 있다는 사실을 알고 있는 사람들조차도 이런 질문을 받았을 때 물고기나 악어, 비둘기, 개구리 등을 떠올리며 여전히 "있어요"라고 대답할 것이다. 이들도 모두 얼굴이 있기 때문이다.

지금까지 언급한 동물들은 모두 척추동물이다. 그리고 척추동물은 동물계 전체에서 아주 작은 부분만을 차지한다. 아마도 모든 동물 종들 중 1퍼센트도 넘지 않을 것이다. 분류학자들은 동물을 약 서른 개의 주요 집단, 즉 **문**phyla으로 분류하는데, 문에 속하는 대다수 종들은 얼굴이 없다. **판형동물**Placozoa과 **해면동물**Porifera에 속하는 가장 원시 형태의 동물들은 심지어 입도 없으며, 물속의 영양분을 세포로 직접 흡수하는 방식으로 살아간다. 물론 대다수 동물들은 입을 가지고 있지만, 입과 함께 얼굴을 구성하는 또 다른 특징적인 요소인 눈이 없다.[1]

실제로 우리가 알고 있는 서른여 개의 주요 집단들 중 두 집단만이 얼굴을 가진 종들로 구성되어 있다. 이들은 가장 복잡한 생물학적 구조를 가졌으며, 가장 복잡한 행동 양식을 보여 주기도 한다. 그 하나는 로봇과 같은 독특한 얼굴을 가진, 갑각류와 곤충류를 포함하는 절지동물이고, 다른 하나는 인간이 속한 척추동물이다. 척추동물은 척삭동물문의 하위 범주인 아문이다. 일각에서는 연체동물문의 하위 범주에 속하며, 이들 중 가장 복잡하게 분화된 오징어와 문어가 포함된 두족류도 얼굴이 있다고 주장할지도 모른다. 이들은 눈 한 쌍과 입을 가지고 있지만, 입이 숨겨져 있어 기이한 얼굴 형태를 보여 준다. 동일한 기준을 적용할 경우 환형동물에 속하는 몇몇 종들도 (가까스로이기는 하지만) 얼굴을 가졌다고 할 수 있다. 분류학상 얼굴을 가진 동물들이 제한적이라는 점과 이런 동물들이 가장 고등한 동물들이라는 사실은 진화적으로 명백한 의미가 있다. 진화되기 이전, 즉 최초의 동물이 얼굴을 가지고 있지 않았고, 이후에도 몇몇 집단에서만 얼굴이 진화했을 가능성이 매우 높다는 것이다. 실제로 얼굴은 동물계에서 참신한 진화적 산물이었고, 이 진화는 수차례에 걸쳐서 발생했다.

이번 장과 다음 장에서는 척추동물과 이들의 얼굴에 초점을 맞춘다. 5억 년도 더 전에 생존했던 아주 작은 무악어류인 최초의 척추동물 얼굴부터 인간의 얼굴로 이어지는 엄청나게 복잡한 진화의 여정을 따라가 본다. 그리고 이 과정에서 오랜 기간 동안 진화를 거쳐 인간으로 이끈 인간 중심 계통의 오랜 진화의 경로LHLP에 집중하기 위해 얼굴의 진화와 관련된 많은 부분들은 어쩔 수 없이 생략된다. 그러나 이 계통만으로도 충분히 흥미롭고 풍부한 이야깃거리를 제공한다. 나는 이 이야기를 두 장으로 나누어 설명하겠다. 먼저 이야기의 가장 많은 부분을 차지하는 첫 장은 최초의 척추동물부터 최초의 포유동물과 영장류까지를 포함한다. 진화의 역사에서 4억 5천만 년에 달하는 기간이다. 다음 장은 포유동물 특유의 얼굴을 가진 최초의 영장류부터 독특한 얼굴을 가진 현대의 인간까지의 진화적 경로를 추적한다.

그러나 동물의 얼굴과 신체에서 일어난 변화를 설명하는 것으로 끝나지 않는다. 이런 형태학적 변화의 기저를 이루는 몇몇 유전적·발달적 변화들도 함께 살펴볼 것이다. 특히 이번 장에서는 인간의 얼굴이 가지는 포유동물의 중요한 네 가지 일반적인 특징을 살펴본다. 바로 턱과 치아와 털, 모유 수유, 얼굴 근육이다. 얼굴 근육 덕분에 포유동물은 얼굴로 생각과 감정을 표현할 수 있다. 다음 장에서는 최초의 영장류가 가진 작고 전형적인 포유동물에 가까운 얼굴부터 분명하게 차이가 나는 인간의 머리와 얼굴로 이끈 유전적 변화의 과정을 추론해 본다. 그러나 이런 복잡한 영역을 항해하기 전에 도움이 되는 두 가지 근본적인 문제를 먼저 논의할 필요가 있다. **진화 계통**의 개념과 진화의 역사를 구축하는 개략적인 틀이 되는 분류 체계다. 지금부터는 이에 대한 이야기를 시작하겠다.

진화 계통과 린네식 분류법 :
생물학적 다양성을 다루는 전혀 다른
두 가지 접근법

진화 계통의 개념은 1장에서 소개한 바 있다. 하지만 앞으로 이어질 이야기들의 많은 부분에서 중심이 되는 개념이라는 점을 감안했을 때 부족한 감이 있어서 여기서 조금 더 자세히 다루겠다. 진화 계통은 특정한 길을 따라 진화하다가 결국에는 특정한 종들의 집단으로 이어지는 종과 형태의 순서를 의미한다. 이런 순서는 물론 분석 작업을 거쳐서 추론하게 되며, 계통의 순서에 대한 정보는 화석 기록에 나타나지 않는다. 이 작업의 목적은 시간이 경과함에 따라 과거부터 현재까지 계통이 어떻게 진화되어 왔는가를 밝히는 것이지만, 역설적이게도 계통이 진화한 과정을 재구성하기 위해서는 반대로 현재에서 과거로 거슬러 올라가야 한다. 실제로 현존하는 특정 종들이나 관심의 대상이 되는 동물 집단(예를 들어 침팬지)을 출발점으로 잡고, 여기서부터 이 집단과 가능한 한 가장 가깝다고 여겨지는 직계 조상을 확인하고, 그런 다음에 그 조상과 그 조상의 조상을 확인하는 식으로 계속해서 더 먼 과거로 나아간다. 조상 추적을 종료하는 시점은 오롯이 연구자의 선택에 달려 있거나, 더 이상의 증거가 없어 어쩔 수 없이 멈춰야 하는 상황이 올 때다. 계통의 시작과 끝을 확인했다면 이후로는 변화가 어떻게 발생했는지 살펴보기 위해 데이터 조사에 착수할 수 있다. 방법은 어느 개인의 가계도를 재구성하는 일과 유사하다. 이것도 역시 과거로 거슬러 올라가야 하는 작업이기 때문이다. 개인과 부모에서 시작해서 다시 부모의 부모로 올라가고, 이런 식으로 가족의 역사에서 가장 먼 곳까지 계속해서 거슬러 올라가는 과정을 반복하면서 조상들을 추적한다. 가계도를 완성하고 나면 누가 누구를 낳았는지를 포함해서 어떤 유명인사가 있으며 누가 무슨 업적을 남겼는지에 대해 조사하기 위한 노력을 기울인다. 다만 이번에는 과거에서 현재로 내려온다.

이번 장과 다음 장에서는 최초의 척추동물부터 현대 인류까지 인간 중심 계통의 오랜 진화의 경로를 따라 얼굴의 진화를 추적한다. 이때 얼굴의 변화에 초점을 맞춘다. 그러나 얼굴이 다른 신체 부위와 동떨어져서 혼자 진화하지 않기 때문에 각 단계마다 더 큰 맥락에서 논의가 이어질 것이다. 재구성된 진화 계통에는 많은 공백과 불확실성이 존재한다. 하지만 우리는 주요 조상 집단을 확인하고 이들의 진화적 순서를 알고 있으며, 이것이 기본 틀을 제공한다. 이 계통에 속하는 각 동물 집단의 기원에 대한 대략적인 시기와 주요 단계들은 '그림 5.1'과 같다.

'그림 5.1'에서 언급된 용어들은 지금 시점에서 독자들에게 그리 큰 의미가 없다. 그러나 그림에 나타난 다양한 집단들의 차례가 올 때마다 이

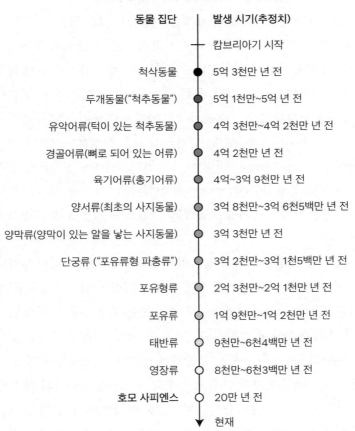

인간 중심 계통의 오랜 진화의 경로(LHLP)

동물 집단	발생 시기(추정치)
	캄브리아기 시작
척삭동물	5억 3천만 년 전
두개동물("척추동물")	5억 1천만~5억 년 전
유악어류(턱이 있는 척추동물)	4억 3천만~4억 2천만 년 전
경골어류(뼈로 되어 있는 어류)	4억 2천만 년 전
육기어류(총기어류)	4억~3억 9천만 년 전
양서류(최초의 사지동물)	3억 8천만~3억 6천5백만 년 전
양막류(양막이 있는 알을 낳는 사지동물)	3억 3천만 년 전
단궁류 ("포유류형 파충류")	3억 2천만~3억 1천5백만 년 전
포유형류	2억 3천만~2억 1천만 년 전
포유류	1억 9천만~1억 2천만 년 전
태반류	9천만~6천4백만 년 전
영장류	8천만~6천3백만 년 전
호모 사피엔스	20만 년 전
	현재

그림 5.1　최초의 척추동물부터 현대 인간까지의 계통 순서인 인간 중심 계통의 오랜 진화의 경로. 모든 시기는 대략적인 발생 시기이다. 영장류로 이끈 몇몇 주요 사건들은 다음과 같다. 척삭동물 → 두개동물(최초의 머리와 얼굴), 최초의 두개동물 → 유악어류(턱을 가지게 됨), 유악어류 → 경골어류(뼈로 된 골격과 두개골을 가지게 됨), 경골어류 → 육기어류(사지가 발생하기 시작함), 육기어류 → 양서류(육지 생활을 위한 완전한 형태의 사지를 가지게 됨, 폐호흡을 함), 양서류 → 양막류(육지에서 알을 낳을 수 있는 능력 획득), 양막류 → 단궁류(단순화된 턱이 생김, 치아가 분화됨), 단궁류 → 포유형류(항온성, 포유류식 보행, 털?, 젖 분비?), 포유형류 → 포유류(특성들의 완성, 완전한 포유류형 턱, 태반?), 포유류 → 영장류(최초의 마주 보는 손발가락, 다른 골격의 다양한 변화). 이번 장에서는 6장에서 논의될 영장류에서 인간까지 이어지는 사건들을 제외한 모든 사건들을 좀 더 자세하게 설명한다.

들과 이들이 가진 핵심 특징에 대한 설명이 이어질 것이다. 어쨌든 이런 명칭들이 유래된 일반적인 분류학 체계를 이해하는 것은 도움이 된다. 이 체계가 처음에는 현존하는 동물들의 유사한 정도를 기반으로 개념적으로 체계화하기 위해 만들어지기는 했지만, 충분한 화석 증거를 남긴 멸종된 동물들에도 적용해 볼 수 있다. 물론 불확실성이 크다는 점은 감안해야 한다. 스웨덴 과학자이자 근대 분류학의 아버지로 불리는 칼 구스타프 폰 린네Karl Gustav Von Linne, 1707-1778가 일반적인 표를 작성했다. (그의 이름은 라틴어식으로 Carl Linnaeus라고 쓰기도 한다.) 린네는 진화론을 믿지는 않았지만(그는 종불변설fixity of species을 믿었다) 그의 분류 체계는 진화론을 뒷받침하는 완벽한 증거를 제공했고, 다윈도 이 사실을 깨닫고 이에 대해 설명했다.

린네식 분류법은 종들의 계층 사다리를 올라갈수록 끝도 없이 추가되는 범주 또는 **분류군**taxon의 순서를 이용해서 모든 살아 있는 동물들을 계층적으로 분류한다. 각각의 단계마다 이에 속하는 동물 종들은 서로 닮았으며, 앞선 더 낮은 범주에 속하는 구성원들이 서로 더 닮은 모습을 보인다. 외견상 유사한 종들은 **속**으로 통합되어 정리되고, 비슷함의 정도 면에서 다른 속의 구성원들보다 같은 속에 속하는 **종**의 동물들끼리 더 유사하다. 하나의 종을 나타내는 학명은 두 부분으로 구성된다. 먼저 속명을 쓰고 다음에 종명을 쓴다. 흔히 볼 수 있는 생쥐를 총칭하는 학명인 **무스 무스쿨루스**Mus musculus가 그 예다. 속에서 시작해 **과**family로 올라가고, 여기서 다시 **목**order과 **강**class, **문**phylum, **상문**superphylum, 그리고 가장 큰 범주인 **동물계**Animal Kingdom로 이어진다. 위로 올라갈수록 범주는 더 커지고 포괄적이다. '그림 5.2'는 인간 종인 **호모 사피엔스**의 일반적인 분류 체계를 보여 준다. 꼭대기의 가장 높은 범주에서부터 제일 밑의 가장 낮은 범주(종)까지를 나타내고 있다.

분류학은 본질적으로 무언가를 개별 범주로 나눈다. 이와는 반대로

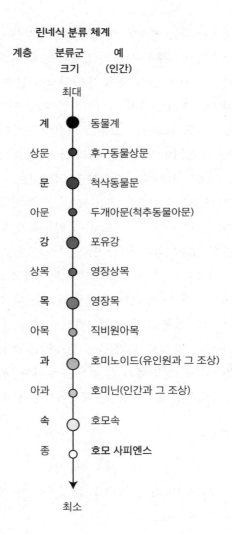

린네식 분류 체계

계층	분류군	예
	크기	(인간)

최대

계	동물계
상문	후구동물상문
문	척삭동물문
아문	두개아문(척추동물아문)
강	포유강
상목	영장상목
목	영장목
아목	직비원아목
과	호미노이드(유인원과 그 조상)
아과	호미닌(인간과 그 조상)
속	호모속
종	호모 사피엔스

최소

그림 5.2 아래서부터 위로 생명체의 범주가 한없이 확장되는 분류군으로 나누어지는 린네식 분류 체계. 위로 올라갈수록 분류군의 구성원 사이에 유사성 정도가 감소한다. 일곱 가지 주요 범주는 린네가 정립했다. 그림에서는 진한 글자로 표시되었다. 분류군 순서는 최소에서 최대로 종에서 시작해 속, 과, 목, 강, 문, 계로 올라간다. 다른 세부 범주들은 이후에 추가되었다. 이들은 아종(그림에서는 생략되었다)과 상과, 상목, 아문, 상문이다. 이 체계의 오른쪽에는 이 규칙에 따른 **호모 사피엔스**의 분류학적 범주를 보여 준다.

시간의 경과에 따른 변화와 매개 방식을 다루는 진화론은 변화의 과정에 초점을 맞추면서 범주들 사이의 경계와 범주 내 집단들 사이의 경계를 흐릿하게 하는 경향이 있다. 생물의 다양성에 접근하는 두 방식 간의 이런 개념 불일치는 흔히 문제를 야기하지만, 지금 당장은 분류 체계의 논리를 아는 것만으로도 충분하다. 그리고 이것이 진화의 역사를 다루는 데 도움을 줄 것이다. 린네의 분류법은 본래 신의 "창조"를 지지하기 위해 만들어졌으나 실제로는 진화를 뒷받침한다. 일반적으로 분류 체계 내에서 두 종들이 더 가까울수록 이들이 공통 조상으로부터 분기한 시점은 시간상으로 더 짧다. 반대로 분류학적으로 더 멀수록 분리가 이루어진 이후로 더 많은 시간이 경과되었다. 다시 말해 쥐와 포유동물 중에서 다른 목에 속하는 아프리카 사자가 아주 오래전에 존재했던 포유동물 조상을 공유하는 가운데, **생쥐속**Mus에 속하는 두 종의 쥐는 더 최근의 공통 조상을 가진다. 쥐와 사자의 공통 조상이 6천5백만~8천만 년 전에 존재했다면, 두 쥐의 조상은 단지 몇 백만 년 전쯤에 존재했을 것이다. 이 장에서는 (더 오래된 훨씬 단순한 생명체의 긴 역사는 무시한 채) 동물이 최초로 등장한 시점부터 출발하겠다. 이 시기는 대략 6억 년 전쯤이다.

캄브리아기 :
최초의 동물부터 최초의 척추동물까지

지질연대표geological time scale는 지구의 역사를 연대별로 나누면서 오랜 진화 과정의 기본적인 시간 틀을 제공한다. 이 연대표는 지구가 존재하기 시작한 순간부터 지금까지의 전체 시간을 더 작은 시대들로 잇따라 나눈다. 이언eon이 가장 큰 단위이고, 그다음으로 더 작은 단위인 대代, era와 기紀, period, 세世, epoch로 세분된다. 이언은 기간이 수억 년에서부터 거의

20억 년에 이르고, 세는 "고작" 몇 십만 년이나 백만 년쯤이다. '그림 5.3' 은 지구의 역사를 지질연대표로 나타냈다. 좌측이 가장 큰 단위다.

지구상에 동물이 등장한 때는 약 6억 년 전으로 아주 오래되었다. 그 러나 지구의 전체 역사에 비하면 비교적 최근에 등장했다고 할 수 있다. 처음 세 이언(명왕이언Hadean과 시생이언Archean, 원생이언Proterozoic)은 46억 년이라는 지구의 역사에서 가장 큰 부분을 차지한다. 대략 40억 년 에 달한다. 이들은 각각 생명체가 존재하지 않았던 시기(명왕이언, 46억 년에서 38억 년 전)와 원핵생물이 존재했던 시기(시생이언, 38억 년에서 25억 년 전), 초기에는 원핵생물이 존재하다가 중기는 진핵생물이, 말기 에는 후생동물이 등장한 시기(원생이언, 25억 년에서 5억 7천만 년 전)로 특징지어진다. 지금의 복잡한 동식물들의 생명 형태가 최초로 등장하고 바다를 지배하다가 이후에 육지를 지배하게 된 때는 **현생이언**Phanerozoic 으로, 네 번째이자 가장 마지막 이언이다. 현생이언을 세부적으로 분류한 표는 '그림 5.3'에서 우측에 있다.

현생이언에서 특정한 대나 기에 속하는 암석층 또는 **지층**strata은 그 시 기를 특징짓는 화석들에 의해 먼저 나누어졌다. 그런 다음에 방사능 연대 측정으로 더욱 정확한 연대가 측정되었다. 대나 기를 나누는 지층 사이의 경계선들에서 앞선 대나 기를 특징짓는 생명 형태의 대량 멸종을 보여 주 는 사례들이 존재하며, 때때로 경계선에서 드러나는 현저한 화학 조성의 변화를 통해 이행이 진행되었음을 알 수 있다. 대부분의 이행은 갑작스러 운 대멸종 없이 수많은 생명 형태가 기후 변화나 다른 요인들로 인해 급 격히 변화한 사건이었다. 그러나 둘 중 어느 경우이든 특정 경계선 위에 등장하는 새로운 생명 형태가 흔히 새로운 시기의 시작을 정의하는 그 경 계에 의미를 부여한다. 현생이언은 지구의 역사에서 마지막 5억 4천2백 만 년에 해당하고, 네 개의 **대**로 나누어진다. 처음 세 개의 대는 이 기간 의 대부분을 차지하고, 마지막 (그리고 가장 최근의) 대는 이에 비해 사실

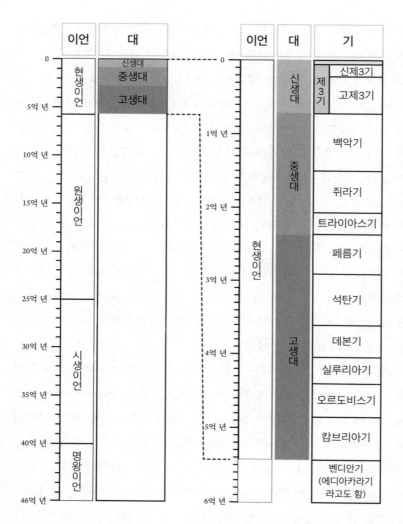

이언	대
현생이언	신생대
	중생대
	고생대
원생이언	
시생이언	
명왕이언	

이언	대	기	
신생대		제3기	신제3기
			고제3기
중생대		백악기	
		쥐라기	
		트라이아스기	
고생대		페름기	
		석탄기	
		데본기	
		실루리아기	
		오르도비스기	
		캄브리아기	
		벤디안기 (에디아카라기 라고도 함)	

그림 5.3 지구의 전체 지질연대표(왼쪽)와 현생이언을 세분화한 표(오른쪽). 이 체계에서 시기는 **이언**과 **대, 기, 세**로 나누어진다(세는 이 표에 포함되지 않았다). 시생이언 초반에 세포로 이루어진 최초의 생명체가 출현하기는 했지만, 동물은 아마도 원생이언 후반인 **신원생대** Neoproterozoic(10억 년에서 5억 4천2백만 년 전)에 최초로 등장하기 시작했을 것이다. **원생이언**의 Proterozoic은 그리스어로 "첫 번째 동물"이라는 의미를 가지고 있다. 그러나 이런 생명 형태는 이 이언에서도 비교적 후반에 등장했다. 척추동물을 포함해서 현재의 문과 아문에 속하는 압도적으로 많은 동물들은 현생이언의 첫 번째 지질연대인 캄브리아기에 나타났다.

상 깜박임에 가까운 기간이다. 이들은 각각 **고생대**(문자 그대로 "고대 생물체")와 **중생대**("중간 생물체"이지만 대중적인 표현으로 "공룡의 시대"라고 불리는 경우가 자주 있다), **신생대**("최근 생물체"이지만 일반적으로 "포유류의 시대"라고 한다), **제4기**Quaternary(신생대의 마지막 기로, 약 2백만 년 전부터 현재까지의 시대)이다.

동물은 언제 지구상에 처음 등장했을까? 그나마 세 번째 이언인 원생이언의 어느 시점에 등장했을 것이라는 설에는 동의하지만 과연 어느 시점에 나타났는가에 대해서는 의견이 분분하다. 여기에 대한 논쟁은 여전히 진행 중이다. 두 가지 형태의 증거인 분자시계와 화석을 통해 얻은 결과들이 현저하게 다르기 때문이다. 먼저 서로 다른 생물들의 DNA 염기서열의 차이(상자 1.2)에서 얻은 분자시계 증거는 동물의 기원을 빠르게는 약 12억 년 전으로 보고 있다. 이와는 반대로 화석 증거는 동물이 훨씬 이후에, 즉 원생이언의 후반인 신원생대에 최초로 등장했음을 보여 준다. 대략 6억 년 전이다. 분자시계가 가진 몇 가지 최악의 문제점들을 바로잡은 새로운 분자시계 증거가 동물의 기원을 더 최근으로 끌어올리기는 했지만, 대다수 생물학자들은 동물이 처음으로 등장한 시점에 대해 화석을 통해 얻은 정보를 더 신뢰한다.

그러나 신원생대의 초기 생명체의 화석들은 많은 궁금증을 불러일으킨다. 이 화석들을 통틀어서 처음으로 발견된 호주 남동부에 위치한 언덕의 이름을 따서 **에디아카라 동물군**Ediacaran fauna이라고 부르며, 현재는 전 세계 30여 곳 이상에서 이 시기의 화석들이 발견되고 있다. 이 화석들 중 상당수가 기이하다고 할 만한 형태를 가지고 있으며, 현대의 동물 형태와 연관시키기 어려운 부분이 있다. 몇몇 둥근 모양의 것들은 **자포동물**Cnidarian에 속하는 우산 모양의 해파리를 닮았다. 자포동물에는 현재 우리에게 익숙한 산호충과 말미잘, 해파리 등이 포함된다. 상대적으로 몇 안 되는 다른 형태들은 체절 구조를 가진 고대의 해양 벌레(환형동물문Annelida에 속하는 다모류Polychaetes)처럼 보인다. 연체동물로 추정되는 동물과 절지동물일 가능성이 있는 동물들도 확인되었다. 생명체가 퇴적층 표면에 직접 찍혀 만들어진 화석들에 더해 지층에 보존된 에디아카라 동물군에는 동물이 남겼다고 볼 수밖에 없는 고생물의 생활 흔적을 보여 주는 **생흔화석**trace fossil이 있다. 이들은 주로 다모류 동물이 진흙에서 기어 다니면서 만들어졌다. 그러나 일부는 어떠한 자취도 화석으로 남기지 않은, 다른 벌레처럼 생긴 동물들에 의해 형성되었을 가능성도 배제할 수 없다. 신원생대 후기 지층에 남아 있는 동물의 기록은 대부분 거의 아무것도 알려 주지 않으며, 이 시기는 여전히 많은 미스터리를 안고 있다.

동물의 수가 급증하고 다양해지기 시작한 때는 현생이언의 초반, 더 구체적으로는 현생이언의 첫 번째 지질연대인 캄브리아기였다. 캄브리아기는 5억 4천2백만 년에서 4억 8천8백만 년 전까지를 이야기하며, 그 기간이 대략 5천4백만 년에 달한다. 두드러진 차이를 보이는 최초의 새로운 동물 형태가 발견된 장소는 캄브리아기 지층의 하부, 다시 말해 이 기간에 가장 먼저 형성된 층이다. 이곳에서 껍질 속 생명체에 대해서는 알 수 없지만 수많은 아주 작은 껍질들이 발견되었다. 내부에 들어 있던 동물들 자체의 구조는 알 수 없다. 오늘날 조개와 굴, 달팽이 등의 단순한 연체동물의 구조와 유사할 것으로 여겨진다. 이런 "껍질" 화석군은 이들이 캄브리아기 초기에 동물이 급격하게 번성했다는 증거를 제공한다는 점에서 중요한 의미를 가진다.[2]

캄브리아기 중반부터는 이전까지와 현저하게 다른 복잡한 생명체가 등장하고 번성했다고 알려져 있다. 약 5억 3천만 년에서 5억 1천만 년 전까지 2천만 년에 달하는 기간이다. **라거슈테테**Lagerstaette라는 화석이 풍부한 특별한 장소에서 발견된 화석 유물들을 통해 이 시기에 다양한 종류의 복잡한 동물들이 갑자기 증가했음을 알 수 있다. 이 지질학적 현상을 '캄브리아 폭발Cambrian explosion'이라고 한다. 이 시기에 등장한 동물들의 몸

204

에는 화석이 되기 위해 필요한 경질硬質 부위가 없었지만, 예외적인 보존 환경 덕분에 이런 장소에서 몸이 연한 많은 동물들이 화석으로 남을 수 있었다. 그 결과 오늘날 이들의 구조와 다양성에 대한 좋은 정보를 얻을 수 있다. 이 시기는 다양한 종류의 동물들이 갑작스럽게 출현한 기이하고 놀라운 시기다. 이때 나타난 다수의 동물들은 이후에 등장하는 동물들과 닮은 점이 거의 없다.

2천만 년이라는 기간은 폭발이라는 단어를 쓰기에는 지나치게 긴 시간일 수 있지만, 단세포 생물이 지배적이었던 앞선 30억 년과 비교해 보면 이 기간은 동물의 형태가 빠르고 급격하게 변화한 시기였다. 이런 변화는 바다의 화학 조성을 바꾼 몇몇 환경적 상황들이 결합하면서 발생했을 가능성이 있다. 특히 **남세균**blue-green bacteria, Cyanobacteria이라고 하는 세균의 광합성 활동이 20억 년 동안 축적되면서 대기와 해양 표면의 산소량을 증가시킨 것이 중요한 변화였다. 새로운 동물의 형태 자체가 전에 본 적 없던 생태계를 조성하는 데 도움을 주었고, 이들의 경쟁적인 상호작용이 다양화를 더욱 가속시켰다. 캄브리아 폭발을 일으킨 정확한 원인이 무엇이었든 이는 다양한 동물 종의 번성을 낳았고, 이들 중 다수는 이후의 화석층에서는 발견되지 않는 희한하고 멋진 형태를 가졌다. 실제로 캄브리아기 초기에서 중기까지 생존한 동물들 중 다수가 처음에는 현존하는 동물 문의 분류 체계에 포함시키기 어려웠고, 이것은 많은 논의와 논란을 불러일으켰다. 지금은 이들 대부분이 현재의 동물 문들의 초기 또는 **줄기**stem 형태로서 특징적인 형질의 전부가 아닌 일부만을 가졌다는 데 의견이 일치한다.[3]

기이한 캄브리아기 동물들의 분류학적 연관성에 대한 이런 논쟁은 현존하는 동물 문의 진화적 관계와 분류학적 관계에 대한 더 큰 논의의 일부였다. 동물들의 연관성과 진화적 관계가 재구성될 경우 이들의 역사는 가지가 계속해서 갈라져 나오는 나무를 닮은 그림으로 표현될 수 있다. 이 그림을 **계통수**라고 한다. 관계를 보여 주는 계통수 중 가장 잘 알려진 것은 다윈이 가설을 근거로 그린 나무다. 다윈의 나무는 진화적 관계를 잘 보여 주며, 『종의 기원』의 유일한 삽화라는 점으로 유명하다. (이 책에 삽화가 부족한 것은 그의 동료 진화론자이자 경쟁자이기도 했던 앨프리드 러셀 월리스Alfred Russel Wallace보다 먼저 진화론에 대한 자신의 생각을 인정받기 위해 서둘러 집필을 끝마쳤기 때문이다. 이 책은 집필에 1년도 걸리지 않았다.) 다윈 이후로 연관성과 계통을 보여 주는 나무는 전통적으로 화석들을 서로 비교해서 연대를 측정할 수 있는 화석 증거나 비교 연구를 통해 현존하는 종들의 형태학적 관련성 정도를 추론해서 만들어졌다. 또는 이 두 방법을 혼합하기도 했다. 그러나 최근 수십 년 동안에 DNA 염기 서열의 비교가 가능해지면서 살아 있는 종들의 DNA 염기 서열의 상세한 비교를 통해 계통수를 구성하는 작업이 더 쉬워졌다. (1960년대에 DNA 염기 서열을 반영하는 단백질 서열을 이런 식으로 최초로 활용했다.) 물론 이런 분자 분석과 전통적인 방식을 이용한 분석을 비교할 수 있다. '상자 5.1'은 **분자계통학**molecular phylogenetics의 원리들을 간략하고 매우 단순하게 설명해 준다.[4]

형태학 데이터와 DNA 염기 서열 비교 분석 모두를 기반으로 하는 동물계의 계통수는 '그림 5.4'와 같다. 여기서는 동물들의 전반적인 신체 균형을 토대로 이들을 세 개의 주요 유형으로 구분한다. 초기의 동물들은 어떤 형태로든 신체의 대칭성이 없었다고 거의 확신할 수 있으며, 오늘날의 해면동물문과 심지어 더 단순한 판형동물문과 유사했다. 그림에서는 오른쪽 맨 아랫부분에 위치한다. 다음으로 등장한 생명체는 앞서 언급했던 자포동물문(해파리와 산호충, 두족류)이었다. 이들의 성체는 방사(원형)대칭이고, 에디아카라 동물군에서 발견된다. 이들과 함께 분류되는 동물 문은 **섬모**cilia라고 불리는 작은 세포소기관을 이용해 이동하는 (아마도 더 오래된) 유즐동물Ctenophora이다. 이 두 집단이 방사대칭동물군Radiata

분자계통학의 기본 원리

분자계통학은 거대 분자 서열(단백질과 RNA, DNA이지만 현재는 주로 DNA를 말한다)에서 진화적 관계를 밝히는 학문 분야다. 이 학문의 기저를 이루는 기본 사실은 분자시계와 동일하다. 특정 유전자의 기능을 결정하는 각각의 DNA 염기 서열은 화학 정보를 안정적으로 담고 있지만, 시간이 경과하고 수 세대를 거치는 동안 누적되고, 후대로 전달되는 돌연변이를 일으키며 천천히 변화한다. 진화 시간이 더 길수록 축적된 변화의 양도 더 크다. 동일한 DNA 염기 서열(예를 들면 먼 친척뻘인 동물 종들에서 얻은 동일 유전자의 염기 서열)을 비교함으로써 적절한 분석 방법을 가지고 이들의 진화적 관련성에 대한 가설을 세울 수 있다.

절차는 원본을 되풀이해서 복사하는 작업에 비유할 수 있다. 중세 초기 수도원에 있는 오래된 문서를 수도원 세 곳에서 각각 한 명씩 수도사 세 명이 필사한다고 상상해 보자. 문서가 길수록 필사하면서 실수가 생기기 마련이고, 초기 필사본에서 생긴 실수들은 세 수도원마다 모두 다를 것이다. 실수가 있는 첫 번째 필사본을 각 수도원에서 더 많이 필사한다고 할 때 처음 실수한 부분들은 계속 남아 있는 상태에서 새로운 실수들이 계속 추가된다. 이렇게 각 수도원마다 50~100개의 필사본을 만든 후에 이들을 모두 수거해서 분석가에게 건네주면 문서들을 꼼꼼하게 비교해 본 분석가는 필사본을 세 종류의 "가족"으로 분류할 수 있다. 어느 필사본이 어느 수도원의 것인지 말해 줄 필요도 없다. 또 전체 필사 작업의 초반에 작성된 필사본 중 하나를 네 번째 수도원으로 보내고, 그곳에서 필사가 재개된다면 다른 세 곳의 필사본들과는 완전히 별개인 문서가 탄생하게 된다. 그리고 이곳에서 만들어진 필사본들을 구별하는 일도 역시 가능하다. 분석을 통해 모든 필사본들의 **계통수**를 밝힐 수 있다. 모든 계통수는, 그것이 문서이든 DNA 분자이든, 추측을 기반으로 만들어지지만, 새로운 데이터(새로운 서열)를 손에 넣을 수 있게 되면서 검증이 가능해졌다.

분자시계와 마찬가지로 기본 원리는 간단하다. 그러나 실행은 그리 만만치 않다. 네 개의 상이한 주요 방법들이 존재할 뿐만 아니라 이들 모두가 변형이 가능하기 때문이다. 현재 분자 서열을 통해 관계를 계통학적으로 재구성하기 위한 다양한 접근법과 각 방법의 장단점을 설명하는 어마어마하게 많은 과학 문헌들이 존재한다.*

---

* 분기학에 대한 다양한 문헌들이 있지만, 헤니히의 고전적인 저서(1966)가 좋은 시작점이 될 수 있다. 펠젠슈타인Felsenstein(2004)은 권위가 있고, 홀Hall(2001)은 분자계통학에 대한 문헌으로는 더 오래되었지만 유용한 실질적인 안내서 역할을 한다. 리니(1997)의 5장과 6장은 분자계통학적 분석의 원리와 기본적인 방법들에 대해 오래되기는 했지만 제대로 소개하고 있다.

→ **그림 5.4** 동물계의 계통수. 이 그림에 표기된 서른 개의 동물 문들 중 이 책은 오직 한 아문, 즉 척삭동물문(진한 글씨)의 두개동물(척추동물)에만 초점을 맞춘다. 가장 이른 시기에 등장한 동물 문은 아마도 판형동물문과 해면동물문, 그리고 방사대칭동물에 속하는 유즐동물문과 자포동물문일 것이다. 몇몇 해면동물과 방사대칭동물의 화석들이 신원생대 후반에 발견된다. 대다수의 동물 문은 엄청나게 다양한 동물군을 포함하고 있는 좌우대칭동물에 속한다. 좌우대칭동물의 모든 생명체는 생애 어느 시점에서 좌우가 대칭인 신체를 가지고, 배아에는 세 개의 배엽층(외배엽, 내배엽, 중배엽)이 있다. 척삭동물문은 후구동물상문에 속하는 한 문으로, 다른 두 좌우대칭동물의 상문인 탈피동물상문과 촉수담륜동물상문과는 반대로 모두 초기 배아에서 항문과 입이 되는 원구라고 하는 구멍을 가진다.

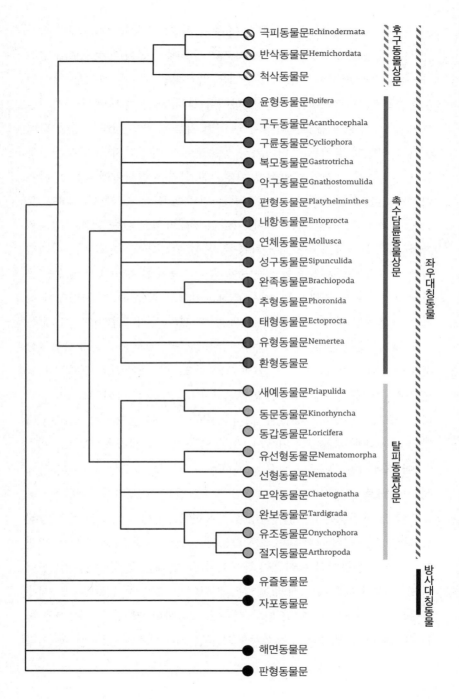

극피동물문 Echinodermata
반삭동물문 Hemichordata
척삭동물문

윤형동물문 Rotifera
구두동물문 Acanthocephala
구륜동물문 Cycliophora
복모동물문 Gastrotricha
악구동물문 Gnathostomulida
편형동물문 Platyhelminthes
내항동물문 Entoprocta
연체동물문 Mollusca
성구동물문 Sipunculida
완족동물문 Brachiopoda
추형동물문 Phoronida
태형동물문 Ectoprocta
유형동물문 Nemertea
환형동물문

새예동물문 Priapulida
동문동물문 Kinorhyncha
동갑동물문 Loricifera
유선형동물문 Nematomorpha
선형동물문 Nematoda
모악동물문 Chaetognatha
완보동물문 Tardigrada
유조동물문 Onychophora
절지동물문 Arthropoda

유즐동물문
자포동물문

해면동물문
판형동물문

후구동물상문

촉수담륜동물상문

탈피동물상문

좌우대칭동물

방사대칭동물

을 이룬다. 이후에 좌우 대칭을 보여 주는 **좌우대칭동물군**Bilateria에 속하는 최초의 동물이 등장했으며, 초기 자포동물에서 진화한 것으로 추정된다. 이들 다양한 문이 오늘날 동물들의 압도적인 다수를 차지한다. 이런 동물들은 미성숙한(배아나 유생) 형태나 성체, 또는 둘 다에서 대칭성을 보여 준다. 앞서 언급했듯이 소수의 식별 가능한 좌우 대칭형 동물 화석들은 신원생대 말기의 에디아카라 동물군에서 발견되지만, 좌우대칭동물군의 급격한 증가와 다양화가 이루어진 시기는 현생이언 초반인 캄브리아기였다. 오늘날 좌우대칭동물군은 전체 동물 문 중 약 서른 개로, 동물 문의 거의 대부분을 차지한다. 이들의 형태학적 범위는 상당히 광범위하다. 예를 들면 편형동물과 연체동물, 곤충, 어류, 인간은 모두 좌우 대칭형 동물이다. 좌우대칭동물군은 문에 속하는 동물들 사이에서 발달상 공유되는 특징들을 기반으로 **상문**supraphyla이라고 하는 세 개의 거대한 집단으로 분류될 수 있으며, 각 집단에는 몇 개의 문이 포함된다. 이 세 상문을 **탈피동물상문**Ecdysozoa과 **촉수담륜동물상문**Lophotrochozoa, **후구동물상문**Deuterostomia이라고 한다. 이런 세 개의 주요 상문들의 하위 집단인 문들은 앞서 언급했듯이 5억 3천만 년에서 5억 1천만 년 전 사이의 2천만 년이라는 기간 동안에 다양해졌다. 그리고 이들 중 다수는 어쩌면 심지어 더 짧은 기간 내에, 즉 5백만 년에서 1천만 년 사이에 발생했을지도 모른다.[5]

이 책에서는 **후구동물상문**에 속하는 **척삭동물문**(그림에서 유일하게 진한 글씨로 표기되었다)의 아문인 척추동물(또는 **두개동물**)에 초점을 맞춘다. 척삭동물은 네 개의 특징을 공유한다. 첫 번째 특징은 몸의 앞뒤로 뻗어 있는 **척삭**notochord이라는 가늘고 단단한 지지 기관이다. 이 기관 때문에 척삭동물이라는 이름이 붙여졌다. 두 번째는 등 쪽에 위치한 신경관으로, 척삭 위쪽에 척삭과 평행하게 뻗어 있으며 앞서 보았듯이 척추동물의 배아에서 생성되어 뇌와 척수로 발달한다. 세 번째는 수영을 하는 유생이나 성체 형태의 척삭동물의 몸을 가로지르는 **근절**myotomes이라고 하는 근육 덩어리들이다. 척삭동물을 정의하는 네 번째 특징은 눈으로 가장 명확하게 확인이 가능하다. 바로 항문 뒤에 위치하는 **항문후방 꼬리**postanal tail다. 발달 단계마다 이런 모든 특징들이 전부 나타나지 않은 척삭동물들도 일부 존재하지만, 모두가 일생의 어느 시점에서 이런 형질들을 보여 준다.

'그림 5.5A'는 가상의 초기 척삭동물의 모습으로, 오늘날 척삭동물문의 또 다른 아문인 두삭동물Cephalochorda의 구조와 유사하다. 두삭동물의 접두사 **두**cephalo가 "머리"를 뜻하기는 하지만, 두삭동물의 머리는 완전하다고 할 수 없다. 가장 기본적인 두뇌(등 쪽 신경관의 앞쪽 끝에 위치한 작고 볼록한 부분)와 작은 입, 중심에 위치한 단순한 구조의 시각 기관인 하나의 안점eye spot을 가지고 있다. 이런 동물들 외에 주요 무척추 척삭동물 집단인 미삭동물urochordata 또는 **피낭류**tunicata에서도 얼굴은 보이지 않는다. 피낭류의 유생 형태가 머리라고 부를 수 있을 만한 더 크고 불룩한 부분을 가지고는 있지만, 여전히 얼굴이라고 할 수는 없다.

항문후방 꼬리로 척삭동물의 외적 특징을 가장 쉽게 확인할 수는 있지만, 이들의 아문인 척추동물을, 또는 최소한 이들의 초기 동물들을 정의하는 특성은 완전한 형태를 갖춘 머리다. 이 구조는 앞서 언급했듯이 척추동물에 또 다른 (그리고 더 어울리는) 두개동물이라는 명칭을 부여한다. '그림 5.5A'의 초기 척삭동물의 모습과 '그림 5.5B'의 초기 두개동물의 모습을 비교하면, 몸의 앞쪽 끝부분의 크기와 복잡성에서 뚜렷한 차이가 난다. 그러므로 척추동물 진화의 기원을 밝히려는 시도는 머리가 어떻게 진화했는가에 초점을 맞추어야 한다. 그리고 이것이 미국인 동물학자 두 명이 1983년에 제창한 이론의 출발점이기도 하다. 이들은 글렌 노스컷Glenn Northcutt과 칼 간스Carl Gans였다. 이들의 이론은 그때까지 인식조차 못하고 있었을 완벽한 미스터리였던 문제를 구체적인 아이디어로 대체하면서 이 주제에 대혁신을 가져왔다.[6]

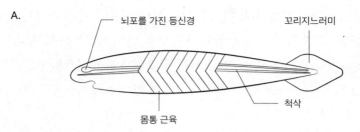

A.

뇌포를 가진 등신경

꼬리지느러미

몸통 근육

척삭

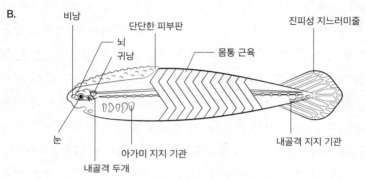

B.

비낭

뇌

귀낭

단단한 피부판

몸통 근육

진피성 지느러미줄

눈

내골격 두개

아가미 지지 기관

내골격 지지 기관

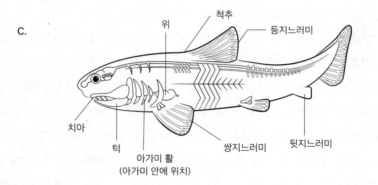

C.

위

척추

등지느러미

치아

턱

아가미 활
(아가미 안에 위치)

쌍지느러미

뒷지느러미

그림 5.5

A. 초기 척삭동물을 가상한 그림. 머리에 쌍을 이루는 감각 기관들이 없다.

B. 초기 두개동물의 그림으로 다른 척삭동물의 아문들과 뚜렷이 구별되는 차이가 나타난다. 머리가 존재하고 한 쌍의 시각 기관과 후각 기관(그림에서는 생략됨)을 가졌다.

C. 턱이 발달한 초기 유악어류를 가상한 그림[메이지Maisey(1996)의 수정본]

척추동물 기원에 대한
새로운 머리 가설

현존하는 가장 단순한 척추동물인 먹장어와 칠성장어의 머리조차도 동시대의 두삭동물이나 미삭동물의 유생 머리보다 훨씬 복잡하기 때문에 척추동물이 둘 중 어느 동물에서부터 어떻게 처음 진화할 수 있었는지를 예상하는 것은 어렵다. 노스컷과 간스가 주장한 척추동물 기원의 "새로운 머리 가설new head hypothesis"은 여기에 대한 일차적인 설명을 제공하고 있으며, 두 가지 중심 전제에 뿌리를 두고 있다.

첫 번째 전제는 초창기의 척추동물과 유사한 동물들이 여과섭식을 했을 것으로 추정되는 초창기의 척삭동물 성체와는 다르게 적극적으로 먹이를 찾아 나섰다는 것이다. 명칭에서 알 수 있듯이 여과섭식은 인두의 아가미를 통해 들어오는 물을 수동적으로 여과해서 단세포 생물이나 생물체의 사체 잔해로 영양분을 섭취하는 방식이다. 여과섭식을 하는 생명체는 멀리 이동을 하거나 빠르게 움직일 필요가 없다. 그래서 해양동물문 대부분에서 발견되는, 여과섭식으로 살아가는 수많은 포식자들은 한 장소에 정착하거나 상당히 느리게 움직인다. 이와는 반대로 두개동물은 적극적으로 먹잇감을 찾아 나서기 때문에 효율적인 움직임이 요구된다. 이런 이유로 두개동물에서 지느러미가 상당히 이른 시기에 진화했을 가능성이 매우 높다. 물론 사냥에는 먹이를 삼키기에 적합한 입이 필요하다. 그리고 입은 현대판 원시 척추동물인 칠성장어에서 볼 수 있는 연골질 인두굽이 같은 단단한 물질로 만들어져야 한다. 여과섭식에 비해 사냥 활동이 더 활발할수록 필요한 에너지를 공급받기 위해 더 효율적으로 많은 호흡을 해야 했고, 이는 인두굽이에 혈관이 형성되면서 인두를 통해 들어오는 물의 흐름을 증가시켜 더 많은 산소를 얻게 되면서 가능해졌다.

이 밖에도 사냥을 하는 동물은 먹잇감을 효율적으로 찾아내기 위한 감각 기관이 필요하다. 또 감각을 이용해 주변을 광범위하게 살피는 능력이 요구된다. 좌우대칭동물의 경우 이를 위해 머리 양쪽에 감각 기관이 있어야 하고, 특히 시각과 후각 같은 좌우 대칭인 감각 기관이 필요하다. 결국 동물이 성공적인 사냥꾼이 되기 위해서는 얼굴이 필요하다는 얘기다. 최초의 두개동물이 조류algae를 뜯어 먹는 초식동물이었을 가능성이 있지만, 초창기의 척추동물 화석은 주로 (짐작건대 움직임이 많지 않은 동물들을 잡아먹는) 포식 활동을 통해 영양분을 섭취했음을 보여 준다.

마지막으로 사냥 동물은 특히 입과 같은 먹이를 먹는 데 직접 연관이 있는 움직임뿐만 아니라 얼굴을 통해 받아들이는 감각 정보를 처리하기에 충분히 발달한 신경계가 필요하다. 이 같은 신경 처리 시스템은 정보를 공급하는 감각 기관들에 상당히 가깝게 위치하며, 이 시스템의 중심에 **두뇌**가 있다. 척추동물은 무척추 척삭동물과 비교해 상대적으로 더 큰 두뇌를 가졌고, 이것이 척추동물의 구조를 정의하는 특징이다. 그리고 이 특징은 이 집단의 기원부터 존재했을 것이다. 먹이를 얻기 위해 적극적으로 움직이며 포식 생활을 하는 주요 동물 집단들, 다시 말해 절지동물과 척추동물이 얼굴과 두뇌라고 하는 크고 복잡한 중앙 신경 처리 센터를 모두 가지고 있다는 점은 분명히 우연의 일치가 아니다. 문어와 오징어는 이들과 유사하게 사냥을 하는, 운동성이 매우 좋은 유일한 연체동물이다. 이들은 더 순하고 사냥을 하지 않는 연체동물 사촌들과 뚜렷이 대조되는 크고 정교한 눈과 복잡한 뇌를 가졌다. '그림 5.5B'에서는 앞선 척삭동물과 비교해 초기 두개동물의 뇌가 더 커진 모습을 볼 수 있다.

이렇듯 복잡한 구조로 진화하는 것은 선택압selective pressure 없이는 불가능했고, 그래서 포식 활동을 통해 영양분을 섭취하도록 하는 선택압은 강력했을 것이다. 잠재적 식량원(먹잇감의 수)이 많아질수록 포식의 기회는 크게 증가한다. 캄브리아기와 오르도비스기에 동물의 종과 이들의 총 바이오매스*가 모두 증가한 것으로 보아 식물의 **1차 생산**primary production**이 이 두 기간에 증가했을 가능성이 높다. 이 같은 증가는 초식동물이 번성하는 데 유리한 환경을 조성했지만, 결과적으로는 포식자(그리고 바이오매스)가 더욱 많아지게 만들었다.

새로운 머리 가설에서 두개동물의 출현에 포식이 주요한 역할을 했다는 점이 첫 번째 요소인 가운데, 두 번째 요소는 이보다 더 혁신적이다. 이 요소는 성체의 구조와 선택압의 전통적인 진화적 관계를 넘어 발달의 영역으로 발을 들여놓는다. 노스컷과 간스가 제기한 질문은 다음과 같다. 사냥을 하는 동물의 머리가 형성되기 위해 필요한 새로운 구조의 세포 조직은 어디에서 생겨났으며 어디에 위치하는가? 이들은 세 가지를 확인했다. 하나는 중배엽에서 파생되는 조직으로, 인두 근육을 만들어 산소를 얻기 위해 더 활발하고 강력하게 물을 빨아들일 수 있게 한다. 또 이 조직은 척추동물의 몸통 근육을 만들기도 한다.

다른 두 가지는 두개동물 특유의 조직이며, 이들의 머리와 얼굴의 독특한 구조를 발달시키기 위해 필수적이다. 이제 여러분은 신경능선세포에 어느 정도 익숙해졌겠지만, **신경외배엽 기원판**neural ectodermal placode에 대해서는 아닐지도 모른다. 이 기원판은 척추동물 머리에서 특히 시각과 후각, 청각 기관들 같은 쌍을 이루는 독특한 감각 구조물들을 만들며, 머리의 표면외배엽에 있는 좌우 대칭인 두툼한 부위로 구성된다. '그림 5.6A'는 신경외배엽 기원판에서 발생하는 척추동물 머리의 독특한 구조물들을 보여 준다. 신경능선과 신경외배엽 기원판은 모두 신경관 경계 부위에서부터 발달한다. 신경능선세포는 안쪽(신경 쪽)에서 발달하고, 신경기원판세포는 신경관의 신경능선세포 부위에 인접하지만 바깥쪽인 두개 부위에서만 발달한다. 신경능선세포와 신경외배엽 기원판의 기원이

---

* 한 종에 속한 모든 개체의 무게를 합친 것
** 광합성 생물에 의한 유기물의 생산

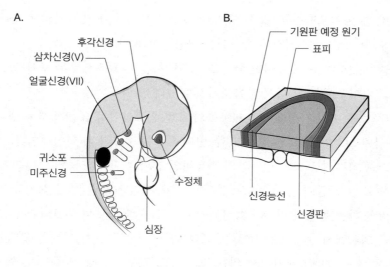

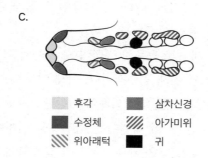

후각   삼차신경

수정체   아가미위

위아래턱   귀

그림 5.6

A. 신경 구조물들 중 일부는 이 기원판들에서 생겨난다. 로마 숫자는 다양한 뇌신경 종류를 나타낸다. 삼차신경(V)은 위턱과 아래턱 부위에 분포하고, 얼굴신경(VII)은 얼굴 근육에 분포한다. 후각신경은 후각 기원판에서, 수정체는 수정체 기원판에서, 청각 기관의 전구체인 귀소포는 귀 기원판에서 발생한다. 미주신경(X)은 심장과 내장 기관에 분포하고, 미주신경 기원판에서 만들어진다.

B. 배아에서 (신경외배엽 기원판이 발생하는) 기원판 예정 부위panplacodal region와 신경능선 예정 부위의 공간적 관계를 나타낸 그림[슐로서Schlosser(2008)의 수정본]

C. 후기 단계의 척추동물 배아의 관상면coronal section을 수평으로 배치한 그림. 신경외배엽 기원판이 좌우 대칭으로 위치해 있다.

되는 두 부위들은 '그림 5.6B'에서 볼 수 있다. '그림 5.6C'는 초기 배아에서 다양한 기원판들의 부위들을 보여 준다.

척추동물의 기원에 대한 일반적이면서도 중요한 요점은 이런 두 종류의 세포 조직들이 두개동물에서만 발견된다는 사실이다. 이들이 머리를 형성하는 데 필수 역할을 한다는 점을 생각하면 두개동물 진화의 기원이 이런 세포의 기원과 밀접한 연관이 있음이 분명하다. 이것이 노스컷과 간스가 자신들의 이론을 통해 내세운 인상적이고 새로운 주장이었다. 즉 척추동물의 머리는 두삭동물이나 미삭동물 유생에서 볼 수 있는 단순한 머리에서 발달해 완성된 작품이 아니라 진정으로 새롭게 탄생했다는 것이다. 진화를 통해 발생한 새로운 구조다. 이 새로운 머리가 처음 등장했을 때에는 현재의 대다수 척추동물의 머리에 비해 의심의 여지없이 더 단순하고 작았을 것이다. 그러나 척삭동물의 다른 모든 동물 유형보다는 분명히 더 복잡했다. 새로운 머리 가설이 30여 년 전에 처음 등장했을 당시에는 혁명적인 이론이었지만, 현재는 당연하게 받아들여진다. 그러나 이 가설은 초반부터 지금까지 풀리지 않은 의문들을 품고 있고, 이들에 대한 논의는 여전히 진행 중이다. 지금부터는 이 문제들을 살펴보겠다.

여전히 풀리지 않은 세 가지 의문점

첫 번째 문제는 두개동물 조상의 정확한 형태다. 한 세기 넘게 두삭동물에 속하는 **창고기**Amphioxus 또는 더 일반적인 용어로 **활유어**lancelet가 척추동물 조상의 좋은 모델(그림 5.5A)로 여겨져 왔다. 그러나 DNA 계통발생 분석은 이 결론을 뒤엎었다. 지금은 미삭동물이 가장 가까운 집단 또는 이 분야의 전문 용어로 **자매군**으로 받아들여지고 있다. 그러나 미삭동물(또는 피낭류)은 고착형 성체일 때 척추동물은 물론이고 이들의 유생과도 닮지 않았다. 활유어가 더 유사하다. 현대의 두삭동물이 미삭동물보다 더 먼 친척이라고 해도 지금으로서는 두개동물의 조상 또는 **계통**이 실제로 활유어와 유사했을 것이라고 추측할 수밖에 없다.[7]

새로운 머리 가설의 두 번째 문제는 신경능선세포와 신경외배엽 기원판의 조상 격인 세포의 유형과 관련이 있다. 신경능선세포와 기원판 세포는 각각 신경관의 등 쪽 끝부분과 여기에 바로 인접한 외배엽에서 생성된다(그림 5.5B). 두 세포 유형은 거의 확실하게 척추동물의 척삭동물 조상(들)에서 유사한 위치에 있는 세포에서 유래되었다. 만약 이것이 사실이라면 유전자 발현 패턴에서 이런 관계를 보여 주는 단서가 있어야 한다. 그리고 이 같은 단서를 찾으려는 조사가 진행되었고, 발견에 성공했다.

신경능선 발달의 기저를 이루는 유전자 네트워크의 구성 모듈과 관련 유전자들에 대한 설명을 상기해 보자(그림 3.3). 이 모듈은 상호작용하는 유전자 집합들로 구성되어 있다. 이들은 (1) 신경판 형성을 위한 화학 신호를 생산하고, (2) 미래의 신경능선세포 영역의 경계를 지정하고, (3) 신체에서 이동하는 능력을 포함해 등 쪽 부위 내에서 신경능선세포의 속성을 결정하며(이때 관여하는 유전자를 **신경능선 지정자**라고 부른다), (4) 궁극적으로는 새로운 위치로 이동한 신경능선세포를 이들로부터 발달하는 특정 종류의 세포로 분화시킨다. 최근에 두삭동물인 **B. 플로리덴시스**B. floridensis와 미삭동물인 **유령멍게**Ciona intestinalis의 신경관에 있는 상동homologous 유전자의 발현 실험이 진행되었고, 이 두 종들과 두개동물 사이에 발달 중인 신경판과 신경관 주변의 발현 패턴에서 눈에 띄게 유사한 점들이 발견되었다. 물론 차이점들도 존재했다.[8]

미삭동물의 한 종에서 신경능선과 같은 속성을 가진 세포가 발견되었다. 이런 세포는 피낭이 있는 멍게과의 **엑티나시디아 터비나타**Ecteinascidia turbinata의 유생 형태에서 볼 수 있고, 세포와 이들의 자손을 모두 추적할 수 있는 세포 추적 분자를 세포에 주입하면서 이들의 발달을 관찰할 수 있다. 이런 세포들을 **가쪽 몸통 세포**lateral trunk cell라고 하며, 이들은 신경관 등 쪽에서 발생해서 배 쪽으로 이동한다. 첫 번째 세포들이 동물의 앞쪽 부분에서 이동하면 뒤이어 뒤쪽 세포들이 이동한다. 이런 세포들은 오렌지색을 띠는 세포들을 발생시키는데, 이 세포들은 색소를 생성하는 것으로 잘 알려진 **멜라닌색소포**melanophore와 마찬가지로 신경능선세포에서 발생하는 **적색소세포**erythrophore라고 알려진 척추동물의 색소 세포와 표면상으로는 유사하다. 미삭동물의 색소 세포와 척추동물의 적색소세포 사이의 이런 유사성은 진화적 유연 관계가 아닌 우연히 비슷한 진화적 경로를 따르면서 발생한 소위 상사성이라고 하는 현상일지도 모른다. 그러나 미삭동물 세포들은 몇몇 특유의 신경능선 지정자와 분화 유전자들을 발현시키고, 이는 이들과 신경능선세포가 관련이 있다는 의견에 더욱 힘을 실어 준다.[9]

실제로 신경능선세포로 진화한 세포 유형들이 상위 범주인 척삭동물에서 진정한 포유동물의 신경능선세포처럼 신경관 경계 부위에 위치하는 듯이 보인다. 그렇다면 진정한 신경능선세포로 발달하지 못하게 막은, 신경능선세포의 원형이 되는 세포에서 부족했던 요소는 무엇이었을까? 그것은 아마도 간엽세포에 운동성을 부여하고, 세포 이동을 가능하게 만드는 분자 기계molecular machinery였을 것이다. 이런 능력의 기반이 되는 유전자들이 몇몇 제한적인 세포의 움직임을 위해 척삭동물에 주어졌을 가능성이 있다. 만약 그렇다면 이들은 캄브리아기에 초기 척삭동물의 원시 신경능선세포에 진정한 신경능선세포와 같은 속성들을 부여하기 위한 새로운 능력에 사용되었을 수도 있다. 새로운 세포 또는 조직 부위에서 발달상의 참신한 기능을 갖기 위해 기존의 유전자들이 사용되는 이 같은 **유전자 보충**gene recruitment(**유전자 코옵션**gene co-option) 현상은 진화에서 흔한 일이었다. 진정한 신경능선세포가 겪는 상피-간엽 이행과 이들의 이동은 암세포의 전이를 연상시킨다. 그리고 일부 동일한 유전자 기계genetic machinery가 암세포에서 일시적으로 재활성화되는 방식으로 관여될 가능성이 있다.[10]

이와는 반대로 신경 기원판을 생성하는 세포들은 비록 이들이 생성하는 일부 세포들이 위치를 벗어나(이 과정을 **분층**delamination˙이라고 한다) 짧은 거리를 이동하는 경우가 있기는 해도 상피-간엽 이행을 경험하지 않을 뿐만 아니라 이동도 하지 않는다. 그러나 신경능선세포처럼 신경 기원판도 상이한 종류의 신경세포와 신경분비세포를 포함해 다양한 유형의 세포를 발생시킨다. 신경능선세포와 기원판 세포들이 생기는 신경관 부위들을 비교한 분자유전학 연구는 두 종류의 세포가 분자유전학적 속성들을 상당히 많이 공유할 뿐만 아니라 중대한 차이점도 가지고 있음을 알아냈다. 앞으로 무척추 척삭동물의 신경관 등 쪽에서 더 많은 부위들을 비교하면 신경능선세포와 기원판 세포의 진화적 기원에 대한 더 많은 단서를 얻을 수 있다.[11]

신경 기원판은 두개골 양쪽에 대칭적으로 분포하면서 한 쌍을 이룬다(그림 5.6C). 소닉 헤지호그SHH가 얼굴의 성장과 확장에 관여한다는 사실을 감안했을 때 척추동물로 진화하는 과정에서 머리 부위에서 SHH 영역이 확장되면서 신경외배엽 기원판이 좌우 대칭성을 갖게 되었을 가능성이 있다. 척추동물에서 이후에 눈으로 발달하게 되는 구조물은 초기 배아에서는 단일한 눈 원기로 존재한다. 이 원기는 성장과 발달을 촉진하는 SHH의 영향으로 두 부분으로 나누어지고, 두 눈의 수정체로 발달한다. 반대로 두삭동물 유생은 마찬가지로 단일한 눈 원기를 가지고 있지만 나누어지지 않고 곧바로 단일 안점으로 발달한다. 척추동물의 배발생에서 얼굴이 발달하는 동안 SHH가 심각하게 부족한 경우 얼굴 중앙부가 제대로 발달하지 못하고 원기가 분리되지 않으면서 앞서 논의했던 전전뇌증

˙   세포들이 이동해 하나의 세포층이 두 층으로 분리되는 현상

중 매우 심각한 사례인 외눈 상태, 다시 말해 단안증cyclopia을 유발한다.

이런 SHH에 의한 앞쪽 확장은 Fgf8 발현에 의한 유사한 앞쪽 확장과 더불어서 새로운 머리의 발달을 가져오거나 어쩌면 촉진하기까지 하는 또 다른 중대한 사건과 연관이 있을지도 모른다. 그것은 바로 진정한 두뇌를 형성하기 위해 앞쪽 신경 기관이 훨씬 더 큰 기관으로 확장되는 현상이다('그림 5.5B'와 '5.5A' 비교). 최근에 진행된 무척추 척삭동물과 현존하는 가장 원시적인 두개동물인 칠성장어 사이의 유전자 발현을 비교하는 몇몇 분자 연구가 이러한 생각을 뒷받침한다. 이 연구는 척추동물 뇌의 다른 부위에서 발현되는 유전자들을 대상으로 했고, 무척추 척삭동물의 뇌포나 감각 소포가 이런 분자 기준에 따라 간뇌의 특성을 가지고 있음을 보여 준다. 그러므로 종뇌의 형성은 새로운 머리가 발생함에 있어서 중대한 요소였을 수 있다. 이 생각을 뒷받침하는 더 많은 결과들이 존재한다. 뇌 발달에서 Wnt가 높은 수준으로 발현되면 간뇌의 발달을 촉진하는 반면, 낮은 수준으로 발현되면 종뇌의 발달을 가져온다. 이것은 특히 종뇌의 발달 초기에 Wnt 발현을 억제하는 최소한 하나의 유전자가 앞쪽에서 강하게 발현됨을 보여 준다. SHH와 Fgf8의 생산지인 종뇌는 이런 초기 두개동물 조상에서, 현존하는 척추동물과 마찬가지로, 결과적으로 얼굴 원기의 형성을 촉진할 수 있다.[12]

신경능선세포가 어떻게 발달과 분화 능력을 획득했는가? 이것이 이 세포의 기원에 대한 세 번째 질문이다. 이 특별한 수수께끼는 세포가 골격형 요소를 생성하는 능력을 획득하는 방법과 연관이 있다. 얼굴뼈를 포함해 이런 요소들은 일반적으로 중배엽에서 생성되는 이른바 결합 조직에서 발생한다. 그러나 신경능선세포는 외배엽에서 유래되는 신경관에서부터 발달한다. 실제로 신경능선세포는 진화의 기원에서 몇몇 중배엽성 속성들을 획득한 것처럼 보인다. 이론상으로는 여기에 중배엽에서부터 신경능선세포까지 유전자 보충 현상이 관여했을 수 있다. 한 가지 가능성은 연골 생성을 위해 특정 유전자를 보충하는 것이다. 전통적으로 무척추 척삭동물은 척추동물 특유의 골격 물질인 연골을 생성할 수 없다고 여겨졌다. 그러나 신경능선세포 파생물에서 연골 생산에 관여하는 유전자 제어 네트워크GRN의 유전자들이 밝혀진 지금은 더 단순한 척삭동물에서도 연골을 찾아볼 수 있게 되었다. 한 연구는 연골 유전자 제어 네트워크의 모든 주요 유전자들이 창고기 게놈에 존재하고, 다양한 조직에서 특히 중배엽 조직에서 발현됨을 발견했다. 연구진은 두개동물의 기원에서 신경능선세포의 연골 유전자 제어 네트워크가 일련의 유전자 보충 사건들에서 원시 신경능선세포로 모집되었다는 결론을 내렸다. 더 최근의 연구는 활유어(창고기)의 입 골격에서 비록 일시적이기는 하지만 연골이 실제로 존재한다고 보고했다. 이 결과는 두삭동물이 최소한 초기 두개동물 진화에서 원시 신경능선세포로 보충되었을 수 있는 연골 유전자 제어 네트워크를 가지고 있음을 의미한다. 척추동물에서 연골 유전자 제어 네트워크의 중요한 전사 제어 인자는 *SoxE* 유전자군에 속하고, 동일한 연구는 척추동물의 신경능선 *SoxE* 유전자들이 신경능선에서 이 유전자를 켜거나 켜진 상태를 유지해 주는 독특한 시스-조절 인자 증강인자를 획득했다고 보고했다. *SoxE* 활동이 지속적으로 활성화되면 연골 유전자 제어 네트워크의 스위치가 얼굴 융기와 같은 연골을 생산하는 신경능선세포에서 계속 켜져 있게 된다.[13]

두개동물의 기원에 대해 정보의 차이가 있지만, 새로운 머리 가설이 척추동물의 기원을 이해하는 데 중요한 돌파구를 마련해 주었다는 사실은 30년이 지난 지금 더 분명해졌다. 최초의 두개동물이 척삭동물 선조들보다 먹잇감을 찾는 일에 훨씬 더 효율적이었다는 점은 의심의 여지가 없지만, 여전히 이들의 섭식 능력은 상당히 제한적이었다. 이들에게는 효율적으로 움직이는 턱이 없었기 때문이다. 턱은 척추동물의 진화 과정에서 다음에 이어지는 주요 단계에서 진화했다. 턱의 등장은 머리와 얼굴의 발달과 비교했을 때 그다지 대단하지 않은 구조적 변화로 보일 수 있다. 그러나 이 변화는 사실 매우 중대한 의미를 가진다. 간접적이라고는 해도 결과적으로 턱은 척추동물이 먹이사슬에서 최상위 포식자의 자리에 오를 수 있게 해 주었고, 턱의 발달로 인해 섭식 효율이 엄청나게 증가했다. 척추동물에 턱이 없었다면 오늘날 세상은 분명히 지금과는 완전히 다른 모습일 것이다. 특히 인간은 세상을 관찰하고 변화시킬 수 없었을지도 모른다.

턱의 출현 :
무악어류부터 최초의 유악어류까지

지금까지는 척추동물의 기원을 논하면서 기원의 시기는 다루지 않았다. 다음 장에서 논의하겠지만, 모든 주요한 동물 집단이 새롭게 출현한 정확한 연대를 측정하기란 불가능하다. 게다가 시간을 계속 거슬러 올라갈수록 측정의 어려움은 더욱 커진다. 그러나 화석 기록은 두개동물이 출현한 대략의 시기를 추정하는 단서를 제공한다. 중국의 캄브리아기 지층 "상부"에서 대략 1인치 길이의 초기 두개동물로 추정되는 종들의 화석 두 개가 발견되었고, 연대는 약 5억 년에서 4억 9천만 년 전이다. 이들을 분류하는 기준은 다소 확장된 머리와 척추동물 특유의 신경능선에서 유래된 특징인 앞배 쪽에 위치한 바구니 모양의 구조물, 즉 인두 아가미바구니pharyngeal basket를 가지고 있느냐다. 그러나 이런 화석들이 최초의 두개동물의 것이라는 주장은 보편적으로 받아들여지지 않고 있으며, 일부 고생물학자들은 이들을 몇몇 분명하게 확인된 고대 척삭동물과 조금 다를 뿐인 무척추 척삭동물로 간주한다.[14]

대략 4억 8천만 년에서 4억 7천만 년 전인 오르도비스기 초반에 생존했던 더 크고 분명한 무악어류의 화석들이 존재한다. 이 기간은 척추동물의 기원에 있어서 가장 최근에 가까운 연대다. 오르도비스기 후반인 약 4억 4천5백만 년 전에 몇몇 상이한 종류의 **무악어류**agnathan가 존재했다. 이들 중 다수는 길이가 30센티미터에 달했고, 60센티미터가 조금 넘는 종들도 일부 있었으며, 그 당시 바다에서 번성했다. 이들에게는 내부 골격이 없었지만(연골로 되어 있었음이 거의 확실하다), 몸의 표면을 덮고 있는 **피부갑옷**dermal armor인 크고 단단한 골질판과 딱딱한 방패와 같은 머리를 가지고 있었기 때문에 화석으로 남아 잘 보존되었다. 비록 지금은 하나의 분류 범주로 인정되지는 않지만, 이런 어류를 **갑주어**ostracoderm(영어로는 문자 그대로 "뼈 같은 피부"라는 뜻이다)라고 불렀다.

최초의 턱을 가진 동물 또는 **유악어류**는 4억 2천5백만 년에서 4억 1천만 년 전인 실루리아기 후반이나 데본기 초반 이후에 등장한 것으로 보인다. 최초의 두개동물이 출현하고 대략 7천5백만 년에서 9천만 년 후다. '그림 5.5C'는 가설적인 (그리고 이상적인) 초기 유악어류의 모습이다. 초기 유악어류는 몸의 구성 측면에서 많은 부분이 최초의 두개동물(그림 5.5B)보다 뚜렷하게 더 복잡했지만, 결정적인 변화는 턱이 생겼다는 데 있다. 최초의 유악어류는 아마도 초기 척삭동물과 최초의 두개동물과 마찬가지로 몸집이 작았을 것이다. 그러나 수많은 무악어류처럼 화석으로 남아 있는 가장 이른 유악어류는 중간 크기에 피부갑옷도 가지고 있었고, 이로 인해 화석으로 남을 수 있었다. 이에 더해, 어쩌면 초창기의 유악어류와는 다르게, 이들에게는 내부 골격이 있었을지도 모른다. 이들의 화석이 암석 지층에 처음 등장하면서부터 이후에 형성된 지층들에서 풍부하게 발견되었다. 이는 턱을 가지는 것이 생존에 굉장히 유리했으며, 급격한 확산과 분화를 가능하게 해 주었다는 사실을 보여 준다. 대략 3억 7천만 년에서 3억 5천9백만 년 전인 데본기 후반에 유악어류는 무악어류의 자리를 대부분 차지하면서 해양을 지배하는 두개동물 종이 되었다. 이

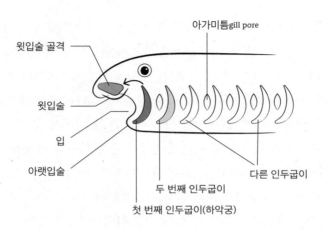

아가미틈gill pore

윗입술 골격

윗입술

입

아랫입술

두 번째 인두굽이

첫 번째 인두굽이(하악궁)

다른 인두굽이

그림 5.7　현존하는 무악어류인 칠성장어 머리. 칠성장어의 하악궁은 유악어류의 아래턱 전신으로 여겨지지만, 위턱과의 관계는 논란의 여지가 있다. 논쟁에 대한 설명은 본문을 참조[맬럿 Mallatt(2008)의 수정본]

런 종들의 다수는 길이가 183센티미터에 이를 정도로 몸집이 컸다. 이는 턱이 영양분 섭취를 더 수월하게 하면서 그 결과 몸집이 커진 것으로 보인다.

　최근의 비교 분자 연구 덕분에 최초의 유악어류로 이끈 생물학적 혁신의 본질이 더욱 명확해졌다. 연구 방법은 이렇다. 현존하는 무악어류로서 무악어류 조상의 대리인 격인 칠성장어의 배아에서 입 부분의 발달을 현존하는 두 유악어류인 닭과 쥐와 비교한다. 중요하다고 여겨지는 유전자들의 발현 패턴 조사와 함께 턱의 구조 변화를 살펴보면서 어떤 유전자 변화들이 발달 과정에서 유악어류의 무악어류 조상들에서 턱의 진화를 이끌어 냈는지를 추론할 수 있다. 이 방법에서는 상이한 척추동물들 사이에서 유전자 발현 활동들이 얼마나 잘 보존되었는지가 중요하다. 이 같은 발현에서의 차이점들은 흔히 발달상의 차이에 대한 정보를 제공한다.

　'그림 5.7'은 칠성장어 머리의 모습이다. 유악어류와는 반대로 칠성장어의 입은 움직임이 제한적이고, 위와 아래에 "입술"이 있다. 이들의 입술은 포유류의 살로 이루어진 입술과는 다르게 단단한 골격 물질로 만들어졌다. 칠성장어는 먹잇감이 포착되면 입술을 이용해 빨아들이는 힘으로 먹잇감의 살에 달라붙는다. 그런 다음 입술 바로 안쪽에 위치한 톱과 같은 이빨로 작업을 시작한다. 이빨 바로 뒤에는 배 쪽에서 등 쪽으로 펼쳐지는 U 자 모양을 한 일련의 연골성 막대 같은 것들이 놓여 있다. 이를 **연골아가미궁**branchial basket이라고 한다. 유악어류에서처럼 이런 구조물은 신경능선세포에서 생성된 세포의 산물로 내배엽성 막에 둘러싸여 있고, 앞쪽에서부터 번호가 매겨지며 첫 번째 궁을 **하악궁**이라고 한다.

턱이 어떻게 유래되었는지에 대한 두 개의 일반적인 관점이 있는데, 둘 다 무악어류의 하악궁이 유악어류에서 볼 수 있는 움직임이 자유로운 아래턱의 전신이었다고 전제한다. 고전적인 관점에 따르면 하악궁은 중앙 부위에 관절을 형성할 수 있게 해 주는 일종의 유전적 분자 속성을 가지고 있었다. 이로 인해 하반부가 앞쪽으로 확장되면서 아래턱의 기반이 형성될 수 있었다. 이 같은 독특한 특징은 이미 알려져 있다. 포유류와 조류의 배아에서 더 안쪽에 위치한 인두굽이와는 다른 하악궁을 상기해 보자. 발달 과정에서 **혹스** 유전자가 발현되지 않는 유일한 부분이다. 최초의 관절을 만든 최초의 사건이 무엇이었든 관절로 이루어진 새로운 하악궁의 하반부는 앞쪽으로 확장될 수 있었고, 여기에는 개별적으로 작은 영향을 미치는 연속적인 돌연변이가 관여했을 것이다. 그리고 돌연변이마다 아래턱의 연골성 전구 물질을 만들기 위해 앞쪽으로의 성장을 촉진했다. 이 가설은 칠성장어의 입 상반부도 위턱과 아래턱을 모두 이용해 더 강하게 무는 힘을 얻기 위해 유악어류 계통에서 위턱을 만드는 방식과 비슷하게 앞쪽으로 확장되었다고 주장한다. 턱의 진화를 설명하는 이 가설에서 유악어류의 위턱은 조상이 되는 무악어류의 윗입술이 변경된 구조물에 불과하다.

대안이 되는 몇몇 가설들 중 하나는 하악궁에서 관절의 형성을 강조한다. 특별히 관절을 발생시켰을지도 모르는 유전적 변화에 초점을 맞추고, 칠성장어와 유악어류 배아에서의 상이한 유전자 발현 패턴을 비교한다. 이 가설이 중요하게 생각하는 사건은 하악궁에서 관절을 만드는 유전자 발현 패턴의 변화다. 이런 변화 뒤에 각각 위턱과 아래턱이 되는 턱의 상반부와 하반부가 앞쪽으로 성장했다고 본다. 이 관점에 따르면 앞쪽으로 성장하는 상반부(미래의 상악골)가 칠성장어와 같은 조상의 윗입술을 완전히 대체했다.[15]

이 두 번째 이론을 뒷받침해 주는 특정 분자 증거가 있다. 칠성장어 배아와 유악어류 배아 사이에 신호를 보내는 단백질(특히 FGF8과 몇몇 뼈 형성 단백질) 발현의 변화가 확인되었고, 이것이 앞쪽을 향하는 하악궁의 성장과 연관이 있을 수 있다. 더 나아가 유악어류에서 관절 형성에 관여하는 두 개의 조절 인자들이 유악어류 배아의 초기 하악궁에서 발현되었지만, 칠성장어의 배아에서는 발현되지 않았다. 첫 번째 인자는 척추동물의 배아에서 관절 형성의 조절 인자로 알려진 *Bapx*이고, 두 번째는 *Bapx*가 조절하는 관절 형성에 없어서는 안 되는 유전자인 *Gdf5*다. 지금까지 밝혀진 정보들은 이런 유전자들이 혼자서 직접 새로운 주요 관절을 만들지 않고, 원형이 되는 아래턱 막대를 따라 형성된 등배(위아래)축을 중심으로 다른 유전자 발현의 차이들과 함께 관절을 형성하는 것을 보여준다. 이렇게 해서 아래턱 막대에서 관절이 발달할 수 있는 상태가 만들어진다.[16]

움직이는 아래턱이 이런 식으로 발생했다면, 이 과정에서 발달하는 배아의 새로운 부위에 발현이 더해지거나 한두 개의 유전자가 보충되었을 것이다. 최초의 무악어류에서 최초의 유악어류가 생겨나기까지 7천 5백만 년에서 9천만 년이라는 시간 간격이 존재한다는 사실을 감안하면 이 특정 사건은 분명 흔하지도 있을 법하지도 않은 일이었다. 살아 있는 종에서 얻은 DNA 염기 서열 증거는 모든 유악어류들이 한 종에서 발생했음을 보여 준다. 이들을 진화생물학 용어로 **단계통군**monophyletic group 이라고 한다. 그러므로 턱의 진화는 발생 가능성이 큰 사건이라기보다는 (만약 그렇다면 시초가 되는 몇몇 개별적인 사건들이 있었을 것이다) 우발적이고 발생 가능성이 낮은 사건이었다.

유악어류가 탄생하고 형태가 성공적으로 갖춰지면서 척추동물 얼굴을 형성하기 위한 기본 구조가 완성되었다. 턱의 진화로 섭식 가능성과 이에 따른 진화의 가능성이라는 새로운 세상의 문이 열렸다. 진화생물학자들은 이를 **핵심 혁신**이라고 부른다. 다시 말해 이 새로운 특성을 지닌 생명체가 확산되고 분화될 수 있도록 주요한 적응 변화, 즉 **적응 방산**adaptive radiation을 촉진하는 진화상의 변화다. 턱의 진화는 성공적이었다. 유악어류가 점점 바다를 지배하면서 매우 다양하고 성공적으로 생존했던 집단인 무악어류가 사라지기 시작했다는 사실이 이 진화적 성공을 입증한다. 두개동물의 진화 과정에서 턱의 발달은 척추동물 머리의 등장에 이어 두 번째로 중요하지만, 어떤 면에서는 더 의미 있는 사건이라고 할 수 있다. 두개동물이 무악어류 "단계"에서 더 발전하지 못했다면, 이들은 바다와 육지 모두에서 먹이사슬을 지배하는 상위 포식자가 될 수 없다. 뒤이은 척추동물의 모든 진화 과정에서 머리와 얼굴을 건설하는 유악어류의 근본적인 "기본 설계도"가 유지된다는 사실이 이들의 성공을 추가로 증명한다.

세부적으로 의미 있는 변화를 이어 가면서 기본적인 척추동물 얼굴 형성 계획 유지하기

데본기에 최초로 완전한 모습을 갖춘 유악어류에서부터 현재의 유악어류까지, 다시 말해 소수의 무악어류를 제외하고 현대의 모든 척추동물들까지 이들의 얼굴은 놀랍게도 구조적으로 크게 변하지 않았다. 실제로 윌리엄 그레고리의 저서 『어류에서 인간까지 우리의 얼굴』에서 두개안면 형태의 **보존**은 주요 요점들 중 하나였다. 그는 이 책에서 동물계와 인류의 진화적 연결성을 강조했다. 척추동물이 육지를 지배하면서 생리와 신진대사, 전반적인 신체 구조가 극적인 변화를 보인 것과 비교해 두개동물의 기본적인 머리 구조는 지난 4억 년이라는 진화 기간 동안 놀라울 정도로 안정적으로 유지되었고, 다른 학자들도 역시 이런 사실에 주목했다.[17]

두개동물의 머리 구조가 큰 변화 없이 유지되었다면, 머리의 세부 사항들은 모든 척추동물 계통(어류, 양서류, 파충류, 조류, 포유류)에서 엄청나게 많은 변화를 겪었다. 그레고리가 척추동물의 머리가 거의 변하지 않았다고 강력하게 주장하기는 했지만, 사실 그의 저서는 초기 유악어류에서부터 인간까지 진화 과정에서 발생한 모든 흥미로운 차이점들을 집중적으로 설명하고 있다. 이런 변화들은 다음과 같다. 신경두개와 턱에서 작은 뼈와 더 큰 뼈의 결합을 통해 단순화된 두개골, 턱 구조의 변형으로 인해 특히 아래턱뼈의 일부 구성 요소들이 중이에 편입되면서 발달하게 된 포유동물의 청각 기관, 그리고 포유동물에서만 발견되는 복잡하고 다양하게 분화된 치아다. 포유동물의 치아는 각 집단마다 서로 다른 식생활에 적합한 엄청나게 다양한 구조를 갖추게 되었다. 이런 변화들을 설명하는 정보는 풍부하지만, 인간의 얼굴로 이어지는 진화라는 이 책의 주제를 망각하지 않기 위해 지금부터는 이 진화 경로를 따라가는 주요한 변화들을 설명하겠다.

해양 유악어류부터 사지동물,
그리고 최초의 포유류까지

오래된 생물학과 진화학 교재에서는 (바다 생활에서 육지 생활로) 척추
동물의 진화에서 커다란 변화를 가져온 사건을 흔히 "육지 정복"이라고
묘사한다. 이런 사건이 발생하기 위해서는 척추동물에서 두 가지 근본적
인 주요 생리학적·해부학적 변화가 필요했다. 그리고 이런 변화를 받아
들이면서 더 많은 변화가 이어졌다. 먼저 호흡 방식에 변화가 있었다. 아
가미바구니의 도움을 받아 움직이는 아가미를 통해 물에서 산소를 추출
하는 대신에 공기를 직접 들이마시게 되었다. 두 번째로 육지에서 이동할
수 있게 지느러미가 사지로 진화했다. 이런 변화는 단순하지도, 급격하게
이루어지지도 않았으며, 대략 3억 6천만 년 전인 데본기 후반에 최초로
육지에서 서식하는 동물, 즉 최초의 양서류가 등장하는 결과를 가져왔다.

"육지 정복"이라는 표현은 물고기처럼 생긴 거대한 무리의 생명체들
이 떼를 지어 새로운 영역을 맹공격한 후 꼭 속전속결은 아니더라도 압도
적인 승리를 쟁취하는 이미지를 떠올리게 만든다. 마치 새로운 영역이 더
매력적이라서 군대를 이끌고 정복하듯이 밀고 들어왔다는 뜻을 내포한
다. 그러나 현실은 분명히 달랐다. 데본기에는 육지와 바다가 만나는 곳
에 식물들이 광범위하게 덮여 있었고, 벌레들이 서식하면서 이전보다는
더 살기 좋은 환경을 조성했지만, 바다에서 올라온 신참들에게 육지는 여
전히 가혹한 곳이었다. 바다 생물들이 육지에서 생활하는 척추동물로 진
화하는 단계는 2천만 년에서 3천만 년에 걸쳐 발생했을 것으로 보인다.
또 화석을 통해 수만 종류에 이르는 바다 서식 유악어류들 중 오직 소수
의 종들에서만 시작되었음을 알 수 있다. 실제로 바다에서 생활하는 척추
동물들이 위협을 느끼고 도망갈 만큼 해양 환경이 나쁘지 않았다. 물에서
산소를 추출하는 이런 척추동물들에게 해양은 완벽하게 좋은 환경이었

고, 이는 지금도 여전히 그렇다. 오늘날 모든 살아 있는 척추동물 종들 중 절반가량(약 2만 5천 종)이 어류이고, 이들 중 많은 종들이 민물고기다. 어쩌면 이는 분리된 민물 환경이 해양 환경에 비해 진화적 다양성이 발생하는 데 더 유리했기 때문일지도 모른다.

비교적 적은 수의 동물 계통이 육지로 이동한 사건이므로 개척이라는 표현이 어울린다. 그러나 인간으로 비유하자면 강제적으로 마지못해 이루어진 이주였고, 개척자들은 척박한 환경에서도 나름 최선을 다했다. 이들은 자신들이 해안가나 강어귀 같은 축축한 서식지가 있는 변두리 환경에 놓여 있음을 알게 되었다. 그리고 이런 습지가 많은 땅에서는 지느러미보다 사지 같은 기관들이 이동에 더 적합했다. 지금까지 발견된 화석들이 이런 새로운 형태로의 점진적이고 복잡한 진화가 일어났음을 증명한다. 더 나아가 물기만 있는 환경에서 살아남기 위해서는 이런 환경에 적응해 변화할 필요가 있었다. 예를 들면 폐어류는 진흙 속에 자신의 몸을 묻은 다음 물질대사를 중단하는 식으로 장기간 살아남을 수 있었다. 변두리 환경에서 살아남는 한 가지 해결책을 보여 주는 사례다. 그러나 최초 육상 동물의 진정한 조상은 **육기어류**sarcoptyrigian fish 또는 총기어류lobe-finned fish일 가능성이 거의 확실하며, 이 중에서도 5천만 년 전에 멸종된 것으로 여겨졌다가 1938년에 현존하고 있음이 밝혀진 실러캔스coelacanth가 좋은 예다. 이들의 외지appendage*는 연골성 지느러미가 아닌 바다나 강하구의 진흙 바닥 같은 땅에서 움직일 수 있게 해 주는 근육질의 지느러미였다. 느리고 머뭇거렸다고는 해도 새로운 환경에 첫발을 내디딘 이야기의 주인공은 바로 이런 물고기들이었다.

척추동물을 육지에서 생활하게 만든 길고 연속적인 진화적 사건들에는 중요하고 뚜렷이 구분되는 두 단계가 있다. 첫 번째는 방금 언급했듯

---

* 동물의 체표에서 돌출하여 동물체의 이동에 도움이 되는 부속지

이 총기어류의 육지 침략이다. 이것이 처음에는 원시 형태의 양서류로, 그런 다음에 다시 진정한 양서류로의 진화로 이어졌다. 약 3억 9천만 년에서 3억 8천5백만 년 전인 데본기 중반에 시작되었고, 뒤이은 지질시대인 석탄기의 초반 어느 시점에 완성되었다. 이때가 3억 5천5백만 년에서 3억 5천만 년 전쯤이다. 확실히 양서류는 석탄기 동안에 점점 더 흔한 동물이 되었다. 육지 생활을 하는 이런 초기 척추동물 개척자들은 오늘날 **사지동물**(문자 그대로 "네발 달린" 짐승)이라고 부르는 동물들의 시조였다.[18]

육지에서 효율적으로 움직이게 하는 총기어류의 지느러미가 진정한 네발로 진화한 것 외에도 진정한 폐를 발달시킨 진화도 있다. 총기어류 개척자들은 폐어류라는 명칭에 걸맞게 원시 형태의 폐를 가지고 있었음이 거의 확실하다. 그리고 초기 양서류는 아마도 지금의 양서류들이 그렇듯이 피부를 통해 산소를 공급받을 수 있는 어떤 능력이 있었을 것이다. 그러나 사지와 폐를 가지고 있기는 했지만, 최초의 양서류는 알을 낳기 위해 물이 풍부한 지역을 벗어날 수 없었다. 지금도 대다수의 양서류가 여전히 물가에서 생활한다. 이들은 적절한 수의 개체가 생존을 보장받을 수 있도록 물에 셀 수 없이 많은 알을 낳는다. 그리고 이는 알을 깨고 나온 유생(올챙이)이 매우 복잡하지는 않지만 적어도 자유롭게 헤엄치는 개체가 되기에는 충분히 복잡한 구조를 가졌다는 뜻이다.[19]

뒤이어 발생한 진화상의 변화는 척추동물의 한 계통이 제약에서 벗어나 진정한 육지 정복을 이룰 수 있게 해 주었다. 여기에는 상대적으로 단순하고 사소하게 들리는 핵심적인 혁신이 수반되었다. 바로 알을 둘러싸고 있는 새로운 막, 즉 **양막**amnion의 발달이었다. 육지 생활을 하는 모든 현존하는 척추동물(파충류와 조류, 포유류)이 **양막류**라는 명칭을 얻은 이유가 이 양막에 있다. 양막은 알에서 수분이 증발하지 못하게 막아 주면서 동시에 배아가 발달할 수 있도록 대기에서 알의 내부로 산소가 직접적으로 공급되게 한다. 이를 통해 더 큰 알이 만들어지고 결과적으로 배

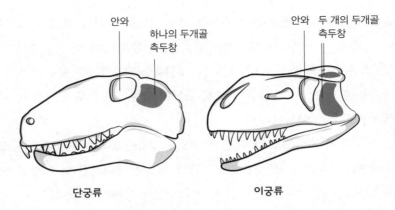

안와   하나의 두개골 측두창   안와 두 개의 두개골 측두창

단궁류   **이궁류**

그림 5.8 초기 단궁류와 이궁류 두개골 비교. 측두창이 하나인 단궁류는 포유류의 조상이다. 이궁류에는 멸종된 공룡(석형류sauropsids)과 이들의 현존하는 후손인 조류, 그리고 지금의 파충류 집단(뱀과 도마뱀, 악어, 거북이)이 포함된다.

발생 패턴이 더 길고 확장될 수 있다. 이렇게 되면 알에서 부화한 새끼는 초기 척추동물 형태의 새끼에 비해 더 복잡한 구조를 가지게 된다. 그러나 무엇보다도 중요한 변화는 알을 물에 낳을 필요가 없어진 것이다. 자신들의 존재의 흔적을 화석으로 남긴 최초의 양막류는 석탄기 중반에서 후반에 살았다. 화석 증거로 판단컨대 대략 3억 2천만 년 전이다. 그러나 양막류가 처음으로 출현한 시기는 이보다 수백만 년 더 빠를 수 있다.

양막류가 출현한 후 비교적 짧은 기간 안에 이들은 네 갈래로 나누어졌고, 이들 중 번성이라는 측면에서 가장 중요한 두 계통은 **이궁류**와 **단궁류**다. 이 두 집단을 구별 짓는 특징은 그다지 대단해 보이지 않는다. 바로 두개골의 관자(측면 뒤쪽) 부위에 있는 구멍 또는 **측두창**fenestrae 개수의 차이다(그림 5.8). 이궁류는 두개골 양쪽에 각각 측두창이 위아래에 하나씩 두 개가 있는 반면, 단궁류는 아래에 한 개만 있다(그림 5.8). 턱의 힘과 식생활과 관련해서 처음에는 이 차이가 기능상 큰 의미를 가지고 있지는 않았을 것이다. 그러나 이 두 계통은 뚜렷이 구분되는 상이한 진화적 운명을 가지게 된다. 초기 이궁류는 공룡 그리고 악어와 뱀, 도마뱀, 거북이 등과 같은 현존하는 모든 파충류와 (유일하게 살아 있는 공룡의 후손인) 조류로 진화했다. 반면 처음에는 **포유류형 파충류**라고 불렸던 초기 단궁류는 결과적으로 포유류의 직계 조상이 되는 계통으로 진화했고, 여기에서 포유류가 탄생했다.[20]

양막류가 분리되고 난 뒤인 고생대 후기에 단궁류는 이궁류보다 개체수가 훨씬 더 많고 다양해졌다. 그러나 약 2억 5천2백만 년 전경에 발생한 엄청난 지질학적·기후학적 사건들로 인해 육지와 바다에서 동식물이 대량으로 멸종했다. 그리고 이와 함께 고생대와 고생대의 마지막 지질시대인 페름기가 막을 내리게 되었다. 실제로 지구상에서 발생한 모든 멸종 사건들 중에서 가장 극심했고, 5백만 년간 육지와 바다에서 동물들의 존재가 사라지다시피 했다. 뒤이어 찾아온 트라이아스기에서는 두 계통의 운명이 역전되었다. 이 기간(2억 5천백만 년에서 2억 1백만 년 전) 동안에는 **석형류** 파충류 형태의 이궁류가 더 다양하고 지배적인 육상 동물이 되었고, 이 중에서도 공룡이 가장 눈에 띄었다. 단궁류는 소수 집단이 되었고, 상대적으로 적은 수의 계통만이 생존할 수 있었다. 그러나 살아남은 계통은 미래를 위한 씨앗을 품고 있었으며, 결국에는 최초의 진정한 포유류로 이어지는 계통을 낳았다. 트라이아스기에는 복잡한 육상 생태계를 구성하는 매우 다양하고 풍부한 척추동물과 곤충들이 살았다.[21]

초기 단궁류부터 진정한 포유류까지

처음에는 파충류에 가까운 모습을 가졌던 초기 단궁류에서 어떻게 포유류가 탄생할 수 있었을까? 분명히 얽히고설킨 수많은 복잡한 변화들이 연관되었을 테고, 이에 걸맞게 약 1억 5천만 년에서 1억 8천만 년 이

상이라는 오랜 기간이 걸렸을 것이다. 이런 장기간에 걸친 과정에서 획득한 포유류의 특성들을 살펴보면 이 과정이 얼마나 복잡했는지를 짐작해 볼 수 있다. 이 특성들은 다음과 같다. (1) 머리와 몸통 부위 모두에서 뼈의 개수 감소, (2) 위턱과 아래턱의 관절에 필요한 아래턱의 뼈 두 개가 이전의 위치에서 중이의 뼈로 기능하게 되는 더 안쪽으로 이동, (3) 위턱보다 뒤에 턱관절을 만드는 새로운 연결 부위를 가지는 아래턱뼈 전체를 형성하기 위해 가장 앞쪽의 하악골인 치골dentary의 뒤쪽과 등 쪽 확장, (4) 호흡과 섭식 기능을 분리시키고 입 안에서 음식물 처리를 용이하게 하는 2차구개secondary palate의 발달, (5) 체온이 일정하게 유지되는 **항온성**homeothermy, (6) 신진대사 조절을 통해 안정된 체온을 유지하게 되면서 가능해진 변화로, 먹잇감을 뒤쫓거나 포식자로부터 도망치기 위해 필요한 재빠른 움직임에 적합한 더 직립에 가까운 보행 방식 획득, (7) 얼굴에 있는 수염을 포함한 털가죽 또는 **모피**pelage, (8) 배아기와 태아기 동안에 모체로부터 직접적인 영양분 공급(오늘날에도 단공류monotreme라고 하는 알을 낳는 두 종류의 포유류에서 볼 수 있는데, 암컷은 구멍이 많은 가죽 같은 알껍질을 통해 발달하는 배아에 자궁액uterine fluid을 공급한다), (9) 모유 수유를 통한 특별한 영양분 공급 형태.

이런 일련의 특성들은 서로 연관성이 거의 없고, 대부분은 얼굴의 진화와 명백한 관련성이 없어 보이면서 처음에는 뒤죽박죽 혼란스럽게 느껴진다. 그러나 사실 기능상의 결과라는 측면에서 이들은 일부 또는 모두가 서로 관련이 있고, 몇몇은 간접적이기는 하지만 모두가 초기 포유류 얼굴의 진화에 영향을 미쳤다. 이에 대한 자세한 설명은 필요 없지만, 간략한 설명은 도움이 될 것이다.[22]

앞서 언급했듯이 단궁류의 독특한 두개골 특징은 양쪽 관자놀이 부위에 하나씩 존재하는 측두창과 그 아래쪽에 튼튼한 활모양을 이루는 골질 구조물이다. 이 구조물은 아래턱(하악)에 근육이 붙을 수 있게 하였고, 결과적으로 더 강력한 턱 운동을 가능하게 만들었다. 그리고 이와 함께 섭식 기회를 확장시킬 수 있는 가능성들도 더 많이 생겨났다. 턱 운동을 뒷받침해 주는 더 강력해진 두개골 구조는 포유류의 두뇌가 더 커지기 위해 필요한 조건이자 이보다 앞서 발생해야 하는 단계인 머리뼈 윗부분이 확장될 수 있는 가능성을 제공한다. 밑에서 든든하게 받쳐 주는 기반을 가진 관자놀이 측두창의 발달은 다른 동물들을 잡아먹을 수 있는 기회를 증가시켰고, 사실상 육식성 식생활을 확산시켰다. 그러나 초기 단궁류의 대다수는 초식성이었다.

단궁류가 가진 관자놀이의 측두창은, 기능상의 중요성이 정확히 무엇이었든, 단궁류의 기원을 상당히 명확하게 측정할 수 있게 해 주었다. 최초의 단궁류 화석으로 확인된 화석들은 약 3억 2천만 년에서 3억 1천만 년 전인 석탄기 중반으로 연대가 측정되었다. **반룡류**pelycosaur라고 불리는 이런 초기 단궁류들은 (표면상으로는) 도마뱀처럼 생긴 생물체였으며, 네 다리를 옆으로 벌리고 배를 땅에 대고 기어가는 파충류 특유의 걸음걸이를 보여 주었다. 그러나 일부 초기 반룡류들은 포유류를 규정하는 하나의 본질적인 특성의 흔적이 있었다. 바로 다양한 유형으로 분화된 치아다. 처음에는 치아의 크기에서 차이가 났다. 이런 동물들의 치아는 대부분이 먹잇감의 살을 뚫고 깨물어 꼼짝 못하게 붙잡는 용도로 사용되는 날카로운 송곳니를 어설프게 닮았다. 최초의 반룡류들은 몸집이 작았지만, 특정 계통은 2미터가량 되는 중간 정도의 크기까지 성장했다. 이들 중에서 비록 초기 공룡으로 종종 여겨지긴 하지만, 초기 포유류형 파충류의 상징인 등에 돛 모양의 돌기를 가진 **디메트로돈**Dimetrodon은 박물관에서 많이 볼 수 있는 익숙한 동물이다(사진 6 참조). 단궁류가 다양해지면서 치아 구조는 더욱 복잡하게 진화했고, 어금니와 작은어금니가 등장했다. 먹이를 특히 식물을 어금니와 작은어금니로 더욱 잘게 씹어 부술 수 있게 되면서 먹이의 가짓수가 늘어났고, 그 결과 단궁류는 주로 초식동물로 더욱 다양하게 진화할 수 있었다. 페름기(2억 9천만 년에서 2억 5천2백만 년 전) 동안에 이들의 일부는 거대한 크기로 성장했다.

페름기 후반에 반룡류보다 포유류에 더욱 가까운 **수궁류**therapsids가 등장했다. 그러나 이들이 반룡류를 대체하지는 않았다. 수궁류 화석들은 이들의 사지가 몸통 바로 아랫부분에 가깝게 위치했음을 보여 준다. 그리고 이런 사지의 위치는 이들이 더 똑바로 선 자세로 더 빨리 걸을 수 있게 했다. 이들은 더 높은 신진대사율과 일정한 체온을 유지하기 위해 신진대사를 조절하는 능력을 가지고 있었다. 또 더 발달된 포유류형 치열과 포유류에 더 가까운 턱을 가진 얼굴 모습을 보여 주기도 한다. 이들의 뼈대로 판단컨대 수궁류는 아마도 포유류와 비슷한 신진대사를 하고, 털가죽을 가졌을 가능성이 높다.

이런 특성들은 수궁류에 속하는 **견치류**cynodonts에서 더욱 분명하게 드러나기 시작했다. 이들은 페름기 후반에 처음 등장해서 중생대 초반, 더 정확하게는 트라이아스기 중반에 번성했다. 그러다가 석형류, 더 구체적으로는 초기 공룡 종들에 의해 먹이사슬의 상위 자리에서 대대적으로 밀려나게 되었다. 견치류는 석형류가 육상을 지배하게 되면서 트라이아스기 동안에 점진적으로 더 작은 형태들로 다양하게 진화했다. '사진 7'은 견치류의 모습을 보여 준다. 이들은 약 1억 9천만 년 전인 쥐라기에 출현한 **포유형류**라고 하는 포유류와 유사한 종들의 직계 조상이다. 그리고 포유형류는 소위 **줄기 집단**stem group 포유류라고 하는 최초의 진정한 포유류의 직계 조상이다.

포유형류는 어떤 모습이었을까? 1970년대까지 확인된 비교적 적은 수의 화석들을 기반으로 공룡 시대에 살았던 포유류들은 오랫동안 몸집이 작고 곤충을 잡아먹던 식충류들(두더지, 뒤쥐)로 여겨졌다. 이들은 아마도 다양하고 거대한 공룡들의 그림자 밑에서 몸을 웅크리고 있다가 몸을 숨기기 용이한 밤의 어둠을 틈타 활동하는 야행성이었을 것이다. 그러나 최근 수십 년간 다량으로 발견된 새로운 화석들은 이 관점을 뒤집었다. 쥐라기 중반에서 후반에 존재한 포유형류 종들이 이들로부터 발생한 진정한 포유류와 형태가 유사한 다양한 동물들을 포괄했기 때문이다. 골격, 특히 치아와 사지의 특징으로 판단했을 때, 이 다양한 유형에는 육식동물과 비버와 유사한 동물, 나무를 타는 동물(기어오르기에 적합한 형태), (전통적 관점에서) 작은 식충류, 땅을 파는 동물, (하늘다람쥐와 유사한) 활공하는 동물들이 포함되었다. 이런 초기 계통들의 다수가 후손을 남기지 않은 채 자취를 감췄지만, 다양화는 계속 진행되었다. 그리고 이 진행 과정 중에서도 많은 종들이 멸종하는 경우가 흔했다. 쥐라기 후반과 백악기에는 공룡이 생태계를 지배했지만, 이런 와중에도 포유형류 종들은 매우 다양해졌다. 이들의 몸집이 모두 작지만은 않았다. 비버와 유사한 어떤 동물은 비교적 컸으며, 무게가 10킬로그램가량 나갔다.[23]

정말로 중요한 문제는 백악기 후반의 포유류가 현대 포유류와 진화적 관계나 연관성이 있는가이다. 현존하는 포유류는 세 개의 주요 집단으로 구분된다. 단공류와 유대류marsupial, 태반류placental다. 포유류에서 하나의 목만을 구성하는 단공류가 가장 작은 집단으로, 오늘날에는 단 두 종만이 존재한다. 이들은 모두 호주 토종 동물인 오리너구리와 가시두더지다. 또 이들은 초기의 단궁류처럼 가장 원시적인 포유류로서 알을 낳는다. 두 번째와 세 번째 집단인 **유대류**와 **태반류**는 더 발달했고, 더 늦게 출현했으며, **짐승류**therian로 분류된다. 얼굴의 틀을 잡아 주는 바깥귀 또는 **귓바퀴**pinnae 덕분에 이들의 얼굴은 전형적인 포유류의 얼굴에 더 가깝다고 할 수 있다. 단공류처럼 하나의 목만을 구성하는 유대류는 새끼가 발육이 불완전한 상태로 태어나기 때문에 보통 엄마의 배에 있는 육아낭 속에서 성장한다. 단공류에 비하면 유대류의 종들이 꽤 많다고 할 수 있지만, 포유류 전체를 놓고 보면 여전히 소수 집단이며, 압도적인 다수가 한 대륙에서 서식한다. 바로 호주다. 한편 태반이 있는 포유류는 포유류 중에서 가장 크고 다양하며 광범위하게 퍼져 있는 집단이다. 실제로 전 세계에 분포하고 있다. 이들의 새끼는 자궁 안에서 태아기를 거치면서 발달하고, 배아와 태아는 특별한 기관인 태반을 통해 영양분을 공급받는다. 이들의 명칭이 여기에서 유래되었다. 이 생식 방법은 새끼가 엄마의 주머니 안에서 성장하는 유대류 새끼보다 발육이 더 진행된 단계에서 태어나게 한다. 이러한 포유류의 주요 세 집단은 쥐라기에 등장했을 가능성이 있으며, 시간 순서는 단공류와 유대류, 태반류였을 것이다. 그러나 이런 계통의 기원에 대한 정확한 연대는 논란의 여지가 있다.[24]

이 책은 인간의 진화에 초점을 맞추기 때문에 태반이 있는 포유류를 집중적으로 다루겠다. 현재의 분류학 체계는 태반 포유류를 열여덟 개의 **목**으로 나누고 있으며, 이들 중 하나가 인간의 포유류 모체가 되는 영장류다. '그림 5.9'는 많은 분자 연구를 통해 재구성한 태반 포유류의 계통수를 보여 준다. **상목 집단**superordinal group이라고 하는 네 개의 주요 가지들이 있으며, 각 분지는 더 밀접하게 연관된 포유류 목들로 구성된다. 이 네 개의 상목을 **아프로테리아상목**Afrotheria과 **로라시아상목**Laurasiatheria, **영장상목**Euarchontoglira, **빈치상목**Xenarthra이라고 하고, 이들의 추정적인 계통학적 관계가 그림에 나타난다. 로라시아상목과 영장상목이 가장 큰 집단으로, 다른 두 개의 상목들보다 서로 더 밀접하게 관련되어 있으며, 이 둘을 때때로 더 큰 상목인 **북방수류**Boreotheria로 묶기도 한다. 이런 DNA를 기반으로 하는 계통수에서 가장 흥미로운 사실은 이 계통수의 분지들이 주로 일반적인 형태학적 유사성을 기반으로 만들어졌던 과거의 전통적인 계통수와 얼마나 판이하게 다른가 하는 점이다. 해부학적으로 가장 놀라운 점은 아프로테리아상목에 코끼리와 (대형 설치류와 유사하지만 위협적인 송곳니로 당황스럽게 만드는) 바위너구리, 해우(바다소), 땅돼지 같은 형태학적으로 다양한 동물들이 포함되어 있다는 사실이다. 서로 닮은 점이 없는 동물들이 밀접하게 연관된다는 사실이 잘 믿기지는 않지만, 그럼에

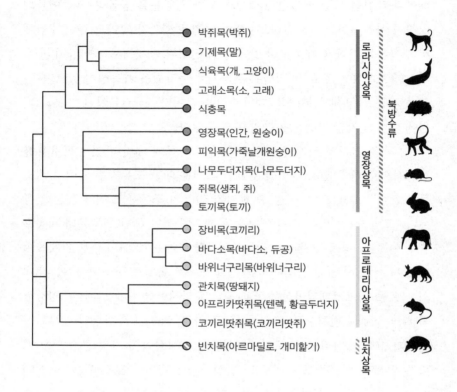

로라시아상목: 박쥐목(박쥐), 기제목(말), 식육목(개, 고양이), 고래소목(소, 고래), 식충목

영장상목: 영장목(인간, 원숭이), 피익목(가죽날개원숭이), 나무두더지목(나무두더지), 쥐목(생쥐, 쥐), 토끼목(토끼)

아프로테리아상목: 장비목(코끼리), 바다소목(바다소, 듀공), 바위너구리목(바위너구리), 관치목(땅돼지), 아프리카땃쥐목(텐렉, 황금두더지), 코끼리땃쥐목(코끼리땃쥐)

빈치상목: 빈치목(아르마딜로, 개미핥기)

북방수류

그림 5.9　태반 포유류의 계통발생 그림. 분자 계통발생 분석을 통해 본래 린네식 분류법을 따랐던 열여덟 개의 태반 포유류 목들(새끼들이 배아기와 태아기 때에 태반을 통해 풍부한 영양분을 공급받는다)이 지금은 네 개의 **상목**으로 분류된다. 이들은 로라시아상목과 영장상목, 아프로테리아상목, 빈치상목이다. 로라시아상목과 영장상목은 더 최근에 북방수류로 분류되었다. 태반 포유류의 현대 또는 **크라운 집단**에 속하는 목이 탄생한 시기는, 그것이 백악기 말기에 발생한 멸종 사건 전이든 후이든 상관없이, 본문에서 논의했듯이 논란의 여지가 있다(니시하라와 마라야마, 오카다Nishihara, Marayama, and Okada(2009)의 수정본).

도 이 새로운 태반 포유류 계통수가 잘못되었다고 의심하는 경우는 거의 없다. 아프로테리아상목은 진화 과정에서 서로 밀접하게 연관된 동물 계통이 현저하게 다른 형태학적 변화를 거치면서 어떻게 만들어질 수 있는지를 보여 준다.

태반 포유류 계통수는 몇몇 흥미로운 진화상의 궁금증을 불러일으킨다. 얼마나 많은 현대 또는 **크라운 집단**crown group 포유류 목들이 백악기 후반에 서식했던 포유류로 거슬러 올라갈 수 있을까? (크라운 집단은 주요한 형질들에 따라 규정되는 분류군에서 모든 현대의 대표 동물들로 구성되며, 이들의 직접적인 조상군ancestral group도 포함한다. 주요 형질들이 하나 이상 부족한, 이들보다 앞선 형태는 **줄기** 형태라고 한다.) 현대 태반류 목들은 언제 처음 등장했으며, 언제 다양화되기 시작했는가? 거대한 (날지 못하는) 육지 공룡들이 백악기 후반에 멸종되고 난 후일까? 화석 증거는 포유류 종들이 날지 못하는 공룡들이 자취를 감춘 후인 신생대 ("포유류의 시대") 초반에 대규모로 증가하였음을 보여 준다. 그러나 '그림 5.9'에서 나타나듯 현대 포유류 목들이 언제 발생했고 번영하기 시작했는지는 오랫동안 분명하게 규명되지 않았다.

전통적으로 이 질문에 대한 답변은 세 가지가 있다. 첫 번째는 주요 태반류 계통의 다수가 백악기에서 상당히 이른 시기에 등장했지만, 수천만 년 동안 이들에게서 형태학적 다양화가 거의 일어나지 않았다는 설명이다. 이들 대부분은 아마도 작고 주둥이가 길며 곤충을 먹는 종들이었을 것이다. 그러나 앞서 논의되었던 새롭게 발견된 풍부한 화석들은 다양화가 거의 일어나지 않았다는 생각을 부정하는 좋은 증거다. 결국 크라운 집단 포유류들의 뿌리가 백악기 초반에 상당히 비슷하게 생긴 조상들 사이에 있었을 가능성은 크지 않다. 두 번째는 대부분의 태반류 목들이 백악기부터 이어져 오기는 하지만, 그 시기가 6천5백만 년 전에 백악기가 끝나기 1천만 년에서 2천만 년 전인 후반부터였다는 설명이다. 가능한 한 많은 수정을 거쳐 문제점들이 바로잡힌 분자시계 증거는 이 설명을 강력하게 뒷받침해 준다. 세 번째는 모든 열여덟 개의 현대 태반류 목들이 백악기 바로 뒤에 오는 신생대 초반, 즉 신생대 제3기를 5세*로 나눴을 때 첫 번째인 팔레오세Paleocene Epoch에 등장했다는 설명이다.

현재는 두 번째 설명이 받아들여지고 있다. 태반류 목들의 대부분이 백악기 후반으로 거슬러 올라가지만, 종의 다양성이 전성기를 맞이한 시기는 거대한 초식 공룡이 사라지고 난 뒤인 신생대였다. 이는 화석과 분자시계 증거를 기반으로 한 결론이다. 비록 많은 종들과 심지어는 종의 상위 분류군(속과 과)에 속하는 동물들마저도 대량으로 자취를 감추기는 했지만, 화석은 많은 포유류 집단이 백악기 후반에 발생했던 대멸종에서 살아남았음을 보여 준다.[25]

그러나 2013년 저명한 고생물학자들이 반대 의견을 제기했다. 이들은 이 증거가 모든 현대 태반류 집단들이 신생대 초반인 팔레오세에, 그 중에서도 특히 이 시기에 존재했던 한 조상 종으로 거슬러 올라간다는 견해를 뒷받침한다고 주장했다. 이들은 현존하는 포유류 종들뿐만 아니라 멸종된 포유류들의 화석 증거들을 비교하면서 포유류의 역사를 철저하게 재구성하는 방식을 취했다. 골격 조직과 연조직 형질들(물론 후자는 오로지 현존하는 종들로부터 얻은 것이다)을 하나하나 비교하고, 계속해서 과거로 거슬러 올라가면서 계통학적 관계를 차근차근 정립했다. 이들은 분자계통학적 증거를 가능성 있는 진화적 관계를 정립하는 작업에 활용했지만, 연대 측정에는 분자시계 증거를 포함시키지 않았다. 오직 화석 증거만을 이용했다. 이 분석을 통해 현대 태반류의 조상으로 추정되는 종의 형태를 복원할 수 있었다. 그 모습은 '사진 8'에서 볼 수 있다. 이렇게 복원된 조상은 아마도 곤충을 잡아먹고, 나무를 기어오르며, 몸집이 작

• 팔레오세, 에오세, 올리고세, 마이오세, 플라이오세가 있다.

고, 몸무게가 250그램을 넘지 않을 정도로 가벼웠을 가능성이 크다.[26]

이 문제는 여전히 완전히 풀리지 않은 채 논란거리로 남아 있다. 백악기 후반의 대멸종 전에 살았던 포유류 크라운 집단의 화석이라고 완전히 인정되는 화석은 존재하지 않는다. 그러나 화석 증거가 없다고 특정 동물 유형이 존재하지 않았다고 주장하기에는 무리가 있다. 더 나아가 유전자의 분자를 분석한 증거는 포유류 크라운 집단의 뿌리가 백악기 후반에 있음을 보여 준다. 그러나 이런 분석은 대멸종이 분자 데이터를 기반으로 과거로 추론해 올라가는 과정을 왜곡할 수 있다는 불확실성을 안고 있다. 대멸종으로 인해 공룡뿐만 아니라 포유류의 생물군이 대부분 완전히 파괴되었고, 이어진 지질시대인 신생대 초기에 포유류 종의 다양성이 절정기를 맞이했기 때문이다.[27]

포유류 특성의 진화 : 얼굴과 관련된 네 가지 형질

최초의 단궁류에서 최초의 진정한 포유류까지 진화하는 과정은 대략 3억 1천만 년에서 1억 6천만 년 전까지 약 1억 5천만 년을 넘지 않는 기간에 발생했다. 어쩌면 이보다 더 짧을 수도 있다. 이 기간에 이 계통에 속하는 동물들의 얼굴은 반룡류의 공룡처럼 생긴 얼굴에서 털로 덮이고, 포유류형 주둥이와 분화된 치아를 가졌으며, 귀가 위로 솟은 초기 유대류와 태반류의 모습으로 극적인 변화를 겪었다. 다행스럽게도 이제는 무엇이 형태학적 변화를 일으켰는지를 탐구하고, 이런 형질을 가져온 특정 유전자와 분자의 변화를 확인할 수 있게 되었다. 지금부터는 얼굴에 영향을 주는 네 가지 일반적인 포유류 형질들과 이들의 발달과 유전적 기반에 대해 이야기하겠다.

포유류형 치아

입을 다물고 있으면 눈에 보이지 않기 때문에 치아를 얼굴을 구성하는 특징으로 생각하지 않을 수 있다. 그러나 치아는 입의 일부고, 입은 얼굴의 일부다. 이는 부인할 수 없는 사실이다. 더 나아가 웃거나 소리를 지르거나 위협하거나 아니면 단순히 말을 하는 동안 입술이 벌어졌을 때 치아는 가시적이고 즉각적으로 얼굴의 일부로 인지된다. 인간의 경우 치아는 사람의 이미지에 영향을 준다. 아름다운 치아는 매력을 향상시키고, 고르지 못한 치아는 반대 효과를 낳는다. 또 치아가 없는 경우 입을 닫고 있을 때조차 얼굴의 전체 외관에 영향을 주면서 나이가 더 들어 보이게 만든다. 만약 누군가 미소를 지을 때 많은 포유류가 (그리고 소설 속의 뱀파이어가) 가지고 있는 눈에 잘 띄는 송곳니가 드러난다면 사람들은 두려움을 느끼며 움찔할 것이다. 치아는 말을 할 때 소리의 생산에 영향을 주며, 이는 한발 더 나아가 얼굴을 매개로 하는 사회적 상호작용에도 영향을 미친다. 그러므로 대부분의 시간 동안 가려져 있다고 해도 치아는 두말할 필요 없이 얼굴의 일부다.

치아의 발달은 턱의 발달과 밀접한 관련이 있다. 턱의 진화는 치아 종류와 이들의 배열 모두에 영향을 미치기도 하고, 반대로 치아 자체의 진화에 영향을 받기도 한다. 앞서 보았듯이 단궁류 특유의 특징 중 하나가 다양한 치종이다. 포유류는 일반적으로 뚜렷하게 다른 네 종류의 치아를 가지고 있다. 앞니와 송곳니, 작은어금니, 어금니다. 그리고 종에 따라 위턱과 아래턱에 치종의 개수가 정해져 있으며, 이를 **치식**dental formula*으로 나타낼 수 있다. 이 같은 치아의 다양성은 석형류나 이들의 후손들에게서는 발견되지 않는다.

• 이빨의 종류와 수를 알기 쉽게 표현하기 위하여 식으로 나타낸 것

치아와 턱의 발달에 필요한 결정적으로 중요한 유전자는 **디스탈리스**_{Dlx} 유전자군에 속한다. 이 유전자군은 실험상으로 비활성화된 상이한 *Dlx* 유전자를 가진 쥐에서 볼 수 있었다. (이런 유전자들은 사지 발달에도 중요한 역할을 한다.) 그러나 특정 *Dlx* 유전자와 특정 종류의 치아가 존재하지만, 이 *Dlx* 유전자의 활동과 특정한 치종 사이에 단순한 일대일 관계는 성립되지 않는다. 그보다는 상이한 치종은 공간적으로 포개지는 패턴과 정도가 다른 턱의 발달에서 서로 다른 조합의 *Dlx* 유전자들의 발현을 반영하는 것처럼 보인다. 그리고 그 결과 특정 위치마다 다른 종류의 치아가 자란다. 이 관계를 **Dlx 코드**라고 한다.

Dlx 코드가 어떻게 다양한 종류의 치아를 만들어 낼 수 있는 것일까? 각각의 *Dlx* 유전자가 전사 인자를 암호화한다는 점을 들 수 있다. 이론적으로 각각의 인자는 수많은 일꾼 유전자들의 발현을 활성화시킬 수 있다. 만약 상이한 *Dlx* 유전자들이 서로 다른, 심지어 전사 인자들이 조절하는 일꾼 유전자들에서 아주 미세하게 차이가 나는 전사 인자들을 암호화한다면 소수의 *Dlx* 유전자들의 상이한 조합이 다른 일꾼 유전자들을 발현시키게 된다. 이런 추정은 타당하다. 전사 유전자군에 속하는 유전자들은 언제나 유전자 서열에서 어느 정도 차이를 보이고, 이런 서열을 일부 변경하면 어떤 일꾼 유전자가 활성화되는지에 영향을 주면서 이들의 활동에 영향을 미칠 수 있다. *Dlx* 유전자의 활동은 먼저 턱 자체의 모양을 만들고, 그런 다음에 턱에 미치는 영향을 통해 간접적으로든 직접적으로든 각 치종의 치배_{tooth germ}*를 발달시킨다. 후자의 발달에는 일반적인 형태와 크기뿐만 아니라, 어금니와 작은어금니의 경우 치아 융기_{cusp}**의 세부적인 패턴에 미치는 영향도 포함된다. 이 견해는 상이한 치아 패턴이 진화 과정에서 어떻게 나타나게 되었는지에 대한 단서를 제공한다. 여기에

---

* 치아의 원기
** 어금니의 교합 면에서 볼 수 있는 높이 솟아 있는 부분

필요한 것은 *Dlx* 유전자군에 속하는 상이한 유전자들의 (또는 관련된 다른 유전자들의) 발현 부위, 즉 이들의 **도메인**domain에서의 공간적 변화가 전부다. 이런 유전자들의 **시스** 조절 서열에서 발생한 유전적 변화가 이같은 변화를 만들어 낸다. 한편 DLX 단백질 자체의 암호화 서열의 변화는 개별적인 치형 발달의 미묘한 변화에 더 기여할 수 있다.[28]

털(머리털)

포유류와 파충류의 즉각적이면서 두드러진 차이는 털가죽의 유무다. 머리털과 털은 포유류만이 가진 특성이다. 그러나 포유류의 털가죽이 갑자기 생겨나지는 않았다. 오히려 모간hair shaft•의 발생은 근본적인 혁신이었고, 초반에는 비교적 드문드문 나타났다. 몸을 완전히 덮는 털가죽은 훨씬 후에 생겨났다. 털을 가진 최초의 단궁류와 현대 포유류 사이에서 드러나는 털의 밀도 차이는 털이 현재와는 다르게 몸을 보호하는 장치가 아니었음을 보여 준다. 촉감 등 다른 이유로, 예를 들면 어두움 속에서 움직일 때 단단한 물체를 감지하기 위해 갖게 된 특성이 분명했다.

털은 케라틴keratin이라는 단백질로 많은 부분 구성되어 있다. 그리고 이 점이 털이 어떻게 생겨났는지에 대해 설명하는 출발점이 된다. 케라틴은 털뿐만 아니라 피부를 포함해 동물의 모든 보호용 표면 구조물들에서도 발견되는 탄성을 가진 섬유성 단백질이다. 이런 보호용 케라틴은 진핵세포의 원래 케라틴 분자들의 진화적 파생물이며, 중간섬유를 이루는 단백질의 한 종류로 세포 골격을 구성하는 요소다. 오늘날 케라틴 유전자들은 큰 유전자군으로 구성되어 있으며, 이들을 **연**케라틴soft keratin과 **경**케라틴hard keratin으로 분류할 수 있다. 경케라틴은 피부를 비롯해서 동물들이

•   모발 또는 털의 줄기로 두피 표면 위로 드러나는 부분

신체의 외부에 가지고 있는 다양한 구조물들에 견고함을 더해 주는 보호막 역할을 한다. 이런 구조물에는 비늘, 깃털, 발굽, 발톱, 수염, 체모 등이 있다. 이들이 단단하고 탄력성을 갖는 이유는 이들이 가진 케라틴의 결합 효과와 이들과 결합하는 다른 케라틴 결합 단백질keratin-associated protein*, 그리고 케라틴과 직접적인 관계는 없지만 동일 구조물을 구성하는 다른 단백질들 때문이다. 표피와 털의 강도를 높여 주는 핵심 단백질은 경케라틴이다. 그러므로 털의 진화에서는 본래 세포 골격에 사용된 분자가 이동해서 표피와 이후에 발생하는 모간을 만든다.

　털의 기원을 설명하는 두 가지 가설이 있다. 이 두 가설의 가장 큰 차이점은 처음 등장한 피부의 종류에 있다. 물고기와 현대의 파충류에서 볼 수 있는 비늘로 덮인 피부인가? 아니면 현대의 양서류가 가진 더 부드럽고 비늘이 없는 피부인가? 만약 포유류형 털이 비늘로 가득 덮인 피부에서 발생했다면, 비늘의 개수와 크기가 감소하는 과정에서 생겨났을 것이다. 그리고 초기에는 비늘들이 서로 맞닿는 부분 또는 **경첩**hinge에서 먼저 자랐을 것으로 보인다. 실제로 비늘이 있는 소수의 포유류에서 이 같은 경첩 부위에서 세 개의 털이 발견된다. 예를 들면 쥐의 꼬리와 아르마딜로와 천산갑의 피부가 있다. 이와는 반대로 최초의 털을 가진 단궁류가 더 부드럽고 비늘이 많지 않은 피부를 가지고 있었다면, 털은 아마도 피지와 점액을 분비하는 피지선 같은 피부의 분비선에서부터 발달했을 것이다. 유분기가 있는 물질에서 케라틴 성질을 가진 물질로 분비 물질이 전환되면서 이 같은 진화적 변화가 일어났다. (두 가설의 공통점이라면 처음에는 털가죽에 털이 듬성듬성 났을 것이라는 예측이다.)

　이 문제에 종지부를 찍을 어떠한 확정적인 증거도 없지만, 소수의 화석으로 남은 초기 단궁류 피부는 이들이 얼마 되지 않는 비늘로 덮인 가

●　케라틴을 단단하게 연결시켜 주는 단백질

죽을 가지고 있었음을 보여 준다. 이는 두 번째 가설에 유리한 증거가 된다. 더 나아가 털은 처음에는 피지선과 연관이 있는 작은 선 모양의 구조물에서부터 내부 분비물로서 생산되고, 밖으로 자라는 단단한 줄기로 겔화된다. 선들이 한 종류의 산물을 생산하기 위해 활용되었다가 케라틴이 풍부한 털 같은 또 다른 종류의 구조물의 합성에 활용되는 진화적 전환을 상상하기란 어렵지 않다. (이 가설이 사실이라면 비늘의 경첩 부위에서 세 가닥의 털이 자라는 소수의 포유류들은 부차적이고 최근에 발생한 진화의 사례로 보아야 한다.) 이런 진화 시나리오에서 케라틴의 새로운 돌연변이와 케라틴 결합 단백질, 다른 단백질들은 이후에 발생했고, 특별히 털 생산에 적합했다.[29]

털과 털가죽의 진화와 인간, 특히 인간의 얼굴 사이에는 서로 상반된 방향으로 진화하는 특이한 관계가 존재한다. 바로 인류의 진화에서 점진적인 체모 상실이다. 다음 장에서 논의하겠지만, 처음에는 초기 영장류가 진화하는 동안에 인간과 비슷한 영장류의 얼굴에서 털이 없어지기 시작했을 것이다. 그 이유는 정확히 밝혀지지 않았지만, 한쪽 성이 가진 특정 형질이 짝짓기 상대의 마음을 끄는 매력을 강화시키는 성선택 과정과 연관이 있어 보인다. (이후에 이런 형질은 진화를 거쳐 양쪽 성 모두에 존재하게 될지도 모른다.) 얼굴 털의 퇴화에 따른 한 가지 결과는 얼굴이 털로 덮여 있지 않기 때문에 표정을 더 쉽게 읽을 수 있다는 점이었다. 그러므로 얼굴을 매개로 하는 사회적 상호작용은 얼굴에서 털이 사라지면서 더욱 향상되었을 가능성이 있다. 그리고 계속해서 호미닌이 진화하는 동안에 더 많은 체모가 퇴화되었을 것이다. 이 문제에 대해서는 8장에서 다시 논의하겠다.

얼굴(안면) 근육

모든 척추동물의 얼굴에는 두개골에 붙어 있는 근육이 있으며, 이 근육들 덕분에 눈과 코, 입을 벌리거나 닫거나 할 수 있다. 이런 **심층**deep 얼굴 근육들은 척추동물에서 흔히 공유되는, **보존**되는 근육들이다. 그러나 다른 척추동물들과는 다르게 포유류는 표면에 더 가깝게 위치한 또 다른 근육을 가지고 있는데, 바로 얼굴 또는 **안면** 근육이다. 앞서 언급했듯이 이 근육은 19세기 초반에 찰스 벨 경이 초점을 맞췄던 연구 대상이었다. 포유류의 진화를 다루는 대부분의 연구에서 도외시되기는 했지만, 얼굴 근육은 포유류가 가진 일반적이면서도 독특한 특성이다. 이들은 미묘한 눈과 입술, 눈썹의 움직임과 결과적으로 오직 포유류에서만 볼 수 있는 전반적인 얼굴 표정을 만들기 위한 필수 요소다. 특정 얼굴 근육에 의해 조정되는 눈 움직임의 주요 기능은 본래 먹잇감이나 포식자를 발견하는 것이었다. 그리고 포유류만이 가진 입술의 움직임은 포유류 특유의 특성인 젖을 먹고 음식물을 처리하기 위한 기능이었다. 그러나 이런 능력은 진화를 거치는 동안에 특히 영장류에서 소통을 위해 얼굴 표정을 만드는 능력으로 발전했다. 얼굴 근육이 포유류 중에서도 가장 사교적인 영장류에서 발달의 정점에 다다랐다는 사실이 이 가설을 지지해 준다. 모든 포유류 종들은 특징적인 얼굴 근육의 개수와 종류를 가지고 있다. 인간의 경우 스물한 종류의 얼굴 근육이 있으며, 이들 중 대부분은 쌍을 이룬다. 그리고 쌍을 이루는 각각의 근육들은 얼굴의 양쪽 반대편에 대칭적으로 위치한다. 포유류 신체의 다른 어떤 근육도 그리고 비포유류 척추동물의 모든 근육이 피부와 붙어 있지 않은 가운데, 특이하게도 두 종류의 얼굴 근육을 제외한 모든 얼굴 근육들이 피부의 진피에 부착되어 있다.

얼굴 근육은 근본적으로 신경능선에서부터 발달한다. 두 번째 인두굽이로 이동한 신경능선세포는 아래턱 얼굴 원기를 생성하는 세포들과 이

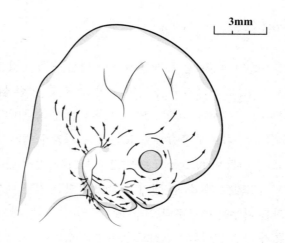

3mm

그림 5.10 인간 배아에서 간엽세포의 이동 경로. 이들이 결국에는 얼굴(안면) 근육을 형성하게 된다(개서gasser(1967)의 수정본).

동성을 가진 간엽세포가 되는 세포들 모두를 만든다. 이런 세포들은 이동해서 특정 부위와 몇몇 흐름stream(인간의 경우 네 개의 주요 흐름이 있다)을 따라 진피 바로 밑에 이른다. 이 과정은 가장 기본적인 얼굴이 이미 형성된 배발생 8주나 9주째에 시작된다. 흐름들은 개별 장소로 이어지고, 각각의 얼굴 근육을 형성하기 위해 서로 다른 장소에서 세포 집단들을 분할한다. 근육을 형성하게 될 이 같은 세포 집단들은 근육 전구세포로 이루어진 긴 층 구조물(근아세포myoblast)을 생성하기 위해 더 많은 세포 분열을 한다. 그런 다음에 근육모세포가 서로 융합된 **근관세포**myotube로 변하고, 이후에 진피에 부착된 완전한 근육이 된다. '그림 5.10'은 인간의 태아에서 세포가 이동하는 흐름을 보여 준다.

얼굴 근육은 포유류가 가진 뚜렷이 구별되는 속성으로서 이들의 존재는 신경능선이 지속적으로 발달하는 능력을 보여 준다. 특히 신경능선이 생기고 오랜 후에 새로운 파생물을 발달시키는 능력이다. 앞서 신경능선의 상이한 파생물들이 신경능선이 발생했던 두개동물 진화의 초반에 일제히 등장한 것이 아니라 아마도 일련의 단계들을 밟았을 것이라고 언급했다. 이 같은 혁신은 새로운 세포형 파생물들을 생산하기 위해 이런 다수의 가능성을 가진 줄기세포 내의 조절 과정에서 유전자에 아주 작은 변경을 가하는 것만으로도 가능했다. 얼굴 근육이 포유류에만 존재하는 특수한 성질이라는 사실은 신경능선이 발생하고 오랜 후에 새로운 세포 유형을 발달시키는 능력을 간직했음을 보여 준다. 포유류의 얼굴 근육은 짐작건대 다른 기본적인 신경능선세포 파생물들이 발생하고 약 3억 년 후에 생겨났다.

얼굴 근육 진화의 정확한 유전적 기반이 무엇인지는 모르지만, 어떻게 발생했는지를 상상하는 것은 어렵지 않다. 그 한 가지는 발달하는 목의 영역에서 새로운 조절 유전자가 기본적인 근육 세포 생산 시스템을 획득하면서 그곳에서 새로운 근육이 생산될 수 있게 해 주는 것이었다. 아주 유사한 사건이 아마 몸통의 골격 근조직과 앞서 언급했던 심층 두개안면 근육 사이의 기저를 이룬다. 이 두 근육들은 구조적으로 매우 유사한 반면, 상류 조절 인자들은 다르다. 척추동물의 심층 두개안면 근육은 몸통 근육보다 늦게 발달했을 것으로 짐작되며, 이들의 진화는 발달하는 얼굴에서 발현되는 새로운 조절 유전자의 획득과 관련이 있다. 얼굴 근육의 경우 새로운 근육들이 진피에 부착될 수 있게 해 주는 추가적인 유전적 변화가 있었다고 볼 수 있다. 이는 진피 밑면에 근육이 부착될 수 있게 다수의 일꾼 유전자들의 변화를 수반했을 것이다. 근본적인 유전자 네트워크, 즉 보존된 모듈의 상류와 하류 모두에서의 실제 진화상의 변화는 그다지 크지 않았지만, 형태와 기능적 측면에서 그 결과는 큰 의미가 있었다. 바로 궁극적으로 얼굴 표정을 지을 수 있게 해 주는 새로운 부류의 근육들이 발달했다는 것이다.[30]

수유와 포유류형 주둥이의 진화

새끼에게 모유를 먹이는 행동은 포유류의 특징적인 두 형질들 중 하나다(또 다른 하나는 독특한 턱관절이다). 실제로 포유류라는 명칭은 유선이 있어 새끼에게 젖을 먹인다는 의미로 지어진 이름이다. 유선은 새끼에게 먹일 젖을 분비하는 기능을 한다. 알을 낳는 포유류 또는 단공류(오리너구리와 가시두더지)를 포함해 모든 포유류들은 새끼들에게 젖을 먹일 수 있는 유선을 가지고 있다. (그러나 단공류는 유두가 없으며, 엄마는 아랫배 부분의 특별한 피부 부위를 통해 젖을 분비한다.)

모유 생산 또는 **젖 분비**가 진화하게 된 방법은 매우 흥미롭다. 이는 다윈을 골치 아프게 한 문제이자 다윈의 이론에 비판적이었던 조지 마이바트St. George Mivart가 천착한 문제였다. 마이바트에 따르면 젖 분비는 점진적인 진화가 불가능한 과정이었다. 그는 다음과 같은 질문을 던졌다. 완전히 발달했을 때에만 온전한 가치를 가지는 무언가가 어떻게 단계적으로 발달할 수 있겠는가? 그러나 오늘날 이 질문에 대한 답이 이제 그 모습을 드러내고 있다. 단궁류에서 젖 분비는 영양분을 제공하기 위해서가 아니라 자신이 낳은, 다공성의 어느 정도 딱딱하고 질긴 알에 피부의 분비선을 통해 액체와 항균성 물질을 공급하기 위해 처음 생겨났을 가능성이 있다. 시간이 흐르면서 분비 물질의 성분이 영양소를 포함하기 위해 변화되거나 영양소를 포함하기 시작했고, 이들 중 최소한 몇몇은 구조상 일부 항균성 물질들과 연관이 있었다.[31]

이 현상이 어떻게 포유동물 얼굴의 진화와 관계가 있다는 것일까? 젖은 엄마의 몸에 있는 유선을 통해 공급되고, 이 유선은 얼굴과 꽤 떨어져 있지 않은가. 이들 사이의 연관성은 새끼가 모유를 먹기 위해 필요한 신체적 조건과 관련이 있다. 이론상으로 긴 주둥이는 모유를 먹기에 효율성이 떨어지는 경향이 있다. 얼굴과 유두 사이가 가까울수록 젖을 먹는 데 도움이 되고, 이것이 젖을 먹는 새끼의 주둥이가 짧은 이유다. 대부분의 태반류에서 주둥이는 젖을 완전히 떼고 난 후에야 길어지기 시작한다. (몇몇 초식동물들은 주둥이를 가지고 태어나고, 상대적으로 이른 시기부터 풀을 뜯어 먹기 시작한다. 그래서 이들의 수유 능력은 엄마의 유두가 길어지거나 문제에 대처하는 다른 방법들과 함께 진화했을 것이다.) 물론 인간의 경우에는 주둥이가 없고, 그렇기 때문에 주둥이의 성장도 없다. 이로 인해 인간의 아기는 흔히 오랜 기간 동안 젖을 먹을 수 있다. 수렵과 채집을 하는 부족들을 포함해 오래되고 더 전통적인 사회에서는 심지어 두세 살 때까지 젖을 먹기도 한다. (인간에게 주둥이를 불필요하게 만드는 주둥이의 기능과 인간 생활의 특징은 다음 장에서 논의된다.)[32]

영장류로 넘어가며

이 장에서는 약 5억 년 전인 캄브리아기 후반이나 오르도비스기 초반에 최초의 척추동물에서 얼굴이 처음 등장했을 때부터 최초의 현대 (크라운 집단) 태반류의 출현과 이들이 네 개의 주요 상목들로 나누어지기까지 얼굴의 진화에 대해 이야기했다. 네 개의 상목들 중 하나가 영장류를 포함하는 영장상목이다. 다음 장에서는 쥐보다도 작고 일반적인 포유류의 얼굴을 가진, 전혀 연관이 없어 보이는 영장류 조상부터 매우 뚜렷이 구별되는 인간으로 이어지는 사건들을 추적하고 논의한다.

6장

얼굴의 역사 II :
초기 영장류부터 현대 인류까지

영장류의 다양성과 그 기원

지금까지 이루어 놓은 업적과 개개인이 가진 능력을 보면 인간은 동물계에서 유일무이한 존재다. 지구상의 다른 어떤 동물도 인간이 가진 능력을 능가하거나 업적을 뒤따라오지 못한다. 인간은 지구의 생태계를 (꼭 좋은 방향이라고 할 수는 없다고 해도) 새롭게 바꾸어 놓거나, 달나라에 가거나, 우주와 생명체의 가장 심오한 비밀을 탐구한다. 돌이켜 생각해 보면 다윈과 동시대에 살았던 많은 사람들이 그의 진화론을 이해할 수 없었다고 해도 그다지 놀라운 일이 아니다. 그러나 모든 생물학적 기준에서 인간은 진정한 영장류이며, 인간의 "영장류다움primate-ness"이 우리를 특별한 존재로 만들어 준다(이 말이 너무 당연하다거나 반대로 터무니없다고 생각하는 독자들이 있을지도 모르겠다. 이번 장은 이 말이 진부하지도 어처구니없지도 않다는 것을 보여 준다). 지금부터는 인간이 초기 영장류에서 진화한 과정에 초점을 맞추면서 **영장류** 목들을 살펴보겠다.

영장류에 대한 과학적 연구는 그 자체로도 흥미롭다. 이 연구의 출발이 아이러니하다는 점이 특히 더 그렇다. 인간을 원숭이와 유인원과 한 집단으로 처음 분류한 인물은 찰스 다윈이 아닌 진화를 믿지 않았던 린네였다. 이런 분류는 린네가 분류했던 다른 모든 집단들처럼 오롯이 형태학적 유사성에 기반을 두었다. 그는 1735년에 자신의 저서 『자연의 체계Systema Naturae』 초판에서 이 같은 분류를 처음으로 제안했지만, **영장류**라는 용어(영어로 primate는 "제일" 중요하다는 의미를 가진다)는 1758년

이 되어서야 사용됐다. 이는 다윈이 『종의 기원』을 출간하기 한 세기도 더 전이었다.

린네가 영장류라는 명칭을 부여하기는 했지만 그가 살던 시대에는 알려진 종들이 많지 않았고, 그래서 그는 영장류의 특별함을 인정하지 않았다. 현재는 발견된 종만 440종으로 모든 현존하는 포유류의 약 8퍼센트를 구성하며, 가장 많은 종들이 속한 포유류 목들 중 하나일 뿐만 아니라 크기나 형태, 색상 패턴, 행동 측면에서 가장 다양하기도 하다. 크기를 예로 들면, 마다가스카르에서 서식하는 아주 작은 쥐 리머mouse lemur는 성체의 무게가 약 55그램밖에 나가지 않는 반면, 저지대고릴라*는 227킬로그램까지 나가는 등 그 범위가 매우 광대하다. 색상의 경우 갈색과 검은색, 흰색, 밝은 노란색, 오렌지색 등 다양한 빛깔을 띤다. 맨살의 색깔은 특히 더 현란할 수 있는데, 화려한 붉은색과 파란색을 가진 수컷 맨드릴개코원숭이 얼굴의 피부색은 포유류 중에서도 가장 도드라진다. 또 검은색과 흰색이 아름답게 조화를 이루는 콜로부스원숭이의 빽빽한 털에서부터 인간처럼 털이 거의 없는 종들까지 털의 밀도도 상당히 다양하다. 움직이는 방식도 여러 가지다. 브래키에이션brachiation(두 손으로 나뭇가지에 매달려 몸을 흔들며 나무에서 나무로 이동)에서부터 (팔과 다리로 나뭇가지를 붙잡고 나무 사이를 건너다니는 오랑우탄처럼) 사족(팔다리)을 모두 사용하는 방식, 고릴라와 침팬지처럼 앞다리 손가락 관절의 등을 땅에 대고 걷는 방식, 인간의 이족보행이 있다. 좋아하는 먹이의 경우 영장류 종들 대부분은 주로 열매를 먹지만, 식생활은 다양하고 일부는 매우 특화되어 있기도 하다. 사회성의 경우 고립된 생활을 하는 보르네오 오랑우탄에서부터 수백 마리가 무리를 지어 생활하는 원숭이 종까지 범위가 대단히 넓다. 그러나 영장류의 높은 친화력은 다른 포유류와 확연히 차이가 날

• 산악 고릴라와는 다르게 해안가에 거주한다.

정도이며, 그중에서도 **호모 사피엔스**가 가장 사교적이다. 인간은 새롭게 만난 사람 누구와도 일반적으로 기꺼이 어울리려고 하는 마음이 있다. 다른 종들에서는 볼 수 없는 가장 특이한 특성이다.[1]

이런 거대하고 다양한 집단을 통합하는 특징, 더 정확하게는 영장류로 규정되는 이들의 공통 특징(공동 파생형질)은 무엇일까? 이런 특징들은 많지도, 그다지 대단하지도 않다. **후안와**골postorbital bar이라고 하는 눈 주변을 둘러싸는 동그란 뼈와 갈고리 모양의 날카로운 발톱이 아닌 평평한 모양의 손발톱, 마주 보는 첫 번째 손발가락(발가락의 경우 인간은 예외에 속한다)이 있다. 이런 특징들은 작고, 나무에서 생활하며, 곤충을 잡아먹었을 이 집단의 조상들도 분명히 가지고 있었을 것이다. 이런 대단할 것 없는 기원은 **호모 사피엔스**의 특성은 물론이고 현대의 영장류에서 볼 수 있는 다양성에 대한 작은 단서조차 거의 주지 않는다.[2]

여기서는 현존하는 영장류 종들의 생기 넘치고 다채로운 세계를 떠나 과거와 특히 인간으로 이어진 경로, 즉 인간 중심 계통의 오랜 진화의 경로LHLP에 집중할 것이다. 다행스럽게도 현재 이 역사에 대한 놀랄 만큼 많은 정보들이 존재한다. 특히 화석을 통해 호미닌이 침팬지 계통에서 분리된 경로의 마지막 부분에서 특정 변화들이 많이 밝혀졌다. 더 나아가 이제는 진화의 기저를 이루는 유전적 변화와 이를 촉진하는 선택적 요소들을 모두 추론할 수 있게 되었다. 이 장은 영장류 진화에서 인간으로, 더 구체적으로는 인간의 얼굴로 이끈 일련의 사건들의 역사를 간략하게 소개한다. 설명이 끝날 때쯤에는 인간의 얼굴 진화의 역사가 인간의 정신적 특성과 행동 양식의 진화와 얽혀 있음이 분명해질 것이다. 이들의 관계는 다음 장에서 더 자세하게 탐험하겠다.

역사에서 시기는 중요하다. 영장류의 기원이 중생대 마지막 지질시대인 백악기 후반임을 나타내는 증거가 존재하지만, 이들의 역사는 대부분 중생대 이후인 신생대에 펼쳐진다. 이런 이유로 여기서는 신생대의 각

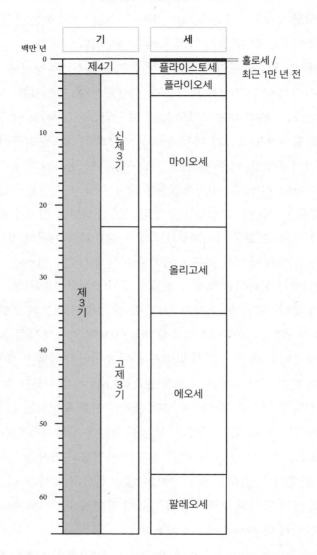

그림 6.1 6천5백만 년에서 1만 년 전인 신생대의 지질연대표. 이 기간에 영장류 진화의 대부분이 이루어졌다. 전통적으로 다섯 지질시대로 나누어진다. 팔레오세, 에오세, 올리고세, 마이오세, 플라이오세가 있다(오른쪽). 최근에는 고제3기와 신제3기로 나누기도 한다(왼쪽).

기 다른 시기에 발생한 사건들에 대해 필요한 정보를 많이 제공하고, 이를 '그림 6.1'에서 도표로 나타냈다. 전통적으로는 신생대를 오래된 순서로 제3기와 제4기로 구분하며, 제3기는 다시 팔레오세, 에오세, 올리고세, 마이오세, 플라이오세의 5세로 나눈다. 제4기는 플라이스토세(홍적세) 및 홀로세(충적세)가 있다. 최근에는 이들을 고제3기Paleogene와 신제3기Neogene 두 시대로 더 단순하게 분류하기도 한다(그림에 포함되어 있다). 이 책에서는 시기를 더 세분화한 전통적인 분류법을 따른다.

줄기 집단 대 크라운 집단 : 영장류의 기원 추적하기

영장류 진화의 역사를 생각하다 보면 이들이 언제 처음 출현했는지가 궁금해진다. 다른 모든 동물 집단에서도 이는 중요한 질문이지만, 언제나 답하기 어려운 질문이기도 하다. 그 이유는 두 가지다. 첫 번째는 명백하고 예상 가능하며 거의 보편적이라고 할 만하다. 바로 화석이 부족하기 때문이다. 영장류에 대한 정보를 완벽하게 또는 완벽에 가깝게 제공해 주는 화석이 존재하지 않는다고 보아도 무방하다. 태반 포유류의 기원에 대해 이야기하면서 이 문제점을 언급한 적이 있지만, 영장류의 화석 기록에 대해서도 똑같은 문제점을 지적할 수 있다. 너무 부족하다. 두 번째 어려움은 더 감지하기 어렵지만 여전히 중요한 문제다. 이것은 집단을 어떻게 정의하느냐에 달려 있다. 모든 현존하는 동물의 분류군은 뚜렷한 (해부학적, 생리학적, 생화학적, 행동학적) 특성들에 의해 정의된다. 그러나 이런 특성들은 보통 동시에 발생하지 않고 시간 간격을 두고 생겨난다. 그렇기 때문에 각각의 변화는 흔히 처음에는 한 번에 한 형질씩 일어난다. 이것이 **모자이크진화**mosaic evolution라고 하는 형질 획득 패턴이다. 사실상 형질 획득 과정의 후반이 되어서야 현대의 분류군을 완성할 수 있었다. 많은 화석들이 혼합된 특성을 보여 주면서 모자이크진화를 입증한다. 몇몇은 하나의 현대 분류군에 속하고, 다른 화석들은 또 다른 분류군에 속한다. 그 고전적인 예가 **모자이크진화**라는 용어가 만들어지게 된 **시조새**Archaeopteryx다. **시조새**에는 날개와 깃털이 있었지만 "차골wishbone[*]"이 없었다. 그리고 이빨과 긴 꼬리뼈를 가지고 있었다. 현대 조류에서는 발견되지 않는 특성들이다. 또 다른 예는 **포유형류 단궁류**에서 발생한 소위 진정한 포유류라고 부르는 동물들이다. 사실 모든 큰 분류군의 진화에는 복수 형질의 순차적인 변화가 수반되고, 그렇기 때문에 본질적으로 언제나 모자이크진화를 한다.

뚜렷이 다른 계통으로 발달하게 된 집단의 초기 분기 시점을 알려 주는 흔적이 화석에 남아 있다면, 이 집단의 출현에 대해 짐작해 볼 수 있다. 이 계통은 현대 분류군을 규정하는 형질들 중 하나 이상의 그러나 전부는 아닌 형질들을 가진다. 이런 초기 선조들을 통틀어 **줄기 집단**이라고 한다. 줄기 집단의 한 예는 조류강, 즉 새들의 줄기 집단 구성원으로 여겨지는 **시조새**다. 이에 반해서 현대 분류군을 정의하는 주요 특징들을 획득한 이후에 등장하는 집단을 **크라운 집단**이라고 부르며, 이 집단의 최초 조상이 되는 종들을 포함해서 이런 형질들을 가진 멸종되거나 현존하는 모든 종들이 여기에 속한다. 그러므로 뚜렷이 구분되는 자신들만의 특성을 가진 현대 연작류passeriformes^{**}와 이들의 모든 조상들은 조류강에서 크라운 집단이다.

분기학 방법(그림 1.4, 상자 1.3)을 이용해 흔히 살아 있는 크라운 집단 구성원들의 진화적 역사를 재구성할 수 있다. 그러나 이 역사는 줄기 집단의 구성원이 포함되는 분류군의 초창기 역사를 이해하는 데 도움이 되

---

* 새의 날개와 가슴을 이어 주는 Y 자형의 가슴뼈로 위시본이라고도 한다.
** 분류학상으로는 참새목이라고 하며 제비와 참새류가 여기에 속한다.

는 정보를 제공하기에는 역부족이다. 그래서 화석이 필요하다. 그러나 영장류의 경우 보편적으로 인정되는 줄기 집단 구성원의 화석이 존재하지 않는다. 현재 알려진 최초의 화석 영장류는 에오세 초반인 약 5천6백만 년 전에 살았던 것으로 추정된다. 이들은 **진영장아목**euprimates 또는 크라운 집단 구성원으로 여겨지며, 현대의 마모셋marmoset*과 유사한 (그러나 더 작은) **테일하르디나**teilhardina속에 속했다. 영장류와 밀접한 관련이 있는 또 다른 동물 집단인 **플레시아다피스목**plesiadapiformes이 더 이른 시기에 존재했으며, 이전에는 영장류 조상으로 생각되었지만 지금은 초기 줄기 집단 영장류의 **자매군**으로 간주된다. 이들은 나무 위에서 생활했고, 팔다리가 긴 다람쥐와 어느 정도 유사했으며, 이들의 화석은 팔레오세 초기인 6천3백만 년에서 6천2백만 년 전의 것으로 추정된다.[3]

이 시기 이전의 것으로 보이는 영장류와 유사한 생명체의 화석은 발견되지 않았지만, 줄기 집단의 형태가 있었음을 보여 주는 조짐들이 있다. 특히 초기의 다양한 분자시계 분석 결과는 영장류가 1억 년에서 9천만 년 전에 (**영장동물**Euarchonta의) 다른 관련된 포유동물 계통들에서 갈라져 나왔음을 보여 준다. 이 시기는 공룡의 시대(중생대)의 마지막 지질시대인 백악기에 속한다. 그러나 분자시계 결과는 앞서 언급했듯이 오류가 있을 수 있고, 많은 고생물학자들은 영장류의 기원이 너무 이르다는 의심을 품었다. 만약 앞 장에서 논의했던, 2013년에 화석을 기반으로 한 분석을 토대로 제기된 주장처럼 태반 포유류들이 백악기 후반의 대멸종 이후에 출현했다면, 영장류도 이 사건 이후에 생겨났다고 보아야 한다. 그러나 다양한 수정을 거친 새로운 분자시계 데이터는 연대가 광범위하기는 하지만 영장류의 기원이 여전히 백악기에 있음을 보여 준다.

이런 추정 연대와 이 시기의 영장류를 닮은 동물들의 화석 데이터가

---

* 중남미에 사는 작은 신세계원숭이

부족하다는 현실 사이의 괴리를 해결하는 한 가지 방법이 있다. 이미 알려진 한 집단의 다양화 패턴과 이 집단을 구성하는 종의 평균 수명, 화석 정보의 손실 추정치를 이용해 간접적으로 추론하는 방법이다. 분석 전문가들은 현재의 영장류 종들에 대한 풍부한 정보를 활용해서 적절한 매개변수 값을 이용해 과거로 더듬어 올라가면서 앞선 시대에 살았던 종의 연대를 추정한다. 물론 이 방법은 복잡하기도 하고, 불확실성을 담고 있는 다양한 가정들에 의존한다. 가장 큰 어려움이라면 백악기 후반에 발생했던 대멸종 사건을 지나 과거로 거슬러 올라가는 추론이 얼마나 유효한가이다. 이런 가운데 다수의 연구들이 데이터에 어느 정도 차이가 있음에도 영장류의 기원이 약 8천5백만 년에서 8천만 년 전이라는 놀라울 만큼 공통된 결론을 내놓았다. 이 기간은 백악기 후반에 속한다. 모두가 다 인정하는 것은 아니지만, 이것이 현재까지 합의된 결론이다. 영장류는 백악기 후반에 출현했지만, 이들의 크라운 집단은 에오세가 되어서야 활발하게 다양화되기 시작했다.[4]

물론 이 같은 결론은 영장류 조상이 어떤 모습이었는지를 밝혀 주지는 않는다. 그러나 분자시계의 속도에 대한 최근 연구들이 창의적인 방법으로 줄기 집단 영장류들의 일부 특징들을, 특히 이들의 크기를 밝히는 데 사용되었다. 이 연구들은 영장류에서 DNA 염기 서열의 변화 속도의 차이가 동물들의 특정 생애사에 따른 특징들과 연관이 있으며, 따라서 이런 특징들에 대한 단서를 제공한다는 사실을 밝혀냈다. 구체적으로 말해 분자시계의 째깍거림의 속도와 신체 크기와 절대적인 두개골 용량(이 용량으로 두뇌의 크기를 가늠할 수 있다), 상대적인 두개골 용량 사이에는 역상관관계가 존재한다. 즉 동물의 몸집과 두개골이 더 크고 수명이 더 길수록 분자시계의 속도는 더 느리다. (유인원과 호미닌의 경우 이런 현상이 작용했음을 수십 년 전에 알아차렸고, 이를 "호미노이드 감속hominoid slow-down"이라고 했다.) '상자 6.1'은 DNA 염기 서열 변화와 생애사에 따

6.1

생애사 형질과 분자시계 속도와의 관계

분자시계는 생명체 계통과 상관없이 (특정 유전자에서) 일정한 속도를 유지하며 "째깍거리면서" 염기쌍 치환을 일으킨다는 전제를 기본으로 한다(상자 1.2 참조). 그러나 분자시계가 등장하고 50년이 지난 지금 이 전제가 거짓임이 분명해졌다. 특히 몸집이 작은 동물들이 큰 동물들에 비해 분자시계 속도가 더 빠른 경향을 보인다. 그 예로 (유인원과 인간을 포함하는) 호미노이드에서 분자시계는 다른 더 작은 포유류들보다 느리게 움직이면서 이제는 보편적으로 인정되는 분자시계의 **호미노이드 감속** 현상을 일으킨다. 예상보다 느린 속도는 두 계통이 공통 조상에서 분기된 시점부터 경과한 시간을 너무 짧게 추산하게 만들 수 있다. 반대로 예상보다 빠른 속도는 경과 시간을 길게 늘리게 해 준다. 신체 크기와 분자시계 속도의 역관계가 직접적인 원인은 아니더라도 돌연변이율과 더 직접적으로 연관이 있는 몇몇 생애사 형질들에 이차적으로 영향을 주었을 것이다. 이 형질들에는 세대 기간과 수명, 자손의 수가 포함된다. 그러므로 더 작은 동물들이 큰 동물들보다 더 빠르게 번식하고 수명이 더 짧으며 다산을 한다(그리고 분자시계는 더 빨리 돌아간다).

왜 그럴까? 분자시계의 째깍거리는 속도가 시간의 경과에 따른 DNA 복제 횟수와 연관이 있고, 번식을 더 자주 하는 수명이 짧은 동물들이 일반적으로 시간 단위당(수년 또는 수십 년) 더 많은 DNA를 복제하기 때문이다. 이것이 일반적인 답이다. 그러나 복제 횟수와 분자시계 속도 사이의 상관관계는 그리 단순하지 않다. 다시 말해 이 설명만으로는 부족하다는 얘기다. 흔히 거론되는 다른 이유가 있는데, 더 작은 동물들이 일반적으로 더 높은 기초대사율을 가지고 있다는 것이다. 그리고 이런 높은 대사율은 돌연변이를 일으킬 수 있는 더 많은 활성산소를 생산하게 된다. 그래서 더 높은 기초대사율은 더 많은 돌연변이와 더 빠른 분자시계와 상관관계가 있다. 그러나 신체 크기가 보통인 경우라도 더 큰 뇌를 가진 동물들이 더 높은 기초대사율을 가지는 경향이 있다. 이런 이유로 더 큰 뇌를 가진 동물들의 분자시계가 더 빠를 것이라는 예측을 해 볼 수 있다. 그러나 이것은 실제로 관찰되는 사실과 정반대다. 현재는 절대적·상대적으로 더 큰 두개골 용량(두뇌 크기)이 더 느리게 움직이는 분자시계와 상관관계가 있는 이유를 아직 밝히지 못했다. 검증을 거쳐야 하겠지만, 한 가지 가능성은 더 큰 두뇌를 가진 동물들의 몸집이 더 크기 때문에 더 많은 세포가 존재하고, DNA를 더 정확하게 복제해서 돌연변이율이 더 낮고 세포와 조직의 본래 모습을 유지한다는 것이다.*

---

* 더 자세한 설명은 스타이퍼와 자이페르트Steiper and Seifert(2012)를 참조

른 특성들 사이에 존재하는 이런 관계에 대한 설명을 담고 있다.[5]

정확한 설명이 무엇이든 중요한 결론은 하나다. 주요 영장류 계통에서 세 가지 특성들, 즉 신체 크기와 절대적인 두개골 용량과 상대적인 두개골 용량이 모두 증가했다는 사실이다. (일부 계통에서는 감소하기도 했지만, 일반적으로는 증가하는 경향을 보였다.) 화석을 통해 추정했듯이 영장류 진화의 초창기 단계에서 분자의 변화 비율과 정도를 추산하기 위해 신체와 두개골 치수 대비 분자 변화율 그래프를 통해 이런 물리적 특성들의 변화율을 역으로 활용할 수 있다. 결과적으로 이 분석은 조상이나

줄기 집단 영장류의 신체 크기를 측정할 수 있게 해 준다. 그리고 그 결과는 이 영장류가 몸무게 55그램(또는 2온스)에 두개골 용량이 약 2.3세제곱센티미터cc로 현존하는 가장 작은 영장류인 쥐 리머와 유사했음을 보여 준다. 또 영장류의 자매군인 **플레시아다피스목**의 구성원인 **이그나시우스**_ignacius_라고 하는 초기 영장류 친척과도 크기가 비슷하다.[6]

이 방법은 조상이 되는 영장류를 복원하는 방법들 중 한 가지일 뿐이며, 모든 전문가들이 동의하는 것은 아니다. 게다가 조상이 실제로 어떤 모습이었는지에 대한 자세한 그림을 제공하지 못한다. 형태학적 특징과 영장류의 계통발생, 최초의 영장류가 갈고리 모양의 발톱이 아닌 평평한 손발톱을 가져서 손가락으로 무언가를 더 쉽게 거머쥘 수 있었다는 가정을 기반으로 하는 다른 분석은 이 조상이 200~450그램 정도 나가는 조금 더 큰 동물이었다고 제안했다. 아마도 지금의 난쟁이리머처럼 생겼을 것이다. 복원된 모습은 '사진 9'에서 볼 수 있다.[7]

영장류는 아주 작은 조상에서부터 시작되었을 것이다. 그러다가 시간이 경과하고 수많은 다른 계통들이 갈라져 나가면서 점차 커졌다. (각각의 주요 계통 내에서 크기가 줄어드는 모습을 보인 종들도 있었다.) 이들 중 하나가 유인원과 호미닌을 모두 포함하는 호미노이드였으며, 이들에 대해서는 나중에 다시 설명하겠다. 지금은 먼저 영장류 진화의 주요 특징들을 살펴보자.

영장류 진화 초기에 발생한 주요 분화와 이에 대한 두 가지 생각

화석 증거와 비교해부학, DNA 염기 서열로 복원된 영장류의 계통수는 '그림 6.2'로 나타낼 수 있다. 이 집단이 진화 초기에 두 개의 주요 하위 집

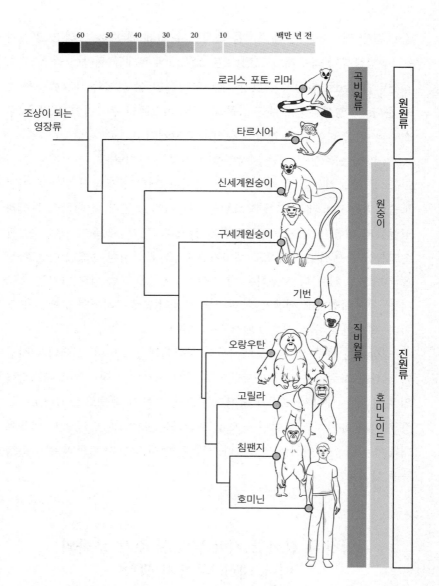

그림 6.2 영장류의 계통수. 등급에 따라 원원류와 진원류로 분류하고(오른쪽), 분류학에 따라 곡비원류와 직비원류로 나눈다(왼쪽). 두 분류법은 원원류로 분류되지만 직비원류와 많이 비슷한 타르시어를 제외하고는 상당히 일치한다. 인간 중심 계통의 오랜 진화의 경로LHLP는 본문에서 설명했듯이 직비원류 내에서 이어진다.

단으로 나누어졌다는 주장은 이제 보편적으로 인정받는다. 그러나 그림에서 볼 수 있듯이 이런 분화는 서로 다른 두 가지 관점에서 설명될 수 있다.[8]

더 오래되고 고전적인 형태의 분류는 영장류를 **원원류**prosimian(사실상 **원시적인 원숭이류**)와 **인간과 비슷한** 영장류 또는 **진원류**simian로 나눈다. 진원류는 원숭이와 유인원을 포함한다. 이 분류는 진화 **등급**grade과 일치한다. 다시 말해 생물학적으로 복잡한 수준에 따라 분류된다. 이 관점에서 로리스와 리머, 타르시어 같은 현존하는 원원류는 더 원시적인 형태의 영장류다. 이들이 영장류를 규정하는 형질들을 공유하기는 하지만, 만약 이들이 조상이 되는 영장류에 더 가깝다면 예상할 수 있듯이, 형태학적으로 특히 머리와 얼굴이 영장상목(나무두더지, 가죽날개원숭이, 설치류, 토끼)에 속하는 목들에 더 가깝다. 반대로 진원류는 조상이 되는 동물들로부터 더 멀리 갈라져 나왔으며, 이들의 얼굴과 치아, 머리 형태는 인간에 더 가깝다. 이 집단에는 (주요 집단들과 신세계원숭이New World monkey와 구세계원숭이Old World monkey를 모두 포함하는) 원숭이와 유인원, 인간이 포함된다. 이런 고전적인 등급에 따른 분류에서 진원류는 원원류보다 "고등"하며, 이는 동물의 진화적 관점 이전에 존재했던 "존재의 거대한 사슬Great Chain of Being[●]" 관점과 일치한다.[9]

영장류를 나누는 두 번째 방법은 이들의 상대적인 발달의 정도가 아닌 계통학적으로 추론한 이들의 연관성에 따른다. 이 관점에서는 리머와 로리스 두 원원류 집단이 [둥글게 말리고 콤마(,) 모양의 콧구멍에서 유래한 명칭인] **곡비원류**strepsirrhines 또는 문자 그대로 "동그랗게 말린 코" 범주로 분류된다. 한편 다른 모든 영장류들은 ("단순한 코"를 가진) **직비원류**haplorhines로 분류된다. 그러나 이런 콧구멍 형태의 차이는 또 다른 코

● 신과 생물, 물질 간에 위계가 존재한다는 서구의 믿음

의 특징에 비하면 생물학적으로 중요도가 떨어진다고 볼 수 있다. 바로 두 집단의 코의 "촉촉함" 정도다. 곡비원류는 많은 포유류(예를 들면 개와 쥐, 바다표범, 사슴)와 마찬가지로 콧부리, 즉 콧구멍을 둘러싸고 있는 부분이 촉촉하다. 반면 진원류는 원숭이와 유인원 인간에게서 볼 수 있듯이 건조한 코를 가지고 있다. 이런 차이는 촉촉한 콧부리를 가진 동물들이 시각보다는 후각에 더 의존한다는 사실을 보여 주기 때문에 중요하다. 대부분의 원원류들은 시각보다는 후각과 (주로 수염을 통한) 촉각이 훨씬 유용한 주로 밤에 활동하는 야행성이다. 반대로 진원류는 시각에 훨씬 많이 의존하며, 이에 따라 대부분이 낮에 활동한다.

곡비원류와 직비원류의 또 다른 차이점은 윗입술에 있다. 곡비원류는 개나 고양이와 마찬가지로 윗입술 중간에서부터 코 밑까지 분리되는 "갈라진" 윗입술을 가졌다. 이와는 반대로 직비원류는 이어진 윗입술을 가지고 있다. 윗입술이 이어져 있으면 먹이를 먹을 때 윗입술을 더 잘 움직일 수 있을 뿐만 아니라 더 다양한 소리를 낼 수 있고, 입을 이용해 얼굴 표정을 만들 수 있다.[10]

사실 이런 고전적인 등급에 따른 분류법과 더 현대적인 진화학이나 분기학에 따른 분류법 사이에는 겹치는 부분이 상당히 많지만, 한 가지 예외가 있다. 유난히 큰 눈으로 구별되는 타르시어다. 전통적으로 원원류로 분류되었지만, 이들의 개별 특성들을 조사했을 때 곡비원류와 직비원류의 특성들이 섞인 모습을 보여 준다. 야행성이기는 하지만 이들이 주행성 동물에서부터 진화했음은 거의 확실하며, 이들의 독특한 눈은 아마도 땅거미가 지거나 동이 틀 무렵에 희미한 빛밖에 없는 상황에서 더 잘 볼 수 있기 위해 선택된 형질일 것이다. 타르시어는 진원류의 조상이 되는 동일한 집단에서부터 갈라져 나왔을 가능성이 있다. 만약 그렇다면 이들은 진원류의 자매군이 된다.

진원류의 출현으로 인간의 얼굴이 진화하는 데 필요한 토대가 만들어졌다. 그리고 이와 관련해서 유인원 줄기 집단을 특징짓는 세 개의 기본적인 유인원 특성들이 있다. (1) 정밀한 시각이 발달한, 얼굴의 전면에 자리를 잡은 눈, (2) 얼굴 표정을 더 잘 드러나게 하는 털이 사라진 얼굴, (3) 음식을 먹고, 소리를 내고, 얼굴 표정을 만드는 데 영향을 주었으며, 치아와 입술에 변화를 가져온 축소된 주둥이다. 그러므로 인간의 얼굴이 가지는 독특한 특성의 대부분은 직비원류 계통 초기에 이들을 곡비원류와 갈라지게 만든 형질들이 완성되면서 만들어졌다.[11]

진원류는 언제 처음 등장했을까? 북아프리카에서 발견된 누가 보아도 유인원임을 알 수 있는 최초의 화석들은 연대가 약 3천7백만 년 전으로 추정된다. 그러나 아시아에서 발견된 유인원으로 추정되는 몇몇 화석들은 이보다 상당히 더 오래되었고, 이들의 기원이 5천5백만 년에서 5천6백만 년 전인 에오세 초기임을 뒷받침해 준다. 특히 앞서 언급했던 줄기 집단 직비원류로 생각되는 **테일하르디나**가 있다. 그러나 화석을 통해 판단컨대 진원류가 크게 다양해지기 시작한 시기는 1천5백만 년에서 2천만 년 후인 에오세 후반이다.[12]

초기 진원류부터 최초의 호미닌까지

진원류는 단일 조상 집단에서 나온 단계통군이고 많은 특징들을 공유하고 있으며, 이들은 다시 두 개의 주요 하위 집단으로 나누어진다. 광비원류platyrrhini와 협비원류catarrhini다. 이 두 개의 주요 분류군들은 일반적으로 3천5백만 년에서 4천5백만 년 전에 진원류의 분화가 가속화되면서 분리되었고, 이는 곡비원류와 직비원류가 갈라지고 많게는 3천만 년이 지난 후다.[13]

기본적인 영장류 분류군인 곡비원류와 직비원류처럼 이 두 유인원 분류군의 명칭도 코의 독특한 특징에 따라 지어졌다. 광비원류는 문자 그대로 "넓적한 코"를 의미하지만, **광비원류 영장류** 코의 놀라운 특징은 넓적한 코 자체가 아니라 바로 넓은 콧구멍이다. 반대로 협비원류의 콧구멍은 좌우가 가깝게 붙어 있으며 아래쪽을 향한다. 또 다른 차이점은 작은어금니의 개수다. 광비원류는 양쪽 위아래에 두 개가 아닌 세 개의 작은어금니를 가지고 있다. 이에 더해 많은 광비원류는 꼬리로 무언가를 붙잡을 수 있으면서 나무에 매달릴 수 있다. **협비원류 영장류**에서는 볼 수 없는 특징이다. 이 밖에 생리학적 차이점도 존재한다. 협비원류는 **3원색**을 판별할 수 있는 눈을 가지고 있는 반면, 거의 모든 광비원류는 **2색형** 색각을 가지고 있다. 올빼미 원숭이는 **단색**으로만 볼 수 있다. (광비원류 중 삼색시trichromatic vision*인 한 집단이 있기는 하지만, 이들의 시각은 독립적으로 진화했다.) 협비원류의 더 뛰어난 색각이 정확히 어떤 이점을 가지고 있었는지는 결론이 나지 않았지만, 분명히 환경에 적응하기 위해 필요한 이점을 가지고 있었다.

마지막으로 중대한 차이는 지리학적인 문제와 연관이 있다. 현대 광비원류는 모두 중남미 고유 종들로 신세계원숭이라고 불린다. 반면 협비원류는 모두 아프리카와 아시아 고유 종들이다. 신세계원숭이(광비원류)와 협비원류의 두 가지 주요 가지들 중 하나인 구세계원숭이 사이에 닮은 점들이 많다는 사실로 미루어 보았을 때 두 집단의 직계 조상이 여러 면에서 원숭이 종들을 닮았을 가능성이 있다. (광비원류가 어떻게 신세계**에 서식하게 되었는가는 흥미로운 문제다. 이들이 협비원류와 분리된 시기에는 아메리카 대륙과 다른 대륙들 간에 육로가 없었기 때문이다. 하지만 이것은 우리가 다룰 주제와 동떨어진 문제다.) 협비원류의 또 다른 집단은 호미닌을 포함하는, 호미노이드Hominoidea에 속하는 유인원이다. 이

---

* 빨강과 초록, 파랑의 세 가지 원색을 혼합한 모든 색채를 볼 수 있는 색각 능력
** 신세계는 남북 아메리카를 가리키고, 구세계는 유럽과 아시아, 아프리카를 가리킨다.

들은 광비원류와 협비원류가 분리되고 상당한 시간이 지난 다음에 등장했다. 이런 구세계원숭이와 유인원 계통이 어디에서 처음 분리되었는지, 아프리카인지 아시아인지에 대한 정확한 정보를 제공하는 화석 증거는 없지만, 현재 가지고 있는 증거의 무게는 아프리카 쪽으로 기운다. 인류의 진화와 중대한 연관이 있으며, 지금의 우리를 만든 존재는 유인원 계통이다.

유인원·호미노이드는 구세대원숭이와 구분 지을 수 있는 몇몇 특징을 가지고 있다. 꼬리가 없고, 매우 유연한 팔꿈치와 손목 관절을 가졌으며, 맹장 끝에 충수가 달려 있고, 특징을 짓기는 어렵지만 원숭이들이 가진 얼굴의 유사성과는 뚜렷이 구분되는 더 크고 인간에 더 가까운 얼굴을 가지고 있다. 가장 오래된 화석 유인원은 2천3백만 년 전인 마이오세 초반(2천3백만 년에서 2천5백만 년 전)에 아프리카에서 분포했으며, 네 종으로 이루어진 **프로콘술**Proconsul속에 속한다. **프로콘술**은 몸집이 대형 원숭이와 비슷했고, 신체 특징에서 원숭이와 유인원의 특징이 혼합된 모습을 보여 준다. 이들을 복원한 모습은 '사진 10'에서 볼 수 있다.[14]

유인원과 비슷한 다른 초기 종은 두 번째 속인 **랑와피스쿠스**Rangwapithecus에 속하며, 동시대에 아프리카에서 서식했다. 치아 구조를 보면 가장 오래된 유인원 종으로 알려진 이들이 주로 질기고 섬유질이 풍부한 과일을 먹었다고 여겨진다. 더 나아가 사지 형태는 이들이 주로 나무에서 생활했음을 보여 준다. 아마도 아열대 숲에서 살았을 것이다. 마이오세 중반인 1천7백만 년에서 1천5백만 년 전에 다른 유인원 종들은 현재의 유럽과 중동 지역에서 생활했다. 초기 유인원 종들이 다양한 지역에서 서식했다는 점은 호미노이드가 처음으로 아프리카를 떠나 다른 지역으로 이주했음을 뜻한다. 아프리카와 이후에 유럽에서 유인원들은 가지를 뻗어 나갔고 다양화가 이루어졌다. 그러나 유럽 종들은 결국 전부 자취를 감추고 말았다.

기존의 화석들을 통해 마이오세의 유인원에서 현대의 유인원으로 이어진 이들의 진화적 경로를 밝히기는 어렵다. 현존하는 유인원은 두 개의 집단으로 나뉘는데, 소형 유인원과 대형 유인원이다. 분자시계 증거는 이번에도 역시 아프리카에서 마이오세 중반에 분화가 발생했고, 몇몇 종들이 이후에 아시아로 퍼져 나갔음을 보여 준다. 흔히 기번gibbon이라고 부르는 소형 유인원은 긴 팔을 가졌고, 나무 위에서 생활하는 종들로 이들의 얼굴은 현존하는 대형 유인원이나 멸종된 유인원보다 원숭이에 더 가깝다(사진 2). 이런 얼굴에 나타난 변화들은 이후에 발생한 "파생된" 특성이었다. 그러나 인간 중심 계통의 오랜 진화의 경로가 대형 유인원으로 이어지기 때문에 여기서는 기번을 다루지 않겠다. 오늘날 대형 유인원에는 오랑우탄과 고릴라, 침팬지가 있다. 분자시계 분석으로 오랑우탄이 다른 대형 유인원 계통에서부터 일찍 분리되어 나왔음을 알 수 있다. 약 1천 6백만 년에서 1천5백만 년 전인 마이오세 중반이다. 그리고 몇 백만 년 후에 침팬지 조상에서 고릴라 조상이 분리되었다. 마이오세 초반(약 2천 3백만 년 전)인 유인원의 기원부터 6백만 년에서 7백만 년 전에 호미닌이 등장하기까지, 상이한 계통들에서 나타난 서식지와 식생활의 변화에도 불구하고 이런 종들의 대부분은 **프로콘술**속과 이 속의 후손들의 원숭이를 닮은 얼굴에서 크게 벗어나지 않았다.[15]

　　얼굴에 나타난 진화적 변화는 호미닌 계통의 처음 몇 백만 년 동안은 뚜렷한 특징을 가지고 있지 않았다. 더 눈에 띄는 변화는 몸통 부분에서 일어났다. 특히 이동성과 관련해서 이족보행과 이에 따른 양손의 자유로 이어진 변화였다. 지금부터는 호미닌 계통으로 관심을 돌리고, 우리가 현재 알고 있는 정보를 얻을 수 있었던 발견의 역사를 간략하게 소개하겠다.

최초의 호미닌부터 호모 사피엔스까지 :
1. 인간의 기원을 찾으려는 노력의 역사

다윈의 모든 가설 중에서 인류가 유인원처럼 생긴 생명체에서 진화했다는 가설이 그의 이론에서 핵심은 아니었지만 19세기 영국에서 가장 큰 논쟁을 초래했다. 많은 사람이 이 이론의 신뢰성을 의심했다. 이 사회에서 가장 아름다운 여성과 가장 잘생긴 남성이 유인원 같은 생명체의 후손이다? 코페르니쿠스의 우주론과 뉴턴의 물리학, 정교하고 아름다운 실크 스카프를 만드는 방직 기술, 증기기관의 발명, 미켈란젤로의 동상, 레오나르도 다빈치와 렘브란트의 그림, 바흐와 모차르트, 베토벤의 음악 등 뛰어난 능력으로 수많은 업적을 쌓은 인간이 정말로 간단한 언어도 제대로 구사하지 못한 생명체에서 진화했을까? 이것이 가능했다고 치자. 그렇더라도 각각 미세한 영향만을 미치는 작은 변이들이 일어나고 자연선택되었다는 다윈의 주장에 따라 발생했을까? 그의 이론은 터무니없어 보였다. 유인원과 인간 사이의 신체적 유사성을 인정한다고 해도 이 두 집단 사이의 정신적 차이는 좁힐 수 없었다. 빅토리아 시대의 분별 있는 사람들 중 어느 누가 인간의 조상이 유인원이라고 믿으려 했겠는가?

일반 대중만이 아니었다. 유인원과 인간 사이에 엄청난 정신적 능력의 차이가 있다는 사실에 직면했을 때 앨프리드 러셀 월리스도 고개를 갸우뚱할 수밖에 없었다. 그는 다윈의 동료이자 자연선택설의 공동 제창자였다. 다윈과 마찬가지로 월리스도 당대의 대다수 유럽인들과는 정반대로 아프리카와 남아메리카, 아시아의 백인이 아닌 인종 집단들이 기본적으로 유럽인들과 동일한 정신적 능력을 가지고 있다고 믿었다. 단지 (그 당시의) 유럽인들이, 다시 말해 빅토리아 시대의 영국인들이 이 능력을 더 멀리까지 발전시킨 것이었다. 이는 초기 인류가 유럽인들과 기본적으로 비슷한 정신 능력을 가졌다는 결론으로 이어졌다. 월리스는 인류가 처음 등장했을 때 생존과는 아무런 상관이 없던 현대인의 정신 능력이 자연 선택을 통해 어떻게 만들어졌는지 이해할 수 없었다. 다윈주의의 기본 원리는 자연선택이 엄청나게 많이 발생하기보다는 필요한 정도로만 일어난다는 것이었다. 그 이유는 간단하다. 새로운 속성이 생겨나기 위해서는 에너지나 발달에 필요한 시간, 생리학적 작용, 그 밖의 다른 사항들에 대한 "비용"을 치러야 하기 때문이다. 그리고 자연선택은 어떠한 추가 비용도 지불하려고 하지 않는다. 그러므로 인간의 비범한 재능을 그다지 필요로 하지 않는 환경에서는 자연선택을 통해 이런 능력이 만들어질 수 없었다는 월리스의 관점은 다윈보다도 더 다윈주의에 충실한 것이었다. 반드시 종교적인 이유는 아니었지만, 그는 1860년대 후반에 신이 인간의 독특한 정신 능력을 창조했다는 결론을 내렸다. 그의 이 같은 판단은 다윈을 비통하게 만들었고, 월리스에게 보낸 편지에 이런 그의 마음이 잘 드러났다. 다윈의 입장에서 어떤 특성의 기원을 설명하기 위해 신을 개입시키며 자연선택의 효과를 부정하는 행위는 이론을 "살해"하는 것과 진배없었다. (찰스 벨이 인간의 얼굴 근육의 사용을 신이 부여한 능력이라고 주장한 관점에 다윈이 반대한 이유도 근본적으로 이와 동일했다.)

사실 다윈 스스로도 1859년에 자신의 진화론을 최초로 출간했을 때 인간의 기원에 대한 문제를 회피했다. 그는 이후에 『종의 기원』 개정판을 내고서야 이 문제를 언급했고, 여기서도 독자들에게 차후에 더 자세한 설명을 하겠다는 약속과 함께 정확하게 한 문장만 할애했다. 그의 회피는 의도된 선택이었다. 어떤 면에서 그는 유인원이 인류의 조상이라는 주장을 뒷받침해 줄 수 있는 화석 증거가 부족해서 자신의 생각을 접어야 했을 것이다. 더 나아가 인류의 기원이 유인원처럼 생긴 생명체라는 주장이 많은 사람에게, 특히 전통적인 기독교 신앙 안에서 성장한 사람들에게 고통을 안겨 줄수 있음을 알았다. 그리고 그는 자신의 진화론에 대한 논의가 인류의 기원에 대한 논쟁으로 변질되는 것을 원치 않았다. 그러나 결

국 그의 바람과는 다르게 흘러가고 말았다.[16]

다윈이 1871년에 『인간의 유래』에서 마침내 자신의 주장을 정리하고 인류의 진화를 다루었을 때 화석 증거는 12년 전과 비교해 사정이 크게 달라지지 않았다. 물론 『종의 기원』이 출간되기 3년 전인 1856년에 독일 네안데르강Neander River(네안데르탈이라는 명칭이 여기서 유래되었다)에서 처음으로 발견된 네안데르탈인의 골격과 두개골 화석이 있기는 했다. 그리고 1870년대에는 심지어 더 많은 화석이 발견되었다. 현대 인류의 화석은 아니었지만 이들은 유인원 종들이 아닌 인간과 훨씬 흡사한 모습을 가졌다. 더 나아가 측정해 본 결과 이들의 두개골 용량이 현대 인류보다 오히려 살짝 더 크다는 사실이 밝혀졌다. 네안데르탈인은, 비록 유명한 신문에 유인원을 닮은 모습으로 희화화되어 묘사되기는 했지만, 유인원과 인간의 연관성을 설득할 수 있을 만큼 실제로 지금의 우리 모습과 너무나도 흡사했다. (이들을 퇴보한 인간으로 보는 견해도 있었다.)

19세기 말에는 강력한 화석 증거가 충분하지 않았다. 진화생물학의 역사에서 이 기간은 다윈의 이론이 최저점을 찍은 시기였고, 과학의 역사를 다룰 때 흔히 얼버무리고 지나간다. 생명체의 다양성에 진화의 힘이 작용했다는 사실을 그때쯤에는 과학계에서 널리 받아들여지고 있었다고는 해도, 자연선택이 진화의 주요 동인이었다는 다윈의 주장은, 특히 작은 변이들의 자연선택이라는 견해는 많은 사람들을 납득시키기에 역부족이었다. 반대자들에게 작은 변화들에 작용하는 자연선택은 생명체의 복잡하고 새로운 특성들이 발생하는 방법을 설명하기에 부족해 보였다(상자 6.2와 주 8 참조). 19세기 후반에 많은 과학자들은 자연선택에 의해 진화한다는 다윈의 이론에 결함이 있으며 불충분하다고 여겼다.

그러나 다윈주의에 반대했던 가장 큰 이유는 이런 세부 사항에 있지 않았다. 사람들에게는 다윈의 주장대로 아메바에서 유인원, 인류까지 살아 있는 모든 생명체가 관련이 있다는 생각에 대한 공공연한 불신이 깔

다원주의 진화론이 가진 주요 이슈 :
돌연변이의 작은 영향 대 큰 영향

다윈과 그의 반대론자들 사이의 주요 이슈는 진화에서 변이variation(돌연변이)의 상대적 중요성에 있었다. 돌연변이의 작은 영향 대 큰 영향이라고 할 수 있다. 진화를 인정한 사람들 중에서 진화가 전적으로 미세한 가시적인 영향을 미치는 변이들이 개체군 내에서 축적되는 방식으로 진행된다고 믿은 사람은 다윈이 유일하다시피 했다. 그의 추론은 새로운 동물이나 식물 품종을 만들기 위해 육종자들이 인위적 선택artificial selection*을 하는 방법에서 착안되었다. 미묘한 차이들을 선발하고, 시간이 흐르고 세대를 거듭하는 동안 이들을 증대시키고, 이런 차이들을 만들기 위해 계속해서 선택한다. 그가 이를 주제로 『종의 기원』을 집필했다는 사실로 미루어 보아 이 주제를 얼마나 중요하게 생각했는지를 알수 있다. 그는 이를 바탕으로 자연선택이 작은 영향력을 가지는 변화들과 동일한 효과를 가졌다고 주장했다. 다윈과 반대 입장에 있던 토머스 헨리 헉슬리Thomas Henry Huxley와 조지 마이바트를 포함해 사실상 모든 다른 주요 전문가들은 뚜렷하게 큰 효과를 가진 돌연변이만이 실제로 자연적인 진화를 만들어 낼 수 있다고 생각했다. 이 같은 가시적이고 극적인 변화들을 만드는 현상을 도약진화saltation**라고 했으며, 진화를 믿었던 19세기 생물학자 대부분은 도약진화론자였다. 이들은 육종을 위해 의

---

* 작물을 재배하거나 가축을 사육할 때 바람직한 모양과 성질을 가진 것들을 골라서 교배시켜 품종을 개량하는 것
** 진화가 점진적이 아니라 빠른 속도로 일어났다는 개념

도적으로 선택하는 상황과는 다르게 다윈이 주장했던 미세한 차이들은 자연선택이 작용하기에는 견인력이 부족하다고 주장했다. 그래서 다윈이 주장한 방식이 진정으로 새로운 형질을 만들어 내는 힘을 가지고 있다고 믿지 않았다. 과학자 대부분은 설득력이 떨어진다고 생각했지만, 다윈은 개별적으로 미세한 영향력을 가지는 변이들의 중요성에 대한 생각을 끝까지 굽히지 않았다. 그의 동료들은 자연선택이 주로 이 같은 변이들에 작용한다는 그의 이론에 치명적인 결함이 있다고 보았다. 그는 진화가 실제로 일어났으며 종들이 가진 대부분의 또는 어쩌면 모든 차이를 설명해 줄 수 있다고 많은 과학자들을 설득하는 데는 성공했지만, 자신의 이론이 어떻게 진화가 발생했는지를 설명해 준다는 점은 설득하지 못했다. 약 60년이 지나서야 집단유전학population genetics*이라는 새로운 분야 덕분에 그의 주장이 정당성을 입증받기 시작했다. 작은 영향들이 축적되어 뚜렷하고 새로운 형질들이 생성되는 방법에 대한 개략적인 해답은 본문에서 설명하듯이 창발emergence 현상과 관계가 있다.**

---

* 생물집단 내에서 나타나는 유전적 변화를 통계학적으로 분석하고 연구하는 학문
** 다윈주의가 (『종의 기원』의 출간에서부터 1930년대 초반까지) 60년 이상 쇠퇴의 길을 걸은 역사는 피터 보울러Peter Bowler의 저서 『다윈주의의 추락The Eclipse of Darwinism』(1983)에서 볼 수 있다. 자연선택이 작용할 수 있는 돌연변이의 표현형 크기에 미치는 영향에 대한 문제의 최근 평가를 알고 싶다면 오르Orr(1998)를 참조

려 있었다. 인류가 유인원의 후손이라는 생각은 그저 불신에 모욕을 더할 뿐이었다. 게다가 인간과 유인원을 이어 주는 화석 증거가 부족하다는 현실이 다윈주의 반대파에게 힘을 실어 주었다. 화석 증거의 부족으로 생긴 공백을 **잃어버린 고리**the missing link라고 한다. 증거의 부재는 진화적 관련성을 부인하는 근거로 너무나 손쉽게 활용되었다. 물론 이런 추론은 논리적 오류를 담고 있지만, 널리 퍼져 나갔고 많은 사람의 회의적인 태도에 일조했다.[17]

오늘날 알려진 것처럼 인류의 진화에 대한 다윈주의에서 잃어버린 고리는 하나가 아니라 다수였다. 첫 번째로 발견된 고리는 현재 **호모 에렉투스**Homo erectus라고 알려진 종(또는 종의 집단)의 것으로, 네덜란드 의사였던 유진 뒤부아Eugene Dubois, 1858~1940가 1891년에 이들의 두개골을 처음으로 발견했다. 그는 동남아시아에서 특히 인도네시아에서 인류 조상의 화석을 찾기 시작했다. 그는 현생 인류의 기원이 아시아에 있다고 믿었는데, 그 당시에는 이것이 지배적인 과학적 관점이었다. 두개골은 네안데르탈인의 것보다 명백하게 더 원시적이었다. 안타깝게도 그의 해석은 대다수 과학자들로부터 수십 년간 많은 공격을 받으며 무시되었고, 이로 인해 이 분야나 대중에게 즉각적인 영향을 거의 주지 못했다. 뒤부아는 자신의 발견이 가진 가치를 의심하며 몇 십 년 후에 낙담한 채 사망했다. 그는 심지어 화석들이 어쩌면 기번처럼 생긴 멸종된 대형 영장류일지도 모른다는 생각까지 했다. 그러나 그는 사실 올바른 방향으로 나아가고 있었다. 이 사실은 1920년대 후반에 중국에서 **호모 에렉투스**("북경 원인Peking man") 화석들이 발견되면서 분명해졌다. 1930년대 후반에 학계에서는 이런 화석들과 뒤부아의 발견을 진지하게 받아들이기 시작했다. 그 당시에는 다윈주의 진화론이 과학 이론으로 부활했을 때였다. 수십 년간의 격렬한 논의 끝에 과학계는 이 이론에 점점 더 많은 지지를 보냈다.[18]

그러나 유인원과 인간 사이의 공백을 채운 것은 아프리카 남동부에서 발견된 풍부한 호미닌 화석들이었다. 이 화석들은 1924년에 남아프리카의 채석장 노동자들에 의해 최초로 발견되었고, 곧 호주의 젊은 과학자 레이먼드 다트Raymond Dart에게로 보내졌다. 그는 화석을 발견하기 얼마 전에 런던을 떠나 남아프리카공화국의 비트바테르스란트대학에 도착한 참이었다. 발견된 화석은 호미노이드 영장류 어린아이의 두개골이었다. 다트는 치아의 특징과 대후두공(척수가 지나가는, 후두골의 전하부에 위치한 큰 구멍)의 위치를 통해 이것이 유인원의 것도, 현대인의 것도 아님을 확인할 수 있었다. 그는 이를 **오스트랄로피테쿠스 아프리카누스**Australopithecus africanus라고 칭했다. 언론에서는 이 화석이 발견된 장소의 이름을 따서 "타웅 아이Taung child"라고 불렀다. 다트는 1925년 2월에 권위 있는 과학 잡지인 『네이처Nature』에 첫 번째 글을 게재했다. 이 화석이 유인원같이 생긴 인간의 원시 조상이라는 그의 결론에는 논란의 여지가 있었지만, 잠재적인 중요성만큼은 인정받았다. 『네이처』지에 글이 실렸던 같은 주에 한 남아프리카의 주요 신문은 이것을 오랫동안 찾아 헤맸던 인류와 유인원 사이의 잃어버린 고리로 묘사했다. 1940년대 후반에는 고인류학자들이 타웅 아이 두개골을 인류 조상의 것으로 받아들이는 분위기였다. **오스트랄로피테쿠스 아프리카누스**의 모습은 '사진 11'에서 볼 수 있다.

이후로 60년 동안, 1970년대 초반부터는 더 가속화되면서, 연령대와 보존된 상태가 다른 호미닌 화석들이 아프리카에서 대량으로 발굴되었다. 여기에는 **오스트랄로피테쿠스**의 다른 새로운 종과 호모속의 새로운 구성원들이 포함되었으며, **호모 에렉투스**보다 시기가 느린 것도, 이른 것도 있었다. 이 발견으로 인해 유인원 계통과 최초의 호미닌 계통, **오스트랄로피테쿠스** 계통과 **호모 에렉투스** 계통 그리고 마지막으로 **호모 에렉투스** 계통과 **호모 사피엔스** 계통 사이의 주요 공백들이 채워졌다.

최초의 호미닌부터 호모 사피엔스까지 :
2. 계통발생 추정 패턴

'그림 6.3'은 이들 화석을 기반으로 호미닌의 대표 종들 중 일부의 출현 시기와 대략적인 기간을 보여 주는 도표다. 이 그림은 물론 잠정적이고, 새로운 화석이 발굴되면 수정될 수 있다. 또 호미닌 종들은 모두 26종 이상이지만, 얼마 안 되는 뼛조각들을 토대로 이름 지은 몇몇 종들의 명칭은 언젠가 사라지게 될 것이다. 그러나 이 그림은 호미닌 진화의 대략적인 역사를 보여 준다. 화석의 절대다수는 최남단에 위치한 남아프리카에서부터 말라위와 탄자니아, 케냐를 지나 북동쪽 모서리에 위치한 에티오피아까지 아프리카 대륙의 남부와 동부 지역에서 발견되었다. 사하라 사막 남부의 차드에서 발견된 한 개의 중요한 두개골 화석이 가장 초기의 것이다. 이런 초기 호미닌 화석들이 아프리카 서쪽에서 발굴되기는 했지만, 호미닌 계통이 정확히 아프리카 어디에서 탄생했는지는 여전히 명확하지 않다.[19]

호미닌 종들은 진화에서 세 개의 뚜렷이 구분되는 단계들과 일치하는 세 집단으로 나누어질 수 있다. 첫 번째는 특징이 가장 잘 드러나지 않는 유인원과 비슷한 초기 호미닌들로 이들의 속명은 **사헬란트로푸스**Sahelanthropus와 **오로린**Orrorin, **아르디피테쿠스**Ardipithecus다. 이들은 모두 7백만 년에서 450만 년 전에 존재했다. 이들보다 앞선 유인원들과 두개골상에서 독특하면서도 감지하기 어려운 차이점들을 가지고 있으며, **사헬란트로푸스**의 경우 대후두공의 위치를 통해 이들이 머리를 수직으로 세운 자세를 가졌음을 추측해 볼 수 있다. 이를 전제로 **사헬란트로푸스**가 어느 정도 두 발로 직립보행을 했을 것으로 추정된다. 그러나 이들은 숲에서 서식했고, 주로 나무 위에서 생활했을 가능성이 있다.

두 번째 단계는 **오스트랄로피테쿠스**계 호미닌들로 구성된다. 현재 **오**

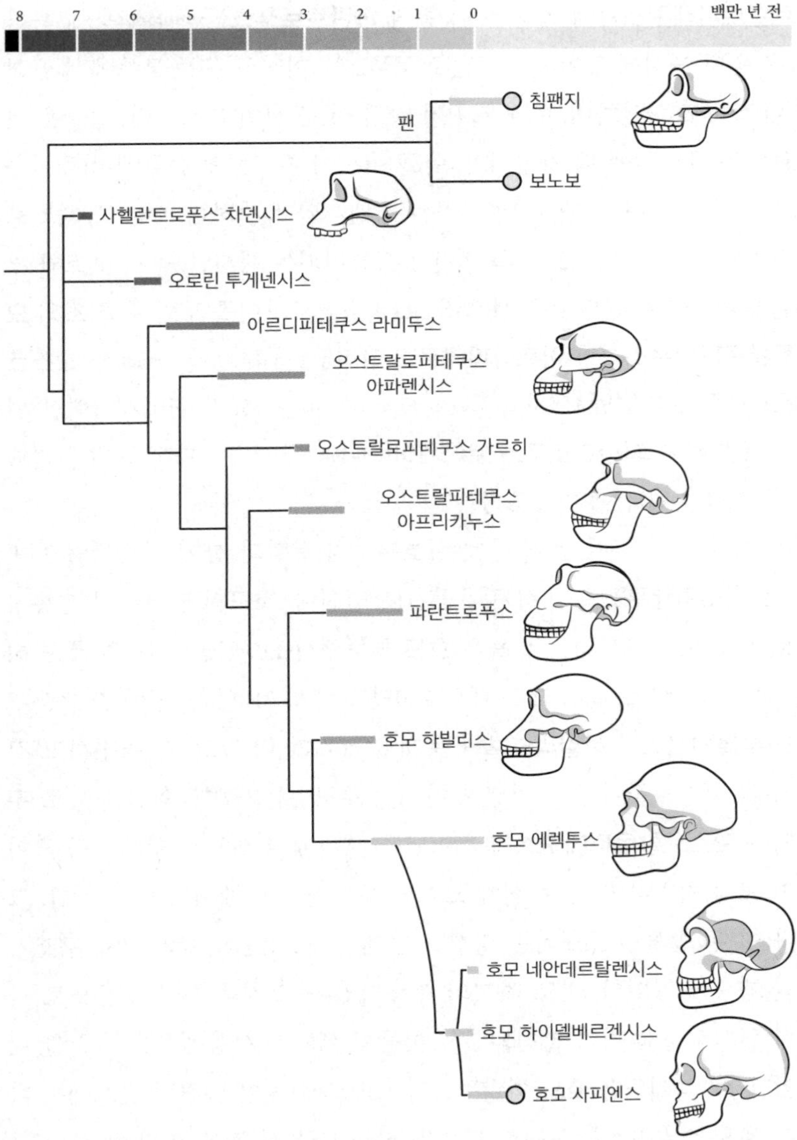
8
7
6
5
4
3
2
1
0
백만 년 전
팬
침팬지
보노보
사헬란트로푸스 차덴시스
오로린 투게넨시스
아르디피테쿠스 라미두스
오스트랄로피테쿠스
아파렌시스
오스트랄로피테쿠스 가르히
오스트랄피테쿠스
아프리카누스
파란트로푸스
호모 하빌리스
호모 에렉투스
호모 네안데르탈렌시스
호모 하이델베르겐시스
호모 사피엔스

그림 6.3 특징이 잘 드러나는 호미닌 종들이 존재했던 추정 시기와 기간을 보여 주며, 화석 증거들을 기초로 만들어졌다. 추정되는 분기 시점과 계통발생의 다양한 측면들은 확정된 사실들이 아니다. 그렇지만 호미닌 계통수와 주요 분기점들의 연대를 잘 보여 준다.

스트랄로피테쿠스속에 속하는 네 종과 **파란트로푸스**_Paranthropus_속에 속하
는 두 종이 여기에 포함된다. **파란트로푸스**는 머리와 몸통 모두에서 골격
이 더 강하고 단단하며, 두뇌 크기가 약간 더 큰 것이 특징이다. 얼굴은 인
간보다는 유인원에 더 가깝지만, 이들 이전에 존재했던 종들에 비해서는
그 정도가 덜하며, 몸과 두뇌 크기는 침팬지와 유사하다. 아마도 최초로
완전하게 두 발로 직립보행을 했던 영장류이기는 했지만, 골격 구조와 보
존된 발자국으로 판단했을 때 앞선 호미닌들과 차이를 보인다. 최초의 **오
스트랄로피테쿠스**속인 **아르디피테쿠스 라미두스**_Ardipithecus ramidus_와 **오스트
랄로피테쿠스 아나멘시스**_Australopithecus anamensis_는 450만 년에서 4백만 년
전에 등장했고, **파란트로푸스 보이세이**_Paranthropus boisei_가 가장 늦게 출현했
으며 약 백만 년 전에 멸종했다.

호미닌 진화의 세 번째 단계는 **호모**속의 등장과 함께 시작되었으며,
오스트랄로피테쿠스속과 시기와 공간이 겹친다. **호모**의 진화에서 전통적
으로 최초라고 규정되는 종들은 **호모 루돌펜시스**_Homo rudolfensis_와 **호모 하
빌리스**_Homo habilis_로 분류되고, 대략 230만 년에서 210만 년 전에 출현했다.
호모 루돌펜시스는 하빌리스보다 두개골 크기가 더 컸고, 더 평평하고 길
며 수직적인 얼굴이었다. 이런 초창기의 **호모**종들과 이들의 조상들로 추
정되는 **오스트랄로피테쿠스**계 호미닌들 사이에 존재하는 형태학적 차이
는 비교적 미미하며, 주로 신체 크기와 두개골 용량에서 차이가 났다. 그
러나 이 두 종들이 **호모**라는 명칭을 얻게 된 이유는 이들의 신체 구조가
아닌 행동에 있었다. 바로 석기의 사용이었다. 고기를 자르는 용도로 사
용된 원시적인 석기가 발견되면서 이들이 석기를 사용했음을 추론할 수
있었고, 이 석기들은 **호모 하빌리스**의 초기 화석들이 발견된 장소에서 나
왔다. **호모 하빌리스**를 복원한 모습은 '사진 12'에서 볼 수 있다.[20]

그러나 **호모**의 진화 과정에서 뒤따라 발생했던 변화들은 특히 머리와
얼굴, 몸의 형태와 두뇌 크기에서 변화 속도가 빨라졌음을 보여 준다. 포

유류 내에서 그렇듯이 (예외적이거나 반대 방향으로 나아가는 경우가 없지는 않지만) 영장류의 진화에서 신체 크기의 증가는 일반적인 추세였다. 대표 사례가 **호모 에렉투스**다. 이 종은 더 크고 인간에 가까운 머리와 얼굴, 몸을 가졌다. 특히 앞선 종들과 유인원의 원뿔형 흉곽이 아닌 술통형 흉곽을 가진 몸의 형태는 형태학상 분명히 인간에 더 가깝다. 이는 소화 시간이 더 긴 식물 섭취가 줄고 동물성 단백질에 더 의존하는 식생활로 변화가 있었다는 것을 의미한다. '사진 13'은 **호모 에렉투스**의 복원된 모습이다.

최초의 **호모 에렉투스** 화석은 아프리카 동부에서 발견되었고 연대가 약 190만 년 전으로 추정된다. 이 종은 앞선 호미닌 종들과는 다르게 얼마 지나지 않아 아주 먼 거리까지 이동을 시작했다. 아시아에서 발굴된 화석들을 조사한 결과 **호모 에렉투스**가 수만 년 안에 아시아까지 퍼져 나갔고, 166만 년 전에는 인도네시아에 도달했음을 알 수 있다. 이것이 호미닌 종 최초의 "아프리카로부터Out of Africa" 대이동이었다. **호모 에렉투스**나 이들과 유사한 종들은 한 번 이상 이동했고, 이주는 상당히 성공적이었다. (주요한 마지막 호미닌 이동은 약 7만 년에서 6만 년 전에 시작되었으며, 인간과 연관이 있는 **호모 사피엔스**와 관련이 있다. 이에 대해서는 8장에서 이야기하겠다.) 상이한 **호모 에렉투스** 집단들에서 눈에 띄는 특징은 집단들 내에서 신체 크기가 다양하다는 점이었다. 이런 차이는 **발달적 가소성**developmental plasticity의 속성과 이 경우에는 환경과 먹이 공급에서의 차이 때문에 발생했을 가능성이 있다. 몇몇 발달상의 변화는 이후에 유전적 변화로 "고정"되면서 일부 개체군에서 유전적 차이로 나타났고, 아마도 새로운 종을 만들어 냈을 것이다. 오늘날 **호모 에렉투스**는 단일 종이 아닌 종 집단species cluster으로 간주된다.[21]

호모 에렉투스는 이후에 등장하는 몇몇 호미닌 종들의 선조다. 개체군 내에서의 발달적 가소성과 서로 겹치는 형질, 상이한 개체군 사이의 지리학적 위치로·인해 상이한 종들 사이의 경계선이 명확하지 않은 경우가 흔하지만, 이는 거의 확실한 사실이다. **호모 에렉투스**의 후손들은 식별이 가능한데, 특히 **호모 에르가스터**_Homo ergaster_나 **호모 하이델베르겐시스**_Homo heidelbergensis_ 중 하나가 네안데르탈인이라고도 하는 **호모 네안데르탈렌시스**_Homo neanderthalensis_의 직계 조상이었을 가능성이 있다. 이들은 40만 년에서 20만 년 전 사이에 유럽에서 최초로 등장했다(사진 14 참조). 그러므로 인간의 조상인 **호모 사피엔스**는 아프리카와 유럽 모두에서 화석이 발견된 **호모 하이델베르겐시스**나 아프리카에서만 발견된 **호모 로덴시스**_Homo rhodensis_ 중 하나일 것이다(주 19와 22 참조).

"현대" **호모 사피엔스**가 앞선 "고대" 호모종들(**호모 하이델베르겐시스, 호모 로덴시스**)에서 언제 진화했는가의 문제는 다른 모든 기원의 문제들처럼 정확히 답하는 것은 불가능하다. 그러나 상당한 양의 화석과 분자시계 증거는 그 연대를 약 20만 년 전으로 추정한다(8장에서 더 자세한 설명이 이어진다). 이 분석이 정확하다면 인간의 역사는 호미닌의 전체 역사에서 대략 3~4퍼센트밖에 차지하지 않는다.[22]

인간 얼굴의 등장이 어떻게 이런 전 세계적인 호미닌 진화의 역사에서 일부분을 차지할 수 있는가? 복원된 화석 두개골로 알 수 있듯이 얼굴에서의 주요 변화들은 근본적으로 지난 2백만 년 동안 **호모속**의 등장과 함께 발생했다. 화석의 복원은 인체 구조에 대한 깊은 지식을 기초로 법의학을 이용해 진행되었다. 두개골의 윤곽은 특유의 그래서 예측 가능한 방식으로 두개골을 덮는 근육의 패턴을 결정한다. 그리고 이것이 다른 연조직들의 위치를 좌우한다. 이런 법의학을 이용한 복원으로 실제 얼굴이 어떤 모습이었는지 추측할 수 있게 되었다. 몇몇 복원된 모습을 '사진 9~14'에서 볼 수 있다. 모든 진화 과정이 일직선 형태로 진행되지 않는다는 점에 주의할 필요가 있지만, 호미닌의 진화 과정에 대한 이와 같은 매우 간략한 설명만으로도 현대 인간의 얼굴로 점점 더 접근하고 있다는 것

을 알 수 있다.[23]

인간 얼굴에서
독특한 형질의 유전적 기반 두 가지:
주둥이가 사라지고 이마가 생겨남

유인원에 가까운 오스트랄로피테쿠스의 얼굴과 현대 인간의 얼굴을 비교하면 인간의 얼굴이 더 짧고 수직적임을 곧바로 알아차릴 수 있다. 머리는 더 둥글고, 얼굴 위쪽엔 이마가 있으며, 턱과 얼굴 중앙 부위가 거의 같은 면에 위치하면서 주둥이가 사라졌다. 물론 이런 총체적인 차이를 만든 요인들은 많이 있지만, 첫인상은 이마가 생기고 주둥이가 사라지면서 인간이 유인원과는 다른 얼굴 모습을 한다는 것이다. 이런 차이가 어떻게 발생했는지를 이해하기 위해서는 관련된 유전적 변화와 자연선택이 이런 변화들을 촉진한 방법에 대해 이해해야 한다. 지금부터는 첫 번째 측면인 유전적 변화에 대해 살펴보겠다. 그리고 그 시작은 턱의 축소다.

주둥이의 퇴화

인간에게는 포유동물 대부분에게 있는 무언가가 없다. 바로 주둥이다. 주둥이는 턱을 포함하는, 얼굴에서 앞쪽으로 튀어나온 부분이다. 돌출된 턱의 주요 기능은 단순하다. 먹이를, 흔히 살아 있는 사냥감을 붙잡기 위해서다. 사냥을 하는 동물이나 육식동물이 아닌 많은 포유동물들도 주둥이를 가지고 있기는 하다. 그러나 이들은 사냥을 하고 입을 이용해 곤충이든 척추동물이든 다른 동물들을 꼼짝 못하게 움켜잡았던 조상이 되는 종들의 후손이다. (초식성 포유동물에서 주둥이는 먹이를 먹을 때 잎이나 가지들로부터 적당한 거리를 유지하면서 눈을 보호하고 먹이를 잡는 역할을 한다.) 주둥이의 축소와 퇴화는 입으로 먹이를 잡지 않고도 먹을 수 있는 능력이 생겼다는 것을 의미한다. (먹이를 먹을 때 앞다리나 손을 이용하는 마못과 너구리 같은 포유동물들은 이론적으로 주둥이가 없어도 되지만, 앞다리 사용은 비교적 최근에 획득한 능력이다.) 더 작은 턱은 덜 씹어도 되는 먹이에 적합하며, 과일을 먹는 영장류, 다시 말해 대부분의 직비원류에서 볼 수 있는 특징이다.[24]

최초의 영장류는 현대의 곡비원류 영장류처럼 전형적인 포유류형 주둥이를 가지고 있었다. 인간 중심 계통의 오랜 진화의 경로를 따라 진행된 주둥이의 축소는 현존하는 진원류의 절대다수와 아주 오래된 직비원류 화석을 통해 짐작해 볼 수 있듯이 진원류에서 시작되었다. 돌출된 주둥이를 가진 개코원숭이(사진 15)는 예외에 속하며, 이들의 주둥이는 진원류 내에서 진화상 재획득된 형질로 볼 수 있다. 진원류에서 주둥이가 일반적으로 축소되는 방향으로 발달했다는 사실은 먹이를 획득하고 다루는 데 앞다리나 손을 더 많이 사용하게 되었음을 증명한다. 개코원숭이의 주둥이가 다시 돌출된 이유는 다른 알려지지 않은 선택압과 관련이 있을 것이다.

그러나 주로 손을 이용해 먹이를 먹는 대형 유인원은 초창기 호미닌처럼 축소되기는 했어도 여전히 주둥이를 가지고 있었다. 이런 최소화된 주둥이는 적응을 위해 특별히 필요한 기능도 아니고 획득하는 데 비용이 들지도 않는 중립적인 형질일 것이다. 분명한 점은 인간 중심의 경로를 따르는 호미닌의 진화 과정에서 인간의 얼굴에 독특함을 부여하는 특성의 하나로 주둥이가 완전히 없어질 때까지 축소되었다는 것이다. 인간에게는 주둥이를 가진 조상들에게 필수적이었던 것처럼 인간에게도 필수적인 턱과 치아를 가지고 있지만, 인간의 턱은 돌출되지 않는다. 이로 인해 특히 진원류의 또 다른 특징으로 얼굴에서 털이 없어진 상태에서 입으로 다양한 표현을 할 수 있게 되었다. (턱과 치아는 유지한 채) 주둥이가 줄어들어 종국에는 완전히 사라지게 만든 유전적·발달적 변화를 고려했을 때 턱의 발달에 대한 기본적인 사실들(2장과 3장)이 이런 변화와 관련이 있음이 분명하다.

특히 위턱과 아래턱이 각각 위턱과 아래턱 원기들에서 발달했다는 점을 기억하자. 앞서 보았듯이 이들이 형성되기 위해서는 세포 분열로 얼굴 원기들의 성장을 촉진하는 소닉 헤지호그SHH 신호가 필요하다. SHH 신호가 클수록 얼굴은 더 넓어진다. 정상보다 더 넓은 얼굴을 가진 증상을 **두눈먼거리증**hypertelorism이라고 하며, 동물 실험을 통해 이것이 SHH 신호의 과잉으로 생긴 결과라는 것을 알게 되었다. 이에 더해 시클리드에서 보았듯이 SHH 신호 경로에서의 돌연변이가 특정 형태나 턱의 돌출 정도에 영향을 미칠 수 있다. 이를 기반으로 주둥이의 돌출 정도는 최소한 어느 정도는 위턱과 아래턱 얼굴 원기들이 발달하는 동안에 보내는 SHH 신호의 강도나 기간(또는 둘 모두)의 영향을 받는다는 결론을 도출할 수 있다. 포유류형 턱에서 필수적인 두 번째 분자는 뼈 형성 단백질BMP이며, 마지막으로 섬유모세포성장인자FGF 신호가 있다. FGF 신호와 SHH 신호의 밀접한 관련성을 생각해 보면, 이 두 신호들은 턱의 성장 촉진과 연관이 있을 것이다. 실제로 FGF8과 SHH가 닭의 배아에서 부리의 성장을 촉진하기 위해 시너지 효과를 내며 작동한다는 사실을 보여 주는 몇몇 증거가 존재한다. 한편 (얼굴의 발달에서 역시 중요한) Wnt 신호는 주둥이의 돌출 정도가 아니라 위턱과 얼굴 중앙 부위의 특정 패턴을 형성하는 세부 사항 설정에 주로 관여하는 것처럼 보인다.[25]

이런 신호 전달 경로는 포유류의 태아 발달 기간에 주둥이 형성에 지극히 중요한 역할을 한다. 한 가지 생각해 볼 수 있는 결론은 인간처럼 주둥이가 없는 포유동물 종에서 원기들이 결합하고 얼굴이 완성된 후에 위턱과 아래턱 얼굴 원기들에 있는 하나 이상의 이런 경로들에서 신호가 감소할 수 있다는 것이다. 물론 태아가 발달하는 동안에 얼굴이 자라면서 확장된다. 그러나 인간의 경우 턱은 길어지지 않는다. 세포 증식이 일어나면서 얼굴은 이 기간에 주둥이가 발달하는 방향인 전후축을 따라서 성장하지 않고 폭과 깊이가 증가한다.[26]

그러나 다른 포유동물의 경우 태아 발달 과정에서 모든 성장이 끝나지 않는다. 많은 포유동물 종들의 새끼는 성체와 비교해 주둥이의 돌출 정도가 덜하다. 동일한 종 안에서 새끼는 성체보다 머리는 더 둥글고 얼굴은 더 납작하다. 완전히 성장한 후에 성인의 모습과 비교했을 때보다 이때의 모습은 인간의 신생아와 훨씬 더 닮았다(어린 포유동물에게 인간이 보호본능을 일으키게 만드는 요소임이 분명하다). 더 납작한 얼굴은 엄마의 젖을 더 수월하게 먹을 수 있게 해 주고, 이런 이유로 선택된 형질일지도 모른다. 그리고 그 결과 많은 포유동물의 주둥이는 대부분이 출생 후 청소년기 동안에 성장한다. SHH와 BMP4, FGF8 신호가 주둥이의 돌출 정도를 조절한다면, 이것은 태아 발달의 중반이나 후반 단계에서 일종의 출생 후 성장을 설정하는 것과 연관이 있을 것이다. 그러나 물론 다른 경로들과 과정들이 연관되었을 수도 있다.

이마의 발생

앞서 3장에서 또 다른 독특한 인간의 특성을 살펴보았다. 바로 인간의 얼굴이 수직 구조를 가지는 데 일조하는 이마다. 우리는 이마의 존재가 인간의 진화와 함께해 온 두뇌 크기가 크게 증가한 것을 일정 부분 반영한다는 사실을 보았다. '그림 6.4'는 호미닌 진화에서 두뇌 크기가 증가한 궤적을 보여 준다. 신체 크기에 비해 인간의 두뇌는 현존하는 침팬지나 멸종된 오스트랄로피테쿠스보다 대략 세 배가 더 크다. 앞에서도 논의했지만, 인간의 두뇌 크기가 증가한 것이 둥근 머리 모양과 수직적인 얼굴 형

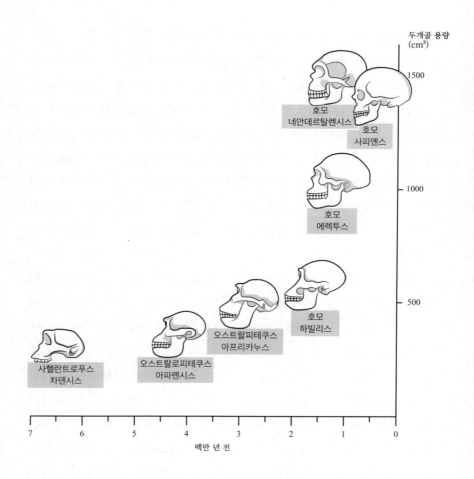

그림 6.4 시간의 흐름에 따라 더 커진 호미닌의 두뇌 크기 도표

태를 만드는 유일한 요소는 아니었다. 그러나 주요한 요소였음은 분명하다.

인간의 큰 두뇌는 대뇌피질에서 신경 전구세포가 다른 동물들에 비해 더 오랫동안 생산된다는 사실을 보여 준다. 더 많은 전구세포는 더 많은 방사 유닛으로 이어진다. 그리고 이는 결국 인간의 두개골 내에 위치한,

대뇌 이랑과 대뇌 고랑을 가진 두뇌의 특징적인 형태를 형성하는 겹겹이 주름이 잡힌 대뇌피질 표면을 더 커지게 만든다. 유난히 큰 인간의 두뇌는 유전적 발달 메커니즘과 큰 두뇌가 선택된 이유에 대한 궁금증을 불러일으킨다. 여기서는 신경 전구세포를 증가시키는 유전적 기반을 간략하게 살펴보고, 이후에 더 큰 두뇌의 적응 기능을 조사하겠다. 앞으로 보게 되겠지만, 두뇌의 앞쪽, 즉 이마 바로 뒤에 놓인 전전두피질prefrontal cortex은 복잡한 의사결정을 내리는 등 인간의 독특한 정신적 속성들과 연관된 몇몇 특별한 신경 회로를 수용하고 있다. 전전두피질을 포함해 더 커진 두뇌는 두 가지 측면에서 얼굴과 관련이 있다. 바로 얼굴의 형태와 움직임이다.

신경 전구세포 생산과 대뇌피질의 성장 사이에 관계가 있다고 할 때 큰 두뇌의 진화는 더 많은 신경 전구세포를 생산하는 능력과 연관이 있다고 보아야 한다. 이에 따라 야생형 유전자 활동이 신경 전구세포 생산에 필수적인 **소두증** 유발 유전자microcephalic gene의 활동과 관련이 있다고 의심해 볼 만하다. 이런 가능성을 입증하기 위한 조사가 진행되었고, 실제로 이런 유전자들 중 하나인 *ASPM*의 초기 비교 연구를 통해 영장류에서 DNA 염기 서열이 빠르게 진화한 증거를 찾아냈다. 그러나 이런 증가는 호미노이드 계통에서 아주 이른 시기에, 인간의 두뇌가 크게 확장되기 오래전에 시작되었다고 여겨진다. 소두증 유발 유전자를 이용해 두뇌 크기의 증가를 설명하려는 시도에 반대하는 의견이 있다. 근본적인 이유는 이런 유전자들에서의 변화가 어떻게 대칭 분열의 **횟수를 증가시키고** 더 많은 신경 전구세포를 생산하게 만드는지를 상상하기 어렵다는 것이다.[27]

두뇌가 커지기 위해서는 이런 유전자들이 다른 영장류에서 두뇌가 형성될 때보다 인간의 대뇌피질이 발달하는 동안에 더 오랫동안 활동해야 한다. 활동 시간이 길어지면 신경 전구세포의 추가 생산이 가능해질 것이다. 만약 이것이 사실이라면 유전자 조절의 문제를 생각해 보지 않을 수 없다. 소두증 유발 유전자들의 상류인 이 조절 유전자들은 무엇인가? 다른 영장류들에 비해 더 많은 신경 전구세포를 생산하기 위해 이들이 더 오랫동안 발현될 것인가?

한 가지 가능성을 들자면, 발달 초기 대뇌피질의 서로 다른 부위에서 특정 유전자의 발현을 조절하는 전사 인자가 있을 수 있다는 점이다. 초기 배아에서 종뇌는 간뇌성 속성들의 발달을 억제하는 Wnt 활동의 억제에 의해 어느 정도 규정된다. 최종적으로 대뇌피질을 만드는 종뇌의 등 쪽 부분은 곧 성숙한 대뇌피질의 주요 부위들(이마엽과 마루엽, 관자엽, 뒤통수엽)을 만드는 부위들에서 네 개의 상이한 전사 인자들을 발현시키기 시작한다. 대뇌피질이 독특한 부위로 구분되는 과정을 **지역화**arealization라고 하며, 신호 전달 분자들이 생산되면서 시작된다. 이들은 새롭게 형성된 두뇌의 특정 장소에서 발달하는 얼굴을 설명하면서 이미 언급했던 분자(FGF, SHH, Wnt, BMP)들이다. 이 분자들은 발달하는 뇌의 부위들을 통해 퍼져 나가면서 겹쳐지는 부분을 만들고, 특정 부위에서 이런 다양한 농도의 조합은 하류 유전자의 독특한 유전자 발현 패턴을 이끌어 낸다. 지역화에 필요한 각각의 전사 인자는 이들이 규정하는 영역 내에서 이차적인 신경 전구세포의 생산을 촉진하기 위해 필요하고, 이들을 비활성화하는 돌연변이는 이들이 발현되는 부위에서 신경 발생을 크게 감소시킨다. 반대로 인간의 진화에서는 이런 네 개의 전사 인자의 발현 시간이 더 길어지면서 발달하는 대뇌피질에서 신경 발생이 증가할 수 있었다.[28]

이 밖에도 발달하는 대뇌피질에서 신경 발생을 촉진하는 다른 유전자들이 있다. 영장류 두뇌에서 신피질의 뇌실하층은 뇌실층에 비례해서 확장된다. 이 자체로도 모든 발달하는 대뇌피질의 부위에서 이차적인 신경 전구세포를 증가시키는 데 기여한다. 이런 증가에 필요한 유전자들 중 하나를 *FoxG1*(예전의 뇌 인자-1Brain Factor-1)이라고 한다. *FoxG1*에 결함이 있는 돌연변이 쥐는 대뇌피질이 크게 줄어든 모습이 보인다. 뇌 발달에서 발현되고 인간 두뇌의 확장에 일조하는 또 다른 유전자는 *NBPF*다. 이 유전자는 **단백질 도메인**protein domain을 암호화하는 DNA 염기 서열의 복사물을 다수 포함하며, 단백질의 특별한 부위인 이 도메인을 *DUF1220*이라고 한다. 인간과 침팬지의 경우 *NBPF* 내에서 DUF1220의 복사 수는 다른 영장류와 포유동물에 비해 크게 증가하고, 이에 상응하여 단백질 자체에서 암호화된 도메인의 수도 증가한다. *NBPF*에서 인간은 이런 도메인이 272개고, 침팬지는 125개다. 그리고 쥐 리머와 쥐는 각각 2개와 1개다. 인간의 유전적 변이와 관련된 몇몇 추가 발견은 *NBPF*에서 DUF1220 도메인의 수가 인간의 두뇌 크기(그리고 신경의 기능)와 연관이 있음을 보여준다. 이런 두 종류의 신경 발생 촉진 유전자(*FoxG1*과 *NRBF*)나 아직 발견되지 않은 다른 유전자들이 지역화 유전자들의 상류인지 하류인지는 (하류로 추측된다) 밝혀지지 않았다. 여기서 중요한 것은 인간 두뇌의 진화적 확장에 관여되었을지도 모르는 특정 유전자와 그 과정을 이제는 알게 되었다는 점이다.[29]

다윈의 점진주의와 작은 단계들이 축적되어 질적으로 큰 변화가 만들어지는가에 대한 문제

호미닌의 진화 과정에서 턱의 축소와 두뇌의 성장은 모두 개별적이고 비교적 작은 일련의 변화와 영향들에 기인했다고 생각해 볼 수 있다(그리고 거의 확실하게 이들과 연관이 있다). 이런 패턴을 **다윈주의의 점진주의**Darwinian incrementalism라고 부를 수 있다. 실제로 인류의 진화에서 호미닌(오스트랄로피테쿠스에서 **호모 사피엔스**까지)의 얼굴과 머리, 몸통의 **모**

든 주요 신체적·형태학적 변화는 오스트랄로피테쿠스의 신체 비율에 비해 크기도 하고 작기도 한 차등적인 성장의 점진적인 변화들과 연관이 있다고 이해하기 쉽다. 여기서는 도약진화에 대한 언급이 필요없다.[30]

다윈은 주요한 형태학적 변화가 작은 변화들이 축적되어 만들어졌을 수 있다는 관점을 지지했는데, 오늘날 이 사실은 거의 주목받지 못하고 있다. 그 이유 중 하나는 진화가 "점진적"이라는 주장이 느리다는 의미로 흔히 잘못 해석되기 때문이다. 현재는 진화상의 변화가 급속하게 진행될 수 있음이 밝혀졌다. 실제로 다윈도 이 사실을 알았다. 그는 진화가 서로 다른 속도로 진행될 수 있고, 그렇게 되었다는 점을 깨달았다. 그러므로 그의 견해는 속도가 아닌 패턴을 의미했다고 보아야 한다. 다시 말해 진화가 비교적 작은 단계들로 이루어진 일련의 변화 과정이지만, 이런 단계들의 속도는 제각각일 수 있다. 호미닌 화석 기록은 공백이 존재하기는 하지만 근본적으로 그의 생각이 옳았음을 증명한다. 두개골 화석을 토대로 호미닌의 두뇌 크기가 증가했음을 추론할 수 있고, 이런 증가는 인류 진화에서 좋은 실례를 제공한다. 두뇌 크기의 증가는 처음에는 천천히, 실제로 일반적인 의미에서 점진적으로 진행되었지만, 마지막 2백만 년에서 1백만 년 동안에는 증가 속도가 빨라졌다. 여기서 중요한 점은 이것이 큰 중단 없이 지속되는 경향으로 볼 수 있다는 것이다. 모든 호미닌 계통이 다 그렇지는 않지만(오스트랄로피테쿠스는 2백만 년에서 3백만 년이 넘게 상당히 변함없는 두뇌 크기를 유지했으며, **호모 에렉투스**에서 파생된 한 집단은 오히려 두뇌 크기가 감소했다), 전반적인 경향이 그랬다.[31]

그러나 이 사례는 두 가지 의문을 불러일으킨다. 첫 번째는 호미닌 진화에 대한 특정한 의문이고, 두 번째는 진화상의 변화에 대한 다윈의 점진주의적 견해에 대한 일반적인 의문이다. 특정 의문은 호미닌의 두뇌 크기의 증가를 이끈 선택압과 관련이 있다. 두뇌는 에너지 소모가 크기 때문에 영양분을 많이 섭취해야 하고, 그래서 모종의 압력이 존재했을 것이다. 두뇌는 인간 몸무게의 약 2퍼센트를 차지하고, 성인의 두뇌는 하루 에너지 사용량의 약 20퍼센트를 소모한다. 더 큰 두뇌로 진화하기 위해서는 큰 비용을 지불해야 하므로 비싼 비용을 능가하는 더 큰 이점들이 있어야 했다. 이것이 인류 진화에서 중요한 문제들 중 하나다. 여기에 대해서는 나중에 다시 다루면서 가능성들을 조사할 것이다.

이보다 더 심오한 문제가 다윈과 그의 비평가들을 골치 아프게 만들었다. 특정 속성(이 경우 뇌의 크기)의 점진적인 증가가 어떻게 큰 **질적인 차이**(이 경우 정신적 능력)를 가져올 수 있는가? 인간의 두뇌는 더 확장된 것에서 끝나지 않고 새로운 과제를 수행할 수 있는 능력을 획득했다. 수십 년간 진행된 침팬지의 인지 능력 검사는 침팬지와 인간 사이에 몇몇 타고난 정신적 능력의 차이가 있음을 보여 주었다. 예를 들면 침팬지는 색깔이 있는 형태로 단어를 상징하는 법을 배울 수 있지만, 인간의 아이보다 훨씬 적게, 더 천천히 배운다. 여기서 월리스가 품었던 의문이 떠오른다. 진정으로 새로운 인간의 정신적 능력이 정말로 다윈의 점진주의대로 자연선택에 의해 만들어질 수 있는가?

충분하지는 않지만 간단하게 답하면 이렇다. 양적인 변화가 일어나는 많은 과정들에는 다음에 일어나는 변화가 새로운 무언가를 촉발하게 되는 임계점이나 티핑 포인트tipping point*가 존재한다. 많은 물리적 환경과 생물학적 현상, 정신적 속성에서 흔히 일어나는 일이다. 단순한 사례로 얼음을 얼리는 현상을 들 수 있다. 물을 계속해서 냉각시켜도 어는점(0℃)에 도달하기 전까지는 액체 상태를 유지한다. 그러다가 어는점을 지나면 얼기 시작한다. 이 같은 변화를 나타내는 포괄적인 용어를 **창발**이라고 한다. 예측할 수 없는 (그리고 흔히 설명이 불가능한) 새로운 속성들이 갑자기 드러나거나 **창발**한다. 이 현상은 인간의 진화 과정에서 일어

---

* 작은 변화들이 계속 쌓이다가 어느 시점에서 작은 변화가 하나만 더해져도 갑자기 큰 영향을 초래할 수 있는 상태가 된 단계

난 두뇌 크기의 증가와 연관된 다양한 정신적 속성들에도 적용된다. 19세기에 다윈이나 월리스 중 한 사람이 이런 주장을 했다면 많은 비평가들은 틀림없이 의심을 품었을 것이다. 그러나 다윈의 제자였던 T. H. 헉슬리는 달랐다. 그는 이해했을 것이다. (실제로 헉슬리는 산소와 수소의 결합물인 물이 가진 속성들을 예측 불가능한, 새롭게 창하는 속성으로 인용했다.) 오늘날 창발 현상은 어디서든 볼 수 있을 만큼 흔하다. 그렇다고는 해도 창발한 각각의 속성들을 설명하거나 최소한 설명하려는 시도는 해야 한다.[32]

다윈의 점진주의가 적용되는, 놀랄 만한 새로운 속성이 만들어지는 사례로 특별히 까다로운 문제를 다뤄 보겠다. 바로 언어와 말하기 능력의 기원이다. 명금류song birds*와 고래를 포함한 몇몇 포유동물들이 구두로 의사소통하는 정교한 방식을 가지고 있기는 하지만, 엄밀히 말해 언어와 말하기는 인간만이 가진 독특한 능력이다. 그렇다면 다윈주의로 언어의 탄생을 설명할 수 있을까? 앞으로 논의하겠지만, 답은 아마도 "그렇다"일 것이다. 이 질문에 대한 답을 찾는 과정에서 얼굴이라는 주제가 다시 등장한다. 이는 얼굴의 표현 능력의 진화가 언어의 출현과 연관이 있기 때문이다.

몸짓과 얼굴 표정 : 언어의 출발점인가?

언어는 가장 독특한 인간 행동의 특성일 뿐만 아니라 지금까지도 제대로 이해되지 않는 특별한 발성 기관과 정교하고 복잡한 뇌신경 회로가 필요

• 아름다운 울음소리를 가진 새들

한 가장 복잡한 특성이기도 한다. 사실 언어의 기원이라는 주제는 모든 과학 관련 주제들 중에서 가장 논쟁이 치열하고 다루기 까다롭다.

놀랍게도 언어의 탄생은 인간의 손과 연관이 있다. 다윈은 『인간의 유래』에서 인간 지능(그리고 두뇌의 크기)의 성장을 촉진하는 데 손의 발달이 주요한 역할을 했으며, 인간이 가진 세 가지 특별한 특성들(이족 직립보행과 갈수록 더 정교해지는 석기 제작과 사용, 확장된 두뇌 크기)이 모두 서로 밀접하게 연관되어 있다고 주장했다. 그의 주장에 따르면 이족 직립보행은 몸을 움직일 때 손을 "자유롭게" 해 주었다. 그리고 이것이 곧 석기의 제작으로 이어졌다. 석기를 사용하면서 더 높은 수준의 인지 능력이, 즉 더 큰 뇌가 요구되었고, 이로 인해 더 많은 변화가 빠르게 이루어졌다. 아주 터무니없는 주장은 아니지만, 4백만 년 동안 확장된 두뇌 크기의 증가 패턴을 복원한 결과, 이 주장은 신뢰가 떨어진다. 첫째로 오스트랄로피테쿠스가 이족보행을 시작한 시점과 석기를 사용한 시점 사이에는 약 2백만 년이라는 기간이 존재한다. 둘째로 두뇌의 크기가 가장 빠르게 증가한 시기는 최초의 석기가 만들어지고 1백만 년이 넘는 상당히 오랜 시간이 지난 뒤다(기술 발전도 비슷한 시간이 걸렸다). 이것은 다윈이 제안했던 패턴보다는 모자이크진화의 확장된 사례에 가깝다.[33]

비록 다윈의 시나리오가 빗나가기는 했지만, 손의 활용이 정신적 진화(그리고 정신적 능력의 진화)에 있어서 주요하고 혁신적인 사건이었다는 생각은 틀리지 않은 듯하다. 손의 사용에서 그가 놓친 것은 손으로 표현하는 능력이었다.

인간의 손은 기본적인 세 가지 기능을 수행한다. (1) 물체를 잡고, (2) 물체를 정밀하게 조작하고, (3) 소망과 의도, 의미를 타인에게 전달하기 위한 신호를 보낸다. 이 순서는 이런 능력들이 생겨난 시간적 순서다. 특히 물체를 붙잡고 다루는 능력은 원시 영장류가 가진 능력이고, 줄기 집단 영장류의 특징이었을 것이다. 나무를 타는 영장류에게는 날카로운 발톱 없이 손가락으로 붙잡을 수 있는 능력과 나뭇가지들을 따라 효과적으로 움직일 수 있게 해 주는 마주 보는 엄지가 필요했다. 이와 유사하게 음식물이나 나무토막 등의 물체를 손으로 다루는 능력은 의심의 여지없이 초기 영장류의 특성이었다.

반면에 수신호를 보내는 능력은 호미노이드 영장류에서만 광범위하게 보이고, 훨씬 최근에 제한적으로 발달한 영장류의 능력이다. 일부 원숭이들이 먹을 것을 달라며 팔을 뻗어 손바닥을 벌리는 동작을 제외하고, 호미노이드가 아닌 영장류들은 손짓을 하지 않는다. 물질들로 가득한 세상에서 유용한 특성인 물체를 붙잡고 조작하는 능력과는 다르게 수신호는 사회적인 목적을 가지고 있다. 개체들 사이에서 자신의 의도를 전달하고 원하는 것을 요청하는, 간단한 생각을 전달하는 방법이다. 인간들이 사용하는 손짓의 사례를 몇 개 들어 보자. "저것 봐"라는 의미로 검지로 가리키기, 검지와 중지를 펴고 나머지 손가락은 접어서 승리를 나타내는 "V" 자 만들기, "그러면 안 돼!"를 나타내기 위해 아이의 얼굴 앞에서 검지를 펴고 까닥거리기, "저 사람 미쳤나 봐"라는 의미로 검지를 관자놀이를 향하게 한 다음 원을 그리기, "이쪽으로 와"라는 의미를 가진 동작으로 손바닥을 벌리고 손가락을 폈다 오므렸다 하기 등이 있다. 영장류의 손짓 목록은 초기에는 인간과 비교해 제한적이라고 생각되었지만, 최근의 연구를 통해 야생 침팬지들이 의사소통을 위해 상당히 폭넓게 몸짓을 사용한다는 사실을 알게 되었다. 그리고 이를 바탕으로 초기 호미닌들도 광범위한 몸짓을 가지고 있었다고 추론해 볼 수 있다.[34]

인간은 이 능력을 더 멀리까지 발전시켰다. 특히 기하학적·구문론적 복잡성이 다른 어느 구어와 견주어도 손색이 없는 뛰어나고 다양한 수화의 발달은 손짓으로 의미를 전달하는 데 타고난 제약이 없음을 보여 준다. 또 니카라과의 청각 장애 아이들이 자율적으로 완전하고 복잡한 수화를 발달시킨 점을 보면 매우 복잡한 몸짓을 통해 의사소통하는 시스템을

구축하는 능력이 인간의 타고난 성향임을 알 수 있다.[35]

수화는 손짓에만 의존하지 않는다. 얼굴 표정도 함께 사용된다. 그러므로 손과 얼굴은 비언어적 의사소통에서 긴밀한 관계에 있다고 할 수 있다. 인간에게서만 이런 연관성을 볼 수 있는 것이 아니다. 대형 유인원들도 대면 접촉을 통한 상호작용에서 손짓과 얼굴 표정을 사용한다. 앞서 얼굴 표정이 말에 담긴 메시지를 보강하거나 수정하거나 때때로 (무심결에) 부정하는, 구어를 지원하는 의사소통 시스템이라고 설명한 바가 있다. 입 밖으로 낸 말을 듣지 못했어도 화자의 감정 상태와 때로는 이들의 의도를 얼굴 표정만으로도 상당 부분 포착할 수 있다. 실제로 비교적 미묘하고 다양한 얼굴 표정들이 말과 함께 사용된다. 이런 표정들은 말 자체보다도 더 중요한 메시지를 포함할 때가 많고, 말 뒤에 숨어 있는 감정을 전달한다.

몸짓을 이용한 표현이 고대 호미노이드에 뿌리를 두고 있음을 감안하면 몸짓 의사소통 시스템이 단지 의사소통을 보충하는 시스템이 아니라 처음에는 소리를 동반하기는 했어도 주요 의사소통 시스템이었으며, 온전한 인간의 말과 언어에 선행했다고 생각할 수 있다. 이런 견해는 18세기 아베 드 콩디야크Abbe de Condillac의 저서(1746)에서 찾아볼 수 있으며, 최근 들어 언어의 진화에서 "손에서 입으로hand-to-mouth" 이론과 같은 최근에 얻게 된 지식 덕분에 재조명되고 있다.[36]

그러나 수화가 구어에 선행했다는 이 관점에는 중요한 문제점이 있다. 몸짓언어에서 음성언어로 이행되는 과정의 문제다. 순전히 몸짓만을 이용한 의사소통 시스템이 말을 기반으로 하는 시스템으로 곧장 진화했다고 상상하기란 극히 어렵다. 언어가 신체 동작과 점점 발달하는 발성 기능을 모두 사용하는 시스템의 일부로서 진화했다고 보는 것이 훨씬 타당해 보인다. 실제로 이런 몸짓들 중 일부는 손에서 입으로 가는 동작과 연관이 있을 수 있다. 예를 들면 손에서 입으로 가는 최초의 몸짓으로 손을 입으로 이동시켜 음식물을 입으로 가져가거나 가져간다는 신호를 보내는 움직임이 있다. 그리고 이런 움직임이 진원류 내에서 점차 확대되어 입의 일부를 사용하는 얼굴 표정과 발음 기관의 움직임도 포함되었을 가능성이 있다. 호미닌의 진화 후반에는 이것이 손짓과 더 빈번하게는 몸짓의 의미를 보강하는 특정 소리를 동반한 제스처로 더욱 확대되었을 수 있다. 소리를 생산하는 인간의 능력 발달로 소리(그리고 종국에는 음성언어)의 범위가 확장되고 의사소통 시스템에 통합되면서 결국에는 소리가 의미 전달의 주요 수단이었던 몸짓을 대체했는지도 모른다. 사실상 몸짓과 음성을 통한 의사소통은 공진화했을 수 있다.[37]

앞의 시나리오는 몸짓이 말을 기반으로 하는 의사소통 시스템으로 진화했을 가능성이 있는 과정을 대략적으로 보여 준다. 여기서 세 가지 문제를 특히 주목해 볼 필요가 있다. 첫 번째는 인간의 발성 기관 자체와 기본적인 소리, 즉 **음소**phonemes를 폭넓게 만드는 이 기관이 가진 능력의 진화를 도외시한다는 것이다. 이는 인간의 영장류 사촌에게는 부족한 능력이고, 어린 침팬지나 보노보에게 가르치려는 과감한 시도는 있었지만 실패했다. 인간의 발성 시스템은 많은 소리를 생산하는 데 필요한, 목구멍의 낮은 곳에 위치한 후두와 **호모 사피엔스** 특유의 기하학적인 구강 구조와 연관이 있다. **호모 에렉투스**나 **호모 하이델베르겐시스** 같은 아주 오래된 인간 종은 이런 구강 구조를 가지고 있지 않았을지도 모른다. 물론 이 결론에는 논란의 여지가 있다. 발성 기관의 진화상 필요한 많은 변화들은 혀와 구강의 일부에서 비교적 미묘한 변화를 가져왔지만, 소리의 범위는 현격히 확장시켰다.[38]

두 번째이자 더 중요한 문제는 언어와 생각이나 감정을 명확하게 표현하는 말을 가능하게 만든 뇌신경 회로에서의 변화와 관련이 있다. 언어의 획득과 가시적인 몸짓에서 음성 기반 시스템으로의 진화는 "뇌의 전선 재배치"와 몇몇 기초가 되는 신경 기반이 확장되면서 발생했을 것이다. 그러나 두뇌의 재구성과 확장의 일반적인 현상에서 가장 이해하기 힘든 점은 상징적 표상symbolic representation*을 획득하게 되는 정신적 능력의 진화다. 특히 복잡한 문장 법칙을 이용해 단어들을 상징적으로 사용하는 능력이 있다. 침팬지와 보노보는 인간이 훈련시키면 발달할 수 있는, 상징적 사고를 할 수 있는 능력을 어느 정도 가지고 있지만, 인간의 능력이 훨씬 더 뛰어나다. 이는 양적인 차이라기보다는 질적인 차이로 보아야 한다. 이 능력은 몇몇 두뇌 부위에서 신경 회로가 정교하게 재구성되고 확장되면서 진화했다. 이 현상에 대한 논의는 다음 장으로 미루겠다.[39]

세 번째 문제는 두 번째 문제(새로운 기능을 만드는 두뇌 회로의 재구성과 확장)의 특수한 경우에 해당하며, 별도의 관심을 가질 가치가 있다. 표정과 말이 함께 어우러져 정보를 전달할 수 있도록 말을 하면서 짓는 얼굴 표정이 말과 어떻게 연관이 되는가이다. 앞서 보았듯이 말하기에는 청자가 몸짓으로 인식하는 얼굴의 움직임이 포함된다. 독순법은 모든 단어를 발음할 때마다 독특한 입술 모양이 만들어지고 또 만들어질 필요가 있다는 사실에 착안한다. 단어들이 나열되며 만들어지는 소리를 생산하기 위해서는 신경 회로가 필수이지만, 말하기 능력이 정확히 어떻게 감정 상태와 연관이 있는 얼굴의 표정을 짓는 능력과 신경학적으로 관련이 있는가는 밝혀지지 않았고, 관심도 거의 받지 못했다. 이 문제에 대해서는 다음 장에서 더 자세히 다루겠다.

인간의 언어와 말하기 능력의 기원에 대해 아는 정보가 많지 않지만, 이들의 진화적 뿌리는 최근 들어 더 명확해졌다. 말하기와 짝을 이루는 얼굴 표정의 뿌리를 진원류 특히 구세계원숭이와 유인원에서 살짝 엿볼 수 있다. 이런 동물들이 보여 주는 세 가지 율동적인 얼굴 표현인 입맛을 다시듯이 쩝쩝거리기와 혀 차기, 이빨을 딱딱 부딪치다. 특히 레서스원숭

---

* 존재하지 않는 물체에 대해서 상징적으로 생각할 수 있는 인지적 능력

이는 동일한 리듬(초당 여섯 번)으로 입맛 다시기를 하며, 동시에 일어나지는 않지만 발성을 동반한다. 입맛 다시기는 대면 상호작용을 포함해서 다양한 사회적 상황에서 사용된다. 인간에게서도 음절을 생산할 때 이와 같은 리듬성을 볼 수 있다. 그러므로 호미닌의 음성언어의 진화는 말하기와 관련된 얼굴 근육과 발성 시스템의 신경 재구성을 통한 "결합"이었을 가능성이 있다. 이에 대한 선례가 존재한다. 수컷 겔라다개코원숭이는 자신들만의 입맛 다시기 방식을 가지고 있다. 이들은 암컷의 환심을 사기 위해 입맛을 다시면서 독특한 소리를 낸다. 다른 개코원숭이 종은 이런 행위를 하지 않기 때문에 겔라다개코원숭이가 진화를 거치면서 신경 회로에서 발생한, 아마도 말하기 능력이 진화하면서 호미닌 조상들에게 일어났던 것과 유사한 변화들을 통해 이 능력을 획득했다고 볼 수 있다.[40]

영장류 얼굴의 형태를 만드는 식이와 사회성

지금까지 나무 위에서 생활하는 아주 작은 생명체인 최초의 영장류가 유인원의 모습으로 진화하고, 초기 호미닌의 모습에서 더 많은 변화가 일어나고, 현대 **호모 사피엔스**의 진화로 마무리되면서 인간의 얼굴이 가진 독특한 특징들이 진화하는 과정에서 발생한 몇몇 중요한 사건들을 다루었다. 이런 사건들은 초기 (털로 덮여 있고, 주둥이를 이용해 먹이를 붙잡고, 이마가 거의 또는 아예 존재하지 않고, 눈이 측면에 위치하는) 상당히 표준적인 포유류형 얼굴에서 털과 주둥이가 사라지고 이마가 존재하며 큰 두뇌를 가졌고, 두 눈의 간격이 좁아지고 전방을 향하는 눈을 가진 얼굴로 변화시켰다. 최초의 진원류에서 현대 인간으로의 변화는 대략 6천만 년이라는 기간에 걸쳐 발생했지만, 주요 변화는 비교적 짧았던 두 기간에 일어났다. 진원류의 기본적인 얼굴 형태를 만든 첫 번째 변화는 영장류가 등장하고 처음 5백만 년에서 1천만 년 안에 일어났다. 얼굴에서 털이 사라졌고, 주둥이가 축소되었으며, 두 눈이 비교적 가깝게 위치했다. 이들의 모습은 여전히 인간과는 많이 달랐지만 초창기 영장류(또는 지금의 곡비원류)의 얼굴보다는 인간에 더 가까웠다. 유인원 특유의 얼굴을 진정한 인간의 얼굴로 변화시킨 또 다른 주요 사건은 5천만 년도 더 지나서, 주로 최근 2백만 년 안에 발생했다. 인간의 얼굴을 지금의 얼굴로 만든 시기가 이때다.

두 번에 걸친 변화들은 자연선택에 의해 일어났다. 이런 선택의 힘에 대해서는 알려진 바가 많지 않지만, 몇몇 잠정적인 결론은 내릴 수 있다. 먼저 영장류의 진화에서 생존과 진화에 비교적 우호적인 환경에서 변화가 일어났다는 것이다. 1억 6천만 년 이상 먹이사슬을 지배했고 그 존재 자체로 포유류의 다양화를 늦추고 제한했던 거대한 초식 공룡이 사라진 세상이 도래했다. 팔레오세 초반에 이 특정한 위협이 사라지면서 포유동물들은 더 다양해졌을 뿐만 아니라, 영장류를 포함해서 많은 포유류 집단에서 볼 수 있듯이 몸집이 더 커질 수 있는 기회를 얻었다. 진원류에서 신체 크기의 증가는 더 큰 얼굴을 가진 더 큰 머리로 이어졌다. 그리고 이에 따른 한 가지 결과는 가까운 것을 더 잘 볼 수 있고, 그래서 얼굴을 마주 대하는 상황을 포함해 몇몇 상황에서 더 유리할 수 있는 더욱 커진 눈을 갖게 된 것이다.

영장류의 입과 목구멍, 턱, 치아에서 다시 말해 먹이 섭취를 위한 전체 기관들에서도 많은 진화적 변화들이 발생했다. 먹이가 달라지면 씹는 방법도 달라지기 때문에 이런 변화는 식생활의 변화를 반영했다고 보아야 한다. 식생활의 변화는 기후 변화의 결과였다. 기후가 변하면 서식하는 식물이 바뀌게 되고, 결국 식물을 먹고 사는 초식동물들은 새로운 식습관을 습득하거나 멸종의 길을 걸어야 했다. 초식동물 개체군에 변화가 생기면서 이들을 잡아먹던 잡식동물과 육식동물도 진화하거나 자취를 감쳤다. 이런 환경의 전환을 겪을 때마다 턱과 치아에서 필수적으로 일어난 진화적 변화들은 이들을 만들어 낸 발달 과정이 비교적 미세하게 변경되면서 생겨났고, 그렇기 때문에 유전적·발달적 측면에서 비교적 수월하게 일어났다.

기후 변화는 동물들의 구조적 변화를 만들어 내는 선택압을 필연적으로 발생시킨다. 대부분의 영장류 진화가 진행되던 신생대는 이전 시대인 중생대의 1억 8천5백만 년과 비교했을 때 극적인 기후 변화가 일어난 시기였다. 이때의 극심했던 기후 변화 중 하나는 팔레오세-에오세 최고온기Paleocene-Eocene Thermal Maximum, PETM라고 명명된 대략 5천5백만 년 전에 일어난 놀라운 사건이었다. 이 시기에 알 수 없는 이유로 대기 중의 이산화탄소량이 크게 증가했고, 지구의 평균 기온이 10℃ 급등하면서 지구에서 얼음이 사라졌고, 포유류가 전 세계로 퍼져 나갔다. 팔레오세-에오세 최고온기는 15만 년이라는 비교적 짧은 기간 동안 지속되었지만, 포유류와 다른 모든 고등 생명체의 진화에 영향을 주었다고 말할 수 있다. 최초의 진정한 영장류 중 하나인 **테일하르디나**가 아시아에서 아프리카와 유럽으로, 그리고 유럽에서 그 당시에는 존재했던 육로를 통해 북미로 퍼져 나간 시기가 이때였고, 2만 5천 년이라는 기간 안에 일어났던 것으로 보인다. 이런 이동은 적절한 상황이 찾아왔을 때 범위를 확장하려는 영장류의 본능을 보여 준다. 앞서 플라이스토세 초기에 **호모 에렉투스**가 퍼져 나간 다른 사례를 접한 적이 있다. 그리고 8장에서는 플라이스토세 후기에 인류가 빠르게 범위를 확장시킨 사례를 살펴볼 것이다.[41]

플라이스토세에는 극심한 기후 변화로 인한 빙하기도 존재했다. 지구의 역사에서 마지막 250만 년에 발생했다. 이 기간에는 기후의 변동이 심했고, 이는 인간의 진화에 여러 방식으로 영향을 주었다. 팔레오세-에오세 최고온기와 플라이스토세의 빙하기 사이에는 극적인 측면은 덜하지만 매우 중요한 의미가 있는 사건들이 많이 있었다. 예를 들면 아프리카가 오랜 기간 춥고 건조해지면서 숲과 밀림이 감소하고 사바나와 사막이 만들어진 사건이 있다. 이런 변화가 일어나는 동안 인류의 영장류 조상들을 포함해서 아프리카의 동물들은 새로운 영역으로 이주했고, 그곳에서 (새로운 종으로) 진화하거나 멸종했다. 숲에서 서식했던 초기 호미닌들이 생명을 유지하기 위해 과일이나 식물을 먹었다면, 사바나에서 생활했던 **호모**종들은 육식 위주의 생활을 했으며, 이런 변화는 기후 변화에 따른 결과였다.[42]

식생활에서의 장기적인 변화는 턱과 치아의 변화를 일으키는 선택압을 동반했다. 진원류에서 발생한 주둥이 크기의 축소는 식생활 변화에 어느 정도 영향을 받았으며, 자신들의 손으로 먹이를 다룰 수 있는 능력이 있었기에 가능했다. 이 능력은 초기 두개골 화석의 치아로 판단했을 때 초기 영장류들이 영양분 섭취를 위해 크게 의존했던 과일을 딸 때 특히 중요했다. 더 이상 주둥이로 먹이를 붙잡을 필요가 없어졌다. 치아의 변화는, 특히 많은 종들에서 송곳니의 축소와 식물을 잘게 부수기 위한 어금니와 작은어금니의 정교화는 부수적인 변화였다. 모든 증거들이 식생활의 변화가 지난 550만 년에 걸쳐서 영장류의 얼굴을 만든 선택압의 주요 원인이었음을 보여 준다. 영양분 섭취와 먹이의 변화가 턱의 형태를 만들고, 그래서 얼굴의 형태를 만드는 데 주요한 역할을 했던 만큼 척추동물의 진화에는 연속성이 존재했다.

이 외에도 영장류의 진화를 이끌었던 또 다른 압력이 있었다. 이것은 사회성과 관련이 있었다. 모든 주요 포유동물 집단 중에서 영장류가 변함없이 가장 사회적이다. 영장류의 사회적 상호작용은 짝을 찾기 위해 최소한의 사회성을 발휘하는 것을 뛰어넘고, 상호 보호를 목적으로 거대한 무리를 지어 풀을 뜯어 먹지만 서로에게 관심이 별로 없는 몸집이 큰 초식동물의 사회적 환경과는 차원이 다르다. 모든 현존하는 영장류 종들과 멸종된 대다수 영장류 종들의 경우 사회적 집단의 일원이 되는 것은 이들의 생존을 크게 좌우했다. 영장류를 무리에서 떼어내서 고립된 채 혼자 살아가게 만든다면 대부분은 그리 오랫동안 살아남지 못한다. 존 던John Donne• 이 인간은 서로 상호작용하며 살아가는 존재임을 강조하기 위해 쓴 구절을 인용해 어느 영장류도 외딴섬이 아니라고 말할 수 있다.

사회적 지능을 촉발하는 형질의 선택이 언제 일어났을까? 전통적인 진화론은 자연선택이 개체(그리고 그 후손)에게 유리한 유전적 변화에만 작용한다고 강조한다. 또 집단에 언젠가 미래에 얻게 될 이점을 부여하는 변화에는 작용할 수 없다는 주장을 꽤 타당성 있게 펼친다. 매우 사회적인 동물들에서 더욱 발전된 사회적 기능을 촉진하는 모든 변화들은 집단에 지금 당장 유리함과 동시에 이 집단의 각 구성원들의 생존에도 유리한 점을 만들어야만 한다. 이 과정을 **사회선택**social selection이라고 할 수 있다. 그리고 이 같은 변화들은 시간이 흐름에 따라 선택된다. 공유하고, 협력하고, 그래서 무리와 구성원의 생존율을 높이는 사회적 상호작용을 타인의 안녕을 위해 자신을 희생해서 도우려고 하는 이타주의와 혼동해서는 안 된다. 이 같은 사회적 상호작용은 무리의 생존 가능성을 끌어올려서 구성원들에게 간접적인 이점을 제공하는, 비용이 적게 드는 수단으로 보아야 맞다.[43]

사회선택은 더 나은 사회적 상호작용을 촉진할 뿐만 아니라 종의 특징과 이들이 생활하는 환경에 따라 동일한 종에게 영향을 미친다. 얼굴 털의 상실이 한 예다. 처음에는 성선택에 의해 이루어진 변화였을 수도 있다. 다시 말해 (사회적 상호작용의 주요 형태 중 하나인) 짝을 찾을 가능성을 높이는, 한쪽 성에서만 발견되는 형질의 선택이었을지도 모른다. 하지만 양쪽이 모두 털이 없는 얼굴을 가지면서 아마도 더 광범위한 기능을 가지게 되었을 것이다. (처음에 성선택과 관련해서 한쪽 성에서만 나

• 영국의 시인으로 "인간은 그 누구도 외딴섬이 아니다No man is an island"라는 시 구절로 유명하다.

타나던 형질을 어떻게 양쪽이 모두 가지게 되었는지는 8장에서 논의하겠다.) 이 새로운 역할은 무엇이었을까? 나는 얼굴 표정을 좀 더 쉽게 읽기 위해 털이 사라졌다고 생각한다. 표현 능력이 사회적 결속에 기여하고, 그래서 이런 속성을 가진 개체들이 생존에 유리했기 때문에 선택되고 확산되었다고 본다.

눈과 관련된 인간의 독특한 얼굴 특성에도 이와 유사한 주장을 적용해 볼 수 있다. 인간은 흰자위라고 하는 공막이 겉으로 드러나고, 이 공막에 둘러싸인 다양한 색깔의 홍채(눈동자)를 가진 유일한 포유동물이다. (드물기는 하지만 이런 형질을 보여 주는 침팬지가 존재한다.) 이것은 자신이 응시하는 방향을 타인이 알 수 있게 하는 역할을 한다. 이것은 사회적 특성이고, 이번에도 역시 사회적 상호작용을 지원하는 측면에서만 설명이 가능한 선택적 이점이다. 공막과는 관련이 없지만, 이 같은 응시 방향을 알려 주는 특성의 또 다른 형태가 지능이 가장 높은 갯과 동물 중 하나이며 사회적으로 활발히 상호작용하는 늑대에게서 볼 수 있다.**44**

마지막으로 언어를 사용하는 인간의 능력이 있다. 앞서 보았듯이 이 특성은 손과 얼굴로 몸짓을 취할 수 있는 능력에서 비롯되었을 수 있다. 믿기 어렵지만 털이 없는 얼굴과 눈의 흰자위 같은 이런 특성들이 **유전적 부동**genetic drift에서 (비용도 이점도 없는) 중립적인 형질로서 발생했다고 주장할 수도 있지만, 이 주장을 사회적 특성의 극치인 언어에도 적용하기란 불가능해 보인다. 언어는 누군가와 상호작용할 때에만 유용할 뿐이다. 고립된 개체에게는 생존에 필요한 가치가 아니다. 그리고 생각을 전달하고 의사소통하기 위한 도구인 언어 능력이 부족한 개체는 광대한 사막에 홀로 남겨진 것처럼 사회적으로 길을 잃은 존재와도 같다.

진원류의 등장과 함께 얼굴의 형태를 만들었던 선택압에서 변화가 시작되었다. 이들이 등장하기 전까지는 그리고 대다수 척추동물의 역사를 통틀어서 얼굴의 구조에 영향을 주었던 주된 요인은 영양과 관련이 있었다. 올바른 먹이를 찾아 먹는 행위가 척추동물 얼굴의 진화를 형성하는데 있어서 특히 턱과 치아의 세부 형태와 감각 기관의 특성에서 지배적인선택압이었다. 그러다가 진원류가 등장하면서 새로운 압력들(사회적 상호작용)이 작동하기 시작했다. 물론 식생활과 영양분 섭취는 생존을 위해서 지금도 여전히 중요하지만, 진화적으로 얼굴을 형성하는 강력한 힘은 사회성에 있었다.

이에 따라 지금부터는 설명의 초점이 외적 형태에서 내적 요인들로이동할 것이다. 그중에서도 특별히 정신적 과정과 사고방식, 행동 양식변화의 원천인 두뇌를 다룬다. 다음 장에서는 이런 문제들을 탐험하고,두뇌와 얼굴이 현재의 모습을 갖추기 위해 어떻게 함께 진화했는지 논의하겠다.

7장

두뇌와 얼굴의 공진화 :
인식하기, 읽기, 표정 만들기

두뇌와 얼굴의 매우 특별한 관계

지금까지 논의한 내용만으로도 얼굴이 진화한 역사가 결코 짧지도, 경계가 명확하게 정해진 주제도 아니며, 다른 많은 요소들과 광범위하게 연결되어 있다는 사실은 분명하다. 이 요소들은 식이와 영양, 섭식에서부터 털의 진화, 수유 조건, 두뇌의 크기와 복잡성, (시각과 음성 모두를 이용한) 의사소통 방식, 그리고 더 넓게는 최소한 매우 사회성이 높은 영장류들의 사회적 상호작용까지 다양하다. 얼굴과 몸, 행동 사이의 복잡한 관계망은 놀랄 일이 아니다. 어쨌든 얼굴은 셀 수 없이 많은 방식으로 생명 작용이나 활동들과 밀접하게 관계되어 있고, 얼굴의 진화는 이런 관계들을 반영하지 않을 수 없기 때문이다.

그러나 유독 중요해서 특별한 관심을 요구하는 요소가 있다. 바로 얼굴과 신체의 한 부분, 즉 두뇌를 연결해 주는 고리다. 이 둘 사이의 관계는 실제로 무수히 많고 가까워서 이들이 서로의 진화에 영향을 주지 않으면서 발달했다고 상상하기 어렵다. 이런 상호 의존적인 진화를 지칭하는 용어를 **공진화**라고 하며, 이번 장에서는 두뇌와 얼굴이 어떻게 공진화했는지를 탐구해 보겠다.

공진화의 한 종류를 앞서 살펴본 바가 있다. 배발생 초기에 두뇌와 얼굴 사이에서 일어나는 발달상의 상호작용이다. 이는 지극히 중요한 과정이다. 발달하는 두뇌와 여기서 생산되는 화학적 신호가 없으면 얼굴이 형태를 갖추지 못하기 때문이다. 그러나 얼굴과 두뇌 사이에서 훨씬 광범위하고 오래 지속된 상호작용은 이것이 아니다. 행동과 관련이 있다. 진화 과정에서 이들 간의 최초 상호작용은 먹이를 찾기 위해서 일어났다. 얼굴의 감각 기관은 가능성 있는 먹이에 대한 정보를 두뇌로 전달한다. 그러면 뇌에서 동물의 몸으로 적절한 신호를 보내서 먹이를 손에 넣기 위한 어떤 행동을 취하게 만든다. 이런 가장 기본적인 얼굴과 두뇌의 관계는 모든 척추동물들에게서 볼 수 있고, 이들의 역사가 시작된 순간부터 존재했다.

그러나 이 책에서는 사회적 상호작용과 관련이 있는, 더 최근에 발생한 얼굴과 두뇌 사이의 더 복잡한 관계에 집중할 것이다. 이런 관계는 모든 척추동물이 가진 일반적인 특징이라기보다는 주로 포유동물에서만 볼 수 있는 현상처럼 보인다. 그리고 이 관계는 영장류에게, 더 정확하게는 인간에게 특별히 중요하다. 실제로 두뇌와 얼굴의 관계는 인간의 감정적·사회적 생활(서로가 어떻게 자신을 타인에게 표현하는가)의 핵심이고, 요람에서 무덤까지 한 인간의 인생 전반에 걸쳐서 유지된다. 인간의 사회성에 결정적인 역할을 하는 이런 관계에는 세 가지 측면이 있으며, 이번 장에서는 이 측면들에 초점을 맞춘다. 바로 타인의 얼굴을 인식하고, 얼굴 표정을 만들고, 타인의 표정을 읽는 것이다.

이들을 이해하기 위해서는 먼저 두 가지 배경지식이 필요하다. 첫째는 인간의 두뇌가 기능하기 위해 구성된 방식이다. 두 번째는 시력의 본질과 특히 영장류가 가진 시각 능력이다. 그럼 먼저 뇌 구조를 살펴보겠다.

인간의 두뇌 살펴보기

얼굴이 동물의 감각 본부라면 두뇌는 중앙정보국과 최고 사령부를 겸하는 신체의 행정기관이라고 할 수 있다. 외부의 모든 감각 정보들을 수신하고 해독하고, 이 정보들에 반응하는 모든 명령을 내리는 장소가 두뇌다. 그러므로 두뇌는 모든 것을 (즉각적이고 무의식적인 것에서 완전히 의식적인 것까지) 이해(**인지**)하고 이렇게 이해한 것으로부터 나오는 행동의 중추다. 외부 사건들에 대한 내적·외적 반응을 인도하는 두뇌에서 만들어진 감정들이 이런 이해의 핵심이 된다. 그리고 이런 반응에는 흔히 내장들의 생리 반응과 더 가시적으로는 말과 신체의 움직임이 포함된다. 결국 감정은 인지에서 필수적인 **평가**evaluative 요소라고 할 수 있다.[1]

물론 이런 기본적인 두뇌의 기능은 다른 모든 포유동물들도, 그리고 사실상 모든 척추동물들도 가지고 있다. 그러나 두뇌의 복잡성과 두뇌 활동에 의한 인지적, 감정적, 행동적 반응들은 인간이 독보적이다. 이런 모든 것들에는 두 가지가 필요하다. (1) 특정 기능을 수행하는 부위 또는 도메인이라는 엄청나게 특수화된 구조와 (2) 모든 정보를 더 큰 기능적 시스템으로 통합시키는 이런 도메인들 사이의 얽히고설킨 **배선** 시스템이다. 이들이 신속하게 무의식적으로 이루어지는 진단이나 이보다 아주 조금 더 느린 의식적인 판단을 하고 적절한 반응을 생산하게 한다. 두뇌에서 기본적인 기능을 하는 부위들의 대부분은 인간이나 다른 포유동물이나 거의 비슷하지만(인간이 보통 더 크기는 하다), 배선은 특히 대뇌피질과 연관된 배선은 인간만큼 복잡한 인지 능력과 행동을 가지지 못한 동물들보다 인간이 훨씬 더 복잡하다.

두뇌의 작동 방법을 이해하기 위해서는 먼저 각 부분들이 공간적으로 어떻게 구성되어 있는지를 알아야 한다. 이를 두뇌의 **기능에 따른 지리학**functional geography이라고 할 수 있다. 발달의 초기 단계에서 두뇌가 초기 배아에서 처음으로 눈으로 확인이 가능한 셋으로 나누어진 구조를 가지게 된다는 점을 기억해 보자. 맨 앞쪽에 **전뇌**가 있고, 전뇌 바로 뒤에 **중뇌**, 중뇌 바로 뒤에 **능뇌**가 놓인다(그림 2.7 참조). 이후에 배아기와 태아기 동안에 이런 세 부분들은 '그림 7.1'에서 볼 수 있는 완전히 발달한 두뇌의 주요 부위들로 성장한다.

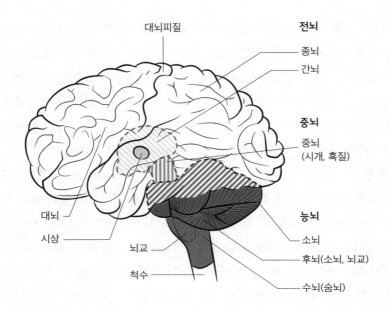

대뇌피질

전뇌

종뇌

간뇌

중뇌

중뇌
(시개, 흑질)

대뇌

시상

능뇌

소뇌

뇌교

후뇌(소뇌, 뇌교)

척수

수뇌(숨뇌)

그림 7.1 발달된 전뇌와 중뇌, 능뇌의 주요 부위들을 보여 주는 성인의 두뇌 그림. 전뇌의 경우 성숙한 종뇌의 주요 구조는 대뇌이며, 간뇌의 주요 구조는 대뇌 밑의 중앙에 위치한 시상이다. 중뇌에서는 다양한 감각 신호들을 전송하는 시개가 만들어진다. 성숙한 능뇌의 주요 부위는 소뇌와 운동(움직임) 신호를 전달하는 뇌줄기다.

완전히 발달한 인간의 두뇌는 전뇌와 능뇌에서 파생된 기관들에 의해 크기와 모양이 결정된다. 전뇌와 능뇌는 배아와 태아가 발달하는 기간에 크게 확장되고 부위별로 다양해진다. 이 책에서는 전뇌에 초점을 맞춘다. 반면 초기 배아의 중뇌는 성장이 많이 이루어지지 않고 주요 구조로 분할되지 않는다. 중뇌는 주로 시각과 청각의 정보를 뇌의 다른 부위들로 전달하는 중계소 역할을 한다. 시각의 경우 주로 시야에 들어오는 사물을 바라보는 데 도움을 주며, 일반적으로 전뇌에서 만들어진 기관인 **시상**thalamus에 비해 역할이 크지 않은 편이다. 생명체의 반사적인 생리학적 기능의 대부분에 필수적인 능뇌에서 두뇌와 척수를 이어 주는 줄기 역할을 하는 뇌줄기brain stem가 생성된다. 뇌줄기는 **뇌교**pons와 **소뇌**cerebellum 라고 하는 비교적 큰 기관들로 구성되며, 이들은 모두 감각 정보를 몸통 (머리를 제외한 모든 부위)에서 신피질로 전달하고, 움직임이나 **운동 반 응**motor response을 위한 명령을 다시 몸으로 전달하는 기능을 한다. 능뇌와 얼굴 사이에는 특별한 관계가 존재하는데, 능뇌가 얼굴의 움직임을, 다시 말해 얼굴 표정을 조절하는 특별한 신경 부위인 뇌신경 VII을 포함하고 있기 때문이다. (다른 모든 뇌신경들처럼 이 신경도 초기 배아의 한 쌍의 신경 기원판에서 발생한다. 그림 5.6 참조.)

그러나 두뇌와 얼굴의 상호작용에 가장 직접적이고 광범위하게 관련 되는 부위는 전뇌에서 파생된 종뇌와 간뇌다. 종뇌는 **기저핵**과 뇌의 바깥 부분을 구성하는 주요 부위인 대뇌피질을 만든다. 기저핵은 대뇌피질 바 로 밑의 두뇌 중앙에 위치한다. 각각 특정 기능을 담당하는 뉴런들로 가 득 차 있는 공처럼 생긴 구조물인데 다양한 신체 움직임을 위해 대뇌피 질에서 보내는 명령들을 수행하기 위한 정보를 전달하는 기능을 한다. 초 기 배아에서 종뇌 바로 뒤에 위치하는 간뇌에서는 시상이 만들어진다. 시 상은 두 개의 혹처럼 생긴 타원형 모양이며, 크기는 호두알 정도다. 이들 은 대뇌피질 바로 밑에 위치하며 기저핵과 긴밀한 관계를 갖는다. 시상은 복잡한 신호 전송 기관이다. 후각 신호를 제외하고 다양한 감각 기관에서 얻은 정보를 대뇌피질로 전송하고, 대뇌피질의 몇몇 다른 부위들 간에 신 경 신호를 전달한다. 그러므로 시상은 많은 행동들을 조정하는 데 도움을 주는 필수 중계소라고 할 수 있다. 또 수면과 의식 상태 유지, 기억과 관련 이 있다.

두뇌에서 가장 크고 독특한 구조물은 대뇌피질이다. 두뇌 크기의 진 화를 논의할 때 이미 살펴본 바가 있다. 인간 두뇌의 가장 바깥쪽 표면을 형성하고, 여러 층의 세포층으로 이루어졌으며, 주름이 많이 잡혀 있으면 서 놀라운 크기와 외관상 독특한 형태를 만든다. 전통적으로 **신피질**이라고도 부른다. 접두사 **신**neo은 척추동물 두뇌의 나머지 부위에 비해 가장 최근에 진화했음을 나타낸다. 더 최근에 와서는 **동피질**이라고 부르기도 하지만, 이 책에서는 **대뇌피질**과 신피질이라는 표현을 함께 사용한다. 앞서 언급했듯이 대뇌피질은 포유동물 특유의 독특한 6층 구조다. 다른 척추동물에서는 종뇌에서 구조적으로 다르고 흔히 더 작은 3층 구조를 가진 피질이 만들어진다. 그러나 다른 척추동물이 상대적으로 단순한 구조를 가졌다고 해서 이들의 기능이나 행동까지도 단순하다는 의미는 아니다. 몇몇 조류 종들은 이들의 행동으로 보아 복잡한 정신 작용을 하고 있음이 명백하며, 포유동물의 대뇌피질에 버금가는 구조를 가지고 있다. 그러나 이 구조는 독립적으로 진화했다. 조류가 척추동물의 단궁류에서가 아니라 초기 수각류theropoda의 한 계통에서 진화했기 때문이다.

인간의 대뇌피질에 있는 다양한 부위를 설명하는 두 가지 방법이 있다. 하나는 순수하게 물리적 구조에 따른 방법이고, 다른 하나는 기능에 따른 방법이다. 첫 번째는 단순하다. 대뇌피질을 위쪽과 측면에서 보았을 때 하나 이상의 뚜렷한 주요 **엽**lobe들로 구성된 영역들로 나누는 것이다. '그림 7.2'는 두뇌를 측면에서 본 모습이다. 두뇌의 좌우 대칭성을 고려했을 때 각각의 엽들은 좌우측 양쪽 모두에서 발견된다. 이 두뇌 그림에서 사용되는 용어는 신경두개를 논의할 때 사용된 용어와 비슷해서 친숙할 것이다. 앞서 부위들의 명칭이 이들의 기저가 되는 뇌의 영역에 따라 붙여진 두개골 그림(그림 2.9)을 소개했다. 한 개의 예외가 있지만 두개골에 있는 주요 봉합선들은 뇌엽들 사이에 놓인 홈들과 겹쳐진다. [예외는 양측에 이마엽(전두엽)과 마루엽(두정엽) 사이에 있는 홈이다. 경계선이 두개골 봉합선보다 살짝 뒤에 있다.] 그러므로 가장 앞쪽 부위는 두개골의 이마뼈 밑에 놓인 이마엽으로 이루어져 있다. 이마엽 바로 뒤에 위치한 부위는 마루엽이고, 더 아래 측면에 놓인 부위는 관자엽(측두엽)이다. 마지막으로 가장 뒤쪽 부위는 뒤통수엽(후두엽)이다.

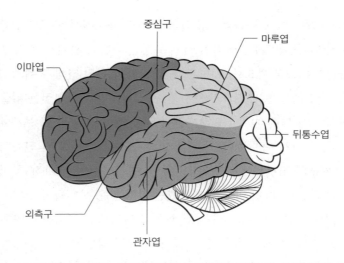

그림 7.2 다양한 대뇌의 엽들. 이마엽(전두엽)과 마루엽(두정엽), 관자엽(측두엽), 뒤통수엽(후두엽)의 위치와 크기를 보여 준다. 두 개의 주요 홈들인 이마엽과 관자엽을 나누는 외측구 lateral sulcus와 이마엽과 마루엽을 나누는 중심구central sulcus도 보인다.

뚜렷이 구분되는 엽들로 뇌를 공간적으로 나눈 것은 일반적인 설명에서는 도움이 되지만 이들의 특수화된 기능이 무엇인지는 보여 주지 못한다. 두뇌의 **기능에 따른 지리학**은 정상 두뇌와 특정 부상이나 **병변**을 가진 두뇌를 해부학과 전기생리학적으로 연구하면서 밝혀졌다. 특정 정신활동과 관련해 **기능적 자기공명영상**functional Magnetic Resonance Imaging, fMRI과 양전자방출단층촬영positron emission tomography과 같은 전기생리학적 검사 방법을 사용했을 때 특정 두뇌 부위들이 활성화된다는 사실을 알 수 있다. 반면에 국부적인 뇌병변 장애가 있을 때는 흔히 특정 능력을 감소시키거나 제거한다.

이 같은 기능에 따른 분류에는 주요한 두 가지 형태가 있다. 첫 번째는 공간을 상당히 큰 덩어리들로 나누지만, 다른 종류의 감각 정보의 처리나 운동 반응의 구성에서 또는 그 정보를 처리하고 의미를 부여하는 작업과 연관이 있는 더 고차원적이고 다양한 인지 과정에서 상이한 엽들로 나누어진 대뇌피질의 어떤 영역이 어떤 특정한 역할과 관련이 있고 또 이를 요구하는지를 효과적으로 보여 준다. 다양한 부위의 명칭과 위치 그리고 이들의 특정 기능은 '그림 7.3'에서 볼 수 있다. 이들 중 몇몇은 얼굴의 움직임에서 항상 직접적이지는 않지만 주요한 역할을 한다. 이 문제에 대해서는 나중에 다시 다루겠다. 두뇌가 이런 구조를 가지게 된 진화적 이유는 포유동물의 역사와 깊은 연관이 있다. 여기서는 이에 대해 철저히 조사하지는 않겠지만, 이 역사를 탐구했던 몇몇 좋은 사례들이 있다.[2]

두뇌에서 기능적으로 특수화된 영역을 나타내는 그림은 유용한 정보를 제공하지만, 주의해야 할 점이 있다. 기능이 할당된 부위들이 해당 기능을 **독점한다**는 의미로 받아들이면 **안 된다**는 것이다. 두뇌의 기능을 이처럼 규격화한 관점은 최소 1990년대 후반까지 뇌에 대한 생각을 지배했다. 그러나 이 관점은 연구 결과들을 확대 해석한 경향이 있었고, 이런 결과들은 두 가지 방법을 통해 얻어졌다. (1) 정상인의 두뇌에서 전기생리학적 방법을 이용해 국지적인 두뇌 활동을 특정한 정신 활동과 연결시켜서 검사하고, (2) 뇌 장애가 있는 환자의 경우에는 뇌 손상을 입은 특정 부위를 특정 정신적 기능의 상실과 연관시켜서 조사한다. 특정 정신 활동과 관련된 특정 부위에서 전기생리학적으로 높은 두뇌 활동이 탐지되는 현상은 그저 그 부위가 그 활동과 관련해서 활성화되는 것일 뿐, 대체로 그렇다고는 해도, 필수적이라는 의미는 아니다. 더 중요한 점은 이런 두뇌 활동 부위들이 특정한 정신적 기능과 연관된 유일한 부위라고 해석해서는 안 된다는 것이다. 특정 두뇌 부위가 손상되면서 주요 정신 작용이 상실되는 현상은 그 부위가 특정 활동에 필요하다는 의미이지 전부를 뜻하지는 않는다는 것을 뇌 손상 연구는 보여 준다. '그림 7.3'에 나타난 거의 모든 기능들은 다른 부위에서 들어오는 정보와 이들의 종류와 강도에 따른 일종의 자동적이고 순차적인 평가와 관련이 있다. 이런 과정들의 규

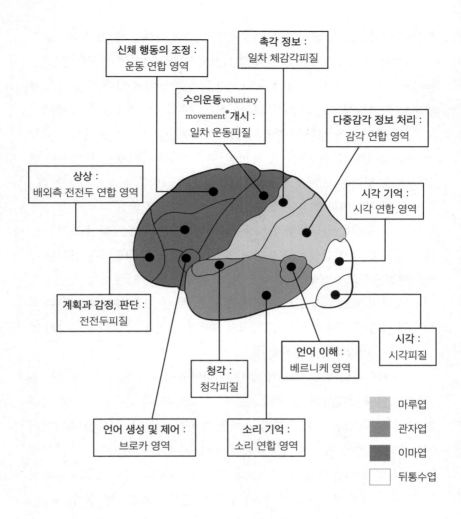

신체 행동의 조정 :
운동 연합 영역

촉각 정보 :
일차 체감각피질

수의운동voluntary
movement*개시 :
일차 운동피질

다중감각 정보 처리 :
감각 연합 영역

상상 :
배외측 전전두 연합 영역

시각 기억 :
시각 연합 영역

계획과 감정, 판단 :
전전두피질

언어 이해 :
베르니케 영역

시각 :
시각피질

청각 :
청각피질

언어 생성 및 제어 :
브로카 영역

소리 기억 :
소리 연합 영역

마루엽
관자엽
이마엽
뒤통수엽

그림 7.3 손상을 입은 두뇌의 분석과 전기생리학적 검사를 통해 분할한 두뇌의 기능. 감각 정보(청각, 시각, 촉각)를 처리하는 다양한 부위들은 표시된 바와 같다. 브로카 영역Broca's area과 베르니케 영역Wernicke's area은, 현재는 다른 많은 기능들을 포함하고 있지만, 언어와 말하기에서 중요한 부위다. 이마엽은 다양한 종류의 정보를 통합하고 결정을 내리는(행정 조치를 취하는) 중심지다.

•   주체적 의지에 따라 할 수 있는 운동

칙을 이해하는 것은 신경과학 분야에서 큰 도전 과제들 중 하나다.

이러한 주의점이 있다고는 해도 전기생리학적 관찰과 뇌 손상 연구는 특별히 눈여겨보아야 할 몇몇 두뇌 기능들을 확인해 주었다. 인간의 높은 인지와 의사결정 기능과 깊은 연관이 있는 부위는 이마엽으로, 그중에서도 특히 가장 앞쪽 부분인 **전전두피질**이다. 전전두피질은 상이하고 다양한 종류의 정보를 필수적으로 통합할 뿐만 아니라 (때로는 광범위한 통합 기능을 한다는 의미로 **연합피질**association cortex이라고 부르기도 한다.) 소위 집행 기능이라고 하는 행동을 위한 의식적인 판단을 내리기도 한다. 인간의 정신 활동에서 여러 가지 독특한 측면들은 새로운 정신 능력을 만들어 내기 위해 이전에는 공통점이 없었던 기능들이 새롭게 연결되는 전전두피질에서의 변화와 연관이 있다. 그러나 두뇌의 다른 많은 부위들도 이런 각각의 기능들과 밀접한 관련이 있고, 두뇌-얼굴 공진화도 이런 부위들과 관련이 있다. 두뇌는 그림에서 보이는 것처럼 규격화되어 있지 않고, 훨씬 더 **연결적**이고 **연산적**이다.

그림에서처럼 비교적 넓게 할당된 영역들이 기능에 따라 두뇌를 분류한 첫 번째 형태라면 두 번째는 좀 더 정교하다. 이 분류는 두뇌의 접혀진 패턴과 세포의 구성, 구조적 차이를 기반으로 한다. 이들을 두뇌에서 기능상의 역할이 이후에 다양한 방식으로 부여되는 이웃하는 작은 부위들(다시 말해 이들의 독특한 세포와 구조적 속성들) 사이의 세포구축학적cytoarchitectural* 차이라고 한다. 이 두 번째 분류는 **브로드만 영역**Brodmann area에 따라 두뇌를 1~52까지 숫자를 매겨서 나눈다. 브로드만이라는 명칭은 영역을 나누는 방법을 개발하고 1909년에 대뇌피질의 뇌지도를 최초로 발표했던 독일의 신경해부학자인 코르비니안 브로드만Korbinian Brodmann, 1868~1918의 이름을 따서 붙여졌다. '그림 7.4'는 이 형식의 분류를

---

* 세포구축학은 대뇌피질에 있어 각종 부위의 신경세포 구성 및 양식을 조사하는 학문 분야다.

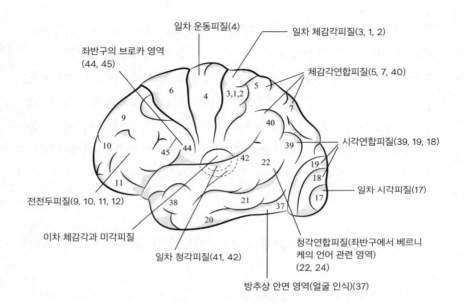

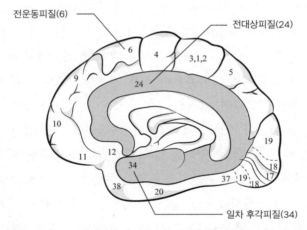

그림 7.4 좌반구의 브로드만 영역. 측면(위의 그림)과 중심(아래)의 모습이다. 언어와 말하기와 관련된 특히 중요한 부위들은 브로카 영역(44, 45)과 베르니케 영역(22), 일차 청각피질(41, 42), 전전두피질(9, 10, 11)이다. 브로드만 영역에서 얼굴 인식을 위해 특히 중요한 부위는 방추상 안면 영역(37)과 시각연합피질(39, 19, 18)이다. 전전두피질이 말하기와 인지통합, 특정 행동으로 이어지는 실행 결정에 중요하다면, 대뇌피질 내에서 중심 쪽에 위치한 전대상피질은 인간을 포함한 모든 영장류의 비자발적 발성에 중요한 역할을 한다.

보여 준다. 왼쪽에서 본 두뇌의 측면 바깥쪽 모습(위)과 안쪽 모습(아래)이다. 두뇌가 좌우 대칭성을 가지고 있기 때문에 각 브로드만 영역은 왼쪽과 오른쪽 반구에 하나씩 두 개가 존재한다. 그러나 좌우 대칭적인 한 쌍의 영역이라고 해도 각각 어느 정도 다른 기능적 속성들을 가질 수 있다. 이것이 우리가 잘 알고 있는 좌뇌와 우뇌의 기능상의 차이들을 만들어 낸다. 이런 차이들은 특히 언어와 관련이 있지만, 얼굴 인식에서 몇몇 중요한 좌우의 차이를 가지기 때문에 이번 장에서 다루겠다.

진원류에서 시각의 중요성

모든 포유동물들은 외부 세계를 관찰하기 위해 오감에 의존한다. 시각과 청각, 후각, 미각, 촉각이다. 각 동물마다 주로 한 가지 감각에 크게 의존하는 경향이 있다. 물론 때때로 두 번째 감각의 도움을 받는 경우도 있다. 많은 포유동물들, 특히 야행성 동물들은 주로 후각에 의존하며 청각의 지원을 받는다. 초창기 태반 포유류들이 작은 곤충을 먹으며 나무 생활을 하는 야행성 동물이었다면, 이들도 그랬을 것이다. 그러나 많은 설치류들, 특히 땅굴을 파거나 주로 밤에 생활하는 종들은 고감도 얼굴 수염을 가지고 있고, 수염을 통해 전달되는 접촉 신호에 크게 의존한다. 이들은 이동하면서 촉각을 이용해 주변 환경을 탐험하며, 보조 시스템으로 후각을 활용한다. 이와 유사하게 알을 낳는 두 종류의 포유동물들 중 하나인 오리너구리는 먹이를 구하기 위해 물속을 조사하고 진흙을 살피면서 주변 환경에 대한 대부분의 정보를 접촉에 매우 예민한 부리를 통해 얻는다. 다른 포유동물들 대부분은 청각 정보에 의존한다. 대표적인 예로 박쥐가 있다. 반대로 환경을 관찰하기 위해 햇빛에 의존하는 주행성 동물인 영장류는 시각을 압도적으로 많이 사용한다. 심지어 주행성 영장류보다는 시각에 덜 의지한다고 여겨지는 소수의 야행성 영장류(갈라고와 부시베이비, 로리스, 그리고 대다수의 원원류)도 흐릿한 빛 아래에서 시각 신호를 포착하기 위해 확대된 눈을 가지고 있다.

감각 신호들을 일차적으로 처리하는 영역들을 가진 대뇌피질의 공간적 구조는 이 같은 특화된 감각을 반영한다. 특히 각 감각 영역의 발달 정도와 크기는 그 감각에의 의존 정도에 따라 균형 있게 형성된다. 예를 들어 후각에 의존하는 포유동물은 시각 신호를 처리하는 영역보다 더 큰 후각 신호 처리 영역을 가지고 있고, 반대로 시각에 크게 의존하는 동물들은 후각 신호보다 시각 신호를 처리하는 영역이 훨씬 더 크다. 대뇌피질 공간의 이런 공간 할당은 진원류에서 특히 더 명확하게 드러난다. 기초 연구에서 이용한 주요 진원류인 레서스원숭이는 피질의 대략 50퍼센트를 시각 정보를 처리하는 데 할당한다. 시각에 크게 의존하지 않는 비영장류 포유동물에 비해 훨씬 높은 비율이다.[3]

그러나 피질 구조에서 이 같은 차이는 감각 양식sensory modality들에 할당된 피질 영역들의 크기 차이에서 끝나지 않는다. 동일한 영역 내에서도 감각 양식의 상이한 입력 종류에 따라 차이가 난다. 이는 촉감이 특히 중요한 신체의 일부가 불균형적으로 크거나 복잡한 체감각피질 영역인 S1에서 더욱 두드러진다. 일생을 어두움 속에서 더듬거리며 나아가는 설치류들이 수염을 통해 얻은 정보를 처리하는 S1 내의 영역은 다른 동물들에 비해 크게 확장되었고, 인간의 경우 손을 통해 얻은 정보를 처리하는 S1의 부분이 불균형적으로 더 크다. 촉감을 느끼는 상이한 신체 부위들의 중요성에 따른 S1에서의 공간 할당의 차이는 '그림 7.5'에서 볼 수 있다. 두뇌의 영역 할당에서 이런 차이들은 상이한 신체 부위에 존재하는 촉각 수용체touch receptor의 신경 분포 정도의 차이를 반영한다. 신체의 특정 부위에 감각 정보를 전달하는 신경세포가 많을수록 그 부위와 연관 있는 피질 공간의 크기가 더 커진다. 영장류처럼 시각에 크게 의존하는 동물들의

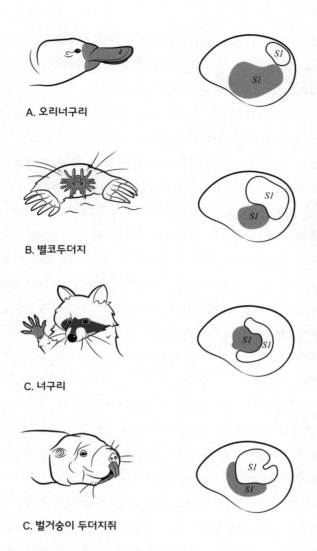

A. 오리너구리

B. 별코두더지

C. 너구리

C. 벌거숭이 두더지쥐

그림 7.5 체감각피질(*S1*) 내에서 감각피질 영역의 상이한 범위 비교. 네 종류의 동물들에서 회색 부분은 특별히 중요한 촉감 기능과 연관이 있는 확장된 부위들이다. 예를 들어, 오리너구리의 *S1*의 불균형적으로 큰 부분이 개울 밑바닥의 진흙 속을 조사하는 수염을 통해 얻은 감각에 할당될 때, 손을 광범위하게 사용하는 너구리의 손의 감각에 할당된 *S1*의 부위는 다른 많은 육식동물들에 비해 더 크다. 인간의 경우 (그림에서는 볼 수 없지만) 손과 연관된 *S1*의 부위가 유사하게 큰 부분을 차지한다(크루비저Krubitzer(2009)의 수정본).

경우 시각 정보를 처리하는 복잡함이 그것에 할당된 피질 공간의 크기뿐만 아니라 이런 영역들의 내부 구조와 연결의 복잡성에도 반영된다. 인간에게는 다양한 방식으로 시각 신호를 처리한 다음에 이 정보를 통합하기 위해 뇌의 다른 부위로 전달하는 서른 개가량의 피질 영역들이 존재한다.

특히 시각 정보 처리 과정에는 각각의 이미지 요소들(예를 들어 위치와 세부 사항, 움직임 등)을 특정한 특성들을 처리하는 두뇌의 다양한 영역들로 나누어서 보낸 다음에 특정 장소들에서 특히 전전두피질에서 정보를 재통합하는 작업이 포함된다. 이 같은 재통합 장소에는 얼굴과 같은 특별한 물체와 연관이 있는 관자엽과 뒤통수엽의 특별한 영역들과 시각 정보를 청각 정보와 기억 등 다른 정보들과 최종적으로 통합하는 전전두피질의 소위 피질 연합 영역이라고 하는 영역이 있다. 이런 단계를 거친 다음에는 흔히 전두엽에 있는 운동피질로 신호들을 전송한다. 그러면 여기서 이에 대한 반응으로 적절한 자발적 움직임을 유발하기 위해 능뇌를 통해 신호들을 보낸다.

'그림 7.6'은 이 시스템의 흐름도를 보여 준다. 이 과정은 눈에서, 특히 눈의 가장 안쪽에 위치한 망막에서 시작된다. 망막은 안구 내로 들어온 빛 신호를 감지하고, 특정 순간에 동물이 본 일차 이미지를 등록하는 역할을 한다. 이 시각 이미지는 시신경이라는 특별한 신경을 지나서 두뇌의 첫 번째 수신소로 전달되는데, 이 장소를 **외측 슬상핵**lateral geniculate nucleus, LGN이라고 한다. 시상의 바깥쪽에 위치하는 신경핵이다. 시각 정보를 최초로 분류하는 장소가 바로 이 외측 슬상핵이다. 망막에서 전송된 이미지는 특정 요소들의 움직임과 위치, 세부 사항의 속성에 따라 분류되며, 여기에는 이미지의 부분들이 가진 각각의 속성들에 따라 특별하게 선택적으로 활성화되는 뉴런들이 관여한다. 이런 뉴런들은 독특한 층들로 분류되고, 이로 인해 외측 슬상핵을 적절한 방법으로 염색하면 줄무늬 모양을 띠게 된다.[4]

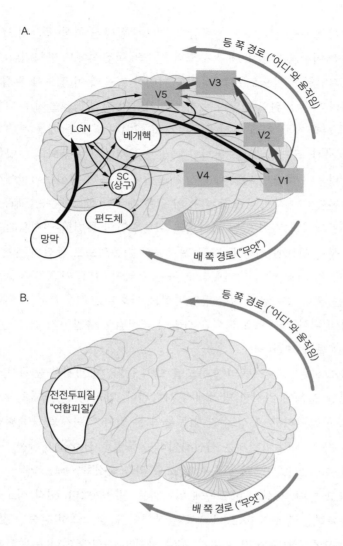

그림 7.6 두 단계의 시각 정보 흐름도. A에서는 최초의 이미지들이 망막에 모였다가 움직임과 위치, 사물의 세부 사항과 관계가 있는 요소들이 일차로 분리되는 외측 슬상핵LGN으로 전송된다. 이 정보는 뒤통수엽의 V1으로 보내지고 다시 등 쪽과 배 쪽 경로들을 따라 다른 시각 영역들로 전달된다. (이 그림에서는 실제 위치가 아닌 상대적인 위치로 표시했다.) B는, 통합을 위한 다수의 중간 단계들이 있기는 하지만, 등 쪽과 배 쪽 경로를 통해 들어오는 정보가 전전두피질에서 재통합됨을 대략적으로 보여 준다.

각각 뚜렷이 구별되는 층들을 구성하고 이미지의 서로 다른 측면들에 특별한 반응을 하는 외측 슬상핵 뉴런의 주요 세포층은 **대세포**magnocellular, M와 **소세포**parvocellular, P, **먼지세포**koniocellular, K 등 세 종류다. 아주 간략하게 설명하자면 M과 K 세포들은 주로 각각 위치와 움직임을, P층 뉴런들은 사물의 가장자리와 세부 사항들을 감지한다. M과 P 층들은 모두 자신들의 정보를 먼저 뒤통수 부위에 있는 일차 시각 영역(V1)으로 보낸다. 이에 더해 M층은 근처 등 쪽에 위치한 이차 시각 영역(V4)에 정보를 전달하고, P층은 더 배 쪽으로 위치한 세 번째 시각 영역(V2)과 연결된다. (K층은 더 복잡하게 연결된다. 그러나 여기에 대해서는 지금 다루지 않겠다.) M층이나 P층 중 어디에서 정보가 나왔는가에 따라 각각 등 쪽 경로dorsal stream와 배 쪽 경로ventral stream를 통해 전달되는데(그림 7.6), 전자는 마루엽 내에서 더 등 쪽으로 위치한 특정 영역으로, 후자는 평가를 위해 더 배 쪽에 위치한 관자엽으로 전송된다. 이런 서로 다른 종류의 정보를 보내는 등 쪽과 배 쪽 경로들을 통해 복잡한 정보를 처리하는 방식은 시각에만 적용되지 않는다. 청각(소리) 정보와 언어 정보를 처리할 때에도 이 방식이 사용된다. 이런 일반적인 두 정보 처리 경로에 대한 더 자세한 설명은 '상자 7.1'에서 볼 수 있다. 두 경로를 거치는 모든 시각 정보는 '그림 7.6'에서 볼 수 있듯이 전전두피질에서 재통합된다.

이제 진원류의 시각 능력에 대한 일반적인 사항들을 다루고, 시력이 이들의 진화에 어떻게 영향을 주었는지에 대해 이야기해 보자. 이들이 가진 시각과 관련된 세 가지 중요한 특징들은 다음과 같다. (1) 이들의 조상과 원원류에 비해 두 눈이 더 가깝게 위치하고, (2) 가까운 물체를 볼 수 있는 예리한 시력을 가졌고, (3) 뛰어난 (3색형) 색각을 지녔다. 앞의 두 개는, 다시 말해 더 가깝게 붙은 두 눈과 근접한 물체를 더 잘 볼 수 있는 예리한 시력은 서로 연관이 있다. 눈과 눈 사이의 간격이 가까워지면서 두 눈에 맺힌 두 개의 상을 융합할 수 있게 되었고, 이는 사물을 보다 정확하고 심층적인 3차원 상으로 볼 수 있게 해 준다. 이를 **입체시**stereopsis라고 한다. 두 눈을 함께 사용하면서 시각적으로 겹쳐지는 시야는 (최대 파노라마 시각인 360° 중에서) 최대 120°다. 진원류가 최초로 진화했던 기간에 더 가까워진 두 눈이 가진 선택적 이점은 의심의 여지없이 입체시 능력이었다. 결과적으로 뛰어난 입체시로 인해 두뇌에서 이것과 연관되는 공간이 추가적으로 선택되었을 수 있다. 일반적으로 입체시의 정도와 시각 정보 처리에 할당되는 대뇌피질의 절대적인 규모와 비율 사이에는 좋은 상관관계가 성립한다. 그러므로 입체시의 이점과 필요성이 원원류보다 진원류에서 두뇌가 더 커지는 방향으로 진화하도록 기여했을 가능성이 있다.[5]

7.1

등 쪽과 배 쪽 경로를 통해
시각과 청각, 언어 정보 처리하기

시각 정보는 본질적으로 복잡하기 때문에 이를 해독하기 위한 두뇌의 능력도 복잡해질 수밖에 없다. 여기에는 보통 한 장면에서 사물을 확인하고, 이들을 보는 사람 측면에서 서로서로 잘 배치하고, 만약 움직이는 요소가 있다면 그 움직임과 방향을 감지하는 작업이 포함된다. 이런 복잡한 과정이 어떻게 처리되는지 이해하는 데 있어서 등 쪽과 배 쪽에서 작동하면서 각각 이미지들을 처음으로 서로 다른 측면들로 분석하는 두 개의 처리 **경로**의 발견은 주요한 진전이었다. 그러나 시각만이 이처럼 복잡한 두 개의 경로를 통한 정보 처리 과정을 거치는 것은 아니다. 등 쪽과 배 쪽 경로와 유사한 패턴이 일반적인 청각(소리) 정보를 처리하고 이 청각 시스템과 관련해서 언어를 위한 두 개의 경로를 가진 별개의 시스템에도 활용된다. 시각과 청각 정보의 경우 등 쪽 경로는 위치("어디")를, 배 쪽 경로는 사물의 세부 사항("무엇")을 다룬다. 그러나 언어의 경우에는 분류가 다소 다르다. 배 쪽 경로는 소리(단어)의 의미 해독과 관련이 있고, 등 쪽 경로는 소리를 내기 위해 입과 후두의 움직임을 조정한다. 당연히 시각과 청각, 언어 시스템마다 이 같은 두 개의 경로 시스템의 상이한 부분들에서 차이가 있다. 그러나 두뇌의 뒤쪽으로 향하는 초기 처리 단계를 거친 다음에 살짝 더 앞쪽 부위에서 발생하는 중간 단계들이 뒤따른다는 점은 모두가 동일하다. 이 단계들 뒤에는 전전두피질에서 정보의 통합이 이루어진다. 이런 세 개의 두 경로 시스템과는 다르게 주로 사물의 세부 사항("어떤 냄새?", "어떤 맛?")과 관련이 있는 후각과 촉각의 상대적으로 더 단순한 감각 정보는 이 같은 복잡한 신경 처리 과정을 거치지 않는다. 주요 정보(신체에서의 위치)가 체감각피질 지도에 기록되는 체감각(촉감)도 역시 마찬가지다.

시각과 청각, 언어 정보를 다루는 두 개의 경로 시스템이 존재한다는 강력한 증거는 있지만, 두 경로를 통해 전달된 정보가 전전두피질에 위치한 정보를 연합하고 집행하는 기관에서 통합될 때 각각의 시스템에서 두 경로가 완전히 독립적인지는 분명하지 않다. 세 가지 경우 모두에서 초기 처리 과정에서 두 경로를 연결하고 통합하는 단계가 존재한다는 증거가 있다.*

---

* 시각과 청각, 언어 시스템에서 두 경로 신경 처리에 대한 리뷰는 클라우트먼 Cloutman(2012)을 참조

이런 사항을 바탕으로 입체시가 부여했을지도 모르는 특정 적응 이점들을 생각해 볼 수 있다. 세 가지 주요 견해들은 각각 수렵·채집과 위험한 포식자 발견, 사회적 상호작용을 강조한다. 현대사회에서 앞의 두 가지는 그 필요성이 감소되었다고 해도, 좋은 시력은 일반적으로 세 가지 활동 모두에서 명백하게 유용하다. 그렇다면 **최초**의 이점은 무엇이었을까? 예리한 근접 시력이 사회적 접촉을 위해 진원류 진화의 초기 단계에서 강력한 이점으로 작용했을 가능성은 낮아 보인다. 실제로 일부 광비원류를 포함해 많은 영장류들이 매우 사회적임에도 서로의 얼굴을 살피는 데 많은 시간을 할애하지는 않는다. 이런 이유로 이 가능성을 제외시킨다면 남은 가설은 두 가지다. **더 나은 수렵·채집**과 **더 나은 위험한 포식자 발견**이다.

현재는 진원류의 높은 해상도를 가진 뛰어난 근접 시력이 무성한 나뭇잎들 사이에서 원하는 먹잇감을 식별할 때 유리하게 작용하기 때문에 선택되었다는 관점에 대부분 동의한다. 초기 진원류는 나무에서 생활하면서 잎이나 씨앗, 과일을 먹었다. 이는 거의 명백한 사실이다. 지금도 여전히 나무 생활을 하는 많은 유인원들이 이렇게 살아가고 있다. 두 눈에 맺힌 상을 융합할 수 있으면서 얻게 된 정밀한 시력은 이 세 종류의 먹잇감들을, 그중에서도 특히 씨앗과 과일을 고르는 일에 유용했을 것이다. 그리고 뛰어난 색각은 이런 작업을 효율적으로 수행할 수 있게 해 주면서 선택적 이점을 제공했다고 볼 수 있다.[6]

초기 화석 진원류의 치아는 이 관점을 뒷받침한다. 현존하는 영장류 치아의 특징은 치아 특성이 특정 먹잇감과 관계가 있다는 단서들을 제공한다. 이런 단서들을 근거로 많은 초기 진원류들이 주로 **과일이 주식인 동물**frugivore이었다고 추론할 수 있다. 이들의 어금니와 작은어금니는 상당히 넓고 평평한 표면을 가지고 있는데, 이는 과일을 씹기에 좋은 특성이다. 과일과 나뭇잎은 단백질이 풍부하지 않기 때문에 이런 먹잇감에 크게 의존하는 동물들은 필요한 단백질 양을 채우기 위해 상당히 많이 먹어야 했을 것이다. 야생에서 생활하는 이런 종류의 동물들에게서 흔히 볼 수 있는 모습이다. 특히 적절한 영양분을 섭취하기 위해 잘 익은 과일을 통째로 먹을 경우 나뭇잎들 사이에서 이들을 효과적으로 찾을 수 있는 능력이 가장 필요했다. 이 필요성이 협비원류 영장류의 총천연색 색각이 가진 특별한 이점을 설명하는 데 도움을 줄지도 모른다. 단색형 색각을 가진 곡비원류와 대부분이 2색형 색각을 가진 광비원류와는 달리 협비원류는 3원색을 활용하는 색각을 가져 잘 익은 과일과 안 익은 과일을 손쉽게 구별할 수 있었다. 이 특성은 분명한 이점으로 작용했을 수 있고, 이들이 3색형 색각을 가지게 된 이유를 설명하기 위해 자주 인용된다. 그러므로 입체시와 색각의 조합은 과일 채집에 있어서 특별히 효과적이었다고 할 수 있다(주 5와 6 참조).

그러나 이것이 유일한 설명은 아니다. 또 다른 가설로는 포식자 발견이 있다. 진원류의 뛰어난 시력이 처음에는 특정 종류의 포식자를 피하기 위해 선택되었다는 견해다. 꽤 가까운 곳에서 때를 기다리며 특별히 더 조용하게 움직이는 유형의 포식자는 매우 위험했다. 이런 포식자들 중에서 제일 치명적인 동물은 뱀이다. 상당수의 뱀들이 위장술에 능해서 나뭇잎 사이에서 눈에 잘 띄지 않을 때가 많다. 이 때문에 예리한 근접 시력으로 이 같은 동물들을 발견하는 능력은 이점이 되었다. 협비원류가 가진 또 다른 특성인 좋은 색각도 역시 유용한 속성이었다.

뱀 발견 가설의 증거는 과일 찾기 가설의 증거처럼 정황적이지만, 알려진 사실들과 일치한다. 먼저 원시 진원류가 최초로 등장했을 때인 팔레오세 후반과 에오세 초반의 삼림에서 독을 가졌거나 몸으로 사냥감을 칭칭 감아 조이는 힘을 가진 뱀들은 이미 모두 진화했고 흔한 동물이었다. 오늘날에도 뱀은 여전히 치명적이고 위협적이지만, 현대의 많은 진원류들은 뱀의 먹잇감이 되기에는 덩치가 너무 크다. 하지만 초기 진원류는 훨씬 더 작아서 뱀의 좋은 먹잇감이 될 수 있었다. 한편 현대 영장류의 주

요 포식자들은, 다시 말해 더 큰 맹금류와 대형 고양잇과 동물들은 아직 등장하기 전이었다.[7]

물론 진원류의 뛰어난 시력이 하나 이상의 요소들에 의해 만들어졌을 수도 있다. 과일 같은 특정 먹잇감을 찾고 포식자들을 발견하는 능력의 필요성이 모두 두 눈으로 보는 양안시 발달을 위한 선택압으로 작용했을지도 모른다. 이 초창기에 발달된 능력은 특히 뇌 구조와 시각 정보를 처리하는 데 관여하는 외측 슬상핵과 신피질 영역들 내에서 더 많은 변화를 일으키기 위한 새로운 압력과 기회들을 만들어 냈을 수 있다. 이 같은 변화들은 양적인 변화였기 때문에 자연선택에 의해 증폭되기가 상대적으로 쉬웠다. 그리고 그 결과 가까운 물체에 초점을 맞추는 능력이 강화되었을 것이다. 초기에 그것이 먹잇감이든 포식자였든 시지각visual perception*과 검사가 필요한 추가 대상이 나타났을 수 있다. 그리고 여기에는 동종의 얼굴과 이들의 표정이 포함되었을 것이다. 실제로 얼굴의 인지 능력 강화는 처음에는 다른 이유로 선택되었던 정밀한 근접 시력의 부산물이었을 가능성이 있다. 처음에는 다른 적응을 위한 변화였던 것이 새로이 활용될 가능성을 가지는 것은 진화에서 흔히 발생하는 현상이다.

두뇌와 진원류의 시력에 대한 배경지식을 바탕으로 이제 얼굴과 두뇌, 인간의 사회성 사이의 관계를 살펴볼 수 있게 되었다. 그리고 그 시작점은 인간의 사회적 상호작용에 매우 중요한, 근본적이지만 복잡한 속성인 얼굴의 인식 능력이다.

---

* 눈을 통해 수용한 시각적 자극이나 정보를 정확하게 보는 단순한 능력만이 아니라 유기체의 선행 경험과 관련하여 인식하고 판단, 해석하는 두뇌 활동

인간의 얼굴 인식 능력

빠르고 정확한 얼굴 인식 능력을 이해하기 위해서는 먼저 이 능력과 연관이 있고 없어서는 안 되는 두뇌의 특정 부위를 이해할 필요가 있다. 여기에는 뒤통수엽 뒤쪽 부위에 위치한, 시력과 연관된 주요 대뇌피질 영역인 V1과 V2가 물론 포함된다. V1과 V2에서 초기 시각 이미지가 처리되지 않으면 아무것도 볼 수 없기 때문이다. 그러나 이런 영역들이 얼굴 인식에 필요하기는 하지만 이들만으로는 충분하지도 않고, 이들이 얼굴 인식에만 관여하지도 않는다.

대뇌피질에서 주요 영역 세 개가 얼굴 인식에 특별히 중요하다는 사실이 명확히 확인되었다. 두 영역은 관자엽에 위치하며, 세 번째 영역은 뒤통수엽에 있다. 가장 특징적인 영역은 측두엽 안쪽에 위치한 브로드만 영역의 37과 36에 인접해 있고(그림 7.4), 얼굴에 대한 정보를 처리하는, 측두엽의 접힌 부분인 **방추형 이랑**fusiform gyrus의 일부다. 방추형 이랑 내에 위치하며 얼굴 인식에 필수적인 이 특정 부위를 **방추상 안면 영역**fusiform facial area, FFA이라고 한다. 그리고 이 영역은 방추형 이랑에서 중요한 부위다. 두 번째로 중요한 얼굴 인식 영역은 측두엽 내에서 방추상 안면 영역과는 완전히 별개이지만 비교적 가까이에 위치하며, 이랑들 사이의 고랑 부분인 **상측두구**superior temporal sulcus, STS라고 한다. 세 번째는 **시각연합피질**의 일부로서 뒤통수엽에 위치하며, **후두 안면 영역**occipital facial area, OFA이라고 한다.

방추상 안면 영역에 손상을 입은 사람들을 관찰한 결과 이 영역이 얼굴 인식에서 결정적인 역할을 한다는 사실을 알게 되었다. 이 사람들은 얼굴이나 다른 종류의 사물을 문제없이 인식할 수 있었지만, 얼굴로 타인을 알아보는 능력은 상실했다. 이런 증상을 **안면인식장애**prosopagnosia라고 한다. 정상적인 얼굴 인식 능력을 가진 인간의 뇌를 fMRI로 검사하면

이 영역이 다른 사물에는 반응하지 않고 얼굴에만 특별히 반응하며 밝아졌다. 그리고 인간의 얼굴에 가장 강하게 반응했다. 얼굴에 민감하게 반응하는 세포들이 방추상 안면 영역 내의 **얼굴 구역**face patch에 무리지어 있고, 전기생리학 연구들은 이들이 얼굴을 인식하는 동안 서로 소통한다는 사실을 보여 준다. fMRI 반응으로 판단했을 때 얼굴 인식의 초기 단계에서 가장 강력한 인식 신호는 우반구에 있는 방추상 안면 영역에서 나타나며, 안면인식장애에 걸린 사람들을 대상으로 진행된 연구는 이들 중 대다수가 오른쪽 방추상 안면 영역에 문제가 있음을 보여 준다. 더 나아가 정상적인 사람들의 경우 매우 친숙한 얼굴을 보았을 때 가장 강력한 반응을 보였다. 이는 이 메커니즘에서 기억과 학습이 차지하는 비중이 크다는 점을 의미한다. 얼굴 인식 능력의 기반은 더 친숙한 얼굴일수록 방추상 안면 영역에서 더 많은 뉴런들이 반응한다는 것이다.[8]

얼굴의 이미지를 처리하는 다른 특별한 두 영역들은 앞서 언급했듯이 상측두구와 후두 안면 영역이다. 이 영역들도 얼굴 이미지에 집중하는 피실험자의 두뇌 활동을 정밀 검사하고, 이런 영역들에 문제가 있는 개인들을 관찰하며 연구되었다. 연구 결과는 주요 영역 세 개가 얼굴 인식 처리 과정에서 어느 정도 역할이 특수화되었음을 보여 준다. 방추상 안면 영역은 개개인의 얼굴을 알아보는 역할뿐만 아니라 다른 모든 사물들과는 별개로 얼굴을 식별하는 데 특히 중요하다. 반면 후두 안면 영역은 이목구비의 윤곽으로 개인의 정체와 성별을 확인하고, 얼굴 표정에 담긴 감정적 의미를 처리하는 데 더 중요한 역할을 하는 것처럼 보인다. 상측두구도 성별을 결정하고 얼굴이 가진 이미지로 신뢰성을 평가하는 일에 관여한다.

이처럼 두뇌에서 기능이 구획화되었지만 얼굴에 반응하는 다양한 영역들 사이에서 신경들 간에 많은 정보 교환이 이루어지고 있음은 분명하다. 후두 안면 영역은 일찍이 정보를 다른 영역들로 성공적으로 보내는,

얼굴에 대한 시각 정보를 처리하는 중추로 여겨졌으나, 현재는 상이한 영역들 사이에서 수많은 정보 교환이 이루어지고 있다는 견해가 지지를 받는다. 새로운 연구 결과들이 발표되면서 얼굴의 특성과 감정 상태에 대한 시각 정보가 분리되어 처리된다는 초기 견해는 더 이상 유효하지 않게 되었다. 오히려 앞서 설명했듯이 더 전체적이고 덜 구획화되었으며, 특정 얼굴과 관련된 성별과 느낌 등 독립적 존재를 평가하는 일종의 신경 연산neural computation의 형태를 띠는 통합적인 과정이다.[9]

신경생물학 연구의 결과들이 드러나면서 인간의 얼굴 인식이 매우 복잡하면서도 (결과들로 판단컨대) 상당히 정밀한 과정이라는 사실이 명확해진다. 대다수 사람들은 얼굴을 빠르고 쉽게 자동으로 그러면서도 정확하게 인식한다. 얼굴 표정과 마찬가지로 이 능력 또한 분명히 인류 진화의 산물이다. 그러나 여기서 한 가지 궁금증이 생긴다. 인간만이 이런 능력을 가졌을까? 아니면 예를 들어 인간의 가장 가까운 사촌인 대형 유인원이나 이들보다 더 먼 포유류 친척들도 가지고 있었을까? 비포유류 척추동물은 어떨까?[10]

인간이 얼굴을 인식하는 진화적 뿌리

대형 유인원은 물론이고 일반적으로 영장류가 가진 매우 사회적인 본성을 감안했을 때 인간 이외의 다른 영장류들도 유사한 얼굴 인식 능력과 신경 기반을 가졌다고 추측해 볼 수 있다. 앞서 대형 유인원도 뛰어난 시력을 가지고 있으며, 개체마다 식별이 가능한 고유의 얼굴을 가지고 있다고 언급한 적 있다. 이것은 이들의 사회적 상호작용에서 중요한 역할을 했을 것이다. 그리고 이런 추측이 틀리지 않았음을 앞으로 보게 될 것이다. 진원류는 뛰어난 얼굴 인지 능력을 가지고 있다. 반면 인간과의 관련성이 더 먼 비영장류 포유동물 사이에서는 이 같은 흔적이 거의 보이지 않는다. 더 나아가 인간이나 침팬지, 보노보에 비하면 비영장류 포유동물들은 자신들과 동일한 종의 얼굴에 크게 신경을 쓰지 않는다.

그러나 겉으로 보이는 일반적인 모습과 그 밑에 감춰진 잠재적 능력은 구분할 필요가 있다. 최근에 진행된 동물 종들에 대한 연구는 동종의 얼굴을 인식하는 능력이 협비원류 영장류들처럼 공공연하고 빈번하게 얼굴을 확인하지는 않아도 동물들 사이에서 훨씬 광범위하게 퍼져 있다는 것을 보여 준다. 이론적으로 개별 얼굴을 인식하는 능력은 세 가지 특성을 가진 동물 종들에서 유용한 형질일 수 있다. 이 세 가지는 (1) 개체를 인식하는 능력이 유리한 사회 구조, (2) 정확한 얼굴 인식을 위한 전제 조건인 좋은 시력, (3) 개체를 구별할 수 있게 해 주는 다양한 얼굴 표식이나 얼굴 형태다. 대부분의 동물들은 구성원들 사이에서 서로의 얼굴을 바라보며 지내는 시간이 많지는 않지만, 상대방을 확인하는 과정은 조용하고 묵묵하게 무리와 어울리는 많은 종들에서 있었을지도 모른다. 만약 그렇다면 이를 감지할 수 있게 설계된 실험을 통해 그 존재를 확인할 수 있다. 사실 이런 실험은 다양한 동물 종들을 대상으로 진행되었고, 얼굴 인식 능력이 과거에 생각했던 것보다 훨씬 광범위하게 공유되고 있음을 밝혔다. 대다수 연구는 포유동물을 대상으로 했지만, 조류와 심지어 어류도 동종의 얼굴을 인식하는 어떤 능력을 가지고 있음을 보여 주는 결과들도 존재한다.[11]

사실 개별 얼굴을 인식하는 능력은 척추동물에만 국한된 것은 아니다. 무척추동물에 속하는 **쌍살벌속**Polistes의 한 종에서도 얼굴 인식 능력이 발견되었다. 쌍살벌속에는 많은 종들이 있지만 특별한 한 종, 즉 **폴리스테스 푸스케이투스**Polistes fuscatus를 제외하고는 대부분 이런 능력을 가지고 있지 않다. 이 종은 뚜렷한 방식으로 얼굴을 인식하는 능력이 있다고 밝혀졌다. 이들은 암녹색 바탕에 독특한 노란색 무늬가 있으며, 이 무늬의 패턴으로 서로를 식별한다. 페인트로 무늬를 지워서 패턴을 바꾸면 동료들은 적대적인 반응을 보인다. 그러나 시간이 지나면서 새로운 얼굴에 적응하고 패턴에 수정이 가해진 벌을 다시 받아들였다. 이런 실험을 통해 사회적 상호작용의 주요 요인이 다른 어떤 요소도 아닌 개체의 얼굴 패턴이었음을 분명하게 확인할 수 있었다. **폴리스테스 푸스케이투스**는 정교한 계급사회를 이루고 있으며, 일벌들은 무리에서 자신의 위치를 정확히 알았다. 개별 얼굴 인식은 분명히 이런 계층 관계를 유지하는 중요한 수단이다.[12]

짐작건대 개별 얼굴을 인식하는 고차원적인 능력은 **쌍살벌속**이 가진 패턴을 파악하는 일반적인 시각 능력에서 진화했을 것이다. 일반적으로 개별 얼굴을 식별하지 않는 **쌍살벌속** 종들을 동종에 속하는 얼굴을 우선적으로 인식하도록 훈련할 수 있다는 증거가 있다. 이는 이 속에 속하는 모든 종들이 아마도 얼굴을 인식하는 어떤 잠재 능력을 가지고 있음을 보여 준다. 그러나 모든 쌍살벌들이 또는 더 일반적으로 사회성 곤충social insects*들이 이런 능력을 가지고 있다는 증거는 없기 때문에 이 능력은 이 특정 곤충 집단에서만 비교적 최근에 진화했다고 생각할 수 있다. 쌍살벌 사례는 유사한 선택압(이 경우 얼굴 인식)이 쌍살벌과 포유동물처럼 완전히 다른 동물들에서 비슷한 결과를 낳을 수 있음을 보여 준다. 심지어 진화적 변화를 일으키는 **기초 물질**, 즉 두뇌가 현저하게 다르고, 서로 전혀 상관이 없는 궤적을 그리며 진화했을 때조차도 그럴 수 있다.[13]

그러나 이 책에서는 인간의 얼굴 인식과 그 진화적 뿌리에 초점을 맞출 것이다. 포유동물 사이에서 개별 얼굴을 인식하는 능력이 얼마나 광범위하게 퍼져 있을까? 이런 능력을 가진 포유동물의 경우 이 능력이 다른 포유동물들과는 상관없이 별도로 생겨났을까? 아니면 이 능력이 포유동

• 개미나 벌처럼 집단생활을 하고 집단의 통합성과 내부 분화가 뚜렷한 곤충

물의 초기 어쩌면 원형이 되는 일반적인 형질일까? 이 질문에 답하기 위해서는 가능한 한 폭넓은 조사를 진행해야 한다. 철저한 조사를 통해 개별 얼굴을 인식하는 능력이 있다고 밝혀진 종들은 인간과 유인원, 원숭이, 개, 양, 소다. 이 외에도 두 종류의 포유동물에서 얼굴 인식 능력이 있음을 보여 주는 간접적이지만 분명한 증거가 있다. 바로 돌고래와 코끼리다. 이들에 대한 증거는 거울 자아인식 실험을 통해 얻었다. 이 실험은 동물들에게 거울에 비친 자신의 모습을 보여 준 다음에 거울 안에서 응시하는 얼굴이 자신의 얼굴임을 이해하는지 못 하는지를 확인한다. 자신의 얼굴을 인식할 줄 아는 동물들은 최소한 자신과 같은 종들이 각각 개성 있는 얼굴을 가지고 있다는 사실을 어느 정도 감을 잡을 수 있어야 한다. 돌고래와 코끼리는 동종의 얼굴을 인식하는 능력이 유용한 특성으로 작용하는 사회적 상호작용이 가장 활발한 동물 집단에 속한다. 또 코끼리는 얼굴로 서로를 식별할 수 있게 해 주는, 인간에게서 쉽게 볼 수 있는 얼굴 생김새의 차이를 보여 준다.[14]

얼굴 인식 능력을 가진 포유동물들이 있기는 하지만, 총 5천4백여 종 중에서 아주 작은 일부에 불과하기 때문에 이것이 포유동물이 가진 일반적인 능력이라고 단정 짓기에는 시기상조일 수 있다. 그러나 포유동물 계통수 내에서 얼굴 인식 능력이 있다고 알려진 종들의 분포를 보면 이렇게 믿어도 될 만한 이유가 있다. 태반 포유류에 네 종류의 상목이 있다는 사실을 떠올려 보자(그림 5.9). 이들은 팔레오세와 에오세 기간에 급속도로 갈라져 나갔다. 얼굴로 동종을 인식할 수 있거나 인식한다고 예상되는 종들은 네 개의 상목들 중 세 상목에 속하는 구성원들이다. 영장류(인간, 유인원, 원숭이)는 영장상목에, 개와 돌고래, 소는 로라시아상목에, 코끼리는 아프로테리아상목에 속한다. 태반 포유류 중에서 몇 안 되는 빈치류(개미핥기, 아르마딜로)만이 얼굴 인식 능력을 가졌다고 알려진 종들에 포함되지 않는다. 그러나 이들을 대상으로 진행된 실험은 아직까지 없었다. 태반 포유류 사이에서 얼굴 인식 능력이 널리 퍼져 있다는 점은 이 능력이 초기에 생겨났고(아마도 포유동물의 기원에 가까울 것이다), 최소한 태반 포유류 사이에서는 광범위하게 공유되는 형질임을 의미한다.[15]

양의 얼굴 인식 연구는 태반 포유류의 인식 능력이 단일 기원에서 출발했음을 가장 잘 보여 주는 증거다. 양이 얼굴로 동종을 알아보는 능력을 가지고 있다는 사실은 뜻밖이다. 머리가 좋다는 인상을 주지도 않을뿐더러 사회적 상호작용의 수준도 낮아 보이기 때문이다. 이들은 그저 무리 안에서 서성거리고 있는 것처럼 보인다. 그러나 양을 대상으로 한 광범위한 이미지 식별 실험은 이들이 무리의 동료를 알아볼 뿐만 아니라 한 번도 본 적이 없는 양들의 얼굴에서 차이를 식별하는 학습이 가능하다는 사실을 밝혀냈다. 더 나아가 동종의 얼굴을 식별할 때보다는 못하지만 상이한 인간의 얼굴도 알아차릴 수 있다. 이런 점에서 양은 다른 인종보다 동일 인종 내에서 얼굴을 더 수월하게 식별하는 인간과 비슷하다. 침팬지에게도 인간의 얼굴을 구별하도록 가르칠 수는 있지만, 인간의 얼굴보다는 침팬지의 얼굴을 더 잘 구별한다. 그러므로 인간과 침팬지처럼 양도 적절한 보상이 주어지는 훈련을 통해 무리 내에서 "다른" 양들의 얼굴을 구별하는 능력을 향상시킬 수 있다. 더 나아가 양들 사이에서 서로의 얼굴을 보는 것만으로도 도움이 된다는 사실을 보여 주는 증거들이 일부 존재한다. 홀로 고립되어 스트레스가 유발되는 상황에 놓인 양에게 동료 양들의 얼굴 사진을 보여 주면 고립된 상황이 변하지 않았어도 더 차분해진다. 이는 사회적 상호작용이 아주 낮은 수준이라고 해도 동료들과 항상 무리 지어 생활하는 사회적 동물에게서 예견되는 행동이다. 결론을 말하자면 이렇다. 양은 일반적으로 생각하는 것보다 더 똑똑하다.

양의 얼굴 인식 능력이 영장류와 공유되는 진화적 뿌리를 가지고 있다는 점에 주목할 필요가 있다. 상이한 얼굴 이미지들에 반응하는 실험을 했을 때 이들이 (오른쪽 관자엽에 있는) 두뇌의 비슷한 영역을 사용한다는 사실이 명확해 보인다. 네 개의 주요 포유동물 상목들이 일찍 분리되었다는 점을 감안하면 영장상목과 로라시아상목에 속하는 종들이 얼굴 인식에서 유사한 신경 기반을 가지고 있다는 사실은 인식 능력이 등장한 시기가 태반 포유류나 전체 포유동물의 기원에서 멀지 않음을 의미한다. 포유동물의 신피질이 가진 독특함은 얼굴 인식 능력을 가진 비포유류 척추동물이 다른 신경 회로를 사용한다는 사실을 명확하게 보여 준다.[16]

포유동물의 얼굴 인식 능력이 공통된 뿌리를 가지고 있다면 모든 진원류가 이 능력을 가지고 있다고 예측할 수 있다. 그리고 이것이 참임을 보여 주는 많은 증거들이 존재한다. 실험을 거친 모든 종들은 동종의 개별 구성원들을 알아볼 수 있었고, 몇몇 사례에서는 다른 영장류 종들의 얼굴도 정도가 덜하기는 하지만 식별할 수 있는 능력이 있음을 보여 주었다. 마카크원숭이의 얼굴을 인식하는 신경 기반이 인간과 일치한다는 사실은 양에 대한 실험 결과를 놓고 보면 놀라운 일이 아니다.[17]

그러나 얼굴을 인식하는 능력이 전적으로 두뇌 회로에 달려 있다고 생각해서는 안 된다. 포유동물의 능력들이 모두 선천적이기는 하지만, 각각의 능력을 갈고 닦는 노력은 언제나 중요하다. 어린아이들을 대상으로 진행된 셀 수 없이 많은 얼굴 인식 실험들은 이 능력이 유아기에서 아동기 초반에 향상되며, 상이한 얼굴에의 노출 정도에 영향을 받는다는 사실을 보여 준다. 사람들이 동일 인종 집단에 속하는 사람의 얼굴을 다른 집단에 속하는 얼굴보다 더 잘 구별할 수 있고, 매우 친숙한 얼굴을 보았을 때 방추상 안면 영역에서 더 강력한 뇌 신호를 보낸다는 연구는 잘 알려져 있다. 이 연구는 얼굴 인식 능력에서 경험의 역할이 중요하다는 사실을 일깨운다. 다양한 "인종"으로 구성된 집단에서 성장한 아이들이 "다른 인종 효과"를 상실하고, 새로운 집단에서도 자신이 출생한 집단에서와 마찬가지로 얼굴을 식별하는 법을 배운다는 사실이 관찰을 통해 확인되었다.[18]

포유동물들이 얼굴을 인식하는 선천적 잠재력을 가지고 있지만, 이 능력은 호미노이드 영장류에서 더 강하게 드러난다. 더 나아가 이 능력은 진원류에서 처음 발달했을 때 필요한 정도보다 훨씬 더 커졌다. 유인원은 소규모 무리를 구성해서 생활하는 경향이 있다. 초기 호미닌 종들과 인간의 수렵·채집 사회도 이런 무리 생활을 했을 가능성이 매우 높다. 이것이 인간 역사의 90~95퍼센트를 차지하는 일반적인 생활 형태였다. 이런 소규모 무리에서는 2백 개 정도의 상이한 얼굴을 인식하는 능력만 있어도 충분했다. 실제로 가장 큰 원숭이 무리의 규모가 이 정도 된다. 그러나 사람들 대부분은 수만 명의 얼굴을 식별하고, 최소한 1천~2천 명의 얼굴을 어렵지 않게 기억한다. 진원류에서 얼굴 인식 능력이 유리한 속성으로 선택되었다고 가정한다면(이 문제는 차후 논의하겠다) 진화가 과잉 능력을 창조할 수 있는 것처럼 보인다. 사실 이 같은 사례들은 셀 수 없이 많다. 형질들, 특히 정신적인 것들이 과잉 결정overdetermined되는 것 같다. 이것은 최소한으로 필요한 것보다 더 많이 산출하는 자연선택이 가진 잠재력의 결과다.

얼굴을 인식하는 능력은 그 자체로 다가 아니라 흔히 사회적 상호작용의 서막을 여는 역할을 한다. 두 사람이 마주쳤을 때 서로를 인식한 후에 일반적으로 적절한 얼굴 표정을 지으며 짧은 말을 주고받는다. 놀라거나, 겁을 먹거나, 슬플 때 또는 무언가에 몰두할 때 흔히 혼자서도 얼굴 표정을 짓기는 하지만, 사실상 대부분의 얼굴 표정은 사회적 상호작용에서 특히 대화를 나누는 도중에 만들어진다. 대화와 얼굴 표정 사이의 관계는 매우 강력해서 아직 일어나지도 않은 대화를 상상하는 것만으로도 많은 사람들이 실제 만남에서 보이게 될 표정과 동일한 표정을 짓는다. 언어의 기원과 관련해서 얼굴 표정은 앞서 보았듯이 사회적 상호작용에서 명백하게 주요한 부분을 차지한다. 얼굴 표정을 만드는 얼굴 근육의 역할을 간략하게 언급했지만, 지금부터는 이런 근육들과 얼굴 표정을 만들기 위해 근육을 작동시키는 신경 기반에 대해 더 자세히 살펴보겠다.

얼굴 표정 만들기 :
관련된 신체 시스템

얼굴 표정이라는 용어는 단순하고 복잡할 것 없는 단일한 범주를 나타내는 것처럼 들린다. 그러나 나머지 표정들과는 완전히 다른 표정이 하나 있다. 앞으로 논의하게 될 영장류의 표정들과는 다르게 이것은 양막류(파충류, 조류, 포유류)들 사이에서 광범위하게 공유되며, 그래서 그 기원이 최소한 3억 2천5백만 년 전으로 추정된다. 또 이 표정을 즉각적으로 이해하는 능력도 이 집단 내에서 보편적이다. 바로 위협을 나타내는 표정이다. 일반적으로 도마뱀과 뱀의 쉿쉿 하는 소리처럼 입을 벌린 채 어떤 형태의 소리를 동반하고, 갑작스럽게 다른 동물과 마주쳤을 때 촉발된다. 턱을 움직이는 심층 근육들의 활동이 관여되며, 공포에 대한 반응과 연관이 있는 기저핵의 편도체에 의해 유발된다. 다른 얼굴 표정들과는 다르게 이 표정에는 (파충류나 조류에서는 발견되지 않는) 얼굴 근육이 사용되지 않고, 턱과 구강 근육 조직만이 사용된다. 그리고 마주친 동물의 반응에 따라 공격을 가하거나 도망을 친다. 이것이 우리가 알고 있는 투쟁-도피 반응fight or flight response이다. 위협은 명백한 감정의 표현이지만, 만남을 끝내기 위한 기능을 하는 반사회적인 표현이다.

그러나 이 책에서 다루는 얼굴 표정은 집단 내에서 친밀한 사회적 상호작용을 만들어 내는 역할을 한다. 이들은 더 미묘하고, 진화적으로 더 최근에 생성되었으며, 얼굴 근육에 의해 만들어진다. 포유동물에서만 볼 수 있으며, 그래서 진정한 포유동물이나 이들의 선조가 되는 단궁류 종들 중 하나에서 비롯되었다고 믿을 만하다. 초기에는 이들의 기능이 아마도 얼굴의 움직임과 주로 다양한 방식으로 생존을 지원하는 입과 눈의 움직임과 연관이 있었으나, 어느 시점에서 표정을 만들고 사회적으로 소통하는 기능을 포함하게 되었을 것이다.

인간 이외의 동물들 사이에서 얼굴 표정은 다윈이 최초로 관찰하고 기록했듯이 대형 유인원에서 가장 분명하고 다양하게 나타난다. 실제로 인간이 가진 기본적인 여섯 종류의 표정(공포, 슬픔, 행복, 분노, 혐오, 놀라움)들의 경우 침팬지에서도 유사한 감정 상태를 나타내는 표현이 목격된다. 이런 표정의 기저가 되는 얼굴 근육의 움직임을 감지하는 방법을 이용하면 비교 연구를 더욱 확장시킬 수 있다. 폴 에크만과 그의 동료들은 처음에 인간을 대상으로 이 기법을 개발했지만 이후에 침팬지와 다른 영장류들, 최근에는 그 범위를 더 크게 확장하여 개에게까지 적용하고 있다. 이 방법을 **얼굴 움직임 부호화 시스템**Facial Action Coding System, FACS이라고 부르며, 동일한 감정 신호를 보내는 표정을 만들기 위해 인간과 침팬지에서 유사한 얼굴 근육이 사용된다는 사실을 확인해 준다. 이 부분에 대해서는 '상자 7.2'에서 자세히 설명하겠다. 분명한 것은 인간의 기본적인 표정들이 진원류의 유산이라는 점이다.[19]

7.2

얼굴 움직임 부호화 시스템

얼굴 움직임 부호화 시스템FACS은 얼굴 근육을 기초로 만들어진 표정의 분류학이다. 얼굴 표정을 정확하게 연구하기 위한 방법으로 개발되었다. 처음에는 인간의 얼굴 근육의 움직임을 부호화하기 위한 목적으로 개발되었지만, 이후에 몇몇 영장류 종들에게도 적용했다. 개를 대상으로 한 연구도 있었다. 얼굴 표정의 세부 사항들이 얼굴의 형태에 크게 의존하기 때문에 새로운 종들에 이 시스템을 적용하기 위해서는 어떤 특정 근육이 관여되는지를 결정하기 위해 확인하고 교정하는 작업이 필요하다.

얼굴의 근육 구조가 전반적으로 유사하기 때문에 이런 비교 연구는 상당히 주효하다. (물론 이런 유사성은 영장류와 다른 종류의 포유동물들 사이에서보다 영장류들 사이에서 훨씬 크다.) 이 시스템은 기본적으로 얼굴 표정을 움직임 단위action unit, AU로 분류한다. 전부 약 55개가 있다. 각각의 움직임 단위마다 간단한 명칭이 있고, 보통은 얼굴 근육들 중 하나만 관여하는 특정 움직임과 연관이 있다(그림 7.7 참조). 이런 주요 움직임 단위들 중에서 35개가 특정 얼굴 근육에 배정되었으며, 나머지는 아직 분류되지 않은 상태다. 이에 더해 머리와 눈의 움직임, 그리고 예를 들면 코를 킁킁거리거나 어깨를 으쓱하는 행동 같은 어떤 기본 동작들을 위한 별개의 움직임 단위들이 존재한다. 일부 표정들에는 하나의 움직임 단위, 즉 단일한 근육 움직임이 관여되지만 행복과 슬픔, 공포, 놀라움, 혐오, 분노의 기본적인 여섯 표정들을 포함해서 대부분에는 다수의 움직임 단위가 사용된다. 예를 들면 이렇다. 행복은 AU6(눈둘레근orbicularis oculi muscle이 관련된 **뺨 올림**cheek raiser)과 AU12(큰광대근zygomaticus major muscle이 관련된 **입가 올림**lip corner puller)가 결합된 동작이다. 반대로 혐오는 AU9(**코 주름 잡기**nose wrinkle)와 AU15(**입가 내림**lip corner depressor), AU16(**아랫입술 내림**lower lip depressor)이 결합해 표현된다. 순서대로 윗입술올림근levator labii superioris과 입꼬리내림근depressor anguli oris, 아랫입술내림근depressor labii inferioris이 관여된 동작이다.*

---

* 더 자세한 정보는 에크만과 프리젠, 해거Ekman, Friesen, and Hager(2002)를 참조

얼굴 표정을 만드는 능력이 진화의 역사와 얼마나 깊이 연관되어 있는가를 이해하기 위해서는 이 능력의 두 가지 물리적 요소의 진화 역사를 알아야 한다. 얼굴 근육과 이를 움직이게 하는 신경이다. 그럼 먼저 얼굴 근육을 살펴보자.

포유동물의 얼굴 근육

'그림 7.7'은 인간의 얼굴에서 근육의 위치를 보여 준다. 이들은 진피 밑에 붙어 있고, 각각의 기능은 그 위치를 보고 추정할 수 있다. 귀와 이마, 눈, 코, 입의 기저를 이루는 특정 근육이 각각을 움직이게 만든다. 대다수의 얼굴 표정에서 가장 중요한 근육은 눈과 입을 움직이는 근육들이다. 앞서 언급했듯이 인간에게는 스물한 종류의 얼굴 근육이 있고, 이들 중 다수는 얼굴 양쪽에 쌍을 이루는 좌우 대칭성을 가진다. 나머지는 하나씩 존재하고 얼굴 중앙에 위치한다.

얼굴 근육의 진화적 역사를 다루기 위해서는 다른 포유동물들의 근육 개수와 속성을 아는 것이 중요하다. 초기에는 얼굴 근육이 표정을 만드는 기능을 하지 않았다고 해도 이들의 발달 정도나 개수, 속성들이 다양한 포유동물 집단에서 얼굴 표현력의 정도와 일정 부분 연관성이 있다고 예상할 수 있다. 이 같은 비교 연구는 비교 대상이 되는 종들에서 동일한(즉 상동의) 얼굴 근육을 확인해야 가능하다. 그리고 이들의 특징적인 위치와 구조를 감안하면 이는 그리 어려운 일이 아니다. 이런 이유로 보통은 상이한 종들이 특정 얼굴 근육을 공유하는지 아닌지를 밝힐 수 있다.

다양한 종류의 포유동물들을 대상으로 하는 이 같은 비교 연구가 진행되면서 상이한 종류의 얼굴 근육의 개수가 표현력의 정도와 관련이 있다는 추측이 옳았다는 것이 증명되었다. 알을 낳는 두 종류의 포유동물 중 하나이며, 그래서 가장 원시적인 동물에 속하는 오리너구리는 눈에

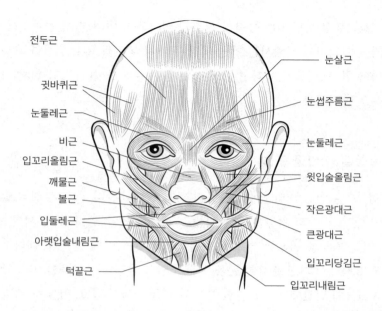

전두근

눈살근

귓바퀴근

눈썹주름근

눈둘레근

비근

눈둘레근

입꼬리올림근

깨물근

윗입술올림근

볼근

작은광대근

입둘레근

큰광대근

아랫입술내림근

입꼬리당김근

턱끝근

입꼬리내림근

그림 7.7　다양한 얼굴 근육 그림. 대부분의 얼굴 근육은 머리의 좌우 대칭성에 상응하여 쌍을 이루지만, 몇몇은 얼굴 중앙에 하나씩 존재한다. 근육들의 위치만 봐도 알 수 있듯이 대부분의 얼굴 표정은 입과 눈 주변에서 만들어진다.

띄는 얼굴 표정이 거의 없고, 이에 따라 얼굴 근육의 종류도 몇 개 안 된다. 구체적으로 말하면 열 종류다. 얼굴 근육을 조사한 세 종류의 비영장류 태반 포유동물에 비하면 훨씬 적은 개수다. 이들은 집쥐와 나무두더지, 가죽날개원숭이로, 약 열다섯이나 열여섯 종류의 얼굴 근육을 가지고 있다. 지금까지 조사된 대부분 영장류의 얼굴 근육 개수에 비해 조금 더 적을 뿐이다. 원원류 중에서 유일하게 연구가 진행된 종들은 **큰갈라고**_Otolemur_속에 속하는 두 종뿐이며, 이들은 열일곱 종류의 얼굴 근육을 가지고 있다. 얼굴 표정이 현격하게 더 많은 진원류보다 적은 개수다. 진원류에는 스물한 개에서 스물두 개의 얼굴 근육이 있다. 개수의 차이가 매우 크다고는 할 수 없지만, 이는 얼굴 근육의 개수와 얼굴 표정의 정도가

연관성이 있다는 예측에 부합한다.[20]

진원류 내에서 광비원류와 협비원류 영장류 사이에 얼마나 많은 차이가 나는지는 아직 명확히 밝혀지지 않았다. 얼굴 근육의 개수와 종류는 두 집단에서 기본적으로 동일하지만, 얼굴 표현력의 정도는 차이가 나는 것처럼 보인다. 신세계원숭이, 즉 광비원류는 오랫동안 협비원류에 비해 얼굴의 표현력이 일반적으로 떨어진다고 생각되었다. 한편, 작은 광비원류인 마모셋은 총 서른한 가지의 얼굴 표정을 지을 수 있음이 밝혀졌고, 이들 중 두 가지(기쁨과 공포)는 동종의 반응을 이끌어 냈다. 현 시점에서는 다양한 얼굴 표정이 진원류의 기본적인 형질이라는 결론이 가장 안전해 보인다. 그러나 진원류 중에서도 협비원류가 가진 얼굴 표정의 범위가 더 넓다.[21]

협비원류 영장류들 사이에서도 얼굴 표현력의 정도가 상이하다. 구세계원숭이와 유인원은 기번과 오랑우탄보다 더 풍부한 표정을 짓는다. 특히 보노보와 침팬지의 얼굴은 사회적 상호작용을 하는 동안 거의 끊임없이 움직이는 것처럼 보인다. 그러나 이런 차이는 이들의 상이한 종류의 얼굴 근육의 개수와는 관련이 없다. 오히려 개수가 아니라 구조, 즉 근육의 강도에 있다고 볼 수 있다. 근육이 약할수록 표현의 정도가 떨어진다고 생각해 볼 수 있다. 그리고 소형 유인원(사진 2)인 기번의 경우 이것이 사실일 수도 있음을 보여 주는 연구가 존재한다. 기번은 사회적 상호작용의 범위가 덜하기 때문에 얼굴 표정의 중요성이 크지 않은 사회 구조를 가지고 있다. 그러나 일반적으로 얼굴 근육의 강도 차이가 표현력 차이의 주요 원인일 가능성은 크지 않다. 대개 표현력이 상대적으로 떨어지는 협비원류들은 미미하거나 효과가 없는 표정을 만드는 대신에, 그저 더 적은 개수의 표정을 오랫동안 짓는 것처럼 보인다.[22]

몇몇 얼굴 움직임 부호화 시스템 연구로 얼굴 표현력의 정도와 신체 크기 사이의 흥미로운 연관성이 밝혀지기도 했다. 일반적으로 몸집이 더 큰 동물이 얼굴 표정도 더 많다. 특히 광비원류가 협비원류보다 보통은 더 작기 때문에 이 관계가 이들 사이의 표현력에서의 차이와 관련이 있을지도 모른다. 한 가지 명백한 예외(저지대고릴라는 인간보다 더 크지만 표현력은 떨어진다)가 있지만 협비원류 내에서도 이런 연관성이 발견된다. 동물의 신체 크기가 왜 얼굴의 표현력과 연관이 있는 것일까? 한 가지 가능성은 신체의 크기가 눈의 크기와 관련이 있기 때문에 표현을 감지하는 능력과 간접적으로 관련이 있다는 것이다. 다른 조건들이 동일할 때 큰 눈이 작은 눈보다 시각적으로 더 예리하다. 결국 잘 발달된 시력이 표정을 더 잘 감지하게 해 주고, 이것이 덩치가 큰 영장류에서 표현 능력의 확장으로 이어졌을 수 있다.[23]

이런 견해는 신경생물학적 관점에서 얼굴의 표정을 읽는 문제로 이어진다. 그러나 이 분야로 발을 들여놓기 전에 신경생물학과 관련이 있을지도 모르는 다른 영역을 조사해야 한다. 바로 얼굴 근육의 활성화다.

얼굴 근육의 미세한 신경 조절의 차이

협비원류 영장류 내에서 얼굴의 표현력 차이가 얼굴 근육의 개수나 (일반적으로) 구조의 차이 때문이 아니라면 신경 분포가 달라서일지도 모른다. 근육에 분포하는 신경이 더 적고, 그래서 신경 자극이 덜 광범위한 경우 근수축을 미세하게 조정하는 능력이 떨어질 수 있다고 예상해 볼 수 있다. 이 가능성은 확인이 가능한데, 신경 조절이 대뇌 또는 능뇌의 한 장소, 즉 뇌교에 위치한 특별한 한 쌍의 **핵**에서 비롯되기 때문이다. 앞서 언급한 적이 있는 이 쌍을 이루는 신경은 뇌신경 VII이라고 하는 안면신경이다. 이들의 뉴런은 근육에 자극을 직접 전달하는데, 이런 뉴런들을 **운동 뉴런**motor neurons이라고 부르고, 신경 자체는 **운동신경**motor nerve이라고 한다. 총 열두 개의 뇌신경이 존재하고, 이들 중 처음 두 쌍인 I(후각신경)

과 II(시신경)는 대뇌에서 발달하는 반면, VII을 포함한 다른 신경들은 능뇌에서 비롯된다. 편도체와 다른 두뇌 부위에서 전달된 신호들에 반응해서 운동피질에서 VII로 전송된 신경 신호에 따라 VII은 특정 얼굴 근육들에 적절한 신호를 보내면서 근육을 수축시키고 가시적인 얼굴 표정을 만들어 낸다.

표현 능력의 차이들이 뇌신경 VII에 기인하는지를 확인하기 위해서는 비교 연구가 필요하다. 태반 포유류를 통틀어서 VII의 구성과 세포 유형은 매우 유사한 일반적인 패턴을 가진다. VII은 각각 특정 얼굴 근육을 자극하는 아핵subnucleus이라는 더 작은 물리적 단위로 나누어지고, 아핵에서 이들과 연결된 근육까지의 공통된 신경 전달 자극 패턴이 있다. 그러나 종들 간에 신경의 구성과 구조에는 차이가 있으며, 이 차이가 상이한 얼굴 표현력의 원인이 될 수 있다. VII에 있는 뉴런의 개수가 특히 비영장류와 영장류 간에 표현력의 차이와 연관이 있다. 나무두더지의 VII은 원원류보다 뉴런의 개수가 더 적고, 이는 결국 눈에 띄게 표현력이 더 좋은 진원류보다 뉴런의 개수가 더 적다는 의미다. 그러나 진원류 내에서는 뇌신경 VII이나 아핵의 뉴런 개수와 얼굴 표현력 정도 사이에 밀접한 연관성이 없다. 유인원과 인간이 단순히 능뇌의 크기로 추정했던 것보다 VII에 더 많은 뉴런을 가지고 있기는 하지만, 이런 뉴런 개수의 전반적인 범위는 얼굴 표현력이 풍부한 종과 그렇지 못한 종 사이에서 개수가 많은 부분 일치하면서 신체와 두뇌 크기 모두에서 훨씬 큰 차이를 보임에도 불구하고 약 세 배밖에 차이가 나지 않는다. 이런 이유로 뉴런 개수의 차이가 주요 원인이라고 보기는 어렵다. 근육과의 연결 구조나 정도의 차이일 가능성이 더 크다.

지금까지 알려진 하나의 구조적 차이는 두뇌가 더 큰 (그리고 얼굴 표정이 더 다양한) 영장류가 작은 뇌를 가진 영장류보다 뇌신경 VII에서 더 복잡한 신경 구조를 가진다는 사실이다. 이는 신경 구조가 더 복잡할수록 근육의 미세한 신경 조절 능력이 더 높다는 것을 시사한다. 이에 더해 운동 뉴런(특히 VII의 아핵)의 크기는 이런 뉴런들에 의해 자극을 받는, 빠르게 작동하는 속근섬유fast-twitch fiber라고 하는 특정 종류의 근섬유와 연관이 있다. 특정 종에서 특별히 활발한 얼굴 근육은 더 큰 운동신경을 가진 더 큰 아핵에 의해 조절된다.

일반적으로 표정이 더 풍부한 협비원류와 덜한 광비원류 사이에서 가장 중요한 신경상의 차이는 협비원류에서만 대뇌와 뇌신경 VII이 상당히 **직접적으로** 연결되어 있다는 점이다. 운동피질과 이마엽의 일부이며 운동피질 바로 앞쪽에 위치한 **전운동피질**premotor cortex은 VII의 아핵과 연결된다. 그러므로 협비원류 영장류는 얼굴 표정을 인식하는 더 뛰어난 기관이 표정들을 직접적이고 자발적으로 조절할 가능성이 있다. (반대로 다른 모든 포유동물에서는 대뇌피질이 **망상 복합체**reticular complex라고 하는 VII에 인접한 구조물과 연결된다.) 협비원류의 이런 직접적인 조절은 얼굴 표정과 발성의 결합과 연관이 있을지도 모른다. 발성에 관여되는 근육을 대뇌피질에서 직접적으로 조절한다고 의심해 볼 만한 한 가지 이유는 명금류에서 종뇌에서 만들어진 피질 영역과 새들의 노랫소리 생산과 연관이 있는 운동 뉴런 사이에 유사한 직접적인 연결이 존재하기 때문이다.[24]

이것은 유인원의 경우 얼굴 표정과 발성의 대뇌피질 조절과 인간의 경우 표정과 말하기의 결합 사이의 직접적 관계를 기반으로 얻은 추론이다. 어쨌든 진정한 언어를 구사하는 것에 그치지 않고 말의 의미를 보강하고 숨겨진 감정적 의미를 나타내는 미묘한 얼굴 표정과 말을 결합시킬 수 있는 유일한 동물은 인간밖에 없다. (이런 인간만이 가진 능력의 진가는 표정 변화가 전혀 없는 사람과 대화를 나눌 때 분명해진다. 이런 사람은 괴기스럽게 느껴지기까지 한다.) 얼굴 표정과 복잡한 언어적 의사소통 사이의 연관성은 그 뿌리가 약 4천만 년 전인 협비원류 영장류의 진화적 기원에, 인간이나 인간의 음성언어가 존재하기 훨씬 전에 발생했던 대뇌피질과 뇌신경 VII 사이의 신경 재배치에 있을 가능성이 다분하다. 새로운 신경 연결이 어떻게 발생하고 진화했는지에 대한 문제는 뇌와 얼굴의 공진화를 이해하기 위해 매우 중요하며, 잠시 뒤에 다시 다루겠다.

얼굴 표정에 대한 또 다른 중요한 점이 있다. 표정을 만드는 능력이 인간들 사이에서 보편적이고, 그래서 어떤 의미에서는 고정된 능력이라는 것이다. 그러나 자세히 들여다보면 문화마다 조금씩 다르다는 사실을 알 수 있다. 인간이 가진 두드러지는 얼굴 표정의 보편성은 다윈이 『인간과 동물의 감정 표현』에서 최초로 조사하고 기록했다. 인간의 기본적인 감정(행복, 분노, 슬픔, 공포, 혐오, 놀람)은 모든 문화권과 침팬지에서 근본적으로 유사한 방식으로 얼굴에 드러난다. 이는 이들의 진화적 뿌리가 깊은 곳에 있음을 증명한다. 인간의 경우 선천적 맹인에게서도 볼 수 있기 때문에 타인을 보고 학습하는 것이 아님을 알 수 있다. 그러나 이런 기본적인 표정들은 문화권마다 미묘하게 차이가 나는 경우가 많고, 화자의 얼굴에 드러나는 표정은 이들의 문화에 영향을 받는다. 감정 표현에서 유럽 문화권에서는 눈 주변의 표정을 강조한다면, 일본에서는 입 주변의 표정이 더 중요하다. 그러므로 인간의 얼굴 표정을 만드는 기본적인 능력이 유전적으로 고정되어 있다면, 여섯 가지 기본 표정은 문화적인 학습을 통해 만들어진다고 생각할 수 있다. 폴 에크만과 그의 동료들이 연구했던 순간적으로 드러나는 **미세 표정**microexpression도 마찬가지다. 얼굴 근육을 통해 감정을 전달하는 데 관여하는 정밀한 신경 회로가 무엇이든 미세 표정은 강도와 세부적인 면에서 틀림없이 조절이 가능하다.[25]

그러나 얼굴 표정을 만드는 능력만으로 사회적 상호작용에서 표정의 역할을 설명하기에는 충분하지 않다. 상대방이 표정을 즉각적이고 자동적으로 이해하지 못한다면 이 능력은 가치를 잃는다. 그렇기 때문에 해석 능력은 분명히 얼굴 표정을 만드는 능력과 공진화했을 것이다. 상대방의 얼굴 표정을 즉각적으로 해독하는 정신적 능력은 그 자체만으로도 놀랍다. 그리고 지금부터는 이 능력에 대해 이야기하겠다.

표정 읽기 :
관련된 두뇌 회로

얼굴 근육을 통해 표정을 짓는 능력이 포유동물이 가진 독특한 특성이기 때문에 표정을 보고 자동으로 해석하거나 읽는 능력도 포유동물의 신경과 관련된 특별한 속성일 수 있다. 그리고 어떤 특정한 신경 능력의 진화 때문에 이런 능력이 가능할 것이다.

얼굴 표정 읽기는 독립적이면서도 얼굴을 인식하는 데 관여하는 영역과 물리적·기능적으로 연결된 두뇌 영역에서 수행된다. 이는 특정 뇌손상이 다른 기능들에 크게 영향을 주지 않으면서 한 가지 기능을 제거하거나 축소시킬 수 있기 때문에 분명한 사실이다. 안면인식장애를 앓고 있거나 (수십 년간 알고 지내 온 사람들도 포함해) 특정인의 얼굴을 인식하지 못하는 사람들도 여전히 타인의 얼굴 표정에 나타난 감정의 의미를 이해하고 반응할 수 있는 이유다. 이와는 정반대의 경우가 **아스퍼거 증후군**asperger syndrome이다. 일종의 고기능 자폐증high-functioning autism으로 흔히 매우 발달된 지적 능력을 가지고 있지만 정서적 능력은 제대로 발달하지 못한 사람들이 가진 질환이다. 이들은 얼굴을 기억하고 알아볼 수 있지만 얼굴 표정의 감정적 의미를 해석하지 못한다. 이런 분리된 기능을 가졌음에도, 앞서 언급했듯이 얼굴 인식에 관여하는 두뇌 영역들은 얼굴 표정의 감정적 의미를 파악할 때에도 사용된다.

보통은 누군가를 봤을 때 두뇌의 상이한 기관들에서 먼저 복잡한 신경 처리 과정이 발생한다. 상대방을 식별하면서 그 사람과 연관된 감정을 떠올리고, 상대방이 이 마주침을 어떻게 받아들이는지를 알기 위해 표정을 읽는 과정이 진행된다. 이런 초기 신경 반응에 뒤이어 곧바로 전전두 피질에서 정보의 통합이 일어나면서 흔히 얼굴 근육을 통해 얼굴 표정이 만들어지며, 감정적 반응을 자아내는 그 사람에게로 또는 그 상황으로 다가가든가 멀어지든가 하는 어떤 행동을 취하도록 만드는 결정이 내려진다. 그리고 이 결정은 적절한 신체 근육을 작동시키는 신호를 보내는 운동피질로 전달된다.

첫 번째 단계인 얼굴 인식의 신경생물학적 설명은 이미 살펴보았다. 지금부터는 두 번째 단계인 타인의 표정 읽기에 초점을 맞추겠다. '그림 7.8'은 표정 읽기와 관련된 신경 경로를 아주 단순화한 그림이다. 여기에도 기본적인 시각과 청각 (그리고 언어) 경로에서처럼(상자 7.1) 두 가지 경로가 있다. 하나는 중뇌에 있는 구조인 **상구**superior colliculus와 시상의 베개핵을 통한 비교적 빠른 처리 과정이고, 이들이 편도체에 신호를 보낸다. 대뇌피질 아래쪽에 놓여 있기 때문에 원래는 **피질하 경로**subcortical route 라고 불렸으며, 어떤 장면에서 비교적 소수의 세부 사항들을 분류하는 한편, 당면한 위험 요소가 있는지 순간적으로 감지하는 역할을 한다. 그런 다음에 이 정보는 피질에 있는 처리 기관으로 보내진다. 또 다른 경로는 정보 처리에 1초도 안 되는 시간이긴 하지만 상대적으로 더 느리고, 그림에서 볼 수 있듯이 피질 부위에서 처음으로 발생한다. 기본적인 얼굴 식별 과정이 후두 안면 영역과 방추상 안면 영역에서 수행되는 가운데, 방추상 안면 영역 등 쪽에 위치한 **상측두 이랑**superior temporal gyrus은 표정이 전달하는 정보를 포착하는 데 도움을 준다. 두 영역은 모두 정보가 통합되는 전전두피질의 기억을 관장하는 기관과 연결된다.

물론 이런 두 경로는 완전히 독립적이지 않고, 다른 두 경로 시스템에서처럼 정보를 통합하기 위해 기능적으로 서로 연결되어 있다. (한 개인에 대한 세부 사항과 느낌과 관련해서) 완전히 통합된 정보는 신체 반응을 이끌어 내는 신속하고 즉각적인 실행 결정으로 이어진다. 이 결정은

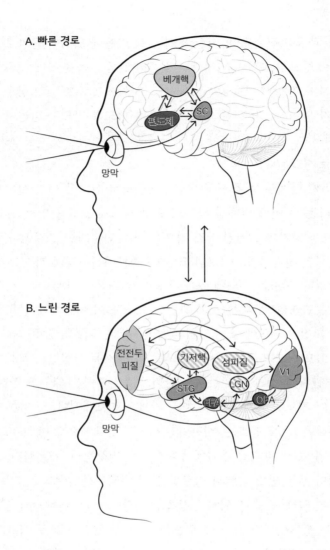

그림 7.8 표정 읽기의 흐름도

A. 즉각적인 감정 반응을 처리하는 빠른 경로. 상구(SC)와 편도체, 베개핵이 관여된다. 이 경로는 특히 위험이나 위협적인 상황을 즉각적으로 감지한다.

B. 정보를 더 철저하게 처리하고 이해하기 위해 기억과 통합하는 느린 경로. '그림 7.6'에서 보았듯이 주요 시각적 처리 경로를 따른다. STG는 상측두 이랑, FFA는 방추상 안면 영역, LGN은 외측 슬상핵, OFA는 후두 안면 영역, V1은 일차 시각 영역이다.

먼저 운동피질로 전달되고, 그런 다음에 시상과 전뇌 기저핵으로, 다시 이곳에서 신체의 움직임을 조절하는 운동 중추motor center와 뇌줄기의 구강안면 운동핵orofacial motor nucleus(뇌신경 VII)으로 전해진다. 구강안면 운동핵은 적절한 얼굴 표정을 만든다. 근거리에서 잠재적으로 우호적인 만남이 발생했을 때 사람들은 흔히 몇몇 적절한 얼굴 표정을 지으면서 상대를 향해 다가가는 움직임을 취한다.[26]

이 일련의 과정은 더 복잡한 사회적 상호작용, 즉 대화의 서막이 된다. 대화 중에는 음성 정보뿐만 아니라 주고받는 말들에 동반되는 표정들이 제공하는 시각 정보까지 교환한다. 영장류 역사에서 얼굴 표정이 진화적으로 더 오래되기는 했지만, 인간만이 말을 주고받기 때문에 말과 적절한 얼굴 표정의 결합은 말하기 자체만큼이나 인간만의 독특한 특성이다.

얼굴 표정이 진화적으로 더 오래되었을 가능성은 구세계원숭이인 레서스원숭이 연구에서 단서를 얻었다. 이 연구는 대뇌피질의 별개 영역에서 음성 정보와 얼굴과 얼굴 표정을 통합하는 방법에 대한 조사였다. 레서스원숭이들에게 말을 하는 능력은 없다. 그러나 특정 감정을 소리로 표현하며, 이런 발성은 이들의 사회적 소통에서 중요한 역할을 한다. 얼굴 표정에 대한 청각과 시각 정보의 통합은 외배측 전전두피질ventrolateral prefrontal cortex, VLPFC이라고 하는 대뇌피질 아래쪽 측면 영역에서, 그중에서도 특히 인간이 가진 말을 생성하고 표현하는 중요한 영역 중 하나인 브로카 영역에 상응하는 부위에서 이루어진다. 두피에 전극을 부착해서 검사하는 fMRI로 인간의 두뇌를 조사하면서 발성과 얼굴 표정의 연결에 브로카 영역이 관여할지도 모른다는 짐작을 하게 되었다. 그리고 이제는 레서스원숭이를 대상으로 (원숭이의 안전을 보장하는 규정을 따르면서) 외배측 전전두피질의 개별 뉴런을 검사하는 생리학적 실험을 통해 이것이 사실이라는 것을 확인했다. 이 연구는 레서스원숭이의 브로드만 영역 45, 46, 그리고 이웃하는 브로드만 영역인 12와 47의 경계 부위 일부(그림

7.4)가 이런 통합에 참여한다는 사실을 보여 준다. 이 영역들은 기본적으로 인간 두뇌의 브로카 영역을 포함한다. 또 전극을 이용한 연구들은 몇몇 개별 뉴런들이 청각과 시각 정보에 의해 활성화되고, 짐작건대 이들을 모두 통합하는 것을 보여 준다. 더 나아가 이들도 인간처럼 소리를 내는 개체의 얼굴 변화를 살피고, 특정 목소리를 특정 개체와 연결시키는 능력을 가지고 있다는 것이 밝혀졌다.[27]

따라서 레서스원숭이와 모든 또는 대부분의 협비원류 영장류들이 통합된 청각과 시각 정보와 소통하는 개체에 대한 기억을 활용하는 대면 음성 의사소통에 필요한 신경 기반을 가지고 있다고 추측할 수 있다. 앞서 언급했듯이 인간의 말이 가진 기본적인 리듬이 레서스원숭이에서 볼 수 있는 입맛 다시기 같은 얼굴 제스처의 세타 리듬theta rhythm에서 파생되었을 수 있다. 그러므로 협비원류 영장류들이 3천만 년에서 4천만 년 전에 광비원류에서 갈라져 나왔음을 감안하면 이 능력이 최소한 이와 동등한 역사를 가지고 있다고 보아야 한다. 그러나 이 능력이 진원류의 기원으로까지 거슬러 올라갈까? 확실한 답은 알지 못한다. 그러나 광비원류 영장류들의 전전두피질이 레서스원숭이와 인간이 가진 이런 능력들과 연관이 있는 브로드만 영역이 없는 매끄러운 표면을 가지고 있다는 점에서 단서를 찾을 수는 있다. 물론 이들이 여전히 동등한 기능을 가지고 있을 수 있지만, 대뇌피질 구조의 이 차이를 바탕으로 말과 동반하는 얼굴 표정을 읽는 인간의 능력이 협비원류와 함께 진화했고, 이들이 등장하기 이전에는 존재하지 않았다는 추론이 가능하다.

음성언어는 인간이 가진 속성이고, 그래서 인간 이외의 협비원류에게는 없는 음성언어와 얼굴 표정을 연결하는, 인간에게만 있는 어떤 추가적인 신경생물학적 요소가 있을 것이다. 이를 이해하기 위해서는 호미닌 계통에서 음성언어가 언제 발생했는가를 아는 것이 도움이 된다. 화석으로 인간의 음성언어의 기원을 추정하는 작업은 불가능하지만, 유전학이 단서를 제공해 줄 수 있다. 특정 유전자가 언어와 말하기와 관련해서 특별한 역할을 담당한다면, 인간과 음성언어를 가지고 있지 않은 동물을 비교할 때 이런 유전자의 비교 연구가 정보를 제공해 줄지도 모른다. 이런 유전자 중 하나가 두뇌에서 발현된 전사 인자를 암호화하는 *FoxP2* 유전자다. 이제는 더 이상 언어를 이해하기 위해 필요한 열쇠로 (비록 수년간 그래 왔지만) 인정되지는 않지만, 인간이 언어를 습득하고 말을 하는 데 중요한 역할을 한다. 이 유전자의 특별한 신경생물학적 역할은 '상자 7.3'에서 더 자세히 설명하겠다.

현재는 인간과 가장 가까운 영장류 친척인 침팬지와 보노보가 음성언어를 구사하지 못하기 때문에 이 능력이 약 6백만 년 전에 호미닌 계통이 침팬지에서 분리되어 나온 후에 생겨났다는 사실만 확신할 수 있다. 또 오스트랄로피테쿠스가 존재했던 때보다 현재와 더 가까운 시점에 나타났을 것이다. 실제로 말의 기원은 침팬지와 인간이 분리되고 오랜 시간이 흐른 후에, 거의 확실하게 **호모**속이 등장하고 난 후라고 여겨진다. 이 속에 속하는 최초의 종은 2백만 년에서 250만 년 전에 출현했다. 지금은 음성언어를 구사하기 시작한 연대의 범위를 50만 년 전에서 1백만 년 전인 플라이스토세의 어느 시점에(**호모 에렉투스**나 **호모 하이델베르겐시스** 중 하나에서였을 것이다) **호모 사피엔스**가 등장하고 상당한 시간이 흐른 후인 7만 년에서 7만 5천 년 전으로 추정한다. 뒤에 나온 연대는 제작이 복잡하고 상징을 기반으로 하며 언어가 필요한 지금까지 알려진 가장 오래된 예술품의 기원을 포함한다. 이런 예술품은 제작자가 무리의 다른 구성원들에게 작품의 목적을 설명하지 않고는 만들어질 수 없었다. 물론 언어와 말하기 능력은 **호모 사피엔스**가 예술 활동을 시작하기 훨씬 전에 이미 발달했을 수도 있다. 실제로 (예를 들어 "저 사람 때리다"나 "나 먹다" 같은) 단순한 명사-동사 관계로만 구성된 원시언어protolanguage 같은 더 단순한 형태가 이전에 존재했을 수 있고, 이것이 진정한 언어의 근원이었을

7.3

*FOXP2*와 언어

인간의 *FOXP2* 유전자가 언어의 생물학적 기반을 이해하는 열쇠로 관심을 받기 시작한 것은 어느 한 가족에게서 발견된 증상 때문이었다. *KE* 가족이라고 부르는 이 가족들의 많은 구성원들에서 수 세대에 걸쳐서 말하기 장애가 유전되었다. 이 장애는 더 일반적인 인지 기능이 아닌 말하기 능력에만 문제를 야기하는 것처럼 보였다. 유전자 분석을 통해 이 결함이 *FOXP2* 유전자의 돌연변이로 인해 발생된다는 사실을 알아냈다. 이 유전자는 전사 인자를 암호화했고, 관련된 점 돌연변이point mutation[*] 가 암호화된 단백질의 DNA 결합 영역에서 발견되었다. 또 언어와 말하기와 관련이 있다고 알려진 영역들을 포함해서 두뇌에서 다량으로 발현되었다. 이는 말하기 장애가 두뇌에서 언어와 말하기 기관들에 영향을 주는 유전자 조절이 부분적으로 제 기능을 못 하면서 생겨난 결과임을 의미했다. 이후에 조절 네트워크가 언어 장애와 연관된 다른 몇몇 유전자들을 포함하고 있으며, *FOXP2*도 이 네트워크의 일부라는 사실이 밝혀졌다. *FOXP2*는 쥐의 발성과 새의 노래와도 연관이 있었다. 이런 유전자들에 대한 다른 연구는 *FOXP2*나 다른 유전자들이 언어나 말하기 능력의 발달에만 필요한 것은 아님을 보여 준다. 특히 *FOXP2*는 일반적으로 특정 종류의 운동 회로와 더 관련이 있으면서 피질의 말하기 기관과 기저핵의 특정 부위인 선조체striatum를 연결하는 것처럼 보인다. 선조체는 운동피질에서 후두의 근육들을 포함해서 근육들로 메시지를 전달

---

* 유전자 서열 중 한 개의 염기가 바뀌어 생기는 돌연변이

하는 과정에 관여한다. 신경 발달에서 *FOXP2*의 정확한 역할은 두 가지다. 먼저 신경세포 또는 **신경돌기**neurite의 성장 촉진에 매우 중요한 역할을 한다. 이런 성장 촉진은 두뇌 발달에서 발달의 **가소성**을 충분히 높이는 새로운 연결 형성에 필수적이며, 특히 아이들이 언어를 습득하는 기간 동안에 꼭 필요하다. 또 *FOXP2*는 부차적인 신경 전구세포의 개수를 증가시키면서 신경 발생 촉진에 관여한다. 현재는 완전한 말하기 능력에 필요한 신경 연결을 촉진하는 데 둘 중 어느 역할이 더 중요한지 또는 둘 다 동일하게 중요한지가 명확하게 밝혀지지 않았다. 마지막으로 *FOXP2*는 초반에 언어 능력의 진화를 이해하는 열쇠로 여겨졌고, 그래서 네안데르탈인과 비교해서 현대 인간이 가진 독특한 속성이라고 생각되었다. 네안데르탈인은 간접적이고 소극적인 증거를 기반으로 말하기 능력이 없었다고 추정된다. 그러나 실제로는 **호모 사피엔스**와 **호모 네안데르탈렌시스** 사이의 유전자 서열이 동일하다는 연구 결과가 있다. 네안데르탈인에 비해 현대 인간의 두뇌에서 유전자가 더 많이 발현되었는지는 알려진 바가 없다. *FOXP2*는 더 이상 소위 언어 유전자라고 여겨지지 않지만, *FOXP2*와 이와 연관이 있는 유전자들이 언어 능력에 큰 기여를 한다는 점만은 분명하다.*

---

* 에나드Enard(2011)와 샤프와 페트리Scharff and Petri(2011), 그레이엄과 피셔Graham and Fisher(2013) 참조

가능성이 있다.[28]

그러나 인간이 언제부터 말을 구사하기 시작했는지 그 기원은 알지 못하지만, 진화적 과정에 대해서는 추측해 볼 수 있다. 기본 전제는 이런 기원들이 신경 시스템 발달의 특정하고 흔하지 않은 속성에 있으며, 변경된 신경 발달 과정이 유전자 변화에 의해 유전되는 속성으로 바뀐다는 것이다. 지금부터는 이런 특별한 신경 발달 과정이 무엇이며, 이들이 어떻게 유전되는 속성으로 전환되었는지를 다루겠다.

표정이 풍부하고 말하는 생명체가 되기 위해 새로운 신경 회로를 통한 두뇌와 얼굴 연결하기

문제의 틀 잡기

다른 영장류들의 소리를 이용한 의사소통과 인간의 언어를 구분 짓는 특징들부터 살펴보자. 첫 번째는 말을 이루는 단위로 셀 수 없이 많은 단어들의 개수다. 주요 언어를 모국어로 사용하는 사람들 대부분은 대략 5천에서 2만 개의 단어들을 사용하고, 10만 개가 넘는 단어를 알고 있는 사람들도 있다. 가장 적은 단어 개수조차 영장류들이 어떤 특정한 의미를 전달하기 위해 사용하는 음성 신호의 개수(약 십수 개)를 훌쩍 뛰어넘는다. 언어의 독특한 두 번째 특징은 단어의 유형이 다양하다는 점이다. 단어에는 가시적인 사물이나 존재(명사)와 특정 종류의 행동(동사)을 나타내는 단어에서부터 수식의 역할(형용사, 부사)을 하는 단어, 연결의 역할(전치사, 접속사)을 하는 단어가 있다. 세 번째는 가장 복잡한 특징으로 문장을 만들기 위해 필요한 문법적·구문론적 구조다.

이 밖에도 후두와 구강의 구조가 있다. 이 둘이 머릿속의 문장을 말로 전환할 수 있게 해 준다. 후두와 구강의 가장 분명한 능력은 말을 할 때 필요한 폭넓고 상이한 종류의 소리를 만드는 것이다. 여기에는 혀와 후두, 입술, 아래턱, 소리를 생산하기 위해 근육들을 적절히 움직이기 위한 신경 분포 패턴이 관여된다. 이 능력은 말을 생산하는 데 매우 중요하다. 인간이 만들어 낼 수 있는 소리와 음소의 범위는 다른 모든 유인원들보다 훨씬 더 폭넓고, 이는 많은 단어들을 소리로 표현하는 능력에 확실히 일조한다. 앵무새나 구관조 같은 소수의 새들과 얼마 되지 않는 포유동물 종들(바다표범과에 속하는 한두 종)만이 인간과 비슷한 범위의 음소를 가진다.

이런 능력의 발달은 소리를 낼 뿐 말은 하지 못했던 호미닌 조상들에게 상당한 진화상의 변화를 요구했으며, 이런 변화의 대부분은 두뇌 신경 변화였을 것이다. 반면, 생각하는 문장을 말로 전환할 수 있게 해 주는 많은 신경의 변화들에 더해 말을 하는 데 필요한 신체적 능력은 구강 기관에서 미세한 발달상의 변화를 요구했다. 특히 후두가 목구멍의 더 뒤쪽에 배치되고, 혀와 입술을 포함한 입의 근육들에서 변화가 있었다. 말하기에 필요한 진화적 변화의 양을 고려해 보면 각 단계마다 아주 작은 기능이 더해진다는 다윈주의의 점진적 진화 방식으로 언어와 말하기 능력이 생겨났다고는 쉽게 상상이 가지 않는다. 이에 대한 논란은 오래전부터 계속되었고, 다윈 스스로도 이 문제점을 잘 인지하고 있었다. 그리고 그는 이 문제를 자신의 자연선택에 의한 진화론으로 설명하기 까다로운 사례로 간주했다. 그의 이론에 비판적이었던 반대론자들도 마찬가지였다. 이 문제를 말끔히 해결해 줄 만한 설명이 없는 상태에서 이 주제에 대한 추측들이 난무하면서 1866년에 유럽의 우수한 두 학회는 회원들이 이 문제를 논의하지 못하게 금지하는 상황까지 벌어졌다! 물론 이런 제재는 강제될 수 없었고 몇몇 과학자들은 이를 무시했지만, 이 문제에 대한 논의는 활발히 진행되지 못했다. 1980년대가 되어서야 다룰 만한 가치가 있는 주제

로 인정받으면서 심도 있는 분석이 진행되었다.[29]

말하기의 기원에 대해 합의된 이론은 없지만, 오늘날 많은 영역에서 연구의 진전을 보이면서 이를 밝힐 수 있는 희망이 보이고 있다. 150년 전에는 말하기의 기원을 찾는 문제가 아무것도 보이지 않는 망망대해에서 속수무책으로 기진맥진한 채 허우적거리는 상황에 가까웠다면, 지금은 비록 멀리 있지만 눈에 보이는 육지를 향해 방향을 정하고 수영해 가는 상황과 유사하다. 앞서 이미 인간이 가진 말의 리듬성과 비슷한 영장류의 입맛 다시기와 다른 얼굴 제스처 사이의 연관성을 언급한 바가 있다.

특히 말하기의 기원과 연관이 있다고 보이는 신경 진화의 일반적인 측면들에 집중한다면 언어 구성의 상이한 측면들과 말을 통합하기 위해 필요한 신경 진화를 일으킨 사건들을 설명하는 논리적으로 명백한 세 가지 가능성들을 제기할 수 있다. 이에 따라 다음과 같은 세 가지 질문을 해 볼 수 있다. 변화들이 (1) 이미 존재했지만 역할이 미미했던 신경 회로를 강화시키고 복잡하게 만들었는지, (2) 완전히 새로운 신경 회로를 만들었는지, (3) 기존의 회로들을 새로운 회로들로 만들기 위해 재배치했는지다. 현실적으로 (2)와 (3)은 연관이 있다. 이전에는 연결되어 있지 않던 회로를 새로운 기능을 생성하기 위해 연결하는 작업은 새로운 회로를 만드는 것과 다름이 없기 때문이다. 실제로 새로운 기능을 가진 두뇌 회로가 회로의 재배치 없이 만들어졌다고 상상하기는 어렵다. 이런 이유로 가능성은 두 개로 줄어든다. (1) 기존의 회로 강화와 (2) 새로운 회로를 위한 기존 회로의 재배치다. 그러나 언어와 말하기 능력을 탄생시키기 위해 진화 과정에서 이 두 메커니즘이 모두 작용했을 것이다. 우리에게 주어진 도전 과제라면 이들의 기여에 대한 중요성과 세부 내용을 밝히는 것이다.

문제는 상당히 최근까지 믿어 왔던 것보다 훨씬 더 복잡하다. 수십 년간 언어와 말하기의 발원지가, 그래서 이들의 진화가 소수의 주요 두뇌 영역들에 국한된다고 믿어 왔다. 이 영역들은 아치형의 섬유다발인 신경 전선들로 연결되어 있는 브로카 영역(두뇌의 하측 전두엽에 위치)과 베르니케 영역(측두엽에 위치)이었다. 이 믿음은 주로 베르니케 영역이 언어의 이해를 담당하고 브로카 영역이 언어의 생성을 담당하며, 이들 사이의 아치형 섬유다발을 통해 주요한 커뮤니케이션이 오간다는 연구를 기반으로 했다. 오랫동안 브로카 영역은 발성을 조절하는 중추로, 베르니케 영역은 일반적으로 단어의 의미와 언어적 표현을 주로 담당하는 중추로 여겨져 왔다. 그러나 지난 10년 동안에 브로카 영역이 언어 이해의 측면에, 베르니케 영역이 언어 생성에 관여한다는 증거가 축적되면서 이런 분류는 허물어졌다. 이 외에도 언어와 말을 생산하는 데 필요한 신경 연결에 이마엽과 관자엽만이 아닌 마루엽까지 포함해 셀 수 없이 많은 영역들이 관여되면서 훨씬 더 복잡하다는 사실이 분명해졌다. 언어와 말하기의 신경 기반은 얼굴 인식 과정의 신경 기반과 (더 복잡하기는 해도) 유사하다. 두뇌의 많은 영역들과 신경 네트워크의 정보 처리 과정이 관여되는 매우 복잡하고 분산된 다중 연결 네트워크다.[30]

전체 네트워크가 어떻게 진화했는가에 대한 모든 복잡한 문제들을 다루지 않으면서 말하기(들을 수 있는 말의 생산)의 주요 특징을 살펴보고 신경 회로가 어떻게 진화했는지를 탐구하면서 기본적인 문제를 설명할 수 있다. 첫 번째 고려 사항은 말의 생산이 후두와 혀와 입술, 턱을 포함하는 입의 기관에 의해 수행된다는 점이다. 이들은 브로카와 베르니케 영역 같은 언어와 직접적인 연관이 있다고 알려진 대뇌피질 영역들이 보내는 신경 신호 명령에 의해 움직인다. 이런 두 대뇌피질 영역에서 보내는 신경 신호는 기저핵으로 이동하고, 다시 시상을 지나 운동피질로 전해진다. 신경은 운동피질에서부터 뇌줄기로 이어지고, 여기서부터 운동신경은 후두와 혀, 턱, 입술의 근육을 작동시킨다. 그러면 입에서 소리를 내어 나오는 말들이 생산된다.

말을 생산하는 이런 복잡한 신경 회로는 어떻게 생겨났을까? 레서스원숭이와 침팬지가 인간의 브로카 영역에 (침팬지의 경우 베르니케 영역도) 상응하는 부위를 가지고 있지만, 오랫동안 이런 부위가 동물들이 내는 발성과 거의 또는 아무런 연관도 없다고 믿어 왔다. 오히려 원숭이와 유인원의 발성은 인간의 말과는 다르게 대뇌피질의 조절을 받지 않고 자극적인 상황(위험, 먹이, 특정 사회적 상황)에 반응해서 **대상피질**cingulate cortex(그림 7.4 참조)이라고 하는 대뇌피질 밑에 위치하는 영역, 그중에서도 특히 앞쪽 부위에 의해 자율적으로 생성된다고 여겨졌다. 만약 이 말이 사실이라면 인간의 신경 회로는 새롭게 생겨났을 가능성이 있다. 그러나 더 최근에 진행된 연구는 레서스원숭이에서 브로카 영역을 포함해서 대뇌피질과 구강 기관이 **일부** 연결되면서 소리가 생성된다는 점을 보여준다. 또 레서스원숭이의 뇌에서 전대상피질과 브로카 영역과 소위 보조운동피질supplementary motor cortex이라고 하는 부위가 연결된다. 이것은 원숭이의 발성을 조절하는 데 피질 영역과 대상피질 사이에 협력 관계가 있을 수 있음을 나타낸다. 그러므로 인간의 말하기 능력의 진화에는 대뇌피질 영역과 인두와 구강 근육계를 약하게 연결하기만 했던 기존의 신경 회로를 강화시키는 첫 번째 메커니즘이 적용되었을 수 있다. 이 같은 기존의 대뇌피질의 강화와 확장은 짐작건대 호미닌 진화 후반, 즉 1백만 년에서 2백만 년 전에 대뇌피질이 빠르게 확장된 기간에 발생했을 것이다.

반대로 음성언어의 기저를 이루는 엄청난 양의 단어와 복잡한 문법적·구문론적 구조를 만드는 능력의 진화에는 몇몇 완전히 새로운 회로가 연관되었을 것이다. 침팬지와 인간의 새로운 단어를 기억하는 능력의 차이를 생각해 보자. 침팬지는 인간이 만들 수 있는 다양한 소리를 만들 수 없고, 그래서 말하는 법을 배우게 될 가능성이 없다. 그러나 상이한 형태의 유색 블록 같은 시각 물체들을 상징으로 활용해서 단어를 배울 수 있다. 연구진과 침팬지 모두가 상당히 노력한 결과 소수의 침팬지들이 이런 방식으로 2백~3백 개의 단어들을 배울 수 있었다. 단어의 대부분은 명사와 동사였다. 그러나 이 개수는 인간이 습득하는 단어 수에 비하면 새 발의 피에 불과한 데다 인간이 훨씬 수월하고 빠르게 배운다. 더 나아가 침팬지가 배운 단어들은 인간의 단어처럼 범주가 다양하지 않다. 유인원에게서는 볼 수 없는 새로운 정신적 구조(문법과 구문론)를 활용하는 잠재력을 가진 인간의 능력이 엄청나게 향상되기 위해서는 신경 연결의 측면에서 기존의 회로가 확장되어야 했을 뿐만 아니라 질적으로도 새로운 무언가가 필요했다. (침팬지 연구 결과는 침팬지에게 상징적 사고를 위한 능력이 있음을 보여 주었고, 이는 이 능력 자체가 호미닌에서부터 처음으로 생겨난 것이 아님을 의미한다.)

더 나아가 언어의 구조가 가진 순수한 복잡성은 말하기 능력이 없었던 호미노이드나 호미닌 조상들이 가지고 있지 않던 어떤 신경 회로를 요구했다. 특히 앞에 말한 내용을 다시 언급하는 형태로 복잡한 문장을 구사하는 능력이 있다. 이렇게 재언급하는 형태를 **귀환**recursion이라고 하고, 이것이 원시언어가 가진 단순한 문장들과는 반대로 인간 언어의 핵심적이고 어쩌면 특징적인 속성이라는 주장이 있다. 여기에는 문장의 부분들을 계속 추적할 수 있는 크게 향상된 기억(단기 기억) 능력이 필요하며, 이 같은 정신적 능력을 **음운 고리**phonological loop라고 한다. 이런 향상된 단기 기억 능력은 별개의 특수화된 기억 모듈에 국한되기보다는 새로운 신경 회로 자체에 추가되거나 회로 내에 분포했을 것이다.[31]

새로운 기능을 위한 새로운 회로를 생산하기 위해 배선을 바꾸는 가장 확실한 예들 중 하나는 얼굴과 관련이 있다. 다시 말해 메시지의 의미를 증폭시키고 보강하는, 말과 동반하는 얼굴 표정의 끊임없는 움직임이다. 두 사람이 얼굴을 마주하고 대화를 나눌 때 이들은 흔히 말이 전달하는 명시적인 의미만큼 중요한 속뜻을 담고 있는 상대방의 얼굴 표정에 반응한다. 그러나 얼굴 표정 읽기는 상대방의 표정을 직접 보아야만 가능한 것이 아니다. 전화통화를 할 때에도 마주 보며 대화를 할 때와 동일한 표정들이 사용되고, 화자의 입 주변의 움직임으로 만들어지는 소리의 미묘한 조절로 청자는 표정을 보지 않고도 실제로 상대방의 **감정을 들을** 수 있다. 그러므로 얼굴의 표정은 미묘하게 소리의 형태를 만든다고 할 수 있다.

이론적으로 말과 감정을 나타내는 얼굴 표정 사이의 이런 명백한 공조는 우연의 일치일 수 있다. 즉 화자가 말을 하면서 자신의 감정을 느끼고, 감정과 말이 모두 동일한 주제와 연결되기 때문에 이들이 함께 발생했을 수 있다. 그러나 이 의견은 신뢰하기 힘들다. 공조가 지나치게 긴밀하게 이루어지기 때문이다. 예를 들면 화자가 의미를 강조하기 위해 의도적으로 말의 속도를 늦추면 감정은 변함이 없다고 해도 얼굴 표정 역시 새로운 속도에 맞춰서 만들어진다. 반대로 말의 속도를 높이면 표정 변화의 속도도 말의 속도에 완벽하게 일치해 변화한다. 이 두 과정에서 어떤 신경상의 공조가 있음이 확실하다.

얼굴 표정은 오래된 영장류의 능력인 반면, 말하기 자체는 인간만이 가진 독특한 능력이기 때문에 얼굴 표정과 말하기의 활발하고 지속적인 관계는 새로운 회로의 진화를 수반한다. 이 새로운 회로는 주요한 언어 생산 기관과 얼굴의 표정을 조정하는 신경 회로를 새롭게 연결하는 데 관여한다. 실제로 논리 정연하게 말할 수 있게 해 주는 신경 회로인 음운 고리가 진화하는 동안에 이 음운 고리와 얼굴 근육을 조정하는 신경 회로도 새롭게 연결되었다. 앞서 우리는 협비원류 영장류들에서 대뇌피질과 높은 수준으로 발성을 조절할 수 있게 해 주는 발성 근육계가 직접적으로 연결되어 있음을 보았다. 이와 유사하게 발성 기관과 얼굴의 표정에 영향을 주는 얼굴 근육을 연결하는 새로운 신경 연결이 진화를 통해 발생했을 가능성이 높다.

이런 새로운 연결이 어떻게 생성되었는지의 문제는 모든 동물 행동의 진화에서 중심이 되는 문제를 건드린다. 두뇌가 스스로 새로운 기능적 속성(행동)을 생성하기 위해 새로운 신경 연결을 만드는 회로를 어떻게 재배치했을까? 진화와 관련된 모든 중대한 질문들처럼 이 문제도 좀 더 다루기 쉬운 질문들로 나눌 필요가 있다. 이 경우 두 가지 질문으로 나눌 수 있다. (1) 새로운 신경 경로가 배아기나 태아기에 또는 그 이후의 단계들에서 개체가 발달하는 동안에 어떻게 형성되는가? (2) 이런 변화들이 어떻게 진화적인 변화들로 바뀌었는가? 생각해 볼 수 있는 답변은 진화적 변화들이 한번에 발생할 수 있다는 것이다. 새로운 돌연변이가 발생하고 새로운 신경 회로가 형성되면서 이 돌연변이를 가지고 있는 모든 개체들이 발달하는 동안에 새로운 기능적 속성이 만들어진다고 볼 수 있다. 그러나 음운 고리처럼 복잡한 무언가의 경우 한 번의 돌연변이로 만들어질 수 있다고 생각하기는 어렵다. 다수의 유전적 변화가 관련되었다고 보는 것이 더 신빙성이 있어 보인다. 더 나아가, 조만간 다루게 되겠지만, 처음에는 발달적 변화로 시작되었다가 나중에 유전적 변화로 대체되고 안정적으로 유전되었다고 보는 관점이 더 설득력이 있다. 개체군 내에서 이런 유전이 자리를 잡는다면 진화적 변화를 만들어 낼 수 있다.

새로운 신경 회로의 진화

신경 회로는 전기 신호를 연속적으로 전달하는 뉴런들이 사슬처럼 연결된 구조다. 모든 신경 회로가 이런 구조이기 때문에 정신적·감정적 상태와 연관된 모든 신경 반응들은 이 구조를 바탕으로 만들어진다. 각각의 뉴런은 다른 많은 뉴런들과 연결되어 있지만, 자신이 선호하는 경로를 통해 메시지를 전달하는 경향이 있다. 이런 경로들의 개수와 다양성은 신경 정보를 전달하는 엄청나게 다양하면서도 질서가 잡힌 복잡한 구조를 생성하기에 충분하다. 이 신호 전달 과정에는 뉴런 사슬에서 바로 앞에 놓인 뉴런이 보내는 화학 신호를 수신하는 수상돌기dendrite가 필요하다. 수상돌기는 뉴런의 신경세포체에서 뻗어 나온 작은 가지들이다. 이들이 신호를 수신한 다음에 전류를 일으키고, 이 전류는 (방향성을 가지고 밀려드는 이온이 세포막을 통과하면서) 핵이 있는 세포의 중심부를 지나 세포체에서 길게 뻗어 나온 **축삭돌기**axon를 따라 내려온다. 축삭돌기는 다음 뉴런의 수상돌기와 닿아 있다. (이런 뉴런의 특징들은 그림 2.3D에서 볼 수 있다.) 뉴런 전구세포에서 세포 분열로 뉴런이 처음 생성될 때에는 수상돌기와 축삭돌기의 모습이 보이지 않는다. 이후 수상돌기는 상당히 빠르게 형성되는 반면, 축삭돌기는 뉴런 세포체에서부터 자신들의 표적 세포(다른 뉴런이나 근세포)에 다다를 때까지 장기간에 걸쳐 서서히 발달한다. 축삭돌기의 성장은 발달하는 두뇌의 상이한 부분들을 연결하는 긴 신경 회로를 형성하는 데 핵심 역할을 한다. 이들은 흔히 더 많은 뉴런들과 접촉할 수 있도록 세포체에서 길게 뻗어 나온다.

축삭돌기가 성장해서 주요한 기능을 하는 회로들을 형성하기 위해 뇌의 상이한 부분들을 연결하는 과정은 매우 분명하면서도 겉보기에는 몹시 무질서하게 이루어진다. 이런 모순을 설명하자면 이렇다. 첫 번째는 특이성이다. 축삭돌기의 성장은 복잡한 일단의 **유인 분자**guidance molecule의 지배를 받는다. 주요 유인 분자에는 네 종류가 있으며, **네트린**netrin과 **슬릿**slit, **세마포린**semaphorin, **에프린**ephrin이다. 이들은 특정 유전자군에 의해 암호화된다. 이런 유인 분자들(이들 이외에 다른 분자들이 발견되었으며, 아직까지 발견되지 않은 분자들이 있을 수 있다)은 각각 자신들만의 특정한 수용체 분자들을 가지고 있고, 유도 분자들 중 다수는 축삭돌기의 성장에서 유인제attractant나 기피제repellent의 역할을 할 수 있다. 두 반응은 동일한 수용체 분자들과 연관이 있지만, 반응하는 세포들의 속성에 따라 반응이 좌우된다. 더 나아가 다수가 확산성 분자들로서 먼 거리까지 작용하는 반면, 일부는 유인제나 기피제로서 짧은 범위에서 작용한다. 성장하는 축삭돌기와 이들이 도달하는 표적 세포의 수상돌기 사이에 존재하는 세포 표면의 분자 속성에 의해 짝이 결정되면 뉴런들이 연결되고 새로운 회로의 일부분이 된다.

두뇌의 회로 연결에서 두 영역 사이의 최초 접촉은 소위 말하는 선구 축삭돌기pioneer axon에 의해 이루어지는 경우가 흔하다. 더 많은 축삭돌기들이 표적 세포로 뻗어 나갈 수 있도록 선봉에 선 세포가 그 기반이 되는 물리적 경로를 구축한다. 주요한 네 종류의 축삭돌기 유인 분자들은 선충과 초파리에서부터 포유류까지 모든 동물들에서 발견된다. 그래서 이들은 동물계 역사가 시작되었던 캄브리아기나 어쩌면 이보다도 더 이전에 만들어졌을 수 있다.[32]

유인 분자들에 대해 알고 있는 이런 사실들과 명확한 활동들은 두뇌의 한 영역에서 생겨난 선구 축삭돌기가 어떻게 적절한 특정 표적을 발견하는지에 대한 상세한 설명을 해 주지는 않지만, 연결 과정에 대한 화학적 특이성을 설명하는 데에는 도움을 준다. 그러나 바로 이 부분에서 신경 회로 형성의 무질서함이 등장한다. 이 특성은 일반적이며 선구 축삭돌기에 항상 의존하지는 않는 축삭돌기의 성장 초기에 나타난다. 그 결과 많은 최초의 연결들이 대뇌피질 발달 초기의 상이한 영역들 사이에서 그리고 대뇌피질 영역들과 능뇌의 영역들을 포함하는 두뇌의 다른 영역들 사이에서 만들어진다. 축삭돌기가 성장하는 동안에 넓은 범위에 걸쳐서 뻗어 나가는 가지들은 새로운 연결을 만드는 데 일조한다. 그러나 선구 축삭돌기에 의해 구축되는 몇몇 경로들과는 반대로 **축삭돌기 가지치기**axonal pruning라고 하는 작업을 통해 연결이 제거되는 경우도 있다. 이 작업으로 인해 최종적으로 비교적 적은 수의 안정적 연결만 남게 된다. 이 같은 축삭돌기 경쟁에서 승자와 패자가 어떻게 결정되는지를 완전히 이해할 수는 없지만, 축삭돌기들 사이에서 **신경 영양 물질**neurotrophic substance(문자 그대로 "신경에 영양을 주는 물질")을 얻기 위한 경쟁과 최소한 어느 정도는 관련이 있어 보인다. 세포자멸도 상당한 개수의 뉴런들을 제거하며, 이 역시 신경 영양 물질과 연관이 있다. 충분한 영양을 지원받지 못하면 연결이 사라지면서 개수가 줄어든다.[33]

현재는 두뇌의 상이한 부분들 간에 특정하고 새로운 중요한 회로망들의 형성에 대해 정확하게 말할 수는 없다. 하지만 이런 회로들이 만들어진 방법에 대한 두 가지 일반적인 설명이 있다. 이들은 '그림 7.9'에서 볼 수 있다. 첫 번째는 새로운 표적 세포와 만날 때까지 축삭돌기의 성장을 **개시하거나 돌기를 더 길어지게 만드는** 두뇌의 한 부분에서 미묘한 생화학적 변화가 있을 수 있다는 것이다(그림 7.9A). 이런 새로운 축삭돌기 성장은 새로운 부위로 축삭돌기의 성장 원뿔growth cone*이 유인되거나 재배치된 유인과 기피의 어떤 조합을 통해 하나 이상의 유인 분자의 **분포**에서 변화가 일어나며 발생할 수 있다. 두 번째 설명은 새로운 연결의 기반이 초기에 축삭돌기가 매우 무작위적이고 풍성하게 성장하면서 이미 마련되어 있었고, 여기서 제거되지 않고 남은 많은 축삭돌기들이 (또는 세포사에 의해 제거되고 남은 뉴런들이) 안정화되고 연결된 상태를 유지한다(그림 7.9B)는 것이다. 이런 안정화는 축삭돌기의 경쟁 능력이 향상되었음을 보여 주는 것일 수 있고, 이는 새로운 표적 세포에 의해 더 많은 신경영양 인자가 생산되거나 안정화되는 축삭돌기에 의해 하나 이상의 이런 물질들을 결합하는 능력이 증가하며 촉발되었을 수 있다.

이 문제의 핵심은 신경 연결들 사이에서 승자와 패자를 결정하는 과정의 본질이다. 뉴런과 이들의 연결 과정에서 경쟁이 일어나고, 여기서 한쪽이 다른 한쪽을 이기는 승자가 발생하는 전체 과정에서 다윈주의를 엿볼 수 있다. 사실상 이런 전체 과정은 일종의 **뉴런 선택**neuronal selection이라고 할 수 있다. 그러나 이런 선택의 기반이 정확히 무엇인지는 여전히 불분명하다. 현재까지는 많은 증거들이 동물들의 개별 경험이 중요하다

---

* 성장 중인 신경돌기의 끝부분에 형성되며, 신경돌기를 바른 방향으로 신장시켜 정확한 시냅스 형성을 유도하는 역할을 한다.

A.

B.

 축삭돌기 가지치기

 축삭돌기 가지치기가
발생하지 않는 장소

세포자멸

그림 7.9 신경 연결의 주요 경로를 구축하는 두 개의 주요 메커니즘
A. 뉴런의 축삭돌기 성장에서 보이는 선택적 친화성selective affinity. 발달하는 뉴런들에서 뻗어
나오는 축삭돌기들이 표적 세포 B와 D, F로 유도되었다.
B. 뉴런과 축삭돌기 연결의 선택적 가지치기selective pruning. 표적 세포 A와 B, C, F, G로 연결
된 축삭돌기에서 가지치기가 발생했고, E와 H로 축삭돌기가 뻗어 나갔던 뉴런에서 세포자멸
이 발생했음을 보여 준다. (세포자멸이 일어나면 축삭돌기는 없어진다.) 이 그림에서는 D와의
연결만이 유일하게 살아남았다.

는 것을 보여 준다. 경험은 특정 신경 회로를 강화시키거나 약화시킬 수 있다. 실제로 이 과정은 "사용하지 않으면 잃는다use it or lose it"라는 고전적인 격언의 좋은 실례일 것이다. 그리고 초기에 사용된 경로와 회로는 더욱 강해지고 생존에 유리해진다.[34]

이는 유년기의 발달 과정에서 볼 수 있는 사실들과 일치한다. 많은 연결들을 걸러내고 다른 연결들을 강화시키는 축삭돌기 가지치기와 뉴런의 세포자멸의 다수가 유아기에서 시작해 유년기 내내 지속된다. 아이들은 이 기간에 언어를 비롯해 수많은 것들을 배운다. 이 과정에서 특별히 중요한 중추 기관 두 개가 전전두피질과 해마다. 주요 기능은 각각 (상이한 신경 정보의) 통합과 기억이다. 이 기능들은 유년기 시절의 필수적이고 빠른 학습에 매우 중요하다. 축삭돌기 가지치기는 유년기를 지나 청소년기를 거치는 동안에도 계속 발생한다. 이 가지치기는 언어를 습득하고 한참이 지난 후에 발생하지만, 위험한 행동을 많이 시도하는 시기와 일치한다. 만약 청소년들이 모든 위험들을 무사히 넘긴다면 (즉 이들이 살아남는다면) 더 안정적인 행동들이 자리를 잡게 된다. 이처럼 살아남은 것들이 더 안정화되는 현상을 뉴런 연결의 가지치기와 어렵지 않게 결부시킬 수 있다. 청소년기는 얼굴이 성숙하는 마지막 시기이기도 하다. 또 아직 증명된 바는 없지만, 개인의 습관적인 표정이 만들어지는 시기이기도 하다. 만약 그렇다면, 뉴런 연결의 선택적 가지치기가 여기에도 관여되었을 수 있다.[35]

특정 뉴런 경로를 만들고 선택하는 발달 과정이 무엇이든 이런 과정들 자체만으로는 종의 특징이 된 새로운 신경 회로를 설명할 수 없다. 유전이 가능한 변화를 우선적으로 요구하는 유전적 기반, 다시 말해 넓은 의미에서 **돌연변이**가 있어야 한다. 이 같은 영구적인 변화들이 발생하기 위해서는 뉴런 회로에서 생화학적으로 미세하고 영구적인 변화들이 일어나야 한다. 그리고 이런 돌연변이가 일어나지 못할 이유는 없다. 한 영역에 국한된 유인 분자나 신경 영양 인자의 양에 대한 유전자 통제의 조절이 일어나는 한도 내에서(그리고 이런 분자들을 훨씬 미세하게 통제하는 조절이 발생한다) 이들의 양이나 분포를 바꾸는 돌연변이가 존재하게 된다. 이 같은 돌연변이는 축삭돌기 성장의 공간적 궤도를 변경하고, 이로 인해 새로운 회로가 생성된다.

전통적인 관점은 진화적 변화가 새로운 돌연변이에 달려 있다는 것이기 때문에 이 같은 변화는 올바른 돌연변이가 발생하거나 기존의 돌연변이가 발현될 수 있게 해 주는 요소들을 기다려야 한다. 그러나 또 다른 폭넓은 가능성이 있다. 발달적 변화가 먼저 발생하고, 이것이 나중에 동물의 유전적 성질의 일부가 되는 돌연변이적 변화로 바뀌게 된다는 설명이다. 배아의 발달 과정 중 외부에 의한 영향으로 어떤 뉴런의 성장 경로가 먼저 발달한다고 상상해 보자. 이런 새로운 뉴런 회로를 가진 동물들이 같은 어미에게서 태어난 새끼나 동료들에 비해 이점을 누리고 외부 환경이 수 세대에 걸쳐 반복된다면, 이런 새로운 회로는 지속적으로 선택될 수 있다. 그러나 동일한 변화를 야기하는 모든 새로운 돌연변이들이 이를 아마도 더욱 효율적으로 수행할 수 있을 테고, 이로 인해 선택적 이점을 가진다. 그리고 그 결과 비유전적이던 발달 변화가 진화 가능성이 있는 유전적인 것으로 변하게 된다. 이러한 메커니즘을 **볼드윈 효과**Baldwin effect라고 하며, 이를 지지하는 몇몇 실험 증거들이 있다. 이 명칭은 이 현상을 최초로 제안했던 인물의 이름을 따서 지어졌고, 이후에는 **유전적 동화**genetic assimilation라고도 불리고 있다. 볼드윈 효과를 통해 나타나고 새로운 신경 연결을 만드는 데 도움을 주는(예를 들어 얼굴 표정을 적절한 감정과 말로 연결하는 신경 회로를 만들거나 안정화시키는 데 도움을 주는) 돌연변이가 가져오는 결과는 직접적으로 발생하면서 얻게 되는 결과와 동일하다. 그러나 경로는 다를 것이다. 그리고 초기의 발달 변화가 자주 유발된다면, 유리한 돌연변이가 일어날 기회는 증가한다. 이론적으로 볼드윈 효과는 진화적 변화의 속도를 높인다.

이 주제에 대한 견해가 마지막으로 하나 더 있다. 이론상 돌연변이는 DNA 염기 서열에 변화가 일어난 것이다. 그러나 유전적 변화에서의 역할에 논란의 여지가 있기는 하지만, 안정적으로 유전이 가능한 또 다른 변화가 존재하며, 특정 유전자의 DNA 조절 부위에 특정 단백질이 결합하는 데 발생하는 안정적인 변화들로 구성된다. 이들은 **염색질**chromatin에 영향을 주는 변화들로, 이런 유전자들을 에워싸면서 이들의 조절을 변경한다. **후성 돌연변이**epimutation라고 하는 이런 변화들은 적절한 환경에서 흔히 보통의 돌연변이보다 훨씬 높은 빈도로 유발될 수 있다. 성세포에서 발생하고, 이를 통해 다음 세대로 전달되는 모든 변화들은 진화적 가능성을 내포하고 있다. 만약 뉴런 회로의 재배치를 포함해서 신경의 상태가 후성 돌연변이에 의해 영향을 받을 수 있다면, 이런 변화들은 볼드윈 효과와 유사하며 진화가 더 빨리 진행되게 할 수 있다. 볼드윈 효과와 후성 돌연변이는 모두 마지막 장에서 더 자세히 논의된다.[36]

결론

6장에서는 진원류 얼굴의 진화에서 사회적 상호작용과 행동이 주요한 영향력을 행사했다는 가능성을 간략하게 살펴보았다. 특히 사회적 압력이 인간 얼굴의 진화에 강하게 영향을 미쳤다고 했다. 초기 진원류에서 턱의 진화에 영향을 주었던 섭식과 영양의 역할을 대체하지는 않지만, 최소한 중요성 면에서는 이들에 필적할지도 모른다. 만약 그렇다면 두뇌 활동에 따른 정신적 상태와 과정을 고려했을 때 두뇌 자체가 얼굴의 진화에서 주요한 역할을 했음이 분명하다. 얼굴의 이런 형태학적 변화와 표현 능력의 변화들은 고도로 사회적인 동물들의 생존에 영향을 주었을 것이다. 반대로 이들이 두뇌의 진화에 영향을 주었을 수도 있다. 사실상 두뇌와 얼굴은 최초의 두개동물이 등장한 이후로 기능상 연결되어 있지만, 진원류의 진화는 집단과 그 구성원들의 생존에 영향을 주는 사회성의 형태로 두뇌와 얼굴의 공진화라는 새로운 방향으로 나아갔다.

이번 장에서는 특히 사회적 상호작용과 신경 회로에 의해 형성된 두뇌와 얼굴의 공진화가 가진 다른 측면을 살펴보았다. 한 가지 측면은 동종의 얼굴을 인식하는 인간의 능력이 호미노이드 조상에서부터 상대적으로 거의 진화가 이루어지지 않았다는 것이다. 그 대신에 신경의 진화는 대부분이 처음에는 계속 증가하는 다양한 얼굴 표정을 만들고 이해하고, 이런 표현 능력을 말로 하는 표현과 연결 짓는 일과 연관이 있었다. 이것이 결과적으로 언어 사용을 가능하게 만드는 복잡한 신경의 연결로 이어졌다. 사실상 고도로 사회적인 종들 내에서 행동을 위한 새로운 사회적 조건들은 구성원들이 이들을 따르도록 특별한 압력을 행사했을 것이다. 이는 더 나은 커뮤니케이션으로 가능해진 새로운 형태의 협동성을 위한 **사회선택**의 과정이다. 이 과정에서 이런 능력들을 촉진하기 위해 두뇌에서 새로운 신경 연결이 선택되었다.

인류의 진화와 관련된 많은 논의들이 약 20만 년 전에 현대 **호모 사피엔스**가 등장하면서 마침표를 찍는다. 그러나 이 시점이 인류 진화의 끝을 의미하지는 않는다. 지난 7만 년 동안 인간에게서 얼굴의 변화를 포함해서 수많은 변화가 일어났다. 이제부터는 이 역사에 대해 이야기하겠다. 그리고 약 7만 2천 년에서 6만 년 전에 아프리카를 떠나 전 세계적으로 분포하는 종으로 거듭난 현대 인류의 이주에서부터 시작하겠다.

8장

"종분화 이후" :
진화하는 현대 인간의 얼굴

인간과 인간 얼굴의 진화에 대한
끝나지 않은 이야기

동물들의 신체적 특징과 행동은 처음 생겨난 이래로 이들이 존재하는 동안 크게 변하지 않았다. 수많은 동물의 종들이 육안으로 구별 가능한 하위 종들로 나누어졌지만, 이들이 가진 차이점들은 일반적으로 많지도 크지도 않다. 포유동물의 경우 특히 새로운 영역이나 기후대로 진출한 동물들에서 흔히 발생하는 털 색깔의 변화를 예로 들 수 있다. 다른 요소(예를 들면 먹잇감이나 특정 활동)들에도 변화가 생길 수 있지만, 대부분 그 정도가 그다지 크지 않다.

그러나 인간은 예외다. 인간 종이 등장하고 한참 후에 몇몇 극적인 변화들이 뒤따랐다. 이를 **종분화 이후의 변화**postspeciation change라고 부를 수 있다. 앞서 논의했던 복잡한 언어의 출현이 가장 중요한 변화였다. 언어가 없었다면 인간의 역사는 다른 모든 호미닌 종들의 역사와 별반 다르지 않았을 것이다. 현생 인류는 지난 5억 년간 기후 변화가 가장 극심했던 지질시대인 플라이스토세의 후반에 출현했다. 이런 혹독한 환경에서 털이 없고 사회적인 포유동물이 생존하기 위해서는 협동하고 계획을 짜는 능력이 필수적이었고, 복잡한 언어야말로 이를 가능하게 해 주는 값을 매길 수 없는 엄청난 자산이었다. 초기 **호모 사피엔스**는 인간의 선조 격인 종들이나 심지어 사촌에 해당하는 네안데르탈인들이 가졌던 것과 같은 어떤 형태의 원시언어를 가지고 있었다고 보이지만, 이런 언어는 집단행동을 조직화하는 효과가 인류 역사에서 이후에 등장하는 진정한 언어에 훨씬 못 미쳤다. 진정한 언어는 플라이스토세 후반에 인류의 생존을 보장해 주었을 뿐만 아니라 궁극적으로는 인류를 다른 모든 동물들과 구분 짓게 하는 특징들을 만들어 주었다.

이 밖에도 종분화 이후에 일어난 눈에 띄는 다른 변화들이 존재한다. 여기에는 피부와 머리 색깔의 차이만이 아니라 얼굴의 이목구비와 전반적인 몸의 형태에 따라 특징지어지는 상이한 인종 집단으로 나누는 유전적·표현형적 차이가 포함된다. 예를 들어 이누이트족과 피그미족, 호주 원주민, 폴리네시아인, 소말리족, 북유럽인들의 얼굴과 체구를 비교해 보자. 겉모습만 보더라도 이들이 가진 뚜렷이 구별되는 특징들은 포유동물 중에서 같은 생물 종 내에서 보이는 차이들과 비교했을 때 훨씬 두드러진다. 앞으로 보게 되겠지만 이 같은 차이점들은 인류의 역사에서 매우 독특한 무언가에 의해 만들어졌다. 바로 인류가 지구에서 생존에 적합한 다양한 지역들로 빠르게 확산되고, 그 과정에서 여러 지역에서 최초로 소규모 개체군으로 분화되는 현상이었다.[1]

종분화 이후의 변화들 중 중요한 세 번째 변화는 인간이 현재 생활하는 방식과 연관이 있다. **문명**이라고 부르는 매우 복잡하고 정교하며 거대한 사회적 방식의 발달이었다. 오늘날 오지에서 생활하는 사람들을 포함해 거의 모든 인간 세계에서 문명을 볼 수 있다. 문명이 인간의 행동에 미치는 영향은 인류학과 사회학 분야에서 중요한 주제지만, 생물학에서는 거의 관심을 받지 못했다. 순전히 문화적 현상으로만 보았기 때문이다. 그러나 인간의 생명 활동이 가진 몇몇 측면들이 문명의 발달에 필요한 **잠재력**을 가지고 있었을 것으로 보인다. 만약 이것이 사실이라면 특별히 어떤 것이었을까? 이 질문에 대한 답은 문명 건설이 인간의 뛰어난 인지 능력의 필연적 결과라는 것이다. 그러나 비범한 인지 능력만으로 문명이 만들어졌을 리 없다. 손도 이런 능력 못지않게 중요했다. 도구와 다른 물체들을 제작하기 위해 손을 사용하는 능력은 인간이 독보적이라고 할 수 있으며, 문명 건설에서 빼놓을 수 없는 역할을 했음이 분명하다. 그러나 우수한 두뇌와 다재다능한 손의 조합이 모든 것을 설명해 주지는 못한다. 필수적인 세 번째 요소가 있었다고 생각된다. 바로 **자기 길들이기**다. 이 장에서는 이를 가능하게 하는 생물학적 기반과 겉으로 드러나는 얼굴의 특징을 논의할 것이다.

종분화 이후의 인간의 역사를 다루면서 앞서 논의했던 언어에 대해서는 상대적으로 거의 다루지 않는다. 그 대신에 인류의 종분화 역사의 다른 두 가지 주요한 특징들에 초점을 맞춘다. 현생 인류의 유전적 차이와 자기 길들이기 현상이다. 앞선 두 장에서처럼 감정의 상태와 이로 인해 나타나는 행동들이 인간 얼굴의 진화에서 맡았을 역할에 특별히 주목할 것이다.

"인종" 문제

예민할 수 있는 "인종" 문제를 빼놓고 현생 인류의 진화와 인간이 다섯 대륙에 거주하게 된 이야기를 논의하기란 불가능하다. 진화의 역사에서 이 문제와 씨름하기 전에 먼저 이 용어가 가진 애매함과 까다로움을 이해할 필요가 있다.

기본적인 문제는 **인종**에 대한 정의가 분명하지 않다는 것이다. 이 용어는 역사적 짐을 짊어지고 있으며, 이에 따라 다양하고 서로 연결된 의미들로 채워져 있다. 결국 오해와 껄끄러운 감정을 유발하지 않으면서 이 주제를 논의하기란 거의 불가능하다. 그러나 지금까지 "인종"에 대한 명확한 정의가 존재하지 않았기 때문에 이런 문제는 새롭지 않다. 이 용어는 처음에는 다른 민족을 지칭하는 의미를 가졌다. 예를 들면 이탈리아 또는 아일랜드 "인종"이라고 사용되었다. 그러나 18세기 후반에 점점 더 많은 유럽인들이 세계의 주요한 지리학적 영역들(유럽, 아시아, 아프리카, 호주, 아메리카)과 연관시켜 확연하게 다르게 생긴 신체적 유형을 구분하기 위해 사용하기 시작했다. 19세기에 이 주제를 다루었던 과학 문헌을 표방한 많은 문헌들이 서로 다른 집단의 신체적 차이들이 인격과 능력이라는 더 근본적인 차이를 나타낸다는 전제를 깔고 집필되었다. 이를 입증하기 위한 연구 프로그램이 진행되었으나 시작부터 잘못된 전제를 가지고 출발한 것이다. **과학적 인종주의**scientific racism는 이 인류학의 한 분야를 나타내는 모순된 표현이고, 인종을 주제로 다룬 19세기와 20세기 초반에 출간된 대부분 저작물의 기저를 이루었다. 처음에는 유럽의 힘이 곳곳으로 뻗어 나가면서 식민지 지배를 정당화하기 위해 서구 학계가 보인 반응이었다. 그러나 이것이 학문 영역 안에서 머물지 않고 불행하게도 특히 유럽과 미국에서 다양한 외국인 혐오증과 인종 차별 운동이라는 결과를 가져왔다.

어느 선까지는 **인종**을 쉽게 눈에 띄는 신체 특징들을 가진 서로 구별되는 집단을 지칭하는 용어로 사용할 수 있다. 그러나 21세기에 걸맞은 더 정확한 의미를 부여하기 위해서는 유전적 기준을 기반으로 이들을 구분해야 하고, 상이한 유전자의 대립유전자에 의한 개체군의 차이들을 포함해야 한다. 그런데 "인종"을 나누기 위해 얼마나 많은 유전자 차이가 있어야 하는가? "인종" 차별 지지자들은 여기에 대해서 정확히 언급하지 않았지만, 짐작건대 하나 이상일 것이다. 또 다른 포유동물을 예로 들어 보자. 흑표범과 전형적인 아프리카 표범은 확연히 다른 모습이지만 유전적으로는 하나의 유전자에서 하나의 염기쌍만 차이가 날 뿐이다. 그리고 오늘날 어느 누구도 이런 차이를 보고 이들을 두 개의 서로 다른 표범 "종족"이라고 생각하지 않는다.

"종족"을 언급하지 않으면서 표범의 종류를 구분하기는 쉽지만, 인간은 역사적으로 상황이 다르다. 현재와 같은 유전학적 차원에서는 아니지만 다윈은 이 문제를 깨닫고 있었다. 그는 오직 외형(표현형)만으로 상이한 인종의 분류에 대한 체계적인 조사를 최초로 진행했다. 『인간의 유래』에서 그가 언급했듯이 인간을 분류할 수 있는 잠재적인 요소들만큼이나 많은 상이한 "인종" 범주가 존재해 왔다. 상이한 집단들을 나누는 경계선을 어디에 그을지에 대한 저마다의 주관적 판단이 모든 분류 체계를 혼란스럽게 만들었는데, 사람들 사이에 접촉이 잦았던 지질학적 영역들의 경계 구역에서 특히 더 불분명했다. 다윈은 이런 모호성을 이유로 들어 모든 "인종"이 하나의 인간 종을 구성한다는 결론을 내렸다. 집단들 간에 많은 교배가 있으면서 인간 종의 통일성이 보존된다. 그에게 인종이라는 **용어**는 아무런 의미가 없었고, 모든 인간이 하나의 종에 속한다는 점만이 중요했다.[2]

이론적으로 비교 집단들이 존재하면서 유전적 차이를 측정하는 현대 기술을 이용해 상이한 "인종"이 얼마나 다른지에 대한 질문에 답할 수 있다. 전통적으로 (그리고 다윈의 충고를 무시하면서) 인구통계학자들은 인간을 다섯 개의 "대륙들"(이들 중 하나는 사실 태평양의 큰 일부다)과 연결 지어서 다섯 개의 주요 "인종" 집단으로 나누었다. 아프리카인(사하라 사막 이남)과 백인, 동아시아인, 북미 원주민, 태평양 섬 주민이다. 19세기와 마찬가지로 이 분류는 이런 집단들의 형질과 이들의 지형학적 위치를 기반으로 한다. 이 집단들을 구분하는 신체적 차이는 네 가지 특성에 따라 나뉜다. (1) 피부색, (2) 몸집과 체형, (3) 머리 모양과 비율, (4) 얼굴 특징이다. 그러나 각각의 특성들은 집단 내에서 언제나 어느 정도의 가변성을 가지며, 다른 집단들과 겹쳐지는 부분도 상당히 존재한다. 결과적으로 개인을 특정 집단에 포함시키는 것은 특질과 이들의 지각 가능한 형태의 조화다. 물론 하나 이상의 집단을 조상으로 가지고 있는 사람은 정의상의 분류에서 그리고 흔히 시각적 분류에서도 즉각 제외된다.

가장 중요한 점은 이런 집단들의 유전적 차이를 비교하면 겉으로 드러나는 것보다 차이가 훨씬 덜하다는 사실이다. 이 같은 차이를 측정하는 방법에는 **유전적 변이**genetic variance가 사용되며, 이 방법은 개체군 사이의 대립유전자 차이를 양적으로 측정한다. 유전자를 하나씩 또는 DNA 염기서열을 영역별로 측정하면 인간의 유전적 변이의 가장 큰 부분(약 85퍼센트)은 개별 "인종들" **내**에서 발견된다. 이들 사이에서가 아니다. 유전적 변이의 나머지 15퍼센트만이 "인종들" **사이**의 차이에 기인한다. 더 나아가 이런 "인종"의 주요한 차이들은 대립유전자들 사이에서 질적으로 완전히 다르거나 다르지 않거나가 아닌 이런 유전자들에 대한 상이한 대립유전자들의 **비율**과 관련이 있다. 그러므로 한 민족 집단(A)에서 매우 높은 빈도로 발견되지만 두 번째 집단(B)에서는 낮은 빈도로 발견되는 대립유전자를 가진 유전자형은 A집단의 구성원에서 비롯되었을 가능성이 크다. 이런 이유로 두 "인종들" 사이의 상대적인 대립유전자 빈도를 알고 있다면, 더 많은 개수의 유전자나 대립유전자를 실험할수록 더욱 명확한 확인이 가능해진다. 일반적으로 대립유전자나 선택에 따라 서른 개에서 백 개가 될 수 있는 DNA 표지marker*는 흔히 인구통계학자들이 정한 다섯 개의 주요 "인종" 집단들 중 하나(또는 때때로 그 이상)에서 나온 혈통을 알아내는 데 있어서 진단상의 높은 가치를 지닌다. 이런 평가는 사람들이 스스로 밝힌 자신의 "인종"과 일치한다. 상이한 집단들 간에 공유되는 이런 다형성 유전자들을 제외하고 많은 대립유전자들이 하나의 특정 집단 내에서 지배적으로 또는 유일하게 발견되지만, 일반적으로 이들이 발견되는 빈도는 낮다(1퍼센트 이하). 이런 이유로 이들이 표면상의 주요 "인종" 집단 사이에서 어떠한 일반적인 **차이**를 만들어 낸다고 보기는 어렵다. 유전적 관점에서 "인종"은 통계적 속성이며, 한 개인을 그 사람의 유

---

* 염색체에서 위치가 확인된 유전자나 DNA 염기 서열로 개체나 종을 확인하는 데 활용될 수 있다.

전 형질을 기반으로 다섯 개의 전통적인 "인종" 집단들 중 하나에 포함시키는 것은 확률에 의존하기에 오류가 발생하기 쉽다. 흔히 볼 수 있듯이 여러 혈통이 혼합된 경우는 특히 더 그렇다.[3]

유전학의 발견은 "인종"을 과학의 범주에서 제외시켰다. 뚜렷이 다른 "인종"이 있다는 과학적 인종주의의 근본 원칙은 그저 거짓일 뿐이다. 그러나 다른 한편으로 "인종"을 (어느 정도는 그렇다고 해도) 순수하게 문화적 개념으로 치부하는 것 역시 옳지 않다. 서로 다른 지역에서 거주하는 사람들이 만났을 때 제일 먼저 인지하게 되는 가시적인 차이들을 흔히 한눈에 판단할 수 있는 것도 사실이기 때문이다. 예를 들면 상대가 유럽이나 아프리카, 동아시아 계통인지를 어렵지 않게 알아볼 수 있다. 과학은 뚜렷이 구별되는 "인종"이 존재한다는 견해가 거짓임을 밝혔다. 그렇다면 우리가 눈으로 차이를 확인할 수 있는 아주 오래된 민족("인종")적 특징은 어떻게 설명할 수 있을까? 그 답은 이렇다. 17세기와 18세기에 지리학자들이 최초로 정리했던 인종 분류와 연관된 가시적인 특징들에 영향을 미치는 강력하게 치우친 소수의 유전적 차이들이 존재한다는 것이다. 이들은 DNA 분석으로 발견된 것처럼 민족 집단의 기원과 관련이 있는 15퍼센트 유전적 변이의 차이들에 속한다. 반대로 상이한 집단들 사이의 정신적 또는 인격적 특성에 유전적 차이가 존재한다는 인구통계학자들의 생각을 증명하거나 반대할 만한 증거는 없다. 이런 집단들이 특정 질병에 민감하게 반응하는 성질과 연관이 있는 유전적 차이를 가지고 있는 경우가 있지만, 소위 "인종" 차이라고 하는 것은 주로 이 개념을 탄생시킨 신체적 형질의 차이를 말한다.[4]

지금까지 논의한 사항을 바탕으로 다음과 같은 질문을 제기할 수 있다. 인간 개체군의 유전적 차이가 어떻게 그다지 크지 않은 범위에서 발생하게 되었으며, 이런 차이들에 어떤 생물학적 특징이 있는가(그리고 만약 있다면 그것이 무엇인가)이다. 이 질문은 인간의 기원에 대한 더 근본적인 질문과 밀접한 관련이 있다. 언제 (그리고 어디서) 인간 종들이 최초로 등장했는가? 지금부터는 이 이야기로 넘어가겠다.

인간의 기원과 "인종" : 역사적 논쟁

모든 생명체에 대해 두 가지 일반적인 질문을 제기할 수 있다. "이들은 무엇(또는 누구)인가?"와 "이들은 어디에서 왔는가?"이다. 첫 번째 질문은 정체성, 즉 존재를 정의하는 본질적인 속성과 관련이 있다. 이런 질문은 언제나 흥미롭고, 답을 찾기 쉽지 않으며, 문화나 성 정체성에 대한 논쟁에서 볼 수 있듯이 흔히 감정적으로 예민해지게 만들 수 있다. 반면에 어디서 왔는가와 같은 기원에 대한 질문은 일반적으로 덜 논쟁적이고 답을 찾기가 더 수월하다. 그러나 이 질문에 대한 답이 정체성 문제로 흘러가는 경우가 자주 발생한다. "인간이 어디서 유래되었는가?"라는 질문도 결국 이런 문제에서 자유롭지 못하다.

초반에는 복잡해 보이지 않는다. 압도적으로 많은 화석 증거가 호미닌과 구체적으로는 **호모**속의 기원이 아프리카임을 뒷받침해 준다. 아직까지 아프리카 이외의 다른 지역에서 이들에 속하는 초기 구성원들의 화석이 발견되지 않았기 때문에 아프리카기원설이 타당해 보인다. 그러나 **인간**의 범위를 어디까지 보아야 하는가에서 어려움이 시작된다. **호모**속 중에서 후반에 등장하는 몇몇 종들을 포함하는 것일까 아니면 오롯이 **호모 사피엔스만**을 지칭하는 것일까? 후자라면 문제는 복잡해진다. 이론적으로 **호모 사피엔스**의 직계 조상이 되는 호미닌 종(예를 들어, **호모 에렉투스**와 **호모 하이델베르겐시스**)이 아프리카에서 유라시아로 이주했고, 이곳에서 인류가 최초로 진화했을 가능성이 있다. 몇몇 **호모 에렉투스** 구성원들이 실제로 약 180만 년 전에 아프리카를 떠났고, 이들의 후손들이 지금의 조지아에서 중국과 인도네시아로 이동하면서 아시아 전역으로 퍼져 나갔다는 사실이 밝혀졌다. 그러므로 **호모 사피엔스**가 비아프리카계 **호모 에렉투스** 개체군들 중 하나에서 곧바로 진화했거나 중간에 **호모 에렉투스**에서 발달한 종을 거쳐서 진화했을지도 모른다고 생각해 볼 수 있다. 1930년대 이전에 70~80년간 많은 인류학자들이 아시아기원설을 믿었다는 점을 상기해 보자. 초기 현대 인류의 화석 기원을 조사하는 과정에서 인류의 기원에 대한 대략적인 시기는 의미 있고 필요한 정보다.

서로 다른 "인종"이 언제, 어디서 유래되었는가와 이들 사이의 차이가 얼마나 크고 작은지에 대한 질문과 인간 기원의 시기와 장소가 어떻게 연결되는지 쉽게 알 수 있다. 신체 면에서 구별 가능한 개체군으로의 분화가 일찍 일어날수록 이들의 차이는 더 클 가능성이 있고, 반대로 분화가 더 최근에 발생했다면 개수와 정도에서 차이가 더 적을 가능성이 있다. "타 인종 간의" 유전적 차이들이 비교적 작다는 사실은 이들이 더 최근에 갈라졌음을 의미한다. 이와는 반대로 유전자 데이터가 존재하기 이전에는 상이한 "인종"으로 나누어진 시기가 인간 종 자체의 기원보다 앞섰을 가능성이 있으며, 이것이 이들을 사실상 개별적인 종으로 만들었을 수 있다는 19세기식 견해가 존재했다. 앞서 언급했듯이 다윈은 이 생각을 단호하게 거부했지만 모두가 거부한 것은 아니었다.[5]

1980년대 초반에도 **호모 사피엔스**의 아프리카 대 아시아 기원에 대한 논쟁은 여전히 끝나지 않았지만, 참신한 가설 하나가 관심을 모으기 시작했다. 즉 인간의 기원이 하나의 지역이 아닌 다수의 지역에 있다는 주장이었다. MRE 가설이라고 하는 인간 진화의 **다지역기원설**multiregional model 은 1960년대 초반에 그 당시의 저명한 인류학자였던 칼턴 쿤Carlton Coon에 의해 처음 제기되었다. 그러나 다지역기원설과 관련해서 가장 큰 흥미를 유발하는 견해는 1980년대 초반에 등장했다. 이 관점을 지지하는 학자들은 몇몇 **호모 에렉투스** 개체군들이 **호모 사피엔스**로 진화하는 방향으로 개별적으로 나아가면서 종국에는 **호모 사피엔스**가 되었다고 주장했다. 이들은 사실상 **호모 에렉투스**가 몇몇 지역들에서 독립적으로 진화했으며, **호모 사피엔스** "등급"을 성취했다고 주장했다. 이런 주장은 다른 어떤 종들에 대해서도 제안된 적이 없었고, **평행진화**parallel evolution가 발생했음을 보여 주는 놀라운 사례였다.[6]

다지역기원설이 기존의 주장들에 역행하기는 했지만, 그럼에도 이 가설이 가진 두 가지 전제가 광범위하게 받아들여졌다. 하나는 **호모 에렉투스**가 **호모 사피엔스**의 선조라는 것이며, 다른 하나는 종의 분화가 지역적으로 발생했기 때문에 다양한 지역으로 흩어진 종들이 그곳에서 독립적으로 새로운 종을 탄생시켰을지도 모른다는 것이다. 많은 진화생물학자들은 각기 다른 지역에서 독립적으로 발생했던 종분화가 어떻게 **동일한** 종을 생성할 수 있었는지에 의문을 품었다. 더 나아가 1970년대 초에 시작되어 1990년대 후반에 결실을 맺었던 유전자 연구들은 다지역기원설을 약화시켰다. "인종"마다 다른 기원을 가졌다고 생각하기에는 유전적으로 너무나 유사했다. 결국 몇몇 주요 다지역기원설 옹호자들은 자신들의 초기 입장을 수정했다. 이들은 나중에 아프리카에서 온 종들을 포함해 집단들 사이의 교배로 유전적으로 어느 정도 균질하게 되었으며, 이것이 "인종" 간의 높은 유전적 유사성을 설명할 수 있다고 주장했다.

그러나 1980년대 중반까지 다지역기원설에 분명하게 대치되는 또 다른 견해가 있었다. 처음에는 "아프리카로부터" 가설이라고 알려졌으며, 지금은 **최근의 아프리카기원설**recent African origin hypothesis, RAO이라고 부르고 있다. 이 가설은 살아 있는 모든 **호모 사피엔스** 구성원들이 아프리카에서 살았던 집단의 후손이라고 주장한다. 이 집단 중 일부가 아프리카 밖으로 이주했고, 이들의 후손들이 전 세계에 걸쳐 계속해서 퍼져 나가면서 그 과정에서 가시적으로 식별이 가능한 집단들로 진화했다. 이 주장은

1976년에 처음 등장했고, 아프리카와 지금의 중동, 레반트Levant*에서 연대가 9만 년에서 12만 년 전으로 추정되는 초기 현대 인류의 화석들이 발견되면서 힘을 얻었다. 동아시아에서는 다지역기원설을 뒷받침해 줄 수 있는 아프리카에서 발견된 화석만큼 오래된 **호모 사피엔스**의 흔적들이 발견되지 않았다.[7]

1985년까지 **호모 사피엔스**의 기원에 대한 이런 두 개의 상반된 가설들이 팽팽하게 맞섰다. 아시아나 유럽에서 아프리카에서 발견된 화석보다 연대가 오래된(즉 15만 년 이상 된) 현생 인류의 화석이 발견되어야만 이 논쟁을 잠재울 수 있을 것만 같았다. 이런 화석이 발견된다면 다지역기원설은 힘을 얻을 수 있었다. 그러나 발견되지 않더라도 이 가설이 거짓이라고 단정할 수는 없었다. 아직 발견되지 않은 것일 수도 있기 때문이다. 이 문제는 화석이 아닌 완전히 다른 분야를 통해 해결될 수 있었다. 분자유전학이다.

전 세계의 상이한 민족 집단의 DNA 염기 서열을 비교하며 얻은 연구 결과들이 문제 해결에 사용되었다. 이런 초창기 데이터 분석은 **모든 비아프리카 집단들이** 아프리카 집단에서 발견되는 **특정 유전자와 DNA 영역의 유전자 변이의 일부를 포함하고 있다는 것**을 보여 주었다. (이 결과는 크게 지지를 받았다. 그러나 중요한 예외가 존재하며, 여기에 대해서는 추후에 다시 이야기하겠다.) 이는 모든 비아프리카 집단들이 아프리카 조상을 가지고 있고, **그리고** 현대 인류의 일부 (어쩌면 대부분의) 조상들이 아프리카에 머물렀어야만 얻을 수 있는 결과다. 연구를 통한 첫 번째 발견은 상염색체 베타 헤모글로빈 유전자autosomal beta-hemoglobin gene와 연관이 있었다. 그리고 곧바로 작은 게놈들을 포함하는 세포소기관의 하나로 에너지를 생산하는 공장으로 불리는 미토콘드리아의 DNA에 대한 연구가

• 그리스, 시리아, 이집트를 포함하는 동부 지중해 연안 지역의 역사적인 지명

뒤따랐다. 이런 게놈들은 난자를 통해서만(정자는 수정란에 미토콘드리아를 전해 주지 않는다) 전달되며, 이런 이유로 이들은 순수하게 **모계유전**matrilineal inheritance된다. 이 분석에서 미토콘드리아 DNA가 가진 한 가지 이점은 게놈이 짧고(1만 6,569 염기쌍) 쉽게 분리될 수 있다는 것이다. 두 번째 이점은 유전자 재조합이 발생하지 않고, 그래서 돌연변이에 의해서만 변한다는 것이다. 각각의 미토콘드리아 게놈의 유전자형은 하나의 유전 물질 블록, 즉 유전된 **반수체형**haplotype이다. 특정 지역에 속한 특정 개체군에서 얻은 상이한 미토콘드리아 DNA 반수체형을 비교 분석하면서 연속적인 돌연변이가 발생한 시간적 순서를 재구성할 수 있다. 이 정보는 결과적으로 이런 게놈들의 과거로 들어갈 수 있는 문을 열어 준다. 초기의 연구는 비록 완전한 미토콘드리아 DNA 염기 서열을 포함하지는 않았지만, 표본으로 삼은 사람들의 전반에 걸쳐서 비교를 진행하기에 충분한 수백 개의 가변적인 장소들을 확인해 주었다. 그리고 연구 결과는 베타 헤모글로빈 유전자 연구를 뒷받침해 주었다. 즉 현재의 비아프리카인들의 게놈은 (물론 모대륙인 아프리카를 떠난 뒤에 유전적 변화가 발생했음을 보여 주기도 하지만) 아프리카인들이 가진 게놈의 일부다. 더 나아가 비교 분석은 모든 인간에 적용되는, 원형이 되는 하나의 미토콘드리아 DNA 염기 서열을 재구성할 수 있게 해 준다. 연구 결과들에 따르면 인류의 기원이 아프리카이기 때문에 이 원형 게놈은 아프리카인들의 것이었음이 분명하다. 미토콘드리아가 모계를 통해서만 전해진다는 사실을 바탕으로 이 결과는 한 명의 여성 조상이 존재한다는 의미로 (너무 단순하게) 해석된다. 그리고 이 모계 조상에, 어쩌면 필연적으로, "미토콘드리아 이브mitochondrial Eve*"라는 이름이 붙여졌다. 연구 방법과 결과, 주의사항은 '상자 8.1'에서 더 자세히 소개된다.[8]

---

* 사람의 미토콘드리아 DNA를 분석하여 추정한 인류의 모계 조상

이브에 대하여 :
미토콘드리아 DNA 염기 서열을 이용한
호모 사피엔스의 기원과 시대 추정하기

인간의 미토콘드리아 게놈은 인류의 계통발생을 조사할 때 응용된다. 게놈이 짧고(1만 7천 염기쌍 미만), 쉽게 분리하고 추출할 수 있어서 분석이 비교적 수월하기 때문이다. 또 부작용을 일으키지 않으면서 염기쌍 치환으로 변경이 가능한 많은 중립적인 부위들을 포함하고 있으며, 미토콘드리아의 DNA가 빠른 속도로 변화하면서 비교적 짧은 기간 동안에 걸친 인간의 진화를 연구하는 데 적합하다. 마지막으로 모계를 통해서만 유전되고 유전자 재조합이 일어나지 않기 때문에 DNA 정보가 뒤죽박죽 되는 일도 없으며, 각각의 미토콘드리아 DNA 염기 서열은 많은 정보를 담고 있는 하나의 유전 가능한 정보 블록을, 다시 말해 반수체형을 구성한다.

앨런 윌슨Allan Wilson과 그의 동료들McCann et al.(1987)의 고전적인 연구는 인류의 기원에 대해 가장 신뢰할 만한 주장인 아프리카기원설을 뒷받침해 주었다. 이 연구는 상이하지만 특정한 부위들에서 효소마다 한 부위씩 DNA를 (일반적으로 6~8개 염기쌍 길이로) 절단하는 **제한효소**restriction enzyme라고 알려진 다양한 효소들이 존재한다는 사실을 바탕으로 진행되었다. DNA가 이런 효소에 의해 절단되면 매우 특정한 크기의 많은 DNA 조각들이 만들어진다. 조각들의 크기와 위치를 분석하면서 어떤 특정 부위들이 분자에 포함되고 어디에 있는지를 밝힐 수 있다. 하나의 염기쌍을 변화시키는 돌연변이는 분열에 대항하는 제한 부위restriction site를 만들거나(배열 순서 지도에서 분열을 제거하고 더 큰 조각을 만든다) 새로운 장소에서 새로운 염기쌍을 만든다. 그러므로 서로 다른 민족 집단에 속한 사람들의 상이한 미토콘드리아 DNA 분자의 제한 부위 지도를 비교함으로써 이들의 서열을 효과적으로 비교할 수 있고, 그런 다음에 계통의 패턴을 획득하기 위해 분자계통학(상자 5.1 참조) 기술을 이용해 이들을 분석할 수 있다. 맥캔과 그의 동료들은 (알려진 인종 집단에 속한 사람들에게서 얻은) 145명의 147개의 상이한 미토콘드리아 DNA 염기 서열과 두 번의 세포 배양을 통해 이 작업을 완성하면서 인간의 미토콘드리아 게놈의 진화적 관계를 추적하는 DNA 계통수를 만들 수 있었다. 이들은 모든 비아프리카계 인간들의 조상이 되며, 더 극적으로는 언론에서 "미토콘드리아 이브"라는 명칭을 붙인 모든 인간의 어머니가 되는 하나의 반수체형(L3)을 재구성했다. 일각에서는 이 결과를 모든 인간이 한 여성의 후손이라는 의미로 해석했다. 그러나 이 추론은 근거가 부족하다. 가장 가능성이 높은 설명이라면 유전적 부동이 인간의 역사 초반에 하나의 미토콘드리아 반수체형이 지배적이 되도록 이끌었고, 아프리카를 떠나 이주한 후손들에서 또 다른 반수체형(L3)이 마찬가지로 유일하게 살아남았다는 것이다. 이것이 가능하려면 **호모 사피엔스**의 조상이 되는 최초의 개체군은 소규모였어야 한다.*

---

* 오펜하이머Oppenheimer(2003; 2012)와 리처즈 외Richards et al.(2000) 참조

이런 결과는 흥미로웠고 논란을 불러올 만했다. 분석한 미토콘드리아 게놈은 인간이 가진 전체 게놈의 작은 일부에 지나지 않았고, 첫 번째 분석에서 오류가 발견되었기 때문에 다른 DNA 염기 서열이 비슷한 결과를 낳는지 확인하기 위해 더 많은 연구가 진행될 필요가 있었다. 이후로 15년 넘게 개선된 방법으로 진행된 연구들에는 다음 사항들이 포함되었다. (1) 완전한 미토콘드리아 게놈 서열, (2) **부계유전**patrilineal inheritance을 추적할 수 있게 해 주는, 다른 성염색체(X염색체)와 상동 관계가 없는 일부 남성 염색체(Y), (3) X염색체, (4) 상염색체에 있는 더 많은 유전자들이다. 모든 증거들은 인류의 아프리카 기원과 그 연대(약 20만 년 전)를 강력하게 지지한다. 1990년대 후반 무렵 다지역기원설의 원본과 수정본 모두 거짓이라는 데 의견이 모아졌다. 또 이후에 에티오피아에서 발견된, 지금까지 발굴된 유골들 중 가장 오래되었으며 연대가 19만 5천 년 전으로 추정되는 현생 인류의 두개골은 분자 분석으로 얻은 결론들을 뒷받침해 준다.[9]

분자유전학 연구는 인류의 기원을 이해하는 데 중대한 진전을 가져왔을 뿐만 아니라 **유전자 고인류학**genetic paleoanthropology이라는 분야가 확립될 수 있도록 도움을 주었다. 이 분야는 인간의 진화적 역사를 재건하기 위해 살아 있는 인간의 (그리고 화석에서 얻은 DNA 분석으로 보강된) 유전자 데이터를 분석한다. 이 방법은 최초로 아프리카에서 벗어난 이주자들의 후손들이 전 세계로 퍼져 나간 이동 경로를 그릴 수 있게 해 준다. 실제로 서로 다른 거주 지역에서 생활하는 현대인들의 DNA 염기 서열을 검사하는 것으로 인류가 상이한 지역들에 정착한 대략적인 시점을 알아내고, 심지어 각 지역의 초기 인구수를 어림잡을 수 있다. 과거의 인구 통계를 얻기 위해 사용되는 유전자 분석을 지금 여기서 자세하게 다룰 필요는 없지만, 일반적인 방법은 '상자 8.2'에서 설명하고 있다. 다음으로는 이런 연구들을 통해 재구성된 이 역사를 요약한 이야기가 이어진다.[10]

현대 인간들의 유전자 데이터에서
이주 패턴과 그 시기 알아내기

현재의 개체군 구성과 지리적 분포에서 이들의 역사를 추론하는 과학적
방법은 계통 생물지리학phylogeography 분야에 속한다. 처음에는 다양한
동물 개체군에 적용하기 위해 개발되었지만 특히 미토콘드리아 게놈이
나 Y염색체의 재결합되지 않는 부분에 들어 있는 것들과 같은, 재결합에
의해 뒤죽박죽될 수 없는 길고 온전한 DNA 염기 서열이 있는 인간 개체
군에 쉽게 적용할 수 있다. 이 방법은 오래된 역사를 조사하고 싶은 모든
지역들에서 많은 DNA 데이터를 수집하는 것으로 시작한다. 데이터 수
집을 위해 각 지역마다 그곳 토착민들의 DNA 표본(가급적 수백 개)을
수집하는데, 미토콘드리아 DNA의 경우에는 혈액을 채취한 다음에 백혈
구를 분리시키고 여기서 다시 미토콘드리아를 분리한 다음에 각각의 표
본에서 DNA를 추출한다. 그러면 각 표본의 DNA 순서가 밝혀진다. 각
지역 내의 반수체형을 분석하고 비교하면 그 지역의 조상 순서를 보여
준다고 할 수 있는 이런 순서들의 반수체형 나무를 만들고 **뿌리**를 찾을
수 있다. (대부분의 지역 반수체형과 상당히 달라 보이는 유전자형은 아
마도 다른 지역에서 이주해 온 이민자들의 것일 수 있다. 나중에 이들이
어디에서 왔는지를 추정할 수 있다고 해도 지역의 반수체형 나무를 만드
는 데에는 사용되지 않았다.) 그러면 지역마다 조상의 유전자형을 갖게
되고, 이들을 각각 예를 들어 A와 B, C, D, E, F라고 지정할 수 있다. 다음
으로 이들의 진화적 관계를 밝히기 위해 이들의 순서 패턴의 유사성을
비교하고, 이런 연관성들을 지도상의 지리적 영역들과 연결시킨다. 예를

들어 A와 B가 아시아의 남부 해안을 따라 존재하고, A가 B의 서쪽에 위치한다면 아프리카에서부터 시작된 이동이 서쪽에서 동쪽으로 나아갔음을 감안했을 때 A가 B의 조상일 가능성이 있다. 또는 만약 훨씬 북쪽에 있는 개체군 F가 C와 가장 가까운 조상 유전자형을 가지고 있다면, D와 E 개체군들이 더 가까이에 위치해도 C가 F 개체군의 조상이 된다.[*]

---

[*] 계통 생물지리학에 대한 더 자세한 내용은 에이비스Avise(2000)를, 인류 진화에 대한 명확한 논의는 리처즈 외Richards et al.(2000)를, 최근의 관점은 히커슨 외Hickerson et al.(2010)를 참조

사람으로 채워진 세상 :
인류의 이동

여행의 시작

최근의 아프리카기원설RAO은 두 가지 중요한 질문을 던진다. 여행은 아프리카 어디에서 시작되었고, 언제 발생했는가? '어디에서'라는 질문의 경우 아프리카에는 지리적으로 출구가 될 수 있는 지역이 세 군데 있고, 이들의 위치는 '그림 8.1'에 표시되어 있다. 첫 번째는 지브롤터 해협Strait of Gibraltar을 건너는 짧고 당연해 보이는 경로다. 이 경로를 이용하기 위해서는 바다를 건널 수 있는 배가 필요했을 것이다. 이 가설이 인정받기 어려운 이유는 인류가 서아시아와 여기서 다시 유럽으로 이주하고 난 후 한참이 지날 때까지 아프리카 북서쪽(지브롤터를 건너기 위해 거쳐야 하는

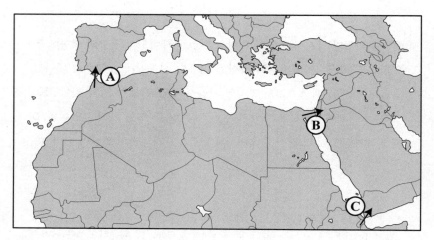

그림 8.1　아프리카에서 나올 수 있는 출구라고 여겨지는 세 지점

A. 지브롤터 해협. 바다를 건너 짧은 거리를 항해해야 한다.

B. 이집트 북동부의 시나이 반도. 온전히 육로로만 연결되어 있다.

C. "눈물의 문." 바다를 건너 현재의 지부티에서 사우디아라비아로 간다.

출발지)이나 현재의 스페인 어디에서도 인간이 생활했음을 보여 주는 화석이나 고고학적 증거가 없기 때문이다. 조만간 설명하겠지만 유전자 분석은 **호모 사피엔스**가 약 5만 년 전에 아시아에서부터 유럽으로 비교적 늦게 처음 진출했음을 보여 준다.

　　아프리카 "탈출"에 사용되었을 가능성이 더 높은 두 번째 경로는 아프리카 북쪽의 시나이 반도를 지나 지금의 중동으로 들어간 후 터키를 통과하는 것이다. 오롯이 육로만을 이용하는 경로다. 바다를 건너는 방법보다 더 쉽고, 그래서 이곳을 지나갔을 가능성이 더 크다. 9만 년에서 12만 년 전 인류의 유골이 현재의 이스라엘과 터키 지역에서 발굴되었다는 사실은 일부가 이 경로를 따라 아프리카를 떠났음을 의미한다. 그러나 이 지역들의 북쪽에 위치한 유럽이나 서아시아에서는 이들보다 수만 년 뒤의 것으로 추정되는 인간의 유골보다 더 오래된 것들은 발견되지 않았다. 더 나아가 유전자 데이터는 유럽이 인간들로 채워진 시기가 더 나중이고, 이들이 아시아에서 유럽으로 건너왔음을 보여 준다. 중동에서 발견된 유골들에 대한 가장 단순한 설명은 초기에 시나이 반도를 통해 아프리카를 떠나 이동했지만 결국 성공하지 못했고, 후손을 남기지 않은 채 사라졌다는 것이다.

세 번째 경로는 더 남쪽에 위치하며, 홍해의 입구 부분인 바다를 건넌다. 오늘날 아프리카의 지부티Djibouti와 아라비아 반도의 예멘 사이에 놓인 좁은 해협이다. 홍해를 드나들던 선박들이 암초로 인해 대가를 치러야 했던 해역이기 때문에 이곳을 바브엘만데브 해협Bab-el-Mandeb 또는 눈물의 문Gate of Grief이라고 부른다. 현재 이곳은 폭이 비교적 좁은 해협으로 가장 좁은 지점이 15마일(약 24킬로미터)을 넘지 않는다. 7만에서 6만 년 전에는 북쪽에 빙하가 광범위하게 형성되면서 해수면을 낮추었기 때문에 지금보다도 더 좁았고, 그래서 이 지역을 가로지르기가 더 쉬웠다. 아프리카를 벗어나는 지점으로서 바브엘만데브 해협의 또 다른 이점은 북쪽 끝부분에 작은 섬들이 줄지어 있다는 것이다. 섬들이 징검다리 역할을 하면서 바다를 수월하게 건널 수 있게 해 주었다.

그러나 이 경로는 지브롤터 해협을 건널 때와 마찬가지로 바다를 경유해야 하므로 항해가 가능한 형태의 배가 있어야 했고, 짐작건대 돛을 단 뗏목이나 통나무배였을 것으로 추정된다. 대단한 기술이 필요하지는 않다고 해도 배를 제작하기 위해서는 원시언어보다 발달된 언어가 있어야 했다. 언어는 목표를 정하고("배를 만들어서 바다를 건넙시다!"), 이동을 실행으로 옮길 계획을 세우고, 집단을 흩어지지 않게 유지하고, 뗏목이나 통나무배를 제작하는 등 이주를 위한 작업을 수행하기 위해 필요했다. 그러나 언어와 배를 만드는 기술만이 유일한 필요조건은 아니었다. 아프리카를 떠난 초기 이주민들이 체온 유지를 위해 동물의 가죽으로 만든 어떤 형태의 옷을 입었으리라고 짐작된다. 이는 오롯이 추측에 불과하지만 플라이스토세 후반의 혹독한 환경에 비추어 보았을 때 타당성이 있어 보인다. 또 분자시계를 통해 추정한, 인간의 몸에 특히 인간의 옷에서만 발견되는 이lice가 서식했던 대략적인 기간(약 7만 년)과 일치한다. 더나아가 이 분석은 인간의 몸에 기생하는 이가 인간과 마찬가지로 아프리카 밖에서보다 아프리카 내에서 더 상이한 유전자형을 가지는 유전적 다양성 패턴을 가졌음을 보여 준다.[11]

바로 두 가지 질문이 떠오른다. 그 첫 번째는 언제 이동을 했는가이다. 이 질문에는 논란이 따른다. 7만 2천 년 전이라는 분석도 있고, 6만 년 전이라는 분석도 있기 때문이다. 현재로서는 7만 2천 년에서 6만 년 전 사이라고 볼 수밖에 없다. 두 번째는 얼마나 많은 개체들이 이동을 했는가이다. 물론 이에 대한 답도 모른다. 그러나 이주민들이 분리되어 나왔던 전체 인구의 크기를 추정해 볼 수는 있다. 여기에는 유전자 분석이 사용되며, 추정치는 오늘날 전 세계의 상이한 집단들에 존재하는 유전적 변이genetic variability가 공유되는 정도로 얻을 수 있다. 이런 방법으로, 그리고 이것이 시간을 어떻게 거슬러 올라가는지에 대한 다양한 가정들을 하면서, **호모 사피엔스**의 조상이 되는 개체군의 절대적인 크기가 아니라 **유효 집단 크기**effective population size, N_e를 추정할 수 있다. 이 크기는 현재까지 이어져 온 후손을 남긴 인간들의 대략적인 수다. 아프리카에서 이주하던 시기에 인류의 유효집단 크기는 (이주자들과 아프리카에 머물렀던 개체들을 모두 합해서) 대략 1만 명으로 추정된다.[12]

현대 인류 조상들의 압도적인 다수가 아프리카를 떠나지 않고 점진적으로 아프리카 곳곳으로 퍼져 나갔고, 이들이 반투족과 피그미족, 부시먼족 등 현재의 아프리카 토착민들의 대부분과 **일부** 에티오피아인과 소말리아인들의 조상으로 진화했다는 설명이 가장 설득력이 높다. 후자 집단은 DNA 염기 서열에서 볼 수 있듯이 백인과 많이 섞여 있다. (북아프리카의 베르베르족과 아랍인들의 조상은 아프리카에 남아 있던 집단에 속하지 않았고, 훨씬 뒤에 아프리카에 도착했다.)

아프리카 탈출 사건이 한 번만 발생했다면 이주자들은 아마도 총 1천에서 2천 명을 넘지 않았거나, 어쩌면 몇 백 명밖에 되지 않았을지도 모른다. 그러나 이들은 모두가 한꺼번에 움직일 필요가 없었고, 또 그렇게 하지도 않았을 것이다. 이주는 소규모로 몇 번에 걸쳐 이루어졌다고 볼 수 있으며, 정말로 그랬다면 이들은 동일한 조상 집단에 속했다고 보아야 한다. 아프리카를 떠난 모든 이주민들에 대한 단일 미토콘드리아 반수체형과 소수의 Y염색체 반수체형을 구성할 수 있다는 사실은 이들의 뿌리가 동일한 집단에 있음을 의미한다. (모든 비아프리카 집단들은 L3이라고 하는 미토콘드리아 반수체형에서 파생되었다.) 여기서 중요한 점은 현재의 모든 인류의 조상이 되는 인간들이 아마도 1만 명보다 크게 웃돌지 않는 비교적 작은 집단이었고, 아프리카 밖에서 발생한 모든 개체군들의 조상들은 이보다 더 작은 집단이었다는 것이다. 인류의 역사 초반에 아프리카를 떠난 인간들의 모든 후손들이 중요한 **개체군 병목 현상**population bottleneck*을 경험했던 것으로 보인다. 더 나아가 분자 반수체형 나무가 모계 미토콘드리아 DNA나 부계 Y염색체를 기반으로 만들어질 수 있다는 사실은 비아프리카 개체군들의 조상이 비교적 하나의 작은 집단을 이루고 있었음을 의미한다.

무엇 때문에 이들은 아프리카로부터 이 같이 놀랍고 위험한 이주를 단행했을까? 아마도 식량 부족 때문이었을 가능성이 높다. 지구의 역사에서 12만 년에서 10만 년 전까지의 기간은 현 시대에 앞서는, 끝에서 두 번째 지질시대인 플라이스토세(250만 년에서 1만 년 전)의 후반부였다. 모든 지질시대는 지층에 자신들만의 특유한 흔적을 남기는 독특한 특징

---

* 집단유전학에서 질병이나 자연재해 등으로 개체군 크기가 급격히 감소한 이후에 적은 수의 개체로부터 개체군이 다시 형성되면서 유전자 빈도와 다양성에 큰 변화가 생기게 되는 현상

들을 가지고 있다. 이런 특징들이 없다면 지질학적 기록에서 시대를 구분하는 경계를 정할 수 없다. 그런데 플라이스토세에는 이 시대를 특징짓는 상당히 특이한 무언가가 있다. 북반구의 대부분이 빙하로 뒤덮였던 빙하기와 기후가 온화해지면서 빙하가 고위도 지방으로 후퇴했으며 그 기간도 다양했던 간빙기가 교대로 나타났다. 6억 년이 넘는 앞선 지질시대에서 어느 시대도 이 같은 불안정한 기후 변화를 보이지 않았다. 이런 기후 변화의 결과로 플라이스토세 전반에 걸쳐서 지구는 전체적으로 더 건조하고 더 차가워졌다. 직접적인 빙하 작용을 경험하지 않았던 지역과 심지어 북반구 대부분을 덮고 있던 빙하가 후퇴했던 기간에도 마찬가지였다. 앞서 언급했듯이 빙하 작용이 최고조에 달했던 기간에는 지구상의 물이 대량으로 얼어붙어 북반구에 빙하를 형성하면서 해수면이 내려가는 결과를 가져오기도 했다. 이 차가워진 세상에서 식물은 감소했고, 이로 인해 온난했던 시기와 비교했을 때 사냥감 수도 덩달아 줄어들었다. 현생인류는 수렵·채집 생활을 했고, 생존을 위해 사냥을 하거나 이미 죽어 있는 동물의 사체에서 얻은 고기에 크게 의존했다.[13]

기후 요소에 더해 먹이 자원을 놓고 경쟁하는 인류의 개체 수가 계속 증가했다는 점도 아프리카를 떠나 다른 지역으로 이주하게 된 원인이었을 것이다. 현대 아프리카인들의 유전적 변이의 양을 연구한 결과를 포함해 몇몇 측정치들을 통해 인간 개체군이 아프리카에서 수만 년간 증가했음을 짐작할 수 있다. 약 7만 년 전인 마지막 간빙기 말에 기온이 떨어지기 시작하면서 식량 공급에 더 큰 차질이 생겼을 것이다.[14]

이 시기에 아프리카를 떠나는 출발지였던 홍해 부근에서 생활하던 인간들에게 먹잇감은 필요한 양보다 십중팔구 부족했다. 식물은 수렵·채집인들의 식생활에서 없어서는 안 되는 부분이다. 이들이 일정 지역에서 거주하는 동안에 개체군이 증가하며 집단의 규모가 커지자 이런 식물들의 공급도 마찬가지로 급감했을 수 있다. 수렵·채집인들은 비교적 고정된 몇몇 지역들을 순환하며 생활했지만, 기후가 변하면서 새로운 생활 터전을 찾아 떠나지 않을 수 없었다. 농경의 발달은 이들이 아프리카를 탈출하던 시기로부터 5만 년이나 이후의 이야기였고, 그 당시의 기후 조건이 농경에 적합했을지는 분명하지 않다. 7만 년에서 6만 년 전에 홍해 지역에서 생활하던 인간들에게 해협의 가장 좁은 지점을 원시 형태의 배로 건너는 일은 (그때도 그랬고 지금도 그런) 매우 건조한 사하라 사막을 통과해 북쪽으로 이동하거나 상태가 더 나을 것 없는 척박한 지역들을 지나 남쪽으로 내려가는 것보다 더 무서워 보이지 않았을지도 모른다.

전 세계로 뻗어 나간 여행

만약 지금까지의 설명이 사실이라면 아라비아 반도에 도착한 후에도 상황은 똑같아서 계속 이동하도록 떠밀었을 것이다. 아프리카를 떠난 최초의 이주민들은 오늘날 예멘의 남부 해안과 사우디아라비아를 거쳐서 아시아에 도착했으며, 이곳은 이들의 후손들이 대대로 아시아 변방을 지나 전역으로 퍼져 나가는 오랜 여행의 첫 번째 기착지였다. 이들은 초반에는 남부 해안선을 따라 계속 이동하는 경로를 택했다. 먼저 아라비아 해안선을 따라서 동쪽으로 이동하면서 아시아에 발을 들여놓았고 마침내 인도에 도달했다. 그리고 이후에 동남아시아로 이동을 계속했다. 이 과정에서 이주를 멈추고 다양한 지역에 영구적으로 정착한 집단들이 있었던 반면, 몇몇 집단들은 해안선을 따라 더 멀리 동쪽으로 가거나 해안선에서 벗어나 내륙으로 들어간 다음에 북쪽으로 계속 이동했다.

인류가 동쪽으로 퍼져 나가는 과정을 살펴보면 한 가지 두드러진 특징이 보인다. 이들이 주로 남부 해안을 따라 이동했다는 점이다. 이유가 무엇이었을까? 이주자들이 단백질 섭취를 위해 조개류에 크게 의존했다는 가정을 해 볼 수 있다. 이 견해를 **조개 줍기 가설**beachcomber hypothesis이라고 하며, 아시아 남쪽의 이주 경로를 따라 **패총**midden이라는 조개더미가 발견되면서 제기되었다. (다른 고대 패총이 지금의 에리트레아Eritrea*에서 발견되었고, 연대는 12만 5천 년 전으로 추정된다.) 이런 조개더미들은 인간만이 만들 수 있고, 조개가 이들의 식생활에서 중요한 부분을 차지했음을 시사한다. 지역의 인구가 증가하면서 결국 조개 자원이 고갈되었고, 이것이 이들의 이주를 부추겼을지도 모른다.[15]

지금까지는 아시아가 특히 남쪽 해안을 따라 동남아시아로 이동한 인간들로 채워지게 된 과정을 설명했다. 그러나 이는 아프리카를 떠난 인간들이 세계 각지로 퍼져 나간 역사의 일부분에 불과하다. 초반에 남부 해안선을 따라가다가 중간에 서아시아의 더 북쪽 지역으로 방향을 틀어 마침내 유럽으로 이어진 경로로 출발한 시점은 약 5만 년에서 4만 5천 년 전으로, 짧았지만 지구가 온난했던 기간에 발생했다고 추정된다. 이 경로는 현재의 이라크에 위치한 비옥한 초승달 지대Fertile Crescent로 알려진 지역을 통과한 것으로 보인다. 고대 기후를 재구성한 결과 이 온난했던 기간 이전에는 인간에게 필요한 생물들이 자라기에는 춥고 상당히 척박한 환경이었다. 다시 말해 이 당시에는 인구의 크기에 상관없이 먹을 것이 부족했다. 그러나 기후가 온난해진 간빙기에는 더 많은 식물들을 채집하고 먹잇감을 사냥하기에 적합한 환경이 만들어졌고, 이주하는 동안에 생존에 필요한 먹이를 구할 수 있었다. 이런 여행자들의 후손들은 5만 년에서 4만 년 전 사이에 마침내 유럽에 도달했다. 이들이 유럽 대륙에 최초로 발을 들여놓은 **호모 사피엔스** 집단이었다. (유럽에는 수십 만 년 전에 시나이 반도 경로를 통해 이곳으로 건너왔다고 추측되는 **호모 에렉투스**의 후손인 네안데르탈인들이 이들보다 먼저 생활하고 있었다.) 아시아의 더 서쪽과 중앙 지역에 거주하다가 이후에 유럽으로 이주한 다른 집단들이

• 아프리카 북동부에 위치한 나라

있었던 반면, 계속 전진해서 아시아 중앙과 북부 지역을 채운 집단들도 있었다. 또 어떤 집단들은 동남아시아와 남서쪽의 섬들을 특히 말레이 제도와 인도네시아를 통과해서 이들 너머에 위치한 호주로 들어갔다.[16]

인류의 이주 중에서 마지막으로 발생한 큰 이동은 북부 아시아에서 아메리카 대륙으로 건너간 것이었고, 아시아와 아메리카를 연결하는 현재의 베링 해협을 통과해 이동한 것으로 보인다. 이 당시에는 해수면이 낮았기 때문에 이 지역은 **베링기아**Beringia라는 육지였으며, 현재의 시베리아 동쪽에 위치한 캄차카 반도를 포함하면서 시베리아 해안을 따라 북쪽으로 수백 마일을 뻗어 나가 지금은 해협인 바다를 지나 알래스카와 연결되었다. 베링기아는 플라이스토세 동안에 해수면이 낮아진 기간에 만들어졌고, 이후에 플라이스토세 말기에 해수면이 상승하면서 바다에 잠기게 되었다. 인류가 베링기아를 통해 현재의 알래스카로 최초로 이주한 연대는 알지 못하지만, 아마도 약 1만 5천 년 전인 마지막 빙하기 동안이었을 것이다. 현재 북아메리카에 살고 있는 원주민들의 유전자 데이터는 아메리카 대륙으로의 이주가 몇 번에 걸쳐서 발생했음을 보여 준다.[17]

이주민들은 지금의 알래스카에 도착한 후에 더 멀리까지 이동했다. 얼음이 없는 태평양 연안을 따라 이동했다고 보이지만, 일각에서는 내륙으로 들어가는 중앙 경로를 이용했다는 주장도 있다. 짐작건대 서로 다른 이주 집단들이 두 경로를 이용했을 가능성이 상당히 크다. 이동을 계속한 현생 인류는 지금의 미국과 멕시코, 중앙아메리카를 지나 남아메리카로 들어갔다. 이주자들이 최초로 남아메리카의 최남단에 도착한 시기는 베링기아를 통해 북아메리카에 처음으로 도착하고 나서 3천 년에서 4천 년이 넘지 않은 1만 2천 년 전이었다. 이 목적지에 도착함으로써 남극을 제외한 모든 대륙에서 **호모 사피엔스**가 거주하게 되었다. '그림 8.2'는 최초의 아프리카 탈출에서 시작된 전체 이주 과정을 유전적·고고학적 증거를 바탕으로 추론한 패턴과 시기를 보여 준다.

그림에 나타난 대략적인 이동 경로에서 볼 수 있듯이 인류가 지구 곳곳으로 퍼져 나간 현상은 위험을 감수하는 인간의 모험심에 기인한 일종의 방랑 기질이 발현된 것처럼 보인다. 위험을 기꺼이 감수하려는 마음은 미지의 세계로 발을 들여놓은 인간의 특성 중 하나임이 분명하다. 그리고 인간이 가진 방랑과 위험을 각오하는 성향은 이미 충분히 입증되었다. 나는 앞서 식량의 고갈과 이로 인해 새로운 식량, 특히 동물의 고기를 획득하기 위해 이주를 하게 되었다는 더 평범한 설명을 했었다. 인간은 아프리카 사바나에서 거대한 먹잇감을 협동해서 사냥하는 방법을 터득했던 것으로 보이며, 이들은 이 방면에 유능했다. 이들이 마다가스카르와 호주, 아메리카 같은 새로운 영역에 도착하면서 얼마 지나지 않아 이 지역의 토종 대형 포유동물군이 상당히 빠른 속도로 대량 멸종되었다. 만약 인간 사냥꾼들이 이런 멸종의 직접적인 원인이라면(이 문제는 결론이 나지 않았다) 이런 사냥 방식의 효율성과 이것에 내재된 불안정성이 모두 입증된다.[18]

그러나 아시아 전역의 인간 개체군의 유전적 구성으로 판단해 보면 아주 많은 개체군들이 농경 생활이 시작되기도 훨씬 전부터 이주 경로를 따라 지리적으로 안정된 생활을 했다. 이주하고 정착하는 전체 과정은 **일련의 창시자 효과**serial founder effect*라는 결과를 낳는다. 이 같은 창시자 효과가 발생할 때마다 원래 개체군의 유전적 변이는 더욱 감소하고 각 지역에서 새로운 유전적 분화가 일어난다. 더 나아가 '그림 8.2'에서 볼 수 있는 이주 경로들은 각 개체군의 하위 집단에 의해 생성되었을 것이다. 특히 이런 이주 집단에 속한 개인들이 위험 감수를 선호하는 대립유전자를 우선적으로 부여받았다는 추측을 해 볼 수 있다. 이에 대한 몇몇 증거들이 존재한다. 이런 대립유전자는 정착하지 않고 계속 나아가는 집단 내

---

* 원래의 개체군으로부터 아주 적은 수의 개체가 떨어져 나와 새롭게 개체군을 만드는 경우에 두 개체군에 나타나는 유전자 빈도의 변화. 유전자 부동의 한 형태

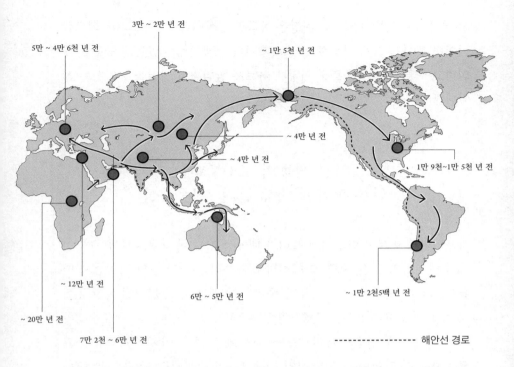

그림 8.2 인류가 세계로 뻗어 나간 주요 이동 경로와 시기. 이 지도에 표시된 경로들에 대한 자세한 설명은 본문을 참조. 모든 시기는 대략적인 추정치로 불확실하다. 범위가 주어진 경우 그 사이 어느 시점이라는 의미이고, '~' 표시로 나타낸 경우 그 시기가 불명확함을 나타낸다(오펜하이머Oppenheimer(2012)의 수정본).

에서 전달되었다. 그러므로 인간의 두 가지 상반되는 기질이 합쳐져서 전 세계에 인류가 서식하게 되었다는 결론이 가능하다. 하나는 자신들이 생활하는 지역에 머물려고 하는 성향이고, 다른 하나는 새로운 영역으로 나아가려는 좀 더 모험적인 성향이다.[19]

인류가 근거지였던 아프리카를 떠나 전 세계로 퍼진 이런 놀라운 현상을 일으킨 원인이 무엇이었든 이로 인해 **호모 사피엔스**는 진화적 관점에서 빠르게(약 5만 년) 영역을 넓혀 나갔다. 육지 생활을 하는 척추동물의 역사에서 인류의 지리적 확장은 독특한 현상이다. 인간에 의해 의도적이거나 뜻하지 않게 이동하게 된 가축이나 공생관계에 있는 동물들을 제외하고 다른 어떤 동물들도 이렇게 빠르게 광범위한 영역을 뒤덮지는 않았다.[20]

인간 게놈의 고 DNA와
인류 진화에 대해 알려 주는 사실

아프리카에 머문 집단들이 아프리카 내에서 퍼져 나가기 시작했다면, 인류가 아시아와 유럽, 호주, 아메리카로 이주하는 기간 동안 다양한 집단들이 갈라져 나오기 시작했다. "인종" 다양화를 위한 근원적인 유전 물질의 상당 부분이 아프리카 탈출 전에 아프리카의 뿔Horn of Africa*에서 생활하던 현생 인류의 초기 **유전자풀**gene pool**에 있었다. 이 유전자풀은 소규모의 이주자 집단이 새로운 지역 개체군을 발생시키고, 유전적 부동(대립유전자가 유전될 빈도의 변화가 무작위로 발생)이 일어나면서 인류가 이동하는 중에 나누어졌을 것이다. 그리고 이것이 어떤 열성 대립유전자와 상위성을 가지는 다른 대립유전자에 의해 원래 집단에서는 발현되지 않았던 대립유전자 차이를 드러나게 했다. 이 유전자 다양성의 분할과 축소가 바로 일련의 창시자 효과에서 예상되는 것이다. 개체군이 아프리카에서 더 멀어질수록 유전적 다양상은 일반적으로 축소된다. 그러나 인간의 이 초기 유전적 근원 물질은 인간이 동쪽과 북쪽으로 퍼져 나가면서 상이한 집단에서 새롭게 발생하는 돌연변이에 의해 특히 지역 개체군이 증가하면서 보충되었고, 이런 개체군들에서 비교적 낮은 비율로 존재하

---

* 아프리카 대륙의 북동부 지역을 말함
** 어떤 생물 집단 속에 있는 유전 정보의 총량

는 독특한 대립유전자를 만들었다.[21]

　이제는 아프리카를 떠난 이주민 후손들의 변화가 근원이 되는 원래의 아프리카 개체군이나 새로운 돌연변이에서만 생성되는 것은 아님이 명백해졌다. 현대 **호모 사피엔스**가 유라시아 대륙 전역으로 퍼져 나가면서 세 번째 근원이 존재했다. 최근의 연구 결과는 현대 유럽인과 아시아인의 게놈에 **고 DNA**archaic DNA, 다시 말해 네안데르탈인이나 아시아의 마지막에서 두 번째 호미닌 종 같은 멸종된 호미닌 DNA의 조각들이 있음을 보여 준다. 그러나 현대 아프리카인의 게놈에는 없다. 이에 대한 가장 단순한 설명은 **호모 사피엔스**가 이주하는 과정에서 이들과 마주쳤던 다른 토종 호미닌 사이에 짝짓기가 있었고, 이렇게 탄생한 후손들이 유럽과 아시아의 현대 인간 개체군을 이루었다는 것이다. 멸종된 호미닌의 유골에서 DNA를 추출한 다음에 호미닌의 게놈을 재구성하면서 이 같은 고 DNA의 존재를 추론할 수 있었다. 현대 분자유전학의 절묘한 기술이 아닐 수 없다.[22]

　그러나 완전한 게놈을 재구성하고 비교하기도 전에 현생 인류 게놈과 비교할 수 있는 네안데르탈인 DNA의 서열이 충분히 밝혀져 거의 150년간 지속된 논쟁에 종지부를 찍으면서 네안데르탈인과 **호모 사피엔스** 간의 진화적 관계가 정립되었다. 네안데르탈인과 현생 인류의 미토콘드리아 DNA의 분자시계 분석을 이용해 이 두 계통이 50만 년에서 80만 년 전에 처음으로 갈라졌다는 계산이 나왔다. 이 연대는 두 계통의 분화가 **호모 에렉투스** 개체군들 사이에서 발생했음을 의미한다. 그리고 거의 확실하게 아프리카에서 발생했다. 이후에 네안데르탈인으로 진화하게 되는 하위 개체군이 유럽으로 이주하는 동안 **호모 사피엔스**로 진화한 계통은 아프리카에 남아 있었다. (만약 이 이야기가 사실이라면 **호모 에렉투스**는 180만 년 전에 최초로 유럽으로 이주했을 뿐만 아니라 훨씬 뒤에 아프리카를 떠난 **호모 에렉투스**가 이주하는 모습을 최소한 한 번은 목격했을 것이다.)

또 이런 분자시계를 통해 얻은 연대는 더 최근에 발견된 화석 증거와 일치한다. 몇몇 네안데르탈인의 특징을 가진 최초의 유럽 호미닌 유골의 연대가 40만 년 전으로 추정되는 가운데 가장 오래된 온전한 네안데르탈인 유골은 23만 년이 되었다. 모든 연구 결과들은 네안데르탈인이 **호모 사피엔스**의 조상도 아니며 소위 말하는 퇴화된 현생 인류도 아니고(이 두 가지 관점들은 19세기에 지지를 받았다) **호모 사피엔스**의 아종(20세기 후반의 가설)도 아님을 보여 준다. 오히려 네안데르탈인들은 50만 년이나 그 이전에 **호모 에렉투스**에서 갈라져 나온 계통군으로 인간의 사촌뻘이다.[23]

현생 인류와 네안데르탈인과 아시아 호미닌의 완전한 DNA 염기 서열을 비교하는 연구는 현생 인류의 게놈에서 이른바 고 DNA 염기 서열의 존재를 밝혔다. 아시아 호미닌의 외형이 어땠는지는 모른다. DNA를 추출했던 손가락뼈는 전체 골격의 극소 부위에 불과했기 때문이다. 그러나 DNA 염기 서열은 이 손가락뼈가 **데니소바인***Denisovian*이라고 불리는 호미닌 종의 것임을 증명해 준다. 이 명칭은 뼈가 발견된 시베리아의 동굴 이름을 따서 붙여졌다. 어쩌면 데니소바인은 **호모 하이델베르겐시스**였을지도 모른다는 추측이 가능하다. 여기서 중요한 점은 데니소바인 게놈 서열이 다양한 지점들에서 네안데르탈인과 현생 인류의 게놈 서열과 다르면서 **호모 사피엔스**와 네안데르탈인, 데니소바인 사이의 세 방향 유전자 비교를 가능하게 해 준다는 것이다.

현대의 인간 게놈에서 고 DNA가 차지하는 비율은 유럽인들의 경우 1~4퍼센트로 추정되고, 특정 아시아인들의 경우 거의 7퍼센트에 달한다. 이 비율은 전체 게놈의 일부에 지나지 않지만, 큰 의미를 가지며 최근의 아프리카기원설RAO의 주장보다 인간의 유전적 유산이 더 복잡함을 제시한다. (그러나 현생 인류 개체군들의 후손의 게놈에서 아프리카로부터 대이동 특징을 제거할 만큼 크지는 않다.) 특히 이 결과는 수정된 다지역 기원설의 주요 주장을 뒷받침해 준다. 바로 고인류와 아프리카에서 온 현생 인류 이주자들 사이에 교배가 있었다는 것이다. 그러나 진짜 결과는 다지역기원설의 주장과 다르다. 이 가설은 현생 인류 게놈의 일부 DNA 염기 서열이 **호모 에렉투스**에서 파생된 독립된 개체군으로 포함 또는 유전자 이입introgression되며, 여기에서 차지하는 **호모 사피엔스** 유전자는 소수라는 것이다. 그러나 결과들은 고 DNA 염기 서열이 **호모 사피엔스** 게놈으로 포함되면서 유전자 이입이 반대 방향으로 발생했음을 보여 준다. 또 현대 아프리카인들이 고 DNA로부터 영향을 받지 않았다는 사실은 모든 현생 인류의 기원이 사피엔스 이전에 있다는 다지역기원설의 주장에 치명적이다. 이 DNA는 오직 유럽인과 아시아인에게서만 나타난다.[24]

흥미롭게도 현대 비아프리카계 인간들의 상이한 개체군들은 고 DNA 염기 서열의 전체 비율뿐만 아니라 이런 게놈들의 조각들도 다르다는 것을 보여 준다. 한 연구는 이들에게서 얻은 상이한 DNA 조각들을 상이한 현생 인류 개체군 전체에 걸쳐서 다 합치면 (네안데르탈인과 아시아의 옛 호미닌 모두의) 옛 게놈의 20퍼센트에 달한다고 추정했다. 만약 이것이 사실이라면 **호모 사피엔스**와 다른 호미닌들 사이의 접촉이 드문 일이 아니었다는 얘기다. 이에 더해 다른 호미닌들의 게놈이 많은 부분 **호모 사피엔스** 게놈과 양립할 수 있었을 것이다.[25]

다른 두 가지 해석도 가능하다. 첫 번째는 현생 인류 게놈의 고 DNA 염기 서열이 네안데르탈인과 현생 인류의 아프리카 조상들로부터 전달되었을지도 모른다는 것이다. 만약 이런 경우라면 아프리카를 떠난 이주민들은 처음부터 자신들의 게놈에 이런 서열들을 포함하고 있었을 것이다. 그러나 이는 유럽과 아시아 개체군들이 상이한 고 DNA 염기 서열을 가지고 있는 이유를 설명하기 어렵게 만든다. 더 나아가 현대 유럽인과 아시아인의 몇몇 독특한 고 DNA 염기 서열이 현대 아프리카인들의 게놈에서도 발견되어야 하지만 이들에게서는 이런 흔적이 발견된 적이 없다. 그러므로 이 가능성은 제거된다. 또 다른 가능성은 이런 고 DNA 염기 서열이 조상의 것은 맞지만 어떤 이유인지 아프리카 개체군에서 제일 먼저 사라졌다는 것이다. 그러나 최근의 분석 결과는 이 두 번째 설명 역시 맞지 않음을 보여 준다. 단일염기다형성single nucleotide polymorphism, SNP으로 판단했을 때 현대인의 게놈에서 네안데르탈인 유형의 DNA 블록 크기가 아프리카 탈출 훨씬 전에 획득되었다고 보기에는 너무 크다. 수 세대에 걸친 유전자 재조합이 이들의 크기를 줄였을 것이기 때문이다. 실제로 이 분석은 이런 네안데르탈인 DNA 염기 서열이 현대 **호모 사피엔스**의 유전자풀에 언제 포함되었는가를 잠정적으로 정할 수 있게 해 준다. 그리고 그 시기는 6만 5천 년에서 4만 7천 년 전 사이로, **호모 사피엔스**가 중동과 유럽에 도착한 시기와 일치한다.[26]

이 현상에 대해 마지막으로 한 가지 측면을 더 언급할 필요가 있다. 네안데르탈인의 유전자 변이형들 중 대다수 변이형들이 외면을 당했던 반면 특정 유전자 변이형들은 현생 인류 개체군 내에서 선택을 받았다. (빨간 머리를 선호하는 유전자를 포함해) 특정 색소 유전자와 피부에서 발현되는 특정 케라틴 유전자를 예로 들 수 있다. (케라틴 유전자들은 초기 포유동물의 진화에서 피부와 털과 연관해 앞서 언급된 적이 있다.) 이런 유전자 변이형들은 네안데르탈인들이 극도로 추운 기후에 성공적으로 적응할 수 있게 해 주었을 것이다. 이것이 사실이라면 이들이 인간의 유전자풀에 포함되고 난 뒤에는 현대 유럽인 후손들에서 보존되고 증폭되었을 것이다. 반대로 선택되지 않고 현생 인류 개체군에서 우선적으로 사라진 네안데르탈인 유전자들은 남성 생식력과 큰 연관이 있다.[27]

이 책의 주제인 인간의 얼굴로 돌아가 보자. 이런 고 DNA 염기 서열이 차지하는 비율이 개체군들의 얼굴 특징의 차이에 기여했는가? 이 질문에 대한 답은 밝혀지지 않았다. 그러나 이런 서열들을 자세히 분석하면 언젠가 답을 찾게 될지도 모른다. 얼굴 특징의 기반이 되는 유전자 분석에 대한 설명은 다음 장에서 이어진다. 한 연구를 통해 현생 인류의 얼굴 다양성에 기여하는 몇몇 유전자들이 확인되었는데, 흥미롭게도 이들은 이전에 네안데르탈인과 **호모 사피엔스**가 다르다는 것을 확인해 준 유전자들이다. 이 문제는 다음 장에서 다시 이야기하겠다.

현생 인류의 얼굴 형성 : 자연선택과 성선택의 역할

현생 인류의 게놈에 있는 고 DNA에 대한 연구 결과들은 현생 인류의 진화에서 지금까지 몰랐던 사실을 밝혀 주었다. 그러나 이것이 다른 지역에서 생활하는 상이한 개체군들의 기원에 대한 요점을 흐리게 해서는 안 된다. 아프리카를 떠난 이주민 후손들의 유전자가 주로 또는 오직 인간 종이 존재한 기간의 마지막 3분의 1, 즉 지난 6만 년 동안에 그 정도가 비교적 작지만 다양화되었고, 그래서 이것이 상당히 최근에 발생한 현상이라는 것이다. (고대 인간 종이 인간 게놈에 기여한 시기도 이때였다.) 더 나아가 개체군들 사이의 이런 차이들은 동시에 일어나지 않았고, 약 5만 년이라는 시간을 두고 확산되었다. 그렇기 때문에 이들의 기원에는 시간적 순서가 존재한다.

이 문제를 생각하다 보면 필연적으로 이런 차이들이 어떻게 생겨났고, 이 차이들이 가진 진화적 의미가 있다면, 무엇인지 다시 고민해 보게 된다. 순전히 기회와 유전적 부동의 문제였을까? 아니면 다른 무언가가 연관되어 있을까? 앞서 보았듯이 피부색과 얼굴 특징 같은 가시적인 "인종" 차이는 주요 집단들 사이에서 우성 대립유전자가 다른 비교적 적은 수의 유전자들에 의해 만들어진다. 대립유전자가 특정 개체군과 연관이 없는 대다수 유전자들을 고려하지 않은 채 개체군들 사이에서 나타나는 이런 유전자들의 차이를 무엇으로 설명할 수 있을까?

다윈은 『인간의 유래』에서 "인종"이 다양화되는 과정을 진화적으로 접근했고, 유전학이 존재하기 수십 년 전에 그리고 현재의 상세한 유전자 정보가 축적되기 시작한 지 한 세기도 더 전에 이 문제를 풀기 위해 노력했다. 그는 상이한 "인종"에 가시적인 결과를 일으키는 유전되는 차이들에 집중했고, 처음에는 이런 모든 차이들이 적응의 차이에서 온다는 가설을 세웠다. 자연선택의 개념을 만든 다윈이기에 이런 가정을 세웠다는 사실은 놀랍지 않다. 그는 수년간 이 문제와 관련이 있는 정보를 수집했고, 1833년에 **비글호**The Beagle를 타고 항해하면서 티에라델푸에고에서 처음으로 마주친 토착민들이 출발점이었다. 그러나 그는 피부색과 눈과 코의 생김새, 털의 종류와 밀도 등 "인종"을 구분 짓는 주요 형질들의 상이한 변종들이 가진 적응적 가치에 기초한 선택적 차이들을 결국 발견하지 못했다. (앞으로 논의하겠지만 피부색 차이의 경우 지금은 어둡거나 밝은 피부의 사람들이 가진 적응적 가치에 대한 많은 증거들이 존재한다. 그러나 다윈은 이런 사실들을 알지 못했다.)

그래서 다윈은 대안이 되는 가설을 세웠다. 인종을 구분 짓는다고 생각되는 형질들이 처음에는 생존을 위해서가 아니라 특정 집단에서 짝짓기 상대를 유혹하기 위해 선택되었다고 주장했다. 이것이 그의 **성선택** 가설이었다. 이 가설에 의하면 "인종" 분화는 성선택 과정에서 우연히 발생한 부산물이었고, 집단마다 상이한 미학적 기준을 가지고 있었다. 그는 다음과 같이 언급했다.

어떤 형태로든 결혼이라는 관습이 존재하는 한 부족의 구성원들이 사람이 살지 않는 대륙으로 퍼져 나갔다고 가정해 보자. … 이 무리들은 조금은 다른 환경과 생활에 노출되면서 얼마 가지 않아 다소 다른 모습을 하게 된다. 이런 현상이 발생하는 순간 각 부족마다 약간씩 다른 미의 기준이 만들어지며, 더 힘이 있고 영향력 있는 남성들이 어떤 여성을 다른 여성보다 선호하는 무의식적 선택으로 나타난다. 그러면 처음에는 아주 작았던 부족들 사이의 차이들이 필연적으로 점차 더 커지게 된다.[28]

몇몇 독특하고 매력적인 유전 가능한 하나 이상의 특징들 덕분에 짝을 성공적으로 유혹할 수 있는 개체들이 후손을 남긴다는 것이 핵심이다. 이들의 후손들이 짝을 유혹하는 동일한 능력을 물려받았다면 이들도 역시 능력을 물려받지 못한 동료들보다 더 많은 자손을 남기게 된다. 생존을 강화하는 형질에 작용하는 자연선택이 개체군의 구성에 서서히 변화를 가져오고 특정한 적응 이점을 가진 개체의 비율을 증가시키는 것과 마찬가지로 성선택도 유사하게 작동한다. 성선택을 통해 짝을 유혹하는 능력이 더 뛰어난 개체들을 더 많이 포함하는 집단으로 변한다. 인간을 제외한 동물의 세계에서 성선택의 가장 명확한 사례들은 아름답고 정교한 깃털을 가진 수컷 조류에서 볼 수 있다. 화려하고 멋진 꼬리를 가진 수컷 공작은 성선택의 대표적인 사례다. 다윈은 동물들에게 미적 감각이 있다고 상당히 확신했다. 한쪽 성의 개체가 이성의 짝을 선택했고, 이들은 선택을 받기 위해 특별하고 가시적인 매력을 발산했다.

다윈은 이런 성선택 과정과 "인종"의 다양화 사이의 관계를 이해하는 열쇠가 개체군마다 자신들만의 미적 기준을 발달시키면서 지역마다 아름다움에 대한 인식이 놀라울 정도로 다른 것이라고 믿었다. 다윈의 생각이 사실이라면 성선택은 상이한 개체군들에서 어느 정도 다른 가시적인 특징들을 만들었을 것이다. 더 나아가 다윈의 관점에서 보면 "인간은 자연이 인간에게 준 특징이 무엇이든 그것을 찬탄하고 흔히 과장하려고 한다"는 정신적인 요소가 이 같은 차이를 만들었다. 이런 이유로 동물 사육자들이 마음에 드는 초기의 차이들을 확대시키기 위해 선별적으로 사육하는 것처럼(다윈은 형질들을 증폭시키는 선택의 잠재력을 보여 주기 위해 『종의 기원』에 이 주제를 도입했다) 인간도 아름답다고 여겨지는 특성들을 더욱 극적으로 보여 주는 이성을 선호하는 경향을 가졌다고 할 수 있다. 이 같은 판단에는 선택의 기회라는 요소가 처음부터 필연적으로 포함되어 있었다. 세계 각지에서 상이한 개체군들이 출현하고, 이들이 미세하더라도 지역적 차이들을 획득하고 나타내기 시작했다면, 여성의 아름다움을 규정하는 것이 무엇이든 아름다움에 대한 서로 다른 기준이 발달했을 것이다. 다윈은 19세기 초반의 저명한 과학자였으며 남아메리카를 탐험했던 알렉산더 폰 훔볼트Alexander von Humboldt를 과장된 형질들의 미적 매력을 처음으로 이해한 인물이라고 인정했지만, 이를 실제로 활용한 사람은 다윈이었다.[29]

성선택이 종의 형태가 진화하는 데 영향을 미칠 만큼 충분히 강하다는 가설은 자연선택보다도 더 급진적이고 독창적이다. 다윈은 이 견해가 특히 자신이 속해 있고 성과 관련된 문제에 민감한 문화에서 저항에 부딪힐 것임을 알고 있었다. 그래서 그는 동물계에서는 아주 흔한 현상을 기록하는 일에 조심스러웠고, 인류 진화에 대한 자신의 저서에서 이 주제를 다루었다. 이 책의 원제목은 『인간의 유래와 성선택The Descent of Man, and Selection in Relation to Sex』이다. 이 제목을 접한 독자들은 처음에는 분명히 의아해했을 것이다. 성선택이라는 개념이 이 책에서 처음 소개되었기 때문이다. 게다가 두 가지 주제를 합쳐서 책의 제목으로 사용한 점은 언뜻 보기에 이해가 가지 않았다. 이뿐만이 아니다. 이 책을 구입해서 집으로 가져간 독자들 중에서 두 번째 주제에 할당된 양을 예측한 독자는 소수에 불과했을 것이다. 이 책은 총 두 권으로 구성되어 있으며, 인류의 진화보다 성선택과 관련된 내용을 훨씬 많이 담고 있다. 다윈이 여러 동물 그룹의 성선택 사례를 기록하고 있기 때문이다. 이 책은 인류 진화의 기원에 대한 문제들로 시작하지만, 어쩌면 원래 의도한 바는 아니라고 해도 성선택의 주제로 대체된다.

인류의 진화에 대해서는 제2권의 마지막 두 장에서 다시 다룬다. 여기서 다윈은 상이한 인종 사이의 차이점들이 성선택에 의해 나타나게 되었다는 주장을 펼친다. 그는, 그것이 부족이든 주요 인종 집단이든, 인간의 집단마다 아름다움에 대한 생각이 매우 다를 수 있다는 핵심 전제를 밝히기 위해 상당한 부분을 할애했다. 더 나아가 많은 집단들이 자신들만의 다양한 방식으로 상이한 신체 부위들을 인위적으로 극대화하는 경우를 어렵지 않게 볼 수 있다. 예를 들면 아프리카 부족들에서 입술이나 귓불을 늘리거나, 중국에서 전족을 하거나, 일부 남아메리카 부족들에서 머리를 일부러 좁게 만들거나, 서구의(그리고 다른 지역의) 여성들이 화장을 하는 행위 등이 있다. 이런 사례들은 아름다움이 보는 사람(개인)의 생각에 따르는 것이 아닌 집단의 지역 문화에 영향을 받는다는 사실을 보여 준다. 다윈은 인종 차이의 뿌리가 이런 현상과 이것이 누가 누구와 짝짓기를 하는가의 패턴에 영향을 주면서 결국에는 개체군의 외형을 만든다고 믿었다.

다윈은 동물계에서 진화적 변화를 일으킨 요인이 성선택이라는 자신의 생각이 독자들에게 기괴하고 터무니없는 주장으로 들릴까 봐 걱정했을 것이다. 그리고 실제로 그랬다. 동물이 자신의 행동에 영향을 주는 미적 감각을 가질 수 있다는 기본 전제를 많은 사람이 받아들이기에는 무리가 있었다. 심지어 헛소리라고 생각하는 사람들도 있었다. 학계에서 다윈의 주요 동지였던 앨프리드 러셀 월리스도 수많은 다른 생물학자들처럼 그의 의견에 반대했다. 그러나 비평가들은 많은 동물의 수컷과 암컷에서 일부 형질들이 뚜렷하게 다르다는 사실, 즉 종래의 자연선택 이론으로는 설명이 불가능한 **성적이형성**을 설명하는 다른 이론을 제시하지는 못했다. 척추동물에서 신체에 나타나는 이 같은 차이들을 이차성징이라고 부른다. 이차성징은 생식과 직접적인 관계는 없는, 암수의 성별을 빠르게 시각적으로 확인할 수 있게 해 주는 형질들을 말하며 동물계에서 광범위하게 나타난다. (양쪽 성의 생식 기관과 생식선, 생식 세포와 직접적으로 연관된 성적 특징들은 **일차성징**이라고 한다.) 1930년대가 되어서야 신다윈주의의 창시자들 중 한 사람인 로널드 피셔Ronald A. Fisher의 글을 통해서 성선택이 진화적 변화를 이끄는 주요 요인으로 인정받게 되었고, 20세기 후반에 와서는 널리 받아들여지게 되었다.[30]

그러나 자주 언급되지는 않는 역사적 아이러니가 있다. 비록 다윈이 결과적으로는 진화에서 성선택의 주요한 역할을 입증했다고는 해도 성선택이, 비록 이 생각이 『인간의 유래』 집필에 많은 동기를 부여하기는 했지만, "인종" 차이를 만드는 요인이라는 설득력 있는 주장을 펼치지는 못했다. 오늘날 이런 차이들의 유전적 기반에 대한 문헌들에서는 다윈의 설명이 거의 언급되지 않는다.

다윈의 견해가 외면당하는 두 가지 명백하고 타당한 이유가 있다. 이는 빅토리아 시대 후기에 정서적 거부감과 편견으로 인해 인정받지 못했던 상황과는 다르다. 첫 번째는 성선택이 성별 차이들에만, 다시 말해 성적으로 이형인 차이들에만 적용할 수 있다는 것이다. 실제로 수컷 공작의 꼬리처럼 과장되게 나타나는 차이들의 경우 성선택의 대안이 되는 설득력 있는 설명을 찾기 어렵다. 그러나 상이한 주요 개체군들에서 각 "종족"의 수컷과 암컷 모두가 공유하는 집단적 특징들이 있다. 성 차이를 설명하는 이론이 예를 들어 남녀 아프리카인(그리고 멜라네시아 원주민) 모두가 공유하는 어두운 피부색이나 남녀 동아시아인들의 특징적인 눈 모양을 어떻게 설명할 수 있을까?

물론 다윈은 이런 반대 의견을 예상했고 이 문제를 다루었다. 그는 대부분의 형질들이 양쪽 성 모두에 전달된다고 했다. 그런 다음에 처음에 성선택된 몇몇 형질들이 성적이형성을 유지하는 가운데, 다른 형질들은 양성에 동일하게 전달되면서 (그리고 몇몇 유전되는 변화들이 전에는 형질이 발현되지 않았던 성에서 발현되게 해 주면서) 양성 모두에서 나타나게 된다고 주장했다. 그러므로 처음에는 한쪽 성의 매력을 강화시키기 위해 생겨났던 형질이 이후에 양성 모두가 가진 속성이 될 수 있다. 다시 말해 성에 국한된 형질이 아닌 종 특유의 형질로 바뀐다. 그리고 이렇게 바뀐 형질은 이성을 유혹하는 가치를 전부는 아니더라도 일부 잃게 된다. 예를 들면 일부 집단의 어두운 피부색을 들 수 있다. 초반에는 여성의 마음을 사로잡기 위해 남성이 가지고 있던 형질이었지만, 남성이 여성을 유혹하는 힘을 완전히 잃지는 않으면서 양성 모두로 퍼져 나갔을 수 있다. 다윈은 이 같은 견해를 고수하면서 "인종들"에서 여성의 피부색이 남성보다 보통은 조금 더 밝고, 남성이 상대적으로 밝은색에 흔히 매력을 느낀다고 했다. 그러므로 형질이 양성 모두에서 발현된다고 해도 어느 정도의 성적이형성은 유지될 수 있다. 유전 메커니즘의 기반에 대한 정보가 많이 부족한 현실에서 다윈은 자신의 생각을 더 이상 발전시킬 수 없었지만, 최소한 반대 의견에 대응했다.

처음에는 성적으로 이형이었던 형질이 양성 모두가 소유한 형질로 전환된다는 생각은 믿지 못할 정도로 터무니없지는 않다. 한쪽 성이 가진 매력적인 특징들은, 그중에서도 특히 얼굴 특징들은 남녀의 얼굴 형태에 특징을 부여하는 남성화와 여성화가 약간만 진행되어도 다른 쪽 성이 가졌을 때에 여전히 꽤 매력적일 수 있다. 우리는 남성과 더 연관이 있는 그런 종류의 멋지고 강해 보이는 특징들을 가진 여성에게 "잘생겼다"라는 말을 사용한다. 또 여성이 가진 아름다운 얼굴 특징들을 가진 남성을 "아름답다"고 말하기도 한다. 이때 이 여성의 아름다운 요소들이 조금 남성화되어 여성에게도 매력적으로 느껴질 수 있다. 성적으로 매력적인 얼굴 특징들에 있어서 한쪽에 좋은 것은 다른 쪽에게도 (흔히) 좋기 때문에 처음에는 한쪽 성이 가진 매력이었던 형질이 다른 쪽 성에 전달되었다면, 그 성에서도 형질이 처음 가졌던 매력적인 요소로 작용하게 된다.

다윈은 인간에게 털이 없는 것도 이런 형질이라는 가설을 제기했다. 그는 진원류의 많은 종들에서 처음에는 특히 수컷의 얼굴과 엉덩이에서 털이 사라졌다고 제안했다. 그 이유는 이런 맨살이 드러난 부위들이 암컷에게 매력적으로 보이기 때문이었다. 이 견해는 일부 영장류 종들에서 수컷의 이런 두 부위의 피부색에 선명한 색이 더해지면서 더 타당성을 얻었다. 시간이 흐르면서 암컷에서도 이런 부위에서 털이 사라졌고, 수컷의 관심을 끌고 매력을 촉진시켰다. 지속적인 성선택으로 신체에서 더 많은 털이 사라졌고, 궁극적으로 인간이 맨살을 드러내게 되었다. 털이 거의 사라진 인간의 모습을 설명하는 자연선택을 기반으로 하는 다른 가설들이 있지만 모두 문제점들이 있다. 육지 생활을 하는 포유동물의 압도적인 수가 털을 두르고 있듯이 일반적으로 털이 있는 것이 강력한 적응 이점이 되는 것처럼 보인다. 플라이스토세 대부분의 기간 동안에 혹독한 추위에서는 특히 더 유리했을 것이다. 그렇기 때문에 인간에게 상대적으로 털이 없는 이유를 설명하는 다윈의 성선택 이론은 적응주의를 기반으로 하는 설명과 비교해 더 설득력이 있다고 할 수는 없어도 적어도 부족함은 없다.[31]

성적이형성인 형질이 일반적인 종의 특징으로 전환되고, 그래서 양성 모두가 공유하게 된 특징을 유전자 네트워크와 연결시켜 생각해 볼 수 있다. 척추동물에서 이차성징의 발달은 한쪽 성에서만 발견되는 특정 호르몬들에 의해 촉발된다. 적절하고 비교적 단순한 유전자 변화들로 한쪽 성에만 국한되지 않은 새로운 신호가 발생할 수 있고, 몇몇 상류 요소를 변경하면서 이 신호가 원래 호르몬이 조절하던 형질 발현을 대체할 수 있다. 유전자 네트워크의 상부에서 이 같은 변화가 일어나면 성에 국한된 형질을 종 특유의 형질로 바꿀 수 있다. 더 나아가 이 형질이 양성 모두에서 상대의 마음을 끄는 적응적 가치나 매력을 가지고 있다면, 개체군 내에서 퍼져 나가면서 그 종의 특징이 될 가능성이 있다. 요컨대 "인종" 형질은 이런 방식으로 생겨났으며, 오늘날 성적이형성이 부족하다는 점은 다윈의 견해에 치명상을 입히지는 않는다. (물론 이를 모든 특정 형질의

진화적 경로로 규정하는 것은 별개의 문제다.)[32]

다윈의 생각을 의심하는 두 번째 이유가 어쩌면 더 중요하다. 상이한 인종에서 적응적 가치가 형질의 차이들과 관련이 **있으며**, 그래서 자연선택이 변화의 주요 요인임을 보여 주는 강력한 사례가 될 수 있는 하나의 형질이 존재한다. 더 나아가 이 형질은 인종을 가장 명확하게 구별해 준다. 바로 피부색이다. 열대 지방이나 아열대 지방의 "인종들"은 온대나 북극에 가까운 지역에 사는 사람들보다 더 어두운 피부색을 가지고 있다. 이 사실에 대해 다윈은 전자가 열대성 질환에 더 강한 면역력을 가지고 있기 때문이라고 설명했다. 그는 어두운 피부색 자체만으로는 이런 보호적 가치를 가질 수 없다고 생각했고, 그래서 어두운 피부색이 면역력을 부여하는 속성들과 연관이 있다고 제안했다. (천연두 예방접종과 광견병 예방접종을 통해 면역력이 실제 속성이었다는 견해가 확인되었지만, 이 당시에는 면역력에 대한 제대로 된 이론이 존재하지 않았다.) 또 열대 기후가 더 어두운 피부색을 "유발"할지도 모른다는 생각을 이리저리 따져보기도 했지만 형질이 명백하게 유전되었기 때문에 이 생각을 접었다. 유럽인의 후손들은 열대지방에서 몇 세대가 지난 후에도 여전히 근본적으로 (햇볕에 조금 그을리기는 했어도) 자신들의 선조들처럼 "백색" 피부를 가졌다.

현재는 자연선택과 관련해서 상이한 인종들 사이의 신체 색깔에 차이가 나는 이유에 대해 많이 알아냈다. 적도 부근이나 극지방에서 햇볕에 노출된 정도가 피부색에 차이를 가져온다. 간략하게 말해 색이 짙은 피부는 일 년 내내 많은 양의 햇볕이 내리쬐는 지역인 열대지방에서 적응적 가치를 지니는데, 그 이유는 이런 피부가 자외선의 한 종류이며 지구 표면에는 소량만 도달하는 자외선 B_{UVR-B}가 피부에 해를 가하는 위험한 수위를 넘지 않게 차단하는 데 도움이 되기 때문이다. UVR-B는 단기적으로는 피부를 태우며 물집이 잡히게 만들고, 장기적으로는 피부암을 발생시키기도 하면서 피부를 손상시킬 수 있다. UVR-B가 건강에 해로운 세 번째 이유가 있다. 이들은 피부에 있는 엽산을 파괴한다. 엽산은 건강에 중요한 성분이며, 임신한 여성에게는 특히 필수적인데 태아가 정상적으로 온전히 발달하기 위해 꼭 필요하기 때문이다. 결국 검은 피부는 햇빛에 포함된 UVR-B에 지나치게 많이 노출되어 입을 수 있는 다양한 종류의 손상으로부터 피부를 보호하는 효과가 있다. 색소 형성과 관련된 유전적 기반은 복잡하다. 그렇기 때문에 피부색이 다른 상이한 민족 집단들의 피부와 털, 눈 색깔의 유전적 기반이 다르다고 해도 놀라운 일이 아니다 (상자 8.3).

8.3

인간의 피부색과 유전학

피부와 털의 색소 형성과 관련된 유전적 기반은 복잡하고 여전히 완전히 밝혀지지 않았다. 색소 형성에 대한 기본 사실은 두 종류의 주요한 색소가 있다는 것이다. 유멜라닌eumelanin(흑색)과 페오멜라닌phaeomelanin(황색에서 적색)이다. 이들은 색소를 생산하는 특별한 세포인 멜라닌세포에 의해 만들어지며, 멜라노솜melanosome이라는 작은 알갱이 형태로 피부 세포에 전달된다. 아주 어두운 피부는 유멜라닌이 지배적인 더 많고 큰 멜라노솜을 가지고 있는 반면, 색이 더 옅은 피부는 유멜라닌보다 페오멜라닌이 더 많다. 인간의 피부색에 차이가 생기는 복잡한 유전적 기반은 두 가지 색소의 양과 멜라노솜의 개수와 크기에 영향을 준다. 그런가 하면 상이한 유전자들이 개별적으로 털과 눈, 피부 색소를 정하는 데 관여될 수 있다. (두 종류의) 멜라닌 합성에 필수적인 효소인 티로시나아제tyrosinase를 암호화는 하나의 주요 유전자(TYR)가 있다. 그리고 이 유전자에 변형이 생기면 백색증albinism을 야기한다. 세 종류의 다른 유전자들(OCA2와 TYRP1, SLC45A2)도 기능상실 돌연변이를 완성하기 위해 돌연변이를 일으켰을 때 백색증을 유발할 수 있지만, 돌연변이가 심하지 않으면 부분적인 기능만 갖게 된다. 그리고 이들은 상이한 개체군들의 색소 다양성에 일조할 수 있다. 사하라 사막 남쪽에 사는 아프리카인들의 유난히 어두운 피부에 필수적인 매우 중요한 유전자가 하나 있다. 멜라노코르틴-1 수용체 유전자melanocortin receptor 1 gene, MC1R다. 유럽인들에게서 MC1R의 상이한 대립유전자들이 발견되었지만, 이들은 피부색이 아닌 털 색깔에 더 영향을 주는 것처럼 보인다. 흥미롭게도 네안데르탈인 DNA에서 발견된 하나의 변이형 MC1R 대립유전자variant MC1R allele는 붉은색 털과 연관이 있고, 네안데르탈인이 이들의 아프리카 조상들보다 더 밝은색 피부를 가졌다는 초기 주장을 뒷받침해 주었다. 제브라피시zebrafish에서 발견된 (동형 접합일 때 돌연변이 형태에 의해 더 밝은 줄무늬가 만들어지기 때문에) 골든golden이라고 부르는 피부색 유전자가 인간에게서도 발견되었고, 유전자 분석을 통해 골든이 유럽인들의 밝은 피부색을 생산하는 데 매우 중요한 역할을 한다는 사실을 알 수 있다. 그러나 아시아인들의 밝은 피부색의 경우 다른 유전자들이 관여된다. 인간의 피부 색소 형성의 유전적 기반에 대한 완전한 설명을 찾으려는 연구는 여전히 진행 중이다.*

---

* 피부색의 분자유전학에 대한 정보는 슈투름Sturm(2009)을 참조했고, 색소 유전자의 집단유전학은 리스와 하딩Rees and Harding(2012)이 논의한 내용이다.

UVR-B는 피부에서 비타민D의 합성을 촉진하는 긍정적인 면도 가지고 있다. 음식물만으로는 비타민D를 충분히 섭취하기 어려운 북쪽 지방에서는 이를 얻을 수 있는 UVR-B가 매우 중요하다. 그러므로 일 년 중 대부분 동안 햇빛의 양이 많지 않은 지역에서는 UVR-B가 피부에 자극을 주어 비타민D를 합성할 필요가 있으며, 피부를 보호하는 멜라닌 색소가 더 적은 "백색" 피부가 이에 더 유리하다. 어두운 피부는 대부분의 UVR-B를 차단하지만, 열대 지방에는 일반적으로 비타민D를 얻을 수 있는 음식물이 충분하다.[33]

결국 인종의 차이를 신속하게 인지하게 해 주는 매우 중요하고 특정한 이 형질에 대한 다윈의 생각은 잘못되었다. 피부색에 차이를 만드는 자연선택적 (적응적) 이유들은 존재한다. 그렇다면 "인종적" 형질들은 자연선택과 성선택 중 **오직** 하나로만 설명이 가능할까? 이론적으로 두 요소들이 모두 피부색을 어둡게 하거나 밝게 하는 데 작용했을 수 있다. 인간은 본능적으로 원인을 설명하는 하나의 간단한 답을 바란다. 그러나 생명 활동은 복잡하기 때문에 어느 한 가지 원인에 흔히 다수의 요소들이 관여되며, 특정 속성이나 결과물을 생성하는 각 요소들의 역할은 다른 요소들의 발생과 규모에 크게 영향을 받는다.

얼굴 형태의 특징들의 경우 인종이 다양화되면서 변화된 다수의 특징들은(특히 코와 눈 모양은) 적응을 강조하는 자연선택론자들의 설명을 뒷받침해 주지 못한다. 예를 들면 이렇다. 에스키모의 작은 코와 유럽인들의 큰 코 모두 차가운 공기를 들이마실 때 선택적 이점을 가진다는 동일한 주장을 할 수 있다. 둘 다 옳을 수도 있다. 그러나 두 개의 상이한 결과물을 유도하는, 두 집단의 가장 중요한 차이를 둘 다 놓치고 있다. 또 코모양에 성선택이 영향을 줄 수 있다는 점이 고려되지 않았다.

전체적으로 보아 성선택이 많은 "인종적" 형질들을 발생시키는 요인이라는 다윈의 가설은 이런 모든 형질들이 가진 차이들에 대한 완전한 설명은 되지 못해도 최소한 순수 자연선택론에 못지않은 설득력은 있다. 그의 생각이 옳았다면 "인종 차이는 가죽 한 꺼풀 차이일 뿐이다"라고 말할 수 있다. 성선택의 영향을 받으며 진화했고, 짝짓기 상대의 선택과 연관이 있는 형질들이 더 깊은 의미를 갖거나 일반적으로 더 중요하다고 할 수 없다. 그리고 이것은 결과적으로 주요 "인종" 집단들 사이에서 전반적으로 큰 유전적 차이를 찾지 못한 것과 일치한다.

인간은 자기 길들이기 된 유인원일까? : 가축화 신드롬과 얼굴의 진화

정신 상태와 인간 얼굴의 진화 사이의 관계를 알아볼 차례가 왔다. 이번 장의 초반에 잠시 언급했던 인간이 **자기 길들이기** 된 종이라는 논지를 담은 이야기로, 인간의 얼굴이 성체 침팬지보다 어린 침팬지의 얼굴과 유사하다는 사실에서 시작한다(그림 8.3). 주둥이가 없고 이마가 존재하면서 둘 사이에 이런 유사성이 생기게 되었다. 그리고 이 특성들이 합해져서 더 수직적인 얼굴과 둥그런 머리가 만들어진다. 침팬지들은 성장하면서 유인원의 얼굴 특징들을 획득하게 된다. 이런 사실은 19세기에 처음으로 몇몇 전문가들의 관찰로 밝혀졌다. 이런 관점에서 보면 인간은 (다른 독특한 속성들도 발달시키면서) 성적으로 성숙하는 동안 유년기의 신체적 특징들을 유지하는 유인원 같은 동물이라고 할 수 있다.

이처럼 어릴 때의 신체 특징들을 성체 단계까지 유지하는 현상을 **유형성숙**neoteny이라고 하며, 많은 동물들 사이에 광범위하게 퍼져 있다. 유형성숙의 고전적인 사례는 아홀로틀axolotl이다. 이들은 도롱뇽의 한 종으로, 아가미를 가진 올챙이 형태를 그대로 유지하며 성장한다. 인간의 경우 침팬지와의 비교에서 보았듯이 유형성숙이 극적인 형태를 띠지는 않

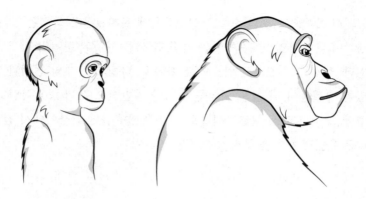

그림 8.3 어린 침팬지와 성체 침팬지의 모습 비교. 어린 침팬지의 얼굴이 인간의 얼굴과 더 닮았다(굴드Gould(1997)의 그림을 다시 그림).

으며, 그 중요성에 대해서는 많은 논란의 대상이 되어 왔다. 핵심 질문은 이렇다. 인류 진화의 과정에서 (행동을 포함해서) 유년기의 특징들이 장기간 유지되면서 신체 성숙의 둔화가 실제로 발생했는가? 만약 발생했다면 인간의 큰 뇌를 생성하기 위해 신체의 성장과 비례해서 두뇌 성장과 성숙이 장기화되었는가? 오늘날 이 두 질문에 대한 합의된 의견은 "그렇다"다. 이런 질문들과 밀접한 연관이 있는 또 다른 질문은 이 같은 장기간의 두뇌 성숙이 인간의 독특한 정신적 능력 특히 인간의 인지 능력의 발달에서 중요한 역할을 했는가다. 이론적으로는 오랜 성장을 통해 생성되는 더 큰 두뇌가 새로운 능력의 습득을 가능하게 해 준다. 가능성이 있는 이야기지만, 이 생각을 어떻게 더 발전시킬 수 있는지는 오랫동안 해결되지 않고 있다.[34]

다른 포유동물들의 유형성숙을 관찰하면서 단서를 얻을 수 있을지도 모른다. 다양하게 공유되는 다른 특징들에 더해 유년기의 특징들을 성체가 되어서도 보여 주는 많은 포유동물들이 존재한다. 이런 동물들은 계통학적으로 가까운 관계에 있는 것이 아니라 모두 인간의 손에 길들여졌다는 역사적 운명을 공유한다. 일반적으로 야생 동물에서 가축화된 품종들은 새끼 때의 특징들이 야생 상태에서는 볼 수 없었던 다양한 방식과 정도로 유지된다. 이런 특징들은 개, 고양이, 낙타와 라마, 코끼리, 생쥐와 쥐, 기니피그, 돼지, 말, 토끼, 염소와 양 같은 다양한 가축들에서 볼 수 있다. 포유동물의 네 상목들 중 세 개에 속하는 대표 동물이다. 가축화에 내재된 무언가가 유형성숙을 선호하는 것이 분명하다. 일반적으로 길들여진 품종들은 새끼 때의 더 납작한 얼굴과 둥근 머리 같은 신체 특징을 어느 정도 유지할 뿐만 아니라 오랜 기간 특히 모험적 행동과 높은 친화력과 장난기 같은 행동 특징들을 보여 주기도 한다. 유년기가 연장되면서 성체의 잠재적 위협에 두려워하고 놀라는 반응을 보이기 시작하는 시기도 지연된다. 이런 반응은 모든 야생 포유동물이 성장하는 과정에서 특정 시점에 발생하고, 어렸을 때 가졌던 높은 친화력을 감소시킨다.

이런 정신적·행동적 특징들에 더해 길들여진 동물들은 흔히 특이하고 예상치 못한 특징들이 혼합된 모습을 보인다. 밑으로 늘어진 귀와 더 짧고 말린 꼬리, 피부의 반점(보통은 흰색 점들이고 때때로 더 어두운 바탕에 밝은 갈색인 경우도 있다), 더 작은 치아, 축소된 부신과 감소된 글루코코르티코이드glucocorticoid* 수치, 더 빈번해진 발정기로 인한 길어진 교미기 등이 있다. 이 중에서 늘어진 귀만이 새끼 때의 모습과 어렵지 않게 연결되는데, 비교적 길게 솟은 귀를 가진 성체도 새끼 때에는 늘어진 귀를 가지기 때문이다. 그러므로 가축화에 동반되는 유형성숙의 특징들은 가축화와 관련된 특징들의 일부다. 마지막이자 특히 놀라운 특성은 길들여진 동물들이 일반적으로 야생의 조상들과 비교해 이마가 축소되어 있다는 것이다.[35]

이런 집합적인 특징들을 지금은 **가축화 신드롬**domestication syndrome이라

• 부신피질에서 분비되는 스테로이드 호르몬

고 부르지만, 생물학 분야의 다른 많은 것들과 마찬가지로 다윈이 오래전에 최초로 사용한 개념이다. 다윈의 생각과 이에 대한 논의는 유전의 메커니즘을 다룬, 두 권으로 구성된 저서 『가축 및 재배식물의 변이』에서 볼 수 있다. 이 책의 초판은 1868년에 출간되었다. 여기서 그는 이런 특징들이 야생의 조상들과 비교해서 가축들이 더 친절한 "생활 환경"에 놓여 있기 때문에 만들어졌다고 주장했다. 그러나 가축화와 관련된 환경이 지속되면서 세대마다 새롭게 나타나는 형질들을 환경 제약에 상관없이 유전되면서 발현되는 형질들과 구별하지는 못했다. 그는 획득된 형질들이 때때로 유전성을 가질 수 있다고 믿었기 때문에 그에게는 이 구별이 언제나 분명하지만은 않았을지도 모른다. 그는 우연히 야생으로 돌아간 소수의 길들여진 품종들의 특징들이 원래의 상태로 복귀되는 현상이 발생했으며, 이것이 이들 중 일부가 형태를 자유자재로 만들기 쉬운 발달적 속성을 가지고 있음을 보여 준다고 서술했다. 반면 풀려난 다른 가축들에서 가축화된 특징들이 유지되는 경우도 있었는데, 이는 진정한 유전적 기반이 만들어졌음을 나타낸다고 했다. 현재는 몇몇 동물들의 실험 연구를 통해 가축화 신드롬의 신체적·행동적 형질들이 가축화되는 과정에서 제공된 "더 쉬운 생활" 환경에 의해 세대마다 나타나는 것이 아니라 유전적으로 고정되어 있음이 분명해졌다.[36]

'사진 16과 17'은 길들여진 은여우와 길들여지지 않은 은여우 사이의 차이를 보여 준다. 은여우는 길들이기와 관련된 실험에서 가장 광범위한 역사를 가진 종이다.

길들여진 동물과 인간의 이런 특별한 특징들 사이에 있을 수 있는 관련성은 인간을 다른 대부분의 포유동물들과 다르게 만들어 주는 몇몇 특별한 특성들이 길들이기와 관련된 것들이라는 점이다. 여기에는 유년기의 얼굴과 머리 특징들이나 길어진 유년기 발달과 두뇌 성장, 잦아진 여성의 성주기sexual cycle, 인생 전반에 걸친 일반적으로 높고 지속적인 사교성, 많은 동종들에 둘러싸여 있는 상황에 개의치 않는 특성들이 있다. 인간에게서 늘어진 귀와 반점, 더 작아진 두뇌와 같은 다른 가축화 특징들은 보이지 않지만, 드러나는 특징들은 가축화 신드롬에 포함된다. 이에 더해 인간은 길들이기의 또 다른 두 가지 대표적인 특성인 신체와 치아의 전반적인 크기에서 성적이형성이 모두 감소하였다.[37]

인간이 길들여진 종이라는 생각은 길고 까다로운 역사를 가지고 있다. 이 생각을 최초로 제안했다고 볼 수 있는 프랑스 철학자 장 자크 루소Jean-Jacques Rousseau, 1712~1778는 인간이 길들여진 종이라는 점은 틀림없으며 이것이 유감스러운 사실이라고 생각했다. 그에게 길들여진 상태란 그렇지 않은 야생 동물들과 비교했을 때 기민함과 활력, 회복력이 사라졌음을 의미했다. 실제로 그는 현대의 문명화된 인간들을 원시 조상의 퇴화된 후손들로 보았다. 반면 (루소가 마음에 그렸던) 현대의 **고귀한 야만인**noble savage*은 문명화된 인간들에 비해 단지 모습과 태도에서만 고귀한 것이 아니라 더 강인하고 굳셌다. 루소가 인류를 보는 비관적인 시각은 이후에 18세기와 19세기의 많은 생물학자들과 정치 사상가들에게로 이어졌고, 불행하게도 나치주의의 "인종 청소"에 반영되었다.[38]

루소의 해석은 인간이 길들여졌다는 견해의 일부일 뿐이다. 다른 긍정적인 시각도 있었다. 이 관점에 따르면 길들이기는 인류 문명을 건설하는 전제 조건인 높은 수준의 사교와 협력 활동을 가능하게 해 주었다. 이런 생각을 가졌던 두 인물은, 비록 강조하는 점이 다르고 대략 70년이라는 차이가 나기는 하지만, 월터 배젓Walter Bagehot, 1826~1877과 프란츠 보아스Franz Boas, 1858~1942였다. 배젓은 영향력 있는 영국의 정치학자이자 『이코노미스트The Economist』지 창립자였으며, 보아스는 저명한 독일계 미국인 인류학자였으며 현대 사회인류학의 아버지라고 불린다. 이들은 사교성

• 문명에 오염되지 않고 자연 그대로의 깨끗한 인간성을 지닌 인간

과 협동성에 내재된 자질에 더해 인간이 길들여지면서 복잡한 인간 사회를 건설할 수 있었다고 생각했다.[39]

루소와 배젓과 보아스가 길들여진 인간의 본질에 대해 제시한 의견의 차이는 아주 중대한 질문을 던진다. '**길들여지다**'라는 의미가 정확히 무엇인가? 다른 어떤 동물들도 인간이 다양한 동물들을 길들인 것처럼 우리를 길들이지 못했다는 점은 분명하다. 다윈은 길들여진 동물과 인간 사이의 유사점들을 인지했지만, 이 문제를 다루면서 상당히 속을 태웠다. 『인간의 유래』에서 그는 길들이기를 반영하는 인간의 특성들을 설명하면서 인간이 길들여졌음을 인정했지만, 동시에 이를 확인할 길이 없었기 때문에 이 생각을 깊이 있게 다루지 않았다. 이 문제를 다루는 그의 글에서는 초조함이 배어 있다.[40]

인간의 상태와 가축의 상태에 어떤 진정한 관계가 있고, 다른 종이 외부적으로 이 상태에 영향을 주지 않았다면, 자기 길들이기가 관여되었다고밖에 생각할 수 없다. 이런 관점에서는 현생 인류를 "자기 길들이기 된 유인원self-domesticated ape"으로 볼 수 있다. 초기 사회적 진화를 통해 온순함을 장려하고 공격성을 잠재우면서 협동과 사회성이 촉진되었다. 이후에 발생한 복잡한 언어 능력의 발달로 이런 특징들은 우리가 **문명**이라고 부르는 매우 복잡한 사회를 건설하기 위한 정신과 행동의 기반이 되었다. 이것이 배젓과 보아스의 핵심 주장이었다. 물론 온순한 특성들이 언제나 상냥하고 따뜻한 세상을 보장해 주지 않았고, 노예를 동원해 이집트의 피라미드를 건설한 사례에서 볼 수 있듯이 문명의 건설에서 자행된 탄압을 막지도 못했다. 그러나 배젓과 보아스의 이론에는 분명 어떤 부정할 수 없는 요소가 있었다. 문명이 오랜 기간 동안 엄청난 사회적 협력 없이 만들어졌다고는 상상하기 어렵기 때문이다.

동물의 자기 길들이기라는 개념이 비현실적으로 들릴 수도 있다. 그러나 인간을 제외하고 현존하는 다른 동물들 중 최소한 한 종에서 이런 현상을 볼 수 있다. 실제로 이 종의 특징들은 자기 길들이기 개념을 적용하지 않고는 설명이 거의 불가능하다. 바로 인간과 가장 가까운 두 종류의 현존하는 동물 친척들 중 하나인 보노보다. 이들의 신체 특성과 높은 사교성은 만약 인간이 사회적인 유인원들을 성공적으로 길들였다면 가졌을 법한 모습을 보여 주는 훌륭한 본보기다. 침팬지와 비교했을 때 보노보는 새끼 때의 모습이 더 많이 남아 있는 얼굴과 머리, 축소된 두뇌의 크기, 연장된 유아기의 행동, 성인 보노보의 수준 높은 사교성, 활발한 성생활, 감소된 경쟁, 감소된 공격성을 의미하는 특정한 두뇌의 변화, 더 적은 성적이형성, 더 가는 뼈를 유지한다. 이들 중 마지막 특성은 전부는 아니더라도 많은 가축들에서 볼 수 있고, 고대와 현대 **호모 사피엔스**의 뼈대 사이에서 보이는 흥미로운 차이이기도 하다(아래 참조). 보노보는 침팬지 계통에서 분리되어 나와 (분자시계 결과로 판단했을 때) 약 1백만 년에서 2백만 년 전에 새로운 영역에서 생활하기 시작했으며, 이들에게 일어난 변화는 식량 공급이 증가하면서 선택되었을 가능성이 있다. 먹이를 두고 경쟁할 필요가 줄어들면서(그래서 더 평화로운 생활 환경이 만들어진다) 경쟁과 수컷의 지배는 덜하고 양성이 더욱 평등한 영장류 사회가 발달하게 되었다. 일각에서는 민망하게 생각할 수 있지만 최소한 인간이 돌보며 먹이를 제공하는 환경에서 생활하면서 먹이를 찾아다닐 필요가 없어지고, 그래서 성행위 같은 것들에 사용할 수 있는 여가시간이 더 많아졌을 때 보노보들은 침팬지보다 동성끼리 또는 이성끼리 더 자유분방한 성생활을 한다.[41]

(아마도) 자기 길들이기 된 보노보의 사례는 이들이 (인간처럼) 가축화 신드롬의 모든 측면들을 드러내지는 않는다고 해도 이 신드롬의 기반이 무엇일까에 대한 생각을 하게 한다. 유전 이론의 부족으로 다윈은 이를 설명하지 못했지만, 20세기에 현대 유전학이 발전한 후에도 미스터리는 여전히 풀리지 않았다. 모든 가축들이 수천 년 전에 길들여졌다는 점

이 가장 큰 장애물이다. 길들이기의 초기 단계에서 필수적이었던 유전적 변화가 무엇이었든 이후로 오랫동안 지속된 역사 속에서 발생한 유전적 변화들에 의해 알아보기 힘들게 되었다. 게다가 대부분의 가축들에서는 우연에 의해서든 선택에 의해서든 이 같은 변화들이 많이 일어났을 수 있다. 선택인 경우에는 양의 털과 닭의 산란, 말의 속력과 힘 같은 특별히 원하는 특성들을 얻기 위한 품종 개량이 관여되었을 것이다. 이에 더해 다윈이 주장한 **무의식적 선택**의 과정을 통해 선택된 변화들이 이들의 뒤를 이은 다른 변화들을 불러왔을 수도 있다.

길들이기에 영향을 받은 모든 형질들의 정상적인 구조에 관여하는 거대한 유전자 제어 네트워크가 존재하며, 가축화 신드롬이 이 네트워크에서 돌연변이들을 수반한다는 설명이 가능하다. 아마도 가장 상류의 몇몇 요소들에서 돌연변이가 발생하고, 그래서 하류의 모든 요소들에 영향을 주었을 것이다. 그러나 이를 위해서는 불가능할 정도로 큰 유전자 네트워크가 필요하다. 더 나아가 다수의 영향을 고려했을 때 이 경우에 요구되는 것처럼 보이는, 유전자 네트워크의 상류 유전자들에서 발생한 돌연변이들은 보통 치명적이다. 그러나 가축화 신드롬은 치명적인 문제가 아니다. 많은 종들을 길들이고 품종 개량한 사실을 떠올려 보면 문제는 비교적 가볍다고 할 수 있다.

대안으로 내세울 수 있는 설명은 유전학이 아닌 세포에서 찾을 수 있다. 길들이기에 영향을 받는 형질들과 연관이 있는 공통되는 세포 유형이 있는가? 머리와 몸통의 색소 세포와 (얼굴의) 뼈와 (얼굴과 귓바퀴의) 연골들을 생산하는 연결 조직, 몸통의 다양한 신경세포, 머리의 감각세포, 신경내분비세포, (전뇌의) 뇌세포 등 관련된 세포 유형의 다양성을 감안했을 때 처음에는 없는 것처럼 보였다. 세포 유형과 부위들이 상당히 다양하고, 이들은 기능상 관계가 없다. 그러나 발달상의 관계가 존재한다. 이들은 모두 신경능선세포에서 유래되거나 이들에 의존하며 발달한다.

얼굴의 발달에서 중요한 역할을 하는 신경능선세포에 대해서는 앞서 상세하게 살펴보았다. 하나의 주요한 예외가 존재하지만 신경능선세포는 길들이기에 영향을 받는 모든 세포 유형들의 전구체다. 색소 형성의 결함은 신경능선의 파생 물질인, 머리와 몸통의 멜라닌세포에서 발생한다. 귓바퀴는 신경능선 연골 세포의 전구체에서 파생되고, 이미 보았듯이 턱은 아래쪽 얼굴 원기의 신경능선세포에서 발달한다. 한 가지 예외는 두뇌다. 신경능선세포는 두뇌 형성에 직접적으로 기여하지 않는다. 그러나 앞서 설명했듯이 전뇌의 축소는 가축의 보편적 특징은 아니라고 해도 가장 일관되게 나타나는 특징에 속한다. 그리고 신경능선세포는 전뇌의 발달에서 간접적이지만 필수적인 역할을 한다. 발달 초기의 닭의 배아에서 두개부 신경능선세포들 대부분을 제거하면 전뇌, 즉 종뇌와 간뇌 모두의 전구체에서 광범위한 세포사가 일어난다. 이론상으로는 길들여진 동물들의 배발달에서 신경 전구세포의 양이 **일부** 자연적으로 감소할 경우 더 작은 전뇌가 만들어진다. 그러나 이는 아직 증명되지 않았다.[42]

이런 관련성을 바탕으로 보통은 신경능선세포가 기여하는 다양한 부위에서 이 세포의 기여가 살짝 감소하면서 가축을 이들의 야생 선조들과 구별되게 한다는 가설을 세울 수 있다. 신경능선세포가 크게 감소하면 치명적인 결과를 가져오는 가운데, 신경능선세포 발달에 필요하다고 알려진 돌연변이 유전자들이 관련된 신경능선세포의 적당한 감소는 신경능선병neurocristopathy*이라고 알려진 다양한 병적 증상을 만들어 낸다. 이론상으로는 주요 부위에서 이런 세포들이 조금만 부족해도 감지할 수 있는 변화를 가져오지만, 치명적이거나 심각한 결함은 아니다. 이런 약간의 감소는 신경능선세포의 발달이나 이동에 매우 중요하다고 알려진 많은 유전자들의 일부에서 미세한 기능 상실을 가져오는 돌연변이들의 집

---

* 신경능선의 발육 부진으로 생긴 질환

합적 영향으로 일어날 수 있다. 이 같은 유전자들의 특징은 다수가 이들의 야생형 유전자산물이 가진 양에 민감한 성질이 발달에 미치는 영향을 보여 준다는 것이다. 이런 영향은 흔히 (상염색체 유전자의) 특정 야생형 유전자의 단일 복사본이 정상적인 발달을 가져오기에 불충분하다는 **반수체기능부전**haplo-insufficiency의 속성에 의해 드러난다. (배수체 세포에는 대부분의 유전자들이 두 개의 복사본으로 존재하며, 이는 두 개의 염색체 쌍이 존재한다는 것을 반영한다. 그러나 대부분 정상적인 표현형을 만들기 위해서는 단일 복사본으로 충분하다.) 이에 더해 만약 가축화 신드롬이 이런 몇몇 유전자들의 활동 감소로 인한 복잡한 기능이라면 상이한 신경능선세포 유전자의 돌연변이에 의한 상가효과additive effect나 상승효과synergistic effect를 기대할 수 있다. 실제로 많은 신경능선세포 유전자들을 조사한 결과 이런 속성들이 드러났다.[43]

지금까지의 내용들로 설명되지 않는 가축화 신드롬 특징들은 행동 특성들이다. 유순함과 유년기 행동들의 연장, 암컷의 성주기의 변화가 있다. 그러나 이들은 부신이나 전뇌 또는 둘 다에 미치는 신경능선세포 부족으로 인한 간접적인 영향으로 설명이 가능하다. 특히 유순함의 경우 부신이 이런 특성을 조사했던 가축(쥐와 여우)의 야생주wild strain*에 있는 것보다 더 작기 때문에 부신에 의해 조절되는 감소된 스트레스 반응을 반영하는 것일 수도 있다. 또 이 동물들에서 부신피질 자극성 스트레스 호르몬의 수치가 낮아졌다. 만약 더 작거나 더 느리게 발달하는 부신이 가축에서 보았듯이 두려워하고 놀라는 반응의 시작을 지연하는 현상을 동반한다면 이것이 유년기 행동들의 유형성숙을 설명할 수 있을지도 모른다. 또는 이런 행동들이 편도체를 통해 두려움과 놀람 반응을 조절하는 전뇌에서의 미묘한 변화들을 반영할 수도 있다. 이와 유사하게 성주기의 변화

---

* 일반 자연 상태에서 발견되는 계통의 전형

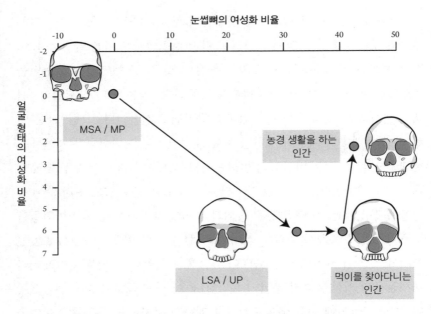

눈썹뼈의 여성화 비율

-10   0   10   20   30   40   50

얼굴 형태의 여성화 비율

-2
-1
0
1   MSA / MP
2
3   농경 생활을 하는 인간
4
5
6   LSA / UP   먹이를 찾아다니는 인간
7

그림 8.4   8만 년과 3만 년 전 사이에 두 가지 기준(눈썹뼈와 얼굴 형태)에 따른 인간 두개골의 여성화. 본문에서 논의했듯이 이 같은 변화들은 길들이기 과정의 흔적일지도 모른다. 중기 석기 시대(MSA)/중기 플라이스토세(MP), 후기 석기 시대(LSA)/상부 플라이스토세(UP)〔시에리 외Cieri et al.(2014)의 수정본〕

는 성주기를 조절하고 간뇌를 구성하는 시상하부에서의 가벼운 변화들을 반영할지도 모른다.[44]

신경능선세포 가설을 인간에게 적용하면 이렇다. 사람들의 길들여진 상태가 신경능선세포에 영향을 주는 유사한 유전적 기반에 의해 생겨났을 수 있다는 것이다. 그러나 가축화나 자기 길들이기로 가는 길이 꼭 하나여야 할 필요는 없다. 예를 들면 인간의 상태가 인구 밀도가 증가하면서 큰 집단들에서 협력하도록 하는 사회적 압력에 의해 야기된 호르몬 변화에서 비롯되었다는 또 다른 설명이 가능하다. 최근의 연구가 이를 입증해 주었다. 아프리카에서 발견된 8만 년 이전(즉 아프리카를 떠나 이주하기 전)과 3만 년 전 이후의 인간 두개골의 상세한 측정을 통해 연구진은 후자의 두개골들이 덜 억세고 사실상 더 여성스럽다는 점을 발견했다. 이 같은 변화는 안드로겐*을 유도하는 비율이 낮고, 또 어쩌면 세로토닌을 생산하는 비율이 높아서 발생했을지도 모른다. 이들은 더 사회적인 (실제로 여성화된) 행동과 연관이 있다고 알려진 조건들이다. '그림 8.4'는 이런 인간 두개골의 여성화 경향을 보여 준다. 이 같은 변화들은 처음에는 형태를 바꿀 수 있는 발달상의 변화들이었지만, 이후에 유전적 동화에 의해 고정되었을 수 있다. 이 연구의 전제는 더 높은 인구 밀도가 더 많은 경쟁을 부추겼지만, 또 더 발전된 사회화와 이에 수반되는 생리적 변화들을 일으키는 압력을 만들었다는 것이다. 이런 생각은 아프리카에서 8만 년에서 6만 년 전 사이에 인구 폭발이 있었음을 제안하는, 현재의 아프리카 개체군들의 기존 유전자 분석에 부합한다. 이 인구 폭발이 앞서 언급했듯이 약 6만 년 전에 인류가 아프리카를 떠나 이주하도록 만든 원인이었을 수도 있다.[45]

결론 :
정신적 과정과 인간 얼굴의 진화

7장에서는 초기 유인원부터 호미닌까지 정신적, 사회적, 신경생물학적 진화 과정들이 인간 얼굴의 진화에 영향을 주었을지도 모르는 방법들을 살펴보았다. 나는 집단 구성원들이 동료들에게 크게 의존하는 종에서 사회 통합을 위한 선택압이 얼굴의 표현 능력과 표정을 읽는 능력에 영향을 주었다고 주장했다. 또 이런 능력들은 언어를 통해 생각을 표현하는 능력

• 남성 생식계의 성장과 발달에 영향을 미치는 호르몬의 총칭으로 남성호르몬이라고도 한다.

에도 기여했다. 털이 없는 얼굴과 축소된 주둥이 같은 얼굴에서 표정을 짓고 읽는 능력들과 동반되는 신체 변화들은 발달을 촉진하기도 했고, 또 이들에 의해 영향을 받기도 했다. 신체 변화들은 유인원 진화의 출발과 함께 시작되었으며, 호미닌이 진화하는 동안에도 계속 진행되었다.

8장에서는 인류가 등장한 이후로 선택을 통해 촉진될 수 있는 특정 행동을 통해 표현되는 정신적 요인이 인간의 얼굴을 계속해서 형성했다고 제안했다. 어느 정도까지는 얼굴의 "인종적" 특징들이 (다윈이 제안했듯이) 얼굴 특징들에서 각자 다르게 선호하는 것들의 성선택을 통해 선택되었을 수 있다. 또 어린 유인원의 얼굴과 유사한 인간의 얼굴은 훨씬 이전에 발생한 자기 길들이기를 보여 주는 것일 수도 있다. 자기 길들이기는 인간들이 수많은 동물들을 길들였던 가축화 과정과 유사하다. 그리고 짐작건대 초반부터 인간의 행동에 영향을 주기는 했지만, 복잡한 사회와 이런 사회가 요구하는 수준 높은 협동 능력이 생기면서 완전히 발달하게 되었다.

이 장은 현재까지의 인간 얼굴의 진화를 다루면서 얼굴의 역사를 마무리 짓는다. 그러나 이야기는 여기서 끝나지 않는다. 아직 다루지 않은 미래의 역사, 즉 인간 얼굴의 미래가 남아 있다. 아직 일어나지 않은 미래의 일들을 이야기할 때는 추측에 의존할 수밖에 없으며, 잠정적인 결론만 도출할 수 있을 뿐이지만, 과거와 현재를 기반으로 추론을 하면서 미래의 역사에서 발생할 법한 요소들을 제시할 수 있다. 그리고 다음 장에서 이 문제를 다루겠다.

9장

얼굴 의식하기와 얼굴의 미래

비교적 뒤늦게 출현한 얼굴 의식

인간의 얼굴과 그 이미지를 빼놓고는 현대인의 삶을 이야기할 수 없다. 거리에서, 상점에서, 학교에서, 직장에서, 그리고 셀 수 없이 많은 광고에서 사람들의 얼굴을 본다. 광고업계에 특별히 주목할 필요가 있는데, 문화에 엄청난 영향을 미치기 때문이다. 광고는 얼굴을 좋아한다. 아름다운 얼굴과 행복한 얼굴, 심각한 얼굴, 재미있는 얼굴, 편하고 익살스러운 얼굴, 그리고 이런 표정을 짓는 동물들의 모습까지 넘쳐난다. 특히 언제 어디서든 전자 매체를 보며 시간을 보내는 사람들은 얼굴 이미지 과잉의 시대에 살면서 자신이 절대 혼자가 아님을 절감한다. 일반적으로 대부분의 얼굴은 그냥 휙 스쳐 지나가지만, 익숙한 얼굴들은 쉽게 알아본다. 타인의 얼굴뿐만 아니라 자신의 얼굴도 중요하다. 거의 모든 사람들이 자신의 얼굴이 마음에 들고 안 들고를 떠나 어떤 식으로든 자신의 얼굴을 상당히 잘 의식한다. 아득히 먼 옛날에는 사람들이 서로의 얼굴에 무의식적으로 반응했다면, 대부분의 현대인들은 인간의 얼굴을 개성과 성격을 보여 주는 중요한 요소로 여긴다. 나는 이를 **얼굴 의식**face consciousness이라고 부르겠다.

이런 의식은 오늘날 아주 광범위하게 퍼져 있어서 이것이 인류 역사에서 비교적 새롭게 획득된 특성이라는 사실을 짐작하기가 쉽지 않다. 서구 문화에서는 두말할 필요 없이 개인의 개성과 표현을 중시했던 르네상스 시대를 거치면서 얼굴 의식이 더욱 성장했다. 그러나 이런 생각은 르네상스*라는 이름에서 알 수 있듯이 고대 그리스와 로마에서 이미 등장했었다. 이후로 산업혁명 동안에 거울을 포함해서 무언가를 비춰 볼 수 있는 표면을 제작하게 되면서 더 많은 사람들이 자신의 얼굴을 유심히 살펴볼 수 있었다. 기술의 발달로 사진을 실은 출판물이 증가했고, 위대하거나 유명한 사람들의 얼굴을 더 쉽게 접할 수 있게 되었다. 이런 발달이 18세기 후반 이후로 얼굴 의식의 증가를 가져왔다.

물론 타인의 얼굴 의식하기는 진화적 뿌리가 깊다. 진원류는 지난 5천만 년간 서로의 얼굴과 표정에 분명한 반응을 보였고, 앞서 이야기했듯이 심지어 소와 양도 서로의 얼굴을 알아본다. 나는 서로의 얼굴을 살피는 행위로 가능해진 이들의 사회적 상호작용이 얼굴의 신체적 특징 형성에 강한 영향을 주었으며, 표정이 더 풍부한 얼굴에는 사회선택이, 더 매력적인 특징들에는 성선택이 작용했다고 주장했다. 이런 영향들은 호미닌 진화 과정에서 더욱 강화되었을 것이다. 그러나 이런 요인들은 얼굴의 진화에 **무의식적**으로 영향을 주었다. 그렇다면 얼굴 **의식**은 앞으로 계속해서 인간의 얼굴 형성에 영향력을 행사할 수 있을까?

이 질문에 접근하기 위해서는 미래에 일어나게 될 일들에 대해 추측해 볼 필요가 있다. 지금까지는 과거에 초점을 맞추었다면 앞으로는 미래로 시선을 돌리면서 얼굴의 미래에 대한 두 가지 뚜렷한 측면들을 살펴본다. 첫 번째는 최근에 등장한 문제로 얼굴 의식의 문화적 측면과 이것이 가진 미래에 얼굴을 형성하는 잠재성을 다룬다. 이를 위해서는 필연적으로 과거를 들여다보지 않을 수 없다. 최근의 인간 역사에서 발생한 얼굴 인식을 살펴본 다음에 세계화와 문화적 사고방식의 발달이 얼굴의 특징을 만드는 데 미치는 영향으로 넘어간다. 두 번째는 얼굴에 대한 과학적 조사의 미래와 연관이 있다. 그중에서도 특히 대립유전자가 얼굴의 다양

---

* Renaissance는 프랑스어로 '재생·부흥'이라는 뜻으로, 이탈리아어의 rina scenza, rinascimento에서 어원을 찾을 수 있다.

성에 영향을 미치는 유전자를 확인하는 시도를 한다. 얼굴의 차이를 밝히려는 새로운 유전학 분야는 최근에 등장했고, 목표는 얼마나 많은 그리고 어떤 유전자가 인간의 얼굴이 가진 엄청난 다양성을 만들어 내는지에 대한 답을 찾는 것이다. 앞서 4장에서 이 문제를 소개한 바가 있다. 흥미롭게도 이 연구는 일정 부분 얼굴의 특징과 성격 사이의 연관성을 (만약 존재한다면) 밝히는 시도로 전환된다. 이런 시도를 **관상 유전학**physiognomic genetics이라고 한다. 이 분야의 미래는 어떨까? 그리고 이것이 의미하는 바는 무엇일까?

지금부터는 얼굴 의식하기의 미래를 이야기하기 전에 먼저 그 역사를 살펴보겠다.

얼굴 의식의 짧은 역사 : 예술품을 통해 얻은 증거

인간은 언제부터 얼굴을 개인의 개성과 성격을 나타내는 일종의 신분증으로 인식하기 시작했을까? 안타깝게도 죽은 자는 말이 없기 때문에 정확히 알 길이 없다. 이론적으로는 고대의 기록물들에서 답을 찾을 수 있을지도 모른다. 그러나 인간이 역사를 기록하기 시작한 때는 약 5천 년 전이므로 과거를 자세히 알기에는 한계가 있다. 게다가 이 기간에서조차도 제대로 된 표본을 얻기 힘들다. 과거 역사에서 글을 쓸 수 있는 사람들은 소수에 지나지 않았고, 대다수의 사람들은 기록을 남기지 않았다는 사실을 차치하더라도 지금까지 남아 있는 문서들에서 사람들이 무엇에 관심을 가지고 흥미를 느꼈는지를 속속들이 알기란 불가능하다. 몇몇 뛰어난 작가들이 특히 아리스토텔레스와 히포크라테스가 얼굴에 큰 관심을 보였다는 점은 분명하다. 그러나 소수의 사상가들 말고도 관심을 가졌는지는 알 수 없다.

유령들이나 고대 작가들의 증언은 얻을 수 없지만 다행스럽게도 답을 찾는 노력이 절망적이지만은 않다. 수만 년 전의 과거로 거슬러 올라가는 다른 형태의 기록이 존재하기 때문이다. 예술 작품들이다. 대부분 예술 작품들은 비바람에 소실되기 쉬운 나무나 동물 가죽, 외부로 드러난 바위 표면 같은 재료에 그려져 사라지고 없다. 그러나 완전하지는 않다고 해도 남아 있는 고대의 예술품 기록들은 단서를 제공한다. 모든 형태의 예술 작품들은 작품의 대상에 대한 작가의 관심을 **어느 정도** 반영하며, 작가의 관심은 이들이 속해 있는 문화 안에서 널리 퍼져 있던 관심사를 대변한다고 볼 수 있기 때문이다. 조만간 논의하겠지만 이런 증거를 기반으로 위대한 문명이 최초로 등장했던 5천 년 전까지는 작가들이 인간의 얼굴에 크게 관심을 가지지 않았다고 추론할 수 있다. 이 시기 이전에는 인간의 얼굴을 묘사한 작품들이 실제로 매우 드물었다.

이전 시기에 얼굴 모습이 거의 보이지 않았던 이유에 대해 가능성은 높지만 그리 대단하지 않은 설명을 하자면 이렇다. 작가에게 얼굴을 그리는 능력이 부족했다는 것이다. 실제로 조형 미술이라고 부르는 작품들은 인간의 예술 세계에서 비교적 뒤늦게 발달된 기술이다. '그림 9.1'은 선사시대의 예술적 노력을 요약한 연대표다. (석기 제작자들의 미적 감각이 엿보이기는 하지만) 실용적인 기능을 가진 석기 제작을 제외하면, 가장 오래된 예술 활동은 색깔이 있는 구슬을 만들고 몸에 황토색 칠을 하는 것이었다. 이들 중 가장 오래된 것은 대략 16만 5천 년 전의 것으로, **호모 사피엔스**가 아닌 **호모 하이델베르겐시스**나 **호모 에렉투스**가 만들었다고 여겨진다. 이후로 13만여 년 동안 이어진 예술 활동의 흔적들은 대부분이 장식 구슬이나 색을 칠한 조개껍질, 소수의 추상적인 무늬들이다. 제일 오래된 작품은 아프리카 남부에서 발견되었으며, 연대가 약 7만 7천 년 전으로 예상된다. 이유는 알 수 없지만 이런 오랜 시간 동안 살아남은

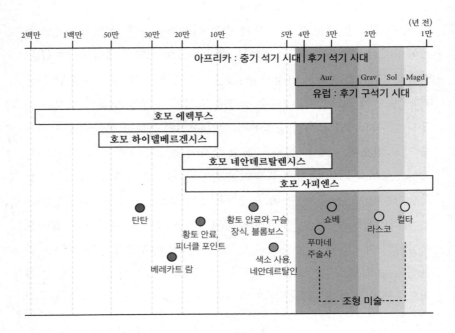

그림 9.1 고고학적 기록을 바탕으로 작성된 예술 활동 연대표. 예술 활동이 꽃을 피운 시기는 인류 역사에서 비교적 늦은 시기이지만, 이런 활동은 **호모 사피엔스**가 등장하기 이전부터 존재했었다. 예술품의 존재는 예술품들이 만들어진 공동체 내에서 언어를 통한 의사소통이 어느 정도 가능했음을 보여 준다. 초기 단계에서는 원시언어만으로도 아마 충분했을 것이다. 이런 이유로 예술은 유럽에서 발견된 후기 구석기 시대의 동굴 벽화에서부터 시작되지 않았지만, 조형 미술은 이 시기에 등장했다고 할 수 있다. 표에서 볼 수 있듯이 조형 미술은 비교적 뒤늦게 발달되었다. 축약어인 Aur과 Grav, Sol, Magd는 연속적인 석기 발달의 단계들을 의미한다. Aur = 오리냐크 문화, Grav = 그라베트 문화, Sol = 솔뤼트레 문화, Magd = 마들렌 문화(모리스-케이Morriss-Kay(2010)의 수정본)

예술품들에서 인간이나 동물, 식물, 풍경의 묘사는 발견되지 않았다.[1]

고고학 유적지에서 처음 발견된 조형 미술은 놀라울 정도로 유쾌하고 아름다웠다. 더군다나 이들 이전에는 이와 같은 작품들이 발견된 적이 없었기 때문에 꽤 갑작스럽게 독자적으로 발달한 것처럼 보였다. 물론 이전에 존재했던 유사한 종류의 작품들이 소실되었을 가능성을 배제할 수 없다. 이런 정교한 예술 능력을 보여 주는 작품들은 대개 현재의 프랑스와 스페인에서 발견되는 후기 구석기 시대 동굴의 벽화들에서 볼 수 있다. 이들의 연대는 3만 3천 년에서 1만 2천 년 전으로 추정되고, 석회암 동굴의 벽 표면에 그려졌다. 대다수 작품은 작업이 수월한 햇빛이 비치는 동굴의 입구가 아닌 깊숙한 공간에서 발견되었다. 풍부한 동물의 이미지들을 담고 있으며, 다수는 상당히 크고 상세하게 묘사되어 있다. 모두가 플라이스토세 후기의 대형 동물들의 모습이며, 사자와 코뿔소, 들소, 말, 털북숭이 매머드, 동굴 곰, 순록, 붉은 사슴, 아이벡스가 있다. 이들 중 일부는 플라이스토세 사냥꾼들의 사냥감이었지만 모두는 아니었다. 실제로 사냥감이 아니었던 대형 동물들의 그림이 지배적이며, 발견된 뼈들로 판단컨대 주요 먹잇감이었던 덩치가 더 큰 동물들은 많지 않다. 이들이 주식으로 잡아먹었을 가능성이 높은 소형 포유류와 조류는 아예 등장하지 않는다.

붉은 황토와 검정 색소를 사용해 그림을 그렸고, 바위 표면의 특징들을 그림의 일부로 포함시키면서 그림에 비치는 빛의 움직임에 영향을 주어 3차원적 특성을 살렸다. 이 그림들이 그려졌던 상황을 생각해 보면 이미지들은 더 인상적으로 다가온다. 소수의 사람들이 틀림없이 횃불과 벽면의 상부에 닿기 위해 어떤 형태의 발판에 의존해 그림을 그렸을 것이다. 파블로 피카소는 이 그림들이 수준 높은 예술임을 인정했다. 1만 9천 5백 년 전에 그려진 라스코 동굴의 벽화를 본 그는 "Nous n'avons rien appris"라고 했다. 문자 그대로 해석하면 "우리는 아무것도 배우지 못했다"이다. 그러나 그의 말에 내포된 의미는 "동굴 예술가들이 알지 못한 것은 현대의 예술가들도 알지 못한다"에 가까울 것이다.[2]

이 위대한 동굴 벽화들에서 뚜렷하게 눈에 들어오는 점은 인간의 모습이 거의 보이지 않고 인간의 얼굴은 아예 없다는 것이다. 이는 훨씬 이후에 등장하는 세계 최초의 문명들(이집트, 아시리아)의 조형 예술과 인간의 역사에서 지난 6세기 동안 예술의 주요 대상으로 자주 등장했던 것과 비교된다. 동물의 얼굴을 정교하게 묘사할 수 있었다는 점으로 미루어 보아 비슷한 수준의 기술이 요구되는 인간의 얼굴을 그리지 않은 이유가 실력이 부족해서라고 보기는 어렵다. 사자 무리의 그림에서처럼 많은 동물들의 얼굴은 한눈에 어떤 동물인지를 알아볼 수 있을 뿐만 아니라 세부 특징들도 잘 묘사되어 있다. 또 쇼베 동굴의 유명한 말 그림에서는 심지어 말의 표정까지도 볼 수 있다(사진 18과 19). 이것이 암시하는 바는 분명하다. 일부 구석기 시대의 동굴 예술가들은 얼굴이 감정 상태를 표현할 수 있다는 사실을 완전히 인식하고 있었고, 이를 흥미롭게 받아들였다. 이들의 작품은 이들이 원하기만 하면 인간의 얼굴을 실물과 똑같은 수준으로 그릴 수 있는 솜씨를 가지고 있었음을 보여 준다. 그림들 중에는 머리를 가진 인간과 닮은 형체가 소수 보이는데, 흥미롭게도 이들의 얼굴은 사람이 아닌 동물의 모양을 하고 있다. 이런 존재를 **반인반수**therioanthropes 라고 하며, 영적인 세계의 존재나 동물 얼굴의 가면을 쓰고 있는 주술사의 모습을 표현한 것으로 보인다. 지금까지의 설명을 보면 재능 있는 구석기 시대의 예술가들이 어떤 이유에서건 인간보다는 동물의 얼굴에 더 관심이 많았다는 인상을 지우기 어렵다.

이런 결론은 적절하지만 여전히 구석기 시대의 동굴 벽화에 대한 큰 궁금증을, 실제로 핵심적인 질문을 떠올리게 한다. 이런 그림들을 그린 목적은 무엇인가? 우리는 이런 그림들을 **예술**이라고 부르지만(실제로 이런 벽화들이 그려진 주요 동굴들 내의 독립된 공간들을 **갤러리**라고 부른다) 이 그림들이 르네상스부터 많은 서양의 예술가들이 추구한 것처럼 미적 즐거움을 주기 위한 용도로 그려졌다고 생각할 수는 없다. 동굴 벽화에 다양한 이미지들이 그려진 것으로 보아 최근의 인간의 예술이 그렇듯이 구석기 시대에도 그림들에 몇몇 기능이 있었던 것으로 보인다. 이 이미지들은 매우 자연주의적인 것에서부터 환상적인 것, 그리고 추상적인 무늬까지 다양하다. 그래서 이들이 단지 시각적 기쁨("예술을 위한 예술Art for art's sake")을 위해 그려졌다는 견해는 받아들이기 힘들다. 비교적 접근하기 어려운 장소에 있다는 사실은 이것들이 공동체 안에서 어떤 종교적인 역할을 했을 가능성을 훨씬 높여 준다. 어쩌면 주술을 수행하는 데 필요했을지도 모른다. 몇몇 추상적인 묘사들은 주술사들이 정신적 무아지경의 상태에 빠져 있는 모습을 연상시킨다. 이들의 모습은 주요 동굴들의 이미지들에서 많아야 10퍼센트를 차지할 뿐이지만, 대중 의식儀式은 자연주의적인 이미지들 근처에서 그림을 그릴 때와 마찬가지로 횃불을 켜 놓고 행해졌을지도 모른다.[3]

그림의 주요 기능이 사냥꾼들이 그림에 표현된 동물들을 사냥하는 데 도움을 주기 위한 것이라고 믿었던 시기가 있었다. 이를 **공감 주술**sympathetic magic*이라고 한다. 남아 있는 뼈들을 조사한 결과 그림에 나타난 몇몇 동물들은 먹잇감이 맞았다. 그러나 이 견해를 부정하는 두 개의 주장이 있다. 먼저 서로 다른 동물들이 그려진 이미지 비율이 식량을 얻기 위해 사냥했던 각 동물의 추정치와 일치하지 않는다. 이런 불일치는 그림이 사냥을 지원하기 위한 기능을 했다는 주장에 배치된다. 두 번째는, 예를 들면 사하라 사막 이남의 아프리카에서 발견된 훨씬 이후에 그려진 많은 암석화와는 다르게 동굴 벽화에서는 사냥꾼의 모습이 거의 보이지 않는다는 점이다. 아프리카 암석화조차 사냥의 성공률을 높이기 위한 공감 주술의 목적을 가지고 그려졌는지 분명하지 않다. 그러나 이런 그림들에서 사냥꾼들의 모습이 높은 빈도로 등장한다는 사실로 미루어 보아 이것이 그림의 기능들 중 하나였다고 추측해 볼 수 있다.[4]

이 논의의 요점은 인간의 얼굴은 보이지 않는 반면에 동물의 얼굴은 자주 등장한다는 것이다. 물론 인간 얼굴의 부재가 인간의 얼굴을 인식하

---

* 어떤 사물·사건 등이 공감 작용에 의하여 떨어진 곳의 사물·사건에 영향을 미칠 수 있다는 신앙을 바탕으로 한다.

지 못했거나 관심이 없었다는 의미는 아니다. 이들은 현대인들과 마찬가지로 동료들의 얼굴과 표정에 주의를 기울였으며, 자신들이 이런 행동을 하고 있다는 사실을 어느 정도 자각하고 있었다. 그러나 유럽의 구석기 시대 동굴 예술가들이 속했던 부족 사회에서 이런 얼굴 의식은 앞서 주장했듯이 현대인들보다 일반적으로 그 수준이 낮았다.[5]

한편 인간의 모습들 중에서 구석기 시대에 흔하게 표현되었던 한 가지가 있다. 이 모습은 유럽과 아시아의 많은 지역들에서 발견되었으며, 고고학 기록에서는 약 4만 년 전에 처음으로 등장한다. 이들은 그림이 아닌 돌 조각상으로 여성의 모습, 특히 대부분이 임신한 여성의 모습을 하고 있다. 이 조각상들에 "비너스"라는 명칭이 붙여졌지만, 이 명칭과 어울리는 고전적인 그리스 여성의 아름다움과는 거리가 있다. 학계에서는 여성들이 이런 조각상들을 행운의 부적처럼 사용했다는 데 의견을 모은다. 다시 말해, 생식력을 높이고 성공적인 임신을 위해 행운의 부적처럼 몸에 걸치거나 휴대하고 다녔다고 본다. 그러나 가장 눈에 띄는 특징은 다산을 상징하는 풍만한 몸이 아닌 얼굴의 부재다. 실제로 많은 조각상들에서 머리는 거의 형체만 있을 뿐이다. 이 조각상들에서 가장 강조되는 부분은 여성성이다. 물론 이 규칙에도 예외는 존재한다. 다양한 돌과 매머드 상아를 깎아 만든, 인간의 얼굴을 보여 주는 몇몇 조각상들이 있으며, 이들은 주로 일부 아시아 유적지들에서 발견되었다. 그러나 눈과 코, 입을 대략적으로 표시해 놓은 정도라서 개성이 없고, 그나마도 구석기 시대의 조각상들 중에서 소수에 지나지 않는다. 이번에도 역시 구석기 시대의 유럽과 아시아에서 인간의 얼굴이 큰 관심의 대상이 아니었다는 인상을 떨쳐 버릴 수 없다.[6]

인간이 거주했던 다른 지역들은 어떨까? 아프리카나 호주, 미국은? 지금까지 남아 있는 이들의 예술품들로 판단했을 때 이 지역 사람들이 유럽의 동굴 예술가들보다 인간의 얼굴에 더 관심이 많았다고 말할 수 있을까? 농업의 발달로 구석기 시대가 대략 1만 년 전에 끝날 때까지 이 지역들에서는 구석기 시대가 유럽과 중동보다 훨씬 더 오랫동안 지속되었다. 이 시대는 유럽과 아시아에서 금속을 사용했던 문화에 선행했던 신석기 시대로 이어졌다. 아프리카와 호주, 미국에서 구석기 시대가 더 오래 지속되기는 했지만, 이런 지역들 중 어느 곳에서도 예술적인 정교함 측면에서 유럽의 동굴 벽화와 같은 작품들은 존재하지 않았다. 적어도 현재까지 남아 있는 것은 없다. 그러나 암석화는 아프리카와 호주 곳곳에서 발견된다. 이들은 유럽의 동굴 벽화와는 다르게 동굴 밖이나 인적이 닿기 힘든 공간에 그려졌고, 그래서 비바람에 더 쉽게 노출되었다. 그리고 그 결과 다수가 특히 몇몇 아주 오래된 것들은 사라지고 없다. 지금까지 살아남은 것들에는 동물과 사냥꾼의 모습이 담겨 있다. 예를 들어 현재의 짐바브웨에서 발견된 그림에는 인간의 모습이 지배적이다. 그러나 상당히 대충 그려진 경향이 있으며, 성별을 구별하게 해 주는 특징(남근과 가슴)들로 남성과 여성을 알아볼 수 있을 뿐 머리나 얼굴의 세부 묘사에는 주의를 기울이지 않았다. 다양한 인간의 활동과 상황에 대한 묘사가 풍부하다는 점도 독특하다. 동물들은 유럽의 동굴 벽화에 버금가는 솜씨로 그려졌지만, 3차원적이지는 않으며 얼굴의 세부 묘사도 찾아볼 수 없다. 이런 암석화들은 연대를 추정하기가 어렵다. 그러나 (방사성 탄소 연대 측정이 가능한) 숯이 섞인 재료를 색소로 사용한 아프리카의 몇몇 암석화들의 연대를 측정할 수 있었고, 이들 중에서 오래된 그림이 그려진 시기가 5천 년에서 1만 3천 년 전 사이라는 결과를 얻었다. 이는 명백하게 고대 예술의 형태라고 할 수 있다(주 4 참조).

아프리카에서 예술은 수천 년간 문화적 현상으로서 상당히 안정적으로 이어져 내려왔고, 인간의 얼굴을 포함하지 않은 채 지속되었다. 인간의 얼굴은 1천 년에서 2천 년 전에 아프리카 예술품들에서 등장하기 시작했고, 그림이 아닌 주로 나무나 돌을 깎아 만든 조각들이었다. 이 기간은 중동과 유럽에서 역사가 문서로 기록된 기간의 범위에 포함된다. 이 작품들이 만들어진 시기가 비교적 최근이라고는 해도, 유럽인들이 이 지역에 도착하기 한참 전이었으므로 이들을 만든 사람들은 아프리카 토착민이었다. 그러나 이들은 여전히 (문서로 기록되지 않은) 아프리카 토착민들의 역사에서 뒤늦게 등장한 예술품이었다.

누군가는 이런 질문을 할지도 모른다. 예술에서 나타나듯이 얼굴을 최초로 의식하게 된 시점은 언제였을까? 분명한 사실은 어느 날 갑자기 등장하지도, 특정한 시기가 존재하지도 않는다는 것이다. 지역별로 시기는 다양하지만 한 가지 일반적인 현상으로 중동이든 유럽이나 아시아, 아메리카든 상관없이 주요 문명이 시작될 때마다 이를 보여 주는 다량의 예술 작품들이 존재했다. 그리고 이에 따라 인간의 얼굴을 묘사하는 빈도도 훨씬 많아졌고, (흔히 신을 나타내는) 동물의 얼굴도 흔해졌다. 그러나 이런 문명들의 초기 예술에서 얼굴을 중심으로 하는, 현대적 의미에서 초상화와 같은 작품은 없었다. 적어도 내가 아는 한 그렇다. 초상화 기법은 이후에 등장했으며, 그것도 모든 초기 주요 문명에서는 보이지 않았다. 더 나아가 중앙아메리카의 아즈텍과 마야 문명에서 얼굴은 평범한 인간의 것이 아닌 인간과 뚜렷하게 닮은 모습을 한 신과 같은 존재의 것이었다.

얼굴은 전신 조각의 일부로서 처음 묘사되었고, 이집트 초기 문명, 특히 지금으로부터 대략 4천5백 년에서 3천5백 년 전에 존재했던 고왕국Old Kingdom에서 시작되었다. 얼굴을 묘사하는 이집트 초창기의 예술 작품은 파라오와 그의 부인, 하인, 신(변함없이 반인반수의 모습을 하고 있다)에 초점을 맞췄고, 이런 경향은 약 2천6백 년 전에 신왕국New Kingdom이 막을 내릴 때까지 고대 이집트 전반에 걸쳐서 이어졌다. 이런 얼굴들은 일정한 양식을 따랐고, 옆모습을 하고 있으며, 전체 모습의 일부만 묘사되었다. 그러므로 이들은 초상화적인 특성을 가지고 있다고 할 수 없다. 그러나 이들의 얼굴에서 흔히 개성이 엿보이기도 했다. 실제로 몇몇 초창기 예술품들은 유명한 동상인 「앉아 있는 서기관sitting scribe」처럼 얼굴에 명백한 개성이 드러나는 평범한 사람들의 모습을 보여 준다. 이 동상은 현재 프랑스 루브르박물관에 전시되어 있다(사진 20).

서력기원이 시작되고 3백 년이 지나지 않아 등장했던 알렉산드리아 시대와 로마가 이집트를 점령했던 시기의 뒤를 이은 시대에서 얼굴에 대한 관심은 완전히 의식적이고 뚜렷해졌다. 서력이 시작되던 때쯤(대략 2천 년 전)에 부유한 알렉산드리아인들은 자신의 초상화를 자신들의 관에 부착했다. 이는 문화적으로 개인의 초상화를 광범위하게 활용한 세계 최초의 사례일 것이다. 초상화는 왕실 소속의 특별한 예술가가 아닌 일반 장인들에 의해 제작되었고, 대부분 그림에서 개인의 신체 특징이 굉장히 섬세하게 묘사되었으며, 대개 표정을 짓고 있는 것처럼 보이기도 한다(사진 21과 사진 22). 그러므로 서력이 시작되기 대략 2천 년 전부터 처음에는 조각으로 시작해서 이후에는 그림으로까지, 개인의 모습과 때때로 이들의 얼굴 표정까지 보여 주는 예술적 묘사가 있었다고 할 수 있다.

단순히 인공 유물들로 얼굴 묘사와 문명의 출현 사이의 관계를 확인하는 일은 가능하다. 각각의 문명들마다 상당한 유적들을 남겼고, 이에 따라 고고학적 증거들이 더 광범위하게 남아 있다. 그 결과 문명이 탄생하기 이전의 정착지들에서 나온 것들보다 더 많은 종류의 유물들이 보존되었다. 여기에는 더 부패하기 쉬운 물질로 만들어진 것들도 포함된다. 그러나 이것만으로는 설명이 부족해 보인다. 나는 문화가 지속적으로 성장했던 인간 정착지에서 더 많고 다양한 사회적 접촉이 발생했으며, 그 결과로 사회적 정보 교환을 위해 일반적인 얼굴 인식이 증가했다고 생각한다. 이런 인식이 결과적으로 일부 예술가와 장인들이 얼굴을 묘사하는 작업에 더 관심을 가지게 만들었을 것이다. 엄격한 사회 구조를 가진 이런 초기 문명들이 아무리 계급적이고 억압적이었다고 해도 초기 문명들은 필연적으로 사람들에게 자신의 존재가 사회적 역할에 의해서만 정의되지 않고 개인마다 나름의 개성을 가진다는 인식을 심어 주었다. 타인의 얼굴에서 개인차를 깨닫는 능력은 사람을 개별적으로 인식하는 감각의 부산물이자 기여자였을 수 있다.[7]

문명의 출현과 함께 인간의 얼굴에 대한 관심이 증가한 이유를 기술 발전에서 찾아볼 수도 있다. 금속을 다루는 새로운 기술을 가진 초기 문명들에서 사물을 더 잘 비추는 매끄러운 표면을 가진 물체를 사용하기 시작했을 것이다. 타인의 경우 쳐다보는 것만으로도 얼굴을 완전히 인식할 수 있지만, 자신의 얼굴을 알기 위해서는 모습을 비추어 볼 수 있는 무언가가 필요하다. 물에 비친 자신의 이미지를 볼 수도 있지만, 예를 들어 수렵·채집인들이 나르키소스처럼 자신의 모습을 물웅덩이나 연못, 호수에 비춰 보며 많은 시간을 보냈다는 증거는 없다. 현대 사회에서는 자신의 이미지를 볼 수 있는 거울과 같은 표면이 넘쳐나면서 자신의 얼굴을 더 쉽게 이해할 수 있게 되었다.

정량화할 수는 없지만 얼굴 의식은 지역과 시대마다 다양했고, 과거에도 그리고 현재에도 인간 사회에서 더 큰 부분을 구성하는 가난한 사람들보다 소수의 부유한 사람들 사이에서 더 보편적이었다. 사회가 번영하고 더 많은 사람들이 빈곤에서 벗어나면서 자신과 타인의 얼굴 의식은 더욱 성장하고 퍼져 나갔다.

얼굴의 미래:
1. 더욱 세계화되는 인간의 얼굴

작고한 미국의 아마추어 철학자 요기 베라Yogi Berra*가 말했듯이 "예측은

• 뉴욕 양키스의 전설적인 야구선수로 감독 시절에 요기즘Yogism이라 불리는 많은 명언을 남겼다.

어렵다. 특히 미래에 대한 예측은 더욱 그렇다." 더 먼 미래를 상상할수록 그 상상이 빗나갈 확률도 더 커진다. 그러나 자칭 예언자들이라고 하는 사람들에게 예언이 실패해 창피를 당하게 되는 날이 와도 자신은 이미 이 세상 사람이 아닐 것이라는 사실은 위안이 된다. 그리고 이들의 예언은 분명히 사람들의 뇌리에서 잊힐 것이다.

걱정을 없애 주는 이런 생각을 마음에 품고 인간 얼굴의 미래를 예측해 보자. 미래를 예측하기 위해 먼저 인류에게 미래가 있다는 가정을 하겠다. 다시 말해 자연재해든 세계적으로 서로 맞물려 있는 여러 가지 인재든 무엇으로도 인류의 멸종을 앞당기지 않는다는 것이다. 인간 얼굴의 미래에 초점을 맞추기 위해 시작 단계에서 떠오르는 질문에 집중해 보자. 정신 상태와 행동이 과거에 인간의 얼굴 진화에 영향을 주었다는 점을 감안할 때 현재 실질적으로 전 세계적인 현상인 얼굴 의식이 미래에 인간의 얼굴에 영향을 줄 것인가?

분명한 점은 얼굴 의식이 사람들의 얼굴에, 얼굴을 위해, 그리고 얼굴로 무엇을 하는지에 영향을 미치고 있다는 것이다. 이는 단지 전통적인 화장이나 얼굴 문신과 코와 입술에 금속 장신구를 하는 행위에 그치지 않고 미용 목적으로 성형 수술을 하는 더 극적인 행위도 포함한다. 얼굴 생김새를 바꾸기 위해 북아메리카와 유럽의 수백 만 사람들이, 그리고 아시아와 남아메리카에서 점점 더 많은 사람들이 이 기술의 혜택을 받고 있다. 20세기 중반에 성형 수술은 코 형태를 바꾸는 것에 특히 주로 젊은 여성들의 "코 수술"에 집중됐다. 그러나 이제는 남녀노소 할 것 없이 눈과 턱의 모양을 바꾸기 위해서도 사용된다. 이 외에도 다른 기술들(예를 들면 지방 흡입술 등)이 입술을 더욱 도톰하게 만들어 주는 데 활용되기도 한다. 이런 모든 방법들이 얼굴 생김새에 미치는 영향은 미묘하거나 혹은 뚜렷할 수 있지만 어느 경우든 언제나 모습에 변형을 가져온다. 더 극적인 사례로 지난 10년간 심각한 외모 손상으로 고통을 받았던 몇몇 사람들이 얼굴 이식 수술을 받기도 했다. 그러나 새로운 얼굴로 살아가는 사람들에게 미치는 심리적 효과를 비롯해서 이 기술이 가진 영향력을 확인하기에는 아직 이른 감이 있다.

지구상에서 동물이 서식한 5억 년 이상의 기간 중에서 인간은 자신의 매력을 높이기 위해 얼굴에 물리적인 변화를 가한 최초의 동물이다. 그러나 얼굴을 손보는 행위를 통해 얻은 변화는 어느 것도 자손들에게 전달되지 않기 때문에 직접적인 진화적 결과를 가져오지 못한다. 진화적 관점에서 보면 모든 형태의 얼굴 장식과 성형 수술, 얼굴 이식은 막다른 골목과 다름없다. 그렇다면 유전자 치료는 어떨까? 미래의 세대들을 바꾸기 위한 **생식 세포**의 변형이 일으킬 윤리적인 문제는 차치하고 이 기술은 초반에 예상했던 것보다 실행으로 옮기기에 훨씬 까다롭다. 결과적으로 이 기술은 처음 계획했던 것보다 적용 범위가 훨씬 제한적이다. 더 나아가 의도적으로 유전자를 변형해 얼굴을 바꾸는 작업에는 고도로 발전된 신뢰할 수 있는 기술뿐만 아니라 (조만간 논의하게 될) 현재 가지고 있는 얼굴에 대한 유전학 지식보다 훨씬 방대한 지식이 필요하다. 마지막으로 이런 전제 조건들이 수십 년 안에 해결된다고 해도 이 기술의 혜택을 받는 사람들은 전체 인류의 극소수에 지나지 않을 것이다. 진화상으로 미래에 영향을 주기에는 너무 적은 수이기 때문에 유전자 치료가 인간의 얼굴에 진화적 변화를 가져올 가능성은 매우 낮다.

그렇다면 진화적 관점에서 얼굴의 미래에 영향을 줄 수 있는 요소에는 무엇이 있을까? 전 세계적으로 일어나고 있는 한 가지 주요 현상을 들 수 있다. 바로 세계화. 세계화는 주로 경제적 측면에서 중요하게 논의되지만, 상품과 금융 자산의 이동뿐만 아니라 사람의 이동도 포함한다. 그리고 사람들은 새로운 지역으로 이주하면 흔히 그 지역 사람과 결혼하거나 최소한 이전에 살던 곳에서 만난 사람들과는 다른 얼굴을 가진 이성과 교제한다. 이 같은 상호작용은 인구학적 측면에서뿐만 아니라 신체와 문화에도 중요한 영향을 미친다. 이런 현상을 단적으로 보여 주는 사례가 베트남인과 미국인 사이에서 태어난 수많은 혼혈 자손들이다. 1963년에서 1972년 사이에 엄청나게 많은 미국 군인들이 베트남으로 유입되면서 뒤따른 결과다. 현재 수많은 사람들이 고국을 떠나 새로운 지역으로 흩어지면서 세계화는 전 세계적 현상이 되었다. 그 결과로 다수의 외국인들을 받아들이는 많은 국가들에서 민족적 동질성이 줄어들고 "인종적" 구성이 훨씬 다양해지고 있다. 또 서로 다른 민족 기원을 가진 사람들이 만나면서 필연적으로 자손들의 모습도 더욱 각양각색이 되었다.

실제로 이런 세계적 멜팅 포트 현상melting pot phenomenon*은 아프리카를 떠난 개척자들과 이들의 후손들이 지구 곳곳에 퍼져 나가면서 지난 5만 년간(대략 2천 세대에 걸쳐) 일어났던 유전적 다양성의 과정을 뒤바꾸었다. 이를 "인종적 역逆다양화racial de-diversification"라고 할 수 있겠다. 만약 모든 사람들이 무작위로 짝짓기를 하고, 현재의 모든 "인종" 집단들의 상이한 유전적 특징이 근본적으로 아프리카를 떠난 이주자들의 유전적 특징의 일부를 이어받은 것이라면 이런 현상을 통해 원래의 아프리카 이주민들과 유사한 얼굴로 되돌아갈 수 있을지도 모른다. 물론 현실적으로 이 정도까지 균질화될 가능성은 매우 희박하다. 게다가 현대의 인간에게 전해진 유전적 유산은 조상의 유전자에서 단순히 분리되기만 한 것이 아니다. 최초의 아프리카 탈출이 있고 6만 년 이상의 시간이 흐르면서 상이한 얼굴 특징과 형태에 영향을 주는 새로운 대립유전자들이 생겨났다. 마지막으로 가장 중요한 점은 현재의 다양한 "인종" 집단들 사이에서 초기에 아프리카를 떠난 이주민들의 유전적 유산의 비율이 다르며, 또 이 비율이 상이하게 확장되었다는 것이다. 특히 얼굴 유형이 7만 2천 년에서 6만 년 전에 아프리카를 떠난 개척자들과 판이하게 다른 상이한 아시아 집단에

* 여러 인종이나 문화, 민족 등이 융합되는 현상

서 더욱 두드러진다. 그러므로 완벽한 세계적 균질화가 발생한다고 해도 인간의 얼굴은 옛 아프리카 조상들의 모습으로 돌아가기보다는 아시아 인에 더 가까운 생김새를 보이게 된다. 이 같은 세계적 균질화가 중·단기 간 안에 일어날 가능성은 거의 없기 때문에 인간의 얼굴은 더 일반적이고 포괄적인 방향으로 발달하게 된다. 개인의 얼굴 차이를 가져오는 집합적 인 유전적 유산은 줄어들지 않으면서 상이한 민족 집단의 이런 차이들을 만드는 표현형 요소는 감소한다.

결국에는 이것이 인간의 아름다움에 대한 생각에 흥미로운 변화를 가 져올 것으로 예상해 볼 수 있다. 성선택에 의해 "인종의" 다양화가 발생했 고, 특히 생김새가 다양해지면서 지역마다 아름다움에 대한 생각에 차이 가 생겼다는 다윈의 관점을 상기해 보자. 그의 생각대로라면 16세기 이후 로 다른 인종 집단들 간에 접촉이 생기면서 사람들은 자신들이 선호하는 모습과 다른 모습을 한 "상대편"과 대면했을 때 불쾌감을 느끼며 몸을 움 츠렸을 것이다. 그리고 이런 모습은 양쪽 집단 모두에서 일어나는 경우가 흔하다. 결국 이 불쾌감은 특히 유럽과 동아시아에서 인종 차별주의가 발 생하는 데 기여했을 것이다. 그러나 현대 사회에서는, 그중에서도 대도시 에서는 상이한 "인종" 집단에 속하는 사람들이 점점 더 빈번하게 마주치 고 있다. 그 결과 "상대편"에 더 이상 이질감을 느끼지 않고 서로를 "우리 중 한 사람"으로 받아들인다. 그리고 미국과 영국의 젊은이들에게서 볼 수 있듯이 "혼혈"이 된다는 것은 오명에서 벗어나 자부심의 원천이 될 수 있다.[8]

심지어 언어에서도 이런 태도의 변화가 반영된다. 상대를 멸시하는 의미를 담은 **"잡종"**이라는 케케묵은 표현이 한 예다. 이는 다른 인종 간의 "뒤섞인" 결혼으로 태어난 아이들을 지칭하는 말로 사용되었다. 이 단어 는 서구 사회에서 한 세기가 넘게 그리고 1950년대에 많은 작가들에 의해 아무렇지도 않게 사용되었다. 그러나 오늘날 이 단어를 사용하는 일은 상상도 할 수 없다. 단지 인종 차별적이기 때문만이 아니라 정상에서 벗어나 예외적이라는 의미를 내포하기 때문이다. 혼합된 인종의 혈통을 가진 사람들이 점점 더 많아지면서 서로 다른 인종 간의 결혼과 이들 사이에서 태어난 자손들은 더 이상 예외적이지 않다. 더 나아가 점점 더 많은 이런 자손들이 눈에 띄고 영향력 있는 위치로 올라가고 있다. 가장 대표적 인물이 미국의 버락 오바마 전 대통령이다. 이 외에도 영화계나 스포츠계를 포함해 세상의 모든 분야에서 셀 수 없이 많은 혼혈인 스타들과 전문가들이 활약하고 있다. 남녀 할 것 없이 이들은 신체적으로도 건강할 뿐만 아니라 다른 어떤 집단과 비교해도 지능과 능력 면에서 부족함이 없다. 현재 우리가 알고 있는 유전적 지식으로는 이와 다른 결과를 예측할 수 없으며, 이는 모든 주요 "인종" 집단들이 유전적으로 밀접하게 관련이 있음을 보여 준다.

여기서 다시 아름다움과 "인종"에 대한 다윈의 생각을 떠올리게 된다. 흔히 "모든 정치 문제는 지역적이다"라고 한다. 이와 유사하게 다윈의 주장처럼 상이한 지역에서 미美에 대한 상이한 기준이 만들어졌기 때문에 수만 년간 미적 감각도 역시 지역적이었다고 할 수 있다. 그러나 미에 대한 지역적 차이는 오늘날 그 정도가 점점 줄어들고 있다. 혼혈인 사람들은 흔히 신체적으로 매우 매력적이다. 이는 유럽과 북아메리카에서 유럽인과 아시아인 사이에서 태어난 사람들을 통해 오래전부터 깨닫고 있었던 사실이다. 그리고 모든 "타 인종 간의" 결합도 마찬가지라는 점을 점점 더 많은 사람들이 받아들이고 있다. 아름다움에 대한 생각은 세계화와 대중매체에 의한 대중화에 영향을 받았다. 인간의 얼굴이 이런 변화들을 점점 더 많이 반영하게 되면서 최소한 인종과 관련해서 예상할 수 있는 더 나은 세상은 "인종적" 구분이 (그리고 인종 차별이) 거의 자취를 감춘 세상이다.

얼굴의 미래 :
2. 새로운 얼굴 유전학

얼굴의 미래를 이야기하면서 앞서 논의한 내용 외에도 과학적 설명이 추가될 필요가 있다. 그중에서도 특히 유전학적인 측면을 빼놓을 수 없다. 4장에서 얼굴의 차이를 가져오는 유전적 기반에 대해 논의했고, 여기서 이론상으로는 유전자들이 뚜렷한 효과를 가진 그다지 많지 않은 수의 대립유전자를 가진 것만으로도 비교적 소수의 유전들이 인간 얼굴의 엄청난 다양성을 구체화할 수 있다고 지적했다. 그러나 이것은 어디까지나 수치상의 주장일 뿐이다. 반대로 인간 얼굴의 다양성에 대한 유전적 기반에 수만 개의 유전자가 관여될 수도 있다. 어쨌든 대략 1만 8천 개의 유전자가 쥐의 얼굴 원기에서 발현되었고, 이는 인간의 얼굴 발달에 관여하는 유전자 개수와 유사하다고 여겨진다. 이론적으로 말해 이들의 전부 또는 다수가 형태의 세부 특징들을 포함해서 얼굴의 속성들에 영향을 주는 대립유전자 변이형을 가지고 있다.

얼마나 많은 유전자들이 얼굴의 다양성에 기여하는가에 대한 질문에 답하기 위해서는 실제 데이터가 필요하다. 최근까지는 이런 데이터들이 존재하지 않았다. 지금도 쉽거나 만만하지는 않지만 데이터들을 얻을 수 있게 되었다. 유전자들을 확인할 수 있는 새로운 방법들이 개발되었고, 연구가 충분히 확장된다면 질문에 답을 찾을 수 있다. 이런 모든 노력은 여전히 초기 단계에 머물러 있지만, 잠재력은 입증되었다. 질문의 답을 찾기 위해서 활용되는 접근법에는 뚜렷이 다른 두 가지 분야가 관여된다. 형태학과 유전학이다.

그러나 이 연구에 대해 논의하기 전에 다음과 같은 질문을 생각해 볼 필요가 있다. **상이한 얼굴 형질**을 정말로 증명할 수 있을까? 예를 들면, 그레고어 멘델의 완두콩 형질(노란색 대 녹색, 주름진 완두콩 대 둥근 완두콩, 백색 꽃 대 보라색 꽃)이나 혈액형(ABO와 MN 시스템)이 분명하게 구별되는 방식으로 특정한 유전적 차이들이 각각의 형질들의 기저를 이룰까? 이런 고전적인 형질들의 경우 시각적으로 다른 형질들을 **질적으로** 지정하는 특정 유전자들의 뚜렷이 구별되는 대립유전자들이 존재한다. 반대로 얼굴의 특징들은 **양적인** 것들로 보인다. 그러므로 코 크기나 모양, 눈의 중간점들 사이의 간격, 입술의 도톰함 정도 같은 형질 차이는 얼굴 특징들의 중간점들 사이의 거리와 관계가 있으며, 따라서 이들의 상대적인 비율과 관련이 있다. 컴퓨터 이미지 처리를 통해 한 얼굴을 다른 얼굴로 바꿀 수 있다는 사실은 얼굴의 형질들을 양적인 것으로 취급할 수 있음을 보여 준다. 일반적으로 분명한 유전적 기반이 있는 양적인 특징들의 경우 인간의 키나 달걀의 무게와 같은 이런 특징들의 특정 수치들은 근본적으로 교체가 가능한 수없이 많은 작은 유전자 효과들이 누적된 결과로 결정된다. 이때 이들이 어떤 유전자인가는 중요하지 않다. 이런 이유로 얼굴의 유전자 분석을 시도하기 전에 얼굴 형질들이 멘델의 법칙을 따르는지, 즉 대립유전자가 명확하고 선택적인 표현형을 만드는 유전자를 기반으로 하는지 또는 반대로 작은 효과를 가진 수없이 많은 유전자들이 양적으로 누적되어 나타나는지를 이해하는 것이 도움이 된다.

지난 수십 년간 이 질문에 대한 답을 줄 수 있는 발견이라고는 한 종류밖에 없었다. 완전히 입증된 증거도 아니고 세부 사항까지 보여 주지는 못하지만, 얼굴 특징들에 대한 분명하고 가시적인 대립유전자 효과를 가진 유전자를, 다시 말해 멘델의 법칙을 지지했다. 이것은 일반적으로 관찰되는, 앞서 언급했듯이 많은 아이들이 부모 중 한쪽의 얼굴 특징을 닮는다는 사실이었다. 대부분의 개별 특징들이 각각 미세한 영향을 미치는 대립유전자를 가진 수십에서 수백 개의 유전자를 기반으로 한다면 기대할 수 없는 결과다. 더 나아가 몇몇 사례들에서 별개의 단일 대립유전자로만 설명이 가능한 매우 특정한 얼굴 특징들이 존재하는 것처럼 보였다.

멘델의 우성 형질이 분명한 합스부르크 왕가의 주걱턱이 여기에 속한다. 새롭게 개발된 방법은 이런 관찰을 확정 짓고 일반화했다. 즉 얼굴은 미세하지만 뚜렷한 방식으로 형질을 변형시키는 각각의 유전자 효과들이 영향을 미치는 특징들로 만들어졌다.

얼굴의 차이를 만드는 유전학적 설명의 바탕이 되는 두 가지 방법들 중 첫 번째를 **기하학적 형태 분석**geometric morphometrics이라고 부른다. 지난 30년간 이전에는 질적이고 서술적인이었던 형태학 분야에 대변혁이 일어나면서 양적인 과학으로 전환되었다. 정교하고 까다로운 다양한 기술들로 구성되어 있지만, 일반적인 원칙은 단순하다. 물체들의 모양을 공간적으로 미묘하게 변화시킬 수 있고, 변화의 정도는 이미지들이 나타난 좌표 시스템에서 정확하게 측정할 수 있다. 그러므로 이 방법은 복잡한 모양들을 양적으로 다룰 수 있게 해 주고, 그래서 객관적인 비교의 대상으로 만들어 준다. 기본 원리는 한 세기 전에 영국의 박학다식한 학자였던 다시 톰슨D'Arcy Thompson 경이 처음으로 제안했다. 그의 전문 분야는 언어학과 수학, 물리학, 생물학 분야를 아울렀다. 생명체가 어떻게 특징적인 형태를 가지게 되는가에 대한 그의 유명한 저서 『성장과 형태에 대하여On Growth and Form』에서 톰슨은 형태 변화에 어떻게 양적으로 접근할 수 있는지에 대해 설명했다. 그는 먼저 두 개의 축이 있는 종래의 직교 좌표계Cartesian grid에 물고기를 그려 넣은 후 좌표계를 하나 이상의 방향으로 잡아 늘리면서 형태를 변형시켰을 때 동일한 물고기의 모습을 보여 주었다. 그 결과 특징적인 형태를 가진 또 다른 종류의 물고기가 만들어졌다(그림 9.2). 두 개의 물고기 모양은 동일한 지점들이 서로 다른 위치에 놓인, 공간적으로 서로 변형된 좌표계로 볼 수 있다. 그러나 톰슨은 이 방법을 동물들의 형태 차이를 실제로 측정하기 위해 사용하지는 않았다. 그의 아이디어가 실제로 활용되기까지는 1980년대 후반에 기하학적 형태 분석이 개발될 때까지 70년을 기다려야 했다. 그러나 톰슨의 통찰력은 형태

에서 드러나는 질적인 차이를 양적인 차이로 연구할 수 있게 이끈 결정적인 계기가 되었다.[9]

얼굴 차이에 대한 양적인 기하학적 형태 분석을 수행하기 위해서는 다음의 네 가지가 필요하다. (1) 측정하려는 얼굴에서 쉽게 확인할 수 있는 신체의 지점(랜드마크), (2) 모든 이미지들이 기본적으로 동일한 크기이거나 동등한 공간을 차지할 수 있도록 비교를 위해 얼굴의 이미지들을 표준화하는 방법, (3) 약 0.5밀리미터 내까지 랜드마크들 사이의 정확한 거리 측정, (4) 적절한 통계적 분석이다.

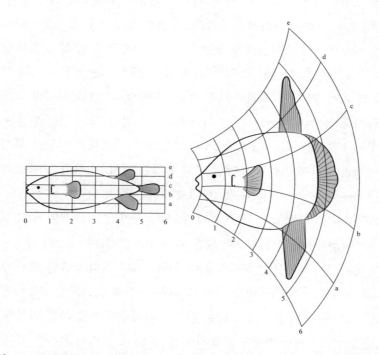

그림 9.2 톰슨이 제안한 직교 좌표계의 변형으로 물고기의 모양 변화시키기. 형태 변화에 대한 그의 생각과 설명은 생명체의 이 같은 변화를 수량화하는 중요한 초기 단계였다. 이 방법을 현재는 기하학적 형태 분석이라고 부르며, 상이한 유전자들의 영향을 받은 얼굴 특징들을 측정하는 필수적인 도구다(톰슨Thompson(1917)의 수정본).

'그림 9.3'은 얼굴에 랜드마크들을 표시한 이상화한 인간의 얼굴 모습이다. 각 지점들은 얼굴에서 쉽게 확인된다. 상이한 얼굴들의 이미지들에 동일한 랜드마크들을 정확하게 표시하고, 이미지들을 동일한 틀로 표준화한다. 이렇게 해서 서로에 대한 공간적인 위치가 정해지면 랜드마크들 사이의 거리를 특히 비교적 가까운 것들의 거리를 측정한다. (얼굴의 굴곡은 짧은 거리일 경우 심각한 문제가 되지 않는다. 최근의 몇몇 3차원 이미지 기술들을 사용해 가까운 랜드마크들까지도 더 정확하게 측정할 수 있다.) 개인 간에는 얼굴 형태에서 가시적인 차이가 존재한다. 그렇기 때문에 랜드마크들 간의 많은 차이들은 일란성 쌍둥이를 제외하고 사람들 사이에서 다르다. 일란성 쌍둥이들의 미세한 얼굴 특징 차이들은 이 방법으로 감지되지 않는다. 사람의 머리와 얼굴 크기는 전부 다르다. 하지만 이런 차이들은 이미지를 표준화하면서 제거된다. 이미지가 표준화된 상이한 얼굴에서 랜드마크들 사이의 거리 차이들을 측정하면 중요한 진짜 차이들을 발견할 수 있다.[10]

머리와 얼굴의 차이를 분석하는 데 있어 최근에 개발된 기술들이 가장 정확하지만, 70년 이상 된 방법으로 이런 차이들을 발견하고 측정할 수 있다는 것이 충분히 확인되었다. 더 나아가 개인들 간의 관계를 고려하면 측정치의 통계적 분석은 일란성 쌍둥이 얼굴의 유사성에서 예상되는 대로 이런 차이들의 강력한 유전적 기반을 보여 준다.[11]

얼굴 차이에 대한 신뢰할 만한 유전학적 설명을 발전시키기 위해서는 랜드마크들 간의 거리에서 구별 가능한 이런 차이들이 특정 유전자의 차이와 연관이 있는지 규명해야 한다. 예를 들어 유전 패턴이 단일 유전자의 대립유전자 차이의 유전 패턴과 일치하는 가족 내에서 랜드마크들 간의 거리에서 특징적이고 유전되는 차이가 발견된다면 관여된 유전자를 어떻게 확인할 수 있을까? 인간의 게놈에 2만 1천에서 2만 3천 개의 전통적인 (단백질 암호화) 유전자들과 (어쩌면) 수천이나 수만 개의 비전통적

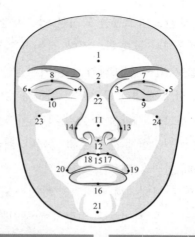

번호	축약어	명칭	번호	축약어	명칭
1	g	전두부 최전방점	13	alL	왼쪽 콧방울점
2	n	코 뿌리점	14	alR	오른쪽 콧방울점
3	enl	왼쪽 눈 앞꼬리점	15	ls	윗입술 최전방점
4	enR	오른쪽 눈 앞꼬리점	16	li	아랫입술 최전방점
5	exL	왼쪽 눈 뒤꼬리점	17	cphL	왼쪽 입술산점
6	exR	오른쪽 눈 뒤꼬리점	18	cphR	오른쪽 입술산점
7	psL	왼쪽 눈꺼풀 최전방점	19	chL	왼쪽 입꼬리점
8	psR	오른쪽 눈꺼풀 최전방점	20	chR	오른쪽 입꼬리점
9	piL	왼쪽 눈 밑 최전방점	21	pg	하악점
10	piR	오른쪽 눈 밑 최전방점	22	men	눈 앞꼬리 중간점
11	pm	코 끝점	23	zygR	오른쪽 광대뼈점
12	sn	코 밑점	24	zygL	왼쪽 광대뼈점

그림 9.3 유전적으로 지정된 뚜렷한 얼굴 특징들을 측정하기 위해 얼굴의 기하학적 형태 분석에 사용되는 얼굴 랜드마크의 일부. 상이한 랜드마크들 사이의 정확한 거리는 특정 유전적 변화들이 인간의 얼굴 특징들을 바꿀 수 있는가를 밝히기 위해 활용될 수 있다(패터노스터 외 Paternoster et al.(2012)의 수정본).

인(즉 비번역 RNA 산물 지정) 유전자들이 있기 때문에 이것은 불가능한 과제처럼 보였다. 그리고 실제로 게놈 전반에 걸쳐서 유전적 차이를 확인하는 고도로 정교한 기술이 개발되기 전까지는 그랬다. 이를 **전 게놈 관련 분석**genome-wide association study, GWAS이라고 하며, 얼굴 차이의 유전적 분석을 가능하게 해 준 두 번째 방법이다. 이 기술은 전체 게놈에 걸쳐서 DNA 염기 서열 내에서 **단일염기다형성**SNP을 감지하는 능력을 기반으로 한다. 단일염기다형성은 개체군에서 발견되는 전형적인 DNA 염기 서열에서 하나의 염기쌍 차이를 보이는 유전적 변이를 말한다. 이런 단일염기다형성은 사람들을 신체적·시각적으로 구별하는 유전적 차이를 가져오는 주요 근원이다.[12]

따라서 인간의 얼굴 차이에 기여하는 돌연변이를 가진 모든 유전자들의 경우 하나 이상의 단일염기다형성이 대부분의 경우에 대립유전자 차이의 근원으로 예상된다. 만약 특정 유전자 인근이나 내에 있는 특정 단일염기다형성을 (기하학적 형태 분석으로 발견할 수 있었던) 표현형의 얼굴 형질 차이와 연결시킬 수 있다면, 하나의 얼굴 다양성 유전자를 잠정적으로 확인할 수 있다. 인간의 게놈에는 2백만 개가 넘는 단일염기다형성이 존재하며, 이는 평균 약 1천5백 개의 염기쌍당 1개꼴이다. 그렇기 때문에 도전 과제는 쉽지 않다. 그러나 전 게놈 관련 분석은 높은 개연성을 가진 특정 유전적 차이를 유전적으로 지정된 특정한 얼굴 특징과 연결시킬 수 있게 해 준다. 이 방법이 가진 한계는 유전자와 통계상으로 밀접하게 관련된 특정 단일염기다형성이 실제로 그 유전자 내에 있는지를 증명해 주지 않는다는 것이다. 이를 입증하기 위해서는 단일염기다형성을 둘러싼 DNA의 염기 서열을 결정하는 상세한 과정이 요구되며, 단일염기다형성이 유전자 내에 존재하거나 조절 염기 서열regulatory sequence 인근에 있을 때에만 그 본질이 입증된다. 그러나 이런 증명 없이도 단일염기다형성과 유전적으로 지정된 형질 사이의 매우 큰 연관성은 둘 사이에 어떤 기능상의 관계가 있음을 보여 준다. 전 게놈 관련 분석으로 특정 표현형의 차이와 연관이 있음이 밝혀진 단일염기다형성은 흔히 단백질을 암호화하지 않는 유전적 조절 지역들에 있다.

현재까지 진행된 네 개의 연구들이 유용한 정보를 제공했다. 첫 번째 연구는 *PAX3* 유전자를 확인해 주었고, 이 유전자들의 몇몇 돌연변이들이 코 모양에 영향을 줄 수 있었다. 소닉 헤지호그SHH 경로의 하류인 이 유전자는 얼굴 융기에서 발현되고, **쌍 박스유전자**paired box(PAX) gene군에 속하는 전사 인자를 암호화한다. (기능상실 돌연변이가 체절에 인접한 쌍들에서 영향을 받는 초파리 유전자의 이름을 따서 명명했다.) 이 유전자는 앞서 쥐의 배아 발달에서 소개된 적이 있으며, 먼저 신경관에서, 그런 다음에 신경능선세포에서, 그리고 마침내 이런 배아들의 얼굴 원기에서 발현되었다. 또 *PAX3*은 돌연변이 쥐의 한 계통에서 얼굴의 형태에 영향을 주는 것으로 나타났다. 인간의 경우에는 어떤 *PAX3* 돌연변이들이 구개열의 일부 사례에 연관되어 있었다. 쥐와 인간의 정상적인 발달 과정에서 이 유전자는 초기 얼굴 발달에서 어떤 특정 시점이 되면 발현이 멈추지만, 만약 멈추지 않는다면 구개열이 발생한다. 정상적인 얼굴 형성에 기여하는 이 유전자의 역할은 15세 영국 백인 2,185명의 얼굴 이미지를 세밀히 측정하면서 밝혀졌다. 그 결과 *PAX3*과 관련된 두 개의 단일염기다형성을 확인했으며, 이들은 각각 코 높이(랜드마크 2와 12 사이의 거리, 그림 9.3 참조)와 돌출부(랜드마크 12와 11 사이의 거리)의 미세한 증가와 연관이 있었다.

두 번째 연구는 (다수의 구조와 형질들에 영향을 주는 증후군들의 더 광범위한 영향들과는 다르게) 특정한 결함인 구개열이나 구순열로 고생하는 사람들의 정상적으로 보이는 가족들에서 단일염기다형성을 찾는다. 이런 가족들에게 초점을 맞추는 이유는 간단명료하다. 특정 유전적 결함이 발현되어 표현형 결함을 가져오는지 아닌지와 그 영향이 얼마나 심각한지가 단일염기다형성과 다른 유전자들과 이들의 대립유전자들의 상호작용에 달려 있기 때문이다. 다시 말해 대립유전자의 **유전적 배경**을 밝히기 위해서다. 이런 이유로 정상으로 보이는 가족들에게도 이 증상을 일으키는 대립유전자가 존재할지도 모른다. 그 영향이 유전적 배경에 있는 다른 유전자들의 활동에 의해 약해졌을 수도 있으나 여전히 얼굴 형태에 어떤 (흔히 미세한) 영향을 주기에 충분한 힘이 있다. 구개열이 다른 많은 유전자들의 돌연변이 대립유전자에 의해 생성될 수 있기 때문에 이론적으로는 이 방법을 통해 이런 유전자들의 개수를 확인할 수 있다. 이 연구에서 두 유전자의 대립유전자들이 얼굴 형태에 영향을 주는 것으로 잠정적으로 확인되었다. 하나는 코의 너비에 영향을 주는 단일염기다형성과 연관이 있다고 밝혀진, 작은 **그렘린** 유전자군에 속하는 유전자인 *GREM1*이었다. 이 유전자들은 뼈 형성 단백질의 활동을 억제하면서 조절하는데, 이 단백질들 중 몇몇은 얼굴의 발생에 주요한 역할을 한다. 이 연구에서 발견된 두 번째 대립유전자는 더 먼저 발견된 더 강한 돌연변이로부터 두뇌의 신경아교세포에서 암을 유발하는 암 위험 요인으로 확인되었던 *CCDC26*이라고 불리는 유전자에 들어 있다. 이 대립유전자는 얼굴의 너비, 다시 말해 광대뼈 중앙 지점들 사이(랜드마크 23과 24 사이, 그림 9.3 참조)의 거리 증가와 연관이 있는 것으로 밝혀졌다.

현재까지 진행된 연구들 중 세 번째이자 가장 규모가 큰 연구는 거의 1만 명에 달하는 다섯 개의 상이한 유럽계 집단에 속하는 사람들의 여덟 개의 코호트cohort*를 대상으로 했으며, 이들의 얼굴 이미지들을 측정하고 전 게놈 관련 분석을 통해 DNA 염기 서열을 분석했다. 이 연구는 코 모양과 크기에 어느 정도 영향을 주는 다섯 개의 후보 유전자들을 확인했다. 이들 중 하나는 *PAX3*이었고, 이 연구로 얼굴 형태에 영향을 준다는 사실

---

* 통계적으로 동일한 특색이나 행동 양식을 공유하는 집단

을 확인했다. 이 밖에도 앞서 얼굴 형성에 관여되었던 다른 유전자들 중 두 유전자의 대립유전자들이 발견되었다. *PRDM16*은 발달하는 입천장 (구개)에서 발현됨이 밝혀졌고, 다른 유전자인 *TP63*의 돌연변이는 특정한 구강 안면 이형 증후군과 관련이 있었다. 나머지 두 개의 유전자들은 기본적인 세포 기능에 관여하며, 두개안면 형태를 만드는 데 어떤 역할을 하는지에 대해서는 확인된 바가 없었다. 이들의 활동에 대해서는 좀 더 연구가 필요하다.[13]

얼굴의 다양성에 영향을 주는 유전자에 대한 네 번째이자 가장 최근에 진행된 연구는 현재까지 가장 유용한 정보를 제공한다. 이 연구는 라틴 아메리카인 6천 명 이상을 대상으로 했다. 마찬가지로 이 연구에서도 얼굴의 다양성에 영향을 주는 유전자 다섯 개를 발견했지만, 앞서 소개한 유전자와는 다른 유전자들이다. 이들 중 네 개는 코 형태에 영향을 주는 변이들을 보여 주며, *DCHS2*와 *RUNX2*, *GLI3*, *PAX1*이 있다. 다섯 번째인 *EDAR*은 턱 돌출의 차이에 관여되었다. 쥐 연구로 판단컨대 이들은 모두 얼굴 발달에서 신경능선이나 신경능선세포 유도체에서 발현된다. SHH 경로의 주요 하류 유전자로 전사 인자를 암호화하는 *GLI3*은 특별히 주목할 필요가 있다. 그러나 다섯 개 모두 이들 유전자산물이 얼굴 발달에서 주요 역할을 담당하는 유전자들로, 인간의 얼굴을 다양하게 만드는 근원으로서 특별히 중요할지도 모른다는 제안과 부합한다. 더 나아가 네안데르탈인과 데니소바인 게놈에서 이들 중 세 개(*GLI3*과 *RUNX2*, *DCHS2*)가 발견되었고, 이들은 이런 게놈들의 변이형 특징들을 가졌으며, 이 두 집단들에서 선택이 일어났음을 알 수 있는 분자상의 흔적을 보여 주었다. 이는 세 개의 유전자들이 인간은 물론이고 호미닌들에서도 얼굴의 다양성에 중요한 역할을 했을 가능성이 있으며, 또 인간의 얼굴에 차이를 가져오는 선택이 실제로 일어났을 수도 있다는 것을 의미한다. 여기에 대해서는 조만간 다시 다루겠다.[14]

이런 연구들은 얼굴 다양성에 관여하는 유전자들을 확인하는 작업에 기하학적 형태 분석과 전 게놈 관련 분석을 결합하는 방식이 효과가 있음을 입증했다. 분석 대상으로 선택된 몇몇 유전자들은 앞서 발달하는 얼굴 원기에서 발현되거나 심각한 문제가 있을 경우 가시적인 두개안면 결함을 만드는 것으로 확인된 유전자들이었다. 두개안면 결함과의 관련성은 앞서 언급했던 온라인 멘델 유전 데이터베이스가 정상적인 얼굴에서 형태의 차이점들을 생성하는 데 관여하는 **몇몇** 유전자들을 찾기 위한 길잡이가 되어 줄지도 모른다는 견해를 뒷받침한다. 이에 못지않게 중요한 또 다른 결과는 척추동물의 얼굴을 만드는 데 관여되는 몇몇 주요 유전자들이 정상적인 인간 얼굴의 다양성에 기여하는 유전 변이의 장소이기도 하다는 사실이다. 4장에서 논의했던 시클리드의 턱을 포함해서 여기에는 얼굴 발달에서 주요한 역할을 하는 SHH 경로의 유전자들이 포함된다. 물론 이들 외에도 다른 많은 유전자들이 관여될 수 있다. 아직은 특정 유전자들과 연관 지을 수는 없지만, 기술 발달로 얼굴의 차이를 만들 가능성이 높은 수많은 다른 단일염기다형성을 확인하는 데 성공했다. 위에서 논의했던 첫 번째 연구는 쉰다섯 개의 이 같은 단일염기다형성을 추가로 확인했다. 이들 중 많은 부분이 특정 유전자를 조절하기 위해 먼 거리에서 작용하는 **시스** 조절 서열에 있을 수 있지만, 이런 단일염기다형성을 이들이 조절에 영향을 미치는 특정한 유전자와 관련짓는 작업은 만만치 않은 도전이다. 일부는 비전통적인 유전자, 즉 긴 비번역 RNA를 위한 유전자에 있을 수 있다. 언젠가 이들의 작용을 정확하게 확인하게 된다면 얼굴의 유전적 다양성 연구에 진정한 기여를 할 수 있을 것이다.

유전자와 얼굴이라는 주제를 마치기 전에 추가로 두 가지 측면에 주목해 볼 필요가 있다. 첫 번째는 **관상 유전학**으로, 유전적으로 생긴 얼굴 차이들이 성격 차이와 연관이 있는가에 대해 고찰한다. 두 번째는 얼굴 차이가 가지는 진화상의 중요성과 관련이 있다. 지금부터는 이 두 가지 측면에 대해 이야기해 보겠다.

얼굴로 성격을 예측할 수 있는가?

앞서 두뇌와 얼굴의 밀접한 관계에 대해 살펴보았다. 두뇌와 얼굴의 관계는 초기 발달과 초기에 발달하는 전뇌가 얼굴 원기의 발달을 어떻게 유도하는지와 관련이 있다. 1950년대 후반과 1960년대 초반에 비정상적인 얼굴을 가진 신생아 연구를 통해 이 같은 관계에 대한 최초의 단서를 얻을 수 있었다. 이 획기적인 연구는 두뇌 발달에서의 결함이 전전뇌증이라고 부르는 얼굴 기형의 원인임을 밝혀냈다. 연구 결과는 임상의학 분야에서 다음과 같은 속담을 낳았다. "얼굴로 뇌를 예측한다."[15]

오늘날 얼굴 유전학과 관련된 새로운 연구 덕분에 또 다른 질문이 등장했다. "얼굴로 성격을 예측할 수 있는가?" 이 질문은 사실 아주 오래전부터 존재해 왔으며, 관상학이라는 고대 "과학"의 핵심이었다. 관상가들은 이 질문에 대한 답을 찾기 위해 노력했고 예측할 수 있다는 결론을 내렸다. 오래되고 우여곡절이 많았던 관상학의 역사에서 항상 명확하게 구분되는 것은 아니지만 언제나 두 가지 다른 생각의 줄기가 존재했다. 하나는 얼굴 표정이 성격을 이해하는 열쇠라는 것, 다른 하나는 얼굴의 신체 특징이 성격을 예측하는 요소라는 것이다. 첫 번째는 반박하기가 힘들다. 일반적으로 많이 웃는 사람들은 늘 찌푸린 얼굴을 하는 사람들보다 더 행복하다. 이런 모습은 어디서든 흔히 관찰할 수 있다. 더 나아가 앞서 언급했듯이 사람들은 나이를 먹으면서 특유의 표정이 얼굴에 각인되는 경향을 보이고, 그래서 이런 표정에 부합하는 성격 특성들이 얼굴에 그대로 드러날 수 있다.

두 번째는 논쟁을 불러올 가능성이 훨씬 높다. 얼굴의 근본적인 구조적 특징(코 모양과 입 크기, 이마 높이 등)과 특정한 성격 특성 사이에 고유하고 명확하며 알아보기 쉬운 연관성이 있다는 것이다. 이 믿음은 일부 관상학 학파들의 핵심 주장이었고, 소위 말하는 삶의 지혜로 이어져 내려왔다. 예를 들면 이렇다. 통통하고 둥근 얼굴은 흔히 따뜻하고 친근한 성격으로 간주하는 반면, 좁은 얼굴은 보통 "야위고 굶주린" 모습으로 비춰지면서 신뢰할 수 없는 사람으로 받아들인다.[16]

이런 믿음은 관습적인 생각에 뿌리를 둔 것도, 평범한 사람들만의 생각도 아니다. 다윈의 사촌이자 그 당시 저명한 과학자였으며 빅토리아 시대 인사였던 프랜시스 골턴Francis Galton, 1822~1911은 명백한 범죄자의 얼굴이 있다고 믿었다. 그리고 그는 그때까지 어느 관상학자들도 시도한 적 없던 그 생각을 실험했다. 이미 알려진 범죄자들의 이미지들을 겹쳐서 얼굴 합성 사진을 만들었다. 만약 범죄자의 얼굴 특징이 정해져 있다면 합성한 사진에서 분명히 드러나면서 범죄자로 타고난 특유의 얼굴 유형이 밝혀질 것으로 보였다. 그러나 놀랍게도 합성된 이미지는 오히려 평범한 얼굴에 가까웠다. 신사답게 그는 자신의 생각이 틀렸다는 것을 인정했다. 그의 실험은 범죄와 관련된 한 가지 유형의 얼굴이 존재하지 않는다는 사실을 분명하게 보여 주었다. 많은 관상학자들을 실망시킨 사건은 이것이 다가 아니었다. 골턴의 실험이 실패로 돌아간 것에 더해 1929년에 윌리엄 그레고리는 자신의 저서 『어류에서 인간까지 우리의 얼굴』에서 마지막 장을 얼굴 유형과 성격의 관계에 할애했다. 이 장에서 그는 자기 자신의 머리와 얼굴의 다양한 특징들을 다양한 동물 조상들과 어떻게 연결시켰는지에 대해 유쾌한 농담조로 이야기했다. 그의 어조는 가벼웠고, 독자들은 그레고리가 이 주제를 진지하게 여기지 않는다는 것을 감지할 수 있었다.[17]

오늘날 이 질문이 다시 떠오르고 있다. 특정한 얼굴 특징이 특정한 성격 특성과 연관이 있는가? 얼굴과 얼굴 표정, 그리고 생물학에서 영향력을 넓히고 있는 유전학에 대한 일반적인 관심이 증가하면서 이 질문이 다시 재조명되고 있다. 실제로 이 질문에 대한 답을 찾기 위한 새로운 탐구는 유전을 배우는 단계였던 골턴과 유전학에 대해 잘 알고 있던 그레고리가 이해할 수 있는 정도를 넘어서는 차원의 유전학을 다룬다. 얼굴의 유전적 기반에 대한 높은 지식과 유전자가 발달에 기여하는 역할에 대한 폭넓은 정보를 가진 상태에서 이 질문을 현실에 맞게 바꾸어 보면 이렇다. 얼굴 형성에 도움을 주는 유전자 변이들이 성격 특성의 발달에 관여하는가? 만약 그렇다면 이들을 밝혀낼 수 있을까? 이것이 입증된다면 최소한 어느 정도까지는 얼굴로 성격을 예측하는 일이 가능해질지도 모른다.

현시대의 과학자들은 이 주제를 터무니없다고 생각하며 묵살했다. 이런 연관성에 대한 모든 전통적인 믿음에 예외가 너무 많기 때문이다. 예를 들어 대부분의 사람들은 (쾌활하지 않고) 심술궂은 과체중인 사람들이나 (못되지 않고) 친절한 마른 얼굴에 야윈 사람들, 화를 잘 내는 기질과는 거리가 먼 빨강머리의 사람들을 만난 적이 있다. 이런 이유로 이 같은 모든 연관성은 좋게 봐줘야 통계학적 가능성, 즉 **경향**에 지나지 않을 뿐 성격 특성이 유전적으로 확고하게 정해진 것이 아니다. 이처럼 예측에 의존하고 설득력이 부족한 연관성에 지나지 않는다면 이런 연관성이 전후사정에 크게 의존한다고 해서 이것이 완전히 터무니없다고도 해롭다고도 할 수 없다.

사실 얼굴의 특징과 성격 사이에 연관이 있다는 견해를 유전적으로 뒷받침해 주는 한 가닥 가능성 있는 이유가 존재한다. 동일한 유전자가 다수의 형질 발현에 작용하는 다면발현이라고 하는 현상이다. 앞서 SHH와 섬유모세포성장인자, Wnt 등이 관여되는 얼굴과 사지의 발달을 비교하면서 이 현상의 몇몇 중요한 사례들을 접한 적이 있다. 사실 유전자들이 조금 다른 목적을 위해 여러 용도로 활용되는 경우는 규칙이지 예외적인 현상이 아니다. 이런 현상을 얼굴과 성격의 특성들을 연결하는 데 적용할 수 있을지도 모른다. 다시 말해 얼굴의 발달과 두뇌의 신경 발달 모두에서 발현되는 특정한 유전자의 특정 대립유전자가 서로 연관된 방식으로 이런 발달 과정에 영향을 줄 수도 있다. 그러므로 편도체나 대뇌피질의 특별 연합중추* 같은 감정적 반응에 영향을 주는 두뇌 부위들에서 발현되는 유전자의 대립유전자가 야기한 신경 회로에서의 모든 변경은 얼굴 발달에 영향을 미치고 얼굴의 형태학적 특성으로 나타나게 된다. 이런 연관성들이 다소 약할 수밖에 없는 이유는 모든 유전적 영향에 작동하는 두 가지 때문이다. 두뇌 발달에 영향을 미치는 환경과 종종 이형 대립유전자의 영향을 조정하는 유전적 배경이다.

물론 이것은 추론을 바탕으로 한 주장일 뿐이며, 성격과 얼굴 모두에서 밀접하게 연관된 변화를 주는 특정 유전자의 이미 알려진 대립유전자가 있는지 생각해 볼 필요가 있다. 현재는 하나도 없는 상태다. 그러나 두 종류의 주요한 유전적 변형이 특징적이고 쉽게 알아볼 수 있는 얼굴과 성격 유형에 관계가 있다. 바로 다운 증후군down syndrome과 윌리엄스 증후군williams syndrome이다. 다운 증후군을 가진 사람들은 21번 염색체가 정상적인 개수에서 한 개가 더 많다(다시 말해 두 개가 아니라 세 개가 존재한다). 반대로 윌리엄스 증후군은 스물다섯 개 정도의 유전자를 가진 약 2백만 염기쌍의 미세하지만 무시할 수 없는 유전적 변형(이 경우 인간의 7번 염색체 일부의 결실)에 의해 일어나며, 반수체 부족haplo-insufficient 효과로 드러난다(다시 말해, 정상적인 7번 염색체와 짝을 이룰 때 발생한다). 두 증후군들은 뚜렷하고 상이한 인지 장애와 특징적인 얼굴과 성격 특성과 연관이 있으며, 이것이 두 증후군들에서 나타나는 증상이다.[18]

그러나 돌연변이 상태인 표현형의 정상(야생형) 형태의 유전자가 가진 정상적인 기능을 추론할 때 한 가지 기본적인 주의사항을 고려해야 한

• 1차 중추를 제외한 그 외의 신피질

다. 기능 상실과 관련이 있는 경우라면 특히 더 주의해야 할 필요가 있다. 이 관계는 매우 불확실하고 거짓 결론으로 이어지는 경우도 흔히 발생한다. 다운 증후군과 윌리엄스 증후군 모두에서 그렇듯이 다중 유전자와 이런 유전자들의 양적 변화가 관련되었을 때 이런 불확실성은 더욱 커진다. (다운 증후군은 염색체 수가 한 개 더 많기 때문에 기능 상실 장애로 분류하기에 애매한 면이 있을 수 있지만, 21번 염색체에서 유전자가 추가되면서 정상적인 기능을 방해하고, 이로 인해 활동이 감소될 수 있다.) 구개열과 구순열 증후군에서 보았듯이 심각한 기능상실 돌연변이와 관련된 더 극심한 증상은 특정 유전자 활동의 결핍 정도가 덜 심각하고 방식이 덜 극적이라고 해도, 동일한 과정들에 영향을 줄 수 있음을 암시한다.

아직까지는 특정 얼굴 형질 차이와 특정 유전적 차이, 특정 성격 특성들 사이의 연관성에 대해 비교할 만한 정보가 없다. 몇몇 연구진들이 이 문제에 관심을 가지고 예비 조사를 진행했다. 특정한 얼굴의 특징을 특정한 성격 특성과 연결시키기 위한 첫발을 내디딘 것이다. 이들은 안면 너비 대 높이의 비율facial width-to-height ratio, fWHR을 살펴보았다. '그림 9.3'에 표시된 랜드마크에서 광대뼈점들 사이의 거리 비율을 말한다. 즉 랜드마크 23과 24 사이의 거리 대 랜드마크 1과 15 사이의 거리의 비다. 간략하게 말해 남성의 안면 너비 대 높이의 비율이 더 높은 경향이 있다. 비율을 계산해서 얻은 값으로 남성다움을 측정할 수 있지만, 이것은 어디까지나 평균적인 차이라는 점을 짚고 넘어갈 필요가 있다. 측정된 값들 중에는 남성과 여성 사이에 겹치는 부분이 많이 있다.

이보다 앞서 fWHR 값과 혈액 속의 테스토스테론 수치를 연관시키려는 연구가 있었다. 이 연구는 fWHR 값과 테스토스테론 수치로 남성다움을 알 수 있다는 전제하에 진행되었고, 실제로 어느 정도 연관성이 있음을 발견했다. 더 최근의 연구들은 이 문제를 관상학의 영역으로 옮겨 놓았다. 몇몇 연구들은 통계적으로 유의미한 표준 척도 내에서 fWHR 값이 크면 공격성 증가와 신뢰성 감소, 더 공공연하게 편견을 표현하는 경향, 남을 속이는 행동에 가담하려는 성향을 보인다고 보고했다. 일부 여성들 중에는 "그럴 줄 알았어!"라고 외치고 싶은 사람이 있을지도 모르겠다. 그러나 이런 결과들은 신중히 다루어져야 한다. 연관성들에는 취약한 부분과 많은 예외적인 사례들이 존재하기 때문에 모든 결과들은 확인 절차가 필요하다. 더 나아가 성격 특성들 중 어느 것도 특정 유전자와 관련이 없다. 그러나 만약 심리적 특성에 대한 믿을 만한 척도를 측정할 수 있다면 가능한 후보 유전자와의 연관성도 측정할 수 있다. 얼굴 너비, 즉 광대뼈점들 사이의 거리는 하나의 유전자와 연관이 있음을 이미 보았다. $CCDC26$이다.

시간이 흐르고 유전적 데이터와 얼굴 형태 데이터가 축적되면서 더 발전된 "관상 유전학"을 기대할 수 있다. 그러나 이 분야가 주류로 편입되는 일은 없을 것이며, 그럴 만한 가치도 없다. 연관성은 언제나 통계적이고 잠정적이기 때문이다. 그러나 무엇이 얼굴에(그리고 개개인의 성격에) 차이를 만드는가에 대한 미래의 과학적 분석들 가운데 일부가 될지는 모른다.

인간의 얼굴 차이에서 진화적 중요성 : 새로운 연구

몇몇 주요 사항들을 간략하게 논의했듯이 인간의 얼굴에서 매우 흥미로운 특징 한 가지는 변이의 범위와 얼굴 차이의 정도다. 얼굴의 다양성을 인간과 가장 가까운 사촌인 대형 유인원과 공유한다는 사실은 얼굴의 다양성이 어떤 기능을 가지고 있고, 그래서 진화적으로 중요하다는 것을 의미한다. 우수한 근접과 중거리 시력을 가진 종에서 이런 다양성의 기능은 명확하다. 쉽게 그리고 흔히 즉각적으로 개체를 식별하게 한다. 개체를 신속하게 확인하기 위한 선택이 호미노이드 영장류에서, 그중에서도 인간에게 얼굴의 다양성을 만드는 기반이었을까? 이 가설이 가진 약점은 대부분의 형질 선택이 최적 값 주위로 몰리면서 값들의 범위를 좁힌다는 것이다. 그런데 어떻게 선택이 차이를 가져올 수 있겠는가?

사실 한 가지 유형의 선택이 차이를 촉진한다. 바로 **빈도역의존적 선택**negative frequency-dependent selection, NFDS이라는 조금 어색하고 난해한 이름이 붙은 선택이다. 알기 쉽게 말하면 흔하지 않은 변이를 선택하는 상황을 의미한다. 그저 다르다는 이유로 희소성을 가지는 개체들에게 이점이 있다는 얘기다. 이런 속성의 사례로는 다른 동물을 잡아먹는 활동에 대한 민감성 감소나 이성의 관심을 끄는 매력의 증가가 있다. (앞서 성선택에서 과장된 특징들의 매력에 대해 언급했었다. 이런 희귀한 특징들에 대한 빈도역의존적 선택은 이 과정의 일부일 것이다.) 빈도역의존적 선택은 자동으로 개체군에서 차이들이 영구적으로 유지되도록 촉진한다. 그러나 최근까지 이런 선택이 인간의 얼굴 차이에도 작용한다는 증거는 없었다.

2014년 후반에 발표된 연구는 이 견해를 어느 정도 뒷받침한다. 연구진은 미국 군대에서 얻은 데이터를 분석했고, 인간 얼굴의 차이 정도를 손과 같은 다른 신체 특징들을 동일 특징끼리 비교해서 얻은 차이와 관련시켜 측정했다. 이 분석은 인간의 얼굴이 몸의 특성보다 더 가변적이라는 것을 보여 주면서, 얼굴이 다른 신체 부위나 특성보다 더 개성을 부여한다는 주관적이고 일반적인 생각이 사실임을 확인해 주었다. 그런 다음에 연구진들은 얼굴의 다양성과 관련이 있는 단일염기다형성을 둘러싼 좁은 범위의 DNA에서 유전적 다양성의 양을 연구했고, 이들을 키와 연관이 있는 단일염기다형성과 중립적인 DNA 영역과 연관이 있는 다른 것들과 비교했다. 전체적으로 앞서 언급했던 연구들에서 얻은 59개의 얼굴

관련 단일염기다형성을 365개의 키와 관련된 단일염기다형성과 5천 개
로 추정되는 중립 단일염기다형성과 비교했다. 만약 빈도역의존적 선택
이 키 유전자나 중립 DNA 염기 서열이 아닌 얼굴 관련 유전자에서 적용
된다면 이들의 이웃하는 서열들은 이들과 관련된 DNA 염기 서열 다양성
이 더 많아야 한다. 몇 번의 측정을 통해 이것이 확인되었다. 얼굴과 관련
된 DNA 염기 서열은 유전적 다양성이 비교적 높은 구역이다.[19]

이 연구는 얼굴의 다양성이 큰 의미 없이 우연에 의해 생긴 인간의 특
징인 중립적인 형질이 아니라 짐작건대 막 시작된 사회적 상호작용에서
개체들을 쉽게 식별하기 위해 선택되었다는 생각을 뒷받침한다. 이론적
으로 이 같은 쉬운 식별은 다양한 종류의 사회적 상호작용에 도움이 되지
만, 연구에서는 어떤 것이 특히 더 중요한지는 밝히지 않았다. 그럼에도
연구 결과들은 인간의 얼굴이 사회적 상호작용을 거들기 위한 형태로 만
들어졌다는 이 책의 주요 논지에 신빙성을 더해 준다. 이 연구의 또 다른
결과도 추가적인 진화적 관점을 제공하기에 언급할 가치가 있다. 네안데
르탈인과 데니소바인 게놈에 있는 두 개의 얼굴 관련 유전자들과 이웃하
는 DNA 염기 서열들을 조사했을 때 이 염기 서열들은 현생 인류 DNA 염
기 서열 변이들의 일부분을 가지고 있었지만, 침팬지의 염기 서열과는 일
치하지 않음을 발견했다. 비록 두 유전자에 국한되기는 하지만 이런 결과
는 몇몇 인간 얼굴의 다양성을 만드는 유전적 차이들이 호미닌 계통으로
멀리 거슬러 올라가지만, 대형 유인원 계통으로 거슬러 올라가지는 않는
다는 것을 보여 준다. 그러므로 얼굴 다양성을 위한 선택이 고대 진원류
의 현상이기는 하지만, 특정 변이형들은 아주 오래되지 않았고 상이한 계
통들에서 따로따로 등장했다.

얼굴의 미래에 대한
가능성 있는 결론 두 가지

1~8장까지는 인간 얼굴의 지난 역사와 어떻게 지금의 모습이 되었는지에 초점을 맞추었다면, 이번 장에서는 미래 모습의 신체 특징과 과학적 탐구의 방향에 대해 살펴보았다. 이 장에서 언급했듯이 인간의 얼굴에 (오랜) 미래가 있는가는 우리가 인간 종으로서 무엇을 하는가에 달려 있다. 21세기가 내포하고 있는 모든 문제와 위험들은 대부분 인간 스스로가 만들어 내는 것이다. 그러나 나는 이런 모든 위험에도 불구하고 미래가 있다고 믿는다. 조심스럽게 낙관하는 이유는 멸종의 길을 걸은 모든 앞선 종들과는 다르게 인간은 우리를 멸종으로 이끌 상황에 대해 감지하고 있으며, 이런 운명을 피하기 위한 조치를 취할 수 있기 때문이다. 현재 인간과 지구상의 다른 복잡한 생명체들이 겪고 있는 많은 곤경은 다른 무엇도 아닌 인간의 집단지성collective intelligence 때문이다. 그러나 이와 동일한 집단지성이 인간이 스스로 멸종의 길을 걷지 않도록 필요한 지혜를 발휘하는 데 도움을 줄 수도 있다. 만일에 일어날 수 있는 최악의 사태에서 그리고 사실상 상상할 수 있는 모든 재난에서 운 좋게 살아남는 사람들이 생길 것이다. 그리고 이들은 자신들의 지능을 이용해 인류의 새로운 여정을 시작할 것이다.

인류에 미래가 있다는 가정하에 인간 얼굴의 미래에 대한 두 가지 합리적인 추론을 할 수 있다. 첫 번째는 미래에 인간의 얼굴이 점점 더 균질하게, 다시 말해 세계화된다는 것이다. 인류가 6만 년에서 5만 년 전에 아프리카를 떠나 흩어지면서 신체적으로 식별이 가능한 유형으로 나누어진 것처럼 지금 우리는 상이한 집단들을 합치고, 제거까지는 아니더라도 지역과 관련된 이런 차이들을 줄이는 과정에 있다. 이와 동시에 7만 2천 년에서 6만 년 전에 아프리카를 떠나 이주할 당시에는 없었던 새로운 대립유전자 차이들을 추가하고 혼합하고 있다.

두 번째는 (연구자의 관심과 과학계의 예측 불가능한 흐름, 적절한 수준의 자금에 의존하는) 얼굴 유전학이 계속 발달한다면 분명히 유익한 정보를 제공한다는 것이다. 이는 타당하고 안전한 예측이다. 얼굴의 중요성과 근본적인 흥미로움을 고려하면 얼굴의 유전적 기반은 호기심을 불러일으킨다. 이 분야가 발전하면서 특히 유전자 개수와 얼굴 형성에 영향을 주는 대립유전자 개수의 추정치를 얻을 수 있을지도 모른다. 더 나아가 인간의 두뇌와 얼굴 사이를 연결하는 유전적 기반이 더 많이 밝혀지고, 그 결과로 얼굴과 성격 사이의 연관성도 드러나게 될 것이다. 만약 이대로 된다면, 이렇게 얻은 지식은 그리스 관상가들이 꿈꾸던 것 이상으로 견고하면서도 훨씬 복잡하고 잠정적일 것이다. 결과적으로 이런 지식은 놀라운 사실들과 인간 존재의 기반에 대한 경이감을 확실히 더 깊게 할 것이다. 이는 얼굴 차이의 진화적 중요성에 대한 최근의 연구를 봤을 때 예상 가능한 통찰의 한 예다.

마지막으로 얼굴의 미래에 대한 한 가지 요점을 짧게 언급하고 마무리하겠다. 이 문제는 생물학적이 아닌 문화적인 현상이다. 얼굴로 개인을 매우 정확하게 확인하는 기술들이 현재 개발 중이며, 정부와 기업들이 이런 기술을 점점 더 많이 요구하고 있다. 수십 년 안에 지구상에서 사람들이 이주를 하면 이런 시스템을 통해 이들을 손쉽게 추적할 수 있는 가능성이 열려 있다. 이는 인간의 얼굴이 모두 다르기 때문에 가능하다. 만약 개성을 보여 주는 신분증과 같은 얼굴이 개성의 표출을 줄이기 위해 설계된 감시 시스템에서 활용된다면 이는 그 목적을 아무리 합리화한다고 해도 모순일 수밖에 없다. 이런 세상이 도래하기 전에 얼굴의 미래가 가진 이 특정한 측면에 대해 생각해 볼 필요가 있다.[20]

10장

인간의 얼굴 형성에서 사회선택의 역할

"완전한 기관",
인간 얼굴의 진화적 발생에 대해

1929년에 출간된 윌리엄 그레고리의 『어류에서 인간까지 우리의 얼굴』은 처음으로 얼굴의 진화를 다룬 책이다. 지금 이 책은 그레고리 저서 중 뒤늦게 출간된 속편쯤으로 볼 수 있다. 물론 문체와 강조점뿐만이 아니라 세부 내용에서 다른 저서들과 차이점들이 많다. 이 책은 생물학 분야에서 80년이 넘는 기간의 연구와 발견을 담고 있다. 과거와는 비교도 할 수 없을 만큼 정보가 확장되었고, 이에 따른 첫 번째 결과는 그레고리가 손에 넣을 수 없었던 많은 분야와 생각의 탐험이 가능해졌다는 것이다. 두 번째이자 우려되는 결과는 최종 결과가 주제의 경계를 훌쩍 뛰어넘으면서 오히려 독자들을 혼란스럽게 만들 수 있다는 점이다. 이런 이유로 이 마지막 장에서는 그동안의 이야기를 취합하고 중심 결론을 강조하면서 내용을 다듬어 보겠다.

인간 얼굴의 진화를 연구할 때 그 시작점을 어디로 잡아야 할까? 나는 이 질문을 이 책의 초반에 제기했고, 최초의 척추동물과 이들의 얼굴에서 시작해야 한다고 주장했다. 그러나 그간의 내용을 요약하면서 이 주장을 수정하겠다. 가장 좋은 시작점은 동물이 최초로 얼굴을 가지게 된 때보다 살짝 **전**이다. 5억 년 전에 먹이를 섭취하는 입을 가진 동물들이 존재했다. 그러나 입만 가지고는 얼굴이 완성되지 않는다. 모든 아이들이 알고 있고 현대의 이모티콘에서 볼 수 있듯이 얼굴에는 입 위로 두 개의 눈이 있어야 한다. 이런 이유로 절지동물과 두개동물 모두에서 입 위로 가까운 곳에 위치한 한 쌍의 눈이 진화하고 나서야 최초의 동물 얼굴이 탄생했다. 사실상 얼굴을 나타내기에는 한 쌍의 눈만으로도 충분하다. 예를 들어 어떤 나비가 덤불에 앉아 눈동자 모양의 날개를 펼쳤을 때 나비를 잡아먹는 새들의 눈에는 마치 큰 동물이 나무 뒤에 숨어 있는 듯한 모습으로 비친다. 결국 새들은 공격을 포기하고 물러난다.

진화생물학자들은 오랫동안 눈 자체에 관심을 가져 왔다. 다윈은 자신의 편지에서 눈이 "악몽"을 꾸게 만든다고 언급하기도 했다. 물론 그가 끔찍하게 생각한 것은 눈 자체가 아니라 (그의 말을 인용해) 이 "완전한 기관"의 기원이 자신의 이론으로 설명이 불가능할지도 모른다는 가능성이었다. 그는 궁금했다. 척추동물의 눈처럼 복잡하고 경이로운(실제로 "완전한") 무언가가 정말로 작고 누적되는 적응의 변화 속에서 자연선택을 통해 생겨났을까? 그는 『종의 기원』에서 이 문제를 솔직하게 제기했다. 만약 답이 "아니다"라고 증명된다면 자연선택에 의해 진화한다는 다윈의 이론은 치명상을 입을 수 있었다. 그러나 그는 이 문제를 제기한 후에 눈의 기원을 설명할 수 있다고 주장했다. 한 단락에서 그는 작고 연속적인 개선을 통해 어떻게 눈처럼 복잡한 무언가를 생성할 수 있는지를 설명했다.[1]

만약 다윈이 자신의 이론을 증명하기 위해 인간의 얼굴이라는 까다로운 시험 사례를 선택했다면 좀 더 편히 잘 수 있었을까? 그렇지는 않았을 것이다. 얼굴은 눈을 포함해 많은 것들을 수용하고 있다. 그러므로 복잡성과 기능 측면에서 얼굴은 여전히 "완전한 기관"이라고 할 수 있다. 나는 이 책이 얼굴의 5억 년 역사에서 단계적 변화로 많은 것들을 설명할 수 있고, 이 변화들이 부여했던 초기의 선택적 이점의 측면에서 역사의 많은 부분이 설명될 수 있으며, 이것이 다윈의 기본 이론에 부합한다는 사실을 보여 줄 수 있기를 희망한다. 이 확장된 견해는 새로 발견된 화석들을

(이들이 기여는 했지만) 기반으로 하지 않는다. 여기에는 20세기 후반과 21세기 초반에 분자유전학과 신경생물학의 발전으로 가능해진 현존하는 동물들의 비교 연구가 활용되었다.

이 마지막 장은 얼굴의 진화와 관련된 서로 다른 줄기의 이야기들을 통일된 그림으로 결합시키고자 한다. 이 장은 두 부분으로 구성된다. 첫 번째는 서술적이며, 캄브리아기의 최초 어류부터 **호모 사피엔스**의 기원과 현대 인간의 얼굴까지 얼굴 형태의 진화 과정에서 발생한 주요 사건들을 요약한다. 획기적인 사건들과 단계들에 초점을 맞추면서 이야기의 기본 윤곽을 제공할 것이다. 설명이 간략한 탓에 유전에 대한 세부 사항들은 많이 제외되지만, 이런 세부 사항들이 최초의 어류에서 현대인까지 척추동물 얼굴의 형태학적 역사를 상당히 깊이 있게 이해할 수 있게 해 주었다.

반면 두 번째이자 더 많은 지면을 차지하는 부분은 주로 설명적이며, 인간 얼굴의 독특한 특징들이 생겨나고 발달했던 영장류 진화의 기간에 초점을 맞추면서 이런 연속적인 사건들을 발생시킨 다양한 선택압을 강조한다. 그리고 이 사건들이 어떻게 전체로서 인간 진화라는 더 큰 그림에 들어맞는지 보여 준다. 특히 6~8장에 제시했던 진원류의 출현과 함께 사회적·정신적 요소들이 얼굴의 신체적 진화의 형태를 만들었고, 대략 20만 년 전에 **호모 사피엔스**가 출현한 후에도 계속되었다는 주장으로 돌아간다. 자주 등한시되기는 하지만, 마지막으로 얼굴의 진화가 어떻게 몇몇 진화의 기본적이고 일반적인 측면들의 사례가 되는지 설명할 것이다.

얼굴의 진화적 기원 :
형태학상 사건들의 간추린 역사

얼굴 없는 척삭동물에서 최초의 얼굴까지

시작은 물고기의 얼굴이었다. 이 물고기는 아마도 크기가 대략 1인치밖에 되지 않으며, 작고 턱이 없었을 것이다. 얼굴은 연골질을 기반으로 하거나 연골과 비슷한 얼굴 구조를 생산했던 신경능선세포의 진화적 발달로 만들어질 수 있었다. 원시 신경능선세포는 두삭동물이 아닌 미삭동물의 유생 형태이기는 했지만 활유어처럼 생긴 생명체의 정중선이나 그 근처에 있던 비운동성 세포에서 진화했다. 신경능선세포 생성을 위한 분자 기계의 대부분이 이미 준비되어 있었지만, 비교적 소수의 유전적 변화들이 신경능선 전구세포가 상피-간엽 이행을 통해 새로운 장소로 이동하고, 그런 다음에 이런 장소들에서 새로운 종류의 세포들로 분화하는 능력을 획득할 수 있게 해 주었다. 머리에서 쌍을 이루는 감각 구조물들, 특히 시각과 후각 기관들을 발달하게 하는 신경판의 진화는 척추동물 얼굴의 진화적 기원을 동반했고 완성시켰다. 현재는 신경능선세포와 신경판의 속성들을 만드는 유전적 시스템의 대부분이 밝혀졌고, 이들이 어떻게 더 단순한 원형이 되는 시스템에서 진화했는지를 알 수 있게 되었다.

두개동물 진화의 첫 단계들도 전면 신경 회로, 즉 조상이 되는 척삭동물의 원시 뇌에서 주요한 변화를 동반했다. 바로 두뇌에 종뇌와 같은 구조물의 추가였다. 이 단계가 언제 발생했는지는 분명하지 않지만, 두개동물의 얼굴 발달이 잘 특징지어진 분자 신호들을 통해 종뇌에 의존한다는 점을 고려하면 이런 진화적 변화들이 시간상 가깝게 발생했다고 추론해 볼 수 있다.

이런 최초의 두개동물들은 동물계에 비교적 늦게 등장했다. 최초의 동물들은 해면동물과 자포동물이었지만, 곧이어 일부 좌우 대칭적인 초기 무척추동물들이 뒤따랐을 것이다. 후자는 6억 1천만 년에서 5억 4천 3백만 년 전 사이에 캄브리아기 이전에 출현했다. 그러나 동물들은 실제로 5억 4천3백만 년 전에 시작되었던 캄브리아기 "폭발"의 처음 1천만 년에서 2천만 년 동안에 좌우 대칭인 동물이 빠르게 다양화되고 증식하면서 번영했다. 이 기간에 입과 전면부의 감각 기관들뿐만 아니라 원시적인 신경과 근육, 소화 시스템이 있었지만 진정한 머리와 얼굴을 가졌다고는 할 수 없었던 최초의 척삭동물을 포함해 현재의 동물 문 대부분의 원시 형태가 생성되었다.

최초의 두개동물인 작고 턱이 없었던 어류(무악어류)는 아마도 캄브리아기 후반인 5억 1천만 년에서 4억 9천만 년 전 사이에 등장했다. 이들은 모든 두개동물이 가지고 있는 얼굴에 눈 두 개, 입 하나, 감각 능력(시각과 미각, 후각) 세 개가 있었다. 그러나 흡입과 여과섭식에만 적합했던 이들의 입 구조는 대단히 제한적이었다. 만약 이 구조가 진화하지 않고 그대로 유지되었다면 무악어류의 몸집과 다양성은 증가하는 가운데 척추동물은 그저 동물계의 한 문으로 존재했을 것이며, 주요 무척추동물, 즉 절지동물과 연체동물, 선형동물에 수적으로 지배되었을 것이다. 만약 척추동물이 무악어류 구조agnathan construction를 뛰어넘어 발달하지 않았다면(누군가는 이 발달을 **무악어류 건설공사**agnathan construction라고 부를지도 모른다) 이들 중 가장 복잡한 구조를 가진 구성원이라고 해도 복잡성과 생활 양식 면에서 현재의 오징어나 문어와 비슷할 것이다. 오징어나 문어는 흥미롭고 복잡하며 지능적인 동물이지만, 이들의 신체 구조와 생리 특징들이 수반하는 모든 제약들로 인해 바다 생활을 벗어나지 못했다.

유악어류 혁명

척추동물 역사의 문을 더욱 활짝 열어젖힌 변화는 턱의 진화였다. 이 진화는 오르도비스기 동안인 4억 4천만 년에서 4억 1천만 년 전 사이에 무악어류의 한 계통에서만 발생했다. 분자 데이터는 유악어류가 공통 조상으로부터 파생된 단일 계통 집단임을 보여 주었다. 움직임이 가능한 턱이 발달하는 데 기저가 되는 유전적·발달적 변화들은 비교적 미미했을 것으로 보인다. 발달하는 아래쪽 얼굴 원기의 하나 이상의 유전자들이 발현하는 영역에서 발생한 비교적 작은 변화였으며, 첫 번째 인두굽이의 연결부를 생성하기 위해 새로운 유전자의 활동이 보충되었을 것이다. 유전자 활동에서 이런 변화는 아래쪽(아래턱)과 위쪽(위턱) 부위들을 형성하기 위해 첫 번째 인두굽이를 접고 구부릴 수 있게 해 주었다. 턱을 형성하기 위한 유전적 변화는 그다지 크지 않았지만, 그 결과는 상당했다. 처음에는 더 큰 해양 무척추동물과 다른 물고기들을 먹잇감으로 하는 새롭고 다양한 섭식을 가능하게 했다. 이것은 결국 지속적으로 다양화되는 어류 집단들 사이에서 새롭고 더 치열한 경쟁을 불러왔다. 더 커진 몸집과 더 단단한 턱, 먹잇감을 붙잡고 삼키기 위한 이빨이 선택되었고, 일종의 피부갑옷을 만드는 단단한 골질판 형태를 가지면서 포식자들에게 더 잘 대응했고, 새로운 행동들이 등장했다. 물론 많은 포식자들은 다른 더 큰 포식자들의 먹잇감이 되었다. 갑옷을 두른 일부 유악어류들을 집합적으로 **판피어강**placoderm이라고 부르며, 이들은 길이가 9미터(30피트) 이상으로 성장한다. 이는 아마도 가장 큰 원시 무악어류보다 15배 이상 더 길다. 턱의 존재와 더 큰 덩치 사이의 연관성은 아직 명확하게 밝혀지지 않았다. 고래상어 등의 몇몇 유악어류들은 여과섭식으로 돌아가는 방향으로 진화했지만 큰 몸집을 가지고 있다. 그러나 고생물학 데이터는 척추동물이 큰 몸집으로 진화할 수 있었던 이유가 턱의 발달과 짐작건대 이로 인한 더 효율적인 영양소 섭취와 연관이 있다는 견해를 뒷받침한다.

어류에서 양서류의 얼굴을 거쳐서 단궁류와 포유류의 얼굴까지

턱의 진화와 (새로운 선택 기회와 선택압의 결과로서 첨가된 능력인) 더욱 개선된 턱의 기능과 종류는 궁극적으로 척추동물이 육지 생활의 문을 여는 데 도움을 준 중대한 특징이었을 것이다. 물론 육지 생활을 위해서는 공기 호흡을 위한 폐와 다리 또한 필수다. 최근에 알려진 화석을 토대로 판단했을 때 사지동물의 직계 조상인 육기어류에서 육지 생활을 하는 척추동물로의 전환은 2백만 년 기간 안에 또는 데본기 후반(4억 1천 년에서 3억 5천5백만 년 전)인 3억 8천5백만 년에서 3억 6천5백만 년 전 사이에 발생한 것으로 보인다.[2]

수중에서만 생활하는 물고기 조상들과 비교해서 최초의 양서류들이 (호흡기 구조와 식량원, 이동 능력에서) 보여 주고 경험했던 생활 방식에서의 엄청난 변화를 고려해 보면 얼굴에 발생한 최초의 구조적 변화들은 상대적으로 미미했다. 후각과 미각, 시각에서 변화가 요구되고 발생했지만, 기본적인 얼굴의 구조적 특징들은 근본적으로 동일하게 남아 있었다. 육지에서 공기 호흡을 가능하게 해 주는 (물고기 비늘에서 산소 흡수가 가능한 양서류 피부로) 표피의 속성에도 변화가 있었다. 몸이 육지에서 이동할 수 있게 변화되고 머리는 더 평평해지고 공기 호흡을 위해 내부가 재설계되었다고 해도 피부가 아니었다면 최초의 진정한 양서류 얼굴의 일반적인 구조는 물고기와 상당히 비슷했을 것이다.

다음으로 발생한 주요 사건은 양막성 알의 진화와 육지에서의 독자적인 생활에 적합한, 가죽에 더 가까운 피부를 가진 양막류의 증식과 다양화였다. 그러나 이번에도 양서류 얼굴 구조에서 최초의 변화는 그다지 크지 않았다. 몇몇 양서류 계통이 등장했지만, 크게 번성하고 다양화된 두 계통은 트라이아스기에 공룡으로 발달한 이궁류와 쥐라기 동안에 최초의 포유류로 발전한 단궁류였다. 얼굴의 진화는 대략 3억 2천5백만 년 전에 최초의 단궁류의 등장과 함께 시작해 1억 3천만 년에서 2억 년 후에 최초의 포유동물로 절정에 이르렀다. 오랜 얼굴 진화의 변화는 결과적인 면에서 보면 이전의 변화들에 비해 더 극적이었다. 처음에는 대부분이 입의 내부 특징들에서 변화가 발생했으며, 이는 얼굴의 형태에서 부차적이지만 중요한 결과를 낳았다. 단궁류에서 초기의 결정적인 변화들은 포유류의 특징인 다양한 종류의 치아 발달과 연관이 있었다. 포유류에 더 가까운 단궁류에서 수유와 육아 방식이 진화하면서 이것이 결국에는 두 종류의 전혀 다른 치아의 발달로 이어졌다. 바로 순차적으로 돋아나는 유치와 영구치다. 이런 형태의 치아 발달은 초기 양막류와 석형류의 치아가 계속 교체되는 방식을 대체했다. 또 다른 변화는 먹기와 숨쉬기를 물리적으로 분리시켜 준 2차구개의 발달이었으며, 세 번째는 턱뼈의 단순화였다. 턱 관절의 일부를 구성하던 뼈 두 개(망치뼈와 등자뼈)가 턱에서부터 분리되고 안쪽으로 이동하면서 청각 기관의 일부가 되고, 아래턱뼈들 중 하나인 치골은 아래턱의 주요 구조물이 되었다. 턱이 단순화되면서 강도와 효율성이 증가했고, 더 작아진 턱으로도 이전에 더 큰 입이 필요했던 작업을 완수할 수 있게 되었다.

단궁류에서 턱이 단순해지고 강해지면서 기본적인 포유류 주둥이가 발달했다. 크기와 모양이 매우 다양하지만 주둥이는 영장류를 포함해 대다수 포유류의 특징이며, 일반적으로 머리의 일부로서 대부분의 파충류 턱에 비해 작다. 또 악어나 도마뱀, 뱀에서는 보이지 않는 중요한 발달적 변화를 보여 준다. 포유류 대부분은 비교적 작은(때때로 훨씬 축소된) 주둥이를 가지고 태어나며, 유년기에 성장을 통해 성체의 비율에 도달한다. (악어와 도마뱀, 뱀의 경우 머리의 비율이 발달 과정에서 기본적으로 동일하게 유지된다.) 주둥이가 짧으면 새끼 포유류들이 더 효율적으로 젖을 먹을 수 있다. 젖을 먹는 횟수가 줄어들기 시작하면서 턱이 성장하고 완전한 주둥이가 발달하게 된다. 턱의 성장 속도는 개별 종마다 젖먹이에서 성체의 식생활로 전환되는 시기에 따라 다르다.

또 다른 구별되는 포유류의 얼굴 특징은 밑에 놓인 뼈와 상관없이 얼굴의 피부를 움직일 수 있는 얼굴 근육이다. 얼굴 근육의 유연성은 입술로 음식물을 더 잘 다루도록 더 미세한 방식으로 입술을 움직이고, 입술과 혀, 연구개를 이용해 더 다양한 소리들을 생산하는 데 중요했다. (또 뻣뻣한 입술로는 할 수 없는 방식으로 젖을 먹을 수 있게 해 주었다.) 시간이 한참 지난 후에 진원류에서 이런 근육들은 감정과 의도를 내비치는 얼굴 표정을 만들기 위해 특히 더 중요해졌다.

보편적인 포유류 얼굴 형성에 도움을 주는 다른 변화들에는 소리의 방향을 더 잘 감지하게 해 주는 바깥귀(귓바퀴)의 발달과 후각 기관과 시력의 정교화와 향상, 털가죽의 획득 등이 있다. 물론 후자에는 털로 덮인 얼굴도 포함되었다. 최소한 1억 2천5백만 년 전인 백악기 초반에는 각양각색의 형태와 종류, 종과 이에 상응하여 넓은 범위에 걸친 거주지와 다양한 생활 양식을 보여 주는 (현대 또는 크라운 그룹 포유동물까지는 아니더라도) 부인할 수 없는 포유동물이 존재했다. 그러나 이런 다양성에도 불구하고 이들의 얼굴은 모두 페름기에 서식했던 초기 조상들인 최초의 단궁류와는 다른 포유동물의 특징을 가지고 있었다.

최초의 포유류에서 최초의 영장류까지

인간 중심 계통의 오랜 진화의 경로LHLP, 다시 말해 최초의 포유류에서 최초의 영장류로 이어지는 길을 따라 다음으로 발생한 진화적 변화는 결과적으로 인간으로 이어진 작은 변화였다. 영장류로 이어진 특정한 진화적 변화들과 이들이 발생한 시기와 장소는 여전히 불분명하다. 이는 백악기 후반에 발생했던 대량 멸종 사건과 이런 세계적인 참사가 몰고 온 즉각적인 여파 때문이다. 사건 자체는 일반적으로 지름이 대략 10킬로미터(6마일)에 달하는 거대한 운석이 현재의 유카탄 반도에 떨어지면서 촉발된 것으로 추측된다. 이로 인해 엄청난 양의 먼지와 연기가 대기 속으로 퍼졌고, 이들이 햇빛을 차단하면서 핵겨울에 맞먹는 현상을 만들어 냈고, 수개월간 지구에 어둠이 내렸다. 이보다 앞서 발생했거나 동반했던 사건은 현재 인도의 데칸용암대지deccan trap에서 일어난 엄청난 화산 작용으로 보인다. 이로 인해 전 세계적으로 일조량이 더욱 감소했다. 이런 두 사건들이 백악기 후반의 대량 멸종에 어떻게 기여했는가는 논란의 여지가 있지만, 분명한 사실은 세계의 생물군이 파괴되었다는 것이다. 특히 육지와 바다에서 생활하는 많은 고등 동물들이 큰 타격을 입었다.

이 대량 멸종 사건으로 인해 날지 못하는 공룡뿐만 아니라 많은 식물과 양서류, 해양 동물, 그리고 공룡들의 영향 아래 존재했던 많은 다양한 종류의 포유류들이 자취를 감췄다. 포유류는 먹이사슬의 꼭대기에 위치하면서 이 사슬에서 더 낮은 위치에 있는 다른 많은 동물들에 의존한다. 지구에 닥친 핵겨울에 버금가는 상황은 많은 식물과 이 식물에 직접적으로 의존했던 동물들을 멸종시켰고, 이로 인해 포유류들의 식량원이 감소했다. 그러나 화석 증거는 포유류의 많은 주요 집단들이 백악기 후반의 멸종에서 살아남았고, 신생대 초반에 들어서는 더욱 다양해지고 번성하기 시작했음을 보여 준다. 특히 태반류의 주요 상목 네 개는 그 뿌리(그림 5.9)가 팔레오세 초반에 있다.

이들 중 하나가 영장상목으로 영장류와 가죽날개원숭이, 나무두더지, 설치류, 토끼의 조상들로 구성되었다. 초기 영장류를 구별 짓게 해 주는 중요한 특징은 이들의 사지로, 그중에서도 특히 발이었다. 이들의 발가락에는 갈고리 모양의 발톱이 없었다. 그 대신에 나뭇가지들을 움켜잡고 나무를 오르기에 이상적인 평평한 모양의 손톱과 마주 보는 엄지를 가지고 있었다. 얼굴의 경우 최초의 영장류들은 다른 초기 태반류의 모습과 크게 다르지 않았지만, 특히 더 작았을지도 모른다. 인간 중심 계통의 오랜 진화의 경로에서 영장류 얼굴 중 가장 뚜렷이 차이가 나는 특징들은 아직 나타나지 않았다.

최초의 영장류에서 진원류까지

궁극적으로 현대 인간의 얼굴로 이어진 특정 변화들은 크게 두 단계로, 대략 4천만 년에서 5천만 년의 간격을 두고 발생한 것처럼 보인다. 첫 번째 단계의 변화들은 이후의 변화들을 위한 기초를 놓았고, 백악기가 끝나고 5백만 년에서 8백만 년 후에 진원류의 등장과 함께 발생했다. 현대 진원류들이 공유하는 얼굴 특징들은 가깝게 위치한 눈과 피부가 밖으로 드러나는(털이 없는) 얼굴, 축소된 주둥이를 포함하며, 이런 특징들은 짐작건대 줄기 집단의 유인원으로 거슬러 올라간다. 이런 변화들만으로도 인간 얼굴의 기본적인 윤곽을 만들어 주는 주요한 단계들이 발생했다고 말할 수 있다. 눈과 주둥이의 특징을 보면 벌레와 다른 작은 동물들을 먹는 식생활에서 과일을 먹는 식생활로 옮겨 가면서 이에 걸맞게 선택된 반면, 얼굴에서 털이 사라지는 변화는 아마도 처음에는 암컷에서 성선택되었다가 이후에 수컷에서도 발현된 형질로 보인다. 여기서 중요한 점은 세 가지 변화 모두, 이들이 선택된 최초의 이유가 무엇이었든, 결국 일대일 사회적 상호작용에 유리했다는 것이다. 털이 없는 얼굴과 축소된 주둥이는 얼굴 표정을 잘 드러나게 했고, 표정들을 더 잘 "읽을" 수 있게 했다.

최초의 진원류들은 초기 영장류처럼 몸집이 작았을 것이다. 이런 초기 유인원들은 아마도 지금의 쥐 리머 정도의 크기에 몸무게는 몇 십 그램에 지나지 않았다. 진원류들은 증식과 다양화와 함께 크기가 증가하는 주요한 경향을 보였다. 증가의 정도는 계통마다 달랐고, 이런 계통들의 일부에서 몸집이 더 작아지는 정반대의 경향을 보이기도 했다. 그러나 몸집이 더 커지는 것이 일반적인 경향이었고, 마이오세에 속하는 3천만 년에서 2천만 년 전에 현대 대형 유인원을 발생시킨 계통들에서 이 경향이 특히 더 도드라졌다. 매우 시각적인 동물들에서 머리 크기의 증가는 눈 크기의 증가를 가져왔고, 이것은 다시 가까운 물체를 더 정확하게 볼 수 있는 시력을 허락했다. 이 속성은 과일이나 다른 먹이를 찾는 일에 유용했지만, 이후에는 사회적 상호작용에서 동종의 얼굴과 표정을 살피는 데 유리하게 작용했다.

호미닌과 호모 사피엔스의 등장

인간 얼굴의 진화에서 두 번째 주요 단계는 약 7백만 년에서 6백만 년 전에 호미닌이 침팬지 계통에서부터 갈라져 나오면서 시작된 호미닌의 진화로 발생했다. 이 단계는 크게 보아 이전 변화들의 연속선상에 있었다. 털이 더 많이 사라지면서 인간의 몸이 "노출"되었고, (오스트랄로피테신australopithecine에서 다양한 **호모** 계통들을 지나 현대인까지) 몸집이 커졌고, 주둥이가 더욱 축소되었고, 송곳니가 더 작아졌고, 일반적으로 암컷과 수컷 사이의 성적이형성이 줄어들었다. 두뇌의 크기는 결과적으로 인간이 이마와 더 둥근 머리를 가지게 했다. 눈에 띄는 두뇌 크기의 증가는 **호모**속의 출현과 함께 시작해 20만 년에서 30만 년 전에 네안데르탈인과 현대 인류에서 최고조에 달했다. 얼굴 뒤편에서는 두뇌 회로에서의 주요한 변화가 발생했는데 이것이 얼굴 표정을 잘 조절하고, 미묘한 얼굴 표정을 더 잘 읽고, 특히 복잡한 언어 구사에 필요한 신경 능력을 갖게 했다.

한 걸음 물러서서 큰 그림 바라보기

누군가는 인간 중심 계통의 오랜 진화의 경로에서 5억 년간의 연속적인 사건들을 궁극적으로 오늘날 인간의 얼굴을 만드는 데 기여한 일련의 주요하고 획기적인 사건들로 생각할 수 있다. 이 사건들은 '그림 10.1'에 요약되어 있다. 그러나 여기에 요약된 내용은 어떤 의미에서도 필연성이 내포되어 있지 않다는 것을 유념해야 한다. 무수히 많은 다른 영장류와 포유류, 척추동물 계통들은 상당히 만족스럽고 독립적으로 상이한 변화들과 함께 진화했다. 여기에 기록된 내용은 척추동물 진화에서 실제로는 과거로 거슬러 올라가지만 마치 앞으로 나아가는 것처럼 보일 수 있는 많은 경로들 중 하나에 지나지 않는다. 만약 우리가 최초의 두개동물에서 최초의 인간까지 동물들의 역사를 실제 순서대로 완벽하게 재건할 수 있다면, 순서에 수백 개의 뚜렷이 구별되는 종들이 관여되어 있음을 발견하게 될지도 모른다. **종**이라는 용어는 구성원들 대부분이 동종 사이에서 짝짓기를 하는 동물 개체군을 나타내기 위해 사용했다. 많은 사건들에 대한 상세한 지식이 없이도 지난 5억 년 동안 이 계통이 이어져 내려오면서 수없이 많은 요소들이 이 계통과 이 계통을 구성하는 종들의 얼굴 진화에 영향을 주었음을 확신할 수 있다.

그러므로 이 길고 복잡한 순서에서 두드러지며 통합되는 특징들이나 주제들이 있는지를 묻는 것은 이상하지 않다. 이 순서는 그저 우연히 생긴 일들을 길게 이어 놓은 이야기로 간주될 수도 있다. 관계도 없고, 예측 불가능한 변화가 꼬리를 물고 이어지고, 일관된 주제도 없이 그저 어쩌다 인간과 인간의 얼굴이라는 결과를 낳은, 악당이 주연인 생물학적 모험 이야기로 보일 수도 있다. 그러나 이런 관점은 만족스럽지도 충분하지도 못하다. 여기서 더 일반적이고 실제적인 무언가를 얻을 수는 없을까? 나는 그 답이 "있다"라고 생각한다. 그리고 만약 내 생각이 맞는다면 전체 이야

얼굴 / 신경 특징	분류군	기원 시기 / 기간(추정)
기본적인 얼굴 구조	두개동물(줄기)	5억 1천만 년 ~ 5억 년 전 캄브리아기
턱	유악어류(줄기)	4억 2천만 년 ~ 4억 1천만 년 전 실룰리아기/데본기
더 단순한 턱 특화된 치아 두 세트의 치아 털과 젖 생산 시작 최초의 얼굴 근육(?)	단궁류(줄기) ↓ 견치류	3억 2천만 년 ~ 2억 2천만 년 전 석탄기 → 트라이아스기
털로 덮인 얼굴 포유류 턱(그리고 귀)	견치류 ↓ 포유형류	2억 2천만 년 ~ 1억 9천만 년 전 트라이아스기 → 쥐라기 말
영장류 시력의 시작(색, 예리한 시력?)	영장류(줄기)	8천2백만 년 ~ 8천만 년 전 팔레오세
주둥이 축소 얼굴 털 감소 과일 섭취를 위한 치열 변화 정확한 근접 시력을 위해 더 가까워진 두 눈 사이의 거리 3색 색각 더 많은 얼굴 근육 얼굴 근육의 더 정교한 신경 조절(?) 발성의 초기 대뇌피질 조절 얼굴 표정과 발성을 연결하는 새로운 신경 연결	진원류 ↓ 대형 유인원	5천6백만 년 ~ 2천5백만 년 전 에오세 → 마이오세
주둥이 퇴화 턱의 진화 치아에서의 더 많은 변화 대뇌피질 확장 눈에서 공막에 비해 홍채가 축소됨 진정한 언어와 그에 필요한 신경 회로의 진화 얼굴 표정과 초기의 언어 능력을 조정하는 신경 연결 전반적인 신체 크기와 치아에서 성적이형성 감소 신체의 털 대부분이 사라짐(종분화 이후) 얼굴 특징의 유년화	호미닌 ↓ 호모 사피엔스	7백에서 6백만 년 → 20만 년 전 플라이오세 → 플라이스토세 후반
얼굴 특징과 피부색에 차이가 있는 주요 인종 집단을 만든 개체군들의 유전적 차이	종분화 이후의 변화	

그림 10.1 이 장에서 살펴본 최종적으로 인간의 얼굴을 형성하는, 인간 중심 계통의 오랜 경로를 따르는 중요한 얼굴 특징들의 진화 순서의 개요

기를 하나는 4억 년 이상이고, 다른 하나는 약 5천만 년인 주요하지만 기간에서 많이 차이가 나는 두 부분으로 나눌 수 있다.

먹이에서 사회적 상호작용까지 : 얼굴을 만든 선택 요인들에서 주요한 변화 이야기

나는 진원류에서 시작된 얼굴을 만드는 선택 요인들에서 주요한 변화가 있었다고 생각한다. 최초의 유악어류에서 영장류의 출현까지 약 3억 5천만 년이라는 기간에 달하는 척추동물 역사의 상당 부분에서 얼굴에서 일어난 대부분의 변화들은 먹이의 문제, 즉 먹이를 찾아 입에서 최초로 처리하는 문제로 인해 발생했다. 동물들이 먹는 먹이의 종류가 궁극적으로는 턱과 치아의 유형을 결정하고, 턱의 모양과 치아의 패턴이 얼굴 아래쪽 부분의 구조 대부분을 설정한다. (대부분의 다른 척추동물들뿐만 아니라) 네발로 걷는 포유류들의 경우에 턱은 먹이를 붙잡는 용도로 사용되며, 포식자들의 경우에는 이를 위해 턱이 앞쪽으로 돌출된 것이 특히 중요하다. 물론 먹이 발견에 필요한 감각 기관들은, 특히 눈으로 보고 냄새를 맡기 위한 기관들은 먹이의 위치를 감지하는 매우 중요한 역할을 한다. 이런 기관들의 구성은, 특히 이들의 배치와 모양, 크기는 얼굴의 가시적인 모양을 결정하는 데 도움을 준다. 그러나 최초의 유악어류에서 영장류의 등장까지 척추동물에서 전반적인 얼굴 형태를 결정하는 강력한 요소는 (특정한 먹이류에 적응한) 턱 모양과 구조였다.

그러나 진원류의 출현과 함께 얼굴을 만드는 과정에서 새로운 선택 요인이 점진적으로 등장하기 시작했다. 바로 사회적 상호작용이다. 각각의 얼굴 변화가 사회성이 아닌 다른 어떤 속성과 관련해서 최초로 선택되었을지도 모르지만, 이들 모두는 사회적 상호작용을 용이하게 해 주었다. 만약 이 변화들이 사회적 응집력을 촉진하면서 집단의 생존을 보장해 주었다면, 이것은 다시 집단 구성원의 생존을 촉진했을 것이다. 그러면 이런 속성을 가진 변화들이 선택되고, 이렇게 해서 얼굴의 신체 특징들을 형성하는 일에 기여한다.

한 가지 중대한 변화는 줄기 집단의 영장류에서 시작된 턱의 축소다. 먹이를 다루기 위해 앞발을 사용하는 일이 증가하면서 일어난 변화였다. 앞발의 사용은 진원류에 와서 더욱 뚜렷해진 일반적인 영장류의 특징이다. 먹이를 획득하기 위해 앞발에 점점 더 많이 의존하면서 주로 먹이를 붙잡는 용도로, 특히 초기 영장류들의 주요 먹잇감이었던 곤충들을 붙잡는 용도로 사용되던 턱을 사용할 필요가 줄어들었다. 진원류 중 오직 한 집단, 즉 개코원숭이만이 돌출된 주둥이를 가지고 있는데, 이들의 주둥이는 거의 확실하게 재획득된 형질이다. 그러므로 일반적으로 진원류는 축소된 턱과 이에 따라 더 납작해진 얼굴을 가지고 있다. 또 과일을 주식으로 하는 생활에서는 매우 자유롭게 움직이는 진원류의 입술이 과일을 먹을 때 더 유용했다.

주둥이가 축소된 얼굴로의 변환은 사회적 결과를 가져왔다. 주둥이가 더 이상 얼굴의 정면을 지배하지 않으면서 얼굴은 더 풍부한 표정을 지을 수 있었다. 표정을 만드는 두 중심지들 중 하나인 입은 입술 움직임을 통해 더 많은 표정을 보여 줄 수 있었다. 다른 두 개의 변화들은 표정을 수월하게 읽을 수 있게 해 주었다. 돌출된 주둥이 뒤에 놓인 포유류보다 진원류의 눈은 더 적절한 장소에 위치하면서 가까운 곳의 사물을 입체적으로 정확하게 볼 수 있을 뿐 아니라 입 주변의 표정 변화를 알아채기도 더 쉬웠다. 털이 없는 얼굴도 도움을 주었다. 진원류 얼굴의 겉으로 드러난 피부는 처음에는 성선택된 형질이었을 수 있지만, 가까이에 있는 동종의 표정을 쉽게 인지하게 해 주었을 것이다.

결국 표현력이 더 커지면서 무리의 동료들과 일대일 사회적 상호작용이 더욱 촉진되었다. 이런 상호작용이 집단의 내부 결집력을 더욱 공고히 하면서 집단 구성원의 생존 가능성이 커졌다. 더 나아가 유대가 강한 사회적 관계망은 이를 유지하고 발전시키기 위해 더 큰 선택압을 만들어 냈다. 사회성이 사회성을 부른다. 그리고 이런 자기 강화 과정은 협비원류 영장류의 등장과 함께 증가했을 것이다. 원원류와 광비원류에 비해 협비원류가 일반적으로 더 높은 사회성과 표현력을 가지고 있기 때문이다.

이 시나리오를 직접 입증할 방법은 없다. 다만 현존하는 영장류에 대해 알고 있는 지식을 바탕으로 추론을 해 볼 수는 있다. 더 나아가 이를 잠정적으로 인정한다고 해도 지금은 멸종된 호미닌에 적용할 수 있는지를 확인할 길이 없다. 그러나 유사한 선택압이 초기 호미닌에 작용했을 것으로 보인다. 이런 사회적 속성과 역학관계는 특히 말하기 능력과 결합하면서 현대인에게 더 크게 작용한다. 진원류 내에서 사회적 상호작용이 더 복잡해지는 초기의 경향이 호미닌에서도 지속되었을 가능성이 있다. 모든 영장류의 사회성은 개인 대 개인, 일대일, 대면 상호작용을 기반으로 세워졌고, 따라서 이들은 사회성의 진화에서 본질적이고 근본적인 요소였다.

이것이 사실이라면 사회성의 증가는 두뇌가 진화하는 데 중대한 영향을 미쳤을 것이다. 얼굴 표정을 만드는 향상된 능력과 이런 표정을 자동으로 읽는 능력은 더 복잡한 신경 기관을 요구했다. 또 표정이 발성과 연관되면서 더 많은 신경 회로가 필요해졌다. 발성이 더 자발적이고 표현적이 되면서 대뇌피질에 새로운 연결 요소를 추가하기 위한 선택압이 발생했을 가능성도 있다. 원시언어가 진정한 언어로 대체되면서 언어를 더욱 복잡하게 만들어 준 정교한 신경 회로를 위한 선택압이 증가했다.

그러나 표정 짓기와 표정 읽기를 넘어 사회성이 가진 모든 복잡성은 인지적으로나 행동적으로나 많은 것들을 요구한다. 집단 내에서 누가 누구인지를 계속 파악하고, 과거에 이들과의 상호작용이 어땠는지를 기억하고, 사회 계층에서 자신이 속한 자리를 알고, 자신의 위치에 맞는 적절한 행동을 하는 등 다양한 상황에서 어떻게 도움을 받을 수 있는가를 이해해야 한다. 우정과 (사냥을 위한) 협업은 중요했고, 이를 위한 새로운 인지 요소가 필요했다. 사회적 상호작용의 횟수와 다양성이 커질수록 관여하는 개체들의 수도 더 늘어났으며, 상호작용을 위한 신경 능력도 더 향상됐을 것이다. 그리고 이것은 상이한 부위들 간에 연결의 증가를 요구했다. 이 부위들에는 특별히 감각피질과 편도체, 운동피질, 모든 다양한 기억중추, 관자엽과 마루엽에 있는 특정한 얼굴 인식 부위들, 전전두피질의 다양한 연합 영역이 포함되었다. 실제로 사회적일수록 홀로 존재할 때보다, 심지어 큰 무리를 이루는 초식동물의 사회성 수준보다 훨씬 뛰어난 신경 능력과 연결이 요구된다. 많은 새로운 회로는 대뇌피질에 있을 수있고, 움직임을 조정하기 위해 두뇌의 다른 영역과 특히 소뇌와 대뇌피질과의 새로운 연결에 새로운 회로가 존재할 수도 있다.

지금까지의 설명은 인류의 진화에 대한 근본적인 질문으로 이어진다. 사회성 증가와 이를 위해 요구되는 다양하고 복잡한 사항들이 두뇌의 진화와 성장을 이끈 주요 요인이었을까? 이것이 사회적 두뇌 가설social brain hypothesis의 기본 견해다. 그리고 지금부터는 이에 대한 설명을 이어 나가겠다.

사회적 두뇌 가설과 사회적 얼굴 가설

인류 진화의 위대한 신경생물학적 수수께끼(실제로 인류 진화에서 중심이 되는 질문이다)는 호미닌이 진화하는 동안 발생했던 두뇌 크기의 증가와 관련이 있다. 호미닌의 진화를 인간이 꼭대기에 위치한 몸통이 있는 계통발생 나무(계통수)가 아니라 (에른스트 헤켈의 진화에 대한 유명한 묘사에서처럼) 계통발생 "덤불"로 나타낸다고 해도, 최초의 오스트랄로피테신에서부터 **호모**속에 속하는 최초의 종까지, 그리고 이들에서부터 이후에 등장하는 **호모**종까지 두뇌 크기가 증가하는 분명한 경향이 있었다(그림 6.4). **호모 사피엔스**로 이어진 지난 수백만 년 동안의 증가는 특히 더 가파른 것처럼 보인다. 이 사실을 이미 수십 년 전부터 알고 있었지만, 문헌들로 판단컨대 처음에는 조금 골치를 썩였던 것 같다. 어쨌든 인간은 인지 능력이 월등한 종으로서 도구와 사냥 기술, 그리고 다른 많은 것들을 능숙하게 다루었다. 정확히 이것이 인간의 진화 역사에 대해 우리가 예상했던 것 아니었던가. 만약 이 가정이 20세기 후반까지 이 문제를 상대적으로 도외시하게 만든 이유였다면 이는 두뇌 성장에서 크기의 증가가 정교한 행동에 선행했기 때문에 아직 진화하지도 않은 능력들을 위한 필요조건들에 지나친 의미를 부여하는 것이다. 진화는 오직 미래에 가치가 있다고 여겨지는 속성들을 계통들에 제공하는 선견지명을 가지고 작동하지 않는다.

두뇌는 에너지를 많이 소비하기 때문에 더 큰 두뇌로의 진화는 특별히 더 궁금증을 자아낸다. 이런 사실은 20세기 후반에 들어서야 완전히 인정을 받았다. 성인의 두뇌 무게는 체중의 2퍼센트 정도지만, 에너지 소비량은 총에너지의 평균 약 20퍼센트에 달한다. 그리고 이것이 두뇌를 신체에서 에너지 소비가 가장 많은 기관으로 만든다. 이 에너지 비용은 칼로리 섭취 증가로 충족되어야 한다. 이 때문에 두뇌는 에너지 수요 측면에서 "밥값을 해야 한다." 다시 말해 직접적이고 즉각적으로 보상해 주는 어떤 혜택이 있어야 한다. 이 문제는 더 커진 두뇌가 요구하는 에너지와 영양 요건들을 더 효율적으로 충족시키기 위해 (요리의 발명이나 특정한 영양분 공급을 위해 고기와 생선에 대한 의존도 증가와 같은) 새로운 전략이 만들어졌을 가능성을 강조하는 견해들을 탄생시켰다. 그러나 두뇌처럼 에너지 소비가 높은 기관은 크기가 더 커질 경우 이를 지원하기 위한 행동과 영양상의 반응이 요구되기는 하지만, 더 복잡한 행동을 위한 선택과 이런 증가를 가능하게 만든 영양적 기회들에 이끌려 두뇌의 크기가 증가했다고 주장하기는 어렵다.[3]

오랫동안 주요 선택압들이 어떤 의미에서 생태학적이라는 가정을 해 볼 수 있다. 더 많고 나은 식량을 찾기 위해, 그래서 더 효과적인 사냥을 위한 필요에 의해 발생했다는 것이다. 몇몇 과제들은 분명히 인지 능력의 증가를 필요로 했다. 이 과제들에는 예를 들면, 아프리카 사바나에서 큰 먹잇감을 사냥하는 데 필요한 협동성과 동물 사냥에 사용할 무기(창) 제작이 있었다. 그러나 이것은 호미닌 계통에서 두뇌 크기의 증가 경향이 나타나고 한참이 지난 뒤에, 비교적 뒤늦게 발달했다. 더 나아가 새로운 요구 사항을 포함하면서 두뇌 크기의 전반적인 추세가 나타나는 두뇌 발달을 필요로 했는지는 분명하지 않다. 이를 설명하기 위해 몇몇 다른 형태의 선택압이 필요해 보인다. 1980년대 초반에 사회적 상호작용의 복잡성이 증가한 것이 주요 요인이라는 주장이 제기되었고, 이를 **사회적 두뇌 가설**이라고 한다.

컬럼비아대학교의 인류학자 랠프 홀러웨이Ralph Holloway가 처음 주장했으나, 그가 이 명칭을 만든 것은 아니다. 이 가설은 (더 큰 두뇌 용량이 요구되는) 다른 동종의 의도를 판단하는 작업의 복잡성을 강조했던 **마키아벨리적 두뇌 가설**Machiavellian brain hypothesis이라고 불린 적이 있으며, 1980년대 후반에 힘을 얻었다. 그런 다음에 **사회적 지능 가설**social intellect hypothesis이라는 명칭으로 바뀌었다가 현재의 명칭으로 불리고 있다. 이 가설은 협비원류 영장류의 큰 두뇌 크기를, 특히 침팬지 두뇌의 크기보다 (신체 크기에 비례해) 인간 두뇌의 크기가 세 배 더 크다는 점에 대해 설명했다. 이 견해는 비교적 단순했다. 이런 더 큰 두뇌가 사회적 상호작용의 횟수와 종류의 증가로 요구되는 다양하고 복잡한 인지 과제를 수행하기 위해 선택되었다는 것이다. 비록 앞선 더 큰 두뇌 선택의 생태학적 가설과는 대조적으로 명백한 외부 환경 압력과 함께 다른 종류의 환경 압박, 즉 사회적 환경의 생태에서 기인하는 환경 압력을 사실로 간주한다.[4]

이 견해를 시험하기 위해 시작부터 두 가지 중요한 문제가 제기되었고 다루어졌다. 하나는 기술적인 문제이고, 다른 하나는 실질적인 문제였다. 첫 번째인 기술적 문제는 이 가설에 양적 기반을 제공하기 위해 두뇌 크기를 측정하기 위한 최선의 방법과 연관이 있었다. 처음에는 영장류들이 (다른 포유류들과 비교했을 때) 신체 크기에 비례해 예상보다 더 큰 두뇌를 가지고 있다는 1970년대 초반의 분석을 기반으로 했고, **대뇌비율 지수**encephalization quotient, EQ라는 측정 방법을 처음으로 선택했다. 이는 동물의 뇌가 체중에서 차지하는 비율을 말한다. 비영장류 포유류에서는 거의 선형관계다. 특정 종에서 이 비율보다 초과되는 모든 것은 이 종이 가진 새롭거나 더 많은 복잡한 정신적 기능을 의미한다. 초창기 연구는 영장류들이 대부분의 다른 포유동물보다 더 높은 대뇌비율 지수를 가지고 있으며, 그중에서도 인간이 특히 더 높다고 제안했다.[5]

그러나 곧 영장류에서 주요한 두뇌 크기 변수가 전체 두뇌 크기가 아닌 대뇌피질의 크기임이 밝혀졌다. 영장류에서 이 대뇌피질의 증가가 두뇌 크기 증가의 주요 원인이었다. 그러므로 이렇게 질문해 볼 수 있다. 대뇌피질 크기의 기준을 무엇으로 잡을 것인가? 총 신체 크기는 곧 신뢰할 만한 기준이 되지 못한다는 점이 밝혀졌다. 대뇌피질 면적이 비교적 안정적인, 밀접하게 연관된 집단들 내에서조차 너무 불안정하기 때문이었다. 크기가 대뇌피질보다 훨씬 더 고정적인 두뇌의 또 다른 부분이 후보로 떠올랐다. 이를 숨뇌라고 하며, 능뇌의 수뇌에서 만들어진다. 현재는 숨뇌의 크기가 선호되는 척도다. '그림 10.2'는 영장류들의 몇몇 집단들에서 이 비율에 대해 연구한 결론으로, 유인원이 구세계원숭이보다 더 큰 대뇌피질 대 숨뇌 비율cortex-to-medulla ratio을 가지고 있음을 보여 준다. 그리고 구세계원숭이는 신세계원숭이보다, 신세계원숭이는 원원류보다 비율

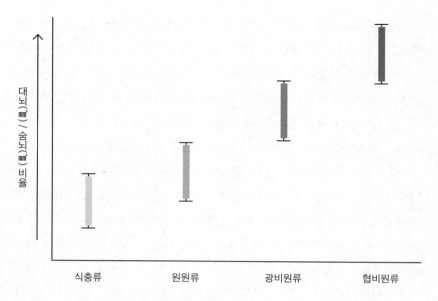

세로축: 대뇌피질(들) / 숨뇌(들) 비율

가로축: 식충류   원원류   광비원류   협비원류

그림 10.2 영장류의 일부 집단들에서 대뇌피질 대 숨뇌 비율. 기본적인 데이터는 스테판 외 Stephan et al.(1981)에서 볼 수 있으며, 도표는 던바Dunbar(1997)의 표를 수정했다.

이 더 크다. 물론 (흔히 보는 사람에 따라 다르기 때문에) 진화적 경향을, 특히 비율 경향을 확인할 때는 신중해야 한다(이들이 분자와 분모에서의 각각의 변화들에 의해 영향을 받을 수 있기 때문이다). 그럼에도 여기에는 원원류에서부터 고등 유인원까지 이런 영장류 집단들에서 증가하는 사회적 복잡성의 정도에 일맥상통하는 한 가지 경향이 있다는 것을 강하게 보여 준다. 특히, 인간의 대뇌피질 대 숨뇌 비율이 유인원의 최고 값보다 두 배가 더 크다는 점을 감안하면 증가하는 방향으로 나아가고 있는 것처럼 보인다. 그리고 이것은 각각의 집단들에서 사회성이 증가하는 정도를 반영한다.

두 번째 질문은 기술적인 것이 아닌 실질적이며, 문제의 중심에 놓여 있다. 실제로 두뇌 크기의 증가를 가져왔을지도 모르는 중요한 **사회성의**

요소들은 무엇인가? 그리고 이들을 어떻게 서로 비교해 측정할 수 있는가? 이 두 질문들에 답하기 위해서는 가장 불확실하며 까다로운 진화적 추론에 의존해야 한다. 아주 먼 과거부터 시작하는 영장류의 사회적 역사에 대해 직접적인 정보를 얻기란 불가능하다. 이들의 화석은 이 문제에 대해 침묵하고, 영장류는 자신들의 행위를 기록한 책이나 영화를 남기지 않았기 때문이다. 현재 살아 있는 종들 내에서 형질 사이의 연관성을 찾는 수밖에 없다. 한 가지 방법은 상이한 변수(생태학적, 사회적)들과 상이한 영장류 종들의 대뇌피질 크기나 대뇌피질 대 숨뇌 비율의 관계를 그래프로 그리고, 어떤 것들이 대뇌피질 크기에 대해서 통계적으로 중요한 증가를 보여 주는지 결정하는 것이다. 이 같은 연관성을 보여 주는 모든 변수들은 최소한 대뇌피질(그리고 두뇌)의 크기를 증가시켰던 선택 요인들 중 하나의 후보가 된다. 그러나 이 절차에는 한 가지 이상한 점이 있다. 대뇌피질 대 숨뇌 값에 대한 모든 변수를 그래프로 나타내고 선형관계를 찾는 일은 두뇌 속성이 행동 속성을 이끌어 내는 것처럼 보이게 할지도 모른다. 실제로는 반대 방향이다. 이 같은 그래프는 행동 변수의 증가하는 값들이 두뇌 크기를 (그리고 복잡성을) 증가하게 만드는 선택압을 제공했음을 보여 준다.

사회적 두뇌 가설의 초기 견해는 각각의 동물들이 속한 사회 집단의 크기를 주장했다. 사회적 파트너 수가 더 많을수록 개체들과 이들 사이의 상호작용을 추적하기 위해 두뇌가 더 많은 일을 한다는 것이 중심 전제다. 이 문제를 조사했던 최초의 대규모 연구는 다양한 생태적·사회적 변수들에 대해서 서른여덟 개 속에 속하는 영장류 종들의 대뇌피질 값들을 실험했다. 연구 결과는 실제로 이 변수(사회 집단 크기)가 대뇌피질 증가의 가장 신뢰할 만한 예측 변수임을 보여 주었다. 그러므로 영장류의 경우 이 변수가 두뇌 크기를 증가시켰다고 생각해 볼 수 있다.[6]

이후의 실험들은 특히 유제류ungulate*와 육식동물 같은 다른 종류의 사회적 동물들로 대상을 확장했지만, 이 단순한 관계를 뒷받침해 주지는 못했다. 이 집단의 두뇌 크기 증가를 예측하게 해 준 놀랍고 중요한 변수는 수컷과 암컷 한 쌍이 지속적인 관계를 유지하는지 여부였다. 영구적인 배우자를 가지는 포유류 종들이 매년 짝짓기 상대를 새롭게 선택하는 종들보다 두뇌가 더 큰 것으로 밝혀졌다. 이 결과가 의미하는 바는 이런 안정적인 관계가 자신들만의 특별한 방식으로 인지하려는 노력을 많이 요구한다는 것이다. (인간의 경우에도 성공적인 결혼을 위한 필요조건들을 생각해 봤을 때 동일한 결론으로 이어질 수 있다.) 더 나아가 사회적인 포유동물들 가운데 사냥이나 생존을 위해 연합하는 종들은 그렇지 않은 종들보다 더 큰 대뇌피질을 가진다. 이런 연합체를 형성하는 동물들에는 절대적인 두뇌 크기가 인간을 크게 뛰어넘는 코끼리와 이빨고래 등이 있다. 실제로 사회적 두뇌가 성공적으로 작동하기 위해서는 두뇌의 절대적인 크기가 중요하다. 얽히고설킨 사회적 방식의 복잡한 인지적 요구 사항들은 더 완전한 신경 연산 능력을 필요로 하며, 이는 오직 대뇌피질에서 두뇌의 질량을 증가시킴으로써 실현될 수 있다.[7]

사회적 두뇌 가설에서 가장 선호되는 견해는 두뇌 크기에 영향을 주는 중대한 사회적 변수가 사회적 관계의 복잡성이라는 것이다. 사회적 관계가 더 복잡할수록 더 큰 두뇌를 위한 선택압이 커질 수 있다. 게다가 선택압의 증가는 더 많은 관계의 증가를 불러왔을 가능성이 농후하다. 이 관점에서 보면 호미닌 진화에서 두뇌 크기의 증가는 선택압에 대한 반응을 반영하는데, 사회적 복잡성의 증가를 다루기 위해 두뇌가 확장되기 때문이다. 이에 상응하여 요구 사항과 능력이 꾸준히 증가하면서 새로운 잠재력을 가진 두뇌가 만들어졌을 수 있다. 이런 이유로 새로운 행동들을

---

* 소나 말처럼 발굽이 있는 동물

위한 새로운 선택의 기회들이 개체군 내에서 이런 속성들을 퍼트리기 위해 새로운 선택압을 생성할지도 모른다. 정상적인 인간의 삶을 기준으로 했을 때, 즉 자연적인 시간 기준에서 이들은 감지할 수 없는 속도로 진행되었을 것이다. 그러나 진화적 시간의 척도에서 보면 빨랐을 수 있다.

인간의 두뇌 크기에 대한 설명처럼 사회적 두뇌 가설도 많은 찬사와 비난을 받았다. 이 가설은 대뇌비율 지수로 측정된 인간의 큰 두뇌를 설명하기 위해 만들어졌다. 두뇌 증가와 관련이 있는 다른 동물들에서 사회적 상호작용 변수들의 종류가 인간 두뇌 크기의 증가에 대한 일부를 설명하는 데 도움을 줄 수 있다. 그러나 다른 영장류와 비교해 인간 두뇌 증가의 정도를 설명하기에 충분할까? 이 증가는 인간에게서 독특한, 아니면 최소한 매우 특색 있는 무언가를 필요로 하는 것처럼 보였다. 지금까지 연구해 온 비영장류 포유류 종에 대한 비교 연구들을 사소하게 만들 수 있는 생각이었다. 이 같은 독특한 인간 속성 중 하나가 바로 인지에 대한 전례 없던 요구를 하는 언어다.

이런 이유로 사회적 두뇌 가설을 개선할 필요가 있다. 사회적 관계의 복잡성이 증가하면서 언어, 그중에서도 복잡한 언어의 사용을 증가시키는 선택압이 만들어졌다는 것이다. 특히 자녀 양육을 위한 암수 한 쌍의 장기적인 결합 관계가 가진 복잡성은 오직 언어가 있어야만 가능한 높은 수준의 대화 기술을 요구했다. 사회적 두뇌 가설의 이 견해는 다음과 같이 요약할 수 있다.

복잡한 사회적 요구 사항(장기간의 자녀 양육) → 두뇌 신경 복잡성 증가
→ 향상된 언어 능력 → 증가된 두뇌 크기
(화살표들은 다음 단계를 생성하는 선택압을 의미함)

이 과정에서 복잡한 언어가 요구 사항들을 증가시켰고 두뇌 크기의 증가

를 가져왔지만, 복잡한 언어는 인간의 사회적 방식, 특히 다른 영장류들 (그리고 분명하게 대부분의 다른 포유류들)과 비교해 불균형적으로 긴 시간 동안 자녀를 양육하는 방식의 복잡성과 독특함 때문에 발생했다.[8]

이런 논의는 얼굴이라는 이 책의 중심 주제에서 멀리 떨어진 것처럼 보일 수 있지만, 생각만큼 실제로 많이 벗어나지는 않았다. 앞서 언급되었던 생각과 같은 선상에서 움직임이 매우 자유롭고 표현력이 좋은 인간의 얼굴은 사회적 두뇌의 주요 수단들 중 하나였을 것이다. 실제로도 필수적인 지원 수단들 중 하나였다. 사회적 두뇌 가설에 대한 주요 문헌들에서는 얼굴의 역할이 자주 논의되지 않지만, 사회적 얼굴은 진원류에서 사회적 두뇌의 진화에 없어서는 안 되는 부속물이었고, 그 역할이 초기 진원류에서 **호모**속의 출현까지 확장되면서 그 어느 때보다도 다기능적이 되었다.

더 큰 진화적 맥락 속에 이런 두뇌와 얼굴의 문제들을 포함시키기 위해 진원류가 생존을 촉진할 환경을 조성하는 특정 잠재력을 가지고 있었다고 생각해 볼 수 있다. 생명체가 자신에게 유리하게 환경을 바꾸는 일반적인 과정을 **적소 구축**niche construction이라고 하며, 동물뿐만 아니라 식물에서도 잘 관찰되는 현상이다(후자는 행동보다는 주로 생리 현상을 통해 자신들에게 알맞은 환경을 만든다). 영장류의 특별한 사례에서, 그중에서도 진원류에서 적소는 사실상 사회다. 복잡한 행동을 보이는 동물에서 이 같은 사회적 환경의 본질 중 하나는 이들이 확장되고 더욱 복잡해지는 잠재력을 가지고 있다는 것이며, 각각의 확장은 처음에는 새로운 문제들과 어쩌면 진화적 압력을 생성했을 수도 있다. 이 과정을 특정 진화적 방향으로 비틀거리며 나아가는 모습으로 상상해 볼 수 있다. 물론 인간 종이 이 과정에서 등장한 것은 필연이 아니었지만(많은 영장류 계통이 인간으로 진화하지 않으면서 형성되었다), 그 어느 때보다도 큰 사회성을 향한 진화를 위한 **잠재력**이 "영장류의 지위"를 얻기 시작했을 때부터 어느 정도 존재했었음이 확실하다. 그리고 인간을 포함해서 특정 계통들에서 시간이 흐름에 따라 진화하며 성장했다. 사회적 복잡성의 이런 확장은, 또는 최소한 다양화는 집단 결속에 따라 생존이 좌우되는 동물들에서 사회적 적소 구축에 내재되어 있다.

이런 생각의 방향을 가지고 얼굴의 역할로 돌아가 보자. 이제 어쩌면 처음 시작 단계에서 다루어야 했던 질문에 정면으로 맞설 수 있다. 척추동물의 얼굴은 (폐나 심장처럼) 진정으로 주요하고 일원화된 기능을 가지고 있는가? 아니면 진화가 어쩌다가 서로 아주 가깝게 모이게 해 준, 주로 독립적으로 작동하는 입 안과 주변에 공간적으로 배치된 감각 요소들의 집합체인 것일까? 또 다른 식으로 질문하면 이렇다. 얼굴은 부분들의 집합 그 이상인가? 얼굴이 단지 각 동물들의 감각 본부로서 기능하는 압도적으로 많은 동물들의 경우에는 얼굴이 부분들의 집합이라고 주장할 수 있다. 또는 아주 조금은 그 이상일 수 있다고 말할 수 있는데, 이는 먹이를 찾을 때 세 개의 주요 감각들이 입 근처와 두뇌에서 멀지 않은 곳에 모여 있으면 유리하기 때문이다. 그러나 이런 동물들에서 얼굴은 여전히 많은 부분 독립적인 요소들의 집합이다. 반대로 영장류, 특히 진원류의 경우 그리고 이들 중에서도 호미닌의 경우 사회적 얼굴은 명백하게 일원화되고 통합된 기능을 가지고 있다. 다시 말해 개체들 사이에서 사회적 행동들에 대한 신호(인간의 경우 흔히 상당히 복잡하다)를 보내고 수신한다. 전체 얼굴은 신호를 보내고 개체를 식별하게 해 주는 역할을 한다. 이런 이유로 커뮤니케이션 측면에서 얼굴은 확실하게 부분들의 집합 그 이상이다. 실제로 "완전한 기관"으로서의 얼굴은 진원류가 등장하면서 이런 모습을 가지게 되었다고 주장할 수 있다.

지속되는 동적 불균형 상태로서의 진화 :
선택압과 선택 기회 사이의 상호작용

호미닌의 사회성과 두뇌의 공진화를 설명하는 데 있어서 앞서 사용했던 "비틀거리며 나아가다"라는 표현은 실제로 상당히 적절하다. 여기서 각각의 변화는 새로운 무언가를 만들어 내고, 다시 선택압을 통해 더 많은 변화를 일으킨다. 앞서 나는 이것이 진화 과정의 일반적인 특징일 수 있다고 했다. 진화생물학자들은 이 같은 과정의 한 변수에 굉장히 익숙하다. 변화가 이를 보여 주는 개체에 선택 이점을 주지만 이 변화 자체가 불완전하기 때문에 새로운 특징의 개선이나 최적화를 위한 선택을 촉진한다는 것이다. 이 같은 최적화는 진화적 과정의 근본적인 속성이다. 이 이론을 설명하기 위해 필요한 속성이고, 이를 뒷받침하는 증거들이 많이 존재한다.

그러나 내가 여기서 제안하는 것은 다소 다른 역학관계다. 처음의 변화에 의해 촉발된 몇몇 변화들이 항상 최적화되는 것이 아니라 실제로 새로운 방향으로 변화할 수 있게 해 준다는 것이다. 실제로 (유리한) 새로운 변화는 새로운 길을 걷는 진화에 새로운 가능성의 문을 열어 주는 몇몇 최적화되지 않은 변화들을 만든다. 호미닌 계통에서 이족보행의 진화가 고전적인 사례다. 초기의 선택 이점이 무엇이었든(논쟁이 많은 문제다) 이족보행의 초기 단계들은 거의 확실하게 특히 골반이음구조pelvic girdle* 와 척추를 기준으로 머리의 위치에서 해부학상의 변화를 더욱 진전시킬 선택압을 만들어 냈다. 이런 변화 자체는 수정과 최적화 모두로 볼 수 있다. 그러나 앞다리가 자유로워지면서 이족보행은 동시에 새로운 가능성의 문을 열었다. 다시 말해 앞발을 새로운 용도로, 특히 먹이를 모으고 다

---

* 척추동물의 뒷다리가 척추와 결합하는 골격의 일부

루는 일에 활용하게 되었다. 결국 이런 새로운 기능들을 최적화하는 선택들이 존재했다. 새로운 기능에 적응한 개체들은 더 많은 후손을 남기는 데 유리했다.

실제로 진화적 변화의 순서는 **동적 불균형**dynamic disequilibrium 패턴으로 볼 수 있다. 이 패턴은 이렇다. 각 변화마다 생명체의 시스템을 조금 변경시키고, 더 나은 기능으로 돌아가 균형을 유지하려는 시도는 변화를 더욱 진전시키기 위한 공간을 필요로 하거나 이런 공간의 문을 열어 준다. 그리고 이런 순환이 반복된다. 각 사례에서 최적화를 위한 선택이든 새로운 무언가를 (그리고 뒤이은 최적화를) 위한 선택이든 이들은 생명체의 속성에 의해 결정되며, 이 속성은 최초의 변화로부터 작은 변화의 본질과 시간의 흐름에 따른 환경 시스템의 요구 사항들이다. 진화에서 이런 동적 불균형은 보기 드문 현상이 아니다.

물론 진화에서 필연적인 변화란 없다. 우리는 진화가, 최소한 형태학적 진화가 오랫동안 살아남은 계통들에서 장기간에 걸쳐 발생하지 않을 수 있음을 안다. 그 사례로 수억 년 전의 모습과 기본적으로 동일하게 유지되는 "살아 있는 화석"이라고 불리는 투구게가 있다. 그러나 일단 형태나 기능에서 중요한 무언가나 생명체의 생리를 바꾸는 변화가 발생하면서 진화적 적합도(이런 변화가 부족한 개체들에 비해 더 많은 자손들을 남기는 능력)를 극대화하기 위해 변화가 지속된다. 이런 관점에서 보면 **단속평형**punctuated equilibrium의 패턴을 이해할 수 있다. 1972년에 닐스 엘드리지Niles Eldredge와 스티븐 제이 굴드Stephen Jay Gould가 최초로 소개한 이 현상은 지질학적 기록에 있는 많은 생명체에서 발견된다. 어떤 계통은 수백만 년간 형태의 안정성(**안정**stasis)을 보여 주다가 변화가 (흔히 한결같은 방향으로) 일어난다. 이들 이전에도 고생물학자들이 단속평형 현상을 관찰했지만 명칭을 붙이지는 않았다. 이 패턴은 고생물학 기록에서 그저 흥미로운 현장쯤으로 간주되었을 뿐 설명이 필요한 문제로 취급하지 않았기 때문이다. 그러나 굴드와 엘드리지가 강조했듯이 이것은 종래의 진화 이론으로는 예측되지 않았고, 변화의 패턴에 대한 설명이 필요했다. 이들은 안정에서 벗어났다고 생각한 것에만 집중했다. 그러나 (갑작스런 변화 이후 지속적인 변화의 기간이 뒤따르며 때때로 수백만 년간 진행되는) **단속**punctuation, 斷續도 수수께끼 같기는 마찬가지다. 선택압의 가시적인 효과가 미미했거나 없었던 긴 시간이 흐른 후에 변화를 위해 선택압이 왜 그렇게 지속되었는지가 분명하지 않기 때문이다. 그러나 최초의 변화가 변경된 형질과 다른 형질들 사이에서 최적의 수준에 미치지 못하고, 그래서 패턴을 반복할지도 모르는 지속적인 변화들을 위한 선택압을 만든다면 긴 안정기 뒤에 발생하는 긴 변화의 기간은 놀랄 일이 아닐지도 모른다. 인간 두뇌의 진화와 함께하는 인간 얼굴의 진화적 역사, 특히 호미닌 진화의 마지막 수백만 년 동안의 역사는 진화적 과정의 이 역학적 "밀고 당기기push-pull" 특성을 전형적으로 보여 준다.[9]

진화적 변화에서 창발적 속성과 비용의 문제로 본 작은 영향 대 큰 영향 다시 생각해 보기

진화생물학의 역사에서 개체군 내에서 변화를 만들기 위해 자연선택이 작용한 새로운 유전자 변이들이 만들어 내는 영향의 규모에 대한 문제는 아주 오랫동안 논의되어 왔다(상자 6.2). 진화적 변화에 기여한 변이들은 작은 영향이 누적되는 것일까 아니면 크고 눈에 매우 잘 띄는 것일까? 식물과 동물의 육종자들은 아주 미세한 변이들을 찾아내고 항상 조금 더 확장된 형태의 형질을 보이는 자손을 선택해서 번식시키는 식으로 수 세대를 거쳐 변이들을 증폭시킨다. 이들의 이런 능력에 깊은 인상을 받아 다윈은 자연선택이 인위적인 선택만큼 효과적이며, 작은 변이들이 진화를 위한 진정한 근본 요인라고 주장했다. T. H. 헉슬리와 다른 학자들은 다윈의 주장에 반대했다. 이들은 자연 속의 이런 작은 변이들이 아닌 오직 뚜렷한 효과를 가지는 변이들만이 선택된다고 주장했다. "작은"과 "큰"은 상당히 애매한 표현이지만, 논의의 방향은 모든 사람들이 납득할 만큼 충분히 명확하게 설명되었다.

집단유전학을 기반으로 한 추론과 계산으로 현재는 근본적으로 형태적 변화로 이어지는 선택을 위한 대부분의 유전적 원재료가 보통의 표현형 효과를 가지고 있다는 데 의견의 일치를 보았다. 다윈이 상상했던 것보다 크지만 헉슬리의 (이후에 대돌연변이macromutation라고 불리는) **도약진화**보다는 작다. 이 문제를 유전학의 이론적 시각에서가 아닌 많은 사건들이 상당히 잘 알려진 계통의 시험 사례를 활용해서 살펴보는 것이 도움이 될지도 모른다. 그리고 "작거나 중간인" 변화들이 진화의 주요 계통을 설명하기 위해 충분한지 또는 몇몇 "크고" 설명할 수 없는 변화들을 언급해야 하는지를 묻는다.[10]

사실 호미닌 진화는 좋은 시험 사례를 제공한다. 어쨌든 우리는 이제 호미닌 계통에서 사건들의 순서에 대해 많이 알고 있다. 세세하게 살펴보면 침팬지로부터 갈라져 나온 지점에서부터 놀랍게도 작은 변화들만이 갑작스럽게 변화했다. (비교적) 작은 변화에 의한 변화라는 다윈의 설명은 대부분의 사건들을 설명해 줄 수 있다. (반면 두개동물 머리의 기원과 같은 인간 중심 계통의 오랜 경로에서 일어난 훨씬 이전의 사건들의 경우에는 명확하지 않다.) 인류 진화의 중심이 되는 몇몇 가장 놀라운 혁신들〔이족보행의 도래와 (이 책의 주제인) 인간 얼굴의 진화, 인간 두뇌의 진화〕은 모두 우리가 잘 알고 있는 과정들에서 발생한 크지 않은 일련의 변화들 측면에서 생각해 볼 수 있다. 심지어 가장 주목할 만한 인간의 특성이자 그 기원이 얼굴과 두뇌와 연관이 있는 언어는 도약진화를 언급하지 않고 단계적인 진화적 틀에 포함될 수 있다. 이 순서는 조잡한 발성에서부터 입맛 다시기에 의한 커뮤니케이션, 발성이 동반되는 입맛 다시기, 원시언어(근본적으로 명사와 동사만으로 구성되는 최초의 문장들)에서 진정한 언어로의 발달로 이어질 수 있었다.

그러나 대부분의 진화를 위한 근본 요인이 작거나 중간인 변화의 영향이라는 견해를 받아들인다고 해도 다윈의 비판가들이 제기했던 오랜 질문은 계속된다. 예를 들어 새의 비행과 박쥐나 고래의 음파 탐지, 거미의 거미줄 치기, 이 밖에도 많은 진정한 새로운 것들의 기원을 자연선택으로 설명할 수 있는가? 이런 예들이 더 많아지면서, 기저를 이루는 유전과 발달생물학에 대해 더 많이 배울수록 이런 몇몇 극적인 새로운 특징들의 기반을 설명하는 가설을 더 쉽게 세울 수 있다. 6장에서 간략하게 논의했듯이 임계점을 넘어서거나 티핑포인트에 도달한 시점에서 새로운 특성과 능력이 등장한다. 이런 예상치 못한 결과들을 **창발성**emergent property 이라고 부르고, 생명체가 가진 특별하고 새로운 속성뿐만 아니라 물리적 세계의 몇몇 가장 근본적인 속성들과 대부분 연관이 있다.[11]

인간의 두뇌와 두뇌가 가진 놀라운 능력에 대한 문제는 여전히 남아 있다. 이런 능력들은 고전적 다윈주의의 주요 도전 과제로 볼 수 있다. 앨프리드 러셀 월리스가 지적했듯이 플라이스토세는 현대 인간에게서 볼 수 있는 진정으로 놀라운 정신적 능력을 위한 선택이 일어날 만한 환경이 아니었다. 그렇다면 이 시기의 무엇이 바이올린을 연주하거나, 미적분 문제를 풀거나, 초고층건물을 설계하거나, 우주선을 달로 쏘아 올릴 수 있는 능력을 선택하게 만들었을까? 월리스에게 답은 명확했다. "그 어떤 것도 아니다." 그리고 그는 자신이 생각할 수 있는 유일한 대안을 제시했다. 즉 인간 두뇌의 속성들이 자연적이지 않은 신성한 존재에 의해 창조되었다는 것이다. 그의 결론은, 전통적인 종교적 믿음에서 나오지는 않았다고 해도 (종교적인 색채를 띠고 있지만) 다윈주의의 견고한 원칙들을 기반으로 도달한 결론이었다.

월리스의 추론은 보통 잘 언급되지 않지만 거의 보편적으로 받아들여지고 있는 전제를 기반으로 했다. 바로 자연선택이 오직 필요한 **최소한**의 변화만을 가져온다는 것이다. 이 관점을 뒷받침해 주는 생각은 어떤 행동에 필요한 에너지나 재료, 시간이 필요 이상으로 사용되지 않는다는 것이다. 그리고 불필요한 대가들은 적합도를 떨어뜨리고 도태된다. 그러므로 이 추론에 의하면 엄격하게 필요한 것들보다 더 많은 모든 형질들은 선택을 최적화하는 대상이 되고 최적의 값에 맞게 줄어든다. 이것이 그의 추론이다. 그런데 사실일까? 일부 형질들의 경우 어쩌면 우리 눈에는 지나치고 비용이 많이 드는 것처럼 보여도 생명체 자체에는 충분하지 않을 수 있고, 그래서 이 형질이 지속적으로 유지되지 못한다. 예를 들어 인간에게서 발견되는 것보다 수십 배가 더 큰 특정 양서류와 꽃이 가진 게놈의 크기를 예로 들 수 있다. 이런 게놈의 크기를 적응 이점의 측면이나 생명체의 복잡성 필요에 따른 것이라고 설명하는 것은 불가능하지는 않아도 어렵다. 모든 체세포에서 재생산되는 이 같은 DNA 양은 생화학 물질과 에너지 측면에서 (필요에 비해) 추가 비용을 수반하게 되지만, 이런 생명체들은 예외적으로 오랜 시간 동안 명백하게 유지되어 온 현존하는 종들이다. 어쩌면 일부 비용들은 생명체가 스스로 경험하는 것보다 보는 쪽 (인간) 눈에 더 커 보일지도 모른다.[12]

이런 견지에서 보면 월리스의 주장은 설명이 가능할지도 모른다. 즉 자연선택이 항상 딱 필요한 양만큼만 전해 주는 것이 아니라 때때로 그 이상을 전해 준다는 것이다. 필요한 양보다 부족하면 변화를 촉진할 수 없지만, 표면적인 대가가 우리가 생각하는 것처럼 언제나 해로운 것이 아니라면 이론적으로는 가까운 장래에 적응을 위해 필요한 것보다 지나치게 많은 변화를 촉진할 수 있다. 두뇌라는 특정한 사례에서 이것은 이런 잠재력들이 선택되었던 그 당시에는 요구되지 않았던 능력들을 위한 잠재력일 수 있다. 만약 사회적 두뇌 가설이 옳다면 (우리가 비교적 큰 노력 없이 수행하는) 사회성의 요구 사항들은 초기 호미닌 선조들에게 필요했거나 가지고 있었던 것보다 더 큰 두뇌를 위한 선택압을 만들어 내기에 충분히 상당한 두뇌 능력을 요구했다. 결국 (무의식적인) 정신적 계산, 상당한 기억 능력, 미래를 계획하는 능력, 계획을 타인과 조정하기, 언어와 관련된 상징적 사고의 시작과 관련된 능력들은 이후에 농업의 발명과 새로운 형태의 커뮤니케이션 개발, 모든 종류의 새로운 기술 창조와 같은 것들에 사용될 수 있었다. 두뇌에서 새로운 방식으로 영역들을 연결하거나 이런 연결을 강화하는 새로운 신경 연결이 형성될 수 있는 기능을 인정하면 두뇌는 활동을 확장시키는 독특한 능력을 보유한 장치처럼 보인다. 월리스의 주장을 터무니없다고 할 수는 없지만, 그는 두뇌가 어떻게 건설되는지에 대해 아무것도 몰랐다. 그 당시에 그가 이런 정보들을 더 많이 알았더라면 아마도 그는 다윈이 자신의 전체 개념 체계를 위협한다고 보았던 관점을 받아들이지 않았을 것이다.

행동과 형태의 진화 : 라마르크를 위한 정의가?

인간 얼굴에 대한 이야기가 펼쳐지면서 여러분은 얼굴의 형태 진화에서 정신 상태가 간접적이지만 강력하게 형태 변화에 영향을 준 방식으로 초점이 이동했음을 눈치챘을 것이다. 이런 정신적 속성이나 상태는 얼굴의 인식(정체성과 표정 모두)과 이런 얼굴들이 자아내는 감정적 반응과 (성 선택에서) 특정 얼굴 형태에 대한 미적 선호의 영향, 사회적 집단생활에서 동반되는 인지적 복잡성을 유발했다. 물론 정신 자체는 이런 영향력을 직접 행사할 수 없다. 정신 상태가 촉발하는 특정 행동들을 보여 주는 개체들이 더 많이 생존하는 것을 선호하는 선택압을 통해 그리고 개체들이 속한 더 큰 사회적 집단에서 행동들이 나타나는 방식을 통해 간접적으로 그렇게 할 수 있을 뿐이다. 만약 이런 행동들이 집단의 유용한 기능에 일조한다면 이들의 영속성과 확산을 위한 사회선택의 압력이 존재할 것이다.

그러므로 동물의 진화에서 행동은 주요한 요인이거나 요인 중 하나일 것이며, 이 책에서 논의했듯이 진원류에서, 특히 호미닌에서 얼굴의 진화에 주요한 기여를 했다. 이런 제안에 대한 결론은 더 복잡한 정신 작용을 (그리고 이런 작용을 가능하게 해 주는 더 복잡한 두뇌를) 반영하는 더 복잡한 행동을 가진 동물들이 형태상의 진화에서 더 단순한 행동이나 정신, 두뇌를 가진 동물들보다 행동에 의해 더 영향을 받는다는 것이다. 오늘날 (진화적 영향에 반응하는 행동들과 연관이 있는) 동물들의 적소 구축의 현상으로 더 많은 시선이 쏠리면서 이 견해에 대한 관심이 증가하고는 있지만, 진화생물학에서는 여전히 상대적으로 크게 고려되고 있지 않다. 그리고 이 견해는 새로운 생각이라고 보기 어렵다.

영국의 저명한 동물학자 앨리스터 하디Alister Hardy는 1965년에 쓴 저서 『리빙 스트림The Living Stream』에서 행동과 적소 구축에 대해 중요한 설명을 했다. 여기서 하디는 각각의 동물들이 먼저 새롭게 변경된 행동으로 새로운 장소를 찾아 탐험한다는 주장을 제기했다. 만약 이롭다고 증명되면 그 장소를 계속해서 채울 뿐만 아니라 몇몇 경우에는 이들의 동료들이 이들의 행동을 모방한다. 이런 현상은 조류와 포유류에서 모두 발견되었고, 이를 **동물의 문화적 진화**animal cultural evolution라고 한다. 이런 식으로 새롭고 이로운 행동들은 지속되고 확산될 가능성이 있다. 만약 (하디는 이를 강조하지 않았지만 이들이 발달에 미치는 영향을 통해) 어떤 식으로든 신체 구조를 바꾸는 새로운 돌연변이들이 더 효과적인 새로운 행동을 만든다면 이런 돌연변이들이 선택될 것이다. 예를 들어 이 같은 돌연변이들은 먹이를 얻기 위해 활용되는 부속 기관들에 변화를 가져올 수 있다. 20세기 동물학자인 데이비드 랙David Lack은 다윈의 핀치를 최초로 주의 깊게 연구했던 인물이다. 그는 바다에서 솟아난 지 오래되지 않은 갈라파고스 제도에서 상이한 핀치 개체군들이 서로 다른 먹이를 획득하기 위해 다양한 부리들이 특수화되면서 이런 방식으로 진화했다고 제안했다. 특정 부리 형태를 통해 새로운 먹이에 대한 접근을 용이하게 해 주는 새로운 돌연변이들이 선택된다. 그는 새들이 새로운 먹이를 구할 수 있도록 처음에 새로운 부리 형태를 만든 무작위적 돌연변이random mutation보다 이 과정을 가능성이 훨씬 높은 설명이라고 여겼다.[13]

물론 부리는 그저 하나의 사례일 뿐이다. 이 일반적인 메커니즘은 사지나 턱, 입, 치아로 어렵지 않게 확장시킬 수 있다. 1980년대 초반에 분자진화학의 선구자였던 앨런 윌슨Allan Wilson, 1934~1991은 이 생각을 받아들였다. 그는 침팬지와 호미닌 계통들의 분자의 연대를 처음으로 측정했고, "아프리카로부터" 가설에 최초의 유전적 증거를 제공했다. 윌슨과 그의 동료들은 조류와 포유류에서 형태 진화의 속도와 두뇌 크기와 행동들의 관계를 분석했다. 이들은 자신들의 데이터를 바탕으로 분자와 DNA 염기 서열 변화와 행동의 복잡성 사이에 직접적인 관계가 있다고 주장했다. 쉽게 설명하면 새로운 행동들이 유전적 변화들을 위한 선택압을 만들어 내며, 이 변화들이 새로운 행동을 가능하게 만드는 형태 변화를 촉진한다는 것이다. 이 관점에서는 더욱 복잡한 행동이 더욱 복잡하고 큰 두뇌를 위한 선택을 선호했다.[14]

본질적으로 형태 변화를 위한 길을 터 준 행동 변화에 대한 이 생각은 미국의 심리학자인 J. 마크 볼드윈J. Mark Baldwin, 1861~1934이 제안했다. 그는 이후에 (G. G. 심슨G. G. Simpson에 의해) 그의 이름을 따서 **볼드윈 효과**(7장에서 소개되었다)라고 명명된 진화적 변화의 메커니즘을 1896년에 제시했다. 볼드윈은 동물의 형태를 바꾼 적응들을 위한 선택압을 만드는 데 있어서 새로운 행동의 역할을 강조했다. 이 견해는 40년 이상이 지난 후에 변화된 행동이 아닌 변화된 발달을 강조했던 영국의 발생생물학자 C. H. 와딩턴C. H. Waddington, 1905~1975이 이어받았다. (와딩턴은 볼드윈을 언급한 적이 없지만 자신의 전임자라고 할 수 있는 그를 알고는 있었을 것이다.) 와딩턴은 환경에 의해 발생한 새로운 발달 변화들이 새로운 요구에 부합하는 방식으로 형태를 바꾼다면, 그래서 적응적 가치를 가진다면 이런 발달적 변화들이 자동적으로 일어나게 만드는 돌연변이를 위한 선택압이 있을 것이라고 주장했다. 그는 이 과정을 **유전적 동화**라고 했다. 두 사람이 강조하는 점이 다르기는 했지만, 볼드윈과 와딩턴은 동일한 일반적인 현상을 논의했다. 이 현상이란 어떤 이점(들)을 가진 새롭게 야기된 (가소성이 좋은) 상태의 등장으로, 만약 이 상태가 세대를 넘어 지속된다면 이를 생명체의 고정된 부분으로 만드는 돌연변이를 위한 선택압을 만든다는 것이다.[15]

19세기 초반에 이들보다 앞서 이런 생각을 가지고 있었으며, 영향력이 큰 생물학자가 있었다. 실제로 그는 자연과학에서 뚜렷이 구분되는 한 분야로서 생명체 연구라는 의미를 담은 **생물학**이라는 단어를 만들어낸 세 사람 중 한 명이었다. 그의 이름은 장 바티스트 라마르크Jean-Baptiste Lamarck, 1744~1829다. 오늘날 라마르크는 한 동물이 일생 동안 획득한 신체적 형질들이 그 동물의 자손을 통해 유전될 수 있다는 생각을 전파시킨 사람으로 유명하거나 또는 오히려 악명이 높다. 그의 생각을 현재는 라마르키즘이라고 부르며, 19세기 후반과 20세기 초반에는 좌절을 겪었지만, 흔히 현대 유전학이 대두되는 데 도움을 준 공을 인정받고 있다. 그러나 최근의 학문이 보여 주듯이 라마르크에 대한 이런 묘사는 심각하게 부당하다. 획득한 형질이 유전된다는 사실을 라마르크가 믿은 것은 사실이지만, 그는 이 생각을 처음 한 사람도 아니고, 이 생각에 특별히 관여하지도 않았고, 시간을 많이 투자하지도 않았다. 그는 이를 당연하게 여겼고, 유전에 대한 관심이 크지 않았던 것으로 보인다. 더 나아가 동시대와 훨씬 이후의 많은 과학자들도 획득된 특징들의 유전을 믿었다. 유전에 대한 자신의 논문에서 이를 사실로 받아들였던 찰스 다윈도 여기에 속했다. 획득한 형질의 유전을 믿으면 라마르크주의자가 되는 것이라면 다윈은 라마르크주의자였다. 와딩턴과 볼드윈처럼 다윈은 라마르크를 처음에는 과학계 선배로 인정하지 않았다고 해도, 진화의 선구적인 옹호자로서 라마르크의 역할을 완전히 의식하고 있었다. 이후에 다윈은 이 사실을 공개적으로 인정했다.[16]

라마르크의 주요 관심사는 동물에서 새로운 행동들이 새로운 구조물, 즉 새로운 신체 특징들의 진화를 위한 길을 열어 주는 방식이었다. 이것이 작동하는 방법에 대해 그가 제안한 메커니즘은 오늘날 그저 기이하게 보일 뿐(우리의 견해와는 아무런 연관이 없다) 설명할 가치가 없다. 또 그는 자연선택이나 새로운 적응 특징들을 위한 선택압에 대한 개념을 가지고 있지 않았다. (그러므로 다윈주의자들을 오늘날 우리가 사용하는 단어의 의미에서 라마르크주의자라고 할 수 있지만, 반대의 경우는 성립되지 않는다.) 그러나 그의 가장 중요한 책들에서 정교하게 다듬어진 (새로운 행동들이 동물 형태에서 변화들에 기여하는 진화적 힘일 수 있다는) 그의 기본적인 생각을 고려해 보면 라마르크는 훨씬 후에 현대적인 생각과 용어로 이 생각을 더욱 발전시킨 볼드윈과 랙, 하디, 윌슨, 그리고 다른 사람들의 선배였다고 말할 수 있다. 그리고 라마르크에게는 이 정도 인정해 주는 것이 어울린다.[17]

그러나 그의 이름과 밀접하게 관련이 있는 주제에 대해 언급하지 않고는 장 바티스트 라마르크와 그의 생각에 대한 이야기를 마무리할 수 없다. 바로 다음 세대로 전해지는 **후성유전**epigenetic inheritance이다. 라마르크가 유전에 대한 관심이 부족했다는 점을 감안했을 때 이 현상에 **라마르크주의**Lamarckian라는 표현을 사용하는 것이 적절한가는 논란의 여지가 있으나, 이 용어는 주로 문헌에서 사용된다. 지금은 적절성이나 라마르크주의를 다르게 명명하느냐 마느냐는 따지지 말기로 하자. **후성유전**은 염색체 조절 상태가 한 세대에서 다음 세대로 전해지는 유전을 말한다. 다시 말해 생식 세포를 통해 자손으로 전달될 수 있는 특정 유전자에 결합된 단백질과 연관이 있는 유전자 활동의 변경이다. 현재는 체세포 분열을 통해 이러한 상태들이 전달됨을 보여 주는 증거가 풍부하게 존재한다. 문제는 이런 상태가 자손에게 흔히 전해지는지, 그리고 만약 그렇다면 이 자손에게서 파생된 다음 세대들에게도 전달되는가이다. 만약 전달될 수 있다면, 이론적으로 변화들이 충분히 안정적이라면 이런 후성 변이는 진짜 돌연변이(DNA 염기 서열을 기반으로 하는 변화)처럼 자연선택의 대상이 된다. 그리고 식물에서 이런 현상이 발생할 수 있다는 몇몇 증거들이 확실히 존재하며, 동물의 경우에는 증거가 더 약하다(그러나 증가하고 있다). 이것이 중요한 이유는 두 가지다. 첫 번째는 진화 메커니즘에 대한 전통적인 20세기의 견해, 즉 DNA 염기 서열 변화가 유전 변이들의 원천이라는 단단히 닻을 내리고 있는 생각에서 벗어나는 것이다. 후성유전은 더 다양한 조사를 진행할 수 있는 새롭고 광범위한 영역으로 들어가는 문을 열어 준다. 두 번째는 신체 조직에서 후성 변이가 이런 형질들에 영향을 주는 특정 돌연변이들보다 훨씬 더 쉽게 발생할 수 있다는 것이다. 만약 후성 변이들이 진화에서 중요한 역할을 담당한다고 밝혀지면(이 생각은 여전히 매우 불확실하고 논란의 여지가 많다) 몇몇 유전적 변화들이, 만약 모든 유전 변이가 낮은 빈도로 일어나는 진정한 돌연변이의 발생, 즉 낮은 빈도로 발생하는 DNA 염기 서열 변화를 기다린다면 예상보다 훨씬 빠른 것처럼 보인다는 사실을 설명하는 데 도움을 줄지도 모른다.[18]

특히 얼굴의 진화에 대한 이런 생각들은 8장에서 논의되었던 길들이기 현상과 관련지어 생각해 볼 수 있다. 러시아 과학자 드미트리 벨랴예프Dmitry Belyaev, 1917~1984는 동물들의 가축화에 대한 주요 실험 연구를 실시했다. 구소련에서 유전의 메커니즘 연구는 체제 전복의 가능성이 있는 행동으로 간주되었고, 투옥되거나 추방 혹은 사형을 받을 수도 있는 문제였다. 벨랴예프는 가축화 신드롬(그는 이 표현을 사용하지 않았다) 현상에 매료되었고, 1960년에 실험 연구를 시작했다. 구소련에서 마침내 심각한 개인적 위험 없이 유전학을 연구할 수 있게 된 때였다. 벨랴예프와 그의 동료들은 연구 초기 단계에서조차 매 세대마다 길들여진 동물을 선택하는 식의 야생동물의 선별 번식selective breeding을 통해 가축화가 얼마나 빠르게 이루어지는지를 보여 주었다. 그의 연구팀은 초기에는 밍크와 쥐, 수달, 은여우를 대상으로 진행했지만, 마지막에는 은여우에 집중했다(사진 16과 17 비교). 그에게는 이 과정이 사육한 여우 개체군에서 발생 빈도가 낮은 돌연변이로만 설명하기에는 지나치게 빠른 것처럼 보였다. 그래서 이 메커니즘에 대한 그의 생각은 초기 사건으로서 후성적 변화들에 초점을 맞추기 시작했는데, 이는 이들이 쉽게 유발되기 때문이었다.

이런 시각으로 이 현상을 고찰하는 것은 야생(여우 농장) 조상들에 존재하는 진정한 유전적 (DNA 기반) 변이의 주요 기여를 배제하지 않는다. 그리고 이것은 길들이기를 위해 선택하는 동안 가축화된 표현형에 기여했다. 벨랴예프는 이 같은 고전적 유전자 변이들이 이야기의 전부는 아니라고 가정했다. 실제로 초기에 나타난 유전적 변화들 중 하나는 그가 "스타"라고 이름을 붙인 길들여진 여우의 머리에 하얀 부분을 야기했으며, 발생 빈도 비율과 (스타를 보여 주었던 여우들에서 스타가 사라지는) 복귀reversion 비율에서 돌연변이보다 후성 변이의 특징을 더 많이 가지고 있었다. "스타"는 길들이기, 즉 여우의 가축화를 위한 번식에서 나타난 첫 번째 형질들 중 하나였고, 곧이어 얼굴에서 변화들이 뒤따랐다. 특히 턱이 축소되고 다 성장한 가축화된 동물의 얼굴이 더 어려 보였다.[19]

후성적 변화와 가축화 사이의 관계는 매우 추론적인 주제로 남아 있지만, 이런 문제들에 대한 벨랴예프의 생각은 터무니없지 않으며 고려해 볼 가치가 있다. 만약 앞으로 발견될 증거가 이를 뒷받침해 준다면 이 관계는 특히 만약 인간이 (앞서 제안했듯이) **자기 길들이기** 된 종일 경우 인간 얼굴의 진화와 어떤 관련이 있을지도 모른다. 더 나아가 후성 변이들이 진정한 돌연변이에 의한 선택을 통해 안정화될 수 있다면, 볼드윈 효과와 유사하게, 어린 유인원의 얼굴을 닮은 인간 얼굴의 진화가 후성 변이 덕분인 것으로 밝혀질 수도 있다. 물론 이 가능성은 어디까지나 가설일 뿐이며, 이 이전에 인간이 진정으로 자기 길들이기 되었는가라는 질문에 대한 답이 필요하다. 러시아에서 진행된, 동물의 가축화에 대한 선구적인 20세기 유전자 연구가 처음에는 현대 유전학에 적대적인 이념으로 인해 억압을 받았지만 종국에는 인간 유전학에서 근본적인 무언가에, 다시 말해 인간 얼굴의 진화적 역사와 더 일반적으로 우리 인간을 독특하게 만들어 준 속성들에 대한 해결의 실마리를 던져 준다면 이는 과학의 역사에서 흥미로운 사건이 아닐 수 없다.

이 책을 마치며

세 갈래의 여행

이 책에서 나는 인간의 얼굴을 형성한 진화적 사건들에 대해 설명했다. 물론 내 생각은 수많은 다양한 견해들 중 하나에 불과하며, 다른 책에서는 분명히 나오는 어느 정도 다른 이야기를 들려줄 수도 있다. 게다가 이 책의 내용은 어쩔 수 없는 불완전성을 내포하고 있다. 이 책에서 다루고 있는 생각들과 지금까지 알고 있던 지식들 사이에 커다란 간격이 존재하기도 하며, 이는 분명 재고해 볼 가치가 있다. 그러나 이런 결함들은 과학과 커뮤니케이션에 본질적으로 내재되어 있는 속성들이다. 과학적 해석은 언제나 잠정적이고 불완전한 미완성의 결과를 바탕으로 하기 때문이다.

이 책에서 부족한 점이 무엇이든 기본 사실만은 변함이 없다. 인간 얼굴의 진화적 기원은 아주 흥미롭고 중요한 이야기이며 인간의 특성, 즉 "인간 본성"의 본질과 관련이 깊다는 것이다. 진화의 역사를 바라보는 한 가지 관점은 5억 년이라는 오랜 기간 동안에 무수히 많은 세대와 종 들에 걸쳐서 시간과 공간, 그리고 수많은 생애를 관통하는 놀라운 여행으로 보는 것이다. 이 여행은 (적어도 과학적 시각에서는) 숙명이 아니었지만, 상당히 놀라운 결과를 낳았다. 이 여행의 종착지인 인간의 얼굴은 (모든 동물의 얼굴이 그렇듯이) 개인과 세상에 대한 정보를 효율적으로 모으는 수집가이자, 자신의 감정과 의도를 동료들에게 놀라울 정도로 뛰어나게 전달하는 정보의 전달자이다.

이 책에 나오는 진화 여행에 대한 설명은 두 번째 여행에 대한 토대를 마련해 주었다. 바로 여러분을 위한 여행이다. 어떤 책을 읽든 여러분은 그 책과 함께 정신적 여행을 떠나게 되고, 그 책이 여러분에게 어떤 영향을 주었다면 여행의 끝에서 책을 읽기 전과는 다른 자신의 모습을 발견하게 된다. 여러분은 저자의 결론에 완벽하게 동의하지 않은 채 여행을 마칠 수도 있다. 그러나 여러분이 저자의 의견에 동의할 수 없거나 몇몇 견해를 더 자세히 살펴보고자 한다면 오히려 이것이 훨씬 더 좋은 결과일 수 있다. 진정으로 유용한 책은 단순히 정보를 제공하는 차원을 넘어 여러분의 반응을 이끌어 내고 주제에 대해 더 깊이 생각해 보게 만든다.

이 책은 저자인 나에게도 긴 여행이었다. 이것이 세 번째 여행이다. 이 책을 집필하기 시작했을 때 가졌던 생각과 사전 지식이 무엇이었든 책을 끝마칠 때쯤에는 필연적으로 초반에 예상했던 것과는 어느 정도 달라질 수밖에 없고, 이와 함께 나 자신도 다소 변하게 되었다. 필요한 자료를 구하고, 손에 넣은 자료를 놓고 끊임없이 숙고하면서 나는 인간이 얼마나 월등하게 협동적이고 사회적인 존재인가를 깨닫고 그 어느 때보다도 깊은 감명을 받았다. 인간이라는 존재는 사회성과 밀접하게 지속적으로 연결되어 있다. 겉으로 드러나는 행동뿐만이 아니라 상상력과 목표, 꿈, 희망도 마찬가지다. 물론 남들을 신경 쓰지 않고 홀로 세상을 살아가는 사람들이 존재하지만(극단적인 사례는 사이코패스와 소시오패스다) 이들은 특이한 경우에 속한다.

사실 인간이 다른 어떤 동물보다도 특별히 더 사회적인 동물이라는 생각은 전혀 새롭지 않다. 하지만 무언가를 생각하는 것, 특히 인간에 대한 종래의 생각과 실제로 감정이 자아내는 모든 정서적 울림을 느끼는 것 사이에는 차이가 있다. 더 나아가 우리는 인간이 사회적 동물이기 때문에 종종 잔혹하고 소름 끼치는 행동을 서로에게 자행한다는 사실을 부인할 수 없다. 이 같은 성향은 협력과 우정, 사랑과 마찬가지로 하나하나가 모두 인간 본성의 일부다. 매우 강한 사회적 존재인 인간의 본성은 우리가 행하는 악랄한 행동에 내재되어 있다. 최악이라고 할 수 있는 인간의 행동은 집단의 정체성에 기대어, 그리고 어쩌면 인간의 사회적 특성의 필수적인 요소인 집단에 협력하고 구성원들과 행동을 같이해야 한다는 근본적인 본능에 이끌려서 집단으로 자행된다. 예를 들면 이렇다. 충격적으로 들릴지도 모르지만 인간이 저지르는 가장 끔찍한 행동인 대량 학살은 가해자들의 강력한 사회적 결속에 따른 결과다. 이런 행동은 사회적으로 조직되고, 개인이 속한 사회 집단에서 형성된 공감대, 즉 종족 정체성에 완전히 의존한다. 대량 학살은 이런 사회적 유대감에 기대면서 사회성의 부재가 아닌 가장 어두운 면을 반영한다.

그러나 이런 암울한 생각들이 머리를 스쳐 간다고 해도 이 책을 집필하면서 나는 인간의 미래를 더욱 낙관적으로 보게 되었다. 인간 번영의 열쇠, 즉 생존은 인간의 강한 사회적 본성을 민족적 유대감만을 앞세운 파괴적 측면에 사로잡히지 않게 방지하면서 이를 어떻게 긍정적으로 활용하느냐에 달려 있다. 이는 결국 더 많은 사람들이 자신의 진짜 "종족", 즉 직접적으로 속한 집단만이 아니라 (인간을 하나로 묶는 기분 좋은 고전적 표현인) "인류" 전체를 보기 시작해야 한다는 뜻이다. 이를 달성하기 위한 사회공학적 방법은 없지만, 어느 정도까지는 세계적으로 공유되는 미디어를 통한 경험과 다른 민족 집단의 구성원 간의 결혼 증가를 통해 훨씬 더 큰 의미에서 인간의 결속력을 다질 수 있고, 실제로 얼마 전부터 이미 진행되고 있다.

그렇다면 인간의 미래에서 얼굴의 역할은 무엇일까? 인쇄 매체를 비롯한 모든 형태의 전자 매체가 발달했지만 여전히 인간의 얼굴은 커뮤니케이션의 매개체로서 쓸모가 있다. 얼굴을 마주 보고 하는 대화는 인간을 존재하게 하는 근본으로 계속 남아 있을 것이고, 얼굴은 인간이 서로 상호작용하는 데 언제까지나 필수적이고 안정된 역할을 담당할 것이다. 얼굴은 사회적 상호작용의 협력자로서 진화해 왔다. 그래서 나는 인간이 사라지지 않는 한 얼굴이 앞으로도 계속해서 "인간 본성의 선한 천사the better angels of our nature"를 섬기며 존재할 것으로 예견한다.[1]

감사의 말

이 책이 탄생하기까지 정말 오랜 시간이 걸렸다. 집필 방향에 대해 오랫동안 구상했고(너무 길어서 여기서 다 이야기할 수가 없다), 2011년에 책상 앞에 앉아 글을 쓰기 시작했다. 글을 쓰는 과정에서 수많은 사람들이 이 프로젝트에 관심을 보였고, 초고를 검토해 주었고, 책의 내용에 대해 논의했고, 제안을 했고, 이 밖에도 셀 수 없이 다양한 방법으로 내게 도움을 주었다. 이들 모두에게 감사의 말을 전하고 싶지만 내 기억이 완벽하지 못해서 언급하지 못하고 넘어가는 사람들이 있을지도 모르겠다. 혹시라도 내 부주의로 인해서 이름이 언급되지 않은 이들에게는 사과의 말을 드린다. 도움을 받은 종류에 따라 카테고리를 나누는 과정에서 이름이 겹치는 사람들이 발생하지만, 이 부분에 대해서는 여기서 언급하지 않겠다.

먼저 이 책의 주제와 관련해서 직접 또는 이메일을 통해 논의하며 도움을 준 사람들에게 감사한다. 이들은 흥미롭고 유용한 비평과 생각 또는 특정 정보를 제공해 주었으며, 이들의 이름은 아크햇 아브자노프와 앤 버로스, 로버트 시에리, 소피 크루젯, 마이클 드퓨, 바버라 핀레이, 테컴세 피치, 루카 줄리아니, 베네딕트 홀그림슨, 닉 홀랜드, 에바 야블롱카, 대니얼 리버먼, 데이비드 루이스 윌리엄스, 존 메이지, 로버트 마틴, 대니얼 밀로, 올라프 오르테달, 마우린 올리리, 롭 포돌스키, 조안 리히츠마이어, 마크 슈라이버, 프란시스 새커리, 고인이 된 필립 토비아스, 류드밀라 투루트, 리처드 랭엄이다.

내가 앞으로 나갈 수 있게 이끌어 주거나 직접적으로 유용한 자료를 제공해 준 이들은 더그 버그와 모니크 보거호프-멀더, 브라이언 쿠삭, 마이클 드퓨, 질 댄지그, 리처드 댄지그, 바버라 핀레이, 앤드리스 구스, 수전 해밀턴, 루이스 헬드, 루이스 홀랜드, 닉 홀랜드, 버트런드 조던, 대니얼 리버먼, 로버트 마틴, 피터 맥닐리지, 잔 프램퍼, 브루스 루스브리저, 카트린 섀퍼, 조언 슈미에델, 제임스 시켈라, 마이클 토마셀로, 브리짓 월러, 멜린다 왁스, 엘리자베스 본 바이스제커, 패트리샤 라이트다. 이 사람들 중에서 더그 버그에게 특별히 더 감사의 마음을 전한다. 그는 내 오랜 친구(50년도 더 되었다!)이며, 지치지 않는 흥미롭고 가치 있는 정보의 샘과 같다.

나는 이 책의 많은 부분들을 읽고 조언을 아끼지 않은 사람들에게 큰 빚을 졌다. 이들은 다양한 오류를 찾아내면서 내게 큰 도움이 되었다. 이들은 친구이며 동료인 프란시스코 어보이티즈, 월터 보드머, 앤 버로스, 리처드 댄지그, 바버라 핀레이, 앤서니 그레이엄, 브라이언 홀, 닉 홀랜드, 에바 야블롱카, 버트런드 조던, 나타샤 쾨니히스, 잭 레비, 로버트 마틴, 질리언 모리스-케이, 스티븐 오펜하이머, 롭 포돌스키, 콘스탄스 푸트남, 수잔나 루서포드, 마이클 시핸, 아이작 윌킨스, 리처드 랭엄이다. 물론 이 책에는 항상 그렇듯이 여전히 결점이 존재한다. 사실과 해석, 누락의 문제에 관해서 모든 책임은 나에게 있다.

이 책의 삽화가인 세라 케네디에게 특별히 감사의 말을 전한다. 그녀는 종종 명확하지 않은 나의 생각들을 분명하고 유용한 그림으로 바꾸어 놓았다. 또 내게 아낌없이 도움을 준 하버드대학교 출판부의 직원들과 특히 전 편집자였던 마이클 피셔와 그의 조수 로런 에스데일에게 감사한다. 마이클의 후임 편집자이자 후반에 투입된 앤드루 키니는 카트리나 바사로의 능숙한 보조를 받으며 이 책이 출간될 때까지 뛰어난 능력을 발휘했다. 막바지 작업에 들어가면서 프로젝트 매니저인 메리 리베스키와 카피라이터인 스티븐 서머라이트로부터 큰 도움을 받았다. 피터 네브라우몬트는 이 프로젝트 초반에 편집과 관련된 특별히 유용한 정보를 주었다.

또 이 책에서 사용한 컬러 사진과 그림을 보내 준 사람들에게 감사한다. 이들은 드미트리 보그다노브, 잔 뵈트거, 도로시 체니, 장 클로드, 토머스 가이스만, 존 거치, 토머스 쿠셔, 마우린 올리리, 로버트 마틴, 디터와 넷진 스테크리스, 류드밀라 트루트, 마리아 본 노르드베이크다.

이들 외에도 두 곳의 기관에 특히 깊은 감사의 마음을 전하고 싶다. 이 기관들은 이 프로젝트의 초기 단계에 내가 내 지식과 생각을 조직적으로 취합하고 글을 쓰기 시작했을 때 (재정적, 도의적, 실질적) 지원을 제공해 주었다. 이 기관은 내가 2009년부터 2010년까지 선임 연구원으로 있었던 독일의 베를린 고등연구소Berlin Institute for Advanced Study와 2011년 1월부터 9월까지 특별 회원이었던 남아프리카 공화국의 스텔렌보스 고등연구소Stellenbosch Institute of Advanced Studies, STIAS다. 이 두 기관의 직원들이 보여 준 친절함과 적극적인 도움은 보답은커녕 어떠한 감사의 말로도 충분하지 않다. 세 번째 기관인 독일 베를린에 있는 홈볼트대학교의 이론생물학연구소Institute of Theoretical Biology, ITB는 2011년 후반에서 2016년 초반까지의 오랜 집필 기간 동안에 너무나 고맙게도 많은 도움을 주었다. 나를 이 연구소와 연결해 준 피터 해머스테인에게도 감사한다.

마지막으로 간접적이지만 중요한 도움을 준 세 사람에게 진심을 다해 감사의 마음을 전한다. 내 생물학적 부모님과 양아버지다. 친아버지는 내게 과학, 특히 생물학과 화학의 세계를 알려 주었고, 이 세계에 매료되게 만들어 준 장본인이다. 반면 어머니는 내게 문학에 대한 깊은 애정과 언어에 대한 관심을 심어 주었다. 양아버지는 다채로운 역사와 역사 연구의 세계로 들어가는 문을 열어 주었다. 이런 세 명의 멘토 덕분에 나는 이 세상이 언제나 흥미로움으로 가득하다는 신념을 평생 간직할 수 있었고, 인간의 얼굴과 그 역사를 이야기하는 이 책을 집필하는 동안에도 끊임없이 이런 감정을 경험했다.

1장   인간의 얼굴은 진화의 산물이다

1   얼굴 바로 뒤쪽으로 네 번째 주요 감각인 한 쌍의 청각 기관이 있다. 인간과 많은 포유동물의 경우 외이(external ear, 外耳)가 사실상 얼굴의 틀을 잡아 주지만, 대부분 척추동물에게는 없다. 그러므로 척추동물 얼굴에서 외이가 보편적인 특징이라고 할 수는 없다. 오감 중 네 가지가 얼굴과 그 주변에 몰려 있다. 다섯 번째 감각인 촉각은 피부를 통해 느껴지며 몸 곳곳에 퍼져 있다. 얼굴의 본래 기능은 동물들, 특히 포식자들이 먹이를 잘 찾을 수 있게 하는 것이라는 견해에 대한 논의는 간스와 노스컷(Gans and northcutt, 1983)을 확인할 것.

2   엔로(Enlow, 1968), p. 168.

3   대화하면서 짓는 얼굴 표정이 흔히 말의 의미를 강화하고 증폭한다는 사실은 만약 누군가가 의도적으로 타인을 오도하고 싶을 때 의식적으로 자신의 얼굴 표정을 통제해야 한다는 의미이기도 하다. 연기할 때 필요한 능력이 바로 이것이다. 얼굴 표정을 대본에 쓰여 있는 말과 일치시키는 것이다. "메소드 연기"란 여기서 한발 더 나아가서 대사의 정확한 감정을 전달할 수 있도록 배우가 감정들을 그저 가장하는 것이 아니라 실제로 깊게 "느끼며" 연기하는 것을 말한다. 이메일이나 편지에는 이런 시각적 징표가 포함되지 않는다. 이는 대화할 때보다 글 쓸 때 더 쉽게 거짓말을 할 수 있는 이유다. 또 서면으로 이루어지는 커뮤니케이션이 자주 오해를 불러오는 이유이기도 하다. 여기에는 표정으로 전달해 주는 정보가 빠져 있다. 이메일에 미소 짓는 "이모티콘"을 추가하는 것은 단어만으로는 전달할 수 없다고 생각되는 긍정적인 감정을 표현하는 방법이다.

4   관상학과 관련된 다양한 생각이 존재하지만 주류를 이루던 견해에는 두 가지가 있다. 하나는 성격을 보여 주는 단서로서 얼굴의 신체 특징을 강조하고, 다른 하나는 표정에 초점을 맞춘다. 첫 번째 견해는 18세기 후반에 스위스의 목사였던 요한 캐스터 라바터(Johan Kastor Lavater, 1741~1801)가 제시했고, 20세기에 독일의 제3제국(Third Reich, 히틀러 치하의 독일 - 옮긴이)의 인종 이론으로 최고조에 달했다. 이런 관상학의 한 분파는 근본적으로 히틀러와 함께 몰락했다(Gray, 2004). 그럼에도 인종주의를 뺀 관상학이 소소하게 재유행되고 있는지도 모른다(9장). 성격을 알 수 있는 열쇠로 표정을 강조하는 또 다른 견해는 일반적이고 직관적인 믿음처럼 이어져 내려오고 있다. 에이브러햄 링컨은 인간이 40세가 되면 그 사람이 살아온 삶이 얼굴에 드러난다고 했다. (조지 오웰도 같은 뜻을 가

진 말을 했지만, 그의 경우 나이를 50세로 했다. 그는 50세가 되기 전에 사망했다.) 이 말에는 많은 진실이 담겨 있다. 행복이나 슬픔, 분노든 상관없이 습관적으로 짓는 표정이 개인의 지배적인 성품을 드러내고 결국에는 피부 노화의 결과인 주름살로 새겨진다.

5   20세기 전반, 얼굴 표정에 대한 주요 관심사는 인간의 표정이 다윈의 믿음처럼 보편적으로 공유되는지 아니면 문화마다 다른지에 대한 것이었다. 이에 대한 역사는 러셀(Russell, 1994)에서 찾아볼 수 있다. 문화가 보편적인 인간 표정에 영향을 주는가는 논쟁의 여지가 있다. 이 문제가 20세기에 들어 부활하면서 인간의 얼굴 표정의 진화적 뿌리와 관련해서 드발(De Waal, 2003)은 다윈에서 시작된 영장류의 표정을 조사한 역사를 탐구했다.

6   그레고리의 저서는 그 당시 미국의 문화적 맥락에서 이해되어야 한다. 그는 이 책을 집필하면서 1925년 테네시주에서 있었던 유명한 "스콥스 원숭이 재판(Scopes Monkey Trial, 공립학교 교사였던 스콥스가 수업 중에 진화론을 가르친 것에 반발해 기독교 근본주의자들이 그를 고소하면서 시작되었다. 이 당시에는 공립학교에서 진화론을 가르치지 못하도록 했다 – 옮긴이)"을 염두에 두었다. 이 재판은 테네시주의 학교에서 진화론을 가르치지 못하게 하는 법을 집행하기 위해 열렸다. 책의 첫 페이지에서 그레고리는 인간 얼굴의 구조가 진화적 관점에서만 이해될 수 있음을 강조했다. 예를 들어 상어와 인간 얼굴의 기본적인 구조적 유사성이 우연의 일치가 아니라는 것이다. 그리고 그는 유머러스한 언어로 자신의 더 큰 목적이 반진화론적 생각과 싸우는 것임을 분명하게 밝혔다.

7   영장류 분류학에서 초기에 인간에게 국한된 계통을 지칭한 용어는 호미니드(hominid)였다. 이 용어는 인간이 린네식 분류법에서 대형 유인원들을 포함하지 않는 뚜렷이 구별되는 과(family)를 구성한다는(5장 참조) 믿음을 반영했다. 유전학에 대한 이해가 커지고 이에 따라 인간과 침팬지와 보노보("피그미침팬지")와의 진화적 관계에 대해 더 많은 정보를 얻게 되면서 인간은 린네식 분류가 아닌 대형 유인원들을 포함하는 과에 포함되었다. 이를 호미니데(Hominidae)라고 부르며 오랑우탄과 고릴라, 침팬지, 보노보, 그리고 인간이 여기에 속한다. 현재 사용하는 용어인 호미닌은 인간이 침팬지-보노보 계통에서 갈라져 나오면서 결과적으로 인간으로 진화한 호미니데의 분지에서 출현한 이런 모든 종을 가리킨다.

8   양적으로 측정 가능하고 세분화된 질문으로 시작하는 것이 어떻게 더 광범위하고 질적인 문제로 이어질 수 있는지를 보여 주는 사례가 바로 면역 체계다. 1940년대 후반에 등장했던 아주 흥미로운 질문인 "포유류의 면역 체계가 어떻게 이처럼 방대하고 상이한 항체들을 생산할 수 있는가?"는 출발점을 제시해 주지 못했다. 이보다 세분화된 "각각의 항체 생산 세포에 모든 항체나 소수의 또는 심지어 한 종류의 항체만을 생산할 능력이 있는가?"라는 질문을 했을 때에만 더 큰 질문의 답을 찾기 위한 조사를 할 수 있다. (이 질문에 대한 답은 각각의 항체 세포가 오직 하나의 항체 종류만을 생산한다는 것이었다. 개인이 가지고 있는 다양한 전체 항체들은 각각 자신만의 특정한 능력을 가진 수백만 개의 상이한 세포들에 의해 만들어졌다.)

9   6장에서 논의하겠지만 영장류는 주요 집단 두 개로 나누어진다. 진원류와 더 원시적인

(또는 조상이 되는 영장류에 "더 가까운") 원원류다.

10 각 지층에서 상이한 종류의 화석들이 연속적으로 발견된다는 점이 진화를 반영한다는 사실을 이해하기 위해 반드시 전문가가 필요하지는 않다. 19세기의 위대한 고생물학자였던 조르주 퀴비에(Georges Cuvier) 남작은 종의 진화에 반대했고, 연속적인 지층에서 발견된 상이한 화석 형태들이 서로 다른 시기에 존재했던 기존 생명체들의 멸종과 뒤이어 발생한 다른 지역에서 서식하던 동물들의 새로운 영역으로의 이동을 반영한다고 주장했다.

11 발달생물학과 진화생물학 사이의 관계는 윌킨스(Wilkins, 2002)의 4장을 참조할 것. 오늘날 진화생물학의 한 지류는 두 분야가 서로 만나는 지점(진화발생생물학evolutionary developmental biology 또는 "이보디보evodevo"라고 부른다)에 관심을 가진다. 이 분야는 1980년대 후반에 등장했다.

12 현존하는 관련된 종들을 통해 진화상의 과거를 재건하려는 비교생물학에 대한 더 자세한 설명은 하비와 페이젤(Harvey and Pagel, 1991)을 참조할 것.

13 발달을 위한 유전적 시스템의 보존 현상은 척추동물보다 훨씬 더 광범위하게 작용하며, 다양한 좌우 대칭 동물들 전반에 걸쳐 존재한다. 캐럴 외(Carroll et al., 2001)의 2장과 윌킨스(Wilkins, 2002)의 5장을 참조할 것.

14 이 연구에 대한 더 자세한 내용은 아브자노프 외(Abzhanov et al., 2006)를 참조할 것.

15 인간과 침팬지가 갖는 이 여섯 가지 표현의 유사성들은 파와 월러(Parr and Waller, 2006)에서 더 자세히 설명하고 있다. 신체 차이를 통한 인간과 침팬지의 얼굴 비교를 해석하는 어려움은 월러 외(Waller et al., 2007)에서 논의하고 있다.

2장 얼굴의 발달 과정: 배아부터 청소년까지

1 이 그림은 진화를 유인원부터 발전된 단계들을 거쳐 인간까지 막힘없이 점진적으로 진행되는 과정으로 보는 관점을 담고 있기도 하다. 20세기 후반에 이 그림이 패러디의 대상이 된 것은 놀랍지 않다. 한 예로, 최종 산물인 인간을 소파에 몸을 묻고 하루 종일 텔레비전만 보는 뚱뚱한 모습으로 묘사한 그림이 있다. 그러나 이 전통적인 그림에는 이것 말고도 잘못된 점이 있다. 진화 과정이 한 방향으로 진행되면서 결국에는 인간에 이른다는 잘못된 생각을 전달한다는 것이다. 유인원과 같은 조상들에서 시작된 호미닌 진화에는 많은 가지들과 상이한 종들이 관련되어 있다. 그리고 이들 중 오직 한 종만이 지금까지 살아남았다. 바로 인간이다(6장에서 논의하겠다).

2 머리와 얼굴을 특징짓는 높은 구조적 복잡성에 대해서는 리버먼(Lieberman, 2011)의 첫 두 장에서 설명하고 있다.

3 흥미롭게도 미토콘드리아는 우리 몸을 구성하는 일종의 유핵세포의 초기 조상에 서식했던 박테리아와 같은 세포들의 자손이다. 이런 공생자가 제공하던 에너지의 추가 공급이 미생물 세포 조상에서 진핵세포(eukaryotic cell)의 크기를 증가시키고, 궁극적으로는 복잡한 다세포 생물과 식물, 동물의 진화를 가능하게 만드는 데 매우 중요했다는 주장이 있

다(Lane and Martin, 2010).

4　상이한 종류의 인간 세포에 대한 설명과 묘사, 4백 개가 넘는 세포 유형의 추정치는 비카리우스와 홀(Vickaryous and Hall, 2006)을 참조할 것.

5　19세기 저명한 발생학자 윌리엄 히스 주니어(William His Jr.)가 1868년에 신경능선세포를 처음으로 확인했다. 그는 척추동물의 배발생에서 이 세포의 중요성을 직감했지만 증명하지 못했다. 많은 상이한 특정 세포 유형들을 생성하는 이들의 역할은 1940년대와 1950년대에 와서야 확고히 확립될 수 있었다. 신경능선세포가 "네 번째 배엽층"이라는 견해는 홀(2000)을 참조할 것. 이 분류에 대한 일부 반대 의견들과 배엽층이라는 용어가 분자 기준과 관련해서 시대에 뒤떨어진다는 주장은 사나트와 플로레스-사나트(Sarnat and Flores-Sarnat, 2005)에서 볼 수 있다. 신경능선세포에 대한 일반적인 설명은 르 두아랭과 칼체임(Le Douarin and Kalcheim, 1999)에서 잘 소개하고 있다.

6　인간의 배발생에 대해 자세히 알고 싶다면 라슨(Larsen, 2009)의 교재가 완벽한 설명을 제공한다.

7　실이라는 용어는 조직이나 기관 안의 둘러싸인 공간을 의미한다. 심장의 실, 즉 심실은 대부분 고등학교 생물 시간에 들어봐서 익숙할 것이다. 발달하는 뇌 안에는 많은 실이 존재한다. 이런 공간들을 나누는 세포들을 흔히 뇌실층이라고 부르며, 이들 바로 위에 있는 세포들은 (조금 혼란스럽기는 해도) 뇌실하층이라고 한다.

8　몇몇 주요 논문들이 두개부 신경능선세포가 전뇌 발달에 필수적이라는 증거를 제시하지만, 그중에서도 에체버스 외(Etchevers et al., 1999)와 크루제와 마르티네스, 두아랭(Creuzet, Martines and Douarin, 2006), 크루제(2009)를 참조할 것.

9　종뇌의 등 쪽은 두뇌를 둘러싸는 대뇌피질(또는 대뇌)이 된다. 반면 배 쪽은 이후에 기저핵이라고 부르는 필수적인 두뇌 구조물로 발달한다. 여기에 대해서는 이후에 논의할 것이다.

10　얼굴 상부의 패턴을 만드는 FEZ과 그 역할에 대한 설명은 후와 마르쿠시오(Hu and Marcucio, 2009)에서 잘 소개하고 있으며, 하악궁에서부터 하악의 발달에 도움을 주는 SHH의 근본적인 역할에 대한 논의는 르 두아랭과 브리토, 크루제(Le Douarin, Brito, and Creuzet, 2007)에서 찾아볼 수 있다.

11　인두굽이는 조상이 되는 어류에서 가장 앞쪽에 위치한 아가미궁의 진화적 파생물이다. 포유동물에서는 이런 구조물들이 다섯 쌍이 있다. 첫 번째 쌍 뒤로 다른 네 개의 쌍이 위치하며, 이들에서 인두와 목의 연골, 소화관의 앞쪽 부분(전장), 몇몇 근육들이 발생한다. 첫 번째 인두굽이는 아래턱 얼굴 융기를 형성할 뿐만 아니라 위턱과 아래턱을 연결하는 부위와 위턱의 아래(배)쪽 부위에도 기여한다. 내배엽에서 분비되며 하악궁 발달에 기여하는 SHH의 역할에 대한 설명은 르 두아랭과 브리토, 크루제(2007)에서 찾아볼 수 있다.

12　배아의 얼굴 형태와 이들의 상이한 변화 경로에 대한 발견들은 영 외(Young et al., 2014)에서 설명하고 있다. 본문에서 언급되었듯이 새의 부리는 전상악골에서 발달한다. 부리가 앞뒤로 성장하기 위해서는 1장에서 언급했듯이 칼모둘린이 필요하다.

13 브루그만과 킴, 헬름스(Brugmann, Kim and Helms, 2006)를 참조할 것.

14 더 자세한 사항은 바우너 외(Boughner et al., 2006)와 파슨스 외(Parsons et al., 2011)를 참조할 것.

15 분류학의 아버지 린네는 척추동물을 정의할 때 머리의 중요성을 강조한 인물이다. 그는 이들을 두개동물이라고 불렀고, 이 용어는 이후 장비에(Janvier, 1996)와 다른 학자들이 언급하면서 다시 사용되었다.

16 1980년대 전까지는 일반적으로 두뇌에 필요한 뉴런의 양이 두뇌의 순성장(net growth)이 멈추는 유년기 초반에 정해지며, 나이를 먹으면서 개수가 줄어든다고 믿었다. 그러나 이런 다소 우울한 관점은 사실이 아님이 밝혀졌다. 실제로는 새로운 뉴런을 발생시킬 수 있는 다수의 두뇌 신경줄기세포가 존재한다. 무언가를 학습할 때(예를 들어 바이올린을 연주하거나 런던의 택시 운전사들이 반드시 기억해야 하는 도시의 수많은 구역들을 외울 때) 여기에 요구되는 새로운 뉴런들이 생성될 수 있다.

17 리버먼과 맥브래트니, 크로비츠(Lieberman, McBratney, and Krovitz, 2002)와 리버먼(2009)을 참조할 것. 호모 사피엔스가 다른 호미닌에서는 보이지 않는 특별히 둥근 머리를 가지게 된 이유는 이 형태가 달릴 때 균형을 잘 잡을 수 있도록 하기 때문일지도 모른다. 상처 입은 먹잇감을 추격하기 위해 오래달리기를 한 것이 골격의 다른 특징들과 함께 머리 모양을 형성하는 데 기여했다는 생각은 브램블과 리버먼(Bramble and Lieberman, 2004)에서 논의된다.

18 신체 요소들, 특히 인장응력("기계 부하mechanical load")의 역할에 대한 논의는 리버먼(2011) pp. 44~51을 참조할 것. 아래턱뼈의 크기와 형태에 영향을 주는 상이한 영양 시스템의 역할에 대해서는 크라몬-타우바델(Cramon-Taubadel, 2011)에서 설명하고 있다.

19 얼굴에서 성 차이를 인식하게 해 주는 요소들에 대한 정보는 버턴과 브루스, 덴치(Burton, Bruce and Dench, 1993)와 브라운과 페렛(Brown and Perrett, 1993)을 참조할 것.

20 테스토스테론 레벨과 자궁에서의 경험이 얼굴 특징(여성의 경우)과 다른 이차성징을 더 남성답게 만들 수 있다는 증거는 핑크 외(Fink et al., 2005)와 마렉코바 외(Mareckova et al,. 2011)에서 찾아볼 수 있다.

21 남성과 여성의 얼굴 특징을 만드는 성선택의 역할은 웨스턴과 프라이데이, 리오(Weston, Friday and Lio, 2007)와 윈드해거와 섀퍼, 핑크(Windhager, Schaefer and Fink, 2011)를 참조할 것.

3장 얼굴을 형성하는 유전적 기반

1 인간 게놈 프로젝트에 필요한 자금을 모으기 위해 로비 활동을 하던 1980년대 후반에 유전자 결정론적 생각은 절정에 달했다. 이 프로젝트가 진행되는 동안에 몇몇 저명한 과학자들은 완전한 인간 게놈 서열("생명의 책Book of Life")을 알면 인간의 생명 작용이 밝혀지면서 인간의 존재와 다른 많은 것들에 대해 좀 더 깊이 있게 이해할 수 있다고 주장했다.

그러나 이런 그럴듯한 주장은 2000년대 초반에 이 프로젝트가 거의 완성 단계에 들어가면서, 그리고 완전한 인간 게놈 서열로는 이런 것들을 밝힐 수 없다는 사실이 분명해지면서 거의 자취를 감췄다. 사실 기본적인 사항들로 이 같은 결론에 도달한 것은 훨씬 이전이었다. 이에 대해서는 윌킨스(1986) pp. 484~486을 참조할 것. 유전자 결정론의 오류에 대한 정밀 분석은 데니스 노블(Dennis Noble)의 『생명의 음악(The Music of Life)』(2006)을 참조할 것.

2 발달의 경로를 바꾸고, 그래서 생물의 속성을 변화시키는 환경 요소의 역할에 대한 설명은 르원틴(Lewontin, 2000)에서 볼 수 있다.

3 유전자가 어떻게 단백질을 만드는가에 대한 고전적인 설명은 제임스 왓슨(James Watson)의 『유전자의 분자생물학(The Molecular Biology of the Gene)』(1970)에서 볼 수 있다. 최근의 논의에 대해서는 필즈와 존스턴(Fields and Johnston, 2010)의 2장과 3장을 참조할 것. 1950년대와 1960년대의 분자생물학 혁명을 일으킨 발견에 대한 역사는 저드슨(Judson, 1979)에서 설명해 준다. 이 혁명이 있기 전은 유전자의 고전적 시대라고 할 수 있다. 이 시대에 대한 역사는 20세기의 저명한 유전학자 앨프리드 스터트반트(Alfred Sturtevant, 1965)에서 잘 설명하고 있다.

4 비암호화 RNA와 이들의 다양한 기능에 대한 최근의 예리한 리뷰는 체크와 스타이츠(Cech and Steitz, 2014)에서 볼 수 있다.

5 이 연구는 1961년에 출간되었고, 락오페론 모델(lac operon model)로 알려져 있다. 전체 설명은 자코브와 모노(Jacob and Monod, 1961)에서 제공하고 있다. 이 연구의 역사에 대해서는 저드슨(1979)의 7장과 캐럴(2014)의 28장을, 유전자 제어의 "양성 조절(positive control)"의 현실과 중요성을 정립한 연구의 리뷰는 한(Hahn, 2014)을 참조할 것.

6 세포가 "자가 제작(self-fabricating)"이 가능한 존재라는 설명은 호프마이어(Hofmeyr, 2007)를 참조할 것.

7 유전자와 이들이 만들어 내는 단백질의 명칭을 구별하기 위해 유전자는 이탤릭체, 단백질은 로마체를 사용한다. 인간과 다른 척추동물의 유전자를 각각 구별하기 위해 전자는 대문자로, 후자는 소문자로 표시한다. 그러므로 FGF8은 특정 인간 단백질을 말하고, *FGF8*은 이에 상응하는 인간 유전자, *fgf8*은 쥐(또는 다른 척추동물) 유전자를 의미한다. 대부분의 분자생물학 연구가 초기에는 실험용 동물들을 대상으로 진행되었기 때문에 이 책의 유전자 명칭 대다수는 소문자로 표시된다. 단백질 산물과 이들의 유전자를 쉽게 구분하기 위해 모든 단백질 명칭은 이탤릭체가 아닌 대문자로 나타낸다.

8 소닉 헤지호그라는 명칭에 대한 설명이 필요하다. 이 설명은 초파리에 있는 헤지호그 유전자에서 시작한다. 소닉 헤지호그라는 명칭은 돌연변이가 일어난 초파리 유생의 모습에서 따왔다. 곤충 유생의 몸은 다수의 체절로 이루어졌으며, 복부 쪽에 체절마다 하나씩 얇고 뻣뻣한 털이 나 있다. 그러나 돌연변이의 경우 이런 털들이 복부 표면을 전부 덮고 있어서 그 모습이 고슴도치(hedgehog, 헤지호그)를 연상시킨다. 척추동물 게놈에서 얻은 유사한 DNA 염기 서열로 유전자를 정화하기 위해 초파리 유전자를 사용하는 과정에서 세 개

의 유전자가 발견되었다. 이들 중 두 개의 명칭은 실제로 존재하는 고슴도치의 이름을 따서 지었다. 인도 고슴도치(Indian hedgehog)와 사막 고슴도치(desert hedgehog)다. 세 번째 유전자는 유머 감각을 지닌 대학원생이 발견했고, 그는 이 유전자에 소닉 헤지호그라는 비디오 게임 캐릭터의 이름을 붙였다(Riddle et al., 1993). 그리고 지금까지 이 명칭이 사용되고 있다. 그러나 명칭과는 다르게 이 유전자의 부작용은 조금도 재밌지 않다. 의사들은 돌연변이를 일으킨 이 유전자를 가진 자녀를 둔 부모에게 아이의 병적 증상을 설명해야 하는 난처한 상황에 직면한다.

9 월퍼트(Wolpert, 1969)를 참조할 것.

10 지아 발달에 대한 리뷰는 타워스와 티클(Towers and Tickle, 2009)을 참조할 것. 닭과 쥐 배아의 이마코 외배엽 구역 사이의 차이 비교를 포함해 이마코 외배엽 구역에 대해서는 후와 마르쿠시오(2009)에서 잘 설명하고 있다. 랠프 마르쿠시오(Ralph Marcucio)와 질 헬름스(Jill Helms), 베네딕트 홀그림슨(Benedict Hallgrimmson)이 소속된 연구소들은 얼굴 발달을 설명하는 데 주요한 역할을 했다.

11 지아 발달에서 *Fgf8*에 대해서는 크로슬리 외(Crossley et al., 1996)를 참조할 것. 얼굴 발달에서의 역할은 브루그만 외(2006)를 참조할 것.

12 박쥐 날개의 성장에서 *Shh*의 역할은 호크만 외(Hockman et al., 2008)를 참조할 것. 돌고래의 뒷다리 지아에서 *Shh* 발현의 상실은 트위센 외(Thewissen et al., 2006)를 참조할 것. 얼굴 중간 부분의 크기를 조절하는 데 관여하는 SHH의 역할은 영 외(2011)에 잘 기록되어 있고, 각각의 얼굴 원기의 크기 조절에 대해서는 영 외(2014)에서 찾아볼 수 있다. SHH 경로의 문제와 전전뇌증 사이의 관계는 코데로와 타파디아, 헬름스(Cordero, Tapadia and Helms, 2005)에서 설명하고 있다.

13 레티노산의 중요성을 평가한 정보는 레반도프스키와 마쳄(Lewandowski and Machem, 2009)을 참조할 것.

14 얼굴 패턴 형성에서 Wnt 경로의 역할은 브루그만 외(2007)를, BMP와 FGF8 경로는 브루그만 외(2006)를 참조할 것. 지아 발달에서 BMP-SHH 상호작용은 바스티다 외(Bastida et al., 2009)에서, 얼굴의 발달에서 SHH와 FGF8 경로 사이의 시너지 반응은 아브자노프와 타빈(Abzhanov and Tabin, 2004)에서 설명하고 있다. 이 논문들은 지아와 얼굴 발달에 관여하는 상이한 경로들 사이의 복잡한 관계를 설명하는 데 도움을 준다.

15 지아와 얼굴의 발달에서 Dlx 유전자의 경우 크라우스와 루프킨(Kraus and Lufkin, 2006)을 참조할 것. 발달에서 HAND2의 역할에 대해서는 리우 외(Liu et al., 2009)를 참조할 것.

16 혹스(Hox) 유전자의 명칭에 대한 설명이 필요하다. 이 유전자는 초파리에서 처음 발견되었고, 처음에는 눈에 띄는 돌연변이 표현형으로 규정되었다. 이런 돌연변이 현상을 상동이질형성(homeosis)이라고 하며, 어떤 부분이 자신의 위치를 벗어나서 다른 위치에서 형성되는 것을 말한다. 이런 돌연변이의 한 사례가 이중흉부(bithorax)다. 초파리의 작은 뒷가슴 부분이 가운데 가슴과 비슷한 부분으로 대체되면서 두 쌍의 날개를 가진 초파리가 나온다(정상인 경우는 한 쌍이다). 1980년대에 유전자가 복제되었을 때 다수가 DNA 영역

에 전체 단백질을 결합시켜 주는 60개의 아미노산 "부분(motif)"을 암호화하는 영역을 공유한다는 사실이 밝혀졌다. 이런 유전자들은 전사 인자를 암호화하고, 단백질 결합 영역을 암호화하는 유전자 영역을 호메오박스(homeobox)라고 명명했다. 혹스는 호메오박스의 두문자어다.

17 윌킨스(2014)를 참조할 것.

18 상이한 분자들이 서로 다른 발달 과정에 사용될 수 있다는 증거는 사례와 함께 데이비드슨(Davidson, 2006)에서 찾아볼 수 있다. 이 현상의 유전적 진화 구조에 대한 설명은 윌킨스(2007a)에서 제공한다.

19 지느러미와 지아 발달 사이의 유사성에 대한 방대한 분량의 문헌이 있다. 초기 단계에 관여하는 대부분의 동일한 분자들[앞다리와 뒷다리를 나누는 소위 T-박스(T-box) 전사인자라고 부르는, 지아의 초기 위치를 지정하는 혹스 유전자와 다양한 신호 전달 시스템(SHH, FGF, WNT, BMP)]은 대단히 유사한 방식으로 활용된다. 지아에서 오토포드의 발달은 주요한 유전자-분자 차이들이 분명해지기 시작하는 후반 단계에서 발생한다. 공유되는 핵심 모듈(shared core module)의 또 다른 사례는 눈과 근육과 관련이 있으며, 히누 외(Heanue et al., 1998)를 참조할 것.

20 아래턱 원기와 지아 사이에 공유되는 유전자 기계의 증거에 대해서는 터커 외(Tucker et al., 1998)를 참조할 것.

21 다윈은 새로운 구조물들의 발생에서 진화가, 엔지니어들처럼 무에서 시작하지 않고, 이미 존재하는 물질과 함께 일어난다는 사실을 인정했지만 이를 강조하지는 않았다. 진화를 땜질 방식과 비교한 설명은 앞서 논의된 유전자 조절의 기본적인 사실에 대해 설명했던 프랑수아 자코브의 견해를 인용한 것이다. 진화가 엔지니어가 아니라 땜장이가 일하는 방식과 유사하게 작동한다는 자코브의 주장은 진화가 끊임없이 최적화하는 과정이라는 진화생물학자들의 기본적인 견해에 반대된다. 시간이 흐르면서 기존의 형질을 향상시키기 위해 자연선택이 작용하지만, 새로운 특성들이 등장하는 초기 단계는 최적화 과정일 수 없다. 오히려 이 단계는 누군가가 작업을 완수하는 데 필요한 손쉽게 얻을 수 있는 무언가를 향해 손을 뻗는 모습으로 그려볼 수 있다. 엔지니어가 아닌 땜장이의 행동이다. 자코브 (Jacob, 1977; 1982), 뒤부르와 윌킨스(Duboule and Wilkins, 1998)를 참조할 것.

22 라킥(Rakic, 1995)을 참조할 것.

23 이 증상이 어떻게 발생하는지에 대한 분명하고 세부적인 설명은 피시 외(Fish et al., 2008)를 참조할 것. 인간에게서 이 증상을 일으킨다고 확인된 유전자들에 대해서는 몽고메리 외(Mongomery et al., 2010)를, 세포 분열에서 이런 돌연변이의 영향에 대한 설명은 풀버스 외(Pulvers et al., 2009)를 참조할 것.

24 바스티다 외(2009)를 참조할 것.

25 캐널리제이션(canalization, 주어진 환경 조건에 의해 발생 과정이 정해지고 일정하게 결정된 방향으로 진행하는 형태 - 옮긴이)에 대한 견해는 와딩턴(1957)에 잘 설명되어 있다. 캐널리제이션의 기반에 대한 한 측면은 윌킨스(1997)를 참조할 것.

26 발달적 유연성과 진화 가능성(evolvability)의 일반적인 요점에 대한 논의는 리버먼(2011) pp. 10~12에서 찾아볼 수 있다. 이 문제는 디컨(Deacon, 2000)에서도 논의되었다. "발달상의 수용"은 웨스트-에버하르트(West-Eberhard, 2003)에서 설명한다.

27 콜먼(Coleman, 1964) 7장을 참조할 것.

28 찰스 다윈의 대표 논문인 『가축 및 재배식물의 변이(The Variation in Animals and Plants Under Domestication)』(1868)는 가축화된 동물과 식물에서 발견되는 유전되는 변이들과 품종 개량의 결과를 잘 조사했다. 길들여진 동식물의 선택적 품종 개량이 예상치 않게 품종들의 유전 물질과 신체적 형질을, 종의 정체성을 변화시키지 않으면서 어느 정도까지 바꿀 수 있는가에 대한 최근의 견해는 글라즈코 외(Glazko et al., 2014)를 참조할 것.

4장   다양한 얼굴을 만드는 유전자

1 17세기의 의사이자 저술가, 철학자였던 토머스 브라운(Sir Thomas Browne, 1605~1682) 경이 다음과 같이 언급했듯이 인간 얼굴의 놀라울 정도의 다양성은 오래전부터 인정받았다. "수백만 개의 얼굴들 중에 같은 얼굴이 하나도 없다는 사실은 모든 사람들이 궁금해하는 불가사의다."(Browne, 1645) 그의 말에서 굳이 흠을 잡자면 절제된 표현뿐이다. 오늘날에는 수백만이 아니라 수십억의 상이한 얼굴이라고 해야 맞다.

2 얼굴 유사성의 정도에 개체들 간의 관련성이 미치는 영향을 고려했을 때 '관계없는'이라는 표현은 애매한 측면이 있다는 점을 지적할 필요가 있다. 어느 한 종의 구성원들은 모두가 정도만 다를 뿐 서로 관련이 있다. 실제로 모든 종들은 주로 (상이한 "촌수"의) 엄청나게 많은 사촌들로 이루어져 있다. 더 나아가 인간은 그 역사가 20만 년이 넘지 않았거나 (6장) 대략 1만 세대가 지난, 상대적으로 새롭게 등장한 종이며, 20만 년은 다른 종들에 비해 적은 나이다. 그러므로 인간은 다른 대부분 동물 종들의 구성원들에 비해 훨씬 가까운 관계에 있다.

3 네 종류의 대형 유인원(침팬지, 보노보, 고릴라, 오랑우탄) 종 내에서 얼굴 차이의 정도는 두 개의 유인원 사진집인 『제임스와 다른 유인원(James and Other Apes)』(Mollison, 2005)과 『우리와 같은 유인원(Menschenaffen Wie Wir)』(Hof and Sommer, 2010)에서 잘 볼 수 있다. 다른 영장류 종들도, 특히 동물학자들이 보고했듯이 감지할 수 있을 정도의 얼굴 다양성을 가지고 있다. 그러나 우리 눈에는 대형 유인원의 얼굴이 훨씬 더 눈에 띄게 다양하다.

4 야생형 대립유전자라는 용어는 분자생물학의 시대 이전에 생긴 단어로, 유전자 속성을 오직 겉으로 드러난 형질로만, 즉 표현형으로만 추론했던 시대를 반영한다. 이 당시에는 개체들 사이에서 형질이 동일해 보이면 그 기반이 되는 유전자도 역시 동일할 것이라고 가정했다. 오늘날 유전자 염기 서열 분석을 통해 겉으로 드러나지 않은 수많은 DNA 염기 서열의 변이가 표현형에 영향을 주지 않는 것이 분명해졌다. 이런 이유로 근본적으로 완전히 기능하는 유전자 활동을 가능하게 하는 이런 모든 대립유전자들을 포괄하는 야생형 대

립유전자에 대한 생각은 허구다. 그러나 이런 모든 정상적인 유전자 유형을 나타내는 간략한 표현으로서 이 용어는 여전히 유용하다.

5 오늘날 (야생형 대립유전자에 의해 지정되는) *R* 유전자가 전분대사 효소를 지정한다는 사실이 밝혀졌다. 그러나 *r* 형태(대립유전자)는 단백질 사슬을 방해하면서 정상적으로 기능하지 못하게 만드는 약간의 외인성(外因性) DNA 염기 서열을 가지고 있다. 그러므로 rr 식물은 기능성 효소가 부족하고, 전분대사를 방해하면서 다른 물질대사 효과를 촉발한다. 이로 인해 궁극적으로 완두콩의 수분 함량에 변화가 생기고, 주름진 완두콩이 만들어지게 된다. 멘델이 연구한 일곱 개의 완두콩 유전자에 대한 최신 정보는 레이드와 로스 (Reid and Ross, 2011)를 참조할 것.

6 최근에 모든 개체들이 (X와 Y염색체의 차이를 제외하고) 동일한 유전자 세트를 가지고 있다는 견해에 수정을 가하는 현상이 발견되었다. 이 현상은 생식 세포(정자와 난자)를 생산하는 과정에서 생식 세포의 첫 번째 감수 분열(감수 제1분열) 동안에 발생하는 무언가와 관련이 있다. 이 과정은 개체들 사이에서 전체 유전자 내용에 몇몇 차이점들을 만들어낸다. 감수 제1분열에서는 각 염색체의 두 개의 복사본(두 개의 상동염색체)이 배열되고, 유전자의 교차 과정을 통해 염색체 일부가 서로 바뀌게 된다(3장 주 4 참조). 이 과정은 정확하지 않을 때도 있으며, (생식 세포당) 소수의 유전자들이 불균등 교차(unequal crossing over)라는 오류를 통해 개수가 늘어나고 결국에는 중복 유전자가 만들어지게 되는 복제수변이(copy number variant, CNV)로 이어진다. 게놈에 복제수변이가 있는 개체군들에서 많은 복제수변이가 몇몇 중요한 질병적 효과를 포함해서 여러 효과를 가진다는 것이 점점 더 명백해지고 있다. 그러나 이런 감수 분열 오류는 흔하게 발생하지 않으며, 생식 세포는 실질적으로 하나의 반수체 세트로 구성된 동일한 유전자 내용을 가지고 있다고 간주할 수 있다.

7 이런 조합을 푸네트 정방형(Punnett square) 방법을 이용해 표로 나타낼 수 있다. 이 방법은 20세기 초반의 유전학자 R. C. 푸네트(R. C. Punnett)가 개발했고, 그의 이름을 따서 명명되었다. 먼저 난자 중에서 생식 세포(반수체) 유전자형을 가로로 적고, 정자 중에서 동일한 유전자형을 세로로 적는다. 그런 다음 각 칸을 쌍으로 된 각각의 조합으로 채운다. 그러면 칸마다 배수체 유전자형이 자리를 잡게 된다. 이 방법은 표를 통해 손쉽게 생식 세포와 수정란(배수체)의 유전자형 사이의 관계를 보여 준다(Edwards, 2012). '그림 4.2'에서 간단한 푸네트 정방형의 예를 볼 수 있다.

8 사실상 유전자 셔플링(gene shuffling)에는 뚜렷이 구별되는 형태 두 개가 존재하는데, 감수 제1분열에서 염색체의 무작위 분리와 유전자 재조합이다. 유전자 셔플링이란 유전자들을 잘라서 섞고 재조합하는 방법이다. 유전자 재조합에서는 감수 분열 동안에 염색체가 분리되고 높은 정확도로 재결합하는 과정에서 염색체 단편의 교환이 일어난다.

9 「다르게 보이기: 얼굴 형태의 다양성 이해하기(Looking Different: Under-standing Diversity in Facial Form)」 논문에서 브루그만과 동료들의 논의 내용 참조할 것(브루그만과 킴, 헬름스, 2006).

10 실험과 관찰은 로버츠 외(Roberts et al., 2011)에서 설명하고 있다.

11 증강인자를 유전자의 전사 패턴을 변경하는 부위로 보는 일반적인 관점은 데이비드슨 (2006)에서, 이에 대한 최근의 논의는 슈에바와 스탬펠, 스타크(Schyueva, Stampfel and Stark, 2014)에서 볼 수 있다. 모든 시스-조절 인자 부위가 증강인자는 아니다. 다른 메커니즘을 통해 작용하는 다른 종류도 존재하며, 아마도 진화에서 중요할 것이다(Alonso and Wilkins, 2005). 다면발현 유전자들의 국지적 효과가 나타나게 해 주는 시스-조절 인자 부위의 진화적 중요성에 대한 리뷰는 스턴과 오르고조고(Stern and Orgozogo, 2008)에서 볼 수 있다.

12 물론 시스-조절 인자 부위는 진화에서 중요한 돌연변이의 유일한 원천이 아니다. 또 다른 경로는 단백질의 구조적 구성과 그중에서도 특히 다수가 각각 별개의 생화학적 활동을 가지는 따로따로 접힌 도메인(folding domain)에 포함된다는 사실과 연관이 있다. 상이한 발달적 역할들에서 단백질 내의 상이한 도메인들이 흔히 복잡하게 활용되기 때문에 하나의 도메인에서 발생한 돌연변이가, 다른 도메인에 주는 영향이 아주 미미하거나 없으면서, 하나의 기능에 영향을 끼칠 수 있다(Alonso and Wilkins, 2005; Wagner and Lynch, 2008, Lynch and Wagner, 2008; Wilkins, 2007a).

13 이 현상은 윌킨스(1997)에서 논의하고 있다.

14 기능이 없는 유전자 발현에 대한 논의는 야나이 외(Yanai et al., 2006)를 참조할 것.

15 펑 외(Feng et al., 2009)와 아타나시오 외(Attanasio et al., 2013) 등 두 개의 연구가 있다.

16 힐(2012)을 참조할 것.

5장 얼굴의 역사 I : 최초의 척추동물부터 최초의 영장류까지

1 눈 두 개, 입 한 개만 있어도 즉각적으로 얼굴임을 알아볼 수 있고, 우리가 손쉽게 웃는 얼굴 이모티콘을 만들 수 있는 이유다. 더욱 흥미로운 점은 정면에서 바라본 자동차의 모습이 한 쌍의 헤드라이트가 있으면서 흔히 얼굴처럼 보인다는 것이다. 자동차마다 상이한 앞면을 가지면서 상이한 인상을 준다(윈드해거 외, 2011).

2 캄브리아기라는 명칭은 19세기 생물학자 애덤 세즈윅(Adam Sedgwick)이 지었다. 그는 다윈의 선배였으며, 웨일스에서 캄브리아기에 속하는 화석을 최초로 발견했다. 이 지역의 옛 명칭이 캄브리아였다.

3 캄브리아기의 생명체, 특히 캐나다 브리티시컬럼비아주의 버제스 셰일(burgess Shale)에서 발견된 크고 희한한 연조직 동물들에 대한 스티븐 제이 굴드(Stephen Jay Gould)의 저서 『경이로운 생명(Wonderful Life)』(1991)은 이런 동물의 형태들을 잘 설명해 준다. 그러나 잘못된 논지를 포함하면서 살짝 흠집이 났다. 즉 캄브리아기에 새로운 동물 문이 급격하게 증가했고, 이들 중 대부분이 멸종했다는 것이다. 현재는 버제스 셰일과 이와 유사한 중국에서 발견된 가장 기이한 화석들 대부분이 현대 동물 문의 초기 줄기 집단의 대표 동물들의 흔적이라고 여겨지고 있다(Budd, 1998). 버제스 셰일의 동물들에 대한 학문적이

고 잘 정리된 설명을 원한다면 브리그스 외(Briggs et al., 1994)를 참조할 것.

4 다윈 이전의 시대에 나무와 비슷한 이미지를 이용해 생명체와 언어의 관계를 보여 주려는 시도에 대한 리뷰는 수트롭(Sutrop, 2012)을 참조할 것.

5 좌우대칭동물군에서 세 개의 상문은 모두 각각의 하위 집단에 포함되는 문이 공유하는 특정한 발달적 특징들에 따라 이름 지어졌다. 탈피동물상문은 탈피호르몬의 영향으로 허물을 벗는 공통된 특성을 가졌고, 촉수담륜동물상문은 유생 형태에서 공유하는 특정 특성을 기반으로 명명되었다. 또 후구동물상문은 배아에서 항문과 입이 되는 두 개의 구멍을 특징으로 하는 배발생 패턴을 공유한다. 아두트 외(Adoutte et al., 2000)를 참조할 것.

6 "새로운 머리" 가설과 이 가설을 뒷받침해 주는 데이터와 논거를 처음으로 제시했던 두 개의 논문은 노스컷과 간스(1983)와 간스와 노스컷(1983)이었다. 수정된 이론과 더 최근의 논의는 노스컷(2005)을 참조할 것.

7 새로운 계통발생 결과들은 필리페와 라틸롯, 브링크먼(Philippe, Lartillot and Brinkmann, 2005)에서 볼 수 있다.

8 더 자세한 사항은 유(2010)와 시모스-코스타와 브로너(Simoes-Costa and Bronner, 2013)를 참조할 것.

9 연구 결과는 제프리와 스트리클러, 야마모토(Jeffrey, Strickler and Yamamoto, 2004)에서 설명하고 있으며, 최근의 몇몇 주의사항들은 시모스-코스타와 브로너(2013)에서 찾아볼 수 있다. 또 다른 깊이 있는 리뷰는 도노휴와 그레이엄, 켈시(Donoghue, Graham and Kelsh, 2008)를 참조할 것.

10 신경능선세포의 이동 능력의 기원에 대한 주장은 케로수오와 브로너-프레이저(Kerosuo and Bronner-Fraser, 2012)를 참조할 것. 유전자 보충(유전자 코옵션) 현상에 대한 리뷰는 트루와 캐럴(True and Carroll, 2002)에서 볼 수 있다. 이 견해는, 비록 명명되지는 않았지만, 자코브(1977)의 진화적 "땜질"에 대한 저명한 논문에서 먼저 언급되었다.

11 신경능선세포와 관련해서 신경판의 진화에 대한 정보는 슐로서(Schlosser, 2005, 2008)를 참조할 것.

12 이 견해들에 대한 논의는 레토 외(Retaux et al., 2014)를 참조할 것.

13 이에 대한 최초의 연구 논문은 묄만스와 브로너-프레이저(Meulmans and Bronner-Fraser, 2007)이고, 두 번째는 잔드지크 외(Jandzik et al., 2015)였다.

14 캄브리아기 두개동물의 화석 두 개에 대한 정보는 슈 외(Shu et al., 1999)를 참조할 것. 초기 척추동물 진화에 대한 빈틈없고 조금 오래되기는 했지만 지금도 유효한 일반적인 논의는 장비에(1996)에서 볼 수 있다.

15 두 견해의 비교는 맬럿(Mallatt, 2008)을 참조할 것.

16 체르니 외(Cerny et al., 2010)를 참조할 것.

17 예를 들어 "오르도비스기나 캄브리아기에 진화했던 기본적인 두 개의 패턴은 약 4억 5천 년에서 5억 년 동안 거의 바뀌지 않았다. 유악어류에 와서 얻게 된 발달적·해부학적 복잡성은 최소한 실루리아기 이후로 비교적 안정적으로 유지되어 왔다"(Maisey, 1996, p. 68).

18 육상에서 생활한 최초의 척추동물인 사지동물의 출현에 대한 더 자세한 설명은 클락(Clack, 2012)을 참조할 것.

19 이 일반적인 규칙의 예외는 직접 발달생물(direct developer)이라고 알려진 개구리 집단이다. 이 종에서는 새끼가 모체 안에서 곧바로 작은 개구리로 부화한 다음에 모체의 배설강(cloaca, 소화관의 말초 부위에서 생식관과 뇨관이 동시에 개구하는 장소 - 옮긴이)을 통해 밖으로 나오며, 이때 이미 공기 호흡을 한다. 그러나 이런 개구리들은 여전히 물이 있는 환경에서 생활한다. 양서류에서 직접 발달은 비교적 늦게 진화한 방식이다.

20 포유류형 파충류라는 용어는 진화생물학자들이 붙인 명칭이다. 파충류는 분류 범주에 계속 포함되는 반면, 이 용어는 더 이상 진화적 범주로 고려하지 않는다. (분류 범주를 진화적 범주와 결합하는 문제는 6장에서 논의한다.) 이궁류와 단궁류를 정의하는 두개골의 특징들과 관련해서 이런 특징들은 진화 과정에서 다양한 형태를 가질 수도 있는데, 예를 들면 뱀과 거북이는 각각 측두창이 없거나 하나이며, 일부 포유동물들에는 놀랍게도 아예 존재하지 않는다. 이들을 각각 이궁류와 단궁류로 정의하는 것은 이런 동물 집단들의 조상이 가진 두개골의 특성들이다.

21 페름기 후반에 일어난 대량 멸종의 원인과 결과에 대한 자세한 내용은 스토(Stow, 2012)에서 찾아볼 수 있다. 트라이아스기에 발생한 육상 생태계에서의 큰 변화에 대한 상세한 설명은 수스와 프레이저(Sues and Fraser, 2010)에서 소개하고 있다.

22 단궁류 진화에서 초기 형태와 단계들에 대한 설명은 루비지와 시도르(Rubidge and Sidor, 2001)를 참조할 것. 최초의 포유동물을 포함하는 단궁류의 완전한 역사와 설명은 켐프(Kemp, 2005)에서 제공한다.

23 공룡의 시대에 포유류의 다양화와 관련된 더 최근의 결과들은 루오(Luo, 2007)에서 볼 수 있다.

24 결과적으로 현대의 알을 낳는 포유류(단공류)로 진화한 계통은 분자시계 데이터로 판단했을 때 쥐라기 초반(1억 9천만 년 전)에, 이후에 수아강(theria, 알이 아닌 새끼를 낳는 포유류의 분류로 단공류를 제외한 모든 현생 포유류가 수아강에 속한다 - 옮긴이)으로 진화하게 되는 계통에서 갈라져 나왔다. 유대류와 태반류 계통의 뿌리는 아마도 쥐라기 중반(1억 6천만 년 전)까지 거슬러 올라간다. 포유류 진화를 공부하는 학생들을 골치 아프게 만드는 문제는 현대의 크라운 집단 포유류들의 진화적 기원이 얼마나 오래되었는가다. 여기에 대해서는 이 장의 뒷부분에서 간략하게 논의할 것이다. (크라운 집단과 줄기 집단이라는 용어는 다음 장에서 더 명확하게 정의한다.)

25 포유류, 특히 태반류의 진화적 역사에 대한 최근의 견해와 논의는 위블 외(Wibble et al., 2007)와 루오 외(2011), 메레디스 외(Meredith et al., 2011), 도스 라이스 외(dos Reis et al., 2012)를 참조할 것. 뒤의 두 논문은 대부분이 백악기에서 유래된 현대 포유류 목들의 뿌리에 대한 기초 사례를 제공한다.

26 이런 결론들로 이끈 완전한 분석 결과들을 알고 싶다면 올리리 외(O'Leary et al., 2013)를, 반론의 경우 도스 라이스 외(2014)를 참조할 것.

27 이 문제가 영원히 풀리지 말라는 법은 없다. 20세기의 위대한 진화생물학자 J. B. S. 홀데인(J. B. S. Haldane)은 진화론이 거짓일 수 있는가라는 질문을 받았을 때 (조금의 망설임도 없이) 다음과 같이 답했다. "오르도비스기에 토끼[화석]를 찾는 것이죠." 만약 연대가 백악기로 추정되는 하나의 진정한 포유류 크라운 집단의 화석을 찾는다면 올리리의 핵심 결론이 틀렸음을 입증하게 된다.

28 중첩 유전자(nested gene) 발현에 기초하는 Dlx 코드가 치아를 지정한다는 견해가 복잡하고 다양한 치아를 설명하기에는 너무 단순하다는 사실은 놀랍지 않다. 그러나 가능성이 있는 설명이기도 하다. 세부적인 진화 과정은 드퓨 외(Depew et al., 2005)에서 찾아볼 수 있다.

29 털의 진화 증거와 두 개의 가설에 대한 상세한 논의는 알리바르디(Alivardi, 2012)를 참조할 것.

30 오프테달(Oftedal, 2012)을 참조할 것.

31 나는 어린 포유류의 주둥이가 축소된 것이 젖을 먹는 행동과 연관이 있을지도 모른다는 올라프 오프테달(Olaf Oftedal)의 주장에 동감한다. 또 마이클 드퓨(Michael Depew)가 포유류들 중에서 초식동물처럼 성체의 식생활로 빠르게 바뀌는 종들의 새끼가 모유에 더 오랫동안 의존하는 종들에 비해 더 큰 주둥이를 가지고 태어난다는 사실을 알려 줘서 감사하게 생각한다.

6장 얼굴의 역사 II : 초기 영장류부터 현대 인류까지

1 아시아에 서식하는 유일한 대형 유인원인 오랑우탄은 종들 전반에 걸쳐 주로 홀로 있기를 좋아하면서 일반적으로 영장류의 사회성을 논할 때 예외적인 사례로 간주된다. 그러나 인도네시아 수마트라섬 서쪽의 숲에서 서식하는 한 집단은 군집생활을 하며 매우 사교적이다(van Schaik, 2004). 모든 인간 종과 사회적으로 상호작용하기 좋아하는 인간의 성향을 공유하는 유일한 동물은 인간과 "가장 친한 친구"인 길들여진 개다.

2 다른 종류의 영장류에 대한 일반적인 설명과 이들의 진화적 역사는 플리글(Fleagle, 1999)을 참조할 것. 몇몇 세부 사항들은 오래되었고 관계를 보여 주는 분자 정보가 없기는 하지만 여전히 신체 구조와 생태적 관계, 적응을 통해 획득한 특성, 화석의 역사, 영장류의 진화에 대한 좋은 정보를 제공한다.

3 테일하르디나는 비어드(Beard, 2008)를 참조할 것. 플레시아다피스목과 크라운 집단 영장류와의 관계에 대한 논의는 블로흐 외(Bloch et al., 2007)에서 볼 수 있다.

4 이런 종류에 대한 최초의 분석은 타바레 외(Tavare et al., 2002)가 진행했다. 이후에 영장류와 그 하위 집단의 기원에 대한 연대의 범위를 더 자세히 추정한 분석은 윌킨슨 외(2011)에서 제공하고 있다. 마틴(Martin, 2006)은 이 문제에 대해 잘 정립되고 명백히 비기술적인 논의를 제공한다.

5 이에 대한 분석과 추론은 스테이퍼와 자이페르트(Steiper and Seiffert, 2012)에서 제공하

고 있지만, 이 외에도 생애사에 따른 특징과 분자시계 데이터 사이의 관계에 대한 일반적인 논의는 브롬햄(Bromham, 2011)을 참조할 것. 스테이퍼와 자이페르트가 추정한 영장류 기원의 연대는 타바레 외(2002)와 윌킨슨 외(Wilkinson et al., 2011)보다 백악기 후반에 가깝다. 그러나 이들의 추정 연대도 여전히 백악기에 포함된다.

6 조상이 되는 영장류에 대한 이 논의는 스테이퍼와 자이페르트(2012)를 참조할 것. 조상 영장류의 크기가 더 작을 수 있다는 가능성에 대한 주장은 게보(Gebo, 2004)를 참조할 것.

7 마틴(1990)과 솔리고와 마틴(Soligo and Martin, 2006)을 참조할 것.

8 역사적 관심의 측면에서 이야기하자면, 최초로 공개된 현존하는 동물 집단의 계통수는 영장류의 계통수였고 1865년에 발표되었다. 이 계통수는 조지 마이바트(George Mivart, 1827~1900)가 만들었다. 다윈과 동시대에 살았던 그는 다윈의 이론에 반대했던 가장 중요한 인물이었으며, 자신의 종교적 믿음과 진화에 대한 신념을 조화시키려고 애썼던 가톨릭 신자였다. (다윈의 학설에서 그가 의문을 제시한 것은 중요한 기능이 점진적으로 발생할 것 같지는 않지만 변화가 완성되었을 때에만 나타난다면 변화의 느린 증가가 진정으로 새로운 특징들을 만들어 낼 수 있는가였다.) 다윈이 시간의 흐름에 따른 진화적 변화를 보여 주는 계통수에 대한 견해를 밝히고 첫 번째 계통수(『종의 기원』의 권두 삽화이자 유일한 그림이었다)를 그렸을 때 그의 개념은 완전히 추상적이었다. 그는 실제 생명체를 기반으로 하지도 언급하지도 않았다. 마이바트는 다윈의 개념을 한 단계 발전시켰고, 영장류의 계통수를 만들었다. 오롯이 신체 구조와 형태만을 기반으로 만들었지만(그 당시에는 사실상 화석 증거가 없었고, 분자 데이터를 활용한 계통수는 한 세기 후에 만들어졌다), 린네가 생각했던 원원류와 진원류로 나눈(본문 참조) 현대 계통수의 기반이 되었다. 비고니와 바르산티(Bigoni and Barsanti, 2011)를 참조할 것.

9 아리스토텔레스까지 거슬러 올라가는 이 오래된 생각은 "존재의 거대한 사슬"을 의미하며, 바닥의 식물에서 꼭대기의 인간(또는 이후에 등장한 일부 분류에서는 천사)까지 주요 생명체의 등급에 따른 선형적인 순서를 보여 준다. 이 생각은 19세기와 20세기 초반의 많은 과학자들에게 계속 영향을 미쳤고, 이들은 인간이 진화의 최종 산물이라고 믿었다. 이와 관련된 역사는 보울러(1986)의 9장을 참조할 것. 이 생각의 역사에 대한 설명은 러브조이(Lovejoy, 1936)의 생물학적 역사를 다룬 고전 문헌에서 찾아볼 수 있다.

10 이 차이는 아래턱 얼굴 원기 두 개의 결합과 관련해서 배발생에서의 차이를 반영한다고 할 수 있다. 일각에서는 곡비원류의 갈라진 입술을 발달상 프로그램된 "구순열"의 자연스러운 형태로 생각할지도 모른다. 이런 동물들은 윗입술의 제일 끝부분이 코 바로 밑의 인중(philtrum)이라고 하는 가는 끈 모양의 내부 연조직에 붙어 있다. (인중이라는 용어는 인간의 입술 윗부분의 밖으로 드러난 눈에 띄는 홈을 지칭하기도 한다. 이는 인간이 가진 독특한 특징이다.)

11 그러나 해부학자들과 분류학자들은 이 세 개의 특성에 초점을 맞추지 않는다. 이들은 직비원류의 결정적인 특성이 눈 전체를 감싸는 고리 모양의 뼈 뒤쪽이 완전히 막혀 있는 닫힌 후안와골(postorbiral closure, 후안와골은 안와의 뒤쪽 모서리를 이루는 뼈를 말한다

- 옮긴이)이라고 본다. 비교적 미묘한 두개와 치아의 추가적 특성 열 가지는 직비원류를 곡비원류와 구분시켜 준다. 이 특성들은 밀러와 거널, 마틴(Miller, Gunnell, and Martin, 2005)의 '표 1.1'에서 볼 수 있다.

12 유인원의 기원, 특히 이들의 생물지리학에 대한 더 자세한 논의는 밀러와 거널, 마틴 (2005)을 참조할 것. 자세함은 덜하지만 더 최근 논의에 대해서는 윌리엄스와 케이, 커크 (Williams, Kay and Kirk, 2010)를 참조할 것.

13 연대에 대해서는 스테이퍼와 영(2006)과 윌킨슨 외(2011)를 참조할 것.

14 프로콘술이라는 명칭은 쇼에 등장했던 유명한 침팬지인 콘술의 이름에서 유래되었다. 콘술은 1900년대 초에 파리의 폴리 베르제르(Folies Bergère)에서 공연했다. 프로콘술은 1930년대 초반에 화석이 처음으로 발견되면서 이런 명칭이 붙여졌으며, 침팬지 이전에 존재했던 종이라는 뜻을 가졌다. 마이오세의 유인원들이 가진 특징을 가장 잘 보여 준다.

15 초기 유인원의 진화와 다양화, 아프리카에서 아시아로의 확산에 대한 논의는 앤드루스와 켈리(Andrews and Kelly, 2007)를 참조할 것.

16 이 문제는 1860년에 지금의 옥스퍼드대학교의 피트리버스 박물관(Pitt-Rivers Museum)의 강당에서 다윈의 진화론에 반대했던 새뮤얼 윌버포스(Samuel Wilberforce) 주교〔그를 폄하하는 사람들은 그의 번지르르하고 유들유들한 연설 스타일을 빗대어 "소피(Soapy, 비누같이 미끌미끌하다는 의미가 있다 - 옮긴이)" 윌버포스라고 불렀다〕와 다윈의 열렬한 추종자인 토머스 헨리 헉슬리 사이에서 오간 전설적인 논쟁의 주요 쟁점이 되었다. 이 논의는 다윈 이론의 이점(그리고 부족한 점)에 대해 광범위하게 논의할 목적으로 시작되었다. 그 자리에 있었던 사람의 설명에 따르면 논의에서 다윈의 진화론이 가진 상당수 주요 요점들이 제외되었다. 오늘날에는 주로 윌버포스의 거만함과 무지에 헉슬리가 짧지만 재치 있게 반박한 사건으로 기억된다.

17 잃어버린 고리라는 표현은 1890년대에 만들어진 것으로 보인다. 인간과 유인원을 이어 주는 화석 증거가 부족하다는, 즉 다윈주의에 반대한다는 의미를 내포하는 이 표현은 초기의 다윈주의에 대한 많은 비판에 뿌리를 두고 있다.

18 뒤부아에 대한 이야기는 시프먼(Shipman, 2001)에서 볼 수 있다. 1920년대와 1930년대에 주로 새롭게 발견된 유전적 증거와 분석으로 다윈의 이론이 부활한 역사를 프로바인 (Provine, 1971)과 윌킨스(2008)에서 설명해 준다.

19 화석 증거의 부족 외에도 화석종(paleospecies)이라는 멸종된 종들을 정의하는 일이 본질적으로 까다롭다는 골치 아픈 문제가 있다. 현대 동물종들은 (때때로 일반적인 종의 경계를 벗어나 관계를 갖는 종의 구성원이 분명 존재하지만) 오직 동종끼리의 교배로 정의된다. 그러나 멸종된 동물의 경우 이런 정의는 소용이 없다. 그러므로 화석종에 대한 판단은 형태상의 유사점과 대략적이고 잠정적인 일치점을 기반으로 한다. 그러나 많은 포유동물 종들의 특성들이 가변성을 가지면서 형태학적 신뢰도는 떨어진다. 초기 호미닌 계통수를 추론하는 과정의 특정한 어려움과 불명확성은 우드와 해리슨(Wood and Harrison, 2011)에서 논의된다.

20 루이스 리키(Louis Leakey)와 그의 가족이 발견한, 특별히 중요한 일단의 화석들에 초점을 맞추기는 하지만 아프리카에서 오스트랄로피테신과 초기 호모종이 발견된 역사의 많은 부분에 대한 읽기 쉬운 설명은 모렐(Morell, 1995)에서 찾아볼 수 있다.

21 호모속의 초기 역사에 대한 최근의 리뷰는 안톤과 포츠, 아이엘라(Anton, Potts and Aiella, 2014)에서 볼 수 있다. 이들은 호모 하빌리스와 호모 루돌펜시스를 별개의 종으로 보지 않고 호모 에렉투스와 마찬가지로 종의 집단으로 간주했다. 더 중요한 사실은 이들이 이런 개체군들의 다양한 신체 크기와 다른 신체 특징들을 기본적으로 플라이스토세에 속하는 지난 2백만 년 동안 아프리카에서 기후와 풍경이 심하게 변했음을 보여 주는 증거들과 연관시켰다는 것이다. 이 기간에는 북반구에서 다수의 빙하기가 있었고, 이로 인해 전 세계가 영향을 받았다.

22 호미닌 진화 후반에 대한 자료와 이슈, 모호성에 대한 논의는 리버먼(2011)의 13장을 참조할 것.

23 마치 살과 피가 있는 존재처럼 보이게 만든 이런 호미닌의 복원은 소이어와 딕(Sawyer and Deak, 2007)에 잘 묘사되어 있다. 법의학을 이용한 멸종된 호미닌의 복원은 소이어와 딕의 부록에서 볼 수 있고, 초기 인간의 모습에 대한 역사는 리처드 밀너(Richard Milner)의 두 번째 부록에서 설명하고 있다. 이 책에 수록된 복원 이미지(사진 10~14)는 존 거치(John Gurche)의 작품이다.

24 주둥이(muzzle)와 돌출부(snout)라는 표현은 흔히 혼용되지만 차이가 있다. 돌출부는 콧구멍이 있는 주둥이 부분(즉 위턱)을 말하고, 주둥이는 위턱과 아래턱 모두를 말한다.

25 주둥이 발달에서 특정 BMP의 역할은 브루그만과 킴, 헬름스(2006)에서 설명하고 있다. 머리와 턱 모양에 관여하는 BMP3의 특별한 역할이 개에게서 발견되었다(Schoenebeck and Ostrander, 2013). 얼굴뼈 발달과 이에 따른 주둥이 발달에서 *Fgf8*과 *Shh*의 시너지 효과는 아브자노브와 타빈(2004)을 참조할 것. 얼굴 패턴 형성에서 Wnt의 역할은 브루그만 외(2007)에서 설명하고 있다.

26 2004년에 개의 주둥이 돌출 정도는 주둥이 발달에서 발현되고 필요한 전사 인자와 연관이 있는 Runx2 유전자의 특정한 유전적 변화에 기인한다는 흥미로운 보고서가 발표되었다(Fondon and Garner, 2004). 이는 이 유전자의 암호화 영역에서 DNA 반복 서열(repeated DNA sequence)의 개수와 연관이 있었다. 반복 횟수가 많을수록 턱이 더 커졌다. 그러나 이후에 이 관계가 육식동물 구성원에만 적용된다는 사실이 밝혀졌다. 다른 포유동물에서는 이 관계가 발견되지 않았다(pointer et al., 2012). 포유동물의 주둥이 크기와 길이를 결정하는 데 하나의 메커니즘만 필요하지는 않다.

27 호미노이드 계통에서 *ASPM* 유전자의 가속화된 진화에 대한 증거는 쿠프리나 외(Kuprina et al., 2004)를 참조할 것. 이 논문은 이 유전자산물이 신경 전구세포 분열의 기간을 늘리기 위해 진화했을지도 모르는 방법들을 논의한다. 그러나 이런 메커니즘은 대뇌피질 발달에서 소두증 유발 유전자들의 발현이 더 길어진 것보다 직접적이지는 않다.

28 잘 정리된 리뷰는 올리리와 처우, 사하라(O'Leary, Chou and Sahara, 2007)와 피어라니와

와세프(Pierani and Wassef, 2009)를 참조할 것.

29 FoxG1에 대한 더 많은 정보는 하니시마 외(Hanishima et al., 2002)를, DUF1220 도메인은 뒤마와 시케라(Dumas and Sikela, 2009)와 오블레네스 외(O'Bleness et al., 2012)를 참조할 것.

30 다윈은 『인간의 유래』에서 그 당시에 존재하지 않았던 화석 증거가 아닌 주로 동물들, 특히 유인원과 인간의 특정 정신 상태와 행동 사이의 진화적 연관성을 기반으로, 변화가 누적되면서 인류가 진화했다고 주장했다. 그는 이런 특성들의 뿌리가 인간과 가장 가까운 동물 친척에서 너무나 명백해서 이런 특성들의 양적 강화가 인간과 동등한 존재를 만들 수 있다고 어렵지 않게 믿을 수 있었다. (그는 진화적 변화를 이끌어 내는 돌연변이의 작은 영향이 중요하다고 믿었다. 이 근본적인 믿음은 동식물 육종자들이 교배하는 방법에 근거를 두고 있다.) 차후에 논의되듯이 이런 추론은 주장을 충분히 뒷받침해 주지 못한다.

31 더 작은 두뇌로의 역행은 인도네시아에서 일어났고, 그 결과로 호모 에렉투스의 후손으로 보이는 난쟁이에 가까운 종인 호모 플로레시엔시스(Homo floresiensis)가 탄생했다. 이들은 플로레스섬에서 발견되었다. 섬에서 서식하는 동물들의 경우 흔히 크기가 축소되는 방향으로 진화하며, 호모 플로레시엔시스가 그 사례일지도 모른다.

32 창발 현상에 대한 자세한 설명은 해럴드 모로비츠(Harold Morowitz)의 『모든 것들의 창발(The Emergence of Everything)』에서 제공해 준다. 이 책에서 그는 빅뱅에서부터 인간의 정신까지 출현 사건 28개를 순차적으로 따라간다(모로비츠, 2002). 이 견해는 순서가 인간으로 이어지고 인간에서 끝나기 때문에 인간 중심적이기도 하다.

33 『인간의 유래』에서 밝힌 다윈의 견해는 리처드 리키(Richard Leakey)의 『인류의 기원(The Origin of Humankind)』(1944)에서 정교하게 다듬어졌다. 다윈의 가설을 뒷받침해 주는 증거가 없다는 사실과 더불어 유인원이 손을 광범위하게 사용한다는 사실(아마도 초기 호미닌들의 경우에는 맞는 말이었겠지만)을 무시했다.

34 유인원의 얼굴과 손 모두를 사용하는 제스처에 대한 초기의 많은 정보를 담고 있는 리뷰는 드발(2003)에서 볼 수 있다. 야생 침팬지에 대한 최근의 연구는 각각 특정한 의사전달 목적과 관련이 있는 66개의 제스처를 묘사한 호바이터와 번(Hobaiter and Byrne, 2011)에서 설명하고 있다.

35 셍하스와 키타, 오지에렉(Senghas, Kita and Ozyuerek, 2004)을 참조할 것.

36 손에서 입으로 이론의 완전한 설명은 코벌리스(Corballis, 2002)에서 볼 수 있다.

37 겐틸루치와 코벌리스(Gentilucci and Corballis, 2006)는 주로 제스처를 기반으로 하는 의사소통 시스템에서 발성 기반으로의 전환에 대한 한 가지 시나리오를 제시한다. 더 상세한 또 다른 "공진화" 시나리오는 이런 진화의 기반이 되는 신경 진화를 강조하며, 가르시아 외(Garcia et al., 2014)에서 찾아볼 수 있다.

38 인간의 말하기에 필요한 조건들과 이 메커니즘이 어떻게 진화했는가에 대한 완전한 분석은 피치(Fitch, 2010)의 8~10장에서 볼 수 있다.

39 인간의 상징적 사고 능력의 진화적 기원에 대해 상세하고 많은 정보를 제공하는 상당한

분량의 설명은 디컨(Deacon, 1997)에서 볼 수 있다.

40 이 연구와 진화적 의미에 대한 리뷰는 가잔파와 다카하시(Ghazanfar and Taka-hashi, 2014)를 참조할 것. 협비원류 영장류에서 율동적인 얼굴 표현이 말하기의 시초였다는 첫 번째 제안은 맥닐리지(MacNeilage, 1998)의 견해였다.

41 테일하르디나의 인상적인 이주에 대한 설명은 스미스와 로즈, 깅그리치(Smith, Rose and Gingerich, 2006)를 참조할 것. 지구가 전반적으로 10℃ 이상의 기후 변화를 겪으면서도 모든 복잡한 동물들이 전멸하지 않았다는 사실은 이를 두려워하는 사람들에게는 좋은 소식이다. 그러나 해수면의 상승과 다른 변화들이 다시 발생한다면 많은 측면에서 인간의 생활에 대혼란을 가져올 것이다.

42 플라이스토세 기간에 발생했던 기후 변화와 인류 진화에 미친 영향에 대한 논의는 안톤과 포츠, 아이엘라(2014)를 참조할 것. 육식의 역할과 어쩌면 더 중요한 요리를 위한 불의 사용은 랭엄(Wrangham, 2009)을 참조할 것. 불의 사용은 음식물의 영양소와 칼로리를 크게 높여 주었고, 인류 진화에 상당히 많은 영향을 주었다.

43 사회선택과 개체들을 유순하게 만드는 기반에 대한 초기의 공식적인 주장은 사이먼(Simon, 1992)에서, 사회적 협력이라는 맥락 안에서 언어의 기원에 대한 상당한 분량의 논의는 토마셀로(Tomasello, 2008)에서 볼 수 있다. 문화를 형성하면서 인류의 진화에 영향을 준 사회선택에 대한 더 일반적인 주장은 리처슨과 보이드(Richerson and Boyd, 2005)에서 찾아볼 수 있다.

44 시선의 방향 감지하기와 인간 사회에서 이것의 기능에 대한 설명은 토마셀로 외(2007)를 참조할 것. 늑대들은 동료가 응시하는 방향을 감지하기 위해 짙은 동공을 둘러싸고 있으며, 눈 주변을 덮고 있는 더 짙은 털색과 대조적인 밝은 홍채를 이용한다. 사회성이 없는 야생의 다른 갯과 동물들은 이런 시각적 단서를 주지 않고, 동료의 시선에 크게 관심을 가지지 않는다(Ueda et al., 2014). 늑대의 후손이며 높은 사회성을 보여 주는 길들여진 개들은 무슨 일이 일어나고 있는지에 대한 단서를 얻기 위해 주인의 시선을 살핀다.

7장 두뇌와 얼굴의 공진화 : 인식하기, 읽기, 표정 만들기

1 전통적으로 감정은 이성적인 판단을 흐리게 만든다고 알려져 왔지만, 사실 감정은 흔히 현명하게 상황을 평가할 수 있게 해 주는 일종의 필수적인 지침서다. 그러나 이런 기능은 역사적으로 상당히 최근에 밝혀졌다. 이성적인 의사결정에 감정이 어떻게 관여하는지에 대한 오래된 일반적인 설명이 여전히 도움이 되는 가운데 이에 대해서는 다마시오(Damasio, 1994)와 판크세프(Panksepp, 1998)를 참조할 것.

2 이에 대한 사례는 크루비처(Krubitzer, 2009)와 크루비처와 슈톨젠베르크(Stolzenberg, 2014), 애보이츠(Aboitz, 2011), 핀레이와 우치야마(Finlay and Uchiyama, 2015)를 참조할 것.

3 크루비처(2009)를 참조할 것.

4 인간의 시력에 대한 세부적이지만 읽기 쉬운 설명은 캔들(Kandel, 2012), pp. 225~303을 참조할 것.

5 영장류 두뇌 진화에서 입체시와 그 역할에 대한 설명은 바턴(Barton, 2004)을 참조할 것.

6 이 견해에 대한 조심스러운 평가는 리간 외(Regan et al., 2001)를 참조할 것.

7 뱀 발견 가설은 이사벨(2006; 2009)에서 언급하고 있다. 신속하게 뱀을 발견하기 위해서 였다는 그녀의 신경생물학적 설명은 흥미롭다. 그러나 이 견해는 논란의 여지가 많다. 여기에 대해서는 휠러와 브래들리, 카밀리아(Wheeler, Bradley and Kamiliar, 2011)를 참조할 것. 진원류가 최초로 등장했던 초기 환경이 아닌 현대 진원류와 뱀에 대한 연구 자료에 초점을 맞추었지만 이들의 비판은 좋은 참고 자료가 된다.

8 방추상 안면 영역과 얼굴 인식에 대한 방대한 문헌이 존재한다. 캔위셔와 요벨(Kanwisher and Yovel, 2006)은 상측두구와 후두 안면 영역의 역할을 도외시하기는 하지만 좋은 리뷰를 제공한다. 방추상 안면 영역에서 특정 얼굴에 기여하는 뉴런 개수의 중요성은 캔들(2012), p. 296과 비스콘타스 외(Viskontas et al., 2009)를 참조할 것.

9 얼굴 인식을 포함하지만 이에 국한되지는 않는, 얼굴의 정보 처리에서 신경생물학적 역학 관계에 대해 잘 알려진 비교적 최근의 검토는 앳킨슨과 아돌프스(Atkinson and Adolphs, 2011)가 제공한다.

10 높은 수준의 개별적 얼굴 인식은 인간의 일반적인 특성이며, 어떤 사람들은 다른 사람보다 이 능력이 더 뛰어나기도 하다. 아주 이례적인 경우지만 얼굴을 정말 놀라울 정도로 잘 인식하는 사람들도 있다(Bennhold, 2015). 더 나아가 일란성 쌍둥이는 동일한 성을 가진 이란성 쌍둥이보다 더 유사한 얼굴 인식 능력을 가지고 있다. 이는 이 능력이 유전 성분과 연관이 깊다는 것을 의미한다(Wilmer et al., 2010).

11 서로 다른 동물들이 얼굴을 별개의 범주로 인식하고 개별 얼굴을 알아보는 능력에 대한 상세한 리뷰는 레오폴드와 로즈(Leopold and Rhodes, 2010)에서 볼 수 있다. 이 단락과 관련된 많은 설명들에 대한 정보를 이 문헌에서 찾아볼 수 있다.

12 티베츠(Tibbetts, 2002)를 참조할 것.

13 쌍살벌의 얼굴 인식 능력과 일반적으로 개별적인 얼굴 인식 능력을 보여 주지 않는 종들에게 어느 정도 얼굴을 구별하도록 훈련시킬 수 있는 잠재력에 대한 설명은 시핸과 티베츠(Sheehan and Tibbetts, 2011)를 참조할 것.

14 큰돌고래 연구는 라이스(Reiss, 2006)를 참조할 것. 코끼리는 플로트니크, 드발, 라이스 (Plotnik, de Waal and Reiss, 2006)를 참조할 것.

15 단공류와 유대류가 얼굴 인식 능력을 가지고 있는가는 흥미로운 주제지만 아직까지 실험이 진행되지 않았다. 이들도 동종의 얼굴을 인식하는 능력을 가졌음이, 특히 관자엽 배 쪽에 집중되어 있음이 밝혀진다면, 이 능력이 진화상 처음 등장한 시점은 쥐라기의 포유류의 기원보다, 또는 심지어 단공류의 역사에서 더 이른 시기로 밀려나게 될 것이다.

16 양의 얼굴 인식 실험은 키스 켄드릭(Keith Kendrick)과 그의 동료들이 진행했다. 양의 얼굴 인식 시스템의 일반적인 속성들에 대해서는 오래되었지만 여전히 유용한 설명은 켄드

릭(1991)의 것이다. 상대적으로 최근의 리뷰는 테이트 외(Tate et al., 2006)를 참조할 것.

17 프라이발트와 차오, 리빙스톤(Freiwald, Tsao and Livingstone, 2009)을 참조할 것.

18 "다른 인종" 효과에서 학습 요소에 대한 설명은 안주레스 외(Anzures et al., 2013)를 참조할 것.

19 침팬지와 인간의 얼굴 표정 측정과 비교는 빅 외(Vick et al., 2007)와 파 외(Parr et al., 2007)를 참조할 것.

20 상이한 종류의 포유동물의 얼굴 근육 비교는 디오고 외(Diogo et al., 2009)에서 볼 수 있다. 원원류 얼굴 근육을 조사한 연구는 버로스와 스미스(Burrows and Smith, 2003)에서, 침팬지의 얼굴 근육은 버로스 외(2006)에서, 기번의 얼굴 근육은 버로스 외(2011)에서 볼 수 있다.

21 돕슨과 셔우드(Dobson and Sherwood, 2011)는 표현력에서 협비원류와 비교해 더 낮을 것으로 추정되는 광비원류 영장류에 대한 문헌들을 조사하고 신경상의 차이와 관련된 데이터를 제시했다(다음 단락 참조). 바턴(2006)은 광비원류가 시각보다는 후각에 더 의존하며, 이것이 더 낮은 수준의 얼굴 표현력과 연관이 있을지도 모른다는 주장을 제기했다. 마모셋원숭이의 사회성과 관련해서 이들의 얼굴 표정을 설명한 내용은 켐프와 카플란(Kemp and Kaplan, 2013)에서 찾아볼 수 있다.

22 기번의 얼굴 근육의 강도가 더 약하다는 사실은 버로스 외(2011)에 설명되어 있다. 그리고 상이한 협비원류 사이의 비교는 돕슨과 셔우드(2011)에서 볼 수 있다.

23 신체 크기와 얼굴 표현력 사이의 관계에 대한 논의는 돕슨과 셔우드(2011)를 참조할 것.

24 뇌신경 VII에 대한 데이터와 이들의 중요성에 대한 논의는 셔우드(2005)를, 조류의 경우 슈트리터(Striedter, 1994)를 참조할 것.

25 얼굴 표정에서 문화적 차이에 대한 논의는 마쓰모토(Matsumoto, 1992)와 엘펜바인 외(Elfenbein et al., 2007)를 참조할 것.

26 얼굴 읽기에 관여하는 두뇌 영역에 대한 논의는 가와사키 외(Kawasaki et al., 2012)에서 볼 수 있다.

27 외배측 전전두피질에서 얼굴 표정과 발성의 통합은 로만스키(Romanski, 2012)를, 소리와 얼굴 연결 연구는 슬리와 외(Sliwa et al., 2011)를 참조할 것.

28 원시언어의 연대에 대한 논의는 디컨(1997)과 코벌리스(2011)를 참조할 것. "진정한" 언어에 대한 최근의 추정 연대는 클라인과 에드거(Klein and Edgar, 2002)에서 볼 수 있다.

29 이 주제에 대한 논의를 금지한 두 학회는 파리 언어학회(Linguistic Society of Paris)와 런던 언어학회(Philological Society of London)였다(Corballis, 2011, p. 19).

30 언어의 토대가 되는 신경적 기반의 복잡성에 대한 현대적 관점은 어보이티즈(Aboitiz, 2012), 가르시아와 자모라노, 어보이티즈(Garcia, Zamorano and Aboitiz, 2014), 하구트(Hagoort, 2013; 2014)를 참조할 것.

31 음운 고리의 개념은 어보이티즈와 애보이츠, 가르시아(Aboitiz, Aboitz and Garcia, 2010)와 어보이티즈(2012)를 참조할 것. 귀환이 진정한 언어를 규정하는 속성이라는 주장은 하

우저와 촘스키, 피치(Hauser, Chomsky and Fitch, 2002)와 코벌리스(2011)를 참조할 것. 이 주장에 반대하는 의견은 비케르톤(Bickerton, 2009)의 9장을 참조할 것.

32 축삭돌기 유인 분자에 대한 리뷰는 콜로드킨과 테시에르-라빈(Kolodkin and Tessier-Lavigne, 2011)에서, 두뇌에서 주요 연결이 만들어지는 방법과 선구 축삭돌기의 역할에 대한 리뷰는 체도탈과 리처즈(Chedotal and Richards, 2010)에서 볼 수 있다.

33 축삭돌기 가지치기와 뉴런의 세포자멸과 연관된 요인들과 과정은 밴더해겐과 쳉 (Vanderhaeghen and Cheng, 2010)에서 설명한다.

34 신경 연결의 형성에 대한 초기 다윈주의의 관점은 에델먼(Edelman, 1987)을 참조할 것. 이후에 테렌스 디컨(Terence Deacon)은 성장 패턴에서의 변화와 뒤이은 새롭고 적응 가능한 속성을 생산하는 패턴의 선택이라는 다윈주의의 틀 안에 신경 연결 발달의 측면들을 포함시켰다. 그는 축삭돌기가 뻗어 나가고 가지치기 하는 성향에서의 미세한 변화가 일으키는 역할을 강조했다(Deacon, 1997, 7장).

35 셀레몬(Selemon, 2013).

36 후성유전과 후성 돌연변이에 대한 논의는 야블롱카와 라즈(Jablonka and Raz, 2009)와 허드와 마티엔슨스(Heard and Martienssons, 2014)를 참조할 것. 이 주제는 10장의 후반부에서 다시 다루게 된다.

8장 "종분화 이후": 진화하는 현대 인간의 얼굴

1 앞서 언급했듯이 포유류 종 하나는 광범위한 신체적 다양성을 보여 준다. 실제로 인간보다도 훨씬 더 다양하며, 얼굴만이 아니라 다른 신체 특징들도 그렇다. 바로 길들여진 개다. 그러나 개는 수백 년간 특정 형질을 가진 개체들을 선택해 교배하면서 만들어진, 인간이 창조한 동물이라고 할 수 있다. 그리고 이들 중 대다수 품종은 생겨난 지 2백 년밖에 되지 않았다. 다른 가축들의 품종에서 나타나는 가시적인 차이들도 이와 동일한 방법으로 생겨났다. 인간에 의해 선택 교배되면서 다양한 모습을 갖추게 되었다.

2 "인종"의 수에 대한 생각의 다양성에 대해 다윈은 다음과 같이 언급했다. "인간은 다른 어떤 생명체보다도 더 깊이 있게 연구되었지만, 인간이 단일 종이나 인종 또는 둘(비레 Virey), 셋(자키노Jacquinot), 넷(칸트Kant), 다섯(블루멘바흐Blumenbach), 여섯(뷔퐁 Buffon), 일곱(헌터Hunter), 여덟(애거시즈Agassiz), 열하나(피커링Pickering), 열다섯(보리 세인트 빈센트Bory St. Vincent), 열여섯(데물랭Desmoulins), 스물둘(모턴Morton), 예순(크로퍼드Crawford), 예순셋(버크Burke)으로 분류되어야 하는지에 대한 다양한 판단이 존재할 가능성이 매우 높다."(Darwin, 1871, 제1권, p. 226)

3 각각의 "인종들" 사이에서보다 한 인종 내에서 훨씬 큰 유전적 다양성이 존재한다는 사실을 보여 준 최초의 연구는 르원틴(1972)에서 볼 수 있다. 그는 각각 다른 인간의 유전자에서 얻은 실험 가능한 열다섯 개의 단백질을 활용했다. 이후의 연구들은 충분한 해상도를 가지고 전체 게놈을 조사할 수 있는 미소부수체(microsatellite, DNA 염기 서열에서 반복

되는 서열 부분 - 옮긴이)라고 하는 DNA 염기 서열 표지를 이용했고, 훨씬 적은 데이터를 기반으로 했던 르원틴의 연구 결과를 확인해 주었다(Barbujani et at., 1997). 서로 다른 진화적 역사를 가진 집단들이 상이한 유전자에 대해 특유의 대립유전자 빈도를 가진다는 설명은 에드워즈(Edwards, 2003)에서 볼 수 있다. 리슈 외(Risch et al., 2002)는 "인종" 집단이 이런 식으로 차이가 난다는 증거를 제시하고, 상이한 집단들 사이에서 차이가 날 수 있는 다양한 질환을 만드는 유전적 경향에 대해 논의한다.

4   문화적 환경에 따라 행동과 능력이 상당 부분 결정된다는 점을 보여 주는 가장 단순한 사례는 어린이들이 새로운 사회의 문화에 빠르고 완전하게 적응하는 모습이다. 찰스 다윈은 자신의 첫 작품인『연구저널(Journal of Researches)』[1983년에 처음 출간되었고, 이후에『비글호의 항해(The Voyage of the Beagle)』라는 제목이 붙여졌다]에서 이 과정에 대해 설명했고, 이런 관점을 제시한 최초의 인물 중 한 명이었다. 이 책에서 그는 영국으로 건너가 3년을 생활한 후에 1833년에 비글호를 타고 고향으로 돌아간 티에라델푸에고 출신의 젊은이 세 명에 대해 논의했다. 다윈은 이들의 말투와 옷차림, 매너 등이 영국인과 비슷하다는 사실에 놀랐다. 영국에서 짧은 기간 머물면서 이들에게 상당한 변화가 일어났다. 이런 적응성은 "야만인"과 영국의 문명인들 사이에 큰 생물학적 차이가 없음을 보여 주었고, 문화와 양육 환경이 행동에 영향을 미친다는 사실을 밝혀 주었다. 상이한 인종 집단들 사이에서 문화적으로 빠르게 적응하는 현상에 대한 현대적 논의는 다이아몬드(Diamond, 1997)와 리처슨과 보이드(2005)의 3장을 참조할 것.

5   상이한 "인종" 집단의 진화적 중요성에 대한 이런 초기 논의의 역사는, 1944년까지만 다루고 있지만, 보울러(1986)에서 볼 수 있다.

6   다지역기원설에 대한 현대적 견해를 처음 언급한 논문은 울푸프 외(Wolpoof et al., 1984)였다. 오늘날 자주 인용되지는 않지만, 가장 초창기 문헌은 쿤의『인종의 기원(The Origin of Races)』(1963)이었다.

7   아프리카기원설의 최초의 주장은 하우얼스(Howells, 1976)를 참조할 것. 그러나 가장 큰 영향을 미친 초기 주장은 스트링어와 앤드루스(Stringer and Andrews, 1988)에서 볼 수 있다.

8   이 연구는 앨런 C. 윌슨(Allan C. Wilson)의 연구소에서 진행되었다. 그는 처음으로 분자를 이용해 인간과 침팬지 사이에서 분리가 일어난 연대가 7백만 년에서 6백만 년 전이라고 밝힌 인물이다. "미토콘드리아 이브"의 연구는 캔과 스톤킹, 윌슨(Cann, Stoneking, and Wilson, 1987)을 참조할 것.

9   호모 사피엔스의 아프리카기원설이 사실임을 확인해 준 DNA 증거에 대한 최근 리뷰는, 게놈에서 아주 오래된 염기 서열이 발견되기 전이기는 하지만, 릴리스포드(Relethford, 2008)를 참조할 것. 거의 20만 년 된 호모 사피엔스의 두개골에 대한 설명은 맥두걸과 브라운, 플리글(McDougall, Brown and Fleagle, 2005)에서 찾아볼 수 있다.

10   419쪽에 실린 아프리카를 떠난 인류의 이동 경로를 보여 주는 그림은 주로 스티븐 오펜하이머(Stephen Oppenheimer, 2003; 2012)에 실린 설명을 기반으로 만들어졌다. 나는 이 현

상을 설명하기 위해 그가 사용한 "사람으로 채워진 세상(the peopling of the world)"이라는 구절을 차용했다. 이 외에도 마레 외(Mellars et al., 2013)를 참조할 것.

11 키터와 카이저, 스톤킹(Kitter, Kayser and Stoneking, 2003)을 참조할 것.

12 현대 개체군들의 유전적 다양성으로 조상 개체군의 크기를 추정하는 방법에 대한 논의는 다카하타와 사타, 클라인(Takahata, Satta and Klein, 1995)과 매커보이 외(McEvoy et al., 2011)를 참조할 것.

13 이런 육류에 대한 의존도 증가는 두 가지 혁신 때문에 가능했다. 하나는 진화적이고 다른 하나는 문화적인 혁신이었다. 진화적 측면의 경우 오랫동안 달릴 수 있는 능력이 발달했고, 이로 인해 대형 먹잇감을 쫓아 사냥할 수 있게 된다는 것이다(Bramble and Lieverman, 2004). 문화적 측면은 요리의 발명이었다. 식물과 동물을 모두 요리하면서 음식을 통해 훨씬 더 많은 에너지를 얻을 수 있게 되었다. 카모디와 랭엄(Carmody and Wrangham, 2009)을 참조할 것. 랭엄(2009)은 몇몇 간접적인 추론을 기반으로 180만 년 전에 호모 에렉투스부터 요리를 시작했다고 주장한다.

14 플라이스토세 후반에 아프리카에서 인구의 증가가 가져온 영향에 대한 초기 논의는 맥브리어티와 브룩스(McBrearty and Brooks, 2000)를 참조할 것. 이것이 아프리카 탈출과 더 먼 아시아로의 이동에 미친 영향에 대해서는 마레(2006)와 헨과 카발리 스포르차와 펠드만(Henn, Cavalli Sforza, and Feldman, 2012)을 참조할 것.

15 오펜하이머(2003), pp. 124~125를 참조할 것.

16 리처즈 외(Richards et al,. 2006)를 참조할 것.

17 현재 베링기아의 대부분은 물에 잠겨 있어 인간이 이 지역에 거주했고 이곳을 통과했다는 많은 고고학적 증거들이 영원히 사라졌지만, 이곳이 드넓은 초원지대였고, 마지막 최대 빙하기(Last Glacial Maximum, 2만 8천 년에서 1만 7천 년 전) 대부분의 기간 동안 비교적 쾌적한 환경이었다고 생각할 만한 근거가 있다. 이 기간에 나중에 아메리카 원주민이 되는 인간들이 동쪽으로 이동하다가 거의 1만 년간 "잠시 멈춘" 시기가 있었다(Pringle, 2014). 이동을 막는 물리적 장벽이 있었던 것이 거의 확실하지만, 그것이 빙하였는지 아니면 다른 무엇이었는지는 알 수 없다.

18 플라이스토세 후반에 대형 포유류의 대량 멸종을 가져온 원인에 대한 증거와 논의는 스튜어트(Stuart, 1991)를 참조할 것.

19 인류의 방랑 가설 중 인기 있는 설명은 이런 기질의 밑바탕에 위험을 감수하길 즐기는 대립유전자가 있다는 것이며, 이 가설은 돕스(Dobbs, 2013)가 제안했다.

20 여기서 제시된 일반적인 시나리오는 현재의 개체군에 있는 유전자 데이터와 특히 미토콘드리아 DNA 염기 서열 분석에서 얻은 데이터와 일치한다. 그러나 보편적으로 받아들여지고 있지는 않으며, 일각에서는 유전자 데이터와 두개골 측정을 기반으로 훨씬 이전의 최초의 이주를 포함해서 호모 사피엔스가 수차례에 걸쳐서 아프리카에서 이주했다는 견해에 동의한다(Reyes-Centeno et al., 2014).

21 돌연변이라는 말은 일반적으로 DNA에서 염기쌍 치환을 의미한다. 예를 들면 AT 염기쌍

이 GC로 바뀌는 것이다. 그리고 하나 이상의 염기쌍이 없어지거나 더해지는 삽입-결실 (indel)도 일어날 수 있다. 암호화 영역에서 후자는 심각한 영향을 미치는 경향이 있다. 이들은 돌연변이 하류의 번역 해독 틀을 제거하면서 폴리펩티드 사슬을 크게 바꾸고 흔히 짧게 만든다. 이런 이유로 암호화 영역에서 돌연변이의 대부분은 일반적으로 덜 해로운 염기쌍 치환인 경우가 많다. 조절 영역에서는 삽입-결실이 더 흔한 것처럼 보인다.

22 각각 네안데르탈인과 데니소바인 게놈 복원을 다루는 주요 논문들은 그린과 크라우제, 브리그스(Green, Krause and Briggs, 2010)와 라이시 외(Reich et al., 2010)다.

23 네안데르탈인과 호모 사피엔스의 진화적 관계를 둘러싼 역사적 논란에 대해서는 보울러 (1986), pp. 75~111을 참조할 것. 화석으로 알아낸 네안데르탈인 역사에 대한 최근의 평가는 허블린(Hublin, 2009)을 참조할 것.

24 인종 차별의 역사를 생각했을 때 아프리카인들과는 다르게 유럽인들에게 오랫동안 조롱을 받고 희화화되었던 네안데르탈인의 피가 흐른다는 사실은 아이러니하면서도 상당히 만족스럽다.

25 이런 최근의 연구 결과는 버놋과 아키(Vernot and Akey, 2014)에서 설명하고 있다.

26 두 개의 분석은 각각 양 외(Yang et al., 2012)와 산카라라만 외(Sankararaman et al., 2012)에서 제공하고 있다.

27 이런 결과들은 버놋과 아키(2014)와 산카라라만 외(2012)에서 볼 수 있다.

28 찰스 다윈(1871), 제2권, pp. 370~371.

29 과장된 특성을 선호한다는 이 견해에 변화를 준 주장은 신경생물학과 더불어 포유동물에게 한 가지 형태를 선호하도록 훈련했을 때 이들이 (어떤 특징을 과장되게 묘사하는 캐리커처처럼) 과장된 형태를 불균형적으로 선호하는 경향을 보인다는 발견을 통해 제기되었다. 캔들(2012) pp. 295~300을 참조할 것. 다윈이 제안했던 성적 아름다움에 대한 선호를 포함해서 문화적 선호가 신체적 진화를 빠르게 진행시킬 수 있다는 이 견해를 뒷받침해 주는 개체군 유전자 분석은 랠런드(Laland, 1994)에서 볼 수 있다. 피부색이 성선택과 연관이 있다는 다윈의 견해를 비교적 최근에 옹호한 논문은 아오키(Aoki, 2002)다.

30 피셔(1915)와 앤더슨(1994)을 참조할 것.

31 인간에게서 털이 사라진 것과 관련해서 사용된 털이 없다이라는 표현은 오해의 소지가 있다. 인간은 피부에 다른 영장류와 거의 동일한 밀도의 모낭을 가지고 있으며, 털이 없는 신체 부위의 털이 머리와 겨드랑이, 생식기 부위의 털보다 훨씬 가늘고 더 천천히 자란다.

32 어쩌면 인간 특성에 영향을 주는 성선택에 대한 이 견해가 가장 극단적으로 적용된 경우가 이 같은 특성들 중 가장 중요하고 독특한 것과 관련이 있는지도 모른다. 밀러(2000)는 인간의 큰 두뇌가 성선택의 최종 특성이며, 성공적으로 암컷의 마음을 얻기 위해 수컷에게 요구되는 사항들로 두뇌가 복잡해졌다고 주장했다. 여성 배우자를 얻기 위해 열심히 노력해야 하는 남성의 경우 이 개념에 동의할지도 모르지만, 오늘날에는 소수의 관점에 지나지 않는다. 그러나 만약 이것이 사실이라면 이 특성도 역시 시간이 흐르면서 남성과 여성 사이에서 동등해졌을 것이다. 평균 신체 크기의 차이를 조정하면 이들이 비슷한

크기의 두뇌를 가지고 있기 때문이다. 인간 두뇌의 크기에 대한 다른 설명은 10장에서 다룬다.

33 피부색과 다양한 생리적 측면들의 관계는 야블론스키(Jablonski, 2012) pp. 24~26에서 pp. 30~34의 엽산 가설과 함께 설명하고 있다. 만약 이 가설이 유효하다면 인간의 피부는 엽산의 주요한 신체 저장소가 된다. 그러나 이는 아직까지 밝혀지지 않았다.

34 오래되기는 했지만 여전히 유용한 이런 견해의 역사는 굴드(1977)의 10장에서 볼 수 있다. 최근의 더 자세한 논의는 디컨(1997)의 5장을 참조할 것. 여기서 그는 연장된 두뇌 성장이 인간의 두뇌 크기에 미친 결과를 상세하게 평가했다.

35 길들여진 포유동물과 야생 포유동물 사이의 두뇌 차이에 대한 상세한 설명은 크루스카(Kruska, 2005)를 참조할 것.

36 이 실험 연구는 10장에서 더 자세하게 설명한다. 잘 정리된 리뷰는 트루트와 옥시나, 카르마로바(Trut, Oksina and Kharmalova, 2009)를 참조할 것.

37 인간의 길들여진 본성에 대한 논의는 리치(Leach, 2003)에서 볼 수 있다.

38 브루네(Brune, 2007).

39 전체 설명은 배젓(Bagehot, 1872)과 보아스(Boas, 1938)에서 볼 수 있다.

40 인간에게 일어난 성선택을 다루면서 그의 설명은 『인간의 유래』 제2권의 마지막 두 장 전반에 걸쳐서 흩어져 있다. 이 문제에 대한 그의 갈등은 브루네(2007)를 참조할 것.

41 자기 길들이기 되었다고 추정되는 유인원인 보노보에 대한 완전한 묘사와 설명은 헤어와 워버, 랭엄(Hare, Wobber and Wrangham, 2012)을 참조할 것.

42 에체버스 외(1999)와 크루제(2009), 크루제와 마르티네스, 두아랭(2006)을 참조할 것.

43 가설과 증거는 윌킨스와 랭엄, 피치(2014)에서 상세하게 설명해 준다. 가축화가 신경능선세포 유전자에서의 돌연변이와 연관이 있다고 최근에 확인해 준 논문은 카네이로 외(Carneiro et al., 2014)와 몬터규 외(Montague et al., 2014)다. 이들은, 다양한 특징을 만들기 위해 대부분의 가축 품종들을 폭넓게 선별했을 때 예상되듯이, 야생의 조상보다 가축화된 품종들에서 다른 많은 유전적 변화들을 발견했다.

44 가축화 신드롬의 이런 행동적 측면들은 윌킨스와 랭엄, 피치(2014), pp. 802~803에서 논의된다.

45 변화된 두개골 크기에 대한 데이터와 해석은 시에리 외(Cieri et al., 2014)에서 볼 수 있다. 가축화의 일부인 협동적인 행동을 촉진하는 호르몬 변화의 역할에 대한 훨씬 이전의 논의는 할러웨이(Holloway, 1981)에서 찾을 수 있다. 시에리 외 이전에 마레(2006)는 증가하는 개체군 크기가 아프리카가 호모 사피엔스로 채워지기 시작한 주요한 요인이었다고 제안했고, 이에 따른 인구압(population pressure)이 아프리카를 떠나 이주하게 만드는 데 기여했을지도 모른다고 주장했다.

9장 얼굴 의식하기와 얼굴의 미래

1 언제부터라고 정확히 규정하기는 어렵지만 인간의 예술 활동이 호모 사피엔스가 등장한 초반이나 심지어 그전부터 시작된 긴 역사를 가졌다는 주장은 맥브리어티와 브룩스(2000)와 오펜하이머(2003), pp. 89~123, 모리스-케이(Morriss-Kay, 2010)에서 제기됐다. 이 관점은 (이 장에서 논의된) 구석기 시대의 동굴 벽화가 보여 주고 클라인과 에드거(2002)가 제안했던 인간의 인지 능력에 혁명과 같은 갑작스러운 변화가 있었다는 입장과 반대된다. 위의 주장에서 밝히듯이 후기 구석기 시대 동굴 벽화의 독특함은 특별한 상황과 맞아떨어졌기 때문이라고 볼 수 있다. 이 상황이란 독특한 예술적·인지적 능력이라기보다는 이런 개체군들의 문화적으로 독특한 측면들과 지리적 기회(동굴 그 자체와 그림을 그릴 수 있는 표면인 동굴의 벽)였을 수 있다.

2 전 세계적으로 구석기 시대 초기 예술에 대한 뛰어난 설명과 분석은 화이트(White, 2002)를 참조할 것.

3 화이트(2002)는 특히 '예술을 위한 예술' 차원에서 그려졌다는 견해에 강하게 반대한다(pp. 40~54 참조). 구석기 시대의 동굴 벽화와 종교적 의식의 중요성을 연관시킨 견해는 루이스-윌리엄스의 『동굴 벽화와 인간의 정신(The Mind in the Cave)』(2002)을 참조할 것.

4 가레이크(Garlake, 1995)를 참조할 것.

5 한 동굴에는 얼굴을 포함해 인간의 전신을 완전하게 보여 주는 작품이 있다. 프랑스 남부에 위치한 라마르쉐 구석기 시대 동굴로, 연대는 1만 5천 년에서 1만 4천 년 전으로 추정된다. 이는 구석기 시대의 주요 동굴들보다 더 최근이다. 이 작품의 본질과 진위성, 중요성은 논란의 여지가 있지만, 이후의 연구들이 이 작품을 입증해 준다면 구석기 시대 후기의 인간들이 인간의 얼굴에 크게 관심을 갖지 않았다는 주장에 부합하지 않는 예외적인 사례가 될 것이다. 이는 상이한 예술 작품을 만드는 구석기 시대의 문화 사이에 큰 문화적 차이가 있었는가와 같은 중요한 질문을 던진다. 일부 비서구 부족에서 볼 수 있듯이 얼굴에 그림을 그리거나 문신을 하는 행위는 또 다른 형태의 얼굴 의식하기라고 할 수 있지만, 개인의 모습이나 표정의 차이를 나타내는 행위는 아니다.

6 가장 오래된 비너스상은 독일의 홀레 펠스(Hohle Fels) 동굴에서 발견된 상이다. 연대는 4만 년 전으로 추정된다(모리스-케이, 2014).

7 배젓(1872)은 문명을 건설하기 위해서는 강력한 지배력이 필요하지만, 이렇게 건설된 문명은 필연적으로 개인 간 의견의 차이를 가져오게 된다고 주장한다. 그리고 이것이 개인을 인식하는 능력을 수반했을 것이다. 최근에는 이런 견해에 큰 관심을 두지 않았지만 새로운 시각으로 바라볼 가치가 있을지도 모른다.

8 미국에서 "혼혈"을 받아들이는 경향과 함께 이런 현상을 보여 주고 논의하는 최근의 그림 에세이는 펀드버그(Fundberg, 2013)를 참조할 것. 『이코노미스트』는 2014년 2월 8일자 잡지의 pp. 55~56에서 영국에서 발생하는 동일한 현상에 대한 짧은 보고서를 소개했다.

9 아이러니하게도 여기서 논의된 것처럼 기하학적 형태 분석이 이제는 유전적 문제들을 연구하는 데 활용될 수 있지만, 톰슨이 1917년에『성장과 형태에 대하여』를 출간했을 때 그는 유전학이나 다윈의 진화론을 많이 다루지 않았다. 그러나 이 당시에는 유전학이 막 발달하기 시작했고, 멘델의 유전학이 일반적으로 유전의 기저를 이룰 수 있는가에 대한 논의가 계속 진행 중이었다(provine, 1971). 또 다윈의 진화론에 대한 평판이 여전히 낮기도 했다. 더욱 놀라운 점은 톰슨이 25년이 지난 후에 두 번째 개정판을 펴냈을 때도, 두 분야가 이 기간 동안 큰 발전을 이룩했음에도, 초판과 비슷하게 유전학과 진화론을 등한시했다는 것이다. 그러나 이런 빈틈이 있기는 하지만『성장과 형태에 대하여』가 과학 분야의 명작임은 이론의 여지가 없다.

10 기하학적 형태 분석에 대한 자세한 설명은 젤디히 외(Zelditch et al., 2004)를 참조할 것.

11 머리와 얼굴의 차이 측정과 이들의 유전적 기반에 대한 오래되었지만 여전히 유용한 리뷰는 콘(Kohn, 1991)을 참조할 것.

12 단일염기다형성의 대다수가 비암호화 영역에 존재한다. 심지어 유전자 조절 영역에서도 다수가 큰 유해 효과를 가진 것처럼 보이지는 않기 때문에 이들은 중립이나 중립에 가깝다고 할 수 있다. 한편 얼굴의 표현형에 차이를 유발하는 유전적 차이와 연관이 있는 이런 단일염기다형성의 중요한 부분이 유전자 조절 영역에 있다.

13 논의된 첫 번째 연구는 패터노스터 외(Paternoster et al., 2012)가, 두 번째는 베링거 외(Boehringer et al., 2012)가, 세 번째는 리우 외(Liu et al., 2012)가 진행했다. 정상적인 쥐 얼굴 형태를 결정하는 Pax3의 중요한 역할을 보여 주는, 이들보다 앞선 연구는 애셔 외(Asher et al., 1996)에서 볼 수 있다.

14 아디카리 외(Adhikari et al., 2016)를 참조할 것.

15 윌리엄 드마이어(William DeMyer)와 그의 동료가 진행한 연구(1964)다.

16 관상학적 견해로 인해 어느 위대한 과학 업적이 시작도 전에 좌초될 뻔했다. 비글호의 피츠로이 선장은 찰스 다윈이 배에 승선하는 것을 거부하려고 했다. 다윈의 작은 코를 보고 인격이 부족하다고 믿었기 때문이다. 다행스럽게도 그의 (다윈이 여행에 적합한 자질을 가졌다는) 이성적 판단이 관상학에 기반을 둔 편견을 앞섰다.

17 그레고리(Gregory, 1929)에서「고대와 현대 관상학」, pp. 220~240.

18 윌리엄스 증후군에서 결실(deletion, 염색체의 유전성 물질을 상실하는 것 - 옮긴이)된 특히 흥미로운 유전자는 (다른 세포와 조직뿐만 아니라) 신경능선세포에서 활동적인 전사인자다. 발톱개구리(Xenopus)를 대상으로 한 이 유전자 결실 실험은 다양한 발달적 결함을 보여 주며, 이들 중 몇몇은 인간의 윌리엄스 증후군과 연관시킬 수 있다(Barnett et al., 2012).

19 이 연구에 대한 설명과 논의는 시핸과 나흐만(Sheehan and Nachmann, 2014)에서 볼 수 있다.

20 최근의 뉴스 제목 두 개는 미래에 대한 단서를 제공한다. "군중들 사이에서 당신을 찾아내는 눈(An Eye That Picks You Out of Any Crowd)"과 "얼굴 인식 소프트웨어, 미 국가안

보국이 보유하고 있는 수만 개의 얼굴 이미지(Banking on Facial Recognition Software, NSA Stores Millions of Images)"다. 싱어(Singer, 2014)와 라이즌과 포이트라스(Risen and Poitras, 2014)를 참조할 것.

10장 인간의 얼굴 형성에서 사회선택의 역할

1 다윈은 다음과 같은 자주 인용되는 말로 이 구절을 시작하는데 자신의 이론에 도전장을 내미는 것처럼 보인다. "상이한 거리에 초점을 맞추고, 상이한 양의 빛을 받아들이고, 구면수차(spherical aberration, 평행 광선이 광축에서 멀어지는 데에 따라 초점을 맺는 위치가 앞뒤에서 어긋나는 현상 - 옮긴이)와 색수차(chromatic aberration, 상 가장자리에 색이 붙어서 흐리게 보이는 현상 - 옮긴이)를 보정하는 아무나 모방할 수 없는 장치를 가진 눈이 자연선택에 의해 형성될 수 있었다는 가정이 말도 안 되게 터무니없어 보인다는 사실을 나도 인정한다."(Darwin, 1859, p. 152) 그런 다음에 그는 이것이 왜 터무니없지 않은가에 대한 설명을 이어 간다. 다윈의 관점을 뒷받침해 주는 더욱 설득력 있는 분석은 시간이 훨씬 흐른 후에 발표된 닐슨과 펠거(Nilsson and Pelger, 1994)에서 볼 수 있다. 이 (비록 대부분의 동물들은 척추동물보다 훨씬 단순한 눈을 가지고 있지만 넓은 의미에서 "눈"이라고 부르는) 시각 기관은 많은 동물 계통에서 독립적으로 진화했으며, 이는 눈 형성의 초기 단계들이 전혀 불가능하지만은 않음을 보여 준다(Salvini-Plawen and Mayr, 1977).

2 사지동물의 등장에 대해 잘 정리한 대중적인 책은 슈빈(Shubin, 2012)이 쓴 것이다. 더 학술적이고 세부적인 논의는 클락(2012)에서 찾아볼 수 있다.

3 영양학적 주장 두 가지는 랭엄(2009)과 커네인과 크로퍼드(Cunnane and Crawford, 2014)를 참조할 것.

4 이 가설에 대한 가장 중요한 설명은 할러웨이(1981)에서 볼 수 있다. 이후에 번과 화이튼(Byrne and Whiten, 1988)이 여러 작가의 글을 편집한 책은 사회적 환경이 "마키아벨리적 두뇌"를 지원하기 위해 높은 인지 능력을 요구한다는 이 견해의 확장된 논의를 처음으로 제공한다. 사회적 두뇌 가설의 대부분을 더욱 발전시킨 인물은 R. I. M. 던바(R. I. M. Dunbar)와 그의 동료들이었다. 초기의 중요한 두 논의는 던바(1992; 1998)를 참조할 것.

5 대뇌비율 지수로 영장류 두뇌가 증가한 크기를 보여 준 최초의 결과는 제리슨(Jerison, 1973)을 참조할 것. 최근에는 EQ가 대중적인 심리학 문헌에서 마음의 지능 지수(IQ)라는 뜻을 가진 "감성 지수(emotional quotient, EQ)"를 의미한다. 그러나 이 책에서는 제리슨이 사용한 의미로 쓰였다.

6 변수들을 어떻게 상세히 조사했는지에 대한 설명은 던바(1992)를 참조할 것.

7 더 큰 대뇌피질을 선택하는 데 중요했을지도 모르는 사회적 복잡성의 종류에 대한 논의는 던바와 슈츠(Dunbar and Schutz, 2007)와 던바(2009)에서 볼 수 있다.

8 인간 사회구조에서 특히 양육에 필요한 사항들과 관련이 있는 특별한 특징과 복잡한 언어의 진화를 위한 선택압은 디컨(1997)의 12장(「상징적 기원(Symbolic Origins)」)

과 피치(2010)의 6장(「인간과 침팬지의 마지막 공통 조상(The LCA: Our Last Common Ancestors with Chimpanzees)」)을 참조할 것.

9   단속평형에 대한 고전적이고 가장 명확한 설명은 엘드리지와 굴드(Eldredge and Gould, 1972)와 굴드와 엘드리지(1977)를 참조할 것.

10 현재의 유전적 관점은 오르(Orr, 1998)에서 볼 수 있다. 과거에는 영향을 받은 DNA 염기 서열의 개수와 관련해서 영향의 크기를 돌연변이의 물리적 규모와 아무 생각 없이 연관시키면서 이런 논의가 방해를 받았다. 그러나 이 같은 연관성은 존재하지 않는다. 몇몇 특정 염색체 영역에서의 큰 결실이 많은 생명체에서 가시적인 효과가 없거나 가벼운 표현형 효과만을 가지는 반면, 하나의 염기쌍을 바꾸는 많은 돌연변이들은 치명적일 수 있다. 작은 영향 대 큰 영향은 관찰되는 표현형 효과의 상대적인 크기일 뿐이다.

11 모로비츠(2002).

12 파리 사회과학고등연구원의 다니엘 마일로(Daniel Milo)는 진화적 혁신에 들어가는 비용이 얼마나 빠듯한가와 선택의 실제 결과들이 요구되는 것보다 훨씬 큰 결과를 가져올 수 있는가를 포함해 이 문제에 관해서 내게 매우 흥미로운 많은 정보를 제공해 주었다.

13 일반적인 관점과 구체적인 사례는 각각 하디(Hardy, 1965)와 랙(Lack, 1947)을 참조할 것.

14 와일즈와 쿤켈, 윌슨(Wiles, Kunkel and Wilson, 1983)을 참조할 것. 동물의 문화와 이들의 진화적 중요성에 대한 설명은 아비탈과 야블롱카(Avital and Jablonka, 2000)에서 볼 수 있다.

15 이들의 견해와 서로 다른 강조점에 대한 비교는 볼드윈(1896)과 와딩턴(Waddington, 1961)을 참조할 것.

16 다윈은 『종의 기원』의 3판에서 그의 전임자들을 부수적인 간단한 설명과 함께 공평하게 다루려고 했다. 그는 이후인 1866년에 출간된 4판에서 34명의 이름을 포함시키면서 전임자 명단을 확장했다. 다윈의 설명에 더해 몇몇 더 중요한 인물에 대한 이야기는 스콧(Scott, 2012)에서 볼 수 있다.

17 이 역사는 버크하트(Burkhardt, 2013)를 참조할 것.

18 세대 간 후성유전(transgenerational epigenetic inheritance)에 대한 리뷰는 야블롱카와 라즈(2009)와 허드와 마르틴센(Heard and Martienssen, 2014)에서 볼 수 있다.

19 초기 설명은 벨랴예프(Belyaev, 1979)를, 길들여진 여우에 대한 연구와 가축화의 후성유전 가설에 대한 최근의 리뷰는 트루트와 옥시나, 카르마로바(2009)를 참조할 것.

이 책을 마치며 : 세 갈래의 여행

1   인용된 구절은 에이브러햄 링컨의 두 번째 취임사에서 가져왔다. 이 표현은 스티븐 핑커(Stephen Pinker)의 최근 책 제목이기도 하다. 20세기와 21세기 초반에 경험했던 공포와 재난이 말하는 것은 반대일지도 모르지만, 이 책은 많은 통계 자료와 설득력 있는 주장으로 알맞은 환경에서 인간이 일반적으로 믿는 것보다 훨씬 사교적이고 협조적인 종이며 최근에 더욱 사교적이 되었음을 입증한다(Pinker, 2011).

AER : 꼭대기 외배엽 능선

ATP : 아데노신3인산

AU : 움직임 단위

BMP : 뼈 형성 단백질

BM : 기초대사

CNV : 복제수변이

CP : 피질판

DNA : 디옥시리보핵산

EQ : 대뇌비율 지수

FACS : 얼굴 움직임 부호화 시스템

FEZ : 이마코 외배엽 구역

FFA : 방추상 안면 영역

FGF : 섬유모세포성장인자

fMRI : 기능적 자기공명영상

fWHR : 안면 너비 대 높이의 비율

GRN : 유전자 제어 네트워크

GWAS : 전 게놈 관련 분석

Hox : 호메오박스

IFL : 안쪽 섬유층

ISVZ : 안쪽 뇌실하 영역

kbp : 수만 개의 염기쌍

LGN : 외측 슬상핵

LHLP : 인간 중심 계통의 오랜 진화의 경로

lncRNA : 긴 비암호화 RNA

mbp : 백만 개 이상의 염기쌍

MRE : 다지역기원설

MZ : 가장자리 영역

NCC : 신경능선세포

NFDS : 빈도의존적 선택

OFA : 후두 안면 영역

OFL : 바깥쪽 섬유층

OMIM : 온라인 멘델 유전

OSVZ : 바깥쪽 뇌실하 영역

PETM : 팔레오세-에오세 최고온기

RAO : 최근의 아프리카기원설

RNA : 리보핵산

SC : 상구

SHH : 소닉 헤지호그

SNP : 단일염기다형성

SP : 하부판

STS : 상측두구

SVZ : 뇌실하 영역

TSS : 전사 시작 지점

UVR-B : 자외선 B

VLPFC : 외배측 전전두피질

VZ : 뇌실 영역

ZPA : 극성화활성대

가축화 신드롬(domestication syndrome) : 길들여진 동물들에서는 흔하게 나타나지만 야생 동물들에서는 보이지 않는 형질들을 일컫는다. 포유동물에서는 흔히 짧아진 주둥이와 작아진 전뇌, 더 오래 지속되는 유년기 형태와 행동, 늘어진 귀, 더 밝은 색깔의 털이 난 부분 같은 특징들이 포함된다.

간뇌(diencephalon) : 초기 척추동물 배아에서 전뇌의 뒤쪽 부분에 해당한다. 시상과 시상하부 등 몇몇 구조물들이 발생한다.

간엽세포(mesenchymal cell) : 상이한 목적지에 도착하면 흔히 특정한 그러나 집합적으로는 다양한 세포 유형으로 분화되는 운동성이 있는 세포다. 이들은 MSC라고 하는 다능성 세포에서 파생된다. 이 세포는 처음에는 중간엽줄기세포(mesenchymal stem cells)라고 지정되었다가 현재는 중간엽기질세포(mesenchymal stromal cells)라고 한다.

감수 분열(meiosis) : 배수체 전구세포에서 반수체 생식 세포를 생성하는 특별한 형태의 세포 분열이며, 두 단계에 걸쳐서 일어난다. 제1감수 분열에서 상동염색체가 갈라지면서 염색체 수(2n)가 반으로 줄어들어 세포당 하나의 염색체(n)를 가지게 된다.

개체군 병목 현상(population bottleneck) : 개체군 크기가 급격히 감소한 후에 이 개체군의 비교적 소수의 구성원들로부터 후손들이 다시 생겨나는 현상이다.

게놈(genome) : 생물의 유전자형을 규정하는 유전 물질의 총계다. 일반적으로 DNA를 기반으로 하는 생명체의 세포에서 발견되는 모든 DNA를 말하며, RNA를 기본적인 유전 물질로 가지고 있는 바이러스의 경우에는 RNA가 된다.

견치류(cynodonts) : 단궁류의 한 집단으로, 그 기원은 트라이아스기에 있다. 이들의 많은 가지들 중 하나가 포유동물로 이어진다.

계통 생물지리학(phylogeography) : 생물을 이들의 유전자형과 관련하여 지리적 분포의 패턴과 이런 패턴을 발생시킨 역사적 과정을 연구하는 분야다.

계통(lineage) : 진화 계통 참조.

계통발생(phylogeny) : 생명체 집단의 관계와 기원을 재구성한 진화적 역사를 말한다.

계통수(phylogenetic tree) : 동식물의 진화 과정을 나무 모양으로 나타낸 그림이다. 오늘날에는 이 진화 과정에서 분기점을 강조하는 분기도의 형태로 흔히 볼 수 있다.

고 DNA(Archaic DNA) : 원칙적으로는 현대의 동물 종에서 발견되는 과거 생명체의 DNA 염기 서열을 말하며, 실제로는 흔히 현존하는 호모 사피엔스 구성원의 게놈에서 발견되는 기존 호미닌들의 DNA 염기 서열을 의미한다.

고생대(Paleozoic era) : 현생이언의 첫 번째이자 가장 긴 지질시대로, 5억 4천3백만 년에서 2억 5천2백만 년 전이다.

고유 파생형질(autapomorphy) : 분기도에서 특정 말단 종이나 군에서만 보이는 형질로 이 집단의 역사에서 초기에 발생했다.

고인류학(paleoanthropology) : 초기 호미닌들의 특성을 이들의 화석과 화석이 발견된 암석층, 이들이 남긴 인공 유물들을 통해 추론하는 과학 분야다.

곡비원류(strepsirrhines) : "촉촉한 코"를 가졌다. 영장류의 아목으로 리머와 로리스가 포함된다.

곤드와나 대륙(Gondwanaland) : 3억 년에서 1억 8천만 년 전에 존재했던 남쪽의 초대륙이다. 현재의 아프리카와 남아메리카, 남극 대륙들을 포함했었다. 쥐라기 동안에(약 1억 8천만 년 전) 북쪽의 초대륙인 로라시아와 합쳐지기 시작하면서 판게아(Pangaea)라고 하는 하나의 거대한 대륙이 형성되었다.

공동 파생형질(synapomorphy) : 분기도의 자매군에서 공유되는 형질이다. 즉 이들의 공통 조상에서 발생한 형질을 말한다.

공진화(coevolution) : 두 개의 (때때로 그 이상의) 구조물이나 속성들이 서로의 진화에 영향을 주는 현상이다.

과일이 주식인 동물(frugivore) : 오롯이 또는 주로 과일을 통해 영양분을 섭취하는 동물을 말한다.

광비원류 영장류(platyrrhine primates) : 직비원류(진원류)의 주요 가지 중 하나이며, 신세계원숭이로 구성된다.

구조 유전자(structural gene) : 물질대사 같은 일반적인 세포의 기능을 직접적으로 수행하는 단백질을 암호화하는 유전자를 의미하는 오래된 용어다.

귀환(recursion) : 한 문장 안에서 무언가를 재언급하는 과정을 말한다.

근거리형질(plesiomorphy) : 분기도에서 모든 분지들이 공유하는 형질로, 이런 계통발생 집단의 원시 형질이다.

기능상실 돌연변이(loss-of-function mutation) : 활성 유전자산물의 양을 감소시키는 돌연변이다.

기능적 자기공명영상(functional magnetic resonance imaging, fMRI) : 혈류량이 증가한 두뇌 영역을 발견하는 방법이다. 혈류량 증가는 신경 활동이 활성화되었다는 신호다.

기저핵(basal forebrain nuclei) : 혹처럼 생긴 구조물로, 종뇌에서 발달한 대뇌 밑에 위치한다.

기하학적 형태 분석(geometric morphometrics) : 생명체나 생명체의 일부에서(예를 들어 얼굴) 형태의 차이를 양적으로 평가하는 방법이다.

꼭대기 외배엽 능선(apical ectodermal ridge, AER) : 발달하는 지아에서 볼 수 있는 표피조직의 특수한 형태 중 하나로 세포 분열과 지아의 성장이 이루어지는 주된 장소다.

내배엽(endoderm) : 동물 배아에 있는 세 개의 배엽층 중 하나다. 소화기관과 폐 조직, 다양한 내분비선으로 분화한다.

뇌교(pons) : 후뇌의 앞쪽 부분을 말한다. 전뇌에서 소뇌로 신호가 전달되는 중계국의 역할을 한다.

뉴클레오티드(nucleotide) : 모든 핵산(RNA와 DNA)의 기본적인 구조 단위다. RNA와 DNA는 모두 당과 인산, 염기로 구성된다.

능뇌(rhombencephalon) : 척추동물 배아의 초기 후뇌다.

다면발현(pleiotropy) : 하나의 유전자산물이 다양하게(둘 이상) 활용되는 현상으로, 일반적으로 둘 이상의 개별적인 표현형 효과를 가지는 돌연변이가 일어나는 것으로 알 수 있다.

다지역기원설(multiregional hypothesis) : 호모 사피엔스가 아프리카와 유라시아의 몇몇 지역에서 호모 에렉투스로부터 독립적으로 진화했다는 견해다.

다형성(polymorphism) : 개체군 내에서 유전자의 대립 형질이 두 개 이상 존재하는 것을 말한다. 압도적으로 우세한 대립 형질 한 개가 존재하는 단형성(monomorphism)과 반대된다.

단계통군(monophyletic) : 생명체의 분류군이 동일한 조상에서 생겨났다고 여겨지는 상황을 말한다.

단공류(monotreme) : 알을 낳는 포유류다. 현재는 오리너구리와 몇몇 가시두더지 종들로 구성된다.

단궁류(synapsid) : 척추동물의 역사 초반에 등장한 양막류 집단이다. 관자놀이뼈에 있는 하나의 구멍(측두창)이 특징이다.

단백질(protein) : 폴리펩티드 사슬로 구성된 복잡한 중합체 분자다. 대부분의 구조물을 구성하며 대부분의 세포 활동을 수행한다.

단백질 도메인(protein domain) : 단백질의 독특한, 흔히 공 모양의 영역이며, 특정한 기능을 수행한다.

단속평형(punctuated equilibrium) : 진화 계통에서 장기간 변화가 없던 기간(안정기)이 (흔히) 지속적인 변화가 발생하기 시작하면서 저지되는 진화적 현상이다. 이를 이른바 단속 punctuation이라고 한다.

단일염기다형성(single nucleotide polymorphism) : DNA에서 개체군의 일부 구성원을 대다수 구성원과 구분시켜 주는 변화된 염기쌍을 말한다.

단형적(monomorphic) : 생명체의 개체군이 특정 유전자에 대해 실질적으로 하나의 대립유전자만을 가지는 상황으로, (거의) 모든 개체들은 이 대립유전자에 대해 동형 접합적이 된다.

대뇌피질(cerebral cortex) : 포유동물 두뇌의 영역으로 초기 배아의 전뇌에서 발생한다. 두뇌에서 감각 해석과 인지 기능의 대부분을 수행한다. 신피질 또는 동피질이라고도 한다.

대립유전자(allele) : 특정 유전자의 변종 형태를 말한다.

대상피질(cingulate cortex) : 대뇌피질의 중앙 안쪽 부분을 말하며, 대뇌의 좌우 반구를 연결하는 뇌량 위쪽에 놓여 있다. 감정 처리와 학습, 기억과 연관이 있고, 감정이 북받치는 상황의 유발이나 이런 상황에 대한 반응에 관여한다. 또 앞쪽 부위에서 발성을 조절하기도 한다.

대후두공(foramen magnum) : 척추동물 두개골의 후두골에 있는 중요한 구멍이다. 이 구멍을 통해 동맥과 함께 척수가 지나간다.

돌연변이(mutation) : 유전 물질의 모든 변화를 말한다. 그러나 일반적으로는 하나의 염기쌍에 서부터 몇몇 인접한 것들까지 DNA 내에서 비교적 작은 물리적 규모의 변화를 이야기하며, 이를 삽입-결실이라고 한다.

동물상의 연관관계(faunal association) : 화석 매장 층에서 특정 동물의 형태들이 함께 발견된 다는 사실은 이들이 동시대에 살았음을 의미한다.

동종(conspecific) : 동일한 종에 속하는 각각의 구성원들을 일컫는다.

동형 접합적(homozygous) : 유전자의 동일한 대립유전자 복사본을 두 개 가지는 배수체 유전 자형의 유전적 상태를 말한다. 세포나 생명체는 이 유전자에 대해 동형 접합적이라고 할 수 있다. 예를 들면 둥근 모양의 우성 대립유전자인 완두콩의 RR 유전자형이 있다.

두개골유합증(craniosynostosis) : 두개골의 골판이 조기에 결합하는 질병이다. 일반적으로 두 개골 성장에 장애를 초래하면서 두개골과 뇌의 형태가 기형적으로 발달하는 결과를 가져 온다.

두개기저골(basicranium) : 두개골의 토대나 기반을 말한다. 중축골격(axial skeleton)이 연결되 고 얼굴 바로 위쪽에 놓여 있다.

두개동물(craniates) : 척삭동물에 속하며 복잡한 두뇌와 진정한 머리를 가지고 있다. 오늘날 이 집단의 모든 구성원들이 뼈로 구성된 척추를 가지고 있기 때문에 이들을 척추동물이라 고도 한다.

두눈가까움증(hypotelorism) : 두눈먼거리증과 반대되는 증상이다. 소닉 헤지호그 신호 발생 이 평균에 못 미치면서 머리의 폭이 좁아진다. 아주 심각한 경우 머리의 좌우 대칭성이 무너 지고 눈이 중앙에 하나만 생기기도 한다.

두눈먼거리증(hypertelorism) : 눈과 눈 사이가 비정상적으로 넓으면서 폭이 더 넓은 머리를 가 지는 증상이다. 배아 초기에 머리가 발달하는 동안 소닉 헤지호그 신호가 평균보다 많아지 면서 발생한 결과다.

DNA : 디옥시리보핵산 참조.

디옥시리보핵산(deoxyribonucleic acid, DNA) : (두 개의 나선형 가닥에서 분자의 중심에 위치 하는 "염기쌍"의 서열을 통해) 유전 정보를 운반하는 긴 중합체로, 일반적으로 이중 나선 구 조의 형태로 존재한다.

로라시아(Laurasia) : 북쪽에 위치했던 초대륙으로 약 3억 년 전에서 1억 8천만 년 전에 존재했 다. 남쪽의 곤드와나와 합쳐지면서 하나의 거대한 대륙인 판게아가 형성되었다.

로라시아상목(Laurasiatheria) : 네 종류의 태반류 주요 상목들 중 하나다. 식육목(개, 고양이) 과 고래소목(소, 고래), 박쥐목(박쥐)을 포함한다.

리간드(ligand) : 세포에서 특정 수용체에 결합하는 작은 분자다. 생물학적 상호작용을 촉발하 면서 세포 속성에 일부 변화를 가져온다.

리보솜(ribosome) : 세포 안에 입자들을 가지고 있는 RNA와 단백질로 이루어졌고, 세포질 속 에서 단백질을 합성한다.

리보핵산(ribonucleic acid, RNA) : 주요 핵산 중 하나다. 뉴클레오티드의 구성 요소에서 당이

리보스(ribose)다. 당 성분에 산소가 부족해서 디옥시리보스(deoxyribose)인 디옥시리보핵산(DNA)과 대조된다.

막뼈 / 피골(membranous bones / dermal bones) : 일반적으로 길고 평평한 영역에서 연골 모델 없이 골질 분비 세포로 바뀌는 간엽 전구세포에 의해 생성되는 종류의 뼈다. 머리덮개뼈는 전형적인 막뼈다.

머리뼈 봉합(cranial sutures) : 두개골에서 이웃하는 골판들 사이의 길고 얇은 틈을 말한다. 발달 초기에는 열려 있지만 시간이 흐르고 나이를 먹으면서 이 판들이 결합한다.

명왕이언(Hadean) : 지질연대표에서 첫 번째 이언이다. 대략 46억 년에서 40억 년 전에 막 형성된 지구에는 생명체가 거의 존재하지 않았다.

모계유전(matrilineal inheritance) : 특정 세포 요소가 모계의 생식 세포를 통해서만 유전되는 현상이다. 남성의 생식 세포로는 전달되지 않는다. 전형적인 예는 미토콘드리아다.

모델 시스템(model systems) : 하나 이상의 기본적인 유전자나 세포, 신경, 발달적 속성들을 조사하는 데 특히 유용한, 실험 연구에 활용되는 생물을 말한다.

모듈(module) : 더 큰 독립체의 구조 단위를 말한다. 이 책에서는 주로 유전자 제어 네트워크의 식별 가능한 부분들을 말하며, 이들은 이런 네트워크에서 별개의 기능을 수행한다.

모자이크진화(mosaic evolution) : 지금의 분류군을 특징짓는 형질이 진화하는 동안 단편적으로 획득되었음을 의미한다.

목(order) : 린네식 분류 체계에서 과와 강 사이에 있는 분류 범주다. 예를 들면 포유강에 속하는 쥐목이 있다.

무악어류(agnathan) : 멸종되었거나 현존하는 모든 턱이 없는 어류다. 현존하는 어류 중에는 칠성장어와 먹장어만이 있다.

무의식적 선택(unconscious selection) : 다른 원하는 형질을 바라며 이루어진 육종자들의 선택이 의도하지 않았던 새로운 형질을 수반하는 경우를 말한다.

문(phyla) : 동물계와 식물계에서 가장 큰 분류 범주다. 예를 들면 동물계의 척삭동물문이 있다. (최근에는 DNA 염기 서열을 이용해 문이 흔히 상문과 통합된다.)

미소세관(microtubule) : 세포 골격과 특히 각각 염색분체와 염색체를 나누는 체세포 분열과 감수 분열 장치의 주요 요소를 이루는 상대적으로 굵은 섬유를 말한다.

미토콘드리아(mitochondria) : 세포 소기관으로 세균 세포에서 파생되었고, 진화적 기원은 진핵세포다. 세포의 에너지원인 아데노신3인산(adenosine triphospate, ATP)을 생산한다.

반수체(haploid) : 반수체성 참조.

반수체기능부전(haplo-insufficiency) : 배수체 생명체에서 야생형 유전자의 활성 복사본이 하나만 존재할 때 생산되는 표현형 효과를 말한다. 형질의 정상적인 발달을 위해서는 두 개의 완전한 복사본이 필요함을 보여 준다.

반수체성(haploidy) : 세포에서 염색체 수가 반감된 상태를 말한다. 동물의 생식 세포(정자와 난자)에서 볼 수 있다.

반수체형(haplotype) : (한쪽 부모로부터 물려받은) 반수체 염색체 세트의 완전한 유전자형을 말하거나 밀접하게 연관된 특정 유전자 세트의 유전자형을 말한다.

반인반수(therioanthropes) : 인간의 몸과 동물의 머리와 얼굴을 가진 생명체다.

발달(development) : 생물, 특히 식물과 수정란에서부터 시작되는 동물의 생애 동안 유형과 형태, 크기를 바꾸는 데 기여하는 모든 과정을 말한다.

발달적 가소성(developmental plasticity) : 상이한 환경 상황에 반응해서 다소 변화된 형태로 발달하는 생물의 능력을 말한다.

방사 유닛(radial unit) : 신피질의 기본적인 6층 구조로 된 유닛을 말한다.

방사능 연대 측정(radiometric dating) : 방사성 원소가 붕괴되는 속도를 기반으로 과거에 발생한 사건들의 절대연대를 측정하는 방법이다.

방추상 안면 영역(fusiform facial area, FFA) : 다른 개체들과는 구별해 주는 얼굴 인식에 중요한 관자엽 영역을 말한다.

배수체(diploid) : 배수체성 참조.

배수체성(diploidy) : 염색체 두 세트를 가졌음을 의미하는 세포의 유전적 속성이다. 대부분의 체세포는 배수체다.

배엽층 / 1차 배엽(germ layers / primary germ layers) : 동물의 초기 배아에서 서로 다른 세 영역을 말하며, 모든 주요 조직들이 여기에서 발생한다. 세 개의 층들을 외배엽과 내배엽, 중배엽이라고 부른다.

번역(translation) : 유전 정보를 가진 mRNA로부터 폴리펩티드 사슬이 합성되는 과정이다.

보존(conservation) : 구조적 속성이나 분자와 같이 오래 지속되는 특징들이 진화를 통해 영구화하는 것을 말한다.

부계유전(patrilineal inheritance) : 아버지를 통해서만 전달되는 것을 말한다. 예를 들면 Y염색체가 있다.

분류군(taxon) : 일정 범주로 나눈 분류 단위다. 예를 들어 목과 과, 속 등이 있다.

분자계통학(molecular phylogenetics) : 현존하는 생명체 DNA 염기 서열의 상세한 비교를 통해 진화적 역사를 재건하는 데 활용되는 기술이다.

분자시계(molecular clock) : (1) 진화론적으로 "중립"인 부위에서 돌연변이들이 꾸준히 축적되는 과정이다. (2) 시간이 흐름에 따라 염기쌍 변화가 꾸준히 축적된다는 사실을 기반으로 계통들이 갈라진 시기를 추정하는 분석 방법이다.

분기학(cladistics) : 원래는 계통분류학이라고 불렸다. 두 갈래로 나눠진 가지들을 순서대로 그릴 수 있어 진화적 사건들을 재구성하는 데 도움을 준다.

브로드만 영역(Brodmann's areas) : 숫자를 부여해 대뇌피질을 작은 영역들로 나누는 시스템이다. 각 영역들은 위치와 세포 구조로 규정된다. 독일의 신경학자인 코르비니안 브로드만(Korbinian Brodmann)이 만들었다.

브로카 영역(Broca's area) : 전두엽 아래의 특별한 영역을 말하며, 브로드만 영역 44와 45에 해당한다. 말하기와 관련이 있으며 몇몇 다른 방식으로 언어 능력과도 연관이 있다.

비교생물학(comparative biology) : 현존하는 생명체의 비교를 통해 진화적 역사의 측면들을 재건하는 데 활용되는 방법들을 말한다.

비대칭 세포 분열(asymmetric cell division) : 상이한 운명을 가진, 흔히 크기가 조금 차이 나는 두 개의 딸세포를 생산하는 세포 분열을 말한다.

빈치상목(Xenarthra) : 네 종류의 태반류 상목들 중 하나로, 나무늘보와 개미핥기, 아르마딜로가 여기에 속한다.

뼈 형성 단백질(bone morphogenetic proteins, BMP) : 성장과 발달에서 셀 수 없이 많은 역할을 하는 서열과 관계있는 확산성 단백질 집단이다.

사지동물(tetrapod) : 네발을 가진 모든 척추동물을 말한다. 양서류와 파충류, 조류, 포유류가 있다.

사회선택(social selection) : 사회적 결속력에 유리한 특징의 선택을 말한다. 사회적 집단 내에서 상호작용하면서 이런 특징들을 가진 개체가 생존에 유리해진다.

살림 유전자(housekeeping gene) : 일반적인 세포 대사나 생물의 모든 세포들이 공유하는 다른 세포 기능에 필수적인 효소를 지정하는 유전자다.

상구(superior colliculus) : 중뇌의 일부이며, 눈 운동 조절에 특히 중요하다. 시개(tectum)라고도 한다.

상동(homologous) : 상동성 참조.

상동성(homology) : 조상을 공유함으로 인해 유사한 특징을 가지는 것을 말한다. 상동인 특징들은 그 범위가 분자에서부터 신체의 주요 부위(예를 들어 앞다리)까지 광범위하다.

상목 집단(superordinal group / supraordinal group) : 분류 범주에서 강에 포함되는 연관이 있는 목들의 세트를 말한다. 예를 들면 태반류의 아프로테리아상목이 있다.

상사성(homoplasy) : 관계가 먼 두 생명체가 개별적인 진화 과정에서 우연하게 획득한 형질이 유사한 것을 가리킨다.

상위(epistasis) : 한 유전자의 돌연변이가 다른 유전자의 돌연변이 발현을 억제시키거나 감추는 현상이다.

상측두 이랑(superior temporal gyrus) : 관자엽에서 가장 위쪽의 이랑을 말한다. 청각 정보를 처리하고 언어를 이해하는 데 관여하며, 얼굴 표정의 시각 처리에도 관여한다.

상피-간엽 이행(epithelial-mesenchymal transition) : 고정된 위치를 가진 상피조직이 운동성을 가진 간엽세포로, 예를 들어 신경능선세포로 바뀌는 과정이다.

상피조직(epithelial tissue) : 특별한 "밀착결합(tight junction, 세포와 세포 사이의 결합 구조 - 옮긴이)"에 의해 세포들이 서로 붙어 있는, 인체의 모든 표면을 덮고 있는 단층의 세포 조직이다. 피부나 내장성 기관의 표면처럼 외부 환경으로부터 보호하는 장벽의 역할을 한다.

석형류(sauropsids) : 이궁류의 우세한 집단으로 공룡이 발생했다.

섬유모세포(fibroblast) : 결합 조직의 전구세포다.

섬유모세포성장인자8(fibroblast growth factor8, FGF8) : 포유동물에서 두뇌와 사지 발달에 필수적인 전령 단백질의 섬유모세포성장인자군의 특정 인자를 말한다.

성선택(sexual selection) : 성적이형성에 기여하는 차이들의 진화다. 한쪽 성이 가진 특징들이 다른 쪽 성에 매력으로 작용하는 것을 기반으로 한다.

성염색체(sex chromosome) : 많은 동물들에서 수컷과 암컷의 세포를 구분 짓는 염색체 쌍을 말한다. 예를 들면 인간의 X와 Y염색체가 있다.

성적이형성(sexual dimorphism) : 많은 동물 종에서 이차성징에 따라 암수에서 외형적으로 나타나는 가시적인 차이를 말한다.

세포(cell) : 바이러스보다 큰, 거의 모든 생명체를 이루는 기본 단위다. 세포핵과 복잡한 세포질로 구성되어 있고, 이 모두는 세포막 안에 포함된다. 세포의 종류에는 원핵세포와 진핵세포가 있다. 전자에는 남세균이 속하며, 막으로 싸인 핵이 없다.

세포 골격(cytoskeleton) : 세포 내 골격 기관으로, 세포에 형태와 강도를 부여한다. 세포 골격은 미세소관과 미세섬유, 중간섬유로 이루어진다.

세포자멸(apoptosis) : 불필요한 세포를 제거하는 "프로그램"된 세포사를 말한다. 조직과 기관의 기능 및 형성에 기여한다.

세포질(cytoplasm) : 세포핵을 둘러싼 콜로이드성 겔로 세포막에 의해 다른 구획과 분리된다. 일반적으로 세포 부피의 대부분을 차지한다.

세포핵(nucleus) : 세포 내의 작고 구형이며 막으로 싸여 있는 세포소기관이다. 염색체가 들어있고, 이는 다시 말해 유전 물질을 담고 있다는 말이다.

소뇌(cerebellum) : 초기 배아의 후뇌에서 발생하는 뇌의 영역이다. 대뇌 밑에 위치하며, 운동제어에서 아주 중요한 역할을 담당하며 몇몇 인지 기능에도 관여한다.

소닉 헤지호그(sonic hedgehog) : 신호 전달 연쇄반응에서 신호를 전달하는 단백질이다. 이 연쇄반응은 얼굴의 발달을 포함해 많은 발달 과정에서 굉장히 중요하다.

수궁류(therapsids) : 단궁류에 속하는 초기 주요 집단이다. 이 집단에서 견치류가 진화하고 이후에 포유류가 등장했다.

수상돌기(dendrite) : 다른 뉴런의 축삭돌기로부터 정보를 받아들이는, 뉴런에서 짧게 뻗어 나온 부분을 말한다.

수용체(receptor) : 리간드가 결합하는 더 큰 분자를 말하며, 생화학적 반응에 이은 세포 반응을 촉발한다.

시상(thalamus) : 두뇌의 안쪽에, 대뇌피질 아래와 중뇌 위쪽에 위치하는 구조물이다. 배아의 간뇌에서 생성된 주요 파생물이며, 주로 감각과 운동 정보를 대뇌피질로 전달하는 중계 역할을 한다. 이 외에도 의식에 필요한 기능을 수행하기도 한다.

시스 조절(cis-regulation) : 이 분자의 결합 부위에 인접한 단백질(또는 일부의 경우 RNA 분자)이 하나 이상의 유전자를 제어하는 것을 말한다.

신경 영양 물질(neurotrophic substance) : 생존 그리고/또는 신경 조직의 성장을 촉진하는 특정 분자들이다.

신경관(neural tube) : 관 모양의 구조를 하고 있으며, 초기 척추동물의 등 쪽에서 발달하고, 중추 신경계(두뇌와 척수)와 신경능선세포로 분화된다.

신경능선세포(neural crest cells) : 발달하는 척추동물 배아에서 신경관의 등 쪽 부분에서 생겨나는 분화 다능성 세포(multipotent cell)다. 배아의 다양한 부분으로 이동하고, 이주한 새로운 장소에서 다양한 종류의 세포들로 분화한다. 예를 들면 신경감각세포와 색소세포, 결합조직, 내분비 세포가 있다.

신경두개(neurocranium) : 두개골에서 두뇌를 둘러싸고 수용하는 부분이다.

신경아교세포(glial cell) : 뉴런과 밀접한 관계가 있으며, 뉴런을 지지하고, 보호하고, 영양소를 제공하는 비신경성 세포다. 신경교(neuroglia)라고 부르기도 한다.

신경외배엽 기원판(neural ectodermal placode) : 초기 척추동물 배아에서 바깥 외배엽의 두툼한 부위를 말한다. 신경관 앞쪽 부분에서 발생하며 배아가 발달하는 동안 두개의 많은 감각 구조물들의 기원이 된다.

신다윈주의(neo-Darwinism) : 20세기 상반기에 등장한 근대적 견해이며, 생물학적 진화의 주요한 현대 이론의 핵심을 구성한다.

신생대(Cenozoic) : 현생이언의 주요한 최후의 생물학적 연대로, 약 6천 5백만 년에서 현재에 이르는 기간을 말한다. 먹이사슬에서 포유류가 전성했던 기간이다.

신피질(neocortex) : 포유류 두뇌의 일부로 배아의 전뇌에서 생성된다. 수많은 감각 정보를 처리하고 동물의 독특한 행동을 담당한다. 등피질 또는 대뇌피질이라고도 한다.

신호 전달 연쇄반응(signal transduction cascade) : 연속적인 분자적·생화학적 사건들로, 초기의 외부 신호를 전송하고 이 과정의 끝에서 이들을 특정 기능을 가진 분자적 또는 생화학적 결과로 변환한다.

아르키온(Archaeon) : 고세균(Archaea)이라고 알려진 원핵생물계의 종이 가진 원핵세포다. 진핵계는 결과적으로 미토콘드리아로 진화하는, 세포 내 공생체를 집어삼킨 고세균 세포에서 생겨났을 수 있다.

아미노산(amino acid) : 단백질의 기본적인 구조 단위인 탄소와 질소, 수소 원자들로 구성된 작은 생체분자다. 자연에 존재하는 아미노산은 스무 개다.

아스퍼거 증후군(Asperger syndrome) : 자폐증의 한 증상으로 이 증후군을 가진 사람들은 분석 지능이 뛰어나지만 사회성과 상호작용이 떨어지는 증상을 보이는 경우가 흔하다.

아프로테리아상목(Afrotheria) : 코끼리와 바위너구리, 텐렉, 땅돼지 등 DNA 염기 서열상 연관이 있다고 보이는 상이한 형태의 포유류를 포함하는 태반류의 상목이다. 이들은 모두 아프리카 토종이다.

안면두개(viscerocranium) : 두개골 얼굴뼈들의 집합이다.

안면인식장애(prosopagnosia) : 얼굴을 인식하지 못하는 증상을 말한다.

RNA : 리보핵산 참조.

야생형(wild-type) : 개체군 내에서 유전자의 가장 흔한 대립유전자다. 즉 이 유전자의 정상적인 대립유전자를 의미한다. 이 용어는 임의성을 가진다.

양막 주머니(amniotic sac) : 양수가 채워져 있는 주머니로 완전히 육지생활을 하며 네 다리를 가진 척추동물(파충류, 조류, 포유류)의 배아가 발달하는 장소다.

양막(amnion) : 양막류 참조.

양막류(amniote) : 배아가 양막 주머니 안에서 발달하는 모든 척추동물 종을 일컫는다.

얼굴 근육[mimetic (facial) muscles] : (얼굴의) 피부에 붙어 있으면서 얼굴 표정을 만드는 포유동물 특유의 근육들이다.

얼굴 원기/얼굴 융기(facial primordia/facial prominences) : 배아에서 얼굴의 상이한 부분이 발달하기 전의 구조물인 세포 조직이다.

에디아카라 동물군(Ediacaran fauna) : 원생이언의 마지막 기간인 벤디안기 동안에 등장한, 이론의 여지없이 가장 오래된 복잡한 형태의 동물들을 말한다. 오직 이들이 남긴 화석으로만 확인할 수 있다.

mRNA : 전령 RNA 참조.

연골(cartilage) : 관절과 귀, 추간원판(intervertebral disc, 척추의 뼈와 뼈 사이에 들어서 완충 역할을 하는 구조물 – 옮긴이) 같은 신체의 많은 부분에 있는 몇몇 상이한 종류로 구성된 결합 조직의 유연한 형태를 말한다. 골격과 두개저(base of skull)를 이루는 많은 뼈들의 전구체이기도 하다.

연골내골(endochondral bone) : 초기 연골 모형 안이나 주위에서 형성되는 뼈들로, 선행하는 구조물의 형태를 따르게 된다.

열성(recessive) : 한 쌍의 대립유전자 중에서 우성인 대립유전자에 눌려서 다른 대립유전자로 구성된 형질이 겉으로 드러나지 않는 상태를 말한다. 대립유전자가 기능을 상실하는 경우가 가장 극단적인 예다.

염색분체(chromatid) : 염색체 복제로 생성된 유전적으로 동일한 염색체 두 개의 하위 단위다.

염색체(chromosome) : 유전되는 물질인 DNA를 담고 있는 긴 실타래 모양의 구조물로, 흔히 세포핵 내에서 염색사가 수없이 많이 꼬여 응축된 것이다.

영장동물(Euarchonta) : 포유류의 상목으로, 피익목(가죽날개원숭이)과 나무두더지목(나무두더지), 영장목을 포함한다.

영장류(Primates) : 태반류의 목이다. 지금은 리머와 원숭이, 유인원, 인간을 포함하는 영장상목으로 통합되었다.

영장상목(Euarchontoglira) : 태반류 상목으로, 영장동물과 쥐목(설치류), 토끼목(토끼)을 포함한다.

오토포드(autopod) : 영장류에서 손가락이나 발가락이 만들어지는 지아의 말단 부위를 말한다.

온라인 멘델 유전 데이터베이스[Online Mendelian Inheritance in Man(OMIM) database] : 인간에게서 발생하는 유전적 질병에 대한 모든 정보들을 모아 놓은 인터넷 데이터베이스로, 이런 증상들과 관련이 있는 표현형과 유전자 모두를 포함한다.

외배엽(ectoderm) : 동물 배아에 있는 세 개의 배엽 중 하나다. 표피와 신경계로 분화한다.

외배엽 기원판(ectodermal placode) : 신경외배엽 기원판 참조.

외측 슬상핵(lateral geniculate nucleus, LGN) : 뇌의 작은 혹같이 생긴 구조물로 간뇌에서 발생한다. 망막에서 수뇌부 특히 시각 영역인 V1까지 시각 정보를 전달하는 필수 중계소의 역할을 한다.

우성(dominant) : 두 개의 상이한 대립유전자가 존재할 때 한쪽만이 발현되고 그 효과가 세포나 생물에서 겉으로(표현형으로) 드러나는 것을 말한다.

운동 뉴런(motoneuron) : 신호를 근육에 전달하고 이런 근육들에서 반응을 일으키는 뉴런을 말한다.

운동 반응(motor response) : 운동 뉴런에 의해 움직임이 발생하는 것을 말한다.

원생이언(Proterozoic) : 지질연대표상의 이언으로, 단순한 생명체(주로 단세포 생물)가 흔해진 시기다. 약 25억 년부터 5억 4천2백만 년 전이다.

원시언어(proto-language) : 초창기 인류 역사에서 초기의 언어 형태로 여겨진다. 호모 사피엔스보다 앞서 생겨난 것으로 보이며, 문법이 복잡하지 않고 주로 명사와 동사로만 구성되었다.

원원류(prosimians) : 영장류의 일부(리머와 로리스, 타르시어)로 가장 원시적인 영장류로 여겨진다.

유대류(marsupials) : 발육이 불완전한 상태에서 태어난 새끼가 육아낭에서 어미의 모유를 먹으며 자라는 포유류다.

유악어류(gnathostome) : 턱을 가진 모든 척추동물을 말한다.

유전자(gene) : 부모가 자식에게 물려주는 형질을 만드는 인자로, 유전 정보의 기본 단위다.

유전자 경로(genetic pathway) : 하나가 다음 것을 조절하는 유전자 활동의 순서로, 독특한 표현형 효과를 가진 유전자 활동을 켜거나 끄는 결과를 가져온다.

유전자 보충(gene recruitment) : 진화하는 동안에 새로운 기능을 위해 기존의 유전자를 사용하는 것을 말한다.

유전자 이입(introgression) : 한 종의 유전자가 다른 종의 유전자형으로 침투되는 현상을 말한다. (일반적으로) 흔하지 않은 교잡(유전적 조성이 다른 두 개체 사이의 교배 – 옮긴이)으로 일어난다.

유전자 재조합(genetic recombination) : 상동염색체의 동일한 부분의 교차 과정이나 그 결과를 말한다. 일반적으로 감수 분열 과정에서 일어나지만 때때로 비자매 염색분체 사이의 체세포 분열에서 발생하기도 한다.

유전자 제어 네트워크(genetic regulatory network, GRN) : 흔히 연관된 유전자 경로로 분리할 수 있으며, 집합적으로 주요 표현형 결과를 가진 유전자 활동의 총체를 말한다. 예를 들면 곤충 배아에서 체절이나 척추동물 배아에서 사지의 생산이 있다.

유전자 조절(gene regulation) : 유전자산물의 양에 영향을 주기 위해 특정 유전자의 발현을 조절하는 것이다.

유전자 활동(gene activity) : 유전자 발현의 결과다. 예를 들면, 단백질 암호화 유전자의 경우 이 단백질의 활성형(active form, 생물학적 활성을 갖는 고분자 물질 – 옮긴이)의 생산이 있다.

유전자군(gene family) : 유사한 기능을 가진 유전자 집단을 말한다. 조상이 되는 생명체의 진화 과정에서 유전자 중복으로 만들어졌다.

유전자풀(gene pool) : 모든 대립유전자 변이를 포함해서 개체군의 생식 세포 내에 있는 유전자 복사본 전체를 말한다.

유전자형(genotype) : 하나 이상의 유전자에 대한 기존의 대립유전자들에 대해 개체가 가진 유전자 구성이다. 배수체의 경우 각 유전자의 대립유전자를 모두 포함한다.

유전적 배경(genetic background) : 주어진 유전자의 특정 대립유전자의 발현을 바꿀 수 있는, 게놈에서 상이한 유전자에 있는 대립유전자들을 말한다.

유전적 변이(genetic variance) : 개체군 내에서 특정 유전자의 유전적 차이(변이)의 정도를 측정한다. 이 차이는 개체군 내에서 유전자의 영향을 받는 형질의 전체 표현형 변이에 기여한다.

유전적 부동(genetic drift) : 주 개체군에서 분리된 소규모 개체군에서 우연히 만들어진 유전자풀의 대립유전자 구성에서의 변화를 말한다.

유형성숙(neoteny) : 유년기의 신체 특징(형태나 행동이나 둘 다)이 성적으로 성숙한 동물들에서 유지되는 진화 상태를 말한다.

유효집단 크기(effective population size, Ne) : 후손들을 낳은 개체군을 추정하는 크기다. 추정치는 언제나 이 개체군이 절정일 때 추정되는 최대 크기보다 작으며, 때때로 차이가 많이 나는 경우도 있다.

음소(phonemes) : 한 단어를 다른 단어와 구별시켜 주는 소리의 기본 단위다.

음운 고리(phonological loop) : 문장을 말로 표현하게 해 주는 소리의 순서를 기억하는 기반이 되는 회로를 말한다.

이궁류(diapsid) : 두개골의 관자 부위에 두 개의 구멍(측두창)을 가진 척추동물이다. 이들 중 가장 유명한 동물은 공룡과 이들의 현존하는 후손인 조류다.

이마코 외배엽 구역(frontonasal ectodermal zone, FEZ) : 모든 상부 얼굴 원기가 발달하는 배아의 영역이다.

이마코돌기(frontonasal process, FNP) : 안쪽코융기의 융합으로 생성된 구조물이다. 여기에서 얼굴 중앙부가 발달한다.

2차 신경 전구세포(secondary neural progenitor cells) : 1차 신경 전구세포의 후대 세포다. 신피질의 층들을 형성하게 되는 뉴런의 직계 전구세포다.

이차성징(secondary sexual characteristic) : 한 종의 수컷과 암컷을 특징지으며, 이들 사이의 차이가 가시적으로 구별되게 하는, 생식 기관을 제외한 모든 특징들을 말한다. 예를 들면 수컷 사슴의 뿔이 있다.

이형 접합적(heterozygous) : 유전자의 두 대립유전자가 다른 경우로 배수체 상태다. 예를 들어, 둥근 완두콩의 *Rr* 상태가 있다.

인간 중심 계통의 오랜 진화의 경로(long hominocentric lineage path, LHLP) : 최초의 척추동물부터 결국에는 현대 인간인 호모 사피엔스로 거슬러 올라오는 계통의 순서를 말한다.

인두굽이(branchial arches) : 배아의 연골성 인두굽이에서 발달한다. 어류에서는 아가미를 지지해 주는 뼈로 된 고리들이고 포유류에서는 인두굽이에서 턱과 후두, 갑상선, 중이의 작은 뼈들이 발생한다.

인두굽이(pharyngeal arches) : 쌍을 이루는 중배엽성 주머니로, 척추동물 배아의 앞쪽 부분에서 발생하며 이후에 다양한 구조물들로 분화한다. 이 구조물들은 척추동물 유형에 따라 그 종류가 다르다. 어류에서는 아가미궁(gill arches)이고 포유동물에서는 아래턱과 인두 같은 구조물들이다. 인두굽이(branchial arches)를 참조할 것.

인중(philtrum) : 얼굴에서 코 밑부터 윗입술 윗부분까지 이어지는 좁은 홈이다. 현존하는 동물들 중에서 인간에게서만 발견된다.

1차 배엽(primary germ layer) : 배엽층 참조.

1차 신경 전구세포(primary neural progenitor cell) : 초기 포유류 배아에서 발달하는 두뇌의 줄기세포로, 신피질의 전구세포다.

입체시(stereopsis) : 깊이와 3차원 구조물을 인식할 수 있는 능력을 말한다. 좌우 양쪽의 눈으로, 살짝 다른 각도이기는 하지만 같은 이미지를 보는 양안시일 때 가능하다.

자매군(sister group) : 진화 과정에서 두 갈래로 갈라진 집단으로, 서로 다른 독립된 정체성을 획득한 계통이다.

자연선택(natural selection) : 특정 유전적 변화가 적응에 유리한 변화를 촉진하므로 개체군 내에서 퍼져 나가기가 선호되거나 혹은 해로운 결과를 가져오기 때문에 개체군 내에서 제거되거나 하는 과정을 말한다.

자포동물문(Cnidaria) : 동물계에서 비대칭동물문의 하나를 말한다. 진화상에서 가장 먼저 발생한 동물문 중 하나다. 방사대칭 모양을 하고 있으며, 방사대칭동물상문에 속한다.

적소 구축(niche construction) : 일부 환경 측면들을 자신들의 생존에 유리하게 바꾸는 생명체의 능력이다.

적합도(fitness) : 개체군에서 특정한 유전자형이 다른 유전자형에 비해 상대적으로 번식에 성공하는 정도를 말한다.

적응 방산(adaptive radiation) : 새로운 생태 환경에 노출되었을 때 발생할 수 있는 생명체 집단의 빠른 분화를 말한다. 흔히 새로운 종의 지리적 확장이 수반된다.

전뇌(prosencephalon) : 초기 단계에 있는 배아기의 전뇌(forebrain)다.

전령 RNA(messenger RNA, mRNA) : RNA 분자의 한 종류로 이들의 염기 서열이 폴리펩티드 사슬을 직접적으로 지정한다. 그러므로 mRNA는 유전자와 이 유전자가 지정하는 단백질성 사슬 사이를 중개하는 분자라고 할 수 있다.

전사(transcription) : DNA 분자의 한 가닥을 상보적 RNA 분자로 복사하는 과정을 말한다.

전사 인자(transcription factor) : 하나 이상의 특정 유전자의 전사를 수행하는 단백질이다.

전이 인자(transposable element) : 게놈의 어떤 부위에서 다른 부위로 이동하는 능력을 가진 DNA 염기 서열을 말한다. 이동이 일어나면 이들은 흔히 새로운 장소에서 근처 유전자의 전사 활동에 영향을 준다.

전전뇌증(holoprosencephaly) : 두뇌 반구 두 개의 발달이 제대로 이루어지지 않아 생기는 병적 증상을 말한다. 전뇌에서 생성된 두 개 이상의 두뇌 영역들이 결합되어 치명적인 결과를 가져오거나 정상적으로 출산한 경우라도 심각한 정신적 결함을 일으킬 수 있다.

전전두피질(prefrontal cortex) : 대뇌의 일부이며 이마엽의 앞부분으로, 충동적 행동을 억제하는 "집행 기능(executive function)"과 몇몇 중요한 인지 기능을 담당한다.

제4기(Quarternary) : 초기에는 신생대 다음에 오는 시기를 일컬었으며, 지금은 주로 홍적세(260만 년에서 1만 1천 년 전)와 홀로세(1만 1천 년 전부터 현재)를 포함하는 지질시대를 의미한다.

조절 유전자(regulatory gene) : 포괄적인 용어로 사용이 줄어들고 있다. 하나 이상의 다른 유전자의 발현을 조절하는 유전자를 말한다.

조직(tissue) : 동일한 기능과 형태를 갖는 세포가 모인 집단이다. 생물학적 구성에서 세포와 기관 사이의 중간 단계라고 볼 수 있다.

조합 이론(combinatorics) : 한 세트의 요소 조합의 모든 순열을 말한다. 예를 들면 단백질 암호화 염기 서열의 유전 암호를 위한 64개의 가능성 있는 3염기 조합 세트가 있다.

종뇌(telencephalon) : 배아 전뇌의 앞쪽 부분으로, 포유동물에서는 대뇌피질과 기저핵으로 분화한다.

좌우대칭동물군(Bilateria) : 생애 주기 중 하나 이상의 단계에서 좌우가 대칭인 형태를 가진 모든 문으로 구성된 동물계의 상문이다.

줄기 집단(stem groups) : 분류군에서 제일 먼저 등장한 구성원들을 말한다. 이들에게는 현대 분류군(크라운 집단)을 정의하는 특징들 중 하나 이상이 부족하다.

중간섬유 단백질(intermediate filament proteins) : 세포 골격의 주요 구성 성분인 단백질 집단을 말하며, 섬유의 굵기는 미세섬유보다 굵고 미세소관보다 가늘다. 일부는 털의 케라틴처럼 다른 구조물에서 없어서는 안 되는 성분이다.

중뇌(mesencephalon) : 초기 배아의 두뇌 중 일부다. 전뇌와 능뇌 사이에 위치하며 중뇌(midbrain)가 만들어진다. 여기서 파생된 구조물들은 포유류 두뇌의 중심과 대뇌피질 밑, 능뇌에서 만들어진 구조물 위쪽에 위치한다.

중배엽(mesoderm) : 외배엽, 내배엽과 함께 배아의 배엽층 중 하나다. 일반적으로 이 두 배엽층 사이에 위치하며, 혈관과 근육, (힘줄에서 뼈까지) 다양한 종류의 결합 조직으로 분화한다.

중생대(Mesozoic era) : 현생이언에서 고생대에 이은 두 번째 대로, 시대는 2억 5천2백만 년 전에서 6천6백만 년 전이다. "파충류의 시대"라고 불리며, 날지 못하는 공룡들이 육상의 먹이 사슬을 지배했다.

중추신경계(central nervous system, CNS) : 신경계의 주요한 부분으로 두뇌와 척수로 이루어진다. 몸에서 받아들인 모든 정보를 처리한다.

증강인자(enhancer) : 유전자의 전사를 조절하는 전사 인자가 결합하는 부위에서 역할을 하는 비교적 짧은(흔히 2백~3백 염기쌍 길이) 서열을 말한다. 증강인자는 가깝거나 상당히 떨어져 있는 유전자의 전사 과정을 조절할 수 있다.

지골(phalange) : 손발가락으로 구성된 별개의 뼈 단위다. 예를 들어 포유동물의 앞발이나 손의 손가락이 있다.

지아(limb bud) : 외배엽과 간엽 조직의 초기 싹이라고 생각하면 된다. 이후에 배발생 동안에 팔다리로 발달한다.

지역화(arealization) : 척추동물 배발생에서 발달하는 대뇌피질이 주요 유전자 활동에 따라 서로 다른 영역으로 구분되면서 독특한 기능을 획득하는 것을 말한다.

지질연대표(geological time scale) : 지구의 역사를 시간상으로 나누고 순서대로 분배하는 체계를 말한다. 큰 단위부터 시작해 이언과 대, 기, 세로 나뉜다.

직비원류(haplorhines) : 타르시어와 모든 진원류(simian, 원숭이와 유인원)로 구성된 영장류 집단이다. 타르시어를 제외한 다른 표현으로 인간과 비슷한 영장류/진원류가 있다.

진원류(anthropoid primates) : 영장류의 두 아목 중 하나다. 영장목의 다른 한 아목인 원원류보다 더 "고등"한 집단으로, 즉 원숭이와 유인원, 호미닌으로 이루어져 있다.

진핵세포(eukaryotic cells) : 유전 물질을 담고 있는 (막으로 싸인) 세포핵을 가진 세포를 말한다.

진화 계통(evolutionary lineage) : 특정 종류의 생명체로 이어지는 생물 유형의 순서를 말한다. 예를 들면 오스트랄로피테신에서 시작해 호모속으로 이어지는 호미닌 계통이 있다.

진화적 새로움(evolutionary novelty) : 생물의 원시 형태에서는 존재하지 않던 하나 이상의 새로운 속성을 가진 생물학적 구조다. 예를 들면 박쥐의 날개가 있다.

진화적 종합(evolutionary synthesis) : 신다윈주의 참조.

창자배 형성(gastrulation) : 초기 배아의 중앙 부위가 접히는 현상으로, 내배엽과 외배엽 사이의 중배엽 발달로 이어진다.

척삭동물문(Chordata) : 척삭과 항문후방 꼬리의 유무로 나눈 약 서른 개의 동물 문 중 하나다. 척추동물아문을 포함한다.

척추동물(vertebrates) : 척추를 가진 모든 동물들을 일컫는다.

체세포 분열(mitosis) : 진핵세포에서 세포 분열의 과정이다. 세포가 분열해서 두 개의 "딸"세포가 만들어지고, 이들 각각은 "모"세포와 동일하고 완전한 염색체 세트를 가진다.

초식동물(herbivores) : 식물만 먹고 사는 동물을 지칭한다.

촉수담륜동물상문(Lophotrochozoa) : 동물계에서 좌우대칭동물군을 구성하는 세 개의 상문 중 하나다. 이들은 담륜자유생(trochophore larva)이라고 하는 특유의 유생 형태를 공유하는데, 몸 중앙 부위에 두 줄의 섬모 띠가 있다.

최근의 아프리카기원설(recent African origin hypothesis, RAO) : 현대 호모 사피엔스가 약 20만 년 전에 아프리카에서 등장했고, 이후에(불과 7만 2천 년 전에) 다른 대륙들로 퍼져 나갔다는 견해다.

축삭돌기(axon) : 수상돌기라고 하는 더 짧은 세포 돌기와 접촉하고 있는 신경세포에서 길게 뻗어 나온 부분이다.

칼모둘린(calmodulin) : 작은 단백질(148개의 아미노산 길이)을 말한다. 칼슘과 결합하고 칼슘으로 조절되는 많은 과정에서 화학 메신저의 역할을 한다.

캄브리아기(Cambrian period) : 5억 4천2백만에서 4억 8천5백만 년 전의 지질시대를 말한다. 동물들이 번성하고 다양화하기 시작했으며, 현생이언 중 최초에 해당하는 기다.

케라틴(keratin) : 중간섬유 단백질 집단의 필수 구성원이다. 진핵세포의 세포 골격과 털과 손톱, 발굽의 생산에 모두 사용된다.

크라운 집단(crown group) : 생명체의 한 분류 집단 전체를 말하며, 여기에는 현존하는 생명체와 분류 집단의 구성원들로 진화한 모든 조상들이 포함된다.

탈피동물상문(Ecdysozoa) : 동물계의 좌우대칭동물군에 속하는 세 상문 중 하나다. 유생 형태에서 탈피호르몬의 영향으로 허물이 벗겨지는 공통된 특성을 가졌다. 가장 많은 종이 속한 동물 문인 절지동물문과 선형동물문이 포함된다.

태반류(placentals) : 발달하는 태아가 모체의 자궁 안에서 태반을 통해 영양분을 공급받는 모든 포유류 종들을 말한다.

판형동물(Placozoa) : 가장 단순하고 원시적인 형태의 동물을 포함하는 문이다. 아주 작은 접시 모양의 납작한 동물로 구성된다. 두 개의 상피층을 가졌으며, 아래쪽 상피층은 먹이를 흡수하는 역할을 한다.

패턴 형성(pattern formation) : 발생 과정에서 생명체 내에 동일한 방식으로 요소들이 공간에 배치되면서 패턴이 형성되는 현상이다.

평행진화(parallel evolution) : 공통 조상을 가진 서로 다른 계통이 진화하면서 유사한 특성을 개별적으로 획득하는 것을 말한다. "수렴진화(convergent evolution)"와 구분할 것.

포유류(mammals) : 새끼에게 먹일 모유를 생산하고, 털이 있으며, 다른 척추동물에게는 없는 세 종류의 중이 뼈가 있는 척추동물 집단이다.

포유형류 단궁류(mammaliaform synapsids) : 많은 그러나 전부는 아닌 포유류 특징들을 보여주는 단궁류 집단이나 종을 말한다. 진정한 포유류의 선조 혹은 선조와 관련이 있다.

폴리펩티드(polypeptide) : DNA 염기 서열에 의해 암호화된 아미노산이 길게 사슬 모양으로 연결된 것을 말한다. 단백질 구성의 가장 단순하고 기본적인 형태다.

표현형(phenotype) : 유전적으로 결정되거나 영향을 받은, 겉으로 드러난 형질을 말한다. 이 형질의 발달과 연관된 유전적 정보인 "유전자형"과는 대비되는 용어다.

플레시아다피스목(plesiadiforms) : 팔레오세의 화석 증거만으로 추론한 영장류와 비슷한 동물의 집단이다. 한때 줄기 집단 영장류로 여겨진 적이 있지만 지금은 영장류의 자매군으로 인정되고 있다.

피골(dermal bone) : 막뼈 참조.

항온성(homeothermy) : 외부 온도와 관계없이 체온을 안정적으로 유지하는 것을 말한다. 온혈동물의 특징이다.

해면동물(Porifera) : 해면이 속한 문이다. 동물의 가장 원시적인 형태로 신체의 대칭성과 기관이 없다.

핵심 혁신(key innovation) : 생명체의 적응 방산을 가능하게 해 주는 진화적으로 참신한 무언가다.

현대적 종합(modern synthesis) : 신다윈주의 참조.

현생이언(Phanerozoic) : 지질연대표에서 "최근 생명체"의 이언으로, 지금으로부터 5억 4천2백만 년 전이다.

협비원류 영장류(catarrhine primates) : 유인원 집단 또는 구세계원숭이와 호미노이드(유인원과 호미닌)로 구성된 직비원류 영장류를 일컫는다.

형태학(morphology) : 동식물과 같은 생명체, 특히 복잡한 다세포 생명체의 상세한 모양과 형태를 연구한다.

호미니데(Hominidae) : 영장류과로 대형 유인원으로 구성된 네 개의 속으로 나뉜다. 폰고(Pongo, 오랑우탄)와 고릴라, 팬(Pan, 침팬지), 호모(현대 인류를 포함한 호미닌)다.

호미닌 계통(hominin lineage) : 침팬지 계통에서 갈라져 나와 호미닌을 형성한 계통이다. 여기서 현대 인간이 분리되어 나왔다.

혹스 유전자(Hox gene) : 좌우대칭동물군의 배발생에서 전후축을 따라 축 방향으로 패턴이 형성되는 데 도움을 주는 유전자 세트다.

후구동물상문(Deuterostomia) : 세 개의 상문 중 하나로, 동물계에서 가장 큰 군인 좌우대칭동물군을 이룬다. 배아 단계에서 항문과 입이 되는 두 개의 구멍이 있는 것이 특징이다. 척삭동물문과 극피동물문으로 구성된다.

후기 구석기 시대(Upper Paleolithic) : 구석기 시대의 후반부 또는 "석기 시대"를 말한다. 대략 4만 년에서 1만 년 전이다.

후성 돌연변이(epimutation) : 체세포 분열을 통해 딸세포에 전달되거나 몇몇의 경우에는 감수분열을 통해 생식 세포(정자나 난자)에 전달된 후에 다음 세대로 전달되는 유전자의 유전 가능한 상태를 말한다.

Aboitiz, F. 2011. "Genetic and Developmental Homology in Amniote Brains: Toward Conciliating Radical Views of Brain Evolution." *Brain Research Bulletin* 84: 125-136.

Aboitiz, F. 2012. "Gestures, Vocalizations, and Memory in Language Origins." *Frontiers in Evolutionary Neuroscience* 4; doi: 10.3389/fneuro 2012.00002.

Aboitz, F., S. Aboitz, and R. R. Garcia. 2010. "The Phonological Loop: A Key Innovation in Human Evolution." *Current Anthropology* 51: S55-S56.

Abzhanov, A., W. P. Kuo, C. Hartmann, B. M. Grant, and P. R. Grant. 2006. "The Calmodulin Pathway and Evolution of Elongated Beak Morphology in Darwin's Finches." *Nature* 442(3): 563-567.

Abzhanov, A., and C. J. Tabin. 2004. "Shh and Fgf8 Act Synergistically to Drive Cartilage Outgrowth During Cranial Development." *Developmental Biology* 273: 134-148.

Adhikari, K., M. Fuentes-Guajardo, M. Quinto-Sanchez, J. Mendoza-Revilla, J. C. Chacon-Duque, et al. 2016. "A Genome-wide Association Scan Implicates DCHS2, RUNX2, GLI3, PAX1 and EDAR in Human Facial Variation" *Nature Communications*. doi: 10.1038/ncomms 11616.

Adoutte, A., G. Balavoine, N. Lartillot, O. Lespinet, B. Prud'homme, and R. de Rosa. 2000. "The New Animal Phylogeny: Reliability and Implications." *Proceedings of the National Academy of Sciences USA* 97: 4453-4456.

Ahlgren, R. C. 2002. "Sonic Hedgehog Rescues Cranial Neural Crest from Cell Death Induced by Ethanol." *Proceedings of the National Academy of Science USA* 99: 10476-10481.

Alibardi, L. 2012. "Perspectives on Hair Evolution Based on Some Comparative Studies on Vertebrate Cornification." *Journal of Experimental Zoology Part B: Molecular and Developmental Evolution* 318B: 325-343.

Alonso, C. R., and A. S. Wilkins. 2005. "The Molecular Elements That Underlie Developmental Evolution." *Nature Reviews Genetics* 6: 709-715.

Anderson, M. 1994. *Sexual Selection.* Princeton, NJ: Princeton University Press.

Andrews, P., and J. Kelley. 2007. "Middle Miocene Dispersals of Apes." *Folia Primatologica* 78: 328-343.

Anton, S. C., R. Potts, and L. C. Aiella. 2014. "Evolution of Early Homo: An Integrated

Biological Perspective." *Science* 345; doi: 10.1126 Science.1236828.

Anzures, G., P. C. Quinn, O. Pascalis, A. M. Slater, J. W. Tanaka, and K. Lee. 2013. "Developmental Origins of the Other-Race Effect." *Current Directions in Psychological Science* 22: 173-178.

Aoki, K. 2002. "Sexual Selection as a Cause of Human Skin Colour Variation: Darwin's Hypothesis Revisited." *Annals of Human Biology* 29: 589-608.

Asher, J. H., R. W. Harrison, R. Morell, M. L. Carey, and T. B. Friedman 1996. "Effects of Pax3 Modifier Genes on Craniofacial Morphology, Pigmentation and Viability: A Murine Model of Waardenburg Syndrome Variation." *Genomics* 34: 285-298.

Atkinson, A. P., and R. Adolphs. 2011. "The Neuropsychology of Face Perception: Beyond Simple Dissociations and Functional Selectivity." *Philosophical Transactions of the Royal Society* B 366: 1726-1738.

Attanasio, C., A. S. Nord, Y. Zhu, M. J. Blow, Z. Li, et al. 2013. "Fine-Tuning of Craniofacial Morphology by Distant-Acting Enhancers." *Science* 342: 1241006. doi: 10.1126.

Avise, J. C. 2000. *Phylogeography*. Cambridge, MA: Harvard University Press.

Avital, E., and E. Jablonka. 2000. *Animal Traditions: Behavioral Inheritance in Evolution*. Cambridge, UK: Cambridge University Press.

Bagehot, W. 1872. *Physics and Politics, or Thoughts on the Application of the Principles of Natural Selection and "Inheritance" to Political Society*. London: Henry S. King.

Baldwin, J. M. 1896. "A New Factor in Evolution." *The American Naturalist* 30: 441-451.

Bajpal, S., R. F. Kay, B. A. Williams, D. P. Das, V. V. Kapur, and B. N. Tiwari. 2008. "The Oldest Asian Record of Anthropoidea." *Proceedings of the National Academy of Sciences USA* 105: 11093-11098.

Barbujani, G., A. Magagni, E. Minch, and L. Luca Cavalli-Sforza. 1997. "An Apportionment of Human DNA Diversity." *Proceedings of the National Academy of Sciences USA* 94: 4516-4519.

Barnett, C., O. Yazgan, H. C. Kuo, S. Malabar, T. T. Fitzgerald, et al. 2012. "Williams Syndrome Transcription Factor Is Critical for Neural Crest Cell Function in Xenopus laevis." *Mechanisms of Development* 129: 324-338.

Barton, R. A. 2004. "Binocularity and Brain Evolution in Primates." *Proceedings of the National Academy of Sciences USA* 101: 10113-10115.

Barton, R. A. 2006. "Olfactory Evolution and Behavioral Ecology in Primates." *American Journal of Primatology* 68: 545-558.

Bastida, M. F., R. Sheth, and M. A. Ros. 2009. "A BMP-Shh-Negative Feedback Loop Restricts Shh Expression During Limb Development." *Development* 136: 3779-3789.

Beard, K. C. 2008. "The Oldest North American Primate and Mammalian Biogeography During the Paleocene-Eocene Thermal Maximum." *Proceedings of the National Academy of Sciences*

USA 105: 3815-3819.

Bearn, A. G. 1993. *Archibald Garrod and the Individuality of Man*. Oxford, UK: Clarendon Press.

Belloni, E., M. Muenke, E. Roessler, G. Traverso, J. Siegel-Burtelt, et al. 1996. "Identification of Sonic Hedgehog as a Candidate Gene Responsible for Holoprosencepthaly." *Nature Genetics* 14: 353-356.

Belyaev, D. 1979. "Destabilizing Selection as a Factor in Domestication." *Journal of Heredity* 70: 301-308.

Bennhold, K. 2015. "Policing with a Facebook of the Mind." *International New York Times*, October 10-11, p. 1.

Bickerton, D. 2009. *Adam's Tongue: How Humans Made Language, How Language Made Humans*. New York: Hill & Wang.

Bigoni, F., and G. Barsanti. 2011. "Evolutionary Trees and the Rise of Modern Primatology: The Forgotten Contribution of St. George Mivart." *Journal of Anthropogical Sciences* 89: 1-15.

Bloch, J. I. 2007. "New Paleoeocene Skeletons and the Relationship of Plesiadapiforms to Crown-Clade Primates." *Proceedings of the National Academy of Sciences USA* 104: 1159-1164.

Boas, F. 1938. *The Mind of Primitive Man*. New York: Macmillan.

Boehringer, S., F. van der Lijn, F. Liu, M. Guenther, and S. Sinigerova. 2011. "Genetic Determination of Human Facial Morphology: Links Between Cleft Lips and Normal Variation." *European Journal of Human Genetics* 19: 1192-1197.

Boughner, J. C., S. Wat, V. M. Diewert, N. M. Young, L. W. Browder, and B. Hallgrimsson. 2008. "Short-Faced Mice and Developmental Interactions Between the Brain and the Face." *Journal of Anatomy* 213: 646-662.

Boveri, T. 1902. "Ueber mehrpolige Mitosen als Mittel zur Analyse des Zellkerns." *Verhandlungen Physikalisch-Medizinische Gesellschaft Wurzburg* 35: 67-90.

Bowler, P. J. 1983. The *Eclipse of Darwinism*. Baltimore: Johns Hopkins University Press.

Bowler, P. J. 1986. *Theories of Human Evolution: A Century of Debate 1844-1944*. Oxford, UK: Basil Blackwell.

Bramble, D. M., and D. Lieberman. 2004. "Endurance Running and the Evolution of Homo." *Nature* 432: 345-352.

Briggs, D. E. G., D. H. Irwin, and F. J. Collier. 1994. *The Fossils of the Burgess Shale*. Washington, DC: Smithsonian Institution Press.

Britten, R. J., and D. Kohne. 1968. "Repeated Sequences in DNA." *Science* 161: 529-540.

Bromham, L. 2011. "The Genome as a Life-History Character: Why Rate of Molecular Variation Varies between Mammal Species." *Philosophical Transactions of the Royal Society B* 366: 2503-2513.

Brown, E., and D. I. Perrett. 1993. "What Gives a Face Its Gender?" *Perception* 22: 829-840.

Browne, T. 1645. *Religio Medici*, Part 2, Section 2, paragraph 2. London: Andrew Crooke.

Brune, M. 2007. "On Human Self-Domestication, Psychiatry, and Eugenics." *Philosophy, Ethics, and Humanities in Medicine* 2: 21-29.

Brugmann, S. A., L. H. Goodnough, A. Gregorieff , P. Leucht, D. ten Berge, et al. 2007. "Wnt Signaling Mediates Regional Signaling in the Vertebrate Face." *Development* 134: 3283-3295.

Brugmann, S. A., J. Kim, and J. A. Helms. 2006. "Looking Different: Understanding Diversity in Facial Form." *American Journal of Medical Genetics Part A* 140A: 2521-2529.

Budd, G. E. 1998. "Arthropod Body-Plan Evolution in the Cambrian With an Example from Anomolocaridid Muscle." *Lethaia* 3: 197-210.

Burkhardt, R. W., Jr. 2013. "Lamarck, Evolution, and the Inheritance of Acquired Characters." *Genetics* 194: 793-805.

Burrows, A. M., R. Diogo, B. M. Waller, C. J. Bonar, and K. Liebal. 2011. "Evolution of the Muscles of Facial Expression in a Monogamous Ape: Evaluating the Relative Influences of Ecological and Phylogenetic Factors in Hylobatids." *The Anatomical Record* 294: 645-663.

Burrows, A. M., and T. D. Smith. 2003. "Muscles of Facial Expression in Otolemur with a Comparison to Lemuroidea." *The Anatomical Record* 274A: 827-836.

Burrows, A. M., B. M. Waller, L. A. Parr, and C. J. Bonar. 2006. "Muscles of Facial Expression in the Chimpanzee (Pan troglodytes): Descriptive, Comparative, and Phylogenetic Contexts." *Journal of Anatomy* 208: 153-167.

Burton, A. M., V. Bruce, and N. Dench. 1993. "What's the Difference between Men and Women? Evidence from Facial measurement." *Perception* 22: 153-176.

Byrne, R. W., and A. Whiten (Eds.). 1988. *Machiavellian Intelligence: Social Expertise and the Evolution of Intelligence in Monkeys, Apes, and Humans.* Oxford, UK: Oxford University Press.

Cann, R. L., M. Stoneking, and A. C. Wilson. 1987. "Mitochondrial DNA and Human Evolution." *Nature* 325: 31-36.

Carmody, R. N., and R. W. Wrangham. 2009. "The Energetic Significance of Cooking." *Journal of Human Evolution* 57: 379-391.

Carneiro, M., C-J. Rubin, F. Di Palma, F. W. Albert, and J. Alfoeldi. 2014. "Rabbit Genome Analysis Reveals a Polygenic Basis for Phenotypic Change During Domestication." *Science* 345: 1074-1079.

Carroll, S. B. 2013. *Brave Genius: A Scientist, A Philosopher, and Their Daring Adventures from the French Resistance to the Nobel Prize.* New York: Broadway Books.

Carroll, S. B., J. K. Grenier, and S. D. Weatherbee. 2001. *From DNA to Diversity: Molecular Genetics and the Evolution of Animal Design.* Malden, MA: Blackwell Publishing.

Cech, T., and J. A. Steitz. 2014. "The Non-Coding RNA Revolution: Trashing Old Rules to Forge New Ones." *Cell* 157: 77-94.

Cerny, R., M. Cattell, T. S. Spengler, M. Bronner-Fraser, F. Yu, and D. M. Medeiws. 2010. "Evidence for the Prepattern / Cooption Model of Vertebrate Jaw Evolution." *Proceedings of the National Academy of Sciences USA* 107: 17262-17267.

Chan, J. A., S. Balasubramanian, R. M. Witt, K. J. Nazeria, Y. Choi, et al. 2009. "Proteoglycan Interactions with Sonic Hedgehog Specify Mitogenic Responses." *Nature Neuroscience* 12: 409-417.

Chedotal, A., and L. J. Richards. 2010. "Wiring the Brain: The Biology of Neural Guidance." *Cold Spring Harbor Perspectives in Biology* 2: a001917.

Cieri, R. L., S. E. Churchill, R. G. Franciscus, J. Tan, and B. Hare. 2014. "Craniofacial Feminization, Social Tolerance, and the Origins of Behavioral Modernity." *Current Anthropology* 55: 419-443.

Clack, J. A. 2012. *Gaining Ground: The Origin and Evolution of Tetrapods*. Bloomington: Indiana University Press.

Cloutman, L. L. 2012. "Interaction between Dorsal and Ventral Processing Streams: Where, When, and How?" *Brain and Language* 127: 251-263.

Coleman, W. 1964. *Georges Cuvier, Zoologist: A Study in the History of Evolution Today*. Cambridge, MA: Harvard University Press.

Coon, C. S. 1963. *The Origin of Races*. London: Jonathan Cape.

Corballis, M. 2002. *From Hand to Mouth: The Origins of Language*. Princeton, NJ: Princeton University Press.

Corballis, M. 2011. The Recursive Mind: *The Origins of Human Language, Thought, and Civilization*. Princeton, NJ: Princeton University Press.

Cordero, D. R., S. Brugmann, Y. Chu, R. Bajpai, M. Jame, and J. A. Helms. 2011. "Cranial Neural Crest Cells on the Move: Their Roles in Craniofacial Development." *American Journal of Medical Genetics Part A* 155(2): 270-279.

Cordero, D. R., M. Tapadia, and J. A. Helms. 2005. "Sonic Hedgehog Signaling in Craniofacial Development." Pp. 166-189 in *Shh and Gli Signalling and Development*, edited by S. Howie and C. Fisher. Georgetown, TX: Eurekah Publishing.

Cramon-Taubadel, N. 2011. "Global Human Mandibular Variation Reflects Differences in Agricultural and Hunter-Gatherer Subsistence Strategies." *Proceedings of the National Academy of Sciences USA* 108: 19546-19551.

Creuzet, S. 2009. "Regulation of Pre-Otic Brain Development by the Cephalic Neural Crest." *Proceedings of the National Academy of Sciences USA* 106: 15774-15779.

Creuzet, S., S. Martinez, and N. M. Le Douarin. 2006. "The Cephalic Neural Crest Exerts a

Cortical Effect on Forebrain and Mid-Brain Development." *Proceedings of the National Academy of Sciences USA* 103: 14033-14038.

Crossley, P. H., G. Minowada, C. A. MacArthur, and G. R. Martin. 1996. "Roles for Fgf8 in the Induction, Initiation, and Maintenance of Chick Limb Development." *Cell* 84: 127-136.

Cunnane, S. C., and M. A. Crawford. 2014. "Energetic and Nutritional Constraints on Infant Brain Development: Implications for Brain Expansion During Human Evolution." *Journal of Human Evolution* 77: 88-98.

Damasio, A. R. 1994. *Descartes' Error: Emotion, Reason, and the Human Brain.* New York: G. P. Putnam's Sons.

Darwin, C. 1859. *On the Origin of Species by Means of Natural Selection; or the Preservation of Favoured Races in the Struggle for Life.* London: John Murray and Sons. Reprinted edition 1996. Oxford, UK: Oxford University Press.

Darwin, C. 1868. The *Variations of Animals and Plants Under Domestication.* London: John Murray and Sons.

Darwin, C. 1871. *The Descent of Man, and Selection in Relation to Sex.* London: John Murray and Sons.

Darwin, C. 1872. *The Expression of the Emotions in Man and the Animals.* London: John Murray and Sons.

Darwin, C. 1890. *Journal of Researches,* 2nd ed. Edinburgh: T. Nelson and Sons.

Davidson, E. H. 2006. *The Regulatory Genome.* San Diego: Academic Press.

Deacon, T. W. 1997. *The Symbolic Species: The Co-Evolution of Language and the Brain.* New York: W. W. Norton.

Deacon, T. W. 2000. "Evolutionary Perspectives on Language and Brain Plasticity." *Journal of Communication Disorders* 33: 271-290.

Dehay, C., and H. Kennedy. 2007. "Cell-Cycle Control and Cortical Development." *Nature Reviews Neuroscience* 8: 438-450.

Delsuc, F., H. Brinkmann, D. Chourrot, and H. Phillippe. 2006. "Tunicates and Not Cephalochordates Are the Closest Living Relatives of Vertebrates." *Nature* 439: 965-968.

DeMyer, W., W. Zeman, and C. G. Palmer. 1964. "The Face Predicts the Brain: Diagnostic Significance of Medial Facial Anomalies for Holoprosencephaly (Arhinencephaly)." *Pediatrics* 34(2): 256-263.

Depew, M. J., C. A. Simpson, M. Morasso, and J. L. Rubenstein. 2005. "Reassessing the Dlx Code: The Genetic Regulation of Branchial Arch Skeletal Pattern and Development." *Journal of Anatomy* 207: 501-561.

De Waal, F. B. 2003. "Darwin's Legacy and the Study of Primate Visual Communication." *Annals of the New York Academy of Sciences* 1000: 7-31.

Diamond, J. 1997. *Guns, Germs, and Steel: A Short History of Everybody for the Last 13,000 Years.* New York: Random House.

Diogo, R., B. A. Wood, M. A. Aziz, and A. Burrows. 2009. "On the Origins, Homologies, and Evolution of Primate Facial Muscles, with a Particular Focus on Hominoids and a Suggested Unifying Nomenclature for the Facial Muscles of the Mammalia." *Journal of Anatomy* 215: 300-319.

Dobbs, D. 2013. "Restless Genes." *National Geographic* 223: 44-57.

Dobson, S. D. 2009. "Allometry of Facial Mobility in Anthropoid Primates: Implication for the Evolution of Facial Expression." *American Journal of Physical Anthropology* 138: 70-81.

Dobson, S. D., and C. C. Sherwood. 2011. "Correlated Evolution of Brain Regions Involved in Producing and Processing Facial Expressions in Anthropoid Primates." *Biology Letters* 7: 86-88.

Donoghue, P. C., A. Graham, and R. N. Kelsh. 2008. "The Origin and Evolution of the Neural Cord." *BioEssays* 30: 530-541.

dos Reis, M., J. Inoue, M. Hasegawa, R. J. Asher, P. C. Donoghue, and Z. Yang. 2012. "Phylogenomic Data Sets Provide Both Precision and Accuracy in Estimating the Time Scales of Placental Mammalian Phylogeny." *Proceedings of the Royal Society B* 279: 3491-3500.

dos Reis, M., P. C. Donoghue, and Z. Yang. 2014. "Neither Phylogenomic Nor Paleontological Data Support a Paleogene Origin of Placental Mammals." *Biological Letters* 10(1): 20131003.

Dover, G. 2000. *Dear Mr Darwin: Letters on the Evolution of Life and Human Nature.* Berkeley: University of California Press.

Drummond, A. J., S. Y. W. Ho, M. J. Phillips, and A. Rambaut. 2006. "Relaxed Phylogenetics and Dating with Confidence." *PLOS Biology* 4(5): e88. doi: 10.1371.

Duboule, D., and A. S. Wilkins. 1998. "The Evolution of Bricolage." *Trends in Genetics* 14: 54-59.

Dumas, L., and J. M. Sikela. 2009. "DUF1220 Domains, Cognitive Disease, and Human Brain Evolution." *Cold Spring Harbor Symposia on Quantitative Biology* 74: 1-8.

Dunbar, R. I. M. 1992. "Neocortex Size as a Constraint on Group Size in Primates." *Journal of Human Evolution* 20: 469-493.

Dunbar, R. I. M. 1998. "The Social Brain Hypothesis." *Evolutionary Anthropolology* 6: 178-190.

Dunbar, R. I. M. 2009. "The Social Brain Hypothesis and Its Implications for Social Evolution." *Annals of Human Biology* 36: 562-572.

Dunbar, R. I. M., and S. Shultz. "Evolution in Social Brain." *Science* 317 (2007): 1344-1347.

Economist, The. 2014. "Into the Melting Pot." February 8, pp. 55-56.

Edelman, G. 1987. *Neural Darwinism: The Theory of Neuronal Group Selection.* New York: Basic Books.

Edwards, A. W. F. 2003. "Lewontin's Fallacy." *BioEssays* 25: 798-801.

Edwards, A. W. F. 2012. "Reginald Crundall Punnett: First Arthur Balfour Professor of Genetics, Cambridge, 1912." *Genetics* 192: 3-13.

Ekman, P., W. V. Friesen, and J. C. Hager. 2002. *The Facial Action Coding System CD-ROM*. Salt Lake City: Research Nexus.

Eldredge, N., and S. J. Gould. 1972. "Punctuated Equilibria: An Alternative to Phyletic Gradualism." Pp. 82-115 in *Models in Paleontology*, edited by T. J. M. Schopf. San Francisco: Freeman, Cooper.

Elfenbein, H. A., M. Beaupre, M. Levesque, and U. Hess. 2007. "Toward a Dialect Theory: Cultural Differences in the Expression and Recognition of Posed Facial Expressions." *Emotion* 7: 131-146.

Enard, W. 2011. "FoxP2 and the Role of Cortico-Basal Ganglia Circuits in Speech and Language Evolution." *Current Opinion in Neurobiology* 21: 415-424.

Enlow, D. H. 1968. *The Human Face: An Account of the Postnatal Growth and Development of the Craniofacial Skeleton*. New York: Harper & Row.

Etchevers, H. C., G. Couly, C. Vincent, and N. M. Le Douarin. 1999. "Anterior Cephalic Neural Crest Is Required for Forebrain Viability." *Development* 126 (1999): 3533-3543.

Fabian, M. R., N. Sonenberg, and W. Filopowicz. 2010. "Regulation of mRNA Translation and Stability by MicroRNAs." *Annual Review of Biochemistry* 79: 351-379.

Faure, G. 1998. *Principles and Applications of Geochemistry: A Comprehensive Textbook for Geology Students*. 2nd ed. Englewood Cliff s, NJ: Prentice Hall.

Felsenstein, J. 2004. *Inferring Phylogenies*. Sunderland, MA: Sinauer Associates.

Feng, W., S. M. Leech, H. Tipney, T. Phang, M. Geraci, R. A. Spritz, L. E. Hunter, and T. Williams. 2009. "Spatial and Temporal Analysis of Gene Expression During Growth and Fusion of the Mouse Facial Prominences." *PLoS One* 4(12): e8066.

Fields, S., and M. Johnston. 2010. *Genetic Twists of Fate*. Cambridge: MIT Press.

Fink, B., K. Grammer, P. Mitteroecker, P. Gunz, K. Schaefer, F. L. Bookstein, and J. T. Manning. 2005. "Second to Fourth Digit Ratio and Face Shape." *Proceedings of the Royal Society of Biological Sciences* 272: 1995-2001.

Finlay, B. L., and R. Uchiyama. 2015. "Developmental Mechanisms Channeling Cortical Evolution." *Trends in Neurosciences* 38: 69-76.

Fish, J. L., C. Dehay, H. Kennedy, and W. B. Huttner. 2008. "Making Bigger Brains - the Evolution of Neural Progenitor-Cell Divisions." *Journal of Cell Science* 121: 2783-2793.

Fisher, R. A. 1915. "The Evolution of Sexual Preference." *Eugenics Review* 7: 184-192.

Fitch, W. T. 2010. *The Evolution of Language*. Cambridge, UK: Cambridge University Press.

Flea gle, J. G. 1999. *Primate Adaptation and Evolution*, 2nd ed. San Diego: Academic Press.

Fondon, J. W. I., and H. R. Garner. 2004. "Molecular Origins of Rapid and Continuous Morphological Evolution." *Proceedings of the National Academy of Sciences USA* 101:18058-18063.

Francis, R. C. 2015. *Domesticated: Evolution in a Man-Made World*. London: W.W.Norton & Co.

Francis-West, P., P. Robson, and D. J. R. Evans. 2003. *Craniofacial Development: The Tissue and Molecular Interactions That Control Development of the Head*. Berlin: Springer-Verlag.

Freiwald, W. A., D. Y. Tsao, and M. S. Livingstone. 2009. "A Face Feature Space in the Macaque Temporal Lobe." *Nature Neuroscience* 12: 1187-1196.

Fundberg, L. 2013. "The Changing Face of America." *National Geographic* 224: 80-91.

Gans, C., and G. R. Northcutt. 1983. "Neural Crest and the Origin of Vertebrates: A New Head." *Science* 220: 268-274.

Garcia, R. R., F. Zamorano, and F. Aboitiz. 2014. "From Imitation to Meaning: Circuit Plasticity and the Acquisition of a Conventionalized Semantics." *Frontiers in Human Neuroscience* 8; doi: 10.3389/fnhum.2014.00605.

Garlake, P. 1995. *The Hunter's Vision: The Prehistoric Art of Zimbabwe*. London: British Museum Press.

Garstang, W. 1929. "The Origin and Evolution of Larval Forms." *British Association for the Advancement of Science* 1929: 77-98.

Gebo, D. L. 2004. "A Shrew-Sized Origin for Primates." *American Journal of Physical Anthropology*, Supp. 39: 40-62.

Ghazanfar, A. A., and D. Y. Takahashi. 2014. "The Evolution of Speech: Vision, Rhythm, Cooperation." *Trends in Cognitive Sciences* 18: 543-533.

Glazko, V., B. Zybaylov, and T. Glazko. 2014. "Domestication and Genome Evolution." *International Journal of Genetics and Genomics* 2: 47-56.

Gould, S. J. 1977. *Ontogeny and Phylogeny*. Cambridge, MA: Belknap Press.

Gould, S. J. 1991. *Wonderful Life: The Burgess Shale and the Nature of History*. London: Penguin Books.

Gould, S. J. 1996. *The Mismeasure of Man*. London: Penguin Books.

Gould, S. J., and N. Eldredge. 1977. "Punctuated Equilibria: The Tempo and Mode of Evolution Reconsidered." *Paleobiology* 3: 115-151.

Graham, S. A., and S. E. Fisher. 2013. "Decoding the Genetics of Speech and Language." *Current Opinions in Neurobiology* 23: 43-51.

Gray, R. T. 2004. *About Face: German Physiognomic Thought from Lavater to Auschwitz*. Detroit: Wayne State University Press.

Green, R. E., J. Krause, and A. W. Briggs. 2010. "A Draft Sequence of the Neanderthal Genome." *Science* 328: 710-722.

Gregory, W. K. 1929. *Our Face from Fish to Man: A Portrait Gallery of Our Ancient Ancestors and Kinsfolk Together with a Concise History of Our Best Features*. New York: G. P. Putnam and Sons.

Gronenberg, W., L. E. Ash, and E. A. Tibbetts. 2008. "Correlation Between Facial Pattern Recognition and Brain Composition in Paper Wasps." *Brain, Behavior, and Evolution* 71: 1-14.

Hahn, S. 2014. "Ellis Englesberg and the Discovery of Positive Control." *Genetics* 198: 455-460.

Hall, B. G. 2001. *Phylogenetic Trees Made Easy: A How-to Manual for Molecular Biologists*. Sunderland, MA: Sinauer Associates.

Hall, B. K. 2000. "The Neural Crest as a Fourth Germ Layer and Vertebrates as Quadroblastic, Not Triploblastic." *Evolution & Development* 2(1): 3-5.

Hanishima, C., L. Shen, S. C. Li, and E. Lai. 2002. "Brain Factor-1 Controls the Proliferation and Differentiation of Neocortical Progenitor Cells Through Independent Mechanisms." *Journal of Neuroscience* 22: 6526-6536.

Hardy, A. S. 1965. *The Living Stream*. New York: Harper & Row.

Hare, B., V. Wobber, and R. Wrangham. 2012. "The Self-Domestication Hypothesis: Evolution of Bonobo Psychology Is Due to Selection Against Aggression." *Animal Behavior* 83: 573-585.

Harvey, P. H., and M. D. Pagel. 1991. *The Comparative Method in Evolutionary Biology*. Oxford, UK: Oxford University Press.

Hauser, M. D., N. Chomsky, and W. T. Fitch. 2002. "The Language Faculty: Who Has It, What Is It, and How Did It Evolve?" *Science* 298: 1569-1579.

Heanue, T. et al. 1998. "Symbiotic Regulation of Vertebrate Muscle Development by Dach2, eya2, and Six1, Homologues of Genes Required for Drosophila Eye Formation." *Genes and Development* 13: 3231-3243.

Heard, E., and R. A. Martiennssen. 2014. "Transgenerational Epigenetic Inheritance: Myths and Mechanisms." *Cell* 157: 95-109.

Henn, B. M., L. L. Cavalli Sforza, and M. Feldman. "The great human expansion." *Proceedings of the National Academy of Sciences USA* (2012) 109: 17758-17764.

Hennig, W. 1966. "Phylogenetic Systematics." *Annual Review of Entomology* 10: 97-116.

Hickerson, M. J., B. C. Carstens, J. Cavender-Bares, K. A. Crandall, C. H. Graham, et al. 2010. "Phylogeography's Past, Present, and Future: 10 Years after Avise, 2000." *Molecular Phylogenetics and Evolution* 54: 291-301.

Hill, W. G. 2012. "Quantitative Genetics in the Genomics Era." *Current Genomics* 13: 196-206.

Hobaiter, C., and C. Byrne. 2011. "The Meaning of Chimpanzee Gestures." *Current Biology* 24: 1596-1600.

Hockman, D., et al. 2008. "A Second Wave of Sonic Hedgehog Expression During the Development of the Bat Limb." *Proceedings of the National Academy of Science USA* 105: 16982-16987.

Hof, J., and V. Sommer. 2010. *Apes Like Us: Portraits of a Kinship*. Mannheim: Edition Panorama.

Hofmeyr, J-H. 2007. "The Biochemical Factory That Autonomously Fabricates Itself: A Systems Biological View of the Living Cell." Pp. 217-242 in *Systems Biology: Philosophical Foundations*, edited by F. C. Boogerd, F. J. Bruggerman, and J.-H. Hofmeyr. Amsterdam: Elsevier.

Holloway, R. 1981. "Culture, Symbols, and Human Brain Evolution: A Synthesis." *Dialectical Anthropology* 5: 287-303.

Howells, W. W. 1976. "Explaining Modern Man: Evolutionists versus Migrationists." *Journal of Human Evolution* 5: 477-495.

Hu, D., and R. S. Marcucio. 2009. "Unique Organization of the Frontonasal Ectodermal Zone in Birds and Mammals." *Developmental Biology* 325: 200-210.

Hublin, J. J. 2009. "The Origin of Neanderthals." *Proceedings of the National Academy of Sciences USA* 106: 16022-16027.

Hull, D. L. 1988. *Science as a Process: An Evolutionary Account of the Social and Conceptual Development of Science*. Chicago: University of Chicago Press.

Isbell, L. A. 2006. "Snakes as Agents of Evolutionary Change in Primate Brains." *Journal of Human Evolution* 51: 1-35.

Isbell, L. A. 2009. *The Fruit, the Tree, and the Serpent*. Cambridge, MA: Harvard University Press.

Jablonka, E., and G. Raz. 2009. "Transgenerational Epigenetic Inheritance: Prevalence Mechanisms and Implications for the Study of Heredity and Evolution." *Quarterly Review of Biology* 84: 131-176.

Jablonski, N. G. 2012. *Living Color: The Biological and Social Meaning of Skin Color*. Berkeley: University of California Press.

Jacob, F. 1977. "Evolution and Tinkering." *Science* 196: 1161-1166.

Jacob, F. 1982. "Molecular Tinkering in Evolution." Pp. 131-144 *in Evolution from Molecules to Men*, edited by D. S. Bendall. Cambridge, UK: Cambridge University Press.

Jacob, F., and J. Monod. 1961. "Genetic Regulatory Mechanisms in the Synthesis of Proteins." *Journal of Molecular Biology* 3: 318-356.

Jandzik, D., A. T. Garnett, T. A. Square, M. V. Cattell, J. K. Yu, and D. M. Medeiros. 2015. "Evolution of the New Vertebrate Head by Co-Option of an Ancient Chordate Skeletal Tissue." *Nature* 518: 534-537.

Janvier, P. 1996. *Early Vertebrates*. Oxford, UK: Clarendon Press.

Jeffrey, W. R., A. G. Strickler, and Y. Yamamoto. 2004. "Migratory Neural Crest-Like Cells Form Body Pigmentation in a Urochordate Embryo." *Nature* 431: 696-699.

Jerison, H. J. 1973. *Evolution of the Brain and Intelligence*. New York: Academic Press.

Judson, H. F. 1979. *The Eighth Day of Creation: Makers of the Revolution in Biology*. London: Jonathan Cape.

Kandel, E. 2012. *The Age of Insight: The Quest to Understand the Unconscious in Art, Mind, and Brain, from Vienna 1900 to the Present*. New York: Random House.

Kanwisher, N., and G. Yovel. 2006. "The Fusiform Face Area: A Cortical Region Specialized for the Perception of Faces." *Philosophical Transactions of the Royal Society* B 361: 2109-2128.

Kawasaki, H., N. Tsuchiya, C. V. Kovatch, K. V. Nourski, H. Oya, et al. 2012. "Processing of Facial Emotion in the Human Fusiform Gyrus." *Journal of Cognitive Neuroscience* 24: 1358-1370.

Kemp C., and G. Kaplan. 2013. "Facial Expressions in Common Marmosets (Callithrix jacchus) and Their Use by Conspecifics." *Animal Cognition* 16: 773-788.

Kemp, T. S. 2005. *The Origin and Evolution of Mammals*. New York: Oxford University Press.

Kendrick, K. M. 1991. "How the Sheep's Brain Controls the Visual Recognition of Animals and Humans." *Journal of Animal Science* 69: 5008-5016.

Kerosuo, L., and M. Bronner-Fraser. 2012. "What Is Bad in Cancer Is Good in the Embryo: Importance of EMT in Neural Crest Development." *Seminars in Cell & Develpmental Biology* 23: 320-332.

Kitter, R., M. Kayser, and M. Stoneking. "Molecular evolution of Pediculus humanus and the origins of clothing." *Curr. Biol.* 13 (2003): 1414-1417.

Klein, R. G., and B. Edgar. 2002. *The Dawn of Human Culture: A Bold New Theory on What Sparked the "Big Bang" of Human Consciousness*. New York: John Wiley & Sons.

Kohn, L. A. P. 1991. "The Role of Genetics in Craniofacial Morphology and Growth." *Annual Review of Anthropology* 20: 261-278.

Kolodkin, A. L., and M. Tessier-Lavigne. 2010. "Mechanisms and Molecules of Neuronal Wiring: A Primer." *Cold Spring Harbor Perspectives in Biology* 3: a001727.

Kouprina, N., A. Pavlicek, G. H. Mochida, G. Solomon, W. Gersch, et al. 2004. "Accelerated Evolution of the ASPM Gene Controlling Brain Size Begins Prior to Human Brain Expansion." *PLos Biology* 2: 0653-0663.

Kraus, P., and T. Lufkin. 2006. "Dlx Homeobox Gene Control of Mammalian Limb and Craniofacial Development" *American Journal of Medical Genetics Part* A 140: 1366-1374.

Krubitzer, L. 2009. "In Search of a Unifying Theory of Complex Brain Evolution." *Annals of the New York Academy of Science* 1156: 44-67.

Krubitzer, L., and D. S. Stolzenberg. 2014. "The Evolutionary Masquerade: Genetic and

Epigenetic Contributions to the Neocortex." *Current Opinion in Neurobiology* 24: 157-165.

Kruska, D. C. 2005. "On the Evolutionary Significance of Encephalization in Some Eutherian Mammals: Effects of Adaptive Radiation, Domestication, and Feralization." *Brain, Behavior and Evolution* 65: 73-108

Lack, D. 1947 / 1983. *Darwin's Finches*. Cambridge, UK: Cambridge University Press.

Laland, K. N. 1994. "Sexual Selection with a Culturally Transmitted Mating Preference." *Theoretical Population Biology* 45: 1-15.

Lane, N., and W. Martin. 2010. "The Energetics of Genome Complexity." *Nature* 467: 929-934.

Larsen, W. K. 2009. *Larsen's Human Embryology*, 4th ed. Amsterdam: Elsevier.

Le Douarin, N., J. M. Brito, and S. Creuzet. 2007. "Role of the Neural Crest in Face and Brain Development." *Brain Research Reviews* 55: 237-247.

Le Douarin, N., and C. Kalcheim. 1999. *The Neural Crest*, 2nd ed. New York: Cambridge University Press.

Leach, H. M. 2003. "Human Domestication Reconsidered." *Current Anthropology* 44: 349-360.

Leakey, R. L. 1994. *The Origin of Humankind*. London: Weidenfeld and Nicholson.

Leopold, D. A., and G. Rhodes (2010). "A Comparative View of Face Perception." *Journal of Comparative Psychology* 124: 233-251.

Lewandoski, M., and S. Machem. 2009. "Limb Development: the Rise and Fall of Retinoic Acid." *Current Biology* 19: R558-561.

Lewis-Williams, D. 2002. *The Mind in the Cave: Consciousness and the Origins of Art*. London: Thames & Hudson.

Lewontin, R. C. 1972. "The Apportionment of Human Diversity." *Evolutionary Biology* 6: 381-398.

Lewontin, R. C. 2000. *The Triple Helix: Gene, Organism, and Environment*. Cambridge, MA: Harvard University Press.

Li, W.-H. 1997. *Molecular Evolution*. Sunderland, MA: Sinauer Associates.

Lieberman, D. A. 2009. "Speculations About the Selective Basis for Modern Human Cranial Form." *Evolutionary Anthropology* 17: 22-37.

Lieberman, D. A. 2011. *The Evolution of the Human Head*. Cambridge, MA: Harvard University Press.

Lieberman, D. A., B. M. McBratney, and G. Krovitz. 2002. "The Evolution and Development of Cranial Form in Homo sapiens." *Proceedings of the National Academy of Sciences USA* 99: 1134-1139.

Liu, F., F. van der Lijn, C. Schurmann, G. Zhu, and M. M. Chakravarty. 2012. "A Genome-Wide Association Study Identifies Five Loci Influencing Facial Morphology in Europeans." *PLOS Genetics* 8: e1002932.

Liu, N., A. C. Barbosa, S. L. Chapman, S. Bezprogvannaya, X. Qi et al. 2009. "DNA Binding-Dependent and -Independent Function of the Hand2 Transcription Factor during Mouse Embryogenesis." *Development* 136: 933-942.

Lovejoy, A. O. (1936). *The Great Chain of Being: A Study of the History of an Idea.* Cambridge, MA: Harvard University Press.

Luo, Z-X. 2007. "Transformation and Diversification in Early Mammal Evolution." *Nature* 450: 1011-1019.

Luo, Z-X., C. X. Yuan, Q. J. Meng, and Q. Ji. 2011. "A Jurassic Eutherian Mammal and Divergence of Marsupials and Placentals." *Nature* 476: 442-445.

MacNeilage, P. F. 1998. "The Frame / Content Theory of Evolution of Speech Production." *Behavioral and Brain Sciences* 21: 499-546.

Maisey, J. G. 1996. *Discovering Fossil Fishes.* New York: Henry Holt & Co.

Mallatt, J. 2008. "The Origin of the Vertebrate Jaw: Neoclassical Ideas versus Newer, Development-Based Ideas." *Zoological Science* 25: 990-998.

Mareckova, K., Z. Weinbrand, M. M. Chakravarty, C. Lawrence, R. Aleong, et al. 2011. "Testosterone-Mediated Sex Differences in Face Shape During Adolescence: Subjective Impressions and Objective Features." *Hormones and Behavior* 60: 681-690.

Margoliash, E. 1963. "Primary Structure and Evolution of Cytochrome C." *Proceedings of the National Academy of Sciences USA* 50(4): 672-679.

Martin, R. D. 1990. *Primate Origins and Evolution: A Phylogenetic Reconstruction.* Princeton, NJ: Princeton University Press.

Martin, R. D. 2006. "New Light on Primate Evolution." The Ernst Mayr Lecture, given in 2003. Berlin: Akademie Verlag.

Martin, R. D. 2010. "Primates." *Current Biology* 22: R785-790.

Martinez-Barbera, J. P., and R. S. Beddington. 2001. "Getting Your Head around Hex and Hesx1: Forebrain Formation in Mouse." *International Journal of Developmental Biology* 45(1): 327-336.

Matsumoto, D. 1992. "American-Japanese Cultural Differences in the Recognition of Universal Facial Expressions." *Journal of Cross-Cultural Psychology* 23: 72-84.

McAvoy, B. P., J. E. Powell, M. E. Goddard, and P. M. Visscher. 2013. "Human Population Dispersal 'Out of Africa' Estimated from Linkage Disequilibrium and Allele Frequencies of SNPs." *Genome Research* 21: 821-829.

McBrearty, S., and A. S. Brooks. 2000. "The Revolution That Wasn't: A New Interpretation of the Origin of Modern Human Behavior." *Journal of Human Evolution* 39: 453-563.

McCann, R. L., M. Stoneking, and A. C. Wilson. 1987. "Mitochondrial DNA and Human Evolution." *Nature* 325: 31-36.

McDougall, I., F. H. Brown, and J. G. Fleagle. 2005. "Stratigraphic Placement and Age of Modern Humans from Kibish, Ethiopia." *Nature* 433: 733-736.

McEvoy, B. P., J. E. Powell, M. E. Goddard, and P. M. Visscher. 2011. "Human Population Dispersal 'Out of Africa' Estimated from the Linkage Disequilibrium and Allele Frequencies of SNPs." *Genome Research* 21: 821-829.

McNeill, D. The Face. Boston, MA: Little, Brown and Company.

Mellars, P. 2006. "Why Did Modern Human Populations Disperse from Africaca. 60,000 Years Ago? A New Model." *Proceedings of the National Academy of Sciences USA* 103: 9381-9386.

Mellars, P., K-C. Gori, M. Carr, P. A. Soares, and M. B. Richards. 2013. "Genetic and Archaeological Perspectives on the Initial Modern Human Colonization of Southern Asia." *Proceedings of the National Academy of Sciences USA* 110: 10699-10704.

Meredith, R. W., J. E. Janecka, J. Gatesy, V. A. Ryder, C. A. Fisher, et al. 2011. "Impact of the Cretaceous Terrestrial Revolution and KPg Extinction on Mammal Diversification." *Science* 334: 521-524.

Meulmans, D., and M. Bronner-Fraser. 2007. "Insights from Amphioxus into the Evolution of Vertebrate Cartilage." *PLOS One* 2: e787.

Miller, E. R., G. F. Gunnell, and R. D. Martin. "Deep time and the search for anthropoid origins." *Yearbook of Physical Anthropology* 48 (2005): 60-95.

Miller, G. 2000. *The Mating Mind: How Sexual Choice Shaped the Evolution of Human Nature.* London: Vintage.

Mollison, J. 2005. *James and Other Apes.* London: Chris Boot.

Montague, M. J., G. Li, B. Gandolfi , R. Khan, and B. L. Aken. 2014. "Comparative Analysis of the Domestic Cat Genome Reveals Genetic Signatures Underlying Feline Biology and Domestication." *Proceedings of the National Academy of Sciences USA* 111(48): 17230-17235; doi: 10.1073/pnas.1410083111.

Montgomery, S. H., I. Capellini, C. Venditti, R. A. Barton, and N. I. Mundy. 2010. "Adaptive Evolution of Four Microcephaly Genes and the Evolution of Brain Size in Anthropoid Primates." *Molecular Biology and Evolution* 28(1): 625-638.

Moran, V. A., R. J. Perera, and A. M. Khalil. 2012. "Emerging Functional and Mechanistic Paradigms of Mammalian Non-Coding RNAs." *Nucleic Acids Research* 40(14): 6391-6400.

Morell, V. 1995. *Ancestral Passions: the Leakey Family and the Quest for Humankind's Beginnings.* New York: Simon & Schuster.

Morowitz, H. 2002. *The Emergence of Everything: How the World Became Complex.* Oxford, UK: Oxford University Press.

Morriss-Kay, G. M. 2010. "The Evolution of Human Artistic Creativity." *Journal of Anatomy* 216: 158-176.

Morriss-Kay, G. M. 2014. "A New Hypothesis on the Creation of the Hohle Fels 'Venus' Figurine." Pp. 1589-1595 in *Pleistocene Art of the World*, edited by J. Clottes. Tarascon-sur-Ariege, France: Actes du Congres.

Nilsson, D. E., and S. Pelger. 1994. "A Pessimistic Estimate of the Time Required for an Eye to Develop." *Proceedings of the Royal Society B: Biological Sciences* 256: 53-58.

Nishihara, H., S. Marayama, and N. Okada. 2009. "Retrotransposon Analysis and Recent Geological Data Suggest Near-Simultaneous Divergence of the Three Superorders of Mammals." *Proceedings of the National Academy of Sciences USA* 106: 5235-5240.

Nobel, D. 2006. *The Music of Life: Biology Beyond Genes*. Oxford, UK: Oxford University Press.

Northcutt, G. R. 2005. "The New Head Hypothesis Revisited." *Journal of Experimental Biology and Zoology (Molecular and Developmental Evolution)* 304B: 274-297.

Northcutt, G. R., and C. Gans. 1983. "The Genesis of Neural Crest and Epidermal Placodes: A Reinterpretation of Vertebrate Origins." *Quarterly Review of Biology* 58: 1-25.

O'Bleness, M. S., C. M. Dickens, L. J. Dumas, H. Kehrer-Sawatzki, G. J. Wycoff, and J. M. Sikela. 2012. "Evolutionary History and Genome Organization of DUF1220 Protein Domains." *G3: Genes, Genomes, Genetics* 2: 977-986.

Oftedal, O. T. 2012. "The Evolution of Milk Secretion and Its Ancient Origins." *Animal* 6: 355-368.

O'Leary, M. A., J. I. Block, J. A. Flynn, J. A. Gaudin, A. Giallombardo, et al. 2013. "The Placental Mammal Ancestor and the Post-K-Pg Radiation of Placentals." *Science* 339: 662-667.

O'Leary, D. D. M., S-J. Chou, and S. Sahara. 2007. "Area Patterning of the Mammalian Cortex." *Neuron* 56: 252-269.

Oppenheimer, S. 2003. *Out of Africa's Eden: The Peopling of the World*. Johannesburg, South Africa: Jonathan Ball Publishers.

Oppenheimer, S. 2012. "Out-of-Africa, the Peopling of Continents and Islands: Tracing Uniparental Gene Trees Across the Map." *Philosophical Transactions of the Royal Society B* 367: 770-784.

Orr, H. A. 1998. "The Population Genetics of Adaptation: The Distribution of Factors Fixed During Adaptive Evolution." *Evolution* 52: 935-949.

Panksepp, J. 1998. *Affective Neuroscience: The Foundations of Human and Animal Emotions*. New York: Oxford University Press.

Parr, L. A., and B. M. Waller. 2006. "Understanding Chimpanzee Facial Expression: Insights into the Evolution of Communication." *Social Cognitive and Affective Neuroscience* 1: 221-228. doi:10.1093/scan/ns103.

Parr, L. A., B. M. Waller, S. J. Vick, and K. A. Bard. 2007. "Classifying Chimpanzee Facial Expressions Using Muscle Action." *Emotion* 7: 172-181.

Parsons, T. E., E. J. Schmitt, J. C. Boughner, H. A. Jamniczky, R. S. Marcucio, and B. Hallgrimsson. 2011. "Epigenetic Integration of the Developing Brain and Face." *Developmental Dynamics* 240: 2233-2244.

Paternoster, L., A. I. Zhurov, A. M. Toma, J. P. Kemp, and B. St Pourcain. 2012. "Genome-Wide Association Study of Three-Dimensional Facial Morphology Identifies a Variant in PAX3 Associated with Nasion Position." *American Journal of Human Genetics* 90: 478-485.

Perez, S. I., M. F. Tejedor, N. M. Novo, and L. Aristide. 2013. "Divergence Times and the Evolutionary Radiation of New World Monkeys (Platyrrhini, Primates): An Analysis of Fossil and Molecular Dates." *PLOS One* 8: e68029.

Pierani, A., and M. Wassef. 2009. "Cerebral Cortex Development: From Progenitors Patterning to Neocortical Size During Evolution." *Development, Growth, and Differentiation* 51: 325-342.

Phillippe, H., N. Lartillot, and H. Brinkmann. 2005. "Muligene Analyses of Bilaterian Animals Corroborate the Monophyly of Edysozoa, Lophotrochozoa, and Protostomia." *Molecular Biology Evolution* 22: 1246-1253.

Pinker, S. 2011. *The Better Angels of Our Nature*. London: Penguin Books.

Plotnik, J. M., F. B. de Waal, and D. Reiss. 2006. "Self-Recognition in an Asian Elephant." *Proceedings of the National Academy of Sciences USA* 103: 17053-17057.

Pointer, M. A., J. M. Kamilar, V. Warmuth, S. G. Chester, F. Delsuc, et al. 2012. "Runx2 Tandem Repeats and the Evolution of Facial Length in Placental Mammals." *BMC Evolutionary Biology* 12. doi: 10.1186/1471-2148-12-103.

Pringle, H. 2014. "Welcome to Beringia." *Science* 343: 961-963.

Provine, W. 1971. *The Origins of Population Genetics*. Chicago: University of Chicago Press.

Pulquerio, M. J. F., and R. A. Nichols. 2007. "Dates from the Molecular Clock: How Wrong Can We Be?" *Trends in Ecology and Evolution* 22: 180-184.

Pulvers, J. N., J. Bryk, J. L. Fish, M. Wilsch-Braeuniger, Y. Arai, et al. 2010. "Mutations in Mouse Aspm (Abnormal Spindle-Like Microcephaly-Associated) Cause Not Only Microcephaly But Also Major Defects in the Germline." *Proceedings of the National Academy of Sciences USA* 107: 16595-16600.

Quintana-Murci, L., and L. B. Barreiro. 2010. "The Role Played by Natural Selection in Mendelian Traits in Humans." *Annals of the New York Academy of Science* 1214: 1-17.

Rakic, P. 1995. "A Small Step for the Cell, a Giant Leap for Mankind: A Hypothesis of Neocortical Expansion During Evolution." *Trends in Neurobiological Science* 18: 383-388.

Rees, J. L., and R. M. Harding. 2012. "Understanding the Evolution of Human Pigmentation: Recent Contributions from Population Genetics." *Journal of Investigative Dermatology* 132: 846-853.

Regan, B. C., C. Julliot, B. Simmen, F. Vienot, P. Charles-Dominique, and J. D. Mollon. 2001. "Fruits, Foliage, and the Evolution of Primate Colour Vision." *Philosophical Transactions of the Royal Society London B* 356: 229-283.

Reich, D., N. Patterson, M. Kircher, et al. 2010. "Genetic History of an Archaic Hominin Group from Denisova Cave in Siberia." *Nature* 468: 1053-1060.

Reid, J. B., and J. J. Ross. 2011. "Mendel's Genes: Toward a Full Molecular Characterization." *Genetics* 189: 3-10.

Reiss, D. 2001. "Mirror Self-Recognition in the Bottlenose Dolphin: A Case of Cognitive Convergence." *Proceedings of the National Academy of Sciences USA* 98: 5937-5942.

Relethford, J. H. 2008. "Genetic Evidence and the Modern Human Origins Debate." *Heredity* 100: 555-563.

Retaux, S., F. Bourrat, J-S. Joly, and H. Hinaux. 2014. "Perspectives in Evo-Devo of the Vertebrate Brain." Pp. 151-172 in *Advances in Evolutionary Developmental Biology*, edited by J. T. Streelman. Hoboken, NJ: John Wiley & Sons.

Reyes-Centeno, H., S. Ghirotto, F. Detroit, D. Grimaud-Herve, V. Barbujani, and K. Harvati. 2014. "Genomic and Cranial Phenotype Data Support Multiple Modern Human Dispersals from Africa and a Southern Route into Asia." *Proceedings of the National Academy of Sciences USA* 111: 7248-7253.

Richards, M., V. Macaulay, E. Hickey, E. Vega, B. Sykes, et al. 2000. "Tracing European Founder Lineages in the Near Eastern mtDNA pool." *American Journal of Human Genetics* 6: 1251-1276.

Richards, M. R., H.-J. Bandelt, T. Kivisild, and S. Oppenheimer. 2006. "A Model for the Dispersal of Modern Humans out of Africa." Pp. 227-257 in *Human Mitochondrial DNA and the Evolution of* Homo sapiens, edited by H.-J. Bandelt, V. Macaulay, and M. Richards. Hamburg: Springer.

Richerson, P. J., and R. Boyd. 2005. *Not by Genes Alone: How Culture Transformed Human Evolution*. Chicago: University of Chicago Press.

Riddle, R. D., R. L. Johnson, E. Laufer, and C. Tabin. 1993. "Sonic Hedgehog Indicates the Polarizing Activity of the ZPA." *Cell* 75: 1401-1406.

Risch, N., E. Burchard, E. Ziv, and H. Tang. 2002. "Categorization of Humans in Biomedical Research: Genes, Race, and Disease." *Genome Biology* 3: comment2007.1-comment2007.12.

Risen, J., and L. Poitras. 2014. "Banking on Facial Recognition Software, NSA Stores Millions of Images." *International New York Times*, June 2, p. 5.

Roberts, R. B., Y. Hu, R. C. Albertson, and T. D. Kocher. 2011. "Craniofacial Divergence and Ongoing Adaptation via the Hedgehog Pathway." *Proceedings of the National Academy of Sciences USA* 108: 13194-13199.

Roessler, E., E. Belloni, K. Gaudenz, P. Jay, P. Besto, S. W. Scherer, L. C. Tsui, and M. Muenke. 1996. "Mutations in the Human Sonic Hedgehog Gene Cause Holoprosencephaly." *Nature Genetics* 14: 357-360.

Romanski, L. M. 2012. "Integration of Faces and Vocalizations in Ventral Prefrontal Cortex: Implications for the Evolution of Audiovisual Speech." *Proceedings of the National Academy of Sciences USA* 109: 10717-10724.

Roseman, C. C. 2004. "Detecting Inter-Regionally Diversifying Natural Selection on Modern Human Cranial Form by Using Matched Molecular and Morphometric Data." *Proceedings of the National Academy of Sciences USA* 101: 12824-12829.

Rubidge, B. S., and C. A. Sidor. 2001. "Evolutionary Patterns Among the Permo-Triassic Therapsids." *Annual Review of Ecology, Evolution, and Systematics* 32: 449-480.

Russell, J. A. 1994. "Is There Universal Recognition of Emotion from Facial Expression? A Review of the Cross-Cultural Studies." *Psychological Bulletin* 115: 102-141.

Salvini-Plawen, L. V., and E. Mayr. 1977. "On the Evolution of Photoreceptors and Eyes." Pp. 207-263 in *Evolutionary Biology*, 10th ed., edited by M. K. Hecht, W. C. Stene, and B. Wallace. New York: Plenum Press.

Sambasivan, R., S. Kuritani, and S. Tajbakhsh. 2011. "An Eye on the Head: The Development and Evolution of Craniofacial Muscles." *Development* 138: 2401-2415.

Sankararaman, S., S. Mallick, M. Dannemann, K. Prufer, J. Kelso, et al. 2014. "The Genomic Landscape of Neanderthal Ancestry in Present-Day Humans." *Nature* 507: 354-357.

Sankararaman, S., N. Patterson, H. Li, S. Paabo, and D. Reich. 2012. "The Date of Interbreeding between Neandertals and Modern Humans." *PLOS Genetics* 8(10): e1002947.

Sarnat, H. B., L. Flores-Sarnat. 2005. "Embryology of the Neural Crest: Its Inductive Role in the Neurocutaneous Syndromes." *J. Child Neurol.* 20: 637-643.

Sawyer, G. J., and V. Deak. 2007. *The Last Human: A Guide to the Twenty-Two Species of Extinct Humans.* New Haven, CT: Yale University Press.

Scharff, C., and J. Petri. 2011. "Evo-Devo, Deep Homology, and FoxP2: Implications for the Evolution of Speech and Language." *Philosophical Transactions of the Royal Society B* 366; doi: 10.1098/rstb. 2011.0001.

Schlosser, G. 2005. "Evolutionary Origins of Vertebrate Placodes: Insights from Developmental Studies and from Comparisons with Other Deuterostomes." *Journal of Experimental Zoology (Molecular and Developmental Evolution)* 304B: 347-399.

Schlosser, G. 2008. "Do Vertebrate Neural Crest and Cranial Placodes Have a Common Evolutionary Origin?" *BioEssays* 30: 659-672.

Schneider, R. A., D. Hu, J. L. Robertson, M. Maden, and J. A. Helms. 2001. "Local Retinoid Signaling Coordinates Forebrain and Facial Morphogenesis by Maintaining Fgf8 and SHH."

Development 128: 2755-2767.

Schoenebeck, J., and E. Ostrander. 2013. "The Genetics of Canine Skull Shape Variation." *Genetics* 193: 317-325.

Schyueva, D., G. Stampfel, and R. Stark. 2014. "Transcriptional Enhancers: From Properties to Genome-Wide Predictions." *National Review of Genetics* 15: 272-286.

Selemon, L.D. 2013. "A Role for Synaptic Plasticity in the Adolescent Development of Executive Function." *Translational Psychiatry* 3: e238. doi: 10.1038/tp.20137.

Senghas, A., S. Kita, and A. Ozyuerek. 2004. "Children Creating Core Properties of Language: Evidence from an Emerging Sign Language in Nicaragua." *Science* 305: 1780-1782.

Sheehan, M. J., and M. W. Nachmann. 2014. "Morphological and Population Genomic Evidence That Human Faces Have Evolved to Signal Individual Identity." *Nature Communications* 5: 4800-4809.

Sheehan, M. J., and E. A. Tibbetts. 2011. "Specialized Face Learning Is Associated with Individual Recognition in Paper Wasps." *Science* 334: 1272-1275.

Sherwood, C. 2005. "Comparative Anatomy of the Facial Motor Nucleus in Mammals, with an Analysis of Neuron Numbers in Primates." *The Anatomical Record Part* A 287A: 1067-1079.

Shipman, P. 2001. *The Man Who Found the Missing Link: Eugene Dubois and His Lifelong Quest to Prove Darwin Right*. New York: Simon & Schuster.

Shu, D-G., H-L. Luo, S. Conway Morris, X-L Zhang, S-X. Hu, et al. 1999. "Lower Cambrian Vertebrates from South China." *Nature* 402: 42-46.

Shubin, N. 2012. *Your Inner Fish: A Journey into the 3.5 Billion-Year History of the Human Body*. London: Penguin Books.

Simoes-Costa, M., and M. E. Bronner. 2013. "Insights into Neural Crest Development and Evolution from Genomic Analysis." *Genetics Research* 23: 1069-1080.

Simon, H. A. 1992. "A Mechanism for Social Selection and Successful Altruism." *Science* 250: 1665-1668.

Simpson, G. G. 1971. *The Meaning of Evolution: A Study of the History of Life and of Its Significance for Man*, 2nd ed. New York: Bantam Books.

Singer, N. 2014. "An Eye That Picks You Out of Any Crowd." *International New York Times*, May 19, p. 1.

Sliwa, R., J. R. Duhamel, O. Pascalis, and S. Wirth. 2011. "Spontaneous Voice-Face Identity Matching by Rhesus Monkeys for Familiar Conspecifics and Humans." *Proceedings of the National Academy of Sciences USA* 108: 1735-1740.

Smith, T., K. D. Rose, and P. D. Gingerich. "Rapid Asia-Europe-North America geographic dispersal of earliest Eocene primate Teilhardinia during the Paleocene-Eocene Thermal Maximum." *Proceedings of the National Academy of Sciences USA* 103 (2006): 11223-11227.

Soligo, C. R., and D. Martin. 2006. "Adaptive Origins of Primates Revealed." *Journal of Human Evolution* 50: 414-430.

Steiper, M. E., and E. R. Seiffert. 2012. "Evidence for a Convergent Slowdown in Primate Molecular Rates and Its Implications for the Timing of Early Primate Evolution." *Proceedings of the National Academy of Sciences USA* 109: 6006-6011.

Steiper, M. E., and N. M. Young. 2006. "Primate Molecular Divergence Dates." *Molecular Phylogenetics and Evolution* 41: 384-394.

Stern, D. L., and V. Orgozogo. 2008. "The Loci of Evolution: How Predictable Is Genetic Evolution?" *Evolution* 62(9): 2155-2177.

Stott, R. 2012. *Darwin's Ghosts: In Search of the First Evolutionists*. London: Bloomsbury.

Stow, D. 2012. *Vanished Ocean: How Tethys Reshaped the World*. Oxford, UK: Oxford University Press.

Striedter, G. F. 1994. "The Vocal Control Properties in Budgerigars Differ from Those in Songbirds." *Journal of Comparative Neurology* 343: 35-36.

Stringer, C. B., and P. Andrews. 1988. "Genetic and Fossil Evidence for the Origin of Modern Humans." *Science* 239: 1263-1268.

Stuart, A. J. 1991. "Mammalian Extinctions in the Late Pleistocene of Northern Eurasia and North America." *Biological Reviews of the Cambridge Philosophical Society* 66: 453-562.

Sturm, R. 2009. "Molecular Genetics of Human Pigmentation Diversity." *Human Molecular Genetics* 18: R9-R17.

Sturtevant, A. H. 1965. *A History of Genetics*. New York: Harper & Row.

Sues, H.-D., and N. C. Fraser. 2010. *Triassic Life on Land: The Great Transition*. New York: Columbia University Press.

Sun, X., F. V. Mariani, and G. R. Martin. 2002. "Functions of FGF Signaling from the Apical Ectodermal Ridge in Limb Development." *Nature* 418: 501-508.

Sutrop, U. 2012. "Estonian Traces in the Tree of Life Concept and in the Language Family Tree Theory." *Journal of Estonian and Finno-Ulgric Languages* 3: 297-326.

Takahata, N., Y. Satta, and J. Klein. 1995. "Divergence Time and Population Size in the Lineage Leading to Modern Humans." *Theoretical Population Biology* 48: 198-221.

Tate, A. J., H. Fischer, A. E. Leigh, and K. M. Kendrick. 2006. "Behavioural and Neurophysiological Evidence for Face Identity and Face Emotion Processing in Animals." *Philosophical Transactions of the Royal Society B* 361: 2155-2172.

Tavare, S., C. R. Marshall, O. Will, C. Soligo, and R. D. Martin. 2002. "Using the Fossil Record to Estimate the Age of the Last Common Ancestor of Extant Primates." *Nature* 416: 726-729.

Thewissen, J. G., M. G. Cohn, L. S. Stevens, S. Bajpal, J. Heyning, and W. E. Horton Jr. 2006. "Developmental Basis for Hind-Limb Loss in Dolphins and the Origin of the Cetacean

Bodyplan." *Proceedings of the National Academy of Science USA* 103: 8414-8418.

Thompson, D. W. 1917. *On Growth and Form.* Cambridge, UK: Cambridge University Press.

Tibbetts, E. 2002. "Visual Signals of Individual Identity in the Wasp Polistes fuscatus." *Proceedings of the Royal Society London B* 269: 1423-1428.

Tomasello, M. 2008. *Origins of Human Communication.* Cambridge: MIT Press.

Tomasello, M., B. Hare, H. Lehmann, and J. Call. 2007. "Reliance on Head Versus Eyes in the Gaze Following of Great Apes and Human Infants: The Cooperative Eye Hypothesis." *Journal of Human Evolution* 52 (2007): 314-320.

Towers, M., and C. Tickle. 2009. "Generation of Pattern and Form in the Developing Limb." *International Journal of Developmental Biology* 53: 805-812.

True, J. R., and S. B. Carroll. 2002. "Gene Co-option in Physiological and Morphological Evolution." *Annual Reviews of Cell and Developmental Biology* 18: 53-80.

Trut, L., I. Oksina, and A. Kharmalova. 2009. "Animal Evolution During Domestication: The Domesticated Fox as a Model." *BioEssays* 31: 349-360.

Tucker, A. S., A. A. Khamis, C. A. Ferguson, I. Bach, M. G. Rosenfeld, and P. T. Sharpe. 1998. "Conserved Regulation of Mesenchymal Gene Expression by Fgf-8 in Face and Limb Development." *Development* 126: 221-228.

Ueda, S., G. Kumagai, Y. Otaki, S. Yamaguchi, and S. Kohshima. 2014. "A Comparison of Facial Color Pattern and Gazing Behavior in Canid Species Suggests Gaze Communication in Gray Wolves (Canis lupis)." *PLOS One* 9(6): e98217.

Vanderhaeghen, P., and H.-J. Cheng. 2010. "Guidance Molecules in Axon Pruning and Cell Death." *Cold Spring Harbor Perspectives in Biology* 2: a001859.

Van Schaik, C. 2004. *Among Orangutans: Red Apes and the Rise of Human Culture.* Cambridge, MA: Harvard University Press.

Vernot, B., and J. M. Akey. 2014. "Resurrecting Surviving Neanderthal Lineages from Modern Human Genomes." *Science* 343: 1017-1021.

Vick, S-J., B. M. Waller, L. A. Parr, M. C. S. Pasqualini, and K. A. Bard. 2007. "A Cross-Species Comparison of Facial Morphology and Movement in Humans and Chimpanzees Using the Facial Action Coding System (FACS)." *Journal of Nonverbal Behavior* 31: 1-20.

Vickaryous, M. K., and B. K. Hall. 2006. "Human Cell Type Diversity, Evolution, Development and Classification with Special Reference to Cells Derived from the Neural Crest." *Biological Reviews* 3: 425-455.

Viskontas, I.V., R.V. Quiroga, and I. Fried. 2009. "Human Medial Temporal Lobe Neurons Respond Preferentially to Personally Relevant Images." *Proceedings of the National Academy of Sciences USA* 106: 21329-21334.

Waddington, C. H. 1957. *Strategy of the Genes.* London: Allen & Unwin.

Waddington, C. H. 1961. "Genetic Assimilation." *Advances in Genetics* 10: 257-293.

Wagner, G. P., and V. J. Lynch. 2008. "The Gene Regulatory Logic of Transcription Factor Evolution." *Trends in Ecology and Evolution* 23: 377-385.

Waller, B. M., K. A. Bard, S.-J. Vick, and M. C. S. Pasqualini. 2007. "Perceived Differences between Chimpanzee (Pan troglodytes) and Human (Homo sapiens) Facial Expressions Are Related to Emotional Interpretation." *Journal of Comparative Psychology* 121: 398-404.

Watson, J. 1970. *The Molecular Biology of the Gene*. New York: W. A. Benjamin.

Weaver, T. D., C. C. Roseman, and C. B. Stringer. 2008. "Close Correspondence Between Quantitative- and Molecular-Genetic Divergence Times for Neanderthals and Modern Humans." *Proceedings of the National Academy of Sciences USA* 105: 4645-4629.

West-Eberhard, M. J. 2003. *Developmental Plasticity and Evolution*. Oxford, UK: Oxford University Press.

Weston, E. M., A. E. Friday, and P. Lio. 2007. "Biometric Evidence that Sexual Selection Has Shaped the Hominin Face." *PLOS One* 8: e710.

Wheeler, B. C., B. J. Bradley, and J. M. Kamiliar. 2011. "Predictors of Orbital Convergence in Primates: A Test of the Snake Detection Hypothesis of Primate Evolution." *Journal of Human Evolution* 61: 233-242.

White, R. 2002. *Prehistoric Art: The Symbolic Journey of Mankind*. New York: Harry N. Abrams.

Wibble, J. R., G. W. Rougier, M. J. Novacek, and R. J. Asher. 2007. "Cretaceous Eutherians and Laurasian Origin for Placental Mammals Near the K / T Boundary." *Nature* 447: 1003-1006.

Wiles, J. F., J. G. Kunkel, and A. C. Wilson. 1983. "Birds, Be havior, and Anatomical Evolution." *Proceedings of the National Academy of Sciences USA* 80: 4394-4397.

Wilkins, A. S. 1986. *Genetic Analysis of Animal Development*. New York: Wiley & Sons.

Wilkins, A. S. 1997. "Canalization: A Molecular Genetic Perspective." *BioEssays* 19: 257-262.

Wilkins, A. S. 2002. The *Evolution of Developmental Pathways*. Sunderland, MA: Sinauer Associates.

Wilkins, A. S. 2007a. "Between 'Design' and 'Bricolage': Genetic Networks, Levels of Selection and Adaptive Evolution." *Proceedings of the National Academy of Sciences USA* 104: 8590-8596.

Wilkins, A. S. 2007b. "Genetic Networks as Transmitting and Amplifying Devices for Natural Genetic Tinkering." Pp. 71-89 in *Tinkering: The Microevolution of Development*, edited by G. Bock and J. Goode. Chichester, UK: John Wiley & Sons.

Wilkins, A. S. 2008. "Neodarwinism." Pp. 491-516 in *Icons of Evolution*, Vol. 2, edited by B. Regal. Westport, CT: Greenwood Press.

Wilkins, A. S. 2014. "'The Genetic Tool-Kit': The Life History of an Important Meta phor." Pp. 1-14 in *Advances in Evolutionary Developmental Biology*, edited by J. T. Streelman.

Hoboken, NJ: John Wiley & Sons.

Wilkins, A. S., R. W. Wrangham, and W. T. Fitch. 2014. "The 'Domestication Syndrome' in Mammals: A Unified Explanation Based on Neural Crest Cell Behavior and Genetics." *Genetics* 197: 1-14.

Wilkinson, R. D., M. E. Steiper, C. Soligo, R. D. Martin, Z. Yang, and S. Tavare. 2011. "Dating Primate Divergences Through an Integrated Analysis of Paleontological and Molecular Data." *Systematic Biology* 60: 16-31.

Williams, B. A., R. F. Kay, and E. C. Kirk. 2010. "New Perspectives on Anthropoid Origins." *Proceedings of the National Academy of Sciences USA* 107: 4797-4804.

Wilmer, J. B., L. Germine, C. F. Chabris, G. Chatterjee, M. Williams, et al. 2010. "Human Face Recognition Ability Is Specific and Highly Heritable." *Proceedings of the National Academy of Sciences USA* 107: 5238-5241.

Windhajer, S., F. Hutzler, C. C. Carbon, E. Oberzaucher, K. Schaefer, et al. 2010. "Laying Eyes on Headlights: Eye Movements Suggest Facial Features in Cars." *Collegium Antropologicum* 34: 1075-1080.

Windhajer, S., K. Schaefer, and B. Fink. 2011. "Geometric Morphometrics of Male Facial Shape in Relation to Physical Strength and Perceived Attractiveness, Dominance, and Masculinity." *American Journal of Human Biology* 23: 805-814.

Withington, S., R. Beddington, and J. Cooke. 2001. "Foregut Endoderm Is Required at Head Process Stages for Anterior-Most Neural Patterning in the Chick." *Development* 128(3): 309-320.

Wolpert, L. 1969. "Positional Information and the Spatial Pattern of Cellular Differentiation." *Journal of Theoretical Biology* 25: 1-47.

Wolpoof, M. H., X. Wu, and A. G. Thorne. 1984. "Modern Homo sapiens Origins, a General Theory of Hominid Evolution Involving the Fossil Evidence from East Asia." Pp. 411-483 in *The Origins of Modern Humans*, edited by F. H. Smith and F. Spencer. London: Alan Liss.

Wood, B., and T. Harrison. 2011. "The Evolutionary Context of the First Hominins." *Nature* 470: 347-351.

Wrangham, R. 2009. *Catching Fire: How Cooking Made Us Human*. London: Profile Books.

Yamamoto, Y., M. S. Byerly, W. R. Jackman, and W. R. Jeffrey. 2009. "Pleiotropic Functions of Embryonic Sonic Hedgehog Expression Link Jaw and Taste Bud Amplification with Eye Loss During Cavefish Evolution." *Developmental Biology* 330: 200-211.

Yanai, I., J. O. Korbel, S. Boue, S. K. McWheeney, P. Bork, and M. J. Lercher. 2006. "Similar Gene Expression Profiles Do Not Imply Similar Gene Function." *Trends in Genetics* 22(3): 132-138.

Yang, M. A., A.-S. Malaspinas, E. Y. Durand, and M. Slatkin. 2012. "Ancient Structure in Africa

Unlikely to Explain Neanderthal and Non-African Genetic Similarity." *Molecular Biology and Evolution* 29: 2987-2995.

Young, N. M., H. J. Chong, D. Hu, B. Hallgrimsson, and R. S. Marcucio. 2011. "Quantitative Analyses Link Modulation of Sonic Hedgehog Signaling to Continuous Variation in Facial Growth and Shape." *Development* 137: 3405-3409.

Young, N. M., D. Hu, A. J. Lainoff , F. J. Smith, R. Diaz, et al. 2014. "Embryonic Bauplans and the Developmental Origins of Facial Diversity and Constraint." *Development* 141: 1059-1064.

Yu, J-K. S. 2010. "The Evolutionary Origin of the Vertebrate Neural Crest and Its Developmental Gene Regulatory Networks ... Insights from Amphioxus." *Zoology* 113: 1-9.

Zelditch, M.L, D. L. Swiderski, H. D. Sheets, and W. L. Fink. 2004. *Geometric Morphometrics for Biologists: A Primer*. San Diego: Elsevier Academic Press.

Zuckerkandl, E., and L. Pauling. 1965. "Evolutionary Divergence and Convergence in Proteins." Pp. 97-166 in *Evolving Genes and Proteins*, edited by V. Bryson and H. J. Vogel. New York: Academic Press.

574~575
배젓, 월터 429~430, 556~557
백악기 대멸종 242~243, 263~264
뱀 발견 가설 333, 550
버제스 셰일 화석 541
번역 후 변형 117, 169, 171~172
번역(생물학) 116~117, 124, 169, 172, 567
베개핵 328, 355~356
베라, Y. 453
베르니케 영역 321, 323, 365~366
베르베르족 400
베링 해협 405
베링기아 405, 554
벨, C. 28~29, 90, 249, 276
벨랴예프, D. 521~522, 560
보노보 157, 283, 301~302, 338, 349, 359, 431, 532, 539, 556
보아스, F. 429~430, 556
보존(진화) 51, 70, 92, 134, 225, 229, 249, 251, 385, 412, 533
복제수변이(CNV) 540, 561
볼드윈, J. M. 518~520, 523, 560
볼드윈 효과 375~376, 518
부계유전 395, 567
부리 55~56, 65~66, 92, 270, 289, 324, 518, 534
분기학 53~54, 208, 262, 270, 567 '계통분류학' 참조
분자시계 32, 40, 43~45, 54, 203, 207~208, 242, 263~266, 274, 286, 400, 409~410, 431, 543, 545, 567
브로드만, K. 322
브로드만 영역 322~323, 335, 357~358, 567
브로카 영역 321, 323, 357~358, 365~366
비교생물학 51, 533, 567

비글호 414, 553, 558
비너스 449
비용, 진화 276, 288, 307~308, 515, 560
비타민D 424
빈도의존적 선택(NFDS) 476~477, 561
빙하기 305, 402, 405, 547, 554
뼈 형성 단백질 56, 133, 135, 227, 289, 467, 561, 568

ㅅ
사지동물 136, 197, 230, 232, 489, 543, 568
사지 발달 69, 129, 134, 137, 147, 182, 245, 568
사헬란트로푸스 282~283, 291
사회선택 307, 377, 442, 517, 549, 559, 568
사회적 두뇌 가설 500, 502, 505~508, 516, 559
상구 328, 355~356, 561, 568
상동염색체 159, 173, 178, 540, 562, 572
상동이질형성 237
상사성 53, 219, 568
상위성 170~171, 408
상징적 사고 302, 367, 516, 548
상측두 이랑 355~356, 568
"새로운 머리" 가설 213, 215, 217~218, 222, 542
석탄기 202, 232~233, 236, 496
석형류 233~234, 237, 244, 490, 568
선구 축삭돌기 371, 552
섬유모세포 124, 568
성선택 60, 104, 248, 307, 413~418, 420, 424~425, 437, 442, 457, 476, 493, 498, 516, 535, 555~556, 568
『성장과 형태에 대하여』(톰슨) 461, 558
성적이형성 102, 417~420, 429, 431, 494, 496, 568~569

사진 1 구세계원숭이인 긴꼬리원숭이과의 버빗원숭이 (사진: Dieter and Netzin Steklis)

사진 2 "소형 유인원"인 동부흰눈썹긴팔원숭이 (사진: Thomas Geissmann)

사진 3　수컷 보르네오 오랑우탄 (사진: Anna Marzec)

사진 4　마운틴고릴라 (사진: Dieter and Netzin Steklis)

사진 5 상이한 턱 모양을 가진 두 종의 시클리드
위 라베오트로페우스 트레와바세Labeotropheus trewavasae (사진: Justin Marshall)
아래 메트리아클리마 음벤지Metriaclima mbenjii (사진: Reed Roberts)

사진 6 페름기 초기에 등장한 초기 단궁류를 복원한 얼굴. 반룡인 디메트로돈Dimetrodon
(그림: Dmitry Bogdanov)

사진 7 트라이아스기의 견치류, 키노그나투스Cynognathus를 복원한 얼굴
(그림: Dmitry Bogdanov)

사진 8　태반류의 조상을 복원한 모습 (그림: Carl Buell; O'Leary et al., 2013)

사진 9　화석 증거와 현존하는 영장류의 비교 연구를 통해 복원한 포유류 조상의 모습
(제공: Dr. Robert Martin)

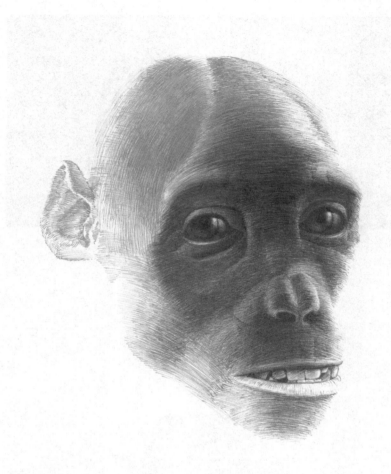

사진 10 화석 증거로 복원한 프로콘술의 얼굴 (제공: John A. Gurche)

사진 11　화석 증거로 복원한 오스트랄로피테쿠스 아프리카누스의 얼굴
(제공: John A. Gurche)

사진 12 화석 증거로 복원한 호모 하빌리스의 얼굴 (제공: John A. Gurche)

사진 13 화석 두개골로 복원한 호모 에렉투스의 얼굴 (제공: John A. Gurche)

사진 14 네안데르탈인(호모 네안데르탈렌시스)을 복원한 얼굴 (제공: John A. Gurche)

사진 15 차크마개코원숭이의 어미와 새끼 (사진: Anne Engh)

사진 16　농장에서 사육된 길들여지지 않고 공격적인 은여우 (사진: Lyudmila Trut)

사진 17　길들여진 은여우 (사진: Lyudmila Trut)

사진 18　쇼베 동굴의 유명한 말 이미지 (사진: Jean Clottes)

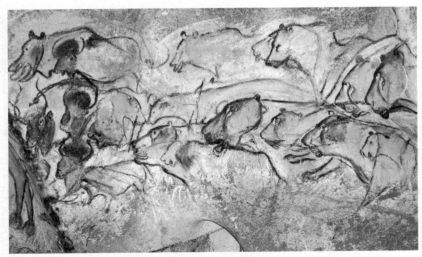

사진 19　쇼베 동굴의 사냥하는 사자 무리를 그린 동굴 벽화 (사진: Jean Clottes)

사진 20 이집트 고왕국 시대의 것으로 추정되는(기원전 2천5백 년경) 「앉아 있는 서기관」 동상의 윗부분 사진 (파리 루브르박물관/ 사진: Guillaume Blanchard-Wikimedia Commons)

사진 21 서력기원 초기의 젊은 여인 파이윰 미라 초상화fayum mummy portrait(이집트 콥트기에 미라 앞에 놓인 나무판에 자연주의 화풍으로 그려진 초상을 가리키는 용어-옮긴이)
(베를린 이집트박물관/ 사진: Erik Moeller-Wikimedia Commons)

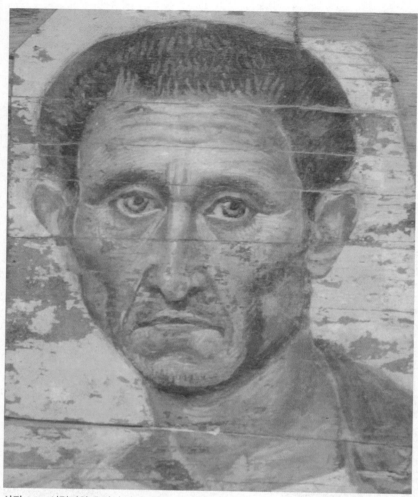

사진 22 서력기원 초기의 남성 파이윰 미라 초상화
(모스크바 푸시킨박물관/ 사진: 작자 미상- Wikimedia Commons)